用易学的 Python 语言
描述复杂的数据结构

DATA STRUCTURE
IN PYTHON

数据结构
——Python语言描述

张光河 主编

人民邮电出版社
北京

图书在版编目（C I P）数据

数据结构 : Python语言描述 / 张光河主编. -- 北京 : 人民邮电出版社, 2018.8(2024.1重印)
ISBN 978-7-115-48577-9

Ⅰ. ①数… Ⅱ. ①张… Ⅲ. ①数据结构②软件工具－程序设计 Ⅳ. ①TP311.12②TP311.561

中国版本图书馆CIP数据核字(2018)第117581号

内 容 提 要

Python 是目前流行的程序设计语言，国内高校已陆续使用。本书根据普通高等院校计算机专业本科生的教学需求，并按照数据结构课程教学大纲的规定，同时在参考兄弟院校使用的经典教材和教案的基础上，基于 Python 作为描述语言编写而成。

本书介绍了线性表、栈、队列、串、树和图等基本数据结构，以及这些数据结构的相关应用，还介绍了查找和排序的常用算法。本书在介绍内容时，理论和实践并重，而且配有一定数量的上机实验和习题，帮助读者加深对相关知识点的理解。

本书内容重点突出，语言精练易懂，可作为普通高等院校计算机及相关专业数据结构课程的教材，也可供计算机及相关专业的教学人员、科研人员、数据结构或算法的爱好者使用。高职高专类学校选用本书时可以根据学校和学生的实际情况略去某些章节。

◆ 主　　编　张光河
责任编辑　刘　博
责任印制　沈　蓉　彭志环

◆ 人民邮电出版社出版发行　　北京市丰台区成寿寺路 11 号
邮编　100164　　电子邮件　315@ptpress.com.cn
网址　http://www.ptpress.com.cn
固安县铭成印刷有限公司印刷

◆ 开本：787×1092　1/16
印张：28.75　　　　2018 年 8 月第 1 版
字数：781 千字　　　2024 年 1 月河北第 9 次印刷

定价：69.80 元

读者服务热线：(010)81055256　印装质量热线：(010)81055316
反盗版热线：(010)81055315

前言 PREFACE

数据结构在计算机及相关专业中的地位是不言而喻的，学好这门课对学生日后在 IT 行业工作大有裨益。Python 具有足够的抽象性，非常适合描述数据结构，因此，基于 Python 来讨论数据结构中的基本问题是一件值得尝试的事情，国外不少大学已经将其作为代替 C 语言的教学语言，国内部分学校也在尝试调整教学计划，以适应这一趋势。

在教学中，我注意到以下情况：学生使用基于伪语言描述的数据结构教材时，常常难于将其用自己熟悉的语言实现，从而使学习激情湮灭；而在使用基于 C 语言描述的数据结构教材时，又因为对 C 语言中指针和结构体掌握不好，无法理解教材提供的源程序，也无法调试和运行这些程序，更谈不上自己用 C 语言将其实现；在使用基于 C++和 Java 语言描述的数据结构教材时，学生感觉难度更大。

本书共 9 章：第 1 章介绍数据结构的概念和相关术语，并对算法的性能评价进行简要说明；第 2 章介绍线性表及应用；第 3 章重点介绍栈和队列，并介绍如何利用栈来将递归算法转换为非递归形式；第 4 章重点介绍串，并简要介绍了数组和广义表的存储；第 5 章首先介绍树，然后重点介绍二叉树的定义及相关操作，最后再引出森林的概念；第 6 章介绍图及其典型应用，如最短路径和关键路径；第 7 章介绍查找，包括基于静态查找表的查找和基于动态查找表的查找；第 8 章和第 9 章分别介绍了内排序和外排序，对一些常用的排序算法进行了详细的描述，并进行了效率分析。本书的特点如下。

（1）每章除了相应的知识内容之外，还包括基础实验、综合实验和习题。现在市面上有些教材偏重于理论的讲解，对于实验教学这一方面，通常由教师自行解决。本书为每一章提供了一定数量的基础实验和综合实验，用于解决在实验教学时教师和学生“无米下锅”的尴尬，同样，适量的习题也有助于学生检测自己是否真正掌握了某一知识点。

（2）本书给出了基于 Python 实现的算法代码，还有与之对应并配套的、可独立运行的 Python 程序，这是本书的一大特色。以在单链表中插入一个数据元素为例，在书中有使用 Python 实现的在单链表的首端插入一个数据元素和在尾端插入一个数据元素的源代码，而配套的源程序中有单链表结点的类定义，单链表的类定义，创建一个单链表源代码，插入结点前和插入结点后遍历该单链表的源程序。

通过这样的设计，教师在课堂教学时可专注于讲解算法的重点和难点，学生即使完全不会编写 Python 程序，也可以通过阅读这些源代码在课后自行学习，这对培养学生的自学能力十分有益。尤其是当学生的水平参差不齐时，由于课堂教学时间有限，教师可以更好地安排学生课余学习。

计算机及相关专业属于工科，其中绝大部分课程都需要学生动手编写大量程序并上机调试成功后，才能理解其对应的理论知识，数据结构也不例外。Python 以简洁、优美和容易使用著称，网上也有大量可用的资源，可以帮助学生更好地理解本书。

感谢在本书编写过程中给予过支持和帮助的侯静、惠敏、蔡云戈、李鑫勇和胡妍等同学！感谢在成书过程中家人所给予的支持和帮助！

作者在编写本书的过程中，参阅了大量相关教材和专著，也在网上查找了很多资料，在此向各位原著者致敬和致谢！

由于作者水平有限，加上时间仓促，书中难免存在不妥或错误，恳请读者批评指正！

作者邮箱：guanghezhang@163.com。

作者

2018 年 1 月

目录 CONTENTS

01 第1章　绪论

随着计算机的广泛应用，无论是网上购物，还是网上订餐，或是网上购票，均需要使用计算机程序，人们的衣、食、住、行均与其密不可分。计算机由早期主要处理科学计算中的数值型数据发展到现在处理各种非数值型数据，如何为这些数据选择合理高效的数据结构，是程序设计人员无法回避的问题。

“数据结构”是计算机及相关专业最为重要的基础课程之一，学习并掌握这一课程中涉及的知识是非常有必要的，对后续学习和理解计算机专业其他课程也有所帮助。

1.1 数据结构概述

数据结构是指所有数据及这些数据之间的关系的集合。对于计算机而言，数据是指能被输入到计算机中并能被其处理的符号的集合。在使用计算机解决科学计算问题时，通常按以下步骤进行。

（1）分析问题，确定数学模型。

（2）根据模型设计相应的算法。

（3）选择合适的编程语言实现算法。

（4）调试程序，直到正确解决问题。

但对于设计类似网上订餐和网上购物的程序，其中有很多问题是很难找到与之对应的数学模型的。这时，第一步需分析程序中所要处理的数据，第二步需根据实际应用判断这些数据之间存在的逻辑关系，第三步需结合在实际应用中操作这些数据的频度来确定其整体的组织结构。通过以上 3 步便能够确定数据的逻辑结构。最后通过采取一定的策略将数据的逻辑结构在计算机中表示出来，从而对数据进行一系列的操作。

1.1.1 什么是数据结构

数据结构的概念最早由 C.A.R.Hoare 和 N.Wirth 在 1966 年提出，大量关于程序设计理论的研究表明：想要对大型复杂程序的构造进行系统而科学的研究，必须首先对这些程序中所包含的数据结构进行深入的研究。

本小节将对数据结构中的一些基本概念和术语加以定义和解释，以便于读者在后续章节中更好地学习。

数据通常用于描述客观事物，例如，在日常生活中使用的各种文字、数字和特定符号都是数据。而在计算机中，数据是指所有能够输入到计算机中存储并被计算机程序处理的符号的集合，因此对计算机科学而言，数据的含义极为广泛，如声音、图像和视频等被编码后都属于数据的范畴。

数据元素是数据的基本单位，在计算机程序中通常将其作为一个整体进行考虑和处理。在某些情况下，我们也将数据元素称为元素、结点或记录等。例如，如果我们以学号、性别和姓名来标识某个学生，那么由学号、性别和姓名组成的记录将构成一个数据元素；而从另一方面来看，某一学生的学号、性别或姓名也可以被认为是一个数据元素。

数据项是构成数据元素的不可分割的最小单位，也被称为字段、域或属性，例如，对于上述学生记录中的学号、性别和姓名而言，其中任意一项都可以被称为数据项。

数据对象是性质相同的数据元素的集合，是数据的一个子集，例如，整数的数据对象是集合 $N=\{0, \pm1, \pm2, \cdots\}$，英文字母的数据对象是集合 $C=\{‘a’, ‘A’, ‘b’, ‘B’, \cdots\}$。

数据结构是相互之间存在一种或多种特定关系的数据元素的集合，通常这些数据元素都不是孤立存在的，而是通过某种关系将所有数据元素联系起来，我们将这种关系称为结构。数据结构通常包括数据的逻辑结构和存储结构两个层次，后面将对其进行详细介绍。

1.1.2 数据的逻辑结构

数据的逻辑结构是从数据元素的逻辑关系上抽象描述数据，通常是从求解问题中提炼出来的。数据的逻辑结构与数据的存储无关，是独立于计算机的，因此数据的逻辑结构可以被看作是从具体问题中抽象出来的数学模型。

数据元素之间的逻辑结构是多种多样的，根据数据元素之间的不同关系特性，通常可将数据逻辑结构分为4类，即集合、线性结构、树形结构和图状（或网状）结构，具体如图1-1所示。

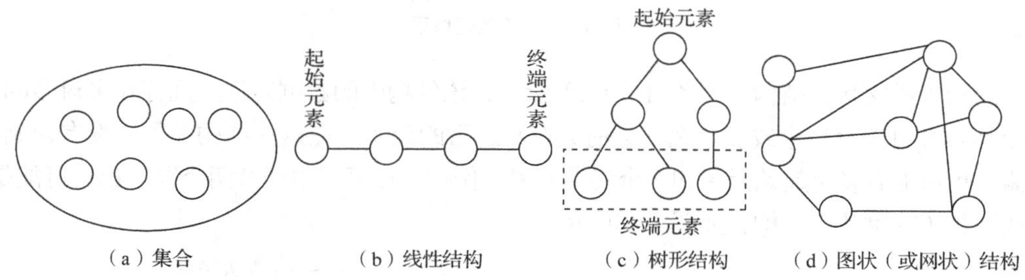

图1-1 四类基本逻辑结构关系

下面每种逻辑结构中的示例均以某校高三年级1班的学生作为数据对象，并以该班学生的某些信息作为数据元素。其中，部分学生的学号、姓名、性别和班级编号如表1-1所示。

表1–1 部分学生信息

学号	姓名	性别	班级编号
1501	王小阳	男	01
1504	宋小莹	女	01
1503	李小伟	男	01
1502	张晓晨	女	01
1506	赵晓达	男	01
1505	刘晓宏	男	01
1507	庄小谦	女	01

（1）集合：如图1-1（a）所示，该结构中的数据元素除了属于同一集合以外，两两之间并无其他关系。例如，确定某个学生是否属于本班级，此时需要将班级看作一个集合。

（2）线性结构：如图1-1（b）所示，该结构中的数据元素之间存在一对一的逻辑关系，并且起始元素和终端元素都是唯一的，除了这两个元素外，剩余的每一个元素都有且仅有一个在其之前和在其之后的元素。例如，将表1-1中的学号按照从小到大顺序进行排列，可以得到一个线性结构的序列{1501, 1502, 1503, 1504, 1505, 1506, 1507}。

（3）树形结构：如图1-1（c）所示，该结构中的数据元素之间存在一对多的逻辑关系，并且除了起始元素外，其余每一个元素都有且仅有一个在其之前的元素，除了终端元素外，其余每一个元素都有一个或多个在其之后的元素。例如，在班级中只有一个班长，班长对各个组长进行管理，而各个组长则管理自己组内的成员（即组员），由此形成一个树形结构，如图1-2所示。

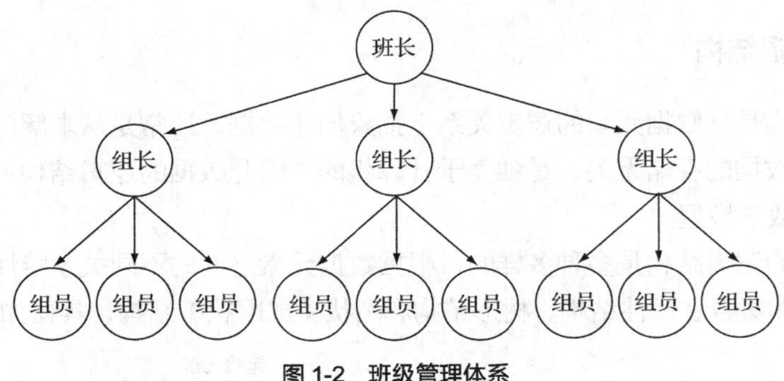

图 1-2 班级管理体系

（4）图状（或网状）结构：如图 1-1（d）所示，该结构中的数据元素之间存在多对多的逻辑关系，每个元素都可能有一个或多个在其之前或在其之后的元素。在这一结构中可能没有起始元素和终端元素，也可能有多个起始元素和多个终端元素。例如，在班级中任意两个同学都有可能是朋友，从而形成图状（或网状）结构，如图 1-3 所示。

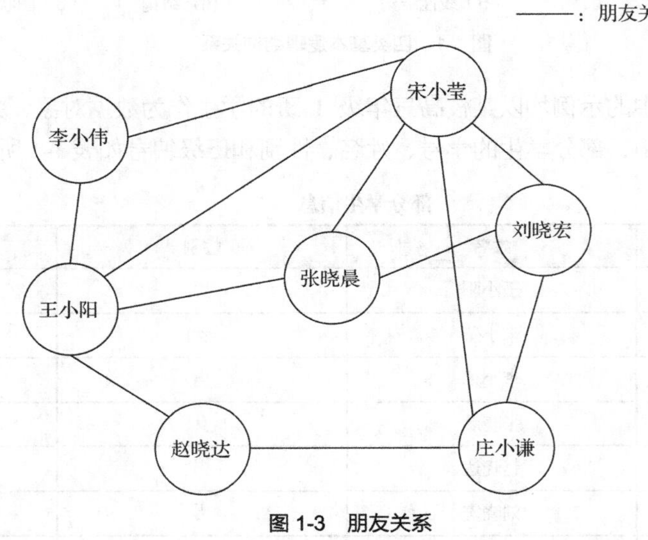

图 1-3 朋友关系

集合、树形结构和图状（或网状）结构都不属于线性结构，通常我们将其称为非线性结构。

1.1.3 数据的存储结构

数据的存储结构是指数据在计算机中的表示（又称为映像）方法，是数据的逻辑结构在计算机中的存储实现，因此在存储时应包含两方面的内容——数据元素本身及数据元素之间的关系。在实际应用中，数据有各种各样的存储方法，对其进行总结后，可大致划分为以下 4 类。

1. 顺序存储结构

顺序存储结构是指采用一组物理上连续的存储单元来依次存放所有的数据元素，如图 1-4 所示。在这一存储结构中，逻辑上相邻的两个数据元素的存储地址也相邻，因此我们只需要存储数据元素，而不需要存储这些数据元素之间的关系，因为它们的关系可以由存储单元地址间的关系来间接表示。

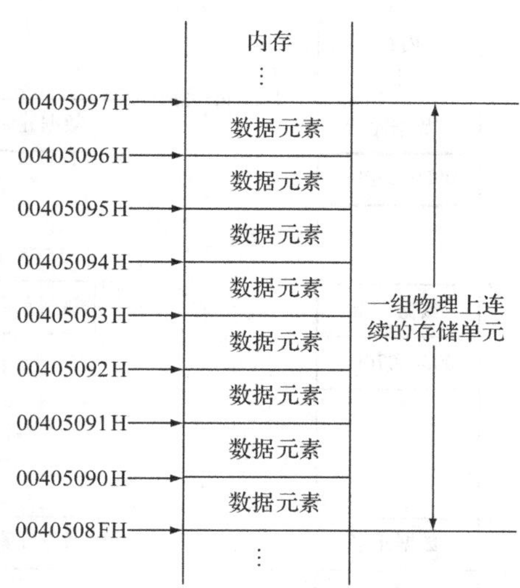

图 1-4 顺序存储结构

顺序存储结构将数据元素的逻辑结构直接映射到存储结构上，这十分有利于实现对数据元素的随机存取，但由于该结构要求存储单元在物理上是连续的，因此在进行数据元素的插入及删除等操作时，可能需要移动一系列的数据元素。

2. 链式存储结构

在链式存储结构中，每一数据元素均使用一个结点来存储，并且每个结点的存储空间是单独分配的，因此存储这些结点的空间不一定是连续的。

在链式存储结构中，我们不仅需要存储数据元素本身，还需要存储数据元素之间的逻辑关系，即将结点分为两部分，一部分是存储数据元素本身的，我们称其为数据域；另一部分是存储下一个结点的地址（即存储逻辑关系）的，我们称其为指针域。通过将每一个结点的指针域链接起来，从而形成链式存储结构。

在链式存储结构中插入或删除数据元素时，可以直接通过修改指针域中的地址来实现，而不必移动大量结点。因为链式存储结构需要使用指针表明数据元素之间的逻辑关系，所以存储空间的利用率较低，并且由于结点的物理地址不一定是相邻的，因此只能通过结点的指针域找到存储的数据元素，而不能对数据元素进行随机存取。

图 1-5（a）所示为采用链式存储结构存储数据元素的普遍形式，为了让读者更好地理解链式存储结构，在后续章节中描述链式存储结构时，我们均采用图 1-5（b）所示的常用形式。

3. 索引存储结构

在索引存储结构中，不仅需要存储所有数据元素（称之为主数据表），还需要建立附加的索引表。在存储时，每个数据元素都由一个唯一的关键字来标识，由该关键字和对应的数据元素的地址构成一个索引项，并将其存入索引表中。通常索引表中的所有索引项是按关键字有序排列的，在查找数据元素时，首先由关键字的有序性，在索引表中查找出关键字所在的索引项，并取出该索引项中的地址，再依据此地址在主数据表中找到对应的数据元素。

由于借助索引表可以通过关键字快速地定位到数据元素，因此索引存储结构的查找效率很高，但索引表需要额外的空间进行存储，导致存储空间的利用率较低。

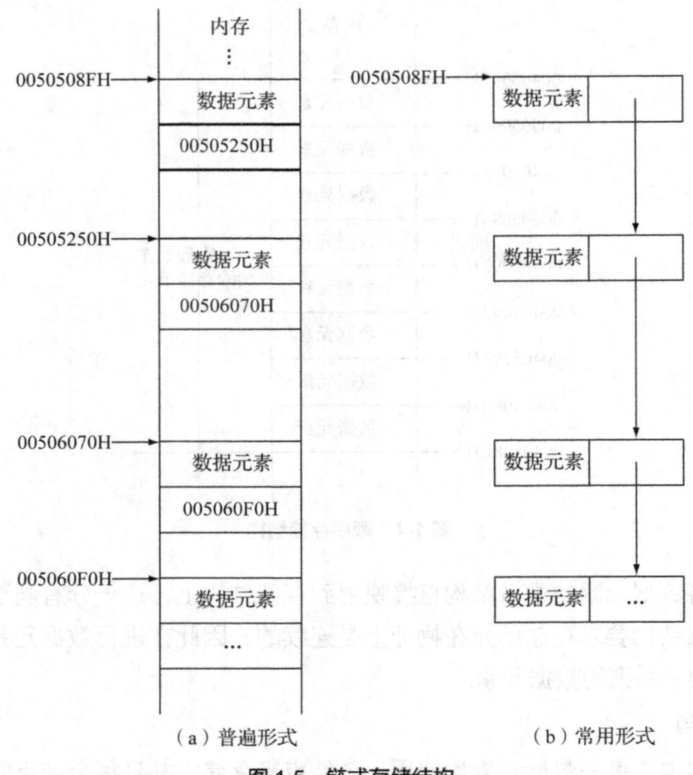

图 1-5 链式存储结构

4. 哈希（或散列）存储结构

哈希（或散列）存储结构是指依据数据元素的关键字，通过事先设计好的哈希（或散列）函数计算出一个值，再将其作为该数据元素的存储地址，因此使用哈希（或散列）存储结构也可以实现快速地查找，并且在采用哈希（或散列）存储结构时，只需要存储数据元素，而不需要存储数据元素之间的关系。

上述 4 种存储结构既可以单独使用也可以组合使用，确定了逻辑结构后，采用何种存储结构要视具体问题而定，通常需要考虑的是操作的方便性、效率，以及对时间和空间的要求。

1.2 数据类型概述

1.2.1 数据类型

类型是指一组值的集合，而数据类型则是指一组值的集合及定义在这组值上的一组操作的总称。例如，Python 中字符串类型的集合是由单引号或双引号标识的一连串字符，定义在其上的操作有字符串连接、重复输出字符串、截取字符串中的一部分和通过索引获取字符串中的一部分等。

Python 中的变量不需要声明，即变量没有具体的数据类型，但变量在使用前必须被赋值，赋值后该变量才会被创建，创建后变量将有具体的数据类型。

Python 语言的数据类型分为原子类型和结构类型，前者的值是不可分解的，而后者的值则是由若干成分按某种结构组成的，因此是可以分解的，下面介绍几种基本数据类型。

1. 数字（Number）数据类型

Python 中的数字数据类型用于存储数值，如整型、浮点型和复数型，定义在其上的操作有加、减、乘和除等。

2. 字符串（String）数据类型

字符串是 Python 中最为常用的数据类型之一，通常使用单引号或双引号来创建。定义在其上的操作有字符串连接（“+”）、重复输出字符串（“*”）、通过索引获取字符串中的字符（“[]”）、截取字符串中的一部分（“[:]”）、若包含指定字符则返回 True（“in”）、若不包含指定字符则返回 True（“not in”）、原始字符串（“r/R”）和格式字符串（“%”）等。

3. 列表（List）数据类型

列表是 Python 中最常用的数据类型之一，通常使用方括号来创建。定义在其上的操作有访问列表中的值、更新列表和删除列表元素等，同时与字符串类似，列表也包括连接、重复和截取等操作。

4. 元组（Tuple）数据类型

Python 中元组与列表类似，但元组使用小括号创建，并且其中的元素不能修改。定义在元组上的操作有访问元组、修改和删除元组，同时元组也包括连接、重复和截取等操作。

5. 集合（Set）数据类型

集合是由一组无序且不重复的元素组成的序列，常使用{}或者 set()函数来创建。定义在其上的操作有进行成员关系测试和删除重复元素等。

6. 字典数据类型

Python 中字典形如{key1:value1,key2: value2,…}，其中 key1 和 key2 部分被称为键（必须是唯一的），value1 和 value2 被称为值。定义在字典上的操作有修改和删除等。

事实上，在计算机中，数据类型的概念并非局限于高级语言中，每个处理器（包括计算机硬件系统、操作系统、高级语言和数据库等）都提供了原子类型或结构类型。例如，一个计算机硬件系统通常含有“位”“字节”和“字”等原子类型，它们的操作通过计算机设计的一套指令系统直接由电路系统完成，而高级语言提供的数据类型，其操作需通过编译器或解释器，转化成汇编语言或机器语言的数据类型来实现。

从硬件的角度考虑，引入某一数据类型的目的是解释该类型数据在计算机内存中对应信息的含义，而对使用这一数据类型的用户来说，则实现了信息的隐蔽，即将一切用户不必了解的细节都封装在相应的数据类型中。

例如，用户在使用“字符串”类型时，既不需要了解“字符串”在计算机内部是如何表示的，也不需要知道其操作具体是如何实现的。

1.2.2 抽象数据类型

抽象数据类型（Abstract Data Type，ADT）是指一个数学模型及定义在该模型上的一组操作。抽象数据类型的定义仅取决于它的一组逻辑特性，与其在计算机内部如何表示和实现无关，具体包括数据对象、数据对象上关系的集合，以及对数据对象的基本操作的集合。我们用以下格式定义抽象数据类型。

ADT 抽象数据类型名{
    数据对象：<数据对象的定义>
    数据关系：<数据关系的定义>
    基本操作：<基本操作的定义>
}

其中，数据对象是具有相同特性的数据元素的集合，数据关系是对这些数据元素之间逻辑关系的描述。基本操作的声明格式如下。

基本操作名（参数表）
    初始条件：<初始条件描述>
    操作目的：<操作目的描述>
    操作结果：<操作结果描述>

初始条件描述了操作执行之前数据结构和参数应满足的条件，若为空，则可省略；操作目的描述了执行该操作应完成的任务；操作结果描述了该操作被正确执行后，数据结构的变化状况和应返回的结果。

下面以复数为例，给出其抽象数据类型的定义，具体如表 1-2 所示。

表 1–2　　复数的抽象数据类型的定义

数据对象	DataSet={e1,e2|e1,e2 ∈ R,R 是实数集}		
数据关系	S={<e1,e2>|e1 是复数的实部，e2 是复数的虚部}		
基本操作	序号	操作名称	操作说明
	1	InitComplex(Complex)	初始条件：无。 操作目的：初始化复数。 操作结果：复数 Complex 被初始化
	2	CreateComplex(Complex,e1,e2)	初始条件：复数 Complex 已存在。 操作目的：e1 和 e2 分别被赋给复数 Complex 的实部和虚部。 操作结果：复数 Complex 被创建
	3	DestroyComplex(Complex)	初始条件：复数 Complex 已存在。 操作目的：销毁复数 Complex。 操作结果：复数 Complex 不存在
	4	GetReal(Complex,er)	初始条件：复数 Complex 已存在。 操作目的：获取复数 Complex 的实部并赋给 er。 操作结果：返回 er
	5	GetImag(Complex,ei)	初始条件：复数 Complex 已存在。 操作目的：获取复数 Complex 的虚部并赋给 ei。 操作结果：返回 ei
	6	AddComplex(Complex1,Complex2)	初始条件：复数 Complex1 及 Complex2 已存在。 操作目的：将复数 Complex1 和 Complex2 相加。 操作结果：返回相加的结果
	7	SubComplex(Complex1,Complex2)	初始条件：复数 Complex1 及 Complex2 已存在。 操作目的：将复数 Complex1 和 Complex2 相减。 操作结果：返回相减的结果

1.3 算法概述

1.3.1 什么是算法

算法是对待特定问题求解步骤的一种描述，它是指令的有限序列，其中每一条指令表示一个或多个操作。

一个算法应该具备以下 5 个重要特性。

（1）有穷性：一个算法对于任何合法的输入必须在执行有穷步之后结束，且每一步都可在有穷的时间内完成。

（2）确定性：算法中每一条指令都必须具有确切的含义，不能有二义性，并且，在任何条件下，算法的任意一条执行路径都是惟一的，即对于相同的输入所得的输出相同。

（3）可行性：一个算法是可行的，是指算法中描述的操作都可以通过基本运算执行有限次操作来实现。

（4）输入：一个算法有零个或多个输入，这些输入取自于某个特定对象的集合。

（5）输出：一个算法有零个或多个输出，这些输出是同输入有着某些特定关系的量。

说明：算法和程序是不同的，程序是指使用某种计算机语言对一个算法的具体实现，即程序描述了具体怎么做，而算法侧重于描述解决问题的方法。

在使用计算机求解实际中的问题时，不仅要选择合适的数据结构，还要有好的算法，那么应该如何评价一个算法的好坏呢？通常按以下指标来衡量。

（1）正确性：要求算法能够正确地执行，并满足预先设定的功能和性能要求，大致分为以下 4 个层次。

① 程序不含语法错误。

② 程序对于几组输入数据，能够得出满足要求的结果。

③ 程序对于精心选择的典型、苛刻而带有刁难性的几组输入数据，能够得出满足要求的结果。

④ 程序对于一切合法的输入数据，都能够得出满足要求的结果。

（2）可读性：算法主要是为了给人们阅读和交流的，其次才是在计算机上执行。一个算法的可读性好才便于人们理解，人们才有可能对程序进行调试，并从中找出错误。接下来给出几个在程序编写上提高可读性的方法。

① 注释：给程序添加注释，不仅有利于程序设计者自己阅读和查错，也为后续维护人员理解该程序带来方便。

② 变量命名：较复杂的程序通常会涉及较多的变量命名，此时应合理设计变量的名字，从而给后续使用该变量带来方便。

（3）健壮性：当输入的数据不合法或运行环境改变时，算法能恰当地做出反应或进行处理，而不是产生莫名其妙的输出结果。

（4）时间复杂度：对一个算法执行效率的度量。

（5）空间复杂度：是指一个算法在执行过程中所占用的存储空间的度量。

1.3.2 算法的时间复杂度

算法的执行时间是通过依据该算法编写的程序在计算机上执行时所需要的时间来计算的，通常有以下两种方法。

（1）事后统计法：因为很多的计算机有精确的计时功能，所以可以在计算机中执行依据某一算法编写的程序，从而计算出该算法的执行时间。但此时间又与所使用的编程语言，以及计算机的硬件和软件等环境因素有关，有时容易掩盖算法本身的优劣，因此很少使用。

（2）事前分析估算法：通常用高级程序设计语言编写的程序在计算机上运行时消耗的时间取决于下列因素。

① 算法选用何种策略。

② 问题的规模。

③ 所使用的程序设计语言，就同一个算法而言，用级别越高的语言实现，其执行的效率越低。

④ 编译程序所产生的机器代码的质量。

⑤ 机器执行指令的速度。

由上述因素可以看出，采用绝对的时间单位来衡量一个算法的效率是不合理的，因此我们撇开所使用的编程语言、计算机的硬件和软件等环境因素，仅考虑算法本身效率的高低。即认为某一算法的执行时间只依赖于问题的规模，或者说是问题规模的函数。在后面的介绍中，也主要采用事前分析估算法来分析算法的时间性能。

一个算法通常是由控制结构（顺序、分支和循环 3 种）和原操作（指固有数据类型的操作）构成的。例如在算法 1-1 中第 6、8 和 9 行代码对应的操作就是原操作。

```
1    ##############################
2    #原操作
3    ##############################
4    def Function(self,List):
5        for i in range(0,len(List)):
6            List[i]=3*i
7        for i in range(0, len(List)):
8            print(List[i])
9        print("")
```

算法 1-1　原操作

因此算法的执行时间取决于控制结构和原操作的综合效果。为了便于算法执行时间的计算，我们从算法中选取一种对于所研究的问题来说是基本操作的原操作，并以该操作重复执行的次数来计算其执行时间。

假设问题规模为 n，对应的函数关系记为 $T(n)$，则算法的执行时间大致等于执行基本操作所需的时间×$T(n)$。通常执行基本操作所需的时间是某个确定的值，因此 $T(n)$与算法的执行时间成正比，那么我们通过比较不同算法的 $T(n)$大小，就可以得出不同算法的优劣。接下来我们以算法 1-2 为例，给出求解 $T(n)$的过程。

```
##############################
#矩阵相加的函数
##############################
def Function(self,MA,MB,MC,n):
    for i in range(0,n):
        for j in range(0,n):
            MC[i][j]=MA[i][j]+MB[i][j]
```

算法 1-2　矩阵相加的函数

上述第 5～7 行代码是该算法的可执行语句，第 5 行代码中的 i 从 0 变化到 n，因此重复次数是 $n+1$ 次，但对应的循环体只执行 n 次；同理第 6 行代码本身重复的次数也为 $n+1$，对应的循环体只执行 n 次，但由于其嵌套在第 5 行代码内，因此第 6 行代码共重复 $n(n+1)$次。同理第 7 行代码重复的次数为 n^2。

综上所述，算法 1-2 的 $T(n)$可用下式表示。

$$T(n)=n+1+n(n+1)+n^2=2n^2+2n+1$$

由于上述对算法执行时间的计算并不是该算法执行的绝对时间，因此通常进一步将算法的执行时间用 $T(n)$的数量级来表示，记作 $T(n)=O(f(n))$（其中 O 是数量级 Order 的缩写）。具体含义是存在着正常量 c 和 N（N 为一个足够大的正整数），使得 $\lim_{n\to N}\frac{|T(n)|}{f(n)}=c(c\neq 0)$ 成立，由该等式可以看出当 n 足够大时，$T(n)$和 $f(n)$的增长率是相同的，因此我们将 $O(f(n))$称为算法的渐进时间复杂度，简称算法的时间复杂度。

与 $T(n)$对应的 $f(n)$可能有多个，通常只求出 $T(n)$的最高阶，而忽略其低阶项、系数及常数项。如对于 $T(n)=n+1+n(n+1)+n^2=2n^2+2n+1=O(n^2)$，即算法 1-2 的时间复杂度为 $O(n^2)$。

通常，若算法中不存在循环，则算法时间复杂度为常量；若算法中仅存在单重循环，则决定算法时间复杂度的基本操作是算法中该循环中语句对应的基本操作；若算法中存在多重循环，则决定算法时间复杂度的基本操作是算法中循环嵌套层数最多的语句对应的基本操作重复的次数。

（1）算法中无循环。算法 1-3 中无循环，因此该算法的时间复杂度为 O(1)，称为常量阶。

```
##############################
#无循环
##############################
def  Fun1(self,x):
     x=x+1
```

算法 1-3　无循环

（2）算法中含有一个单重循环。算法 1-4 中含有一个单重循环，变量 i 从 0 变化到 n，第 6 行中的基本操作执行了 n 次，因此该算法的时间复杂度为 $O(n)$，称为线性阶。

```
1    ##############################
2    #单重循环
3    ##############################
4    def  Fun2(self,x,n):
5         for i in range(0,n):
6              x=x+1
```

算法 1-4　单重循环

（3）算法中含有多重循环。这里以双重循环为例。算法 1-5 中有双重循环，外循环变量 i 从 0 变化到 n，内循环变量 j 从 0 变化到 n，因此第 7 行中的基本操作执行了 n^2 次，即该算法的时间复杂度为 $O(n^2)$，称为平方阶。

```
1    ##############################
2    #双重循环
3    ##############################
```

```
def  Fun3(self,x,n):
    for i in range(0,n):
        for j in range(0,n):
            x=x+1
```

算法 1-5　双重循环

此外，对于有输入的算法，其时间复杂度还与输入数据集（一个或多个输入）有关。因为对于不同的输入数据集，算法的基本操作重复的次数可能不一样，即算法的时间复杂度可能也不一样。

对于一个有输入的算法，在输入不同的数据集情况下，若其基本操作重复的次数最少，则我们将此时对应的时间复杂度称为算法的最好时间复杂度，反之，若基本操作重复的次数最多，则称为算法的最坏时间复杂度。在实际应用时，我们考虑在等概率的前提下算法的平均时间复杂度。

接下来结合具体实例给出算法的最好、最坏及平均时间复杂度的分析和计算过程。

【例 1-1】 列表 List 中含有 n 个数据，算法 1-6 用于求 List 的前 i（$1\leqslant i\leqslant n$）个数据中最大的数据。请分析该算法的最好、最坏和平均时间复杂度。

```
1    ###############################
2    #求 n 个数据中前 i 个的最大值
3    ###############################
4    def Function(self,List,i):
5        max=List[0]
6        if i<=len(List):
7            for j in range(1,i):
8                if List[j]>max:
9                    max=List[j]
10       return max
```

算法 1-6　求 n 个数据中前 i 个的最大值

前 i 个数据为 List[0,i−1]，要返回其中最大的数据，需要进行 i−1 次比较。因为 $1\leqslant i\leqslant n$，所以共有 n 种情况，在每种情况出现的概率相等（即均为 $1/n$）的前提下，可知

$$T(n)=\sum_{i=1}^{n}\left((i-1)\frac{1}{n}\right)=\frac{1}{n}\sum_{i=1}^{n}(i-1)=\frac{n-1}{2}=\mathrm{O}(n)$$

因此该算法的平均时间复杂度为 O(n)。

当需要求前 1 个数据的最大值即 i=1 时，不需要执行第 9 行的基本操作，此时对应算法的最好时间复杂度为 O(1)。

当需要求前 n 个数据的最大值即 i=n 时，需要执行 n−1 次第 9 行的基本操作，此时对应算法的最坏时间复杂度为 O(n)。

1.3.3　算法的空间复杂度

与算法的时间复杂度类似，算法的空间复杂度一般也认为是问题规模 n 的函数，并以数量级的形式给出，记作

$$S(n)=\mathrm{O}(g(n))$$

依据某算法编写的程序在计算机运行时所占用的存储空间包括以下部分：输入数据所占用的存储空间，程序本身所占用的存储空间和临时变量所占用的存储空间。在对算法的空间复杂度进行研

究时，只分析临时变量所占用的存储空间。例如，在算法 1-7 中，不计形参 List 所占用的空间，而只是计算临时变量 *i* 和 sum 所占用的存储空间，因此该算法的空间复杂度为 O(1)。

```
##############################
#被调用的函数
##############################
def  Sum(self,List):
    sum=0
    for i in range(0,len(List)):
          sum=sum+List[i]
    return sum
```

算法 1-7　被调用的函数

为什么在对算法的空间复杂度进行分析时，只考虑临时变量所占用的存储空间而不考虑形参占用的存储空间呢？我们来看算法 1-8。

```
1    ##############################
2    #调用的函数
3    ##############################
4    def  Fun(self,List):
5        List=[1,2,3,4,5,6,7,8]
6        print("sum=",self.Sum(List))
```

算法 1-8　调用的函数

算法 1-8 为列表 List 分配存储空间，而在第 6 行代码中，我们可以看到其调用了算法 1-7 中的 Sum()函数。若在算法 1-7 中，我们再次考虑形参 List 占用的存储空间，则就重复计算了其占用的存储空间。

由上述实例可知，在对算法的空间复杂度进行分析时，只需考虑临时变量所占用的存储空间而不用考虑形参占用的存储空间。

1.4　本章小结

本章介绍了数据结构的基本概念和相关术语，并介绍了算法的时间和空间复杂度的分析方法，主要内容总结如下。

（1）数据结构是相互之间存在一种或多种特定关系的数据元素的集合，通常包括数据的逻辑结构和存储结构两个层次，逻辑结构是从具体问题抽象出来的数学模型，是从逻辑关系上描述数据，并不涉及数据在计算机中的存储。根据数据元素之间关系特性的不同，通常分为 4 类基本的逻辑结构——集合、线性结构、树形结构和图状（或网状）结构。存储结构则是逻辑结构在计算机中的存储表示，大致有 4 类——顺序存储结构、链式存储结构、索引存储结构和哈希（或散列）存储结构。

（2）数据类型是程序设计语言中固有的，每种数据类型包含一组值及定义在这组值上的一组操作。抽象数据类型则是由用户自己定义的，是实际问题的数学模型及定义在该模型上的一组操作，具体包括 3 个方面：数据对象，数据对象上关系的集合，以及对数据对象的基本操作的集合。

（3）算法是为了解决特定问题而设计的方法。算法具有 5 个特性——有穷性、确定性、可行性、输入和输出。在评价一个算法的优劣时，可以考虑其正确性、可读性、健壮性、时间复杂度和空间复杂度。这里简要介绍了算法的时间复杂度和空间复杂度。

1.5 上机实验

1.5.1 基础实验

基础实验 1　分析算法的时间和空间复杂度

实验目的：考察是否能够正确地理解算法的时间和空间复杂度的概念，并能否计算出下列给定算法的时间和空间复杂度。

```
##############################
#简单输出
##############################
def  Fun1(self):
    i=0
    print("hello world!")
```

算法 1-9　简单输出

```
##############################
#单重循环
##############################
def  Fun2(self,n):
    k=0
    for i in range(0,n):
        k=k+i
```

算法 1-10　单重循环

```
##############################
#双重循环
##############################
def Function(self,n):
     k=0
     for i in range(1,n):
         for j in range(1,i+1):
             k=i*j
             print(i,"*",j,"=",k)
         print()
```

算法 1-11　双重循环

实验要求：计算出上述 3 个算法的时间和空间复杂度。

基础实验 2　设计算法并讨论其时间复杂度

实验目的：通过设计算法直观感知其时间复杂度，从而进一步理解算法的时间复杂度的概念，并能够计算出对应的时间复杂度。

实验要求：创建名为 ex010501_02.py 的文件，在其中设计多个操作（包括无循环、单重循环和双重循环），体会算法的时间复杂度这一概念。通过以下步骤完成本实验。

1. 实现无循环的方法

（1）简单地编写一个输出自己姓名和学号的语句。

（2）计算该方法的时间复杂度。

2. 实现单重循环的方法

（1）利用单重循环求解正整数 1～n 的和。

（2）计算该方法的时间复杂度。

3. 实现双重循环的方法

（1）利用双重循环输出九九乘法表。

（2）计算该方法的时间复杂度。

1.5.2 综合实验

综合实验 1 多种方式求和

实验目的：以多种方式求解正整数 1～n 的和，通过对比这些方式在同一种环境下运行后的绝对时间，深入地体会算法的时间复杂度。

实验背景：当设计如何求解正整数 1～n 的和的算法时，可以将正整数 1, 2, …, n 逐个进行累加，从而求出 1～n 的和；也可以直接使用 $\frac{n(n+1)}{2}$。显然后者的算法设计是优于前者的，但对此我们并没有直观的认识。因此可以实现这两种设计并在机器上运行，然后通过比较它们运行后的绝对时间，直观地感受算法的时间复杂度。

实验内容：创建名为 ex010502_01.py 的文件，在其中编写求解正整数 1～n 的和的程序，具体如下。

（1）编写将正整数 1, 2, …, n 逐个进行累加的方法。

（2）执行（1）中的方法并获取其执行的绝对时间。

（3）编写使用 $\frac{n(n+1)}{2}$ 求解 1～n 的和的方法。

（4）执行（3）中的方法并获取其执行的绝对时间。

（5）比较（2）和（4）中的绝对时间。

综合实验 2 多种方式求素数

实验目的：以多种方式判断某个正整数 n 是否为素数，通过对比这些方式在同一种环境下运行后的绝对时间，深入地体会算法的时间复杂度。

实验背景：我们知道判断一个正整数 n 是否为素数的方法是通过计算该正整数是否只能被 1 和其本身整除。当设计如何判断正整数 n 是否为素数的算法时，我们可以将 n 对正整数 2, 3, …, n-1 逐个进行取模，若结果均不为 0，则 n 为素数；也可以将 n 对正整数 2, 3, …, $\frac{n}{2}$ 逐个进行取模，若结果均不为 0，则 n 为素数；也可以将 n 对正整数 2, 3, …, $\sqrt{n}$ 逐个进行取模，若结果均不为 0，则 n 为素数。这 3 种方法对素数的判断进行了逐步改进，需重复取模，比较的次数也变得越来越少。

实验内容：创建名为 ex010502_02.py 的文件，在其中编写判断正整数 n 是否为素数的程序，具体如下。

（1）编写通过将正整数 n 对 2, 3, …, n−1 逐个取模，判断其是否为素数的方法。

（2）编写通过将正整数 n 对 2, 3, …, $\frac{n}{2}$ 逐个取模，判断其是否为素数的方法。

（3）编写通过将正整数 n 对 2, 3, …, $\sqrt{n}$ 逐个取模，判断其是否为素数的方法。

（4）输入待判断的正整数 n。

（5）分别执行上述实现的 3 个方法，并获取各自的运行时间。

（6）改变 n 的规模（n=100、10000 和 1000000），并重复执行上述 3 个方法，分析每次的运行时间，计算算法的时间复杂度。

习题

一、选择题

1. 下列有关说法不正确的是（　　）。
   A. 数据元素是数据的基本单位
   B. 数据项是数据中不可分割的最小可标识单位
   C. 数据可由若干个数据元素构成
   D. 数据项可由若干个数据元素组成

2. 计算机所处理的数据一般具备某种内在联系，这是指（　　）。
   A. 数据和数据之间存在某种关系　　B. 元素和元素之间存在某种关系
   C. 元素内部存在某种关系　　D. 数据项和数据项之间存在某种关系

3. 从逻辑上可以把数据结构分为（　　）两大类。
   A. 动态结构和静态结构　　B. 顺序结构和链式结构
   C. 线性结构和非线性结构　　D. 初等结构和构造型结构

4. 下面关于算法的说法正确的是（　　）。
   A. 算法最终必须由计算机程序执行
   B. 算法就是为解决某一问题而编写的程序
   C. 算法的可行性是指不能有二义性指令
   D. 以上几个都是错误的

5. 算法的时间复杂度取决于（　　）。
   A. 问题的规模　　B. 待处理数据的初态
   C. A 和 B　　D. 以上都不是

二、填空题

1. 数据项是数据元素中________的最小标识单位，通常不具备完整、确定的实际意义，只是反映数据元素某一方面的属性。

2. 数据的逻辑结构通常分为________、________、________和________。

3. 数据的存储结构通常分为________、________、________和________。

4. 一个算法有 5 个特性，即________、________、________、________和________。

5. 在对算法的空间复杂度进行分析时，只需考虑________所占用的存储空间而不用考虑

__________占用的存储空间。

三、编程题

1. 设计算法求解正整数 n 的阶乘，并分析其时间复杂度以及空间复杂度（例如 n=10）。

2. 已知序列 1,2,3,5,8,…，要求设计算法求第 20 项的值，并分析其时间和空间复杂度。

3. 设计算法求解 1!+2!+3!+…+n!的和，并分析其时间复杂度（例如 n=10）。

4. 设计算法求解 1!+2!+3!+…+n!的和，要求使用双重循环，外循环控制循环次数，内循环求解每个数的阶乘，输出最终的结果并计算该算法的时间复杂度（例如 n=10）。

5. 设计算法求解 1!+2!+3!+…+n!的和，要求仅使用单重循环控制循环的次数，同时用于计算当前数的阶乘（记下此值用于计算下一个数的阶乘），输出最终的结果并计算该算法的时间复杂度（例如 n=10）。

6. 设计算法获取输入的 n 个数据中的最大值，要求输入一组数据使时间复杂度为算法的最好时间复杂度（例如 n=10）。

7. 设计算法获取输入的 n 个数据中的最大值，要求输入一组数据使时间复杂度为算法的最坏时间复杂度（例如 n=10）。

8. 设计算法对于 1～n 的每一个整数 n，输出 $\log_2 n$、$\sqrt{n}$、n、$n\log_2 n$、n^2、n^3、2^n 和 $n!$这 8 个函数的值，并分析每一个函数的增长趋势（例如 n=10）。

9. 设计算法对输入的 n 个数据从小到大进行排序，要求输入一组数据使时间复杂度为算法的最好时间复杂度（例如 n=10）。

10. 设计算法对输入的 n 个数据从小到大进行排序，要求输入一组数据使时间复杂度为算法的最坏时间复杂度（例如 n=10）。

02 第2章　线性表

线性表是一种常用的数据结构。本章首先介绍线性表的基本概念，然后再根据线性表存储方式的不同，详细介绍顺序表的概念、操作和应用，链表的概念、类型和应用。

2.1　线性表简介

线性表是十分常用的一种数据结构，接下来从线性表的定义、形式、逻辑结构、类型及特性这 5 个方面进行介绍。

1. 定义

线性表是由若干个具有相同特性的数据元素组成的有限序列。若该线性表中不包含任何元素，则称为空表，此时其长度为零。当线性表不为空时，表中元素的个数即为其长度。

2. 形式

可以用以下形式来表示线性表。

$$\{a[1],a[2],\cdots,a[i],\cdots,a[n]\}$$

其中 a[*i*]表示线性表中的任意一个元素，*n* 表示元素的个数。表中 a[1]为第一个元素，a[2]为第二个元素，依次类推，a[*n*]为表中的最后一个元素。由于元素 a[1]领先于 a[2]，因此我们称 a[1]是 a[2]的直接先驱元素，a[2]是 a[1]的直接后继元素。

我们把线性表中的第一个元素 a[1]称为表头，最后一个元素 a[*n*]称为表尾，在线性表中，有且仅有一个表头元素和一个表尾元素。通常表头元素没有直接先驱元素，表尾元素没有直接后继元素。

3. 逻辑结构

图 2-1 所示为一种典型的线性表的逻辑结构。

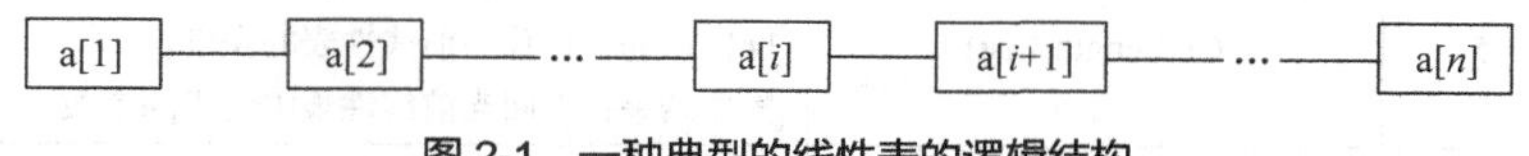

图 2-1　一种典型的线性表的逻辑结构

4. 类型

线性表中的元素之间也可以存在某种关系。如数字 1～20 里所有奇数的排列，可用如下线性表的形式来表示。

{1,3,5,7,9,11,13,15,17,19}

此时，表内元素的值是按照递增顺序来排列的，通常我们称这种类型的线性表为**有序线性表**（简称有序表），即该表中元素按某种顺序进行排列。从严格意义上来讲，仅当线性表中所有元素以递增或递减的顺序排列（允许表中存在相同的元素），我们才称其为有序表；否则，我们均称其为无序表，元素之间既无递增也无递减关系，示例如下。

{1,13,5,74,9,11,13,15,17,195}

5. 特性

线性表有以下特性。

（1）线性表中的元素个数一定是有限的。

（2）线性表中的所有元素具有相同的性质。

（3）线性表中除表头元素以外，其他所有元素都有唯一的（直接）先驱元素。

（4）线性表中除表尾元素以外，其他所有元素都有唯一的（直接）后继元素。

线性表不仅可被用于解决数据的排序、Josephus（约瑟夫）环、*n* 级法雷数列等问题，还可在网络爬虫、数据检索和挖掘、游戏开发中被广泛使用，甚至在大数据、人工智能和神经网络等领域也被不同程度地使用。通常我们从创建一个线性表开始，然后再进行以下操作：向线性表中增加元素；对线性表中的元素进行修改；查找线性表中的特定元素；删除线性表中的元素等。

线性表使用完毕后，可将其销毁以释放所占用的资源。

线性表的抽象数据类型的定义如表 2-1 所示。

表 2-1　　线性表的抽象数据类型的定义

<table>
<tr><td>数据对象</td><td colspan="3">具有相同特性的数据元素的集合</td></tr>
<tr><td>数据关系</td><td colspan="3">线性表中除表头和表尾元素以外，其他所有元素都有唯一的先驱元素和后继元素</td></tr>
<tr><td rowspan="13">基本操作</td><td>序号</td><td>操作名称</td><td>操作说明</td></tr>
<tr><td>1</td><td>InitList(List)</td><td>初始条件：无。
操作目的：构造新的线性表。
操作结果：线性表 List 被构造</td></tr>
<tr><td>2</td><td>DestoryList(List)</td><td>初始条件：线性表 List 存在。
操作目的：销毁线性表 List。
操作结果：线性表 List 不存在</td></tr>
<tr><td>3</td><td>ClearList(List)</td><td>初始条件：线性表 List 存在。
操作目的：将现有的线性表 List 中的所有内容重置为空。
操作结果：线性表 List 被置空</td></tr>
<tr><td>4</td><td>IsEmpty(List)</td><td>初始条件：线性表 List 存在。
操作目的：判断当前线性表 List 是否为空。
操作结果：若线性表为空则返回 True，否则返回 False</td></tr>
<tr><td>5</td><td>GetLength(List)</td><td>初始条件：线性表 List 存在。
操作目的：计算当前线性表的长度。
操作结果：返回当前线性表中元素的个数</td></tr>
<tr><td>6</td><td>VisitElement(List)</td><td>初始条件：线性表 List 存在。
操作目的：输出当前线性表中某个元素。
操作结果：当前线性表中的某个元素被输出</td></tr>
<tr><td>7</td><td>GetElement(List,i,e)</td><td>初始条件：线性表 List 存在并且 i∈[1,GetLength(List)]。
操作目的：查找当前线性表中第 i 个元素的值，并将其赋给 e。
操作结果：第 i 个元素的值 e 被输出</td></tr>
<tr><td>8</td><td>FindElement(List,e)</td><td>初始条件：线性表 List 存在。
操作目的：查找当前线性表中与元素 e 的值相匹配的第一个元素。
操作结果：若查找成功则返回 Ture，并输出该元素在线性表中的位置；否则返回 Flase</td></tr>
<tr><td>9</td><td>InsertElement(List,i,e)</td><td>初始条件：线性表 List 存在并且 i∈[1,GetLength(List)+1]。
操作目的：在当前线性表中插入元素。
操作结果：在当前线性表中第 i 个位置前插入元素 e，线性表 List 的长度加 1</td></tr>
<tr><td>10</td><td>DeleteElement(List,e)</td><td>初始条件：线性表 List 存在并且 e∈{List}。
操作目的：删除当前线性表中值为 e 的元素。
操作结果：线性表中第一个值为 e 的结点被删除，线性表 List 的长度减 1</td></tr>
<tr><td>11</td><td>RemoveElement(List,i)</td><td>初始条件：线性表 List 存在并且 i∈[1,GetLength(List)]。
操作目的：删除当前线性表中第 i 个位置的元素。
操作结果：线性表中的第 i 个结点被删除，线性表 List 的长度减 1</td></tr>
<tr><td>12</td><td>TraverseList (List)</td><td>初始条件：线性表 List 存在。
操作目的：将线性表中所有元素逐一输出。
操作结果：表中所有元素被逐一输出</td></tr>
</table>

2.2　顺序表

在上一节中，我们从线性表的定义、形式、逻辑结构、类型及特性 5 个方面分别进行了简要介绍。在本节中，我们将从顺序表的概念、操作及其应用这 3 个方面进行详细介绍。

2.2.1　顺序表的概念

顺序表是指采用顺序存储的方式来存储数据元素的线性表。在顺序表中，我们通常将结点依次存放在一组地址连续的存储空间中，由于待存储空间连续且每个数据元素占用的空间相同，因此可以综合上述信息并通过计算得出每个元素的存储位置。

给定一个顺序表 a，其中的数据元素为{1,3,5,7}，此时我们将其存入一组地址连续的存储空间中（假定每个数据元素只占用一个存储单元），如图 2-2 所示。假定顺序表中第一个元素“1”的位置为 Locate(a[1])，则第二个元素“3”的位置就可以通过下式得到。

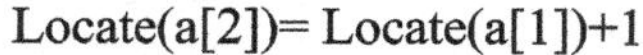

Locate(a[2])= Locate(a[1])+1

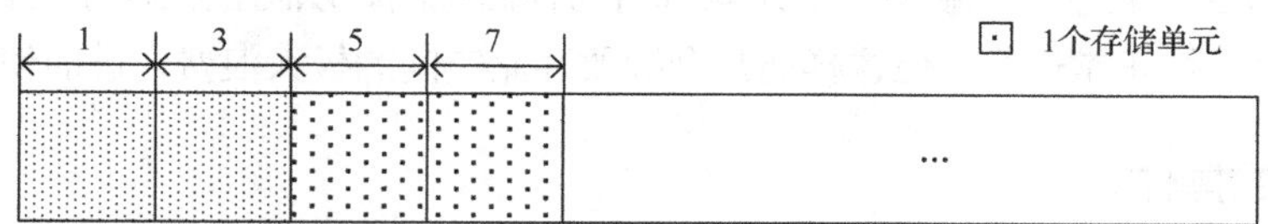

图 2-2　一个元素占用一个存储单元

如图 2-3 所示，若顺序表 a 仍存放在上述存储空间中，但此时每个元素所占的储存空间变为 S 个存储单元（S>1），那我们又该如何计算每个元素的起始存储位置呢？此时我们假设顺序表 a 中每个元素第一个存储单元所在的存储地址为该元素的起始存储位置，即可得出顺序表 a 中第 i 个元素与第 i+1 个元素之间的位置关系如下。

$$\text{Locate}(a[i+1])=\text{Locate}(a[i])+S$$

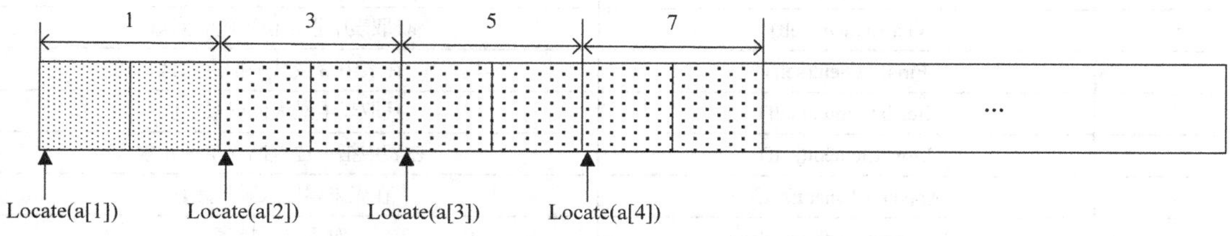

图 2-3　一个元素占用 S 个存储单元

假定每个元素所占的存储空间为 S 个存储单元，当我们只知道某一顺序表第一个元素的位置时，若我们想求任意一个元素 a[i]的存储位置又该怎么做呢？此时我们可以使用下述关系式来计算顺序表 a 中任意一个元素 a[i]的存储位置。

$$\text{Locate}(a[i])=\text{Locate}(a[1])+(i-1)*S$$

在一组连续的存储空间中，存放多个顺序表后的存储空间分布如图 2-4 所示。

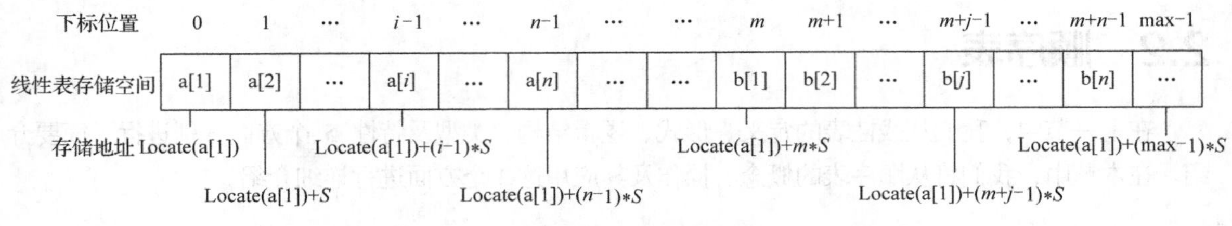

图 2-4 顺序表结构

从图 2-4 中，我们可以看到线性表中的数据元素，在存储空间中是被依次相邻存放的。从实现的角度来看，由于顺序表中元素的数据类型不同，因此其占用的存储单元数目也不同。所以在分配存储空间时，必须考虑到这一点。

例如：当顺序表中每个元素的数据类型为字符型时，每个字符元素均只占用一个字节，因此只需要分配与顺序表中元素个数相同的字节数目即可实现顺序表中元素的存储。若每个元素的数据类型为整型，则每个字符元素需占用 4 个字节，此时需要分配的字节数目则变为顺序表中元素个数的 4 倍。

通常编译器都会分配略多于顺序表中元素所需的存储空间，以防止在程序运行时，因为存储空间不够而导致程序无法正常运行，但这样通常会导致存储空间的极大浪费，进而使得存储效率低下。

2.2.2 顺序表的操作

在本节中，我们将介绍如何实现顺序表的典型操作。

创建文件 ex020202.py。在该文件中我们定义了一个用于顺序表基本操作的 SequenceList 类，如表 2-2 所示。

表 2–2 SequenceList 类中的成员函数

序号	名称	注释
1	__init__(self)	初始化线性表（构造函数）
2	CreateSequenceList(self)	创建顺序表
3	DestorySequenceList(self)	销毁顺序表
4	IsEmpty (self)	判断顺序表是否为空
5	GetElement(self)	获取表中指定位置的元素值
6	FindElement(self)	在表中查找某一指定元素
7	GetExtremum(self)	获取表中最大值或最小值
8	InsertElement(self)	在表中指定位置插入某一元素
9	AppendElement(self)	在表末尾插入某一元素
10	SortSequenceList(self)	对表进行排序
11	DeleteElement(self)	删除表中某一元素
12	VisitElement(self)	访问表中某一元素
13	TraverseElement(self)	遍历表中所有元素

接下来，我们将具体实现__init__(self)、CreateSequenceList(self)、FindElement(self)、InsertElement(self)、DeleteElement(self)和 TraverseElement(self)这 6 个方法。读者可根据自己的需要，自行实现其余方法。

1. 创建顺序表函数的实现

我们首先调用 SequenceList 类的构造函数__init__(self)初始化一个空的顺序表，其算法思路如下。

（1）创建一个顺序表。

（2）对该顺序表进行初始化。

该算法思路对应的算法步骤如下。

（1）创建一个顺序表 self.SeqList。

（2）将顺序表 self.SeqList 置空。

其实现代码如下。

```
######################################
#初始化顺序表函数
######################################
def __init__(self):
    self.SeqList=[]
```

算法 2-1 初始化顺序表函数

然后调用 SequenceList 类的成员函数 CreateSequenceList(self)创建顺序表，其算法思路如下。

（1）输入数据元素并存入顺序表中。

（2）结束数据元素的输入。

（3）成功创建顺序表。

该算法思路对应的算法步骤如下。

（1）调用 input()方法接收用户的输入。

（2）若用户的输入不为“#”，则调用 append()方法将其添加至线性表中并转（3）。

（3）重复步骤（1）。

（4）若用户的输入为“#”，则结束当前输入并完成线性表的创建。

该算法的实现代码如下。

```
1   ######################################
2   #创建顺序表函数
3   ######################################
4   def CreateSequenceList(self):
5       print("************************************************")
6       print("*请输入数据后按回车键确认，若想结束请输入“#”。*")
7       print("************************************************")
8       Element=input("请输入元素：")
9       while Element!='#':
10          self.SeqList.append(int(Element))
11          Element=input("请输入元素：")
```

算法 2-2 创建顺序表函数

在算法 2-2 的第 10 行中，我们调用了 append()方法在当前顺序表尾端直接插入新元素。

通过执行上述代码，我们创建了一个新的顺序表 SeqList，表内数据元素为

{ ‘1001’, ‘365’, ‘30’, ‘11’, ‘23’, ‘24’, ‘3’, ‘9’, ‘35’ }

在之后的基本操作中，我们都会基于该顺序表进行。

2. 查找元素值函数的实现

通过 SequenceList 类的成员函数 FindElement(self,SeqList)来查找顺序表中某一元素，其算法思路如下。

（1）输入待查找的元素值。

（2）若需查找的元素值存在于顺序表中，则输出其值及所在位置。

（3）若需查找的元素不在顺序表中，则输出相应提示。

该算法思路对应的算法步骤如下。

（1）调用 input()方法接收用户输入的待查找的元素值 key，并将其转化为 int 型。

（2）判断用户输入的元素值 key 是否存在于顺序表 SeqList 中，若结果为真则转（3），否则转（4）。

（3）输出该元素值及其所在位置。

（4）输出查找失败的提示。

该算法的实现代码如下。

```
1      ########################################
2      #查找元素值函数
3      ########################################
4      def FindElement(self):
5           key=int(input('请输入想要查找的元素值：'))
6           if key in self.SeqList:
7                ipos=self.SeqList.index(key)
8                print("查找成功！值为",self.SeqList[ipos],"的元素，位于当前顺序表的第
",ipos+1,"个位置。")
9           else:
10               print("查找失败！当前顺序表中不存在值为",key,"的元素")
```

算法 2-3　查找元素值函数

在算法 2-3 的第 7 行代码中，我们调用了 index()方法来实现在列表中查找与元素 key 相匹配的第一个值并获得该值的下标位置。

3. 指定位置插入元素函数的实现

通过 SequenceList 类的成员函数 InsertElement(self,SeqList)，向已有顺序表 SeqList 中插入指定元素，其算法思路如下。

（1）输入待插入元素的目标位置。

（2）输入待插入的元素值。

（3）输出成功插入元素后的顺序表。

该算法思路对应的算法步骤如下。

（1）调用 input()方法接收用户需要插入元素的目标位置 iPos。

（2）调用 input()方法接收用户需要插入元素的值 Element。

（3）调用 insert()方法将值为 Element 的元素插入指定位置 iPos 处。

（4）调用 print()方法将插入元素 Element 后的顺序表输出。

该算法的实现代码如下。

```
1    #####################################
2    #指定位置插入元素函数
3    #####################################
4    def InsertElement(self):
5        iPos=int(input('请输入待插入元素的位置：'))
6        Element=int(input('请输入待插入的元素值：'))
7        self.SeqList.insert(iPos,Element)
8        print ("插入元素后，当前顺序表为：\n",self.SeqList)
```

算法 2-4　指定位置插入元素函数

在算法 2-4 的第 7 行中，我们调用了 insert()方法将对象 Element 插入指定位置 iPos。在插入对象 Element 时，insert()方法将自行判断插入位置 iPos 是否合法。

假定我们在之前创建的顺序表 SeqList 中，将元素‘66’插入至表中第 4 个位置（其下标位置为 3），通过执行上述代码，原本含有 9 个元素的顺序表 SeqList

{‘1001’,‘365’,‘30’,‘11’,‘23’,‘24’,‘3’,‘9’,‘35’}

变为含有 10 个元素的顺序表 SeqList

{‘1001’,‘365’,‘30’,‘66’,‘11’,‘23’,‘24’,‘3’,‘9’,‘35’}

为了将元素‘66’插入指定位置，我们将原顺序表 SeqList 中的元素‘11’及其之后的 5 个元素均向后移动了一个位置，具体过程如图 2-5 所示。

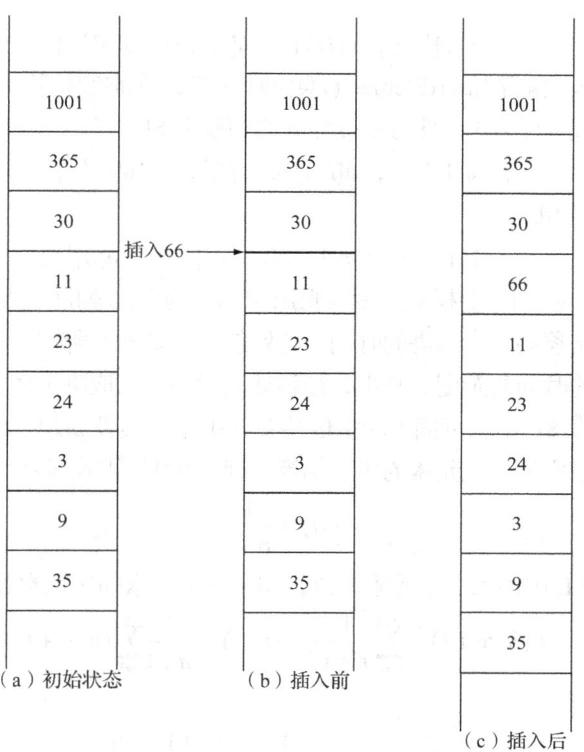

图 2-5　向后移动并插入元素

我们还可以将原顺序表 SeqList 中的元素‘30’及其之前的两个元素向前移动，实现插入元素‘66’这一操作，具体过程如图 2-6 所示。

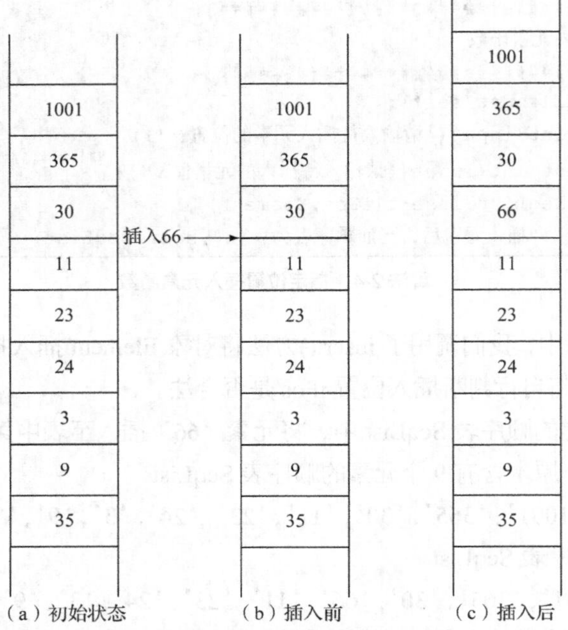

图 2-6 向前移动并插入元素

假定一个顺序表 SL 为

{ ‘a[1]’,···, ‘a[i−1]’, ‘a[i]’,···, ‘a[n]’ }

当我们对该顺序表 SL 执行 InsertElement()操作时，其实质是在顺序表 SL 的第 i 个元素与第 i+1 个元素之间插入一个新数据元素 E，使得长度为 n 的顺序表 SL

{ ‘a[1]’,···, ‘a[i−1]’, ‘a[i]’,···, ‘a[n]’ }

变为长度为 n+1 的顺序表 SL

{ ‘a[1]’,···, ‘a[i−1]’, E, ‘a[i]’,···, ‘a[n]’ }

在执行插入操作前，我们需要移动元素以腾出空间，为新元素的存储做准备，所以该算法的执行时间可被粗略地认为是移动元素所需的时间（此处忽略元素插入所需的时间），即我们可将移动元素所需时间视为该算法的时间复杂度。其中，被移动元素的个数取决于插入元素的位置。

在长度为 n 的顺序表 SL 中，可插入的空位共有 n+1 个。假设 $p(i)$代表在第 i 个位置前插入一个新元素的概率，若在每个空位插入元素的概率相等，则 $p(i)$可用下式表示。

$$p(i)=\frac{1}{n+1}$$

因此，在该顺序表 SL 中插入一个元素之前，需要移动元素的平均次数（即期望值）为

$$E(\text{SeqList})=\sum_{i=1}^{n+1}\frac{1}{n+1}(n-i+1)=\frac{1}{n+1}\sum_{i=1}^{n+1}(n-i+1)$$

对上式进行计算可得

$$E(\text{SeqList})=\frac{1}{n+1}\times\frac{n(n+1)}{2}=\frac{n}{2}$$

从上述结果可以知道，该算法的时间复杂度为 O(n)。通过上式可以看到，在长为 n 的顺序表 SL 中每插入一个新元素，顺序表 SL 中所有元素平均需被移动 $\frac{n}{2}$ 次，即表 SL 中一半的元素将被移动。

4. 指定位置删除元素函数的实现

通过 SequenceList 类的成员函数 DeleteElement(self,SeqList)，可将已有顺序表 SeqList 中的指定位置处的数据元素删除，其算法思路如下。

（1）输入待删除元素的下标位置。

（2）删除指定元素。

（3）输出删除元素后的顺序表。

该算法思路对应的算法步骤如下。

（1）调用 input()方法接收用户需要删除元素的目标位置 dPos。

（2）调用 remove()方法将下标位置为 dPos 的元素删除。

（3）调用 print()方法输出删除元素后的顺序表。

该算法的实现代码如下。

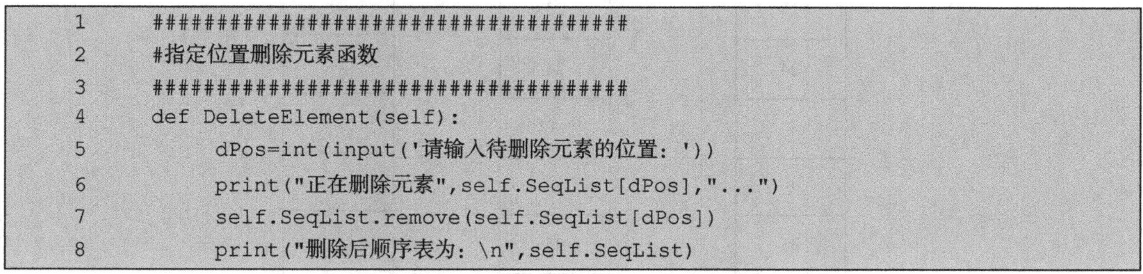

```
1    ########################################
2    #指定位置删除元素函数
3    ########################################
4    def DeleteElement(self):
5        dPos=int(input('请输入待删除元素的位置：'))
6        print("正在删除元素",self.SeqList[dPos],"...")
7        self.SeqList.remove(self.SeqList[dPos])
8        print("删除后顺序表为：\n",self.SeqList)
```

算法 2-5　指定位置删除元素函数

在算法 2-5 的第 7 行代码中，我们调用了 remove()方法将指定位置 dPos 上的元素删除。在删除对象 Element 时，remove()方法将自行判断删除位置 dPos 是否合法。

注意：此处还可以调用 del self.SeqList[dPos]来实现相同的功能。

假定我们在之前创建的顺序表 SeqList 中删除下标位置为 3 的元素‘66’，在执行删除操作后，原顺序表 SeqList 中元素‘11’及其之后的 5 个元素均向前移动了一个位置，具体过程如图 2-7 所示。

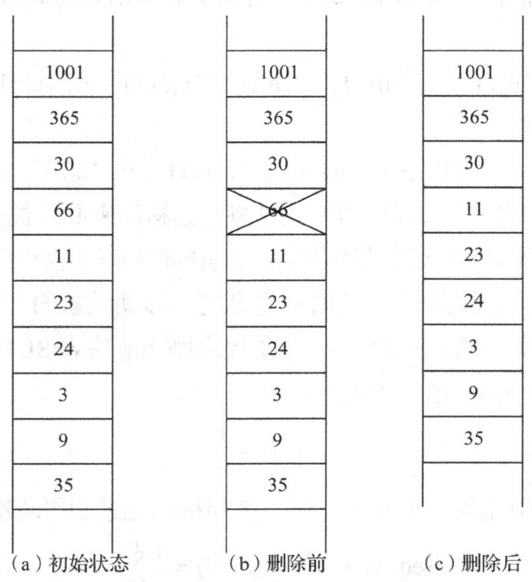

图 2-7　删除元素并向前移动位置

我们还可以通过将元素‘30’及其之前的两个元素向后移动一个位置，实现删除元素‘66’这一操作，具体过程如图 2-8 所示。

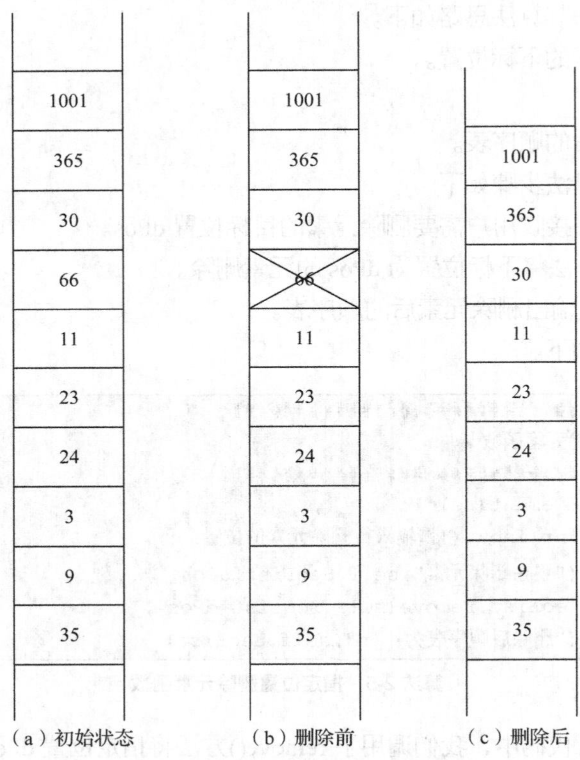

图 2-8　删除元素并向后移动位置

假定一个顺序表 SL 为

{ ‘a[1]’,⋯, ‘a[i−1]’, ‘a[i]’,⋯, ‘a[n]’ }

当我们对该顺序表 SL 执行 DeleteElement()操作时，其实质是将表 SL 中某一元素 a[i]删除，使得长度为 n 的顺序表 SL

{ ‘a[1]’,⋯, ‘a[i−1]’, ‘a[i]’, ‘a[i+1]’,⋯, ‘a[n]’ }

变为长度为 n−1 的顺序表 SL

{ ‘a[1]’,⋯, ‘a[i−1]’, ‘a[i+1]’,⋯, ‘a[n]’ }

在顺序表SL中执行删除操作后,我们需要通过将元素移动来回收被删除元素所占用的存储空间。因此该算法的执行时间，可粗略地认为是移动元素所需的时间（此处忽略删除元素所需的时间），即我们可将移动元素所需的时间视为该算法的时间复杂度。移动元素的个数取决于删除元素的位置。

假定顺序表 SL 中可被删除的元素为 n 个，$p(i)$代表删除顺序表 SL 中第 i 个元素的概率，若每个元素被删除的概率相等，则 $p(i)$可用下式表示。

$$p(i)=\frac{1}{n}$$

因此，在该顺序表 SL 中删除一个元素之后，需要移动元素的平均次数（即期望值）为

$$E(\text{SeqList})=\sum_{i=1}^{n}\frac{1}{n}(n-i)=\frac{1}{n}\sum_{i=1}^{n}(n-i)$$

对上式进行计算可得

$$E(\text{SeqList}) = \frac{1}{n} \times \frac{n(n-1)}{2} = \frac{n-1}{2}$$

从上述结果中，我们可以知道该算法的时间复杂度也为 $O(n)$。通过上式我们可以看到，在长度为 n 的顺序表 SL 中每删除一个元素，顺序表 SL 中所有元素平均移动 $\frac{n-1}{2}$ 次，即表 SL 中接近一半的元素被移动。

5. 遍历顺序表元素函数的实现

通过 SequenceList 类的成员函数 TraverseElement(self)，遍历当前顺序表 SeqList 中的元素，其算法思路如下。

（1）得到顺序表的长度。

（2）逐一输出该顺序表中的元素值。

该算法思路对应的算法步骤如下。

（1）调用 len()函数得到当前顺序表 SeqList 的长度 SeqListLen。

（2）使用变量 i 来指示当前元素的下标位置。

（3）从变量 i=0 开始到 i=SeqListLen−1 为止，执行（4）。

（4）调用 print()方法输出下标位置为 i 的元素值。

（5）结束输出。

该算法的实现代码如下。

```
1    ###########################################
2    #遍历顺序表元素函数
3    ###########################################
4    def TraverseElement(self):
5        SeqListLen=len(self.SeqList)
6        print("******遍历顺序表中元素******")
7        for i in range(0,SeqListLen):
8            print("第",i+1,"个元素的值为",self.SeqList[i])
```

算法 2-6　遍历顺序表元素函数

在算法 2-6 的第 5 行代码中，我们调用了 len()方法获取列表 SeqList 的长度；在第 7 和第 8 行中，我们使用 for 循环逐一输出表中每个元素，其中的 range(0,SeqListLen)函数表明循环将被执行 SeqListLen 次。

2.2.3　顺序表的应用

在本小节中，我们将通过一个例子来介绍有关顺序表的应用。

【例 2-1】表 2-3 为软件学院 15 级软件工程 1 班部分学生 2017—2018 年度英语期末考试成绩，该表包括序号、姓名和分数 3 个字段。请结合顺序表的操作将分数存入顺序表中，并求出最高分与最低分。

表 2–3　　部分学生英语期末考试成绩

序号	姓名	分数
1	赵小一	56
2	钱小二	29

续表

序号	姓名	分数
3	孙小三	69
4	李小四	95
5	周小五	92
6	吴小六	62
7	郑小七	70
8	王小八	50
9	冯小九	80
10	陈小十	77

分析：本例实质就是获取表中成绩的最大值与最小值。根据题目要求，需结合顺序表的操作来求解，因此我们必须先创建一个顺序表，然后将上述成绩逐一输入至顺序表中，最后求出该顺序表的最大值与最小值并将两者的值输出。

基于上述分析，我们可将算法思路归纳如下。

（1）创建一个顺序表，将表 2-3 中学生的分数依次输入至顺序表中。

（2）通过对顺序表执行相关操作，求出最大值和最小值。

（3）输出最大值和最小值，即为最高分和最低分。

该算法思路对应的算法步骤如下。

（1）调用 SequenceList 类的成员函数 CreateSequenceList(self)将表 2-3 中的分数依次输入至顺序表 L 中（具体代码实现可参考算法 2-1 与算法 2-2）。

（2）调用 SequenceList 类的成员函数 GetExtremum(self)获取顺序表中的最大值和最小值。

（3）输出最大值和最小值。

以下为 GetExtremum(self)的实现代码。

```
##########################################
#求顺序表最值函数
##########################################
def GetExtremum(self):
    while True:
        print("**********************")
        print("*1:查询最大值")
        print("*2:查询最小值")
        print("*3:查询最大值和最小值")
        print("*0:退出程序")
        print("**********************")
        i=int(input("请输入:"))
        if i==1:
            print("顺序表中最大值为：",max(self.SeqList))
        elif i==2:
            print("顺序表中最小值为：",min(self.SeqList))
        elif i==3:
            print("顺序表中最大值为：",max(self.SeqList))
            print("顺序表中最小值为：",min(self.SeqList))
```

```
20          elif i==0:
21              break
```

算法 2-7　求顺序表最值函数

在算法 2-7 的第 14 行代码中，我们调用了 max()函数来获取当前顺序表中的最大值并将其输出；在第 16 行中，我们调用了 min()函数来获取当前顺序表中的最小值并将其输出。

我们可以创建一个顺序表 L，并调用 CreateSequenceList(self)和 GetExtremum(self)方法来完成对上述问题的求解，具体实现代码如下。

```
L=SequenceList()
L.CreateSequenceList()
L.GetExtremum()
```

算法 2-8　创建顺序表并计算最值

上述代码的执行结果如图 2-9 所示。

```
**********************************************
*请输入数据后按回车键确认，若想结束请输入“#”。*
**********************************************
请输入元素: 56
请输入元素: 29
请输入元素: 69
请输入元素: 95
请输入元素: 92
请输入元素: 62
请输入元素: 70
请输入元素: 50
请输入元素: 80
请输入元素: 77
请输入元素: #
********************
*1:查询最大值
*2:查询最小值
*3:查询最大值和最小值
*0:退出程序
********************
请输入:3
顺序表中最大值为:  95
顺序表中最小值为:  29
********************
*1:查询最大值
*2:查询最小值
*3:查询最大值和最小值
*0:退出程序
********************
请输入:0
```

图 2-9　获取顺序表 L 中最值的运行结果

此时，我们可以看到软件学院 15 级软件工程 1 班部分学生 2017—2018 年度英语期末考试成绩中，最高分为 95 分，最低分为 29 分。

2.3　链表

本节先从链表的基本概念、单链表、循环单链表、双链表和循环双链表 5 个方面来具体介绍链表的基本知识，然后讲解链表的应用。

2.3.1 链表的基本概念

链表是指采用链式结构来存储数据元素的线性表，它与顺序表最大的区别在于两者的存储结构不同。顺序表需要由系统提前分配一组连续的存储空间，并采用顺序存储的方式来存储数据元素；而链表是在每个结点创建时主动向系统申请相应的存储空间，并通过指针来链接各个包含数据元素的结点。即链表中元素的逻辑顺序是由指针的链接次序决定的，与存储空间的物理位置无关，因此在使用时仅能被顺序存取；而顺序表中元素的逻辑顺序与其物理位置直接相关，因此可实现随机存取。

除此之外，与顺序表相比，链表还有以下特点。

（1）链表实现了存储空间的动态管理。

（2）链表在执行插入与删除操作时，不必移动其余元素，只需修改指针即可。

我们使用存储密度这一指标来衡量数据存储时其对应存储空间的使用效率。它是指结点中数据元素本身所占的存储量和整个结点所占用的存储量之比，即

$$存储密度=\frac{结点中数据元素所占的存储量}{结点所占的存储量}$$

因此我们可以知道顺序表的存储密度为 1，而链表的存储密度小于 1。所以在理想情况下，顺序表的存储密度会大于链表，其相应的存储空间利用率也就更高。但在实际情况中，尤其是在多任务的操作系统里，某一时刻内存中会运行多个进程，这些进程会向操作系统申请不同大小的存储空间，它们运行一段时间后就会导致内存空间的碎片化。此时，向操作系统申请一片连续的存储空间极为困难，而申请一片不连续的存储空间则较为容易，鉴于链表能很好地利用不连续的存储空间对数据元素进行存储这一特点，此时使用链式结构进行数据存储将会更加有利。

下面我们继续从链表的构成、链表的类型及链表的基本操作 3 个方面，进一步介绍链表的基本知识。

1. 链表的构成

链表是由一系列结点通过指针链接而形成的，每个结点可分为数据域和指针域两个部分，数据域可用于存储数据元素，指针域可用于存储下一结点的地址。每个数据元素 a[*i*]与其直接后继元素 a[*i*+1]的逻辑顺序是通过使用结点的指针来指明的，其中，数据元素 a[*i*]所在的结点为数据元素 a[*i*+1]所在的结点的直接先驱结点，反之，数据元素 a[*i*+1]所在的结点为数据元素 a[*i*]所在的结点的直接后继结点。

下面通过一个实例来讲解链表。

假定一个线性表 A 为

{ ‘Ren’, ‘Zhi’, ‘Chu’, ‘Xing’, ‘Ben’, ‘Shan’ }

当我们将此线性表中的元素用链式结构来存储时，其对应链式存储结构可如图 2-10 所示。

我们该如何通过指针，对上述元素按表中顺序进行存储呢？首先假定一个头指针 H，它被用来指向链表中第一个结点，接着在第一个结点的指针域中存入第二个结点所在的存储地址，依次类推，直至最后一个元素。由于最后一个元素没有直接后继，因此其指针域中的值为 None。

头指针 H

0x49

存储地址	数据域	指针域
0x01	Ben	0x21
0x11	Chu	0x33
0x21	Shan	None
0x49	Ren	0x25
0x33	Xing	0x01
0x25	Zhi	0x11

图 2-10 线性表 A 的链式存储结构

上述步骤执行完毕后生成了一个链表 B，其逻辑结构如图 2-11 所示。

图 2-11 链表 B 的逻辑结构

2. 链表的类型

链表可分为单向链表、双向链表及循环链表。

（1）在单向链表中，每个结点只包含一个指针域，它用来指向其直接后继结点，通常我们将这种单向链表简称为单链表。

注意：单链表中最后一个结点的指针域默认为空，因为根据单链表的定义，它没有直接后继结点。图 2-12 所示为一个典型的单链表。

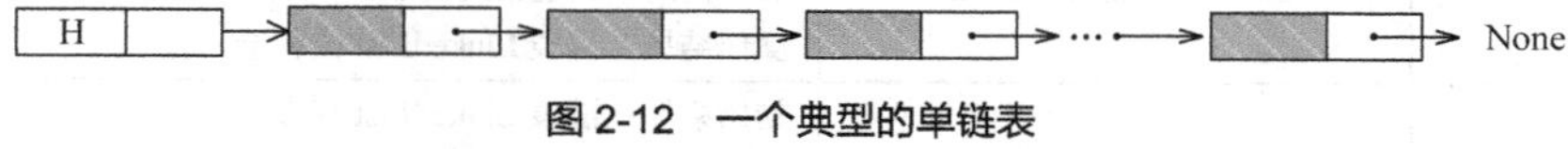

图 2-12 一个典型的单链表

（2）在双向链表中，每个结点包含两个指针域，其中一个用于指向先驱结点，可称之为先驱指针；另一个用于指向后继结点，可称之为后继指针。通常我们将这样的双向链表简称为双链表。

注意：对于双向链表而言，它最后一个结点指向后继结点的指针域为空。一个典型的双链表如图 2-13 所示。

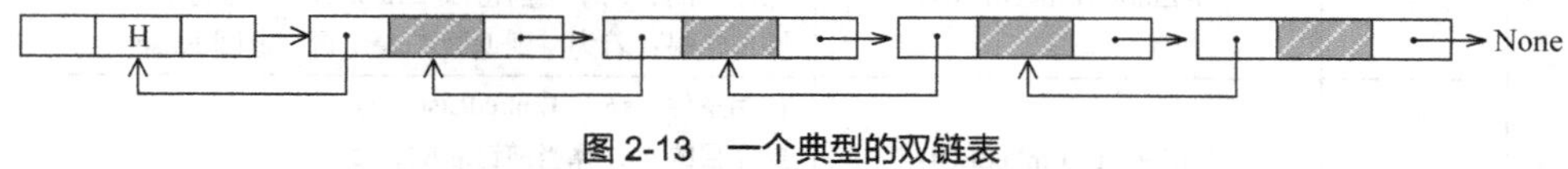

图 2-13 一个典型的双链表

（3）循环链表的特点之一就是从表中任一结点出发，均可找到表中其他结点。接下来我们介绍两种最为常用的循环链表——循环单链表和循环双链表。

循环单链表的特点是表中最后一个结点的指针域不为空，而是指向表中的第一个结点（若循环单链表中存在头结点，那么第一个结点即为头结点；否则第一个结点为循环单链表中第一个元素所在的结点）。一个典型的循环单链表如图 2-14 所示。

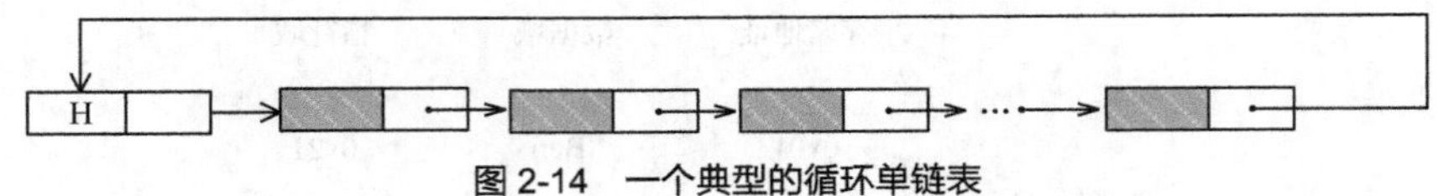

图 2-14　一个典型的循环单链表

循环双链表的特点之一是表中最后一个结点的后继指针指向该表的第一个结点（若循环双链表中存在头结点，那么第一个结点即为头结点；否则第一个结点为循环双链表中第一个元素所在的结点），并且表中第一个结点的先驱指针指向该表的最后一个结点。一个典型的循环双链表如图 2-15 所示。

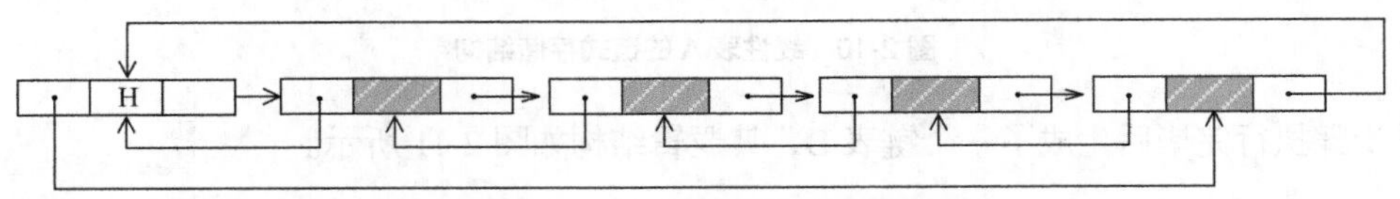

图 2-15　一个典型的循环双链表

3. 链表的基本操作

同顺序表一样，链表也可进行以下操作：向链表中增加元素；对链表中的元素进行修改；查找链表中的特定元素；删除链表中的元素等。

链表使用完毕后，可将其销毁以释放所占用的资源。

链表的抽象数据类型的定义如表 2-4 所示。

表 2-4　　链表的抽象数据类型的定义

数据对象	具有相同特性的数据元素的集合		
数据关系	链表中除表头和表尾元素以外，其他所有元素都有唯一的先驱元素和后继元素		
基本操作	序号	操作名称	操作说明
	1	InitLinkedList(LinkedList)	初始条件：无。 操作目的：构造新的链表。 操作结果：链表 LinkedList 被构造
	2	DestoryLinkedList(LinkedList)	初始条件：链表 LinkedList 存在。 操作目的：销毁链表 LinkedList。 操作结果：链表 LinkedList 不存在
	3	ClearLinkedList(LinkedList)	初始条件：链表 LinkedList 存在。 操作目的：将现有链表 LinkedList 的所有内容重置为空。 操作结果：链表 LinkedList 被置空
	4	IsEmpty(LinkedList)	初始条件：链表 LinkedList 存在。 操作目的：判断当前链表 LinkedList 是否为空。 操作结果：若为空则返回 True，否则返回 False
	5	GetLength(LinkedList)	初始条件：链表 LinkedList 存在。 操作目的：计算当前链表的长度。 操作结果：返回当前链表中结点的个数
	6	VisitElement(LinkedList)	初始条件：链表 LinkedList 存在。 操作目的：输出当前链表中某一指定结点的值。 操作结果：当前链表中某一指定结点的值被输出
	7	GetElement(LinkedList,i,e)	初始条件：链表 LinkedList 存在并且 i ∈ [1, GetLength(LinkedList)]。 操作目的：查找当前链表中第 i 个结点，并将其值赋给 e。 操作结果：第 i 个结点的值 e 被输出

续表

基本操作	8	FindElement(LinkedList,e)	初始条件：链表 LinkedList 存在。 操作目的：查找当前链表中第一个与元素 e 的值相等的结点。 操作结果：若查找成功，则返回当前结点的位置，否则输出相应提示
	9	InsertElement(LinkedList,i,e)	初始条件：链表 LinkedList 存在并且 i∈[1,GetLength(LinkedList)+1]。 操作目的：在当前链表中插入某一结点。 操作结果：在当前链表中第 i 个位置前插入值为元素 e 的结点，链表 LinkedList 的长度加 1
	10	DeleteElement(LinkedList,e)	初始条件：链表 LinkedList 存在且含有值为 e 的结点。 操作目的：删除当前链表中某一值为 e 的结点。 操作结果：链表中第一个值为 e 的结点被删除，链表 LinkedList 的长度减 1
	11	RemoveElement(LinkedList,i)	初始条件：链表 LinkedList 存在并且 i∈[1,GetLength(LinkedList)]。 操作目的：删除当前链表中第 i 个位置的结点。 操作结果：链表中的第 i 个结点被删除,链表 LinkedList 的长度减 1
	12	TraverseList (LinkedList)	初始条件：链表 LinkedList 存在。 操作目的：将链表中所有结点的值逐一输出。 操作结果：链表中所有结点的值被逐一输出

2.3.2 单链表

通过上一节的学习我们知道，单链表可由头指针唯一确定。它用于指向表中第一个结点，若其为空，则表示该单链表的长度为 0；否则我们需通过循环的方式来访问结点的指针域，从而计算出单链表的长度。通过使用头指针，我们还可对单链表执行其他操作。有时我们会在单链表的第一个结点前增加一个结点，其数据域默认为空，也可用于存储单链表长度之类的数据；而指针域则被用于存储第一个结点的地址。我们把这种类型的结点称为头结点，并把含有这种头结点的单链表称为带头结点的单链表；反之则称为不带头结点的单链表。

和不带头结点的单链表相比，带头结点的单链表不仅统一了第一个结点及其后继结点的处理过程，还统一了空表和非空表的处理过程。因此在后续内容的介绍中，若无特别声明，我们所说的单链表均指带头结点的单链表。

我们可按如下步骤来实现带头结点的单链表的基本操作。

第 1 步，创建文件 ex020302.py。在该文件中我们首先定义一个 Node 类，该类包含创建结点并对结点进行初始化的操作。具体如表 2-5 所示。

表 2–5　Node 类中的成员函数

序号	名称	注释
1	__init__(self)	初始化结点

第 2 步，定义一个 SingleLinkedList 类，用于创建一个单链表，并对其执行相关操作。具体如表 2-6 所示。

表 2-6　　　　SingleLinkedList 类中的成员函数

序号	名称	注释
1	__init__(self)	初始化头结点
2	CreateSingleLinkedList(self)	创建单链表
3	GetLength(self)	获取单链表长度
4	IsEmpty(self)	判断单链表是否为空
5	InsertElementInTail(self)	在表中尾端插入某一结点
6	InsertElement(self)	在表中指定位置插入结点
7	InsertElementInHead(self)	在表中首端插入某一结点
8	DestorySingleLinkedList(self)	销毁单链表
9	DeleteElement(self)	删除表中某一结点
10	GetElement(self)	获取表中指定位置结点的值
11	FindElement(self)	在表中查找某一指定结点
12	VisitElement(self,tNode)	访问表中某一结点值
13	TraverseElement(self)	遍历表中所有结点

接下来，我们将具体实现 Node 类中的__init__()方法，以及 SingleLinkedList 类中的__init__(self)、CreateSingleLinkedList(self)、InsertElementInTail(self)、InsertElementInHead(self)、FindElement(self)、DeleteElement(self)和 TraverseElement(self)这几个方法。其余方法读者可根据自己的需要来实现。

1. **初始化结点函数的实现。**

我们调用 Node 类的成员函数__init__(self,data)初始化一个结点，其算法思路如下。

（1）创建一个数据域，用于存储每个结点的值。

（2）创建一个指针域，用于存储下一个结点的地址。

（3）还可以根据实际需要创建其他域，用于存储结点的各种信息。

该算法思路对应的算法步骤如下。

（1）创建数据域并将其初始化为 data。

（2）创建指针域并将其初始化为空。

该算法的实现代码如下。

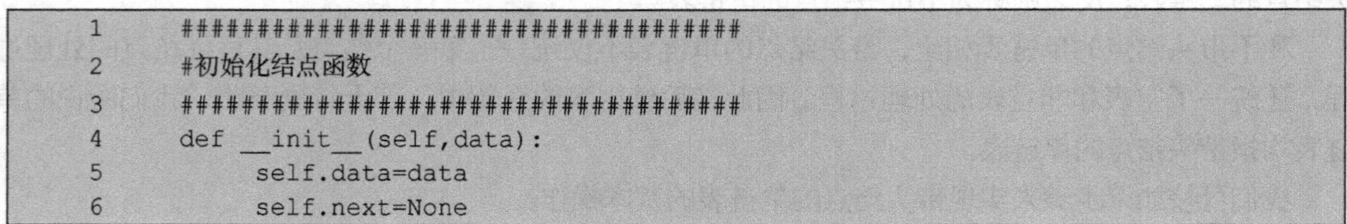

```
1    ########################################
2    #初始化结点函数
3    ########################################
4    def __init__(self,data):
5        self.data=data
6        self.next=None
```

算法 2-9　初始化结点函数

在算法 2-9 的第 4 行中，我们给函数传递了两个参数，分别是 self 和 data。其中 data 代表传入结点的值；执行第 5 行代码后，data 被存入结点的数据域中；执行第 6 行代码后，该结点的指针域被初始化为空。

2. **初始化头结点函数的实现。**

我们调用 SingleLinkedList 类的成员函数__init__(self)来初始化头结点，其算法思路如下。

（1）创建单链表的头结点。

（2）将其初始化为空。

该算法思路对应的算法步骤如下。

（1）创建一个结点并将其初始化为空。

（2）令单链表的头结点为上述结点。

该算法的实现代码如下。

```
######################################
#初始化头结点函数
######################################
def __init__(self):
    self.head=Node(None)
```

算法 2-10　初始化头结点函数

3. 创建单链表函数的实现

我们调用 SingleLinkedList 类的成员函数 CreateSingleLinkedList(self)创建一个单链表，其算法思路如下。

（1）获取头结点。

（2）由用户输入每个结点的值，并依次创建这些结点。

（3）每创建一个结点，就将其链入单链表的尾部。

（4）若用户输入“#”号，转（5）；否则转（2）。

（5）完成单链表的创建。

该算法思路对应的算法步骤如下。

（1）使用变量 cNode 指向头结点。

（2）调用 input()方法接收用户的输入。

（3）判断用户的输入是否为“#”，若结果为真，则转（7）；否则转（4）。

（4）将用户输入的值作为参数去创建并初始化一个新结点。

（5）在 cNode 的 next 域中存入新结点的地址。

（6）将 cNode 指向 cNode 的后继结点，并转（2）。

（7）结束当前输入，完成单链表的创建。

该算法的实现代码如下。

```
######################################
#创建单链表函数
######################################
def CreateSingleLinkedList(self):
    print("************************************************")
    print("*请输入数据后按回车键确认，若想结束请输入“#”。*")
    print("************************************************")
    cNode=self.head
    Element=input("请输入当前结点的值：")
    while Element!="#":
        nNode=Node(int(Element))
        cNode.next=nNode
        cNode=cNode.next
        Element=input("请输入当前结点的值：")
```

算法 2-11　创建单链表函数

在算法 2-11 的第 8 行中，我们使用 cNode 指向当前链表的头结点；在第 11 行代码中，根据用户的输入，依次创建数据域为 Element 的 Node 类结点；在第 12 行代码中，我们在当前结点的指针域存入新结点的地址；在第 13 行代码中，我们将 cNode 指向了新插入的结点。

通过执行上述代码，我们可以创建一个新的单链表。图 2-16 所示为某一次输入所产生的单链表 SLList，若无额外说明，我们在之后都会基于该单链表进行操作。

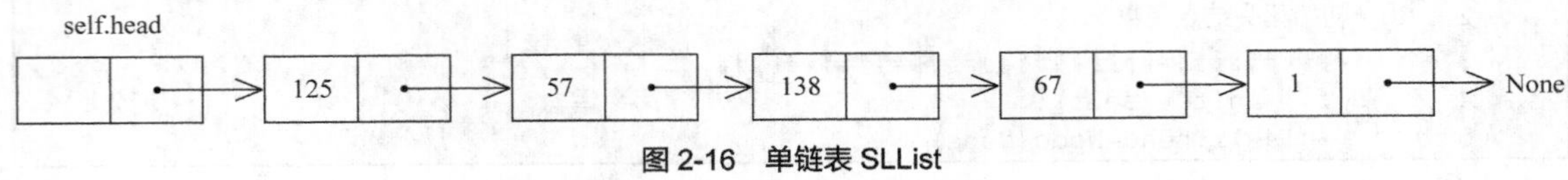

图 2-16 单链表 SLList

4. 尾端插入元素函数的实现

通过 SingleLinkedList 类的成员函数 InsertElementInTail(self)，向已有单链表的尾端插入结点，其算法思路如下。

（1）输入待插入结点的值。

（2）创建数据域为该值的结点。

（3）在当前单链表的尾端插入该结点。

该算法思路对应的算法步骤如下。

（1）调用 input()方法接收用户输入，并将其存入变量 Element 中。

（2）判断 Element 是否为“#”，若结果为真，则转（8）；否则转（3）。

（3）使用变量 cNode 指向单链表的头结点。

（4）将 Element 转化为整型数，然后将其作为参数去创建并初始化一个新结点。

（5）判断 cNode 的 next 是否为空，若为空则转（7），否则转（6）。

（6）将 cNode 指向其后继结点，转（5）。

（7）将 nNode 的地址存入 cNode 的指针域中，完成该结点在单链表尾端的插入。

（8）结束本程序。

该算法的实现代码如下。

```
1    ########################################
2    #尾端插入元素函数
3    ########################################
4    def InsertElementInTail(self):
5        Element=(input("请输入待插入结点的值："))
6        if Element=="#":
7            return
8        cNode=self.head
9        nNode=Node(int(Element))
10       while cNode.next!=None:
11           cNode=cNode.next
12       cNode.next=nNode
```

算法 2-12 尾端插入元素函数

在算法 2-12 中，我们通过执行第 11 行代码，最终将当前指针指向单链表的最后一个结点，再执行第 12 行的代码，将结点 nNode 的地址存入最后一个结点的指针域，从而实现新结点的插入。

假定我们在之前创建的单链表 SLList 中，将值为 18 的结点插入至表中最后一个位置，通过执行上述代码，原本含有 5 个结点的单链表 SLList，变为含有 6 个结点的单链表 SLList，具体过程如图 2-17 所示。

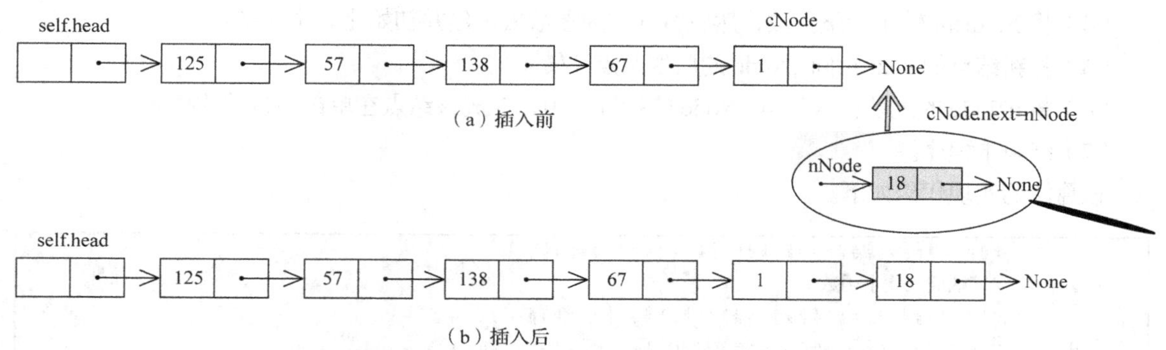

（a）插入前

（b）插入后

图 2-17　尾端插入结点的前后对比

一般情况下，我们将这种直接在链表尾端插入结点的方法称为**尾插法**。

假定元素个数为 n 的一个单链表如图 2-18 所示。

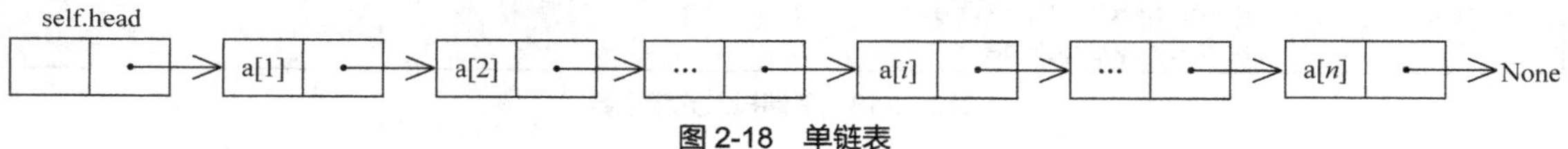

图 2-18　单链表

当我们对该单链表执行 InsertElementInTail()操作时，其实质是在单链表的第 n 个结点后插入一个新结点 nNode，使得长度为 n 的单链表，变为长度为 n+1 的单链表，其具体过程如图 2-19 所示。

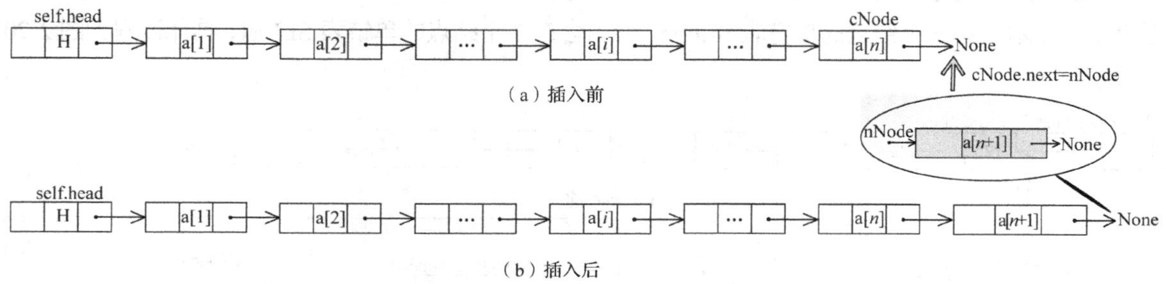

（a）插入前

（b）插入后

图 2-19　插入结点前后对比

使用尾插法在单链表中插入一个结点时，我们需要找到当前链表的尾端才可以完成插入操作，所以在长度为 n 的单链表中实现上述算法的时间复杂度为 O(n)。

5. 首端插入元素函数的实现

我们调用 SingleLinkedList 类的成员函数 InsertElementInHead(self)，在单链表的首端插入新结点，其算法思路如下。

（1）输入待插入结点的值。

（2）创建数据域为该值的结点。

（3）在当前单链表的首端插入该结点。

该算法思路对应的算法步骤如下。

（1）调用 input()方法接收用户输入，并将其存入变量 Element 中。

（2）判断 Element 是否为“#”，若结果为真，则转（7）；否则转（3）。

（3）使用变量 cNode 指向当前单链表的头结点。

（4）将 Element 转化为整型数，然后将其作为参数去创建并初始化一个新结点。

（5）将新结点的 next 指向 cNode 的后继结点，转（6）。

（6）将 nNode 的地址存入结点 cNode 的指针域中，完成该结点在单链表首端的插入。

（7）结束本程序。

该算法的实现代码如下。

```
1    ########################################
2    #首端插入元素函数
3    ########################################
4    def InsertElementInHead(self):
5        Element=input("请输入待插入结点的值：")
6        if Element=="#":
7            return
8        cNode=self.head
9        nNode=Node(int(Element))
10       nNode.next=cNode.next
11       cNode.next=nNode
```

算法 2-13　首端插入元素函数

在算法 2-13 中，通过执行第 10 行和第 11 行代码，将 nNode 的 next 指向 cNode 的后继结点，再将 nNode 结点的地址存入 cNode 所指结点的指针域中，从而实现新结点的插入。

假定我们在之前创建的单链表 SLList 中，将值为 88 的结点插入至表中第一个位置，通过执行上述代码，原本含有 6 个结点的单链表 SLList，变为含有 7 个结点的单链表 SLList，具体过程如图 2-20 所示。

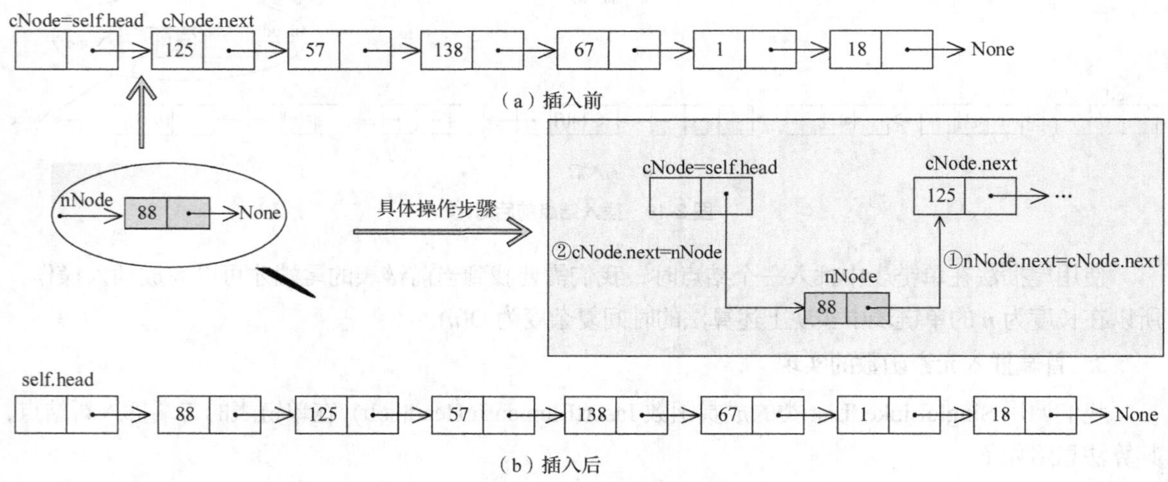

图 2-20　插入结点前后对比

为了将值为 88 的结点插入至原表中第一个位置，我们首先需要将结点 nNode 指向原单链表 SLList 中的第一个结点，再让表中的头结点指向新结点 nNode。一般情况下，我们将这样直接在链表首端插入结点的方法称为**头插法**。

因为是链式存储结构，所以我们在执行插入操作前，不必为新结点腾出相应的存储空间。我们仅需将结点插入到链表中头结点之后的第一个位置即可，所以该算法的执行时间与单链表的长度无关，其时间复杂度为 O(1)。

6. 查找指定元素并返回其位置函数的实现

我们调用 SingleLinkedList 类的成员函数 FindElement(self)，在单链表中查找含有某一指定元素的结点，其算法思路如下。

（1）输入待查找的元素值。

（2）若在单链表中存在包含目标元素的结点，则输出第一个被找到的结点的值及其所在位置。

（3）若在单链表中不存在包含目标元素的结点，则输出相应提示。

该算法思路对应的算法步骤如下。

（1）使用变量 Pos 指示当前下标位置。

（2）使用变量 cNode 指向单链表 SLList 的头结点。

（3）调用 input()方法接收用户的输入，存入变量 key 中，并将其转化为整型数。

（4）判断当前链表是否为空，若为空则转（5），否则转（6）。

（5）调用 print()方法输出当前单链表为空的提示并返回。

（6）当 cNode 的 next 不为空且 cNode 所指结点的值不等于 key 时，执行（7），否则执行（8）。

（7）将 cNode 指向当前结点的后继结点并将 Pos 加 1，转（6）。

（8）判断当前 cNode 所指结点的值是否等于 key，若为真，则转（9）；否则转（10）。

（9）调用 print()方法输出值 key 及其所在位置。

（10）调用 print()方法输出查找失败的提示。

该算法的实现代码如下。

```
1    ########################################
2    #查找指定元素并返回其位置函数
3    ########################################
4    def FindElement(self):
5        Pos=0
6        cNode=self.head
7        key=int(input('请输入想要查找的元素值：'))
8        if self.IsEmpty():
9            print("当前单链表为空！")
10           return
11       while cNode.next!=None and cNode.data!=key:
12           cNode=cNode.next
13           Pos=Pos+1
14       if cNode.data==key:
15           print("查找成功，值为",key,"的结点位于该单链表的第",Pos,"个位置。")
16       else:
17           print("查找失败！当前单链表中不存在值为",key,"的元素")
```

算法 2-14　查找指定元素并返回其位置函数

在算法 2-14 的第 8 行代码中，我们通过 SingleLinkedList 类中 IsEmpty()方法的返回值，来判断当前单链表是否为空。在第 11 行的代码中，我们使用了 while 循环来判断 cNode 所指结点的指针域是否为空，及其所指结点的值与 key 是否相等。若不相等，则执行第 12 行和第 13 行的代码，将 cNode 指向当前结点的后继结点并将 Pos 加 1；否则执行第 15 行的代码，输出当前结点的值与其所在位置。若遍历完当前单链表后，仍未找到值为 key 的结点，则执行第 17 行代码，输出相应提示。

算法 2-14 中使用 IsEmpty()方法的具体代码如下。

```
####################################
#判断单链表是否为空函数
####################################
def IsEmpty(self):
    if self.GetLength()==0:
          return True
    else:
          return False
```

算法 2-15　判断单链表是否为空函数

注意：我们还可通过头结点的后继结点是否为空来判断单链表是否为空。

算法 2-15 中使用 GetLength()方法的具体代码如下。

```
####################################
#获取单链表长度函数
####################################
def GetLength(self):
    cNode=self.head
    length=0
    while cNode.next!=None:
        length=length+1
        cNode=cNode.next
    return length
```

算法 2-16　获取单链表长度函数

7. 删除元素函数的实现

通过 SingleLinkedList 类的成员函数 DeleteElement(self)，可将已有单链表中包含指定元素的结点删除，其算法思路如下。

（1）输入待删除结点的值。

（2）在单链表中，查找与该值相等的结点。

（3）若查找成功，则执行删除操作。

（4）若查找失败，则输出相应提示。

该算法思路对应的算法步骤如下。

（1）调用 input()方法接收用户待删除结点的值 dElement。

（2）使用变量 cNode、pNode 指向单链表 SLList 的头结点。

（3）判断当前链表是否为空，若为空则转（4），否则转（5）。

（4）调用 print()方法输出当前单链表为空的提示并返回。

（5）当 cNode 所指结点的指针域不为空且 cNode 所指结点的值不等于 dElement 时，执行（6），否则执行（7）。

（6）令 pNode 等于 cNode，再将 cNode 指向其后继结点并转（5）。

（7）判断 cNode 所指结点的值是否等于 dElement，若为真，则转（8）；否则转（9）。

（8）将 pNode 的 next 指向 cNode 所指结点的后继结点，然后删除 cNode 所指结点，再调用 print()方法输出相应提示。

（9）调用 print()方法输出删除失败的提示。

该算法的实现代码如下。

```
1   ########################################
2   #删除元素函数
3   ########################################
4   def DeleteElement(self):
5       dElement=int(input('请输入待删除结点的值：'))
6       cNode=self.head
7       pNode=self.head
8       if self.IsEmpty():
9           print("当前单链表为空！")
10          return
11      while cNode.next!=None and cNode.data!=dElement:
12          pNode=cNode
13          cNode=cNode.next
14      if cNode.data==dElement:
15          pNode.next=cNode.next
16          del cNode
17          print("成功删除含有元素",dElement,"的结点")
18      else:
19          print("删除失败！当前单链表中不存在含有元素",dElement,"的结点")
```

算法 2-17　删除元素函数

在算法 2-17 的第 8 行中，我们通过 SingleLinkedList 类中 IsEmpty()方法的返回值，来判断当前单链表是否为空。通过执行第 11 行的代码，我们使用了 while 循环来判断 cNode 所指结点的值与 dElement 是否相等。若不相等则执行第 12 行和第 13 行的代码，使 pNode 指向 cNode 并将 cNode 指向其后继结点；否则退出 while 循环后，判断当前结点的值与 dElement 是否匹配。若为真，则执行第 15 行和第 16 行的代码，将 pNode 的 next 指向 cNode 所指结点的后继结点，并使用 del 删除 cNode 所指结点；否则给出删除失败的提示。

假定我们在之前创建的单链表 SLList 中删除值为 57 的结点，通过执行算法 2-17 使得原本含有 7 个结点的单链表，变为含有 6 个结点的单链表。为了将值为 57 的结点成功删除，我们首先需要将值为 57 的结点的先驱结点内的指针指向值为 57 的结点的后继结点，进而再对值为 57 的结点执行删除操作，具体过程如图 2-21 所示。

注意：此处两者顺序不可颠倒，否则将会导致单链表断链。

8. 遍历单链表函数的实现

通过 SingleLinkedList 类的成员函数 TraverseElement(self)，遍历当前单链表中的元素，其算法思路如下。

（1）若头结点的指针域为空，则输出相应提示。

（2）若头结点的指针域不为空，则调用 VisitElement(self,tNode)方法将当前单链表中的元素逐一输出。

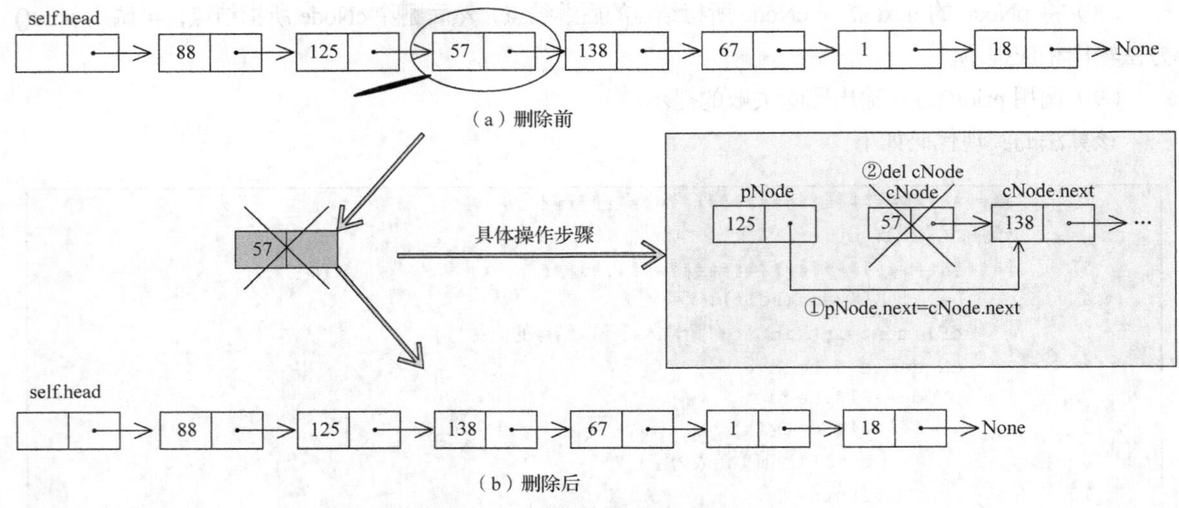

图 2-21 删除结点前后对比

该算法思路对应的算法步骤如下。

（1）使用变量 cNode 指向单链表 SLList 的头结点。

（2）判断当前链表是否为空，若为空，则转（3），否则转（4）。

（3）调用 print()方法输出当前单链表为空的提示并返回。

（4）当 cNode 不为空时，执行（5），否则执行（6）。

（5）将 cNode 指向其后继结点，并调用 VisitElement()方法输出 cNode 所指结点的值，转（4）。

（6）退出程序。

该算法的实现代码如下。

```
1    ########################################
2    #遍历单链表函数
3    ########################################
4    def TraverseElement(self):
5        cNode=self.head
6        if cNode.next==None:
7            print("当前单链表为空！")
8            return
9        print("您当前的单链表为：")
10       while cNode!=None:
11           cNode=cNode.next
12           self.VisitElement(cNode)
```

算法 2-18 遍历单链表函数

在算法 2-18 的第 6 行中，我们通过 cNode 所指结点的指针域是否为 None 来判断当前单链表是否为空，若为空，则执行第 7 行和第 8 行的代码，输出相应提示并返回；否则我们执行第 10 行的代码，当 cNode 不为空时，将 cNode 指向其后继结点，并调用 VisitElement()方法输出当前结点的值。

算法 2-18 中调用 VisitElement()方法的具体代码如下。

```
########################################
#输出单链表某一元素函数
########################################
def VisitElement(self,tNode):
    if tNode!=None:
        print(tNode.data,"->",end=" ")
    else:
        print("None")
```

算法 2-19　输出单链表某一元素函数

2.3.3　循环单链表

循环单链表是在单链表的基础上，将其自身的第一个结点的地址存入表中最后一个结点的指针域中。与单链表相比，两者的基本操作大致类似，所以在本节中，我们将重点介绍循环单链表的创建、插入及删除操作。

创建文件 ex020303.py。在该文件中我们首先定义一个 Node 类，该类包含创建结点并对结点进行初始化的操作，具体如表 2-7 所示。

表 2–7　Node 类中的成员函数

序号	名称	注释
1	__init__(self)	初始化结点

我们在实现这一方法时，调用了与单链表 Node 类中的__init__()方法相同的源代码。

定义一个 CircularSingleLinkedList 类，用于创建一个循环单链表，并对其执行相关操作。具体如表 2-8 所示。

表 2–8　CircularSingleLinkedList 类中的成员函数

序号	名称	注释
1	__init__(self)	初始化头结点
2	CreateCircularSingleLinkedList(self)	创建循环单链表
3	GetLength(self)	获取单链表长度
4	IsEmpty(self)	判断单链表是否为空
5	InsertElementInTail(self)	在表中尾端插入某一结点
6	InsertElement(self)	在表中指定位置插入结点
7	InsertElementInHead(self)	在表中首端插入某一结点
8	DestoryCircularSingleLinkedList(self)	销毁循环单链表
9	DeleteElement(self)	删除表中某一结点
10	GetElement(self)	获取表中指定位置结点的值
11	FindElement(self)	在表中查找某一指定结点
12	VisitElement(self,tNode)	访问表中某一结点值
13	TraverseElement(self)	遍历表中所有结点

在实现 CircularSingleLinkedList 类的__init__(self)时，我们调用了与单链表 SingleLinkedList 类的__init__(self)方法类似的源代码。接下来，我们将具体实现 CircularSingleLinkedList 类中的 Create

CircularSingleLinkedList(self)、InsertElementInTail(self)、InsertElementInHead(self)和 DeleteElement(self)这 4 个方法，其余方法读者可根据自己的需要来实现。

1. 创建循环单链表函数的实现

我们调用 CircularSingleLinkedList 类的成员函数 CreateCircularSingleLinkedList(self)创建一个新的循环单链表，其算法思路如下。

（1）获取头结点。

（2）由用户输入每个结点值，并依次创建这些结点。

（3）每创建一个结点，将其链入循环单链表的尾部，并将头结点的地址存入其指针域中。

（4）若用户输入“#”号，则结束输入，完成循环单链表的创建。

该算法思路对应的算法步骤如下。

（1）调用 input()方法接收用户输入的值 data。

（2）使用变量 cNode 指向头结点。

（3）判断用户的输入是否为“#”，若结果为真，则转（6）；否则转（4）。

（4）将 data 转化为整型数，然后将其作为参数去创建并初始化一个新结点 nNode。

（5）在 cNode 的 next 域中存入 nNode 的地址，并将头结点的地址存入 nNode 的 next 域中，最后将 cNode 指向其后继结点，并继续接受用户的输入后转（3）。

（6）结束当前输入，完成循环单链表的创建。

该算法的实现代码如下。

```
1     ######################################
2     #创建循环单链表函数
3     ######################################
4     def CreateCircularSingleLinkedList(self):
5         print("**************************************************")
6         print("*请输入数据后按回车键确认，若想结束请输入“#”。*")
7         print("**************************************************")
8         data=input("请输入结点的值：")
9         cNode=self.head
10        while data!="#":
11            nNode=Node(int(data))
12            cNode.next=nNode
13            nNode.next=self.head
14            cNode=cNode.next
15            data=input("请输入结点的值：")
```

算法 2-20 创建循环单链表函数

算法 2-20 的第 11 行代码创建了数据域为 data（由用户输入）的 Node 类结点；在第 13 行代码中，我们将头结点的地址存入了在尾端插入的新结点的指针域中。

通过执行上述代码，我们可以创建一个新的循环单链表。图 2-22 所示为某一次输入所产生的循环单链表 CSLList。

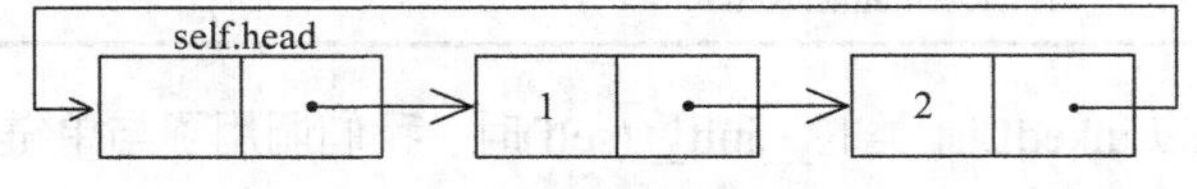

图 2-22 循环单链表 CSLList

2. 尾端插入函数的实现

通过 CircularSingleLinkedList 类的成员函数 InsertElementInTail(self)，向已有循环单链表的尾端插入结点，其算法思路如下。

（1）输入待插入结点的值。

（2）创建数据域为该值的结点。

（3）在当前循环单链表的尾端插入该结点。

该算法思路对应的算法步骤如下。

（1）调用 input()方法接收用户输入，并将其存入变量 Element 中。

（2）判断 Element 是否为"#"，若结果为真，则转（8）；否则转（3）。

（3）使用 cNode 指向循环单链表的头结点。

（4）将 Element 转化为整型数，然后将其作为参数去创建并初始化一个新结点。

（5）判断 cNode 的 next 是否为头结点，若为真则转（7），否则转（6）。

（6）将 cNode 指向其后继结点，转（5）。

（7）将 cNode 的 next 指向新结点 nNode，并将 nNode 的 next 指向头结点，完成该结点在循环单链表尾端的插入。

（8）结束本程序并返回。

该算法的实现代码如下。

```
1    #########################################
2    #尾端插入函数
3    #########################################
4    def InsertElementInTail(self):
5        Element=input("请输入待插入结点的值：")
6        if Element=="#":
7            return
8        cNode=self.head
9        nNode=Node(int(Element))
10       while cNode.next!=self.head:
11           cNode=cNode.next
12       cNode.next=nNode
13       nNode.next=self.head
```

算法 2-21　尾端插入函数

在单链表的尾端插入函数中，其判断条件为当前结点的 next 是否为空，而在算法 2-21 的第 10 行代码中，我们将上述判断条件修改为当前结点的 next 是否为该链表的头结点，请读者注意这两者的差别。

假定我们在之前创建的循环单链表 CSLList 中，将值为 6 的结点插入至表中最后一个位置。通过执行上述代码，将原本含有两个结点的循环单链表 CSLList，变为含有 3 个结点的循环单链表 CSLList。图 2-23 所示为在单链表的尾端插入某一结点与在循环单链表的尾端插入某一结点的差别。请读者注意在循环单链表中，最后一个结点的指针域需存入表中第一个结点的地址（即最后一个结点需指向头结点）。

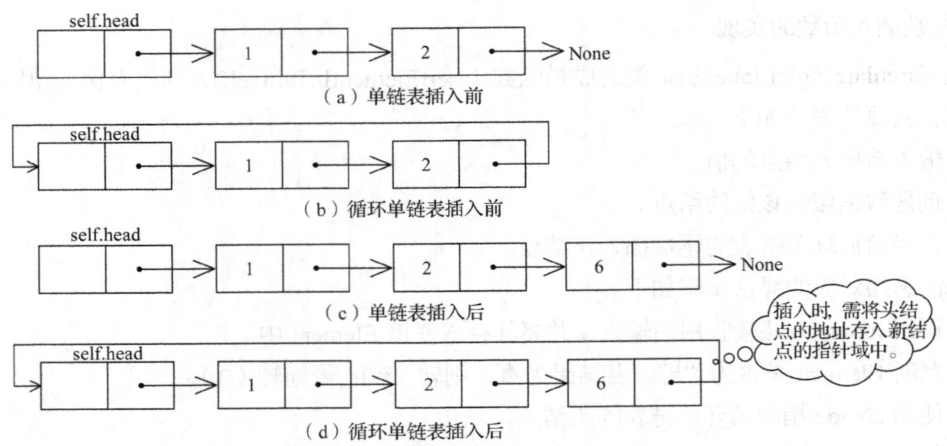

图 2-23　单链表与循环单链表尾端插入结点的差别

在长度为 n 的循环单链表中使用尾插法执行插入操作时，仅需在单链表的基础上，再修改最后一个结点后继指针的值，其算法的时间复杂度也为 O(n)。

3. 首端插入元素函数的实现

我们调用 CircularSingleLinkedList 类的成员函数 InsertElementInHead(self)，在循环单链表的首端插入新结点，其算法思路如下。

（1）输入待插入结点的值。

（2）创建数据域为该值的结点。

（3）在当前循环单链表的首端插入该结点。

该算法思路对应的算法步骤如下。

（1）调用 input()方法接收用户输入，并将其存入变量 Element 中。

（2）判断 Element 是否为“#”，若结果为真，则转（7）；否则转（3）。

（3）使用变量 cNode 指向循环单链表的头结点。

（4）将 Element 转化为整型数，然后将其作为参数去创建并初始化一个新结点。

（5）将 nNode 的 next 指向 cNode 的后继结点。

（6）将 cNode 的 next 指向新结点 nNode，完成循环单链表首端的插入。

（7）结束本程序并返回。

该算法的实现代码如下。

```
##########################################
#首端插入函数
##########################################
def InsertElementInHead(self):
    Element=input("请输入待插入结点的值：")
    if Element=="#":
        return
    cNode=self.head
    nNode=Node(int(Element))
    nNode.next=cNode.next
    cNode.next=nNode
```

算法 2-22　首端插入函数

与单链表的头插法一样，该算法的执行时间与其长度无关，故其时间复杂度也为 O(1)。

4. 删除元素函数的实现

通过 CircularSingleLinkedList 类的成员函数 DeleteElement(self)，可将循环单链表中与指定元素值相等的结点删除，其算法思路如下。

（1）输入待删除结点的值。

（2）在单链表中查找是否存在某一结点的值与待删除结点的值相等。

（3）若查找成功，则执行删除操作。

（4）若查找失败，则输出相应提示。

该算法思路对应的算法步骤如下。

（1）调用 input()方法由用户输入待删除结点的值，并使用变量 dElement 存储。

（2）使用变量 cNode、pNode 指向循环单链表的头结点

（3）判断当前链表是否为空，若为空则转（4），否则转（5）。

（4）调用 print()方法输出当前循环单链表为空的提示并返回。

（5）当 cNode 的 next 不为头结点且 cNode 所指结点的值不等于 dElement 时，执行（6），否则执行（7）。

（6）令 pNode 等于 cNode，再将 cNode 指向其后继结点并转（5）。

（7）判断 cNode 所指结点的值是否等于 dElement，若为真，则转（8）；否则转（9）。

（8）将 pNode 的 next 指向 cNode 的后继结点，然后删除 cNode 所指结点，再调用 print()方法输出相应提示。

（9）调用 print()方法输出删除失败的提示。

该算法的实现代码如下。

```
########################################
#删除元素函数
########################################
def DeleteElement(self):
    dElement=int(input('请输入待删除结点的值：'))
    cNode=self.head
    pNode=self.head
    if self.IsEmpty():
        print("当前循环单链表为空！")
        return
    while cNode.next!=self.head and cNode.data!=dElement:
        pNode=cNode
        cNode=cNode.next
    if cNode.data==dElement:
        pNode.next=cNode.next
        del cNode
        print("成功删除含有元素",dElement,"的结点")
    else:
        print("删除失败！双链表中不存在含有元素",dElement,"的结点\n")
```

算法 2-23　删除元素函数

2.3.4 双链表

通常在单链表中，每个结点都只有一个指向其直接后继结点的指针，我们只能通过这一指针访问到该结点的直接后继结点。若我们需要访问某一结点 cNode 的直接先驱结点，只能从头结点开始，借助于每一个结点的指针域依次访问其后继结点，直到某一结点的后继结点为 cNode 时，才找到了 cNode 的直接先驱结点。倘若我们为上述结点增加一个指针域，用来记录其直接先驱结点，则可大大提高处理此类问题的效率。我们将这种同时包含两个指针域的结点构成的链表称为双链表，对于每一个结点而言，它的一个指针域可用于存储该结点直接先驱结点的地址，我们将其称为先驱指针域，而另一个指针域用于存储该结点直接后继结点的地址，我们将其称为后继指针域。

在本节中，我们将具体介绍如何实现带头结点的双链表的基本操作，请读者按以下步骤执行。

第 1 步，创建文件 ex020304.py。在该文件中我们首先定义一个 DoubleLinkedNode 类，该类包含创建结点并对结点进行初始化的操作，具体如表 2-9 所示。

表 2–9 **DoubleLinkedNode 类中的成员函数**

序号	名称	注释
1	__init__(self)	初始化结点

第 2 步，定义一个 DoubleLinkedList 类，用于创建一个双链表，并对其执行相关操作，具体如表 2-10 所示。

表 2–10 **DoubleLinkedList 类中的成员函数**

序号	名称	注释
1	__init__(self)	初始化头结点
2	CreateDoubleLinkedList (self)	创建双链表
3	GetLength(self)	获取双链表长度
4	IsEmpty(self)	判断双链表是否为空
5	InsertElementInTail(self)	在表中尾端插入某一结点
6	InsertElement(self)	在表中指定位置插入结点
7	InsertElementInHead(self)	在表中首端插入某一结点
8	DestoryDoubleLinkedList (self)	销毁双链表
9	DeleteElement(self)	删除表中某一结点
10	GetElement(self)	获取表中指定位置结点的值
11	FindElement(self)	在表中查找某一指定结点
12	VisitElementByNext(self,tNode)	按后继指针访问表中某一结点值
13	VisitElementByPrev(self,tNode)	按先驱指针访问表中某一结点值
14	TraverseElement(self)	遍历表中所有结点并输出

接下来，我们将具体实现 DoubleLinkedNode 类中的__init__()方法，以及 DoubleLinkedList 类中

的__init__(self)、CreateDoubleLinkedList(self)、InsertElementInTail(self)、InsertElementInHead(self)、DeleteElement(self)和 TraverseElement(self)这 6 个方法。其余方法读者可根据自己的需要来实现。

1. 初始化结点函数的实现

我们调用 DoubleLinkedNode 类的成员函数__init__（self,data）初始化一个结点，其算法思路如下。

（1）创建一个数据域，用于存储每个结点的值。

（2）创建一个后继指针域，用于存储下一个结点的地址。

（3）创建一个先驱指针域，用于存储前一个结点的地址。

（4）根据实际需要创建其他域，用于存储结点的各种信息。

该算法思路对应的算法步骤如下。

（1）创建数据域并将其初始化为 data。

（2）创建后继指针域并将其初始化为空。

（3）创建先驱指针域并将其初始化为空。

该算法的实现代码如下。

```
1    ########################
2    #初始化结点函数
3    ########################
4    def __init__(self,data):
5        self.data=data
6        self.next=None
7        self.prev=None
```

算法 2-24　初始化结点函数

在算法 2-24 的第 4 行代码中，我们给函数传递了两个参数，分别是 self 和 data，其中 data 代表传入结点的值；执行第 5 行代码后，data 被存入结点的数据域中；执行第 6 行与第 7 行代码后，该结点的两个指针域均被初始化为空。

2. 初始化头结点函数的实现

我们调用 DoubleLinkedList 类的成员函数__init__(self)来初始化头结点，其算法思路如下。

（1）创建单链表的头结点。

（2）将其初始化为空。

该算法思路对应的算法步骤如下。

（1）创建一个结点并将其初始化为空。

（2）令双链表的头结点为上述结点。

该算法的实现代码如下。

```
####################################
#初始化头结点函数
####################################
def __init__(self):
    self.head=DoubleLinkedNode(None)
```

算法 2-25　初始化头结点函数

3. 创建双链表函数的实现

我们调用 DoubleLinkedList 类的成员函数 CreateDoubleLinkedList(self)创建一个双链表，其算法思路如下。

（1）获取头结点。

（2）由用户输入每个结点值，并依次创建这些结点。

（3）每创建一个结点，将其链入双链表的尾部。

（4）若用户输入“#”号，转（5）；否则转（2）。

（5）完成双链表的创建。

该算法思路对应的算法步骤如下。

（1）调用 input()方法接收用户输入的值 data。

（2）使用变量 cNode 指向头结点。

（3）判断用户的输入是否为“#”，若结果为真，则转（6）；否则转（4）。

（4）将 data 转化为整型数，然后将其作为参数去创建并初始化一个新结点 nNode。

（5）在 cNode 的 next 中存入 nNode，再将 cNode 存入 nNode 的 prev 中，最后将 cNode 指向其直接后继结点，并继续接受用户输入后转（3）。

（6）结束当前输入，完成双链表的创建。

该算法的实现代码如下。

```
1    ###################################
2    #创建双链表函数
3    ###################################
4    def CreateDoubleLinkedList(self):
5        print("***************************************************")
6        print("*请输入数据后按回车键确认，若想结束请输入“#”。*")
7        print("***************************************************")
8        data=input("请输入元素：")
9        cNode=self.head
10       while data!='#':
11           nNode=DoubleLinkedNode(int(data))
12           cNode.next=nNode
13           nNode.prev=cNode
14           cNode=cNode.next
15           data=input("请输入元素：")
```

算法 2-26　创建双链表函数

在算法 2-26 的第 11 行代码中，根据用户的输入创建数据域为 data 的 DoubleLinkedNode 类结点；在第 12 行代码中，我们将新结点的地址存入当前结点的后继指针域中；在第 13 行代码中，我们将当前结点的地址存入新结点的先驱指针域中。通过执行第 12 行和第 13 行代码，我们成功将新结点插入到双链表的尾部。

通过执行上述代码，我们可以创建一个新的双链表。图 2-24 所示为某一次输入所产生的双链表 DLList，若无特殊说明，我们在之后讲解的内容都会基于该双链表进行操作。

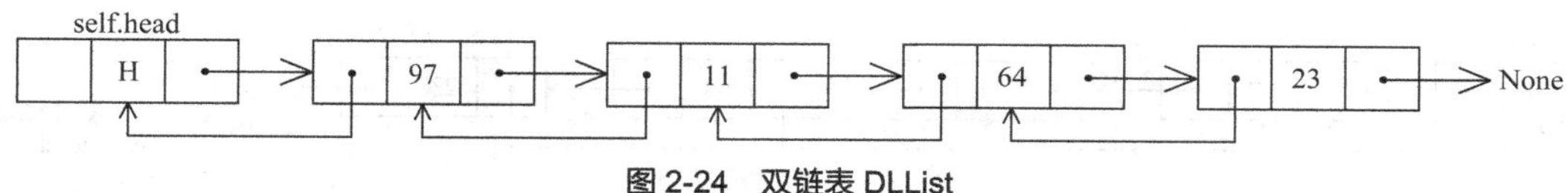

图 2-24 双链表 DLList

4. 尾端插入函数的实现

通过 DoubleLinkedList 类的成员函数 InsertElementInTail(self)，向已有双链表的尾端插入结点，其算法思路如下。

（1）输入待插入结点的值。

（2）创建数据域为该值的结点。

（3）在当前双链表的尾端插入该结点。

该算法思路对应的算法步骤如下。

（1）调用 input()方法接收用户输入，并将其存入变量 Element 中。

（2）判断 Element 是否为“#”，若结果为真，则转（8）；否则转（3）。

（3）将 Element 转化为整型数，然后将其作为参数去创建并初始化一个新结点。

（4）使用 cNode 指向当前双链表的头结点。

（5）判断 cNode 所指结点的后继指针域是否为空，若为空则转（7），否则转（6）。

（6）将 cNode 指向其后继结点，并转（5）。

（7）将 nNode 存入 cNode 的 next 中，再将 cNode 存入 nNode 的 prev 中，完成该结点在双链表尾端的插入。

（8）退出本程序。

该算法的实现代码如下。

```
1      ##########################################
2      #尾端插入函数
3      ##########################################
4      def InsertElementInTail(self):
5          Element=input("请输入待插入结点的值：")
6          if Element=="#":
7              return
8          nNode=DoubleLinkedNode(int(Element))
9          cNode=self.head
10         while cNode.next!=None:
11             cNode=cNode.next
12         cNode.next=nNode
13         nNode.prev=cNode
```

算法 2-27 尾端插入函数

在算法 2-27 的第 12 行代码中，我们将结点 nNode 存入 cNode 的 next 中，再执行第 13 行代码，将结点 cNode 存入新结点 nNode 的 prev 中，从而完成新结点的插入。

假定我们在之前创建的双链表 DLList 中，将值为 99 的结点插至该表中最后一个位置，这使得原本含有 4 个结点的双链表 DLList，变为了含有 5 个结点的双链表 DLList，具体过程如图 2-25 所示。

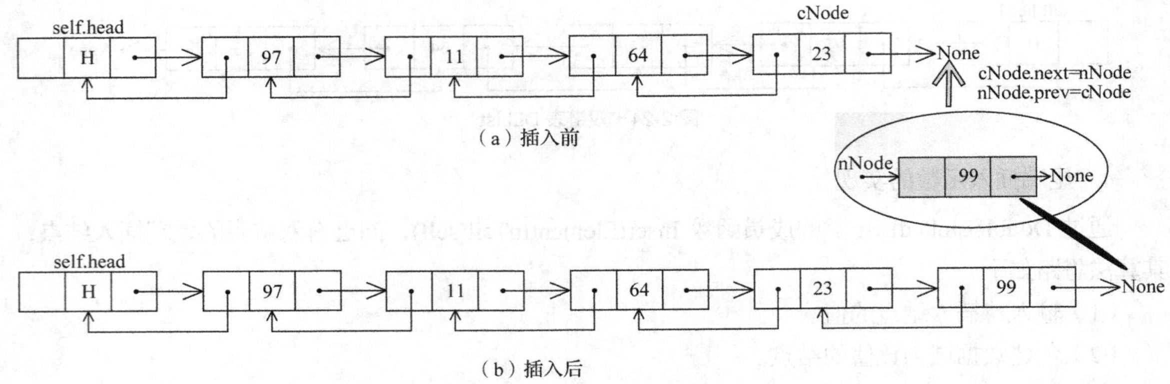

（a）插入前

（b）插入后

图 2-25　尾端插入结点前后对比

图 2-26 所示为含有 *n* 个元素的双链表，我们调用 InsertElementInTail()方法对该双链表执行插入操作。

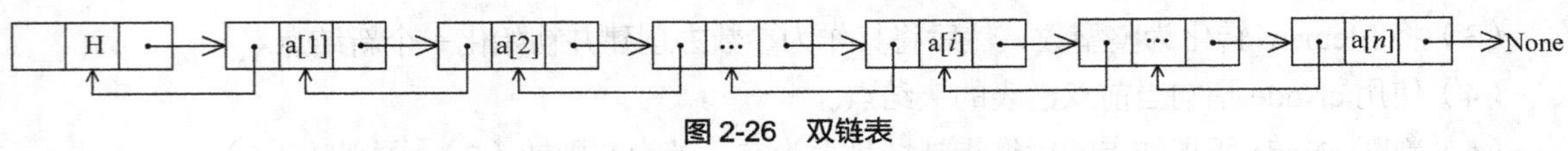

图 2-26　双链表

上述方法执行时，将在双链表的第 *n* 个结点后插入一个新结点 nNode，使得长度为 *n* 的双链表，变为长度为 *n*+1 的双链表，其具体过程如图 2-27 所示。

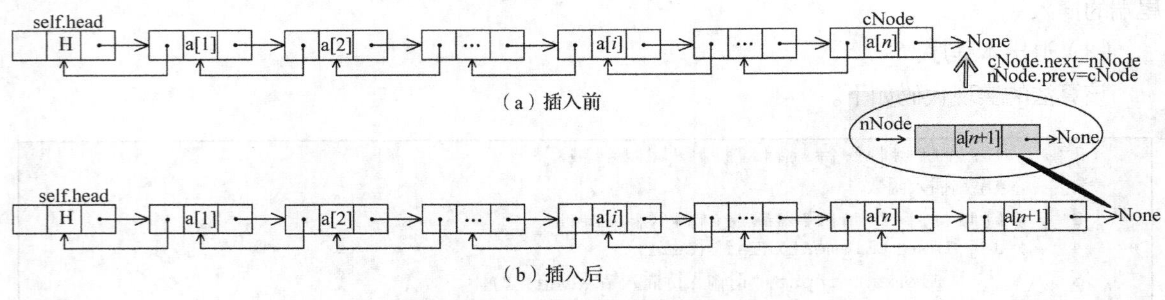

（a）插入前

（b）插入后

图 2-27　尾端插入结点前后对比

与单链表的尾插法类似，在长度为 *n* 的双链表中使用尾插法执行插入操作时，仅需修改最后一个结点指针域的值即可，故其算法的时间复杂度也为 O(*n*)。

5. 首端插入元素函数的实现

我们调用 DoubleLinkedList 类的成员函数 InsertElementInHead(self)，在双链表的首端插入新结点，其算法思路如下。

（1）输入待插入结点的值。

（2）创建数据域为该值的结点。

（3）在当前双链表的首端插入该结点。

该算法思路对应的算法步骤如下。

（1）调用 input()方法接收用户输入，并将其存入变量 Element 中。

（2）判断 Element 是否为“#”，若结果为真，则转（10）；否则转（3）。

（3）使用变量 cNode 指向当前双链表头结点的直接后继结点。

（4）使用变量 pNode 指向当前双链表的头结点。

（5）将 Element 转化为整型数，然后将其作为参数去创建并初始化一个新结点。

（6）将新结点 nNode 的先驱指针指向 pNode。

（7）将 pNode 的后继指针指向 nNode。

（8）将 nNode 的后继指针指向 cNode。

（9）将 cNode 的先驱指针指向 nNode，完成在双链表首端的插入。

（10）退出本程序。

该算法的实现代码如下。

```
1    ######################################
2    #首端插入元素函数
3    ######################################
4    def InsertElementInHead(self):
5         Element=input("请输入待插入结点的值：")
6         if Element=="#":
7              return
8         cNode=self.head.next
9         pNode=self.head
10        nNode=DoubleLinkedNode(int(Element))
11        nNode.prev=pNode
12        pNode.next=nNode
13        nNode.next=cNode
14        cNode.prev=nNode
```

算法 2-28　首端插入元素函数

通过执行算法 2-28 中的第 11 行代码，将 nNode 的先驱指针指向双链表的头结点（即 pNode）；然后通过执行第 12 行代码，将 pNode 的后继指针指向 nNode；接着执行第 13 行代码，将 nNode 的后继指针指向 cNode；最后执行第 14 行代码，将 cNode 的先驱指针指向 nNode，从而实现新结点的插入。

假定我们在之前创建的双链表 DLList 中，将值为 32 的结点插至表中第一个位置，这将使原本含有 5 个结点的双链表 DLList，变为含有 6 个结点的双链表 DLList，具体过程如图 2-28 所示。

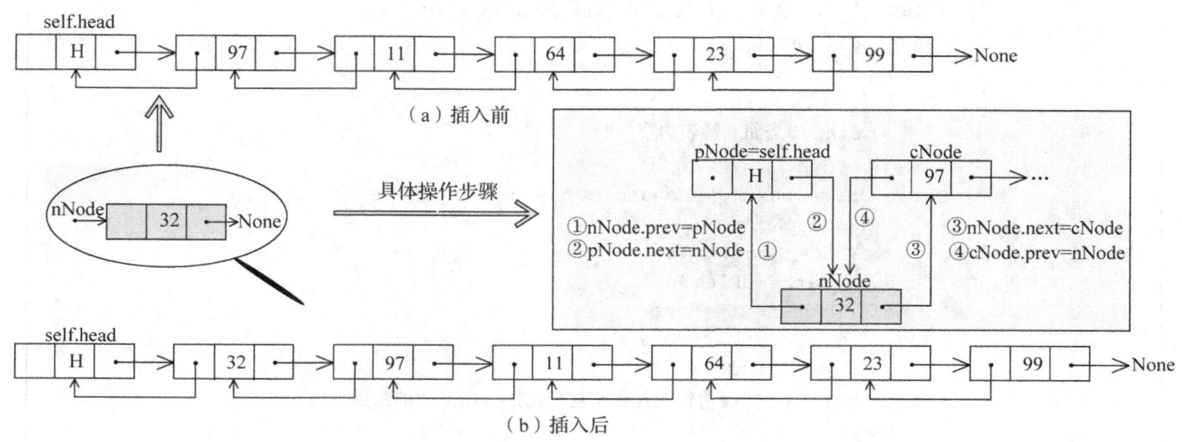

图 2-28　首端插入结点前后对比

与单链表的头插法类似，该算法的执行时间也可被粗略地认为是找到头结点所需的时间（此处忽略结点插入所需的时间），而与双链表的长度无关，所以该算法的时间复杂度也为 O(1)。

6. 删除元素函数的实现

通过 DoubleLinkedList 类的成员函数 DeleteElement(self)，可将双链表中包含指定元素的结点删除，其算法思路如下。

（1）输入待删除结点的值。

（2）在双链表中，查找与该值相等的结点。

（3）若查找成功，则执行删除操作。

（4）若查找失败，则输出相应提示。

该算法思路对应的算法步骤如下。

（1）调用 input()方法接收用户待删除结点的值 dElement，并将其转化为整型数。

（2）将 cNode 和 pNode 分别指向双链表的头结点。

（3）判断当前链表是否为空，若为空则转（4），否则转（5）。

（4）调用 print()方法输出当前双链表为空的提示并返回。

（5）当 cNode 的 next 不为空且 cNode 的 data 不等于 dElement 时，执行（6），否则执行（7）。

（6）令 pNode 等于 cNode，再将 cNode 指向其后继结点，并转（5）。

（7）判断 cNode 的 data 是否等于 dElement，若为真则转（8）；否则转（11）。

（8）判断 cNode 的 next 是否为空，若为空则转（9），否则转（10）。

（9）将 pNode 的 next 置为空，然后删除 cNode，再调用 print()方法输出相应提示。

（10）令 qNode 等于 cNode 的后继结点，然后将 pNode 的后继指针指向 qNode，再将 pNode 存入 qNode 的 prev 中，最后删除 cNode，并调用 print()方法输出删除成功的提示。

（11）调用 print()方法输出删除失败的提示。

该算法的实现代码如下。

```
####################################
#删除元素函数
####################################
def DeleteElement(self):
    dElement=int(input('请输入待删除结点的值：'))
    cNode=self.head
    pNode=self.head
    if self.IsEmpty():
        print("当前双链表为空！")
        return
    while cNode.next!=None and cNode.data!=dElement:
        pNode=cNode
        cNode=cNode.next
    if cNode.data==dElement:
        if cNode.next==None:
            pNode.next=None
            del cNode
            print("成功删除含有元素",dElement,"的结点！\n")
        else:
            qNode=cNode.next
```

```
21                  pNode.next=qNode
22                  qNode.prev=pNode
23                  del cNode
24                  print("成功删除含有元素",dElement,"的结点!\n")
25          else:
26              print("删除失败! 双链表中不存在含有元素",dElement,"的结点\n")
```

算法 2-29　删除元素函数

在算法 2-29 的第 8 行中，我们通过使用 DoubleLinkedList 类中 IsEmpty()方法来判断当前双链表是否为空；通过执行第 20 行的代码，我们令 qNode 为 cNode 所指结点的后继结点，用于后续执行删除操作。

注意：我们在实现算法 2-29 中的 IsEmpty()方法时，使用了与单链表 SingleLinkedList 类中的 IsEmpty()方法相同的源代码。

假定我们在之前创建的双链表 DLList 中删除值为 64 的结点 nNode，通过执行算法 2-29 使得原本含有 6 个结点的双链表，变为含有 5 个结点的双链表。为了将 nNode 成功删除，我们首先需要修改 nNode 的先驱结点（即值为 11 的结点）的后继指针，将其指向 nNode 的后继结点（即值为 23 的结点），再修改 nNode 的后继结点（即值为 23 的结点）的先驱指针，将其指向 nNode 的先驱结点（即值为 11 的结点），然后删除 nNode，具体过程如图 2-29 所示。

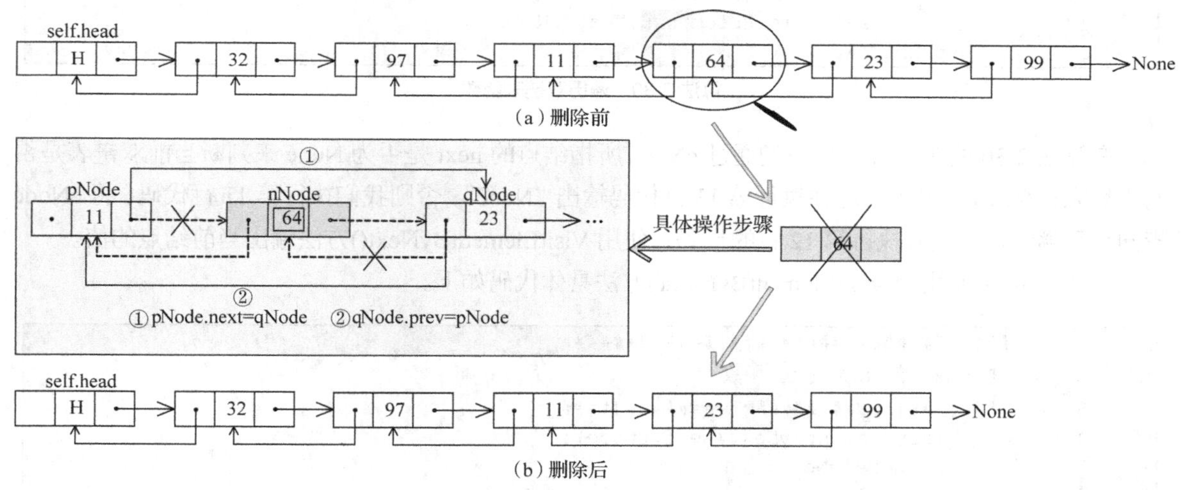

图 2-29　删除结点前后对比

7. 遍历双链表函数的实现

通过 DoubleLinkedList 类的成员函数 TraverseElement(self)，遍历当前双链表中的元素，其算法思路如下。

（1）若双链表为空，则输出相应提示。

（2）若双链表不为空，则调用 VisitElementByNext(self,tNode)方法将双链表中的元素从前到后按序依次输出。

该算法思路对应的算法步骤如下。

（1）使用变量 cNode 指向双链表的头结点。

（2）调用 print()方法给出按 next 域遍历带头结点双链表的提示。

（3）判断当前双链表是否为空，若为空则转（4），否则转（5）。

（4）调用 print()方法输出当前双链表为空的提示并返回。

（5）当 cNode 的 next 不为空时，执行（6），否则执行（7）。

（6）将 cNode 指向其后继结点，并调用 VisitElementByNext()方法输出 cNode 所指结点的值，转（5）。

（7）调用 print()方法输出“None”的提示并退出程序。

该算法的实现代码如下。

```
1   #####################################
2   #遍历双链表函数
3   #####################################
4   def TraversDoubleLinkedList(self):
5       cNode=self.head
6       print("按 next 域遍历带头结点双链表:")
7       if self.IsEmpty():
8           print("当前双链表为空！")
9           return
10      while cNode.next!=None:
11          cNode=cNode.next
12          self.VisitElementByNext(cNode)
13      print("None")
```

算法 2-30　遍历双链表函数

在算法 2-30 的第 10 行中，我们通过 cNode 所指结点的 next 是否为 None 来判断当前双链表是否遍历结束；若为空，退出循环并执行第 13 行代码输出“None”；否则我们执行第 11 行代码，将 cNode 指向其后继结点，然后执行第 12 行的代码，使用 VisitElementByNext()方法输出当前结点的值。

算法 2-30 中使用的 VisitElementByNext()方法具体代码如下。

```
#####################################
#按 next 域输出某一元素函数
#####################################
def VisitElementByNext(self,tNode):
    if tNode!=None:
        print(tNode.data,"->",end=" ")
```

算法 2-31　按 next 域输出某一元素函数

2.3.5　循环双链表

通过将双链表中最后一个结点的后继指针指向双链表的头结点，并将其头结点的先驱指针指向表中最后一个结点，即可得到循环双链表，它与双链表的基本操作大致相同，所以我们在本小节中将重点介绍循环双链表的创建、插入及删除操作。

创建文件 ex020305.py。在该文件中我们首先定义一个 DoubleLinkedNode 类，该类包含创建结点并对结点进行初始化的操作，具体如表 2-11 所示。

表 2–11　　DoubleLinkedNode 类中的成员函数

序号	名称	注释
1	__init__(self)	初始化结点

我们在实现这一方法时，调用了与双链表 DoubleLinkedNode 类中的__init__()方法相同的源代码。

定义一个 CircularDoubleLinkedList 类，用于创建一个循环双链表，并对其执行相关操作。具体如表 2-12 所示。

表 2–12　　CircularDoubleLinkedList 类中的成员函数

序号	名称	注释
1	__init__(self)	初始化头结点
2	CreateCircularDoubleLinkedList(self)	创建循环双链表
3	GetLength(self)	获取循环双链表长度
4	IsEmpty(self)	判断循环双链表是否为空
5	InsertElementInTail(self)	在表中尾端插入某一结点
6	InsertElement(self)	在表中指定位置插入结点
7	InsertElementInHead(self)	在表中首端插入某一结点
8	DestoryCircularDoubleLinkedList (self)	销毁循环双链表
9	DeleteElement(self)	删除表中某一结点
10	GetElement(self)	获取表中指定位置结点的值
11	FindElement(self)	在表中查找某一指定结点
12	VisitElementByNext(self,tNode)	按后继指针访问表中某一结点值
13	VisitElementByPrev(self,tNode)	按先驱指针访问表中某一结点值
14	TraverseElement(self)	遍历表中所有结点并输出

在实现 CircularDoubleLinkedList 类的__init__(self)时，我们调用了与双链表 DoubleLinkedList 类的__init__(self)方法相同的源代码。接下来，我们将具体实现 CircularDoubleLinkedList 类中的 CreateCircularDoubleLinkedList(self)、InsertElementInTail(self)、InsertElementInHead(self)和 DeleteElement(self)4 个方法，其余方法读者可根据自己的需要来实现。

1. 创建循环双链表函数的实现

我们调用 CircularDoubleLinkedList 类的成员函数 CreateCircularDoubleLinkedList，创建一个循环双链表，其算法思路如下。

（1）获取头结点。

（2）由用户输入每个结点值，并依次创建这些结点。

（3）每创建一个结点，就将其链入循环双链表的尾部，并将其后继指针指向头结点，最后在头结点的先驱指针域中存入该结点的地址。

（4）若用户输入“#”号，则结束输入，完成循环双链表的创建。

该算法思路对应的算法步骤如下。

（1）调用 input()方法接收用户输入的值 data。

（2）使用变量 cNode 指向头结点。

（3）判断用户的输入是否为“#”，若结果为真，则转（7）；否则转（4）。

（4）将 data 转化为整型数，然后将其作为参数去创建并初始化一个新结点 nNode。

（5）在 cNode 的 next 中存入 nNode，然后将 cNode 存入 nNode 的 prev 中，接着将 nNode 的后继指针指向头结点，最后将 nNode 存入头结点的 prev 中。

（6）将 cNode 指向其后继结点，接着继续调用 input()方法接收用户输入的值 data 并转（3）。

（7）结束当前输入，完成循环双链表的创建。

该算法的实现代码如下。

```
1    ####################################
2    #创建循环双链表函数
3    ####################################
4    def CreateCircularDoubleLinkedList(self):
5        print("**********************************************")
6        print("*请输入数据后按回车键确认，若想结束请输入“#”。*")
7        print("**********************************************")
8        data=input("请输入元素：")
9        cNode=self.head
10       while data!="#":
11           nNode=DoubleLinkedNode(int(data))
12           cNode.next=nNode
13           nNode.prev=cNode
14           nNode.next=self.head
15           self.head.prev=nNode
16           cNode=cNode.next
17           data=input("请输入元素：")
```

算法 2-32　创建循环双链表函数

在算法 2-32 的第 14 行代码中，我们将头结点的地址存入新结点的后继指针域中；在第 15 行代码中，我们将新结点的地址存入了头结点的先驱指针域中。

通过执行上述代码，我们可以创建一个新的循环双链表。图 2-30 所示为某一次输入所产生的循环双链表 CDLList。

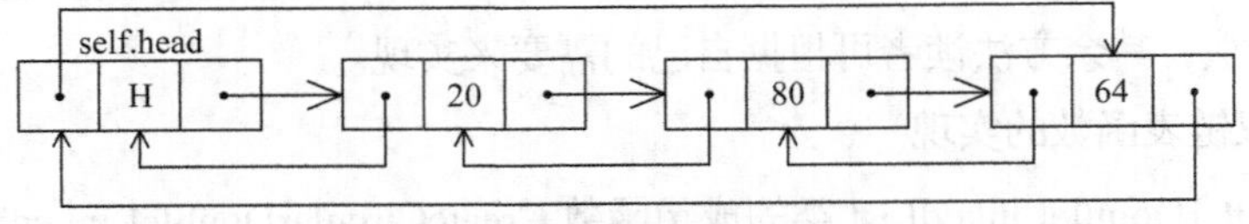

图 2-30　循环双链表 CDLList

2. 尾端插入函数的实现

通过 CircularDoubleLinkedList 类的成员函数 InsertElementInTail(self)，向已有循环双链表的尾端插入结点，其算法思路如下。

（1）输入待插入结点的值。

（2）创建数据域为该值的结点。

（3）在当前循环双链表的尾端插入该结点。

该算法思路对应的算法步骤如下。

（1）调用 input()方法接收用户输入，并将其存入变量 Element 中。

（2）判断 Element 是否为“#”，若为“#”，则转（8）；否则转（3）。

（3）将 Element 转化为整型数，然后将其作为参数去创建并初始化一个新结点。

（4）使用 cNode 指向当前循环双链表的头结点。

（5）判断 cNode 的 next 是否为当前循环双链表的头结点，若为真则转（7）；否则转（6）。

（6）将 cNode 指向其后继结点，并转（5）。

（7）将新结点 nNode 存入 cNode 的 next 中，然后将 cNode 存入 nNode 的 prev 中，再将 nNode 的后继指针指向头结点，最后将头结点的先驱指针指向 nNode，完成该结点在循环双链表尾端的插入。

（8）退出本程序。

该算法的实现代码如下。

```
1     ####################################
2     #尾端插入元素函数
3     ####################################
4     def InsertElementInTail(self):
5         Element=input("请输入待插入结点的值：")
6         if Element=="#":
7             return
8         nNode=DoubleLinkedNode(int(Element))
9         cNode=self.head
10        while cNode.next!=self.head:
11            cNode=cNode.next
12        cNode.next=nNode
13        nNode.prev=cNode
14        nNode.next=self.head
15        self.head.prev=nNode
```

算法 2-33　尾端插入函数

在算法 2-33 的第 12 行代码中，我们将结点 nNode 存入 cNode 的 next 中，再执行第 13 行的代码，将结点 cNode 存入新结点 nNode 的 prev 中，接着执行第 14 行代码，将 nNode 的后继指针指向头结点，最后执行第 15 行代码，将头结点的先驱指针指向 nNode，从而完成新结点的插入。

假定我们在之前创建的循环双链表 CDLList 中，将值为 23 的结点插入到该表中最后一个位置，这使得原本含有 3 个结点的循环双链表 CDLList，变为含有 4 个结点的循环双链表 CDLList，具体过程如图 2-31 所示。

在长度为 n 的循环双链表中使用尾插法执行插入操作时，仅需在双链表的基础上，再修改表中头结点先驱指针与最后一个结点后继指针的值，其算法的时间复杂度也为 O(n)。

3. 首端插入元素函数的实现

我们调用 CircularDoubleLinkedList 类的成员函数 InsertElementInHead(self)，在循环双链表的首端插入新结点，其算法思路如下。

（1）输入待插入结点的值。

（2）创建数据域为该值的结点。

（3）在当前循环双链表的首端插入该结点。

该算法思路对应的算法步骤如下。

（1）调用 input()方法接收用户输入，并将其存入变量 Element 中。

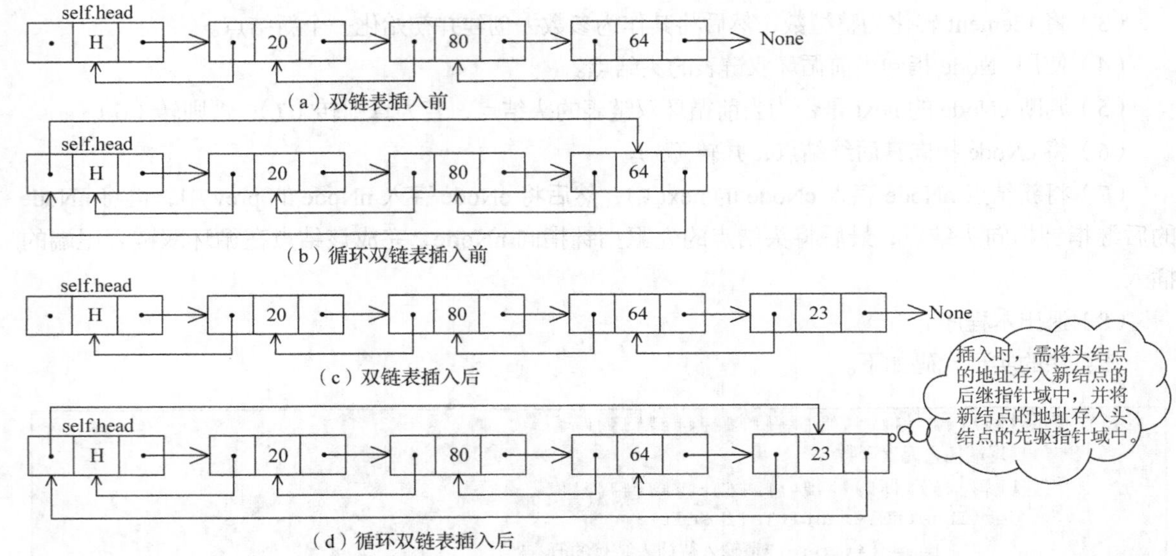

图 2-31　双链表与循环双链表尾端插入结点前后对比

（2）判断 Element 是否为 “#”，若结果为真，则转（10）；否则转（3）。

（3）使用变量 cNode 指向当前双链表头结点的直接后继结点。

（4）使用变量 pNode 指向当前双链表的头结点。

（5）将 Element 转化为整型数，然后将其作为参数去创建并初始化一个新结点。

（6）将新结点 nNode 的先驱指针指向 pNode。

（7）将 pNode 的后继指针指向 nNode。

（8）将 nNode 的后继指针指向 cNode。

（9）将 cNode 的先驱指针指向 nNode。

（10）完成在循环双链表首端的插入，并退出本程序。

该算法的实现代码如下。

```
##########################################
#首端插入元素函数
##########################################
def InsertElementInHead(self):
    Element=input("请输入待插入结点的值: ")
    if Element=="#":
        return
    cNode=self.head.next
    pNode=self.head
    nNode=DoubleLinkedNode(int(Element))
    nNode.prev=pNode
    pNode.next=nNode
    nNode.next=cNode
    cNode.prev=nNode
```

算法 2-34　首端插入元素函数

与双链表的头插法一样，该算法的时间复杂度与其长度无关，故也为 O(1)。

4. 删除元素函数的实现

通过 CircularDoubleLinkedList 类的成员函数 DeleteElement(self)，可将循环双链表中包含指定元素的结点删除，其算法思路如下。

（1）输入待删除结点的值。

（2）在循环双链表中查找是否存在某一结点的值与待删除结点的值相等。

（3）若查找成功，则执行删除操作。

（4）若查找失败，则输出相应提示。

该算法思路对应的算法步骤如下。

（1）调用 input()方法接收用户待删除结点的值 dElement，并将其转化为整型数。

（2）将 cNode 和 pNode 分别指向双链表的头结点。

（3）判断当前链表是否为空，若为空则转（4），否则转（5）。

（4）调用 print()方法输出当前循环双链表为空的提示并返回。

（5）当 cNode 的 next 不为头结点且 cNode 的 data 不等于 dElement 时，执行（6），否则执行（7）。

（6）令 pNode 等于 cNode，再将 cNode 指向其后继结点，并转（5）。

（7）判断 cNode 的 data 是否等于 dElement，若为真则转（8）；否则转（9）。

（8）令 qNode 等于 cNode 的后继结点，然后将 pNode 的后继指针指向 qNode，再将 pNode 存入 qNode 的先驱指针域中，最后删除 cNode，并调用 print()方法输出删除成功的提示。

（9）调用 print()方法输出删除失败的提示。

该算法的实现代码如下。

```
####################################
#删除元素函数
####################################
def DeleteElement(self):
    dElement=int(input('请输入待删除结点的值：'))
    cNode=self.head
    pNode=self.head
    if self.IsEmpty():
        print("当前循环双链表为空！")
        return
    while cNode.next!=self.head and cNode.data!=dElement:
        pNode=cNode
        cNode=cNode.next
    if cNode.data==dElement:
        qNode=cNode.next
        pNode.next=qNode
        qNode.prev=pNode
        del cNode
        print("成功删除含有元素",dElement,"的结点")
    else:
        print("删除失败！循环双链表中不存在含有元素",dElement,"的结点\n")
```

算法 2-35　删除元素函数

2.3.6 链表的应用

到目前为止，我们已经学习了单链表、循环单链表、双链表和循环双链表的基本操作。在本节中，我们将通过 4 个实例，来深入讲解单链表、循环单链表、双链表和循环双链表的实际应用。

1. 单链表的应用

【例 2-2】天天幼儿园于 2017 年 11 月举办了第三届秋季运动会，8 名艺术班的同学被选中参加开幕式徒步方阵的表演，他们的具体信息如表 2-13 所示。在排练过程中，张老师首先要求 8 位同学按表中序号从小到大排成一队，按以下规则组队并进行队形变换。

（1）男同学均被安排在序号为奇数的位置上，简称男生小分队。

（2）女同学均被安排在序号为偶数的位置上，简称女生小分队。

（3）入场时，男生小分队向左，女生小分队向右，然后两队并排走入运动场。

请结合单链表中的有关操作，输出队形变换后，两支小分队中的总人数和每一位同学的姓名。

表 2-13　　参加徒步方阵的同学的具体信息

序号	姓名	性别
1	蔡小天	男
2	惠娣	女
3	张玄	男
4	黄凰	女
5	侯宇	男
6	杨晓宙	女
7	李小洪	男
8	刘荒	女

分析：根据题目要求，需结合单链表的操作来求解，因此我们先创建一个单链表 LA，表中每个结点应包含姓名域、性别域和指针域。然后以表 2-13 中每一位同学信息作为参数初始化结点，再将这些结点逐一链入单链表 LA 中。本题的实质就是对单链表 LA 进行拆分，将其分为两个单独的单链表 LB 和 LC。

基于上述分析，我们可将解决该问题的算法思路归纳如下。

（1）创建单链表 LA、LB 和 LC。

（2）将表 2-13 中同学的姓名和性别作为参数创建结点，并将其依次链入单链表 LA 中。

（3）我们遍历单链表 LA 中的每一个结点，依次将其第一个结点链入单链表 LB 中，第二个节点链入单链表 LC 中，直至单链表 LA 为空。

（4）分别输出单链表 LB 和 LC 中的所有结点。

上述算法思路对应的算法步骤如下。

（1）创建文件 example2-2.py。为了创建单链表，在该文件中我们首先定义一个 StudentNode 类，用于创建结点并对结点进行初始化操作，算法步骤如下。

① 创建姓名域并将其初始化为 name。

② 创建性别域并将其初始化为 sex。

③ 创建指针域并将其初始化为空。

该算法的实现代码如下。

```
######################################
#初始化结点函数
######################################
def __init__(self,name,sex):
    self.name=name
    self.sex=sex
    self.next=None
```

算法 2-36　初始化结点函数

（2）定义 SLL 类用于创建一个单链表，并对其执行相关操作。读者在实现 SLL 类中的大部分操作时，可参考单链表中的 SingleLinkedList 类。

（3）通过调用 SLL 类的 CreateStudentSLL(self)方法，创建单链表 LA，并将表 2-13 中同学的姓名与性别依次输入，然后使用这些数据创建结点，再将其链入单链表 LA 中。该算法的实现代码如下。

```
1   ######################################
2   #创建单链表函数
3   ######################################
4   def CreateStudentSLL(self):
5       print("****************************************************")
6       print("*请输入数据后按回车键确认，若想结束请输入“#”。*")
7       print("****************************************************")
8       cNode=self.head
9       Element=input("请输入姓名、性别并用空格隔开：")
10      while Element!="#":
11          Name=Element.split(" ")[0]
12          Sex=Element.split(" ")[1]
13          nNode=StudentNode(Name,Sex)
14          cNode.next=nNode
15          cNode=cNode.next
16          Element=input("请输入姓名、性别并用空格隔开：")
```

算法 2-37　创建单链表函数

在算法 2-37 的第 11 行与第 12 行代码中，我们调用了 split()函数将用户输入的 Element 切割成两部分，切割条件为空格。将字符串切割后得到的第一部分存入 Name 中，第二部分存入 Sex 中。

（4）我们通过 SLL 类的 DivideSLL(self,LinkedListB,LinkedListC)方法对单链表 LA 中的结点进行拆分，其算法步骤如下。

① 将 aNode 指向 self.head；然后将 bNode 指向作为参数传入的单链表 LinkedListB 的头结点；最后再将 cNode 指向作为参数传入的单链表 LinkedListC 的头结点，并标记当前位置 cPos 为零。

② 判断 aNode 的 next 是否为空。

③ 若②不为真，则执行④；否则执行⑨。

④ 将 aNode 指向其直接后继结点，再将 cPos 的值加 1，并令 pNode 等于 aNode。

⑤ 判断 cPos 对 2 取模是否为 1。

⑥ 若⑤为真，则执行⑦；否则执行⑧

⑦ 将 bNode 的 next 指向 pNode，再将 bNode 指向其直接后继结点，转②。

⑧ 将 cNode 的 next 指向 pNode，再将 cNode 指向其直接后继结点，转②。

⑨ 将 bNode 的 next 与 cNode 的 next 分别置空。

该算法的实现代码如下。

```
1   ###########################################
2   #拆分单链表函数
3   ###########################################
4   def DivideSLL(self,LinkedListB,LinkedListC):
5       aNode=self.head
6       bNode=LinkedListB.head
7       cNode=LinkedListC.head
8       cPos=0
9       while aNode.next!=None:
10          aNode=aNode.next
11          cPos=cPos+1
12          pNode=aNode
13          if cPos%2==1:
14              bNode.next=pNode
15              bNode=bNode.next
16          else:
17              cNode.next=pNode
18              cNode=cNode.next
19      bNode.next=None
20      cNode.next=None
```

算法 2-38　拆分单链表函数

在算法 2-38 的第 4 行代码中，我们将两个单链表 LinkedListB 和 LinkedListC 作为参数传入；在第 6 行与第 7 行的代码中，我们分别使用 bNode 与 cNode 指向单链表 LinkedListB 和 LinkedListC 的头结点；在第 13 行代码中，我们将表示当前结点位置的变量 cPos 对 2 取模，若结果为 1，则说明此时 cPos 为奇数，我们将当前结点称为奇数结点；若结果为 0，则说明此时 cPos 为偶数，我们将当前结点称为偶数结点。我们通过取模结果的不同，将奇数结点链入 LinkedListB 中，将偶数结点链入 LinkedListC 中，以实现对单链表 LA 的拆分。

（5）为了输出单链表 LB 和 LC 中的所有结点，我们在 SLL 类中定义了 TraverseSLL(self)方法，具体实现如算法 2-39 所示。

```
###########################################
#遍历单链表函数
###########################################
def TraverseSLL(self):
    cNode=self.head.next
    while cNode.next!=None:
        print(cNode.name,"->",end=" ")
        cNode=cNode.next
    print(cNode.name)
```

算法 2-39　遍历单链表函数

（6）为了输出最终结果，我们在 SLL 类中定义了 PrintSLL(self)方法。具体实现如算法 2-40 所示。

```
###########################################
```

```
    #打印函数
    ##########################################
    def PrintSLL(self):
        cNode=self.head.next
        if cNode.sex=="男":
            print("***********************************")
            print("男生小分队包含",self.GetLength(),"个人，分别是：")
            self.TraverseSLL()
        else:
            print("***********************************")
            print("女生小分队包含",self.GetLength(),"个人，分别是：")
            self.TraverseSLL()
        print("***********************************")
```

算法 2-40　打印函数

注意：算法 2-40 中的 self.GetLength()方法可用于获取单链表的长度。

（7）我们使用以下代码验证上述算法思路是否能正确地求解队形变换的问题。

```
if __name__=='__main__':
    LA=SLL()
    LB=SLL()
    LC=SLL()
    LA.CreateStudentSLL()
    LA.DivideSLL(LB,LC)
    LB.PrintSLL()
    LC.PrintSLL()
```

算法 2-41　单链表应用的测试程序

执行上述代码可得到图 2-32 所示结果。

```
**************************************************
*请输入数据后按回车键确认，若想结束请输按“#”。*
**************************************************
请输入姓名、性别并用空格隔开:蔡小天 男
请输入姓名、性别并用空格隔开:惠娣 女
请输入姓名、性别并用空格隔开:张玄 男
请输入姓名、性别并用空格隔开:黄凰 女
请输入姓名、性别并用空格隔开:侯宇 男
请输入姓名、性别并用空格隔开:杨晓宙 女
请输入姓名、性别并用空格隔开:李小洪 男
请输入姓名、性别并用空格隔开:刘荒 女
请输入姓名、性别并用空格隔开:#
***********************************
男生小分队包含 4 个人,分别是:
蔡小天 ->张玄 ->侯宇 ->李小洪
***********************************
***********************************
女生小分队包含 4 个人,分别是:
惠娣 ->黄凰 ->杨晓宙 ->刘荒
***********************************
```

图 2-32　拆分单链表 LA 的运行结果

此时我们可以看到男生小分队中有 4 名队员，分别为蔡小天、张玄、侯宇和李小洪同学；女生小分队中也有 4 名队员，分别为惠娣、黄凰、杨晓宙和刘荒同学。

2. 循环单链表的应用

【例 2-3】知行旅行社成立 3 周年时，举办了一场“迎新春，庆周年，送大礼”的主题活动。若参与者能在本次活动的一系列环节中胜出，即可获得马尔代夫免费 7 日游的机会。最终有 10 名参与者进入了该活动的最后一个环节，他们的具体信息如表 2-14 所示。在此环节中，旅行社决定让参与者们围成一圈，然后使用“传彩球”的方式进行比赛，其规则如下。

（1）通过计算机随机生成某一整数 randomNum（介于 1～100），然后再将 randomNum 对当前圈中总人数取模，即得到传递次数 transNum。

（2）彩球从当前持球人开始，依次被传递 transNum 次后，手持彩球的参与者被淘汰。

（3）剩下的参与者重新围成一圈，按上述规则继续比赛。

（4）直至圈中仅剩一名参与者，比赛结束，该参与者获得马尔代夫免费 7 日游的机会。

请使用循环单链表这一数据结构来解决上述问题。

表 2–14　　“传彩球”决赛名单

序号	姓名	性别	年龄
1	蔡小天	女	23
2	惠娣	女	24
3	张玄	男	40
4	黄凰	女	26
5	侯宇	女	35
6	杨晓宙	女	54
7	李小洪	男	18
8	刘荒	女	22
9	江日	男	38
10	郭月	女	40

分析：根据题目要求，需结合循环单链表的操作来求解，因此我们必须先创建一个循环单链表 CSL，再将表 2-14 的中数据输入，并使用这些数据创建结点，将其链入循环单链表 CSL 中。通过生成的随机数对循环单链表进行结点的查找及删除工作。当循环单链表中结点个数为 1 时，输出该结点的值，即为最终获奖的参与者。

基于上述分析，我们可将算法思路归纳如下。

（1）创建循环单链表 CSL。

（2）将表 2-14 中参与者的姓名逐一输入，然后将输入数据作为参数依次创建相应结点，并逐一链入循环单链表 CSL 中。

（3）输出参与者人数及姓名。

（4）根据计算机产生的随机数查找将被淘汰的参与者，并将其所对应的结点删除，当表中仅剩一个结点时将其输出，此时完成问题的求解并结束程序。

上述算法思路对应的算法步骤如下。

（1）创建文件 example2-3.py。在该文件中我们首先定义 CLNode 类用于创建并初始化结点，然后定义 CSLL 类用于创建循环单链表，并对其执行相关操作。CLNode 和 CSLL 类中大部分方法的实现与循环单链表里的 CircularLinkedNode 和 CircularSingleLinkedList 类相同，读者可参考之。

（2）调用 CSLL 类的成员函数 CreateCSLL(self)初始化一个循环单链表 CSL，并将表 2-14 中的姓名作为参数依次创建相应结点，并逐一链入到循环单链表 CSL 中。

（3）调用 CSLL 类的 TraverseCSLL(self)方法输出当前循环单链表中所有结点。

（4）通过 CSLL 类的 Lottery(self)方法查找表中指定结点，并将其删除，直至表中只剩一个结点为止。

接下来，我们详细介绍 CSLL 类的 Lottery(self)方法的算法步骤。

① 将 pNode 指向 self.head；cNode 指向头结点的直接后继结点，再令 count 和 total 等于当前链表长度。

② 判断 count 是否等于 1。

③ 若②不为真，则执行④；否则执行⑫。

④ 调用 random.randint(0,100)获取一个随机整数，并将其存入 randomNum 中，再将 randomNum 对 count 取模，结果存入 transNum 中。

⑤ 判断 transNum 是否为 0，若不等于 0，则执行⑥；否则执行⑦。

⑥ 将 pNode 指向其直接后继结点，再将 cNode 指向其直接后继结点，最后将 transNum 的值减 1，转⑤。

⑦ 判断此时 cNode 是否为头结点。

⑧ 若⑦为真，则执行⑨；否则执行⑩。

⑨ 将 cNode 指向其直接后继结点，再将 pNode 指向其直接后继结点。

⑩ 给出相关提示，再将 pNode 的 next 指向 cNode 的 next，执行对结点 cNode 的删除操作，最后将 cNode 指向 pNode 的 next。

⑪ 获取当前链表长度，并将其存入 count 中，然后转②。

⑫ 将 cNode 指向头结点的直接后继结点。

⑬ 输出 cNode 结点的值，即为赢得大奖的参与者。

具体实现如算法 2-42 所示。

```
########################################
#抽奖函数
########################################
def Lottery(self):
     pNode=self.head
     cNode=self.head.next
     count=self.GetLength()
     total=self.GetLength()
     while count!=1:
          import random
          randomNum=random.randint(0,100)
          print("******************************")
          print("第",(total-count)+1,"轮抽取的随机数为：",randomNum)
          transNum=randomNum%count
          while transNum!=0:
                pNode=pNode.next
                cNode=cNode.next
                transNum=transNum-1
          if cNode==self.head:
                cNode=cNode.next
                pNode=pNode.next
```

```
22              print("被淘汰的会员为：",cNode.data)
23              pNode.next=cNode.next
24              del cNode
25              cNode=pNode.next
26              count=self.GetLength()
27          cNode=self.head.next
28          print("$$$$$$$$$$$$$$$$$$$$$$$$$$$$$$")
29          print("最终赢得旅游大奖的是：",cNode.data)
```

算法 2-42　抽奖函数

在算法 2-42 的第 9 行代码中，我们通过 count 是否为 1 来判断当前表中结点个数是否为 1。若其为 1，说明表中仅剩一个结点，即为获得大奖的参与者；否则继续执行第 10 至第 26 行代码，查找指定结点并执行删除操作，即将参与者淘汰。在第 15 行代码中，我们通过 transNum 是否为 0，来判断彩球传递是否完成。若 transNum 不等于 0，表示当前彩球仍需继续传递，即执行第 16 行至第 18 行代码；若 transNum 等于 0，则表示当前彩球传递已完成，执行第 19 至第 26 行代码。在第 23 行代码中，我们将 pNode 的 next 指向 cNode 的 next，再使用 del 完成对结点 cNode 的删除操作，即将该结点对应的参与者淘汰。

（5）我们针对抽奖问题使用以下测试程序，用于验证上述算法思路是否正确。

```
if __name__=='__main__':
    CSL=CSLL()
    CSL.CreateCSLL()
    CSL.TraverseCSLL()
    CSL.Lottery()
```

算法 2-43　抽奖程序的实现

执行上述代码可得到图 2-33 所示结果。

```
当前参与者共有 10 人,分别为:
蔡小天 ->惠娣 ->张玄 ->黄凰 ->侯宇 ->杨晓宙 ->李小洪 ->刘荒 ->江日 ->郭月
******************************
第 1 轮抽取的随机数为： 24
被淘汰的会员为： 侯宇
******************************
第 2 轮抽取的随机数为： 7
被淘汰的会员为： 惠娣
******************************
第 3 轮抽取的随机数为： 18
被淘汰的会员为： 杨晓宙
******************************
第 4 轮抽取的随机数为： 86
被淘汰的会员为： 江日
******************************
第 5 轮抽取的随机数为： 44
被淘汰的会员为： 蔡小天
******************************
第 6 轮抽取的随机数为： 17
被淘汰的会员为： 李小洪
******************************
第 7 轮抽取的随机数为： 33
被淘汰的会员为： 郭月
******************************
第 8 轮抽取的随机数为： 88
被淘汰的会员为： 张玄
******************************
第 9 轮抽取的随机数为： 27
被淘汰的会员为： 刘荒
$$$$$$$$$$$$$$$$$$$$$$$$$$$$$$
最终赢得旅游大奖的是： 黄凰
```

图 2-33　抽奖程序的运行结果

此时我们可以看到最终获得大奖的为黄凰。

3. 双链表的应用

【例 2-4】先树大学软件学院的张老师给同学们布置了一道期末上机考试题，要求每位同学实现一个页码目录翻页的小程序，图 2-34 所示为一个静态的目录页码。

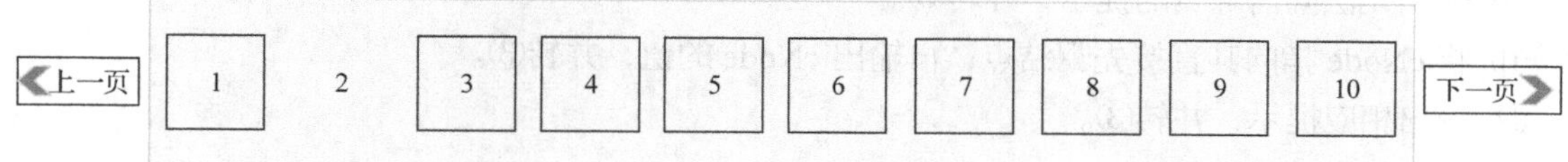

图 2-34 目录栏效果

该程序具体要求如下。

（1）初始页面为第一页。

（2）当用户从键盘上输入 P 时，页码向前翻页。

（3）当用户从键盘上输入 N 时，页码向后翻页。

（4）每翻一页，均要提示当前用户所在页码。

（5）若当前页面为第一页，则用户输入 P 时无法再向前翻页，并给出相应提示。

（6）若当前页面为最后一页，则用户输入 N 时无法再向后翻页，并给出相应提示。

（7）若用户输入 Q 时退出程序。

请使用双链表这一数据结构来解决上述问题。

分析：根据题目要求，需结合双链表的操作来求解，因此我们必须先创建一个双链表 D2L，然后将图 2-34 中的 10 个页码数字作为参数创建新结点，并逐一链入双链表 D2L 中。通过用户输入 P 或 N 的指令，执行翻页操作，即在双链表中查找指定结点并将该结点的值输出。

基于上述分析，我们可将算法思路归纳如下。

（1）创建双链表 D2L。

（2）将数字 1～10 依次输入至双链表 D2L 中将其初始化。

（3）根据用户的输入，执行向前或向后访问结点的操作。

上述算法思路对应的算法步骤如下。

（1）创建文件 example2-4.py。在该文件中我们首先定义 DLNode 类用于创建并初始化结点，然后定义 DLL 类用于创建双链表，并实现相关操作。DLNode 类和 DLL 类大部分方法的实现与双链表 DoubleLinkedNode 和 DoubleLinkedList 类相同，读者可参考之。

（2）调用成员函数 CreateDLL(self)创建双链表 D2L，并使用数字 1～10 初始化之。

（3）通过 DLL 类的 PageTurning(self)方法实现翻页操作。

该方法的算法步骤如下。

① 将 cNode 指向头结点的后继结点。

② 调用 print()方法输出当前结点 cNode 的值，并给出翻页操作的相应提示。

③ 调用 input()方法接收用户的输入的指令 order。

④ 判断 order 是否为“Q”，若不为 Q，执行⑤；否则执行⑬。

⑤ 判断 order 的值，如果 order 等于“N”，转⑥；如果 order 等于“P”，转⑨；如果 order 不为“N”或“P”，转⑫。

⑥ 判断此时 cNode 的 next 是否为 None，若为真，执行⑦；否则执行⑧。

⑦ 输出无法向后翻页的提示，并转③。

⑧ 将 cNode 指向其直接后继结点，再输出 cNode 的值，并转③。

⑨ 判断此时 cNode 的 prev 是否为 self.head，若为真，执行⑩，否则执行⑪。

⑩ 输出无法向前翻页的提示，并转③。

⑪ 将 cNode 指向其直接先驱结点，再输出 cNode 的值，并转③。

⑫ 输出相应提示，并转③。

⑬ 结束程序。

具体实现如算法 2-44 所示。

```
######################################
#页码翻页函数
######################################
def PageTurning(self):
    cNode=self.head.next
    print("您当前所在页码为:",cNode.data)
    print("********************")
    print("*N:向后翻页")
    print("*P:向前翻页")
    print("*Q:退出程序")
    print("********************")
    order=input("请输入:")
    while order!="Q":
        if order=="N":
            if cNode.next==None:
                print("您当前位于最后一页，无法向后翻页！")
            else:
                cNode=cNode.next
                print("您当前所在页码为:",cNode.data)
            order=input("请输入:")
        elif order=="P":
            if cNode.prev==self.head:
                print("您当前位于第一页，无法向前翻页！")
            else:
                cNode=cNode.prev
                print("您当前所在页码为:",cNode.data)
            order=input("请输入:")
        else:
            print("您的输入有误，请重新输入！")
            order=input("请输入:")
```

算法 2-44　页码翻页函数

（4）对页码翻页问题，使用以下程序验证上述算法思路。

```
if __name__=='__main__':
    D2L=DLL()
    D2L.CreateDLL()
```

```
4        D2L.PageTurning()
```

算法 2-45　翻页程序的实现

执行上述代码可得到图 2-35 所示结果。

```
您当前所在页码为: 1
*********************
*N:向后翻页
*P:向前翻页
*Q:退出程序
*********************
请输入:P
您当前位于第一页，无法向前翻页!
请输入:N
您当前所在页码为: 2
请输入:N
您当前所在页码为: 3
请输入:N
您当前所在页码为: 4
请输入:N
您当前所在页码为: 5
请输入:O
您的输入有误，请重新输入!
请输入:P
您当前所在页码为: 4
请输入:Q
```

图 2-35　翻页程序的运行结果

4. 循环双链表的应用

【例 2-5】瑶湖花店为庆祝开业，举办了一场主题为“赠人玫瑰，手有余香”的体验活动，该活动中“赠玫瑰”游戏于当天 8：00 至 11：00 之间，每隔半小时举行一次。参加活动的市民们若在任意一次游戏中进入前 3 名，均可获得精美礼品一份，冠军还可额外获得盆栽。在某一次游戏中共有表 2-15 所示的 8 位市民参加，现在由你来担任主持人，选出本次游戏的前 3 名。具体步骤如下。

（1）参赛的市民们围成一圈，主持人随机将玫瑰放入某一位市民 A 手中，游戏开始。

（2）玫瑰由市民 A 决定传递方向（左或右），然后主持人随机说出一个整数 Number（介于 1～100），再将其对当前圈中总人数取模，得到传递次数 transNum。

（3）玫瑰按传递方向依次被传递 transNum 次后，手持玫瑰的市民 B 即为胜出者之一。

（4）剩下的市民们重新围成一圈，并重复上述步骤。

（5）每次游戏一共进行 3 轮，第一轮胜出的为季军，第二轮胜出的亚军，最后一轮胜出的为冠军。

请结合循环双链表中有关操作，设计程序来选出“赠玫瑰”游戏的获胜者。

表 2–15　　某一次游戏名单

序号	姓名	性别	年龄
1	高术	女	23
2	马喆	男	27
3	季罔	男	40
4	阮宫岛	男	26
5	奚佳加	女	35
6	毛溉	男	20
7	安倬	女	18
8	束萝	女	21

分析：根据题目要求，需结合循环双链表的操作来求解，因此我们必须先创建一个循环双链表 CDL，然后将表 2-15 中 8 位参与者的姓名依次输入，并使用这些数据创建结点，将其链入循环双链表 CDL 中，每个结点即代表一位参与者。通过生成的随机数来计算传递次数 transNum，从循环双链表中某一指定结点开始，在执行 transNum 次传递后所到达的结点即为获胜者，此时获胜者需退出游戏（通过删除获胜者所对应的结点实现）。通过 3 轮游戏后，即可选出本次游戏的前 3 名。

基于上述分析，我们可将算法思路归纳如下。

（1）创建循环双链表 CDL。

（2）将表 2-15 中参与者的姓名逐一输入，然后将输入数据作为参数依次创建相应结点，并逐一链入循环双链表 CDL 中。

（3）主持人随机挑选一位参与者，由其决定传递方向，再将随机数对圈中总人数取模，其结果作为传递次数 transNum。这一轮的获胜者即为执行 transNum 次传递后所到达的结点。

（4）步骤（3）执行三轮后结束程序，第一轮选出的参与者为本次游戏的季军，第二轮选出的参与者为本次游戏的亚军，最后一轮选出的参与者即为本次游戏的冠军。

上述算法思路对应的算法步骤如下。

（1）创建文件 example2-5.py。我们首先定义 DLNode 类来创建并初始化结点，再定义 CDLL 类用于创建循环双链表，并对其实现相关操作。DLNode 类和 CDLL 类中大部分方法的实现与循环双链表中 CircularDoubleLinkedNode 类和 CircularDoubleLinkedList 类的相同，读者可参考之。

（2）调用 CDLL 类的成员函数 CreateCDLL(self)初始化一个循环双链表 CDL，以表 2-15 中的姓名作为参数依次创建相应结点，并将其逐一链入循环双链表 CDL 中。

（3）调用 CDLL 类的 GetLength(self)方法获取循环双链表长度，即获取当前参与游戏的人数。

（4）通过 CDLL 类的 Find(self)方法查找表中指定结点，即查找当前手持玫瑰的参与者。

具体算法步骤如下。

① 令 Pos 等于 0，然后将 cNode 指向头结点。

② 调用 input()方法接收输入并存入 name。

③ 令 cmpResult 等于 False。

④ 判断 cNode 的 next 是否不等于头结点且 cmpResult 是否等于 False。

⑤ 若④为真，则执行⑥；否则执行⑦。

⑥ 将 cNode 指向其直接后继结点，再将 Pos 的值加 1，最后调用 operator 模块中的函数操作，判断当前结点的值与 name 是否匹配，并将结果存入 cmpResult 中，转④。

⑦ 判断此时 cmpResult 是否等于 True。

⑧ 若⑦为真，则执行⑨；否则执行⑩。

⑨ 返回 cNode。

⑩ 输出不存在此参与者的提示。

具体实现如算法 2-46 所示。

```
#######################################
#查找手持玫瑰的参与者
#######################################
def Find(self):
    Pos=0
```

```
6          cNode=self.head
7          name=input('请主持人指定玫瑰当前的持有者：')
8          cmpResult=Flase
9          while cNode.next!=self.head and cmpResult==False:
10             cNode=cNode.next
11             Pos=Pos+1
12             cmpResult=operator.eq(cNode.data,name)
13         if cmpResult==True:
14             return cNode
15         else:
16             print("输入有误，不存在此参与者。")
```

算法 2-46　查找手持玫瑰的参与者

在算法 2-46 的第 12 行中，我们引入了 operator 模块中的 operator.eq()函数，当 cNode.data 等于 name 时，其返回值为 True；否则为 False。

注意：在调用该模块前，我们需要通过 import operator 语句引入 operator 模块所对应的类库。

（5）通过 CDLL 类的 JudgeWinner(self)方法判断获胜者的名次，算法步骤如下。

① 判断传入参数 count 的值。

② 若 count 等于 1，则转③；若 count 等于 2，则转④；若 count 等于 3，则转⑤；若以上 3 种情况均不符合，则转⑥。

③ 输出获得季军的参与者。

④ 输出获得亚军的参与者。

⑤ 输出获得冠军的参与者。

⑥ 输出相应提示。

具体实现如算法 2-47 所示。

```
####################################
#判断冠、亚、季军函数
####################################
def JudgeWinner(self,count,tNode):
    if count==1:
        print("此轮比赛的季军是：",tNode.data)
    elif count==2:
        print("此轮比赛的亚军是：",tNode.data)
    elif count==3:
        print("此轮比赛的冠军是：",tNode.data)
    else:
        print("输入有误")
```

算法 2-47　判断冠、亚、季军函数

（6）通过 CDLL 类的 TransRule(self,sign,transNum,count,tNode)方法指定传递规则，算法步骤如下。

① cNode 指向传入参数 tNode，再令 pNode 等于 cNode 的 prev。

② 判断传入参数 sign 的值。

③ 若 sign 等于“右”，转④；若 sign 等于“左”，转⑧；若 sign 既不等于“右”也不等于“左”，

则转⑫。

④ 判断传入参数 transNum 是否为 0，若不为 0，则转⑤；否则转⑥。

⑤ 将 cNode 指向其直接后继结点，再将 pNode 指向其直接后继结点，最后将 transNum 的值减 1，转④。

⑥ 判断此时 cNode 是否为头结点，若为真则执行⑦，否则执行⑬。

⑦ 将 cNode 指向其直接后继结点，再将 pNode 指向其直接后继结点，并转⑬。

⑧ 判断传入参数 transNum 是否为 0，若不为 0，则转⑨；否则转⑩。

⑨ 将 cNode 指向其直接先驱结点，再将 pNode 指向其直接先驱结点，最后将 transNum 的值减 1，转⑧。

⑩ 判断此时 cNode 是否为头结点，若为真则执行⑪，否则执行⑬。

⑪ 将 cNode 指向其直接先驱结点，再将 pNode 指向其直接先驱结点，并转⑬。

⑫ 输出相应提示。

⑬ 调用 self.JudgeWinner(count,cNode)方法，输出本轮获胜者及其名次。令 qNode 指向 cNode 的 next，再将 pNode 的 next 指向 qNode，qNode 的 prev 指向 pNode，并执行对结点 cNode 的删除操作，最后将 cNode 指向 pNode 的 next。

具体实现如算法 2-48 所示。

```
#####################################
#传递规则
#####################################
def TransRule(self,sign,transNum,count,tNode):
     cNode=tNode
     pNode=cNode.prev
     if sign=="右":
           while transNum!=0:
               cNode=cNode.next
               pNode=pNode.next
               transNum=transNum-1
           if cNode==self.head:
               cNode=cNode.next
               pNode=pNode.next
     elif sign=="左":
           while transNum!=0:
               cNode=cNode.prev
               pNode=pNode.prev
               transNum=transNum-1
           if cNode==self.head:
               cNode=cNode.prev
               pNode=pNode.prev
     else:
           print("输入有误")
     self.JudgeWinner(count,cNode)
     qNode=cNode.next
     pNode.next=qNode
     qNode.prev=pNode
     del cNode
     cNode=pNode.next
```

算法 2-48 传递规则

（7）通过 CDLL 类的 RoseGame(self)方法开始并结束游戏，具体实现如算法 2-49 所示。

```
######################################
#抽奖函数
######################################
def RoseGame(self):
     total=self.GetLength()
     count=1
     while count<4:
         print("**************************************************")
         self.TraverseNode()
         cNode=self.Find()
         pNode=cNode.prev
         print("请",cNode.data,"决定当前传递方向为（左/右）:",end=" ")
         sign=input()
         randomNum=random.randint(0,100)
         print("主持人第",count,"轮，随机抽取的一个数为（介于1-100）：",randomNum)
         transNum=randomNum%total
         print("传递次数为：",transNum)
         self.TransRule(sign,transNum,count,cNode)
         count=count+1
         total=self.GetLength()
     print("**************************************************")
     print("比赛结束")
```

算法 2-49　抽奖函数

（8）我们使用以下代码验证上述算法思路能否正确得出此次“赠玫瑰”游戏的获胜者。

```
if __name__ == "__main__":
     CDL=CDLL()
     CDL.CreateCDLL()
     CDL.RoseGame()
```

算法 2-50　“赠玫瑰”游戏的实现

执行上述代码可得到图 2-36 所示结果。

```
本轮参与的市民有：
高术 ->马喆 ->季罔 ->阮宫岛 ->奚佳加 ->毛溉 ->安倬 ->束萝
**************************************************
本轮参与的市民有：
高术 ->马喆 ->季罔 ->阮宫岛 ->奚佳加 ->毛溉 ->安倬 ->束萝
请主持人指定玫瑰当前的持有者：束萝
请 束萝 决定当前传递方向为（左/右）:右
主持人第 1 轮，随机抽取的一个数为（介于1-100）： 12
传递次数为： 4
此轮比赛的季军是： 季罔
**************************************************
本轮参与的市民有：
高术 ->马喆 ->阮宫岛 ->奚佳加 ->毛溉 ->安倬 ->束萝
请主持人指定玫瑰当前的持有者：安倬
请 安倬 决定当前传递方向为（左/右）:左
主持人第 2 轮，随机抽取的一个数为（介于1-100）： 73
传递次数为： 3
此轮比赛的亚军是： 阮宫岛
**************************************************
本轮参与的市民有：
高术 ->马喆 ->奚佳加 ->毛溉 ->安倬 ->束萝
请主持人指定玫瑰当前的持有者：高术
请 高术 决定当前传递方向为（左/右）:右
主持人第 3 轮，随机抽取的一个数为（介于1-100）： 82
传递次数为： 4
此轮比赛的冠军是： 安倬
**************************************************
比赛结束
```

图 2-36　“赠玫瑰”游戏结果

此时我们可看到在本次游戏中，季罔先生获得季军，阮宫岛先生获得亚军，安倬女士获得冠军。

2.4 本章小结

本章介绍了线性表的基本知识及其具体实现，下面我们从 3 个方面来进行总结。

（1）线性表是在逻辑结构上具有线性关系的数据集，而在其后介绍的顺序表和链表等结构都是在线性表的基础上衍生而来的。

（2）顺序表是在线性表的基础上采用了顺序存储的结构，通常在顺序表中存储数据的空间是连续的，元素存储位置也是相邻的，这在一定程度上反映了其逻辑结构上的线性关系，因此表中任意一个元素都可被随机访问，而我们通常会使用数组来实现这一数据结构；而链表是在线性表的基础上采用了链式存储的结构，元素间的逻辑关系也是通过指针来反映的，因此元素不能被随机访问。表 2-16 为这两种结构在不同方面的比较。

表 2-16　顺序表与链表的比较

对比条目 \ 存储类型		顺序表	链表
空间上	存储空间	创建时，每次需要一段连续的存储空间；顺序表空间大小固定	创建时，每次只需一个结点的空间；链表空间大小不固定
	存储方式	顺序存储	链式存储
	存储密度	等于 1	小于 1
时间上	访问元素	可随机访问元素，时间复杂度为 O(1)	不可随机访问元素，时间复杂度为 O(n)
	插入或删除元素	插入或删除前都需移动元素，时间复杂度为 O(n)	插入或删除前不需要移动元素，时间复杂度为 O(1)
适用类型		①所需存储空间较为确定的数据 ②插入或删除操作较少的数据 ③需要经常访问元素的数据	①所需存储空间变动较大的数据 ②插入或删除操作较多的数据 ③不需要经常访问元素的数据

（3）对于链表，我们介绍了 4 种不同形式，即单链表、循环单链表、双链表及循环双链表，它们的特点如表 2-17 所示。

表 2-17　4 种链表的比较

形式	单链表	循环单链表	双链表	循环双链表
结点构成	①每个结点包含一个数据域和一个指针域 ②数据域用于存储数据 ③指针域用来指向其直接后继结点	①每个结点包含一个数据域和一个指针域 ②数据域用于存储数据 ③指针域用来指向其直接后继结点 ④最后一个结点的指针指向表中第一个结点	①每个结点包含一个数据域和两个指针域 ②数据域用于存储数据 ③先驱指针域用来指向其直接先驱结点 ④后继指针域用来指向其直接后继结点	①每个结点包含一个数据域和两个指针域 ②数据域用于存储数据 ③先驱指针域用来指向其直接先驱结点 ④后继指针域用来指向其直接后继结点 ⑤最后一个结点的后继指针指向表中第一个结点，第一个结点的先驱指针指向表中最后一个结点
查找结点	只可通过后继指针域查找其后继结点	只可通过后继指针域查找其后继结点	既可通过后继指针域查找其后继结点，又还可通过先驱指针域查找其先驱结点	既可通过后继指针域查找其后继结点，又可通过先驱指针域查找其先驱结点

在完成本章的学习后，读者将能够熟练使用各类线性表完成多种操作，并将其应用于实际生活中。

2.5　上机实验

2.5.1　基础实验

基础实验 1　实现顺序表的基本操作

实验目的：理解线性表的顺序存储结构，并掌握顺序表的基本操作。

实验要求：创建名为 ex020501_01.py 的文件，在其中编写一个顺序表的类，该类必须包含顺序表的定义及基本操作，并通过以下步骤测试基本操作的实现是否正确。

（1）初始化一个顺序表 SL。

（2）判断 SL 是否为空。

（3）将元素 2、5、16、55、8 依次存入 SL 中。

（4）输出 SL 中元素的个数。

（5）获取 SL 中元素 5 的位置。

（6）在元素 5 之后插入元素 11。

（7）删除值为 16 的元素。

（8）将 SL 中元素依次输出。

（9）销毁 SL。

基础实验 2　实现单链表的基本操作

实验目的：理解单链表的链式存储结构，并掌握单链表的基本操作。

实验要求：创建名为 ex020501_02.py 的文件，在其中编写一个结点类，该类中必须包含结点的定义及初始化操作，再编写一个单链表类，该类中包含单链表的定义及基本操作。请通过以下步骤测试基本操作的实现是否正确（假定头结点所处位置为第 0 个位置）。

（1）初始化一个单链表 SLL。

（2）判断 SLL 是否为空。

（3）将值为 33、24、231、3、11 的结点依次链入 SLL 中。

（4）获取 SLL 的长度。

（5）将值为 11 的结点插至 SLL 中第 3 个位置。

（6）在 SLL 首端插入值为 25 的结点。

（7）删除 SLL 中第 4 个位置的结点。

（8）查找 SLL 中第 3 个位置结点的值。

（9）遍历 SLL 中所有结点。

基础实验 3　实现循环单链表的基本操作

实验目的：理解循环单链表的链式存储结构，并掌握循环单链表的基本操作。

实验要求：创建名为 ex020501_03.py 的文件，在其中编写一个结点类，该类中必须包含结点的定义及初始化操作，再编写一个循环单链表类，该类中包含循环单链表的定义及基本操作。请通过以下步骤测试基本操作的实现是否正确（假定头结点所处位置为第 0 个位置）。

（1）初始化一个循环单链表 CSLL。

（2）判断 CSLL 是否为空。

（3）将值为 60、41、43、78、85 的结点依次链入 CSLL 中。

（4）将值为 49 的结点插至 CSLL 中第 3 个位置。

（5）在 CSLL 末端插入值为 66 的结点。

（6）删除 CSLL 中值为 78 的结点。

（7）查找值为 66 的结点的位置。

（8）遍历 CSLL 中所有结点。

基础实验 4　实现双链表的基本操作

实验目的：理解双链表的链式存储结构，并掌握双链表的基本操作。

实验要求：创建名为 ex020501_04.py 的文件，在其中编写一个结点类，该类中必须包含结点的定义及初始化操作，再编写一个双链表的类，该类中包含双链表的定义及基本操作。请通过以下步骤测试基本操作的实现是否正确（假定头结点所处位置为第 0 个位置）。

（1）初始化一个双链表 DLL。

（2）判断 DLL 是否为空。

（3）将值为 14、94、84、56、11 的结点依次链入 DLL 中。

（4）获取 DLL 的长度。

（5）将值为 6 的结点插至 DLL 中第 3 个位置。

（6）在 DLL 末端插入值为 23 的结点。

（7）删除 DLL 中第 1 个位置的结点。

（8）查找 DLL 中值为 94 的结点。

（9）按 prev 域依次遍历 DLL 中所有结点。

（10）按 next 域依次遍历 DLL 中所有结点。

基础实验 5　实现循环双链表的基本操作

实验目的：理解循环双链表的链式存储结构，掌握循环双链表的基本操作。

实验要求：创建名为 ex020501_05.py 的文件，在其中编写一个结点类，该类中必须包含结点的定义及初始化操作，再编写一个循环双链表的类，该类中包含循环双链表的定义及基本操作。请通过以下步骤测试基本操作的实现是否正确。

（1）初始化一个循环双链表 CDLL。

（2）判断 CDLL 是否为空。

（3）将值为 8、0、84、73、51 的结点依次链入 CDLL 中。

（4）将值为 99 的结点插至 CDLL 中第 5 个位置。

（5）在 CDLL 末端插入值为 1 的结点。

（6）获取 CDLL 的长度。

（7）删除 CDLL 中最后一个结点。

（8）按 next 域依次遍历 CDLL 中所有结点。

（9）按 prev 域依次遍历 CDLL 中所有结点。

2.5.2 综合实验

综合实验 1　学生成绩录入

实验目的：深入理解顺序表的存储结构，熟练掌握顺序表的基本操作。

实验背景：由于顺序表中存储数据的空间是连续的，因此表中任意一个元素都可被随机访问。在实际的信息管理应用中，顺序表更适合处理插入和删除操作较少的数据，以学生考试成绩的数据为例，当成绩被确定后，一般只会执行查询操作，而几乎不会涉及插入或删除操作，因此顺序表通常被用于处理此类数据。请借助于顺序表处理表 2-18 中软件学院某班部分学生在大学第一个学期的期末考试成绩。

表 2-18　期末考试成绩

序号	姓名	高数	英语
1	赵安平	56	94
2	钱宾鸿	29	93
3	孙博明	69	83
4	李飞英	95	85
5	周晗昱	92	70
6	吴昊	62	68
7	郑弘文	70	88
8	王美琳	50	81
9	冯娅楠	80	98
10	陈雨嘉	77	54

实验内容：创建文件 ex020502_01.py，并在其中编写学生成绩录入程序，具体如下。

（1）将表 2-18 中学生姓名、高数成绩及英语成绩依次输入顺序表中。

（2）对上述学生按高数成绩排序。

（3）对上述学生按英语成绩排序。

（4）删除当前顺序表中第三位学生的所有信息。

实验提示：

在每次输入信息时，可将姓名及成绩拆分为多个字符串同时输入。

综合实验 2　单链表的就地转置

实验目的：深入理解单链表的存储结构，熟练掌握单链表的基本操作。

实验背景：由于单链表采用的是链式存储结构，因此我们不需要通过移动元素来实现数据的插入及删除操作，只需要通过修改表中结点的指针，即可实现对链表的修改。所以在实际应用中，我们经常使用单链表来处理插入和删除操作较多的数据。某购物平台中的商品每天是在不断更新的，若图 2-37 是某一时刻我们按价格升序浏览苹果的结果，假定上述结果存储在单链表中，当我们想按价格的降序来查看这一结果时，该如何实现？这时我们可以通过对存储上述结果的单链表进行转置来实现。

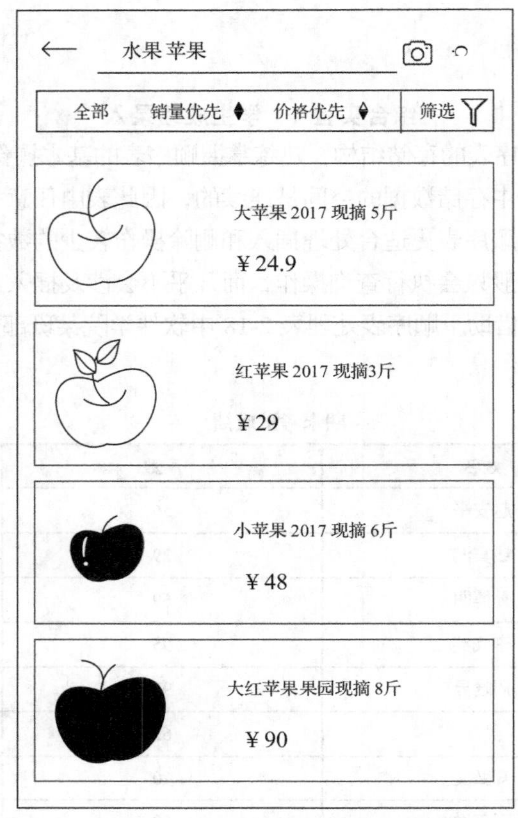

图 2-37　按价格升序浏览苹果的结果

实验内容：创建文件 ex020502_02.py，并在其中编写单链表就地转置的程序，具体如下。

（1）创建单链表 A，并将上述苹果的价格作为参数创建相应结点，并逐一链入 A 中。

（2）从第二个结点开始直至最后一个结点，将其逐一通过头插法插入到第一个结点之前，最后完成单链表的转置。

（3）输出就地转置后的单链表 A。

实验提示：

（1）在遍历过程中，可使用一个指针指向 A 中第一个结点的位置。

（2）借助头插法移动结点的过程中，操作指针时应格外小心，否则容易发生断链的情况。

综合实验 3　每日快递

实验目的：深入理解循环单链表的存储结构，熟练掌握循环单链表的基本操作。

实验背景：瑶湖快递的快递员张小明每日负责 N 市高新技术开发区中 10 个居民小区的快递派送任务，张小明会在每天上午 9 点和下午 2 点分别进行两次派送，图 2-38 所示为张小明每日的派送路线。快递公司规定，在派送过程中，快递员还应接收小区内已预定寄出的快递，若某小区需要派送的快递个数和接收的快递个数均为零，快递员则不需要前往该小区，而是直接前往下一小区进行派送。每日派送结束后，公司对每位快递员去过的小区数目及收寄快递的数量进行清点。假设表 2-19 所示为张小明今日的工作记录，请借助于循环单链表来实现公司对张小明当日派送任务的清点。

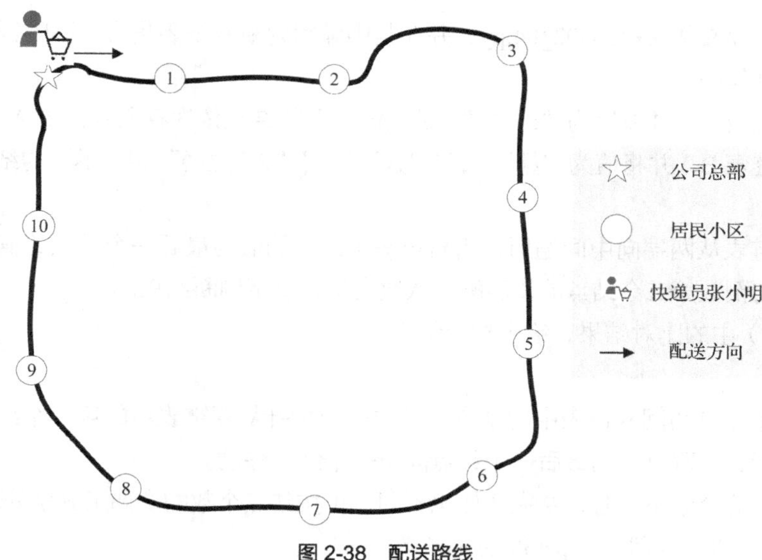

图 2-38　配送路线

表 2-19　张小明今日工作记录

小区编号		①	②	③	④	⑤	⑥	⑦	⑧	⑨	⑩
派件数	上午	8	5	6	0	8	0	2	2	1	3
	下午	2	1	2	4	7	9	1	1	1	0
收件数	上午	0	2	4	0	0	0	1	0	1	1
	下午	1	3	5	0	0	0	0	2	1	0

注：当某小区同一时段派件数与收件数均为零时，快递员可直接去下一小区

实验内容：创建文件 ex020502_03.py，并在其中编写快递派送清算程序，具体如下。

（1）创建循环单链表 A，并将小区编号作为参数创建相应结点，并依次链入循环单链表 A 中。

（2）通过扫描 A，记录下快递员走过的小区个数，并将派送快递的总个数、接收快递的总个数存入当前结点的数据域中。

（3）输出快递员走过的小区个数、派送快递的总个数、接收快递的总个数。

实验提示：

（1）每个结点应有两个数据域，分别用于存放收件数和派件数。

（2）可借助数组或手动输入来更新每个小区派送和接收快递的个数。

（3）可借助数组或列表来完成计数操作。

综合实验 4　判断双链表是否对称

实验目的：深入理解双链表的存储结构，熟练掌握双链表的基本操作。

实验背景：我们在对双链表执行遍历操作时，既可从第一个元素开始访问，直到最后一个元素；也可从最后一个元素开始访问，直到第一个元素。若此时遍历所得的序列相同，我们则将其称为对称双链表（简称对称表，如图 2-39 所示），反之称为非对称双链表（简称非对称表）。请判断某一双链表是否为对称表。

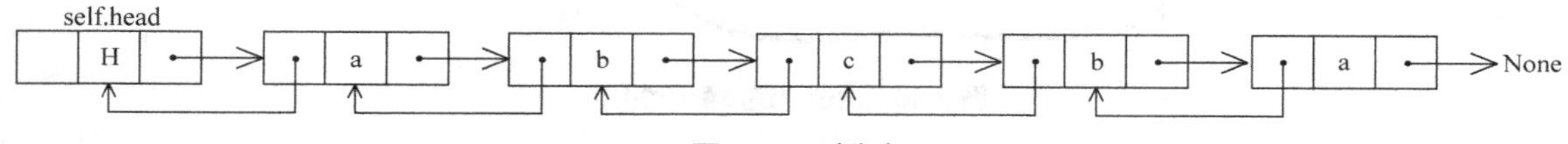

图 2-39　对称表

实验内容：创建文件 ex020502_04.py，并在其中编写判断双链表是否对称的程序，对给定的双链表进行判断，具体如下。

（1）创建双链表 A，并将值为“d”“e”“e”和“d”的结点依次存入双链表 A 中。

（2）创建双链表 B，并将值为“墨”“磨”“人”“非”“人”“磨”和“墨”的结点依次存入双链表 B 中。

（3）利用双链表从两端向中间遍历，判断第一个结点的值与最后一个结点的值是否匹配，第二个结点的值是否与倒数第二个结点的值匹配，依次类推，直至判断结束。

（4）根据（3）中的比对结果，给出相应结论。

实验提示：

（1）使用两个指针访问双链表中的结点，其中一个指针从双链表中的第一个结点向最后一个结点移动，另一个指针从双链表的最后一个结点向第一个结点移动。

（2）表中结点的个数不同时，结束条件也不同，可按结点个数的奇偶来分别处理。

（3）字符串匹配时，可调用 operator.eq()函数。

综合实验 5　双十一快递派送

实验目的：深入理解循环双链表的存储结构，熟练掌握循环双链表的基本操作。

实验背景：“双十一”来临之际，瑶湖快递公司为应对即将到来的快递高峰，向各地增派了人手。快递员陈晓红被安排至 N 市高新技术开发区，配合原快递员张小明共同负责该区内 10 个居民小区的快递派送任务。两人会在每天上午 9 点和下午 2 点从公司总部同时出发，分别按顺时针和逆时针方向进行派送，图 2-40 所示为两人派送路线。快递公司规定，快递员陈晓红负责从第⑩小区到第①小区取件，快递员张小明负责从第①小区到第⑩小区派件。若某小区的派件数或取件数为零，快递员则可忽略这一小区，直接到下一个小区进行服务。每日派送结束后，公司会对每位快递员派送过的小区数及取件数或派件数进行清点，假设表 2-20 所示为两人今日工作记录，请借助于循环双链表来实现公司今日的清点任务。

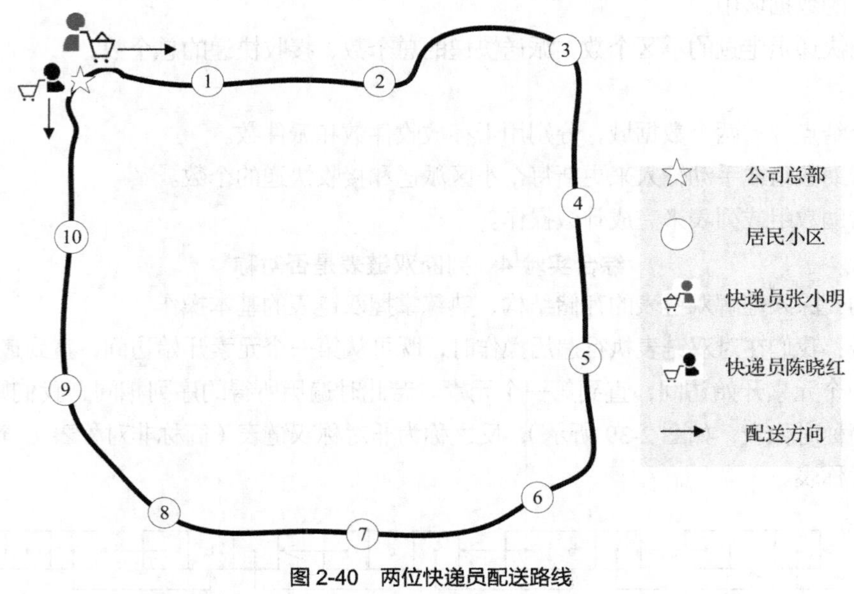

图 2-40　两位快递员配送路线

表 2-20　两位快递员今日工作记录

小区编号		①	②	③	④	⑤	⑥	⑦	⑧	⑨	⑩
张小明（派件数）	上午	6	8	5	1	6	5	5	6	5	9
	下午	8	0	4	9	5	0	8	0	6	7
陈晓红（收件数）	上午	3	7	2	0	3	6	8	2	0	7
	下午	0	2	5	7	4	2	0	5	1	7

注：当某小区同一时段派件数或收件数均为零时，快递员可直接去下一小区

实验内容：创建文件 ex020502_05.py，并在其中编写清点快递任务的程序，具体如下。

（1）创建循环双链表 A，将小区编号作为参数创建相应结点，并依次链入 A 中。

（2）记录下每位快递员所经过的小区个数，再分别将收件数和寄件数记录至当前结点的数据域中。

（3）遍历链表，对每个结点内收件数和寄件数分别求和并输出。

实验提示：

（1）每个结点应有两个数据域。

（2）快递员陈晓红的前进方向应该与张小明的方向相反。

习题

一、选择题

1. 顺序表比链表的存储密度更大，是因为（　　）。

   A. 顺序表的存储空间是预先分配的

   B. 顺序表不需要增加指针来表示元素之间的逻辑关系

   C. 链表的所有结点是连续的

   D. 顺序表的存储空间是不连续的

2. 假定顺序表中第一个数据元素的存储地址为第 1000 个存储单元，若每个数据元素占用 3 个存储单元，则第五个元素的地址是第（　　）个存储单元。

   A. 1015　　B. 1005　　C. 1012　　D. 1010

3. 若将某一数组 A 中的元素，通过头插法插入至单链表 B 中（单链表初始为空），则插入完毕后，B 中结点的顺序（　　）。

   A. 与数组中元素的顺序相反

   B. 与数组中元素的顺序相同

   C. 与数组中元素的顺序无关

   D. 与数组中元素的顺序部分相同、部分相反

4. 与单链表相比，双链表（　　）。

   A. 可随机访问表中结点

   B. 访问前后结点更为便捷

   C. 执行插入、删除操作更为简单

   D. 存储密度等于 1

5. 在一个含有 n 个结点的有序循环双链表中插入一个结点后，仍保持循环双链表的有序，其算法的时间复杂度为（　　）。

A. $O(n)$　　B. $O(1)$　　C. $O(\log_2 n)$　　D. $O(n^2)$

二、填空题

1. 我们将以顺序存储结构实现的线性表称为________。

2. 我们将以链式存储结构实现的线性表称为________。

3. 在单链表中，我们若想在头结点之前插入一个新结点 nNode，可通过执行________和________两条语句实现。

4. 在某一双链表中，假定 cNode 已经指向了当前待删除的结点，若想成功将该结点删除，需要执行的操作对应的代码为________。

5. 循环单链表是在单链表的基础上________，循环双链表是在双链表的基础上________。

三、编程题

1. 设计一个程序来实现顺序表的就地转置。

2. 在一组有重复数据的顺序表中，删除重复数据并输出。

3. 在不使用头结点的情况下，创建一个单链表。

4. 创建一个不带头结点的单链表，并对其执行插入与删除操作。

5. 在一个有序的循环链表中，插入新结点的同时仍保持其有序。

6. 创建一个不带头结点的循环单链表。

7. 在不使用头结点的情况下，完成一个双链表的创建。

8. 在已有的双链表中，删除所有值为 x 的结点。

9. 创建一个循环双链表，并删除其中指定元素。

10. 在一个循环双链表中，删除所有值为奇数的结点。

03 第3章　栈、队列和递归

栈和队列是十分重要的两种数据结构，它们被大量应用于各种计算机软件的设计和开发之中。从数据结构的角度来看，它们都是一种特殊的线性表，我们可将其称为限定性数据结构。本章我们将介绍栈和队列的基本概念、存储方式及典型应用，然后再介绍递归的基本概念、如何设计和实现递归算法，最后再借助于栈详细阐述如何将递归过程转换为非递归过程。

3.1 栈

栈是一种只能在一端进行操作的线性表，它最大的特点是进行数据操作时必须遵循“后进先出（Last In First Out，LIFO）”的原则。在本节中，我们首先将介绍栈的基本概念，然后根据其存储方式的不同，分别介绍栈的顺序存储和链式存储，最后介绍栈的典型应用。

3.1.1 栈的基本概念

通常我们限定栈（Stack）的基本操作均只发生在栈的某一端，如取栈顶元素、在栈中插入或删除某一元素等。我们把可以进行上述操作的这一端称为栈顶（top），而无法进行上述操作的另一端则被称为栈底（bottom）。栈中的元素个数即为栈的长度，当栈中不包含任何元素时被称为空栈，此时栈中元素个数为零。

在栈中插入一个或多个数据元素的操作被称为进栈，而对栈中已有元素进行删除的操作被称为出栈。图 3-1（a）表示创建一个栈并将其初始化为空，此时栈顶指针 top 的值为−1；图 3-1（b）表示元素 d_0、d_1 和 d_2 依次进栈，进栈结束后栈顶指针 top 指向元素 d_2 所在的位置；图 3-1（c）表示元素 d_2 和 d_1 依次出栈，此时栈顶指针 top 指向元素 d_0 所在的位置；图 3-1（d）表示对该栈持续执行进栈后导致栈满，此时栈顶指针 top 指向元素 d_n 所在的位置；图 3-1（e）表示连续执行出栈操作后，该栈成为空栈，栈顶指针 top 被重新设置为−1。

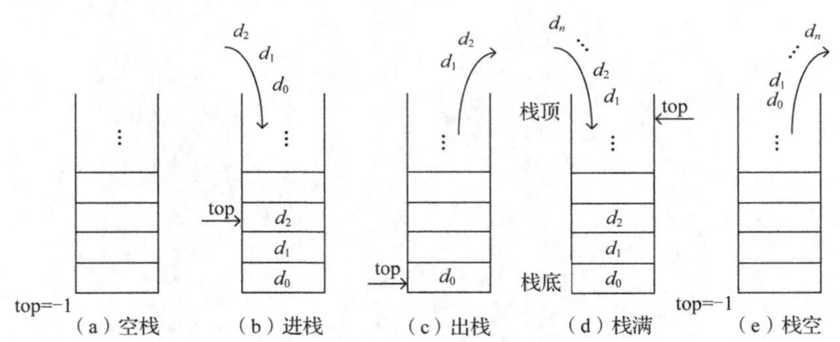

图 3-1　栈的基本操作

栈的抽象数据类型的定义如表 3-1 所示。

表 3–1　栈的抽象数据类型的定义

数据对象	具有相同特性的数据元素的集合 DataSet		
数据关系	若 DataSet 为空集，则被称为空栈；若 DataSet 中的数据元素个数大于或等于 1，则除了栈底和栈顶元素以外，其他所有元素都有唯一的先驱元素和后继元素，这些元素均被限定为仅能在一端进行栈的所有操作		
基本操作	序号	操作名称	操作说明
	1	InitStack(S)	初始条件：无。 操作目的：初始化栈。 操作结果：栈 S 被初始化
	2	DestroyStack(S)	初始条件：栈 S 已存在。 操作目的：销毁栈 S。 操作结果：栈 S 不存在

续表

基本操作	3	IsEmptyStack(S)	初始条件：栈 S 已存在。 操作目的：判断当前栈是否为空。 操作结果：若为空则返回 True，若不为空则返回 False
	4	StackVisit(S)	初始条件：栈 S 已存在。 操作目的：输出当前栈中某一元素。 操作结果：当前栈中某一元素被输出
	5	PushStack(S,e)	初始条件：栈 S 已存在。 操作目的：将元素 e 插入到栈顶。 操作结果：元素 e 为新的栈顶元素，栈的长度加 1
	6	PopStack(S,e)	初始条件：栈 S 已存在且不为空。 操作目的：删除当前栈的栈顶元素。 操作结果：用 e 返回删除的元素值，栈 S 的长度减 1
	7	GetTopStack(S,e)	初始条件：栈 S 已存在且不为空。 操作目的：获取栈顶元素。 操作结果：取得栈顶元素，用 e 返回栈顶元素的值
	8	GetStackLength(S,e)	初始条件：栈 S 已存在。 操作目的：获取栈中元素个数，即栈的长度，并将其值赋给 e。 操作结果：用 e 返回栈的长度值
	9	StackTraverse(S)	初始条件：栈 S 已存在。 操作目的：遍历当前栈。 操作结果：输出栈 S 内的每一个元素

3.1.2 栈的顺序存储

在本小节中，我们将详细介绍栈的顺序存储结构。所谓栈的顺序存储，就是采用一组物理上连续的存储单元来存放栈中所有元素，并使用 top 指针指示当前栈中的栈顶元素。

如图 3-2 所示，假设在图 3-2 所示的顺序栈中，元素个数最多不超过正整数 MaxStackSize，且所有的数据元素都具有相同的数据类型。在图 3-2（a）中，我们创建了一个顺序栈，并将栈顶指针 top 的初始值设置为-1；然后我们令 3 个元素 d_0、d_1、d_2 依次进栈，此时栈顶指针 top 的值被修改为 2，这表示当前栈中有 3 个元素，如图 3-2（b）所示；令元素 d_2 和 d_1 先后出栈，栈顶指针 top 的值被修改为 0，这表示当前栈中仅有一个元素，如图 3-2（c）所示；若持续执行进栈操作最终将会导致栈满，此时栈顶指针 top 的值被修改为 n，栈中共有 n+1=MaxStackSize 个元素，如图 3-2（d）所示。

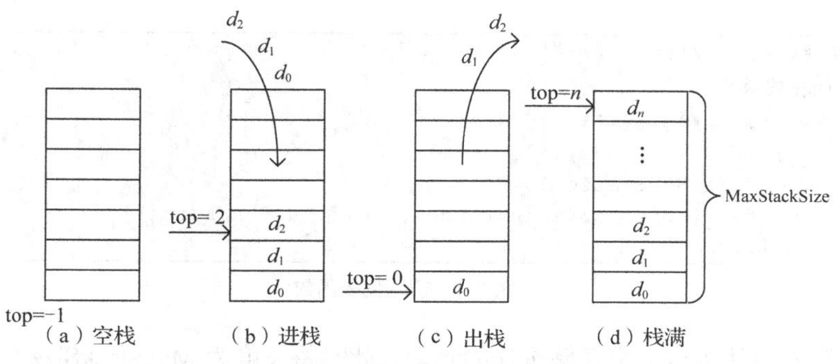

图 3-2 顺序栈的基本操作

1. 顺序栈的基本操作

接下来，我们将介绍如何实现顺序栈的一些基本操作。在介绍这些操作时，我们首先会阐述这些基本操作的算法思路及对应的算法步骤，紧接着我们会对代码的关键点做出简单的解释，以帮助读者体会算法思路和代码实现之间存在的差异。

创建文件 ex030102.py。在该文件中我们定义了一个用于顺序栈基本操作的 SequenceStack 类，如表 3-2 所示。

表 3–2　SequenceStack 类中的成员函数

序号	名称	注释
1	__init__(self)	初始化栈（构造函数）
2	IsEmptyStack(self)	判断栈是否为空
3	StackVisit(self,element)	访问栈中某一元素
4	PushStack(self,x)	元素 x 进栈
5	PopStack(self)	元素出栈
6	StackTraverse(self)	遍历栈内的元素
7	GetTopStack(self)	获取栈顶元素
8	CreateStackByInput(self)	创建一个顺序栈
9	GetStackLength(self)	获取顺序栈的长度

接下来，我们将具体实现__init__(self)、IsEmptyStack(self)、PushStack(self,x)、PopStack(self)、GetTopStack(self)、StackTraverse(self)和 CreateStackByInput(self)这 7 个方法。读者可根据自己的需要，自行实现其余方法。

（1）初始化栈函数的实现

我们先调用 SequenceStack 类的成员函数__init__(self)初始化一个顺序栈，其算法思路如下。

① 对栈空间进行初始化。

② 对栈顶指针进行初始化。

该算法思路对应的算法步骤如下。

① 设置顺序栈能存储的元素个数最多为 MaxStackSize 个。

② 将长度为 MaxStackSize 的列表 s 的每个元素设置为 None。

③ 设置栈顶指针 top 的初值为–1，表示栈为空。

该算法实现代码如下。

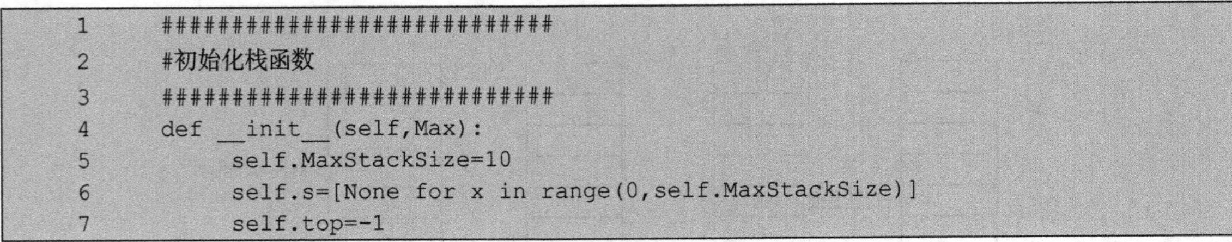

```
1   ###############################
2   #初始化栈函数
3   ###############################
4   def __init__(self,Max):
5       self.MaxStackSize=10
6       self.s=[None for x in range(0,self.MaxStackSize)]
7       self.top=-1
```

算法 3-1　初始化栈函数

上述代码的第 6 行用列表 s 来存储进栈的元素，此时将长度为 MaxStackSize 的列表 s 中的所有元素置为 None（即认为不会有值为 None 的元素进栈和出栈）；第 7 行代码将栈顶指针 top 的值设置为-1，这表示当前栈为空。之所以将栈顶指针 top 的值设置为-1，是为了当栈为空时，第一个元素进栈前将 top 指针加一使其变为 0，这时与列表 s 的 s[0]项下标保持一致。

（2）判断栈是否为空的函数实现

我们调用 SequenceStack 类的成员函数 IsEmptyStack(self)来判断当前栈是否为空，其算法思路如下。

① 将当前栈顶指针的值与之前初始化时设置的栈顶指针的值相比较。

② 若两者相等，则表示当前栈为空，否则表示当前栈不为空。

该算法思路对应的算法步骤如下。

① 判断栈顶指针 top 的值是否等于-1。

② 若为真，则将 True 赋值给 iTop，表示当前栈为空。

③ 若为假，则将 False 赋值给 iTop，表示当前栈不为空。

④ 返回 iTop。

该算法的实现代码如下。

```
1   ###############################
2   #判断栈是否为空的函数
3   ###############################
4   def IsEmptyStack(self):
5       if self.top==-1:
6             iTop=True
7       else:
8             iTop=False
9       return iTop
```

算法 3-2　判断栈是否为空的函数

上述代码的第 5 行将当前栈顶指针 top 的值与-1（即为初始化时设置的栈顶指针的值）比较，若相等则最终返回 True；否则返回 False。

（3）进栈函数的实现

SequenceStack 类的成员函数 PushStack(self,x)用于将元素 x 进栈，其算法思路如下。

① 判断当前栈是否有剩余空间。

② 若当前栈未满，修改栈顶指针的值，使其指向栈的下一个空闲位置。

③ 将要进栈的元素放在上述空闲位置，进栈操作完成。

④ 若栈满则表示没有空间，无法执行进栈操作。

该算法思路对应的算法步骤如下。

① 判断栈顶指针 top 的值是否小于 MaxStackSize-1，即判断是否栈满。

② 若①为真，则执行③；否则执行④。

③ 将栈顶指针 top 的值加 1，并将待进栈元素压入栈中。

④ 输出“栈满”，并结束操作。

该算法的实现代码如下。

```
###############################
#进栈函数
###############################
```

```
4      def PushStack(self,x):
5        if self.top<self.MaxStackSize-1:
6              self.top=self.top+1
7              self.s[self.top]=x
8        else:
9              print("栈满")
10             return
```

算法 3-3　进栈函数

上述代码的第 5 行将栈顶指针 top 的值与栈的存储空间上限值减 1 的结果进行比较，若前者小于后者，则说明仍有空闲空间（注意：当程序正常运行时，比较栈顶指针 top 的值与 MaxStackSize-1 的结果是否相等，即可以说明是否有空闲空间，但若程序出现异常，则有可能出现栈顶指针 top 的值大于 MaxStackSize-1 的结果的情况），则执行第 6 行代码将 top 指针的值加 1，然后执行第 7 行代码将元素 x 放在 top 指针此时指向的位置；否则提示用户当前栈已满，此时将执行第 10 行代码，结束进栈操作。

（4）出栈函数的实现

SequenceStack 类的成员函数 PopStack(self)可用于栈顶元素出栈，其算法思路如下。

① 判断栈是否为空，若栈空则无法执行出栈操作，给出栈为空的提示。

② 若栈不为空，则记下当前栈顶指针的值。

③ 修改栈顶指针的值，使其指向待出栈元素的下一个元素。

④ 返回第②步中记下的栈顶指针的值对应栈中的元素。

该算法思路对应的算法步骤如下。

① 判断栈是否为空，若为空，则输出“栈为空”，并结束操作；否则执行②。

② 用 iTop 记下此时栈顶指针 top 的值，用于返回待出栈元素。

③ 将栈顶指针 top 的值减 1。

④ 返回出栈元素 self.s[iTop]。

该算法的实现代码如下。

```
1      ###############################
2      #元素出栈的函数
3      ###############################
4      def PopStack(self):
5            if self.IsEmptyStack():
6                  print("栈为空")
7                  return
8            else:
9                  iTop =self.top
10                 self.top=self.top-1
11                 return self.s[iTop]
```

算法 3-4　元素出栈的函数

上述代码的第 5 行判断栈是否为空，若为空，则执行第 7 行代码，结束出栈操作；若不为空，则说明栈内仍有元素，执行第 9 行代码记下当前栈顶指针 top 的值，然后将栈顶指针 top 的值减 1，最后执行第 11 行代码，返回出栈元素。

（5）获取栈顶元素函数的实现

SequenceStack 类的成员函数 GetTopStack(self)可用于获取当前栈顶元素，其算法思路如下。

① 判断当前栈是否为空。

② 若当前栈为空，则无法获取任何栈顶元素，此时给出栈为空的提示，并结束操作。

③ 若不为空，则返回栈顶元素。

该算法思路对应的算法步骤如下。

① 使用 IsEmptyStack()方法判断当前栈是否为空。

② 若①为真，则输出“栈为空”，并结束操作；否则执行③。

③ 返回栈顶指针 top 指向的元素 self.s[self.top]。

该算法的实现代码如下。

```
1    ###################################
2    #获取栈顶元素函数
3    ###################################
4    def GetTopStack(self):
5        if self.IsEmptyStack():
6            print("栈为空")
7            return
8        else:
9            return self.s[self.top]
```

算法 3-5　获取栈顶元素函数

上述代码第 9 行返回当前栈顶指针 top 指向的元素，即为当前栈顶元素。

（6）遍历栈内元素函数的实现

SequenceStack 类的成员函数 StackTraverse(self)可用于依次遍历栈内的元素，其算法思路如下。

① 判断栈是否为空，若为空，则栈内没有元素可以访问，此时给出栈为空的提示。

② 若栈不为空，则从栈底到栈顶依次访问栈中元素。

该算法思路对应的算法步骤如下。

① 判断栈是否为空，若栈为空，则输出“栈为空”，并结束操作；否则执行②。

② 使用变量 i 来指示当前元素的下标位置。

③ 从变量 i=0 开始到 i=top 为止，执行④。

④ 将下标为 i 的元素输出，并输出两个空格。

该算法的实现代码如下。

```
################################
#遍历栈内元素函数
################################
def StackTraverse(self):
    if self.IsEmptyStack():
        print("栈为空")
        return
    else:
        for i in range(0,self.top+1):
            print(self.s[i],end='  ')
```

算法 3-6　遍历栈内元素函数

上述第 9 行代码调用的 range 函数使 i 的值从 0 变化到 top。第 10 行代码依次输出列表 s 中的第 i 个元素，其中的 end=‘ ’用于在任意两个元素之间输出两个空格。

注意：由于 StackTraverse()方法是对栈中元素进行遍历，目的是让用户对栈内的所有元素有整体的认识，因此我们在实现时并没有先调用 PopStack()方法将栈中元素逐一出栈后再输出，而是直接从栈底到栈顶将对应元素依次输出。事实上，PopStack()和 GetTopStack()方法才是合法的访问栈中元素的方法，因此从严格意义上来讲，我们实现的 StackTraverse()方法并未完全遵循访问栈中元素的基本规则。

（7）通过用户输入数据的方式创建一个顺序栈

SequenceStack 类的成员函数 CreateStackByInput(self)通过将用户输入的数据进栈，实现创建一个顺序栈，它的算法思路如下。

① 接收用户输入。

② 若①为结束标志，则算法结束；否则执行③。

③ 将用户输入的数据元素进栈。

该算法思路对应的算法步骤如下。

① 将用户的输入存入变量 data 中。

② 若用户输入“#”，则输入结束；否则执行③。

③ 将用户输入的数据元素进栈，并转①。

该算法的实现代码如下。

```
1    #######################################
2    #将用户输入的数据元素进栈的函数
3    #######################################
4    def CreateStackByInput(self):
5         data=input("请输入元素(继续输入请按回车键，结束请输入“#”):")
6          while data!='#':
7              self.PushStack(data)
8              data=input("请输入元素：")
```

算法 3-7　将用户输入的数据元素进栈的函数

上述第 7 行代码调用 SequenceStack 类的成员函数 PushStack()将用户输入的数据元素进栈。

我们用如下程序来测试 CreateStackByInput()方法的执行情况。

```
###################################
#测试 CreateStackByInput()函数的程序
###################################
ss=SequenceStack()
ss.CreateStackByInput()
print("栈内的元素为：",end=' ')
ss.StackTraverse()
```

算法 3-8　测试 CreateStackByInput()的程序

上述代码的一次执行结果如图 3-3 所示。

```
请输入元素(继续输入请按回车键，结束请输入“#”)：1
请输入元素：3
请输入元素：5
请输入元素：7
请输入元素：9
请输入元素：#
栈内的元素为：1 3 5 7 9
```

图 3-3　将用户输入元素进栈

2. 顺序栈的应用实例

【例 3-1】 回文诗最大的特点是从头至尾读和从尾至头读都是一样的。下面这首诗即为回文诗：秋江楚雁宿沙洲，雁宿沙洲浅水流。流水浅洲沙宿雁，洲沙宿雁楚江秋。事实上，某些英文单词也有这一特点，如 dad、madam、refer、level 等。请使用顺序栈的基本操作来判断一个单词是否为回文单词。

分析：如何判断一个单词是否为回文单词？我们要抓住该类单词的本质是从头至尾遍历和从尾至头遍历，其结果都是一样的。本题要求采用栈的基本操作来判断一个单词是否为回文单词。因此我们可以让待判断的单词中的每一个字母以从头至尾的顺序依次进入栈 A，同时让待判断的单词中的每一个字母以从尾至头的顺序依次进入栈 B。然后从栈顶开始，将栈 A 和栈 B 内的字母依次出栈并逐对进行比较。一旦比较的过程中出现不相等的情况，就说明该单词不是回文单词，可以立即结束判断。若直到栈空都没有出现元素不相等的情况，则说明该单词是回文单词。

基于上述分析，判断一个单词是否为回文单词的算法思路归纳如下。

（1）将待判断的单词中每一个字母按从前往后的顺序依次压入栈 ss1。

（2）将该单词中每一个字母按从后往前的顺序依次压入另一个栈 ss2。

（3）自栈顶开始，将栈 ss1 和 ss2 中的元素依次出栈并逐对进行比较。

（4）只要出现第一对不相等的元素，则说明该单词不是回文单词，程序结束。

（5）当比较到栈为空时程序并未结束，则说明从栈顶到栈底，这两个栈中元素是完全一致的，因此该单词是回文单词，输出相应提示信息并结束程序。

该算法思路对应的算法步骤如下。

（1）创建两个栈 ss1 和 ss2。

（2）从变量 i=0 开始到 i= len(str)−1 为止，执行（3）。

（3）将变量 i 在字符串中对应位置的字符 str[i]压入栈 ss1 中。

（4）从变量 i= len(str)−1 开始到 i= 0 为止，执行（5）。

（5）将变量 i 在字符串中对应位置的字符 str[i]压入栈 ss2 中。

（6）在栈 ss1 不为空的前提下在执行（7）～（8）。

（7）对栈 ss1 和 ss2 同时调用 PopStack()函数对栈中元素执行出栈操作，并将出栈元素进行比较。

（8）一旦（7）中两个栈中元素比较时出现不相等的情况，则立刻输出不是回文单词的提示，并结束程序。

（9）若直至栈 ss1 为空，（7）中比较结果都没有出现不相等的情况，则输出是回文单词的提示。

我们给出上述算法思路的一种实现，代码如下。

```
###############################
#判断是否为回文单词的函数
```

```
3  ################################
4  def  plalindrome(str):
5              ss1=SequenceStack(20)
6              ss2=SequenceStack(20)
7              i=0
8              while i<(len(str)):
9                          ss1.PushStack(str[i])
10                         i=i+1
11             print("栈 ss1 内的元素依次为：",end=' ')
12             ss1.StackTraverse()
13             i=i-1
14             while i<(len(str)) and i>=0:
15                         ss2.PushStack(str[i])
16                         i=i-1
17             print("\n 栈 ss2 内的元素依次为：",end=' ')
18             ss2.StackTraverse()
19             while ss1.IsEmptyStack()!=True:
20                 if ss1.PopStack()!=ss2.PopStack():
21                     print("\n 当前栈 ss1 和 ss2 的元素不相等，所以
                            ",str,"不是回文单词。")
22                     return
23             print("\n 栈为空，说明栈 ss1 和 ss2 的元素完全一致，所以
                    ",str," 是回文单词。")
```

算法 3-9　判断是否为回文单词的函数

在第 7 行代码中，i 的初值是 0，通过第 8 行代码中的 while 循环和第 9 行代码将 str 中的元素按从前往后的顺序压入栈 ss1 中，当循环结束时 i 的值已经变为 len(str)，因此第 13 行代码将 i 的值减 1，以便在第 15 行代码中将 str 的元素从后往前压入栈 ss2 中。

为了验证判断回文单词的函数 plalindrome()的正确性，我们设计一个测试方法，其思路如下。

（1）接收用户的输入。

（2）判断输入的是否都为英文字母。

（3）若不全是英文字母，则提示用户“输入错误”。

（4）若全是英文字母，则调用 plalindrome()函数判断其是否为回文单词。

该算法思路对应的算法步骤如下。

（1）用变量 str 接收用户的输入。

（2）设置变量 i 的值为 0。

（3）若当前 i 的值小于 len(str)，则执行（4）；否则执行（7）

（4）判断 str[i]中的字符是否为字母。

（5）若（4）为真，则将 i 的值加 1，继续执行（3）；否则执行（6）。

（6）结束对 str[i]中的字符是否为字母的判断，并执行（7）。

（7）判断 i 的值是否等于 len(str)。

（8）若（7）为真，则调用 plalindrome(str)函数以完成回文单词的判断；否则执行（9）。

（9）输出“输入错误！”的提示。

该算法的一种实现代码如下。

```
1  ########################################
2  #测试输入单词是否为回文单词的函数
3  ########################################
4  def  TestPlalindrome(self):
5      str=input("请输入一个英文单词：")
6      i=0
7      while i<len(str):
8          if(str[i]>='a' and str[i]<='z') or (str[i]>='A' and str[i]<='Z'):
9                  i=i+1
10         else:
11                 break
12     if i==len(str):
13           self.plalindrome(str)
14     else:
15            print("输入错误！")
```

算法 3-10　测试输入单词是否为回文单词的函数

上述第 5 行代码接收用户的输入，通过第 7 行代码中的 while 循环和第 8 行代码判断用户输入的每一个元素是否为字母。

若检测到用户输入不全为字母，将执行第 11 行代码退出循环。

第 12 行代码将 i 的值与 str 的长度比较，若相等则说明用户输入的全是英文字母，此时调用 plalindrome(str)函数来判断当前输入是否为回文单词；若不相等，执行第 15 行代码，提示"输入错误!"。

我们最终使用如下代码来判断一个单词是否为回文单词。

```
##############################
#测试回文单词函数的正确性
##############################
TPD=TestPD()
TPD.TestPlalindrome()
```

算法 3-11　测试回文单词函数的正确性

上述代码执行时输入"level"后的执行过程如图 3-4 所示。

```
请输入一个英文单词：level
栈ss1内的元素依次为：l  e  v  e  l
栈ss2内的元素依次为：l  e  v  e  l
栈为空，说明栈ss1和ss2中的元素完全一致，所以 level 是回文单词。
```

图 3-4　输入单词 level 的执行过程

上述代码执行时输入"never"后的执行过程如图 3-5 所示。

```
请输入一个英文单词：never
栈ss1内的元素依次为：n  e  v  e  r
栈ss2内的元素依次为：r  e  v  e  n
当前栈ss1和ss2中的元素不相等，所以 never 不是回文单词。
```

图 3-5　输入单词 never 的执行过程

3.1.3　栈的链式存储

栈的顺序存储通常要求系统分配一组连续的存储单元，在实现时，对于某些语言而言，当栈满后想要增加连续的存储空间是无法实现的。在有些应用中，我们通常无法事先准确估计某一程序运行时所需的存储空间，若系统一次性为其分配的连续存储空间过多，而实际仅使用了极小一部分，就会造成存储空间极大的浪费。更为严重的是，若因这一程序占用过多的存储空间导致其他程序无法获得足够的存储空间而不能运行，这将极大的降低系统的整体性能。

因此，最理想的栈空间分配策略是程序需要使用多少存储空间就申请多少，我们可以考虑采用链式存储来实现这一理想的分配策略。即首先创建一个链栈（带头结点），有一个指示栈顶的结点 top，若有新元素需要入栈时，就向系统申请其所需的存储单元，元素存入后再与链栈的指示栈顶的结点 top 相连；若元素需要出栈，则先将指示栈顶的结点 top 的 next 指向待出栈元素的下一个元素所在的结点，然后再将待出栈元素所占的存储单元释放掉。

如图 3-6（a）所示，创建一个链栈，因为该栈没有存入任何元素，所以栈顶指针 top 指向的结点的 data 和 next 均为空；

如图 3-6（b）所示，当元素 1 进栈时，先创建一个结点，并将 1 放入该结点的 data；然后将 top 结点的 next 指向元素 1 所在的结点，其效果如图 3-6（c）所示；当元素 2 进栈时，同样也是创建一个结点，再将 2 放入该结点的 data，如图 3-6（d）所示；然后将该结点的 next 指向元素 1 所在的结点，如图 3-6（e）所示；最后将 top 结点的 next 指向元素 2 所在结点，如图 3-6（f）所示。最终效果如图 3-6（g）所示。

如图 3-6（h）所示，当元素 2 出栈时，top 结点的 next 不再指向元素 2 所在的结点，而是指向元素 1 所在的结点，如图 3-6（i）所示；再将元素 2 所在结点的 next 域置为 None，如图 3-6（j）所示。

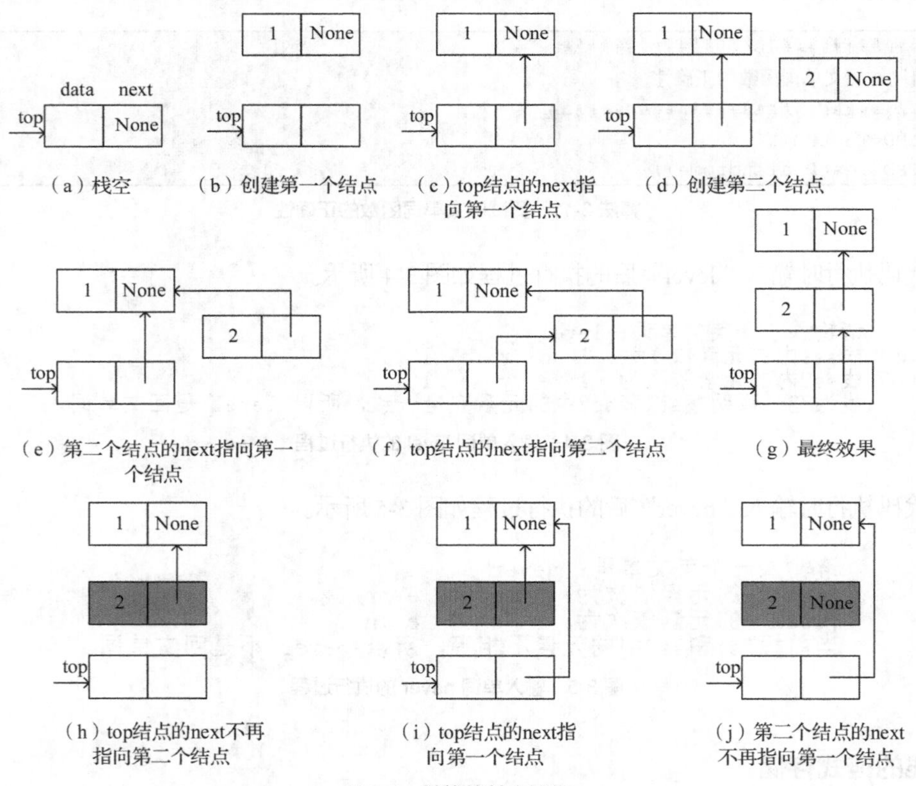

图 3-6 链栈的基本操作

接下来，我们将介绍链栈的基本操作。

创建文件 ex030103.py，在该文件中定义一个 StackNode 类和 LinkStack 类。

如表 3-3 所示，StackNode 类包含了初始化结点的构造函数。

表 3–3　　StackNode 类中的构造函数

序号	名称	注释
1	__init__(self)	初始化结点

初始化结点可调用 StackNode 类的构造函数__init__（self）实现，其算法思路如下。

（1）对结点的数据域进行初始化。

（2）对结点的指针域进行初始化。

该算法思路对应的算法步骤如下。

（1）将结点的 data 域初始化为 None。

（2）将结点的 next 域初始化为 None。

该算法的一种实现代码如下。

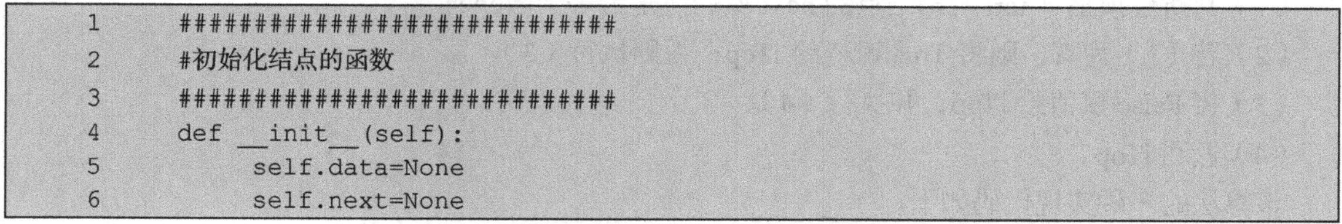

```
###############################
#初始化结点的函数
###############################
def __init__(self):
    self.data=None
    self.next=None
```

算法 3-12　初始化结点的函数

如表 3-4 所示，LinkStack 类包含了链栈的基本操作方法。

表 3–4　　LinkStack 类中的成员函数

序号	名称	注释
1	__init__(self)	初始化链栈（构造函数）
2	IsEmptyStack(self)	判断链栈是否为空
3	StackVisit(S,element)	访问栈中某一元素
4	PushStack(self,da)	元素 da 进栈
5	PopStack(self)	元素出栈
6	GetTopStack(self)	获取栈顶元素
7	CreateStackByInput(self)	创建一个链栈

接下来我们将实现__init__(self)、IsEmptyStack(self)、PushStack(self,da)、PopStack(self)、GetTopStack(self)和 CreateStackByInput(self)这 6 个方法，其余方法读者可根据自己的需要实现。

1. 初始化链栈函数的实现

初始化链栈调用 LinkStack 类的构造函数__init__(self)实现，其算法思路如下。

（1）创建一个链栈结点。

（2）使用该结点对栈顶指针进行初始化。

该算法思路对应的算法步骤如下。

（1）创建一个 StackNode 类的结点。

（2）将栈顶指针 top 指向上述结点。

该算法的一种实现代码如下。

```
################################
#初始化链栈的函数
################################
def __init__(self):
    self.top=StackNode()
```

算法 3-13　初始化链栈的函数

2. 判断链栈是否为空函数的实现

我们调用 LinkStack 类的成员函数 IsEmptyStack(self)来判断当前链栈是否为空，其算法思路如下。

（1）判断指示栈顶的结点的指针域是否为空。

（2）若（1）为真，则表示当前栈为空，否则表示当前栈不为空。

该算法思路对应的算法步骤如下。

（1）判断栈顶指针 top 所指结点的 next 域的值是否等于 None。

（2）若（1）为真，则将 True 赋值给 iTop；否则执行（3）。

（3）将 False 赋值给 iTop，并执行（4）。

（4）返回 iTop。

该算法的一种实现代码如下。

```
################################
#判断链栈是否为空的函数
################################
def IsEmptyStack(self):
    if self.top.next==None:
          iTop=True
    else:
          iTop=False
    return iTop
```

算法 3-14　判断链栈是否为空的函数

3. 进栈函数的实现

LinkStack 类的成员函数 PushStack(self,da)用于将元素 da 进栈，其算法思路如下。在未进栈前，链栈如图 3-7（a）所示；进栈时，采用头插法将一个存有进栈元素的结点插入当前链栈中。

（1）创建一个新结点，并将待进栈的元素存入该结点的数据域中，这一过程可参考图 3-7（b）。

（2）将新结点的指针域指向栈顶结点指针域指向的结点，这一过程可参考图 3-7（c）。

（3）将栈顶结点的指针域指向新结点，这一过程可参考图 3-7（d）。最终效果如图 3-7（e）所示。

该算法思路对应的算法步骤如下。

（1）创建结点 tStackNode，并将要进栈的元素 da 放入该结点的 data 域。

（2）令 tStackNode 结点 next 域的值为 self.top.next。

（3）修改栈顶结点 top 的 next，使其指向 tStackNode 结点。

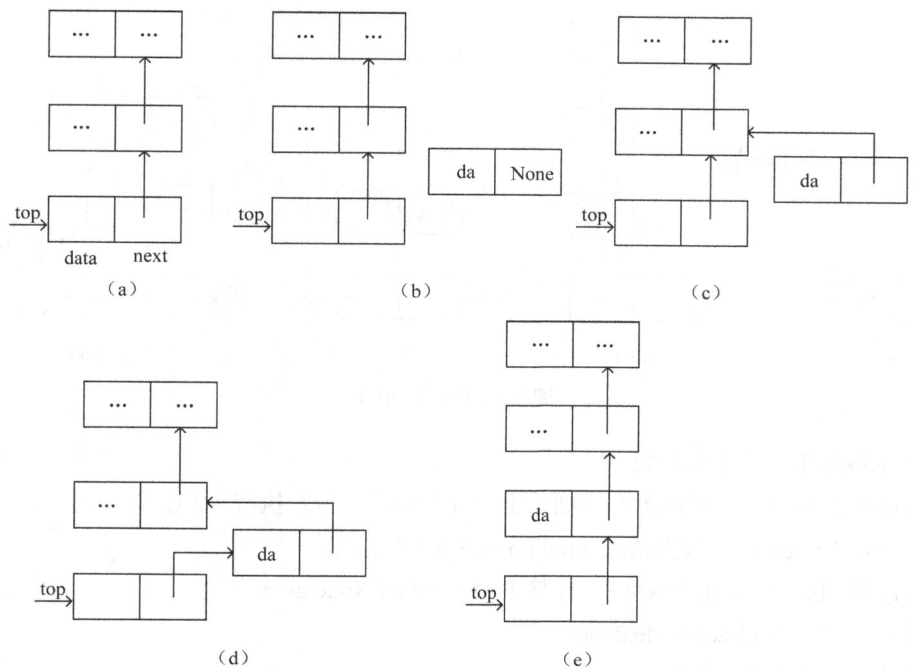

图 3-7 元素 da 进栈

该算法的一种实现代码如下。

```
1   ################################
2   #进栈的函数
3   ################################
4   def PushStack(self,da):
5       tStackNode=StackNode()
6       tStackNode.data=da
7       tStackNode.next=self.top.next
8       self.top.next=tStackNode
9       print("当前进栈元素为: ",da)
```

算法 3-15 进栈的函数

上述第 5 行代码创建一个结点 tStackNode，第 7 行代码将 tStackNode 结点的 next 指向栈顶结点 top 的 next 所指向的结点，然后在第 8 行代码中将栈顶结点 top 的 next 指向 tStackNode 结点。

4. 出栈函数的实现

LinkStack 类的成员函数 PopStack(self)可用于栈顶元素出栈，其算法思路如下。

（1）判断栈是否为空。

（2）若（1）为真，则无法执行元素出栈操作，如图 3-8（a）所示，此时给出栈为空的提示；否则执行（3）。

（3）记下此时的栈顶结点指针域指向的结点，这一过程可参考图 3-8（b）。

（4）修改栈顶结点的指针域，在其中存入（3）中记下的结点指针域的值，这一过程可参考图 3-8（c）。

（5）将 data 域值为 da 的结点出栈，这一过程可参考图 3-8（d）。

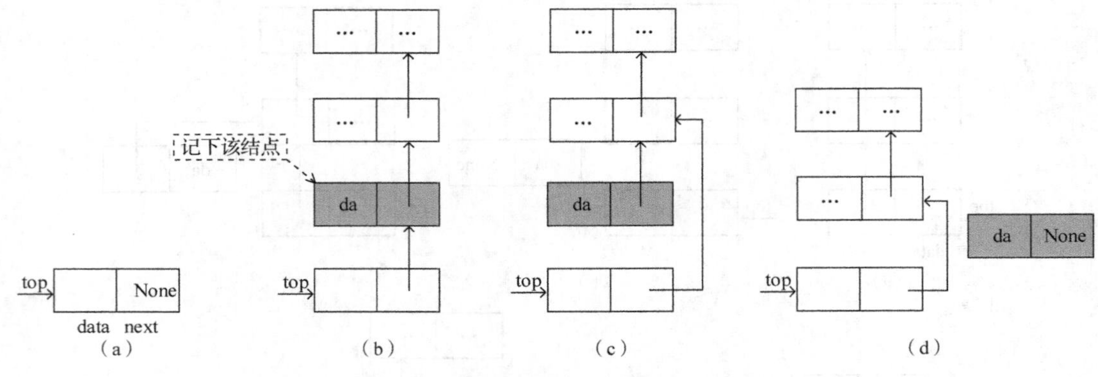

图 3-8 元素 da 出栈

该算法思路对应的算法步骤如下。

（1）判断栈是否为空，若栈为空，则输出“栈为空。”；否则执行（2）。

（2）用 tStackNode 记下栈顶结点 top 的 next 指向的结点。

（3）修改栈顶结点 top 的 next 域，在其中存入 tStackNode.next。

（4）返回出栈元素 tStackNode.data。

该算法的一种实现代码如下。

```
1	#################################
2	#出栈的函数
3	#################################
4	def PopStack(self):
5	    if self.IsEmptyStack()==True:
6	        print("栈为空。")
7	        return
8	    else:
9	        tStackNode=self.top.next
10	        self.top.next=tStackNode.next
11	        return tStackNode.data
```

算法 3-16 出栈的函数

上述第 9 行代码用 tStackNode 结点记下当前栈顶结点 top 的 next 域指向的结点；第 10 行代码修改栈顶结点 top 的 next，使其指向 tStackNode 结点的 next 指向的结点；最后第 11 行代码返回 tStackNode 结点 data 域的值。

5. 获取栈顶元素函数的实现

LinkStack 类的成员函数 GetTopStack(self)可用于获取栈顶元素，其算法思路如下。

（1）判断栈是否为空。

（2）若（1）为真，则执行（3）；否则执行（4）。

（3）给出栈为空的提示并返回。

（4）返回栈顶元素的值。

该算法思路对应的算法步骤如下。

（1）判断栈是否为空，若栈为空，则输出“栈为空。”；否则执行（2）。

（2）输出栈顶结点 top 的 next 指向结点的 data 域的值 self.top.next.data。

该算法的一种实现代码如下。

```
1   ################################
2   #获得当前栈顶元素的函数
3   ################################
4   def GetTopStack(self):
5       if self.IsEmptyStack():
6           print("栈为空。")
7           return
8       else:
9           return self.top.next.data
```

算法 3-17 获得当前栈顶元素的函数

上述第 9 行代码返回栈顶结点 top 的 next 指向结点的数据域的值，即为栈顶元素的值。

6. 通过用户输入数据的方式创建一个链栈

LinkStack 类的成员函数 CreateStackByInput(self)通过将用户输入的数据进栈，从而实现创建链栈，它的算法思路如下。

（1）接收用户输入。

（2）若（1）为结束标志，则算法结束；否则执行（3）。

（3）将用户输入的数据元素进栈。

该算法思路对应的算法步骤如下。

（1）将用户的输入存入变量 data 中。

（2）若用户输入“#”，则输入结束；否则执行（3）。

（3）将用户输入的数据元素进栈，并转（1）。

该算法的实现代码如下。

```
1   #########################################
2   #将用户输入的数据元素进栈的函数
3   #########################################
4   def CreateStackByInput(self):
5       data=input("请输入元素(继续输入请按回车键，结束请输入“#”)：")
6       while data!='#':
7           self.PushStack(data)
8           data=input("请输入元素：")
```

算法 3-18 将用户输入的数据元素进栈的函数

上述第 7 行代码调用 LinkStack 类的成员函数 PushStack()将用户输入的数据元素进栈。

我们用如下程序来测试 CreateStackByInput 方法的执行情况。

```
################################
#测试 CreateStackByInput()的程序
################################
ls=LinkStack()
ls.CreateStackByInput()
```

算法 3-19 测试 CreateStackByInput()的程序

上述代码的一次执行结果如图 3-9 所示。

```
请输入元素(继续输入请按回车键，结束请输入“#”）:1
当前进栈元素为： 1
请输入元素：3
当前进栈元素为： 3
请输入元素：5
当前进栈元素为： 5
请输入元素：7
当前进栈元素为： 7
请输入元素：9
当前进栈元素为： 9
请输入元素：#
```

图 3-9 将用户输入的元素进栈

【例 3-2】我们知道 C 语言是一种应用极为广泛的编程语言，它既可以被用于编写操作系统，又可以被用于实现各种底层传输协议。在我们使用 C 语言进行程序设计时，会发现源程序中有各种括号，如表示函数开始和结束的“{}”，表示数组的“[]”，紧随函数名后的“()”，若程序逻辑较为复杂，可能会导致括号过多，此时我们很容易遇到括号不匹配的错误。目前绝大多数的主流的编辑器都能判断程序的括号是否匹配，图 3-10 所示为在 notepad++中 C 语言源程序的“{}”（英文为 brace，下文我们统一称其为花括号）的匹配效果。请使用链栈这一数据结构来判断某一 C 语言源程序中的花括号是否匹配。

```
#include<stdio.h>
void main()
{
    printf("Hello world!");
}
```

图 3-10 notepad++中 C 语言源程序的花括号匹配效果

分析：如何判断一个源程序中的所有花括号是否匹配呢？通过仔细观察我们会发现，对于任何一对匹配的花括号“{}”，当该花括号右半部分“}”出现时，必定需要与之匹配的左半部分“{”，否则就认为该花括号右半部分“}”失配。

本题要求使用链栈来判断花括号是否匹配，我们实现时可以先通过将存放源程序的文件逐个字符读入到字符串变量中，然后对这一字符串变量进行如下处理：当读到花括号的左半部分时就将它压入链栈中，继续读入字符直至遇到花括号的右半部分，此时获取当前栈顶元素，然后判断它们是否匹配。若匹配，则将当前栈顶元素出栈；否则结束括号匹配的判断，提示括号不匹配并结束程序。

对一个正确的 C 语言源程序来说（忽略源程序中的所有注释），若字符串处理完毕时，链栈为空，则可说明该源程序中的花括号是匹配的。

基于上述分析，我们把判断一个 C 语言源程序的花括号是否匹配的算法思路归纳如下。

（1）打开存储源程序的文件，依次读取每一个字符，并将其存入字符串变量中，然后根据当前字符的不同进行以下处理。

① 若当前字符为“{”，就将其压入链栈中。

② 若当前字符不是花括号，则忽略当前字符。

③ 若当前字符为“}”，就获取栈顶元素并与之比较。若匹配，则将栈顶元素出栈；否则结束

程序。

（2）当字符处理完毕时，若链栈为空，则说明源程序中的花括号匹配；否则说明此源程序中的花括号失配。最后输出相应提示信息并结束程序。

该算法思路对应的判断字符串 str 中花括号是否匹配的算法步骤如下。

（1）创建链栈 ls。

（2）调用 len 函数获取字符串 str 的长度。

（3）使用变量 i 作为访问字符串 str 的下标。

（4）从变量 i=0 开始到 i=len(str)-1 为止，执行（5）至（14）。

（5）将当前元素 str[i]与左括号“{”进行比较。

（6）若（5）为真，则执行（7）；否则执行（8）。

（7）调用 PushStack()函数将 str[i]进栈，并将 i 加 1。

（8）判断 str[i]是否等于“}”。

（9）若（8）为真，则执行（10）；否则执行（14）。

（10）判断栈顶元素是否为“{”。

（11）若（10）为真，则执行（12）；否则执行（13）。

（12）调用 PopStack()函数将栈顶元素出栈，并将 i 加 1。

（13）调用 PushStack()函数将 str[i]进栈，并将 i 加 1。

（14）将变量 i 的值加 1。

（15）判断栈 ls 是否不为空。

（16）若（15）为真，则执行（17）；否则执行（18）。

（17）调用 ReverseStackTraverse()函数输出未匹配的括号。

（18）输出“括号匹配成功!”。

我们给出上述算法思路的一种实现，代码如下。

```
##################################
#检查花括号是否匹配的函数
##################################
def BracketMatch(self,str):
    ls=LinkStack()
    i=0
    while i<len(str):
        if str[i]=='{':
            ls.PushStack(str[i])
            i=i+1
        elif str[i]=='}':
            if ls.GetTopStack()=='{':
                ls.PopStack()
                i=i+1
            else:
                ls.PushStack(str[i])
                i=i+1
        else:
            i=i+1
    if ls.IsEmptyStack()==True:
        print("括号匹配成功！")
```

```
22          else:
23              print("括号匹配不成功! ")
24              print("未匹配的括号为: ",end=' ')
25              ls.ReverseStackTraverse()
```

算法 3-20　检查括号是否匹配的函数

上述代码第 7 行用 len 函数获取字符串 str 的长度；第 8 行代码将 str 中的当前元素 str[i]与“{”进行比较，若为真，则由第 9 行代码将此元素压入栈 ls 中，并由第 10 行代码执行 i 加 1 操作，然后通过 while 循环继续对后续元素进行比较；第 11 行代码将 str 中的当前元素 str[i]与“}”进行比较，若为真，则由第 12 行代码将栈顶元素与“{”进行比较，若为真，则将栈顶元素出栈，并将 i 的值加 1；否则将当前元素压入栈中，并将 i 的值加 1。若当前元素不是括号，则在第 19 行代码中将 i 加 1。当 str 中的所有元素处理完后，第 20 行代码判断当前栈 ls 是否为空，若为空，则由第 21 行代码输出“括号匹配成功!”的提示；否则第 25 行代码通过 ReverseStackTraverse()方法反向输出栈内剩余未匹配括号。

接下来，我们用一段 C 语言的源程序来验证括号是否匹配的函数 BracketMatch()的正确性。我们设计一个方法来读取源程序的每一个字符，其思路如下。

（1）打开源程序所在文件。

（2）读取源程序的每一个字符并存入字符串变量中。

（3）关闭源程序所在的文件，然后返回字符串变量。

该算法思路对应的算法步骤如下。

（1）调用 open()方法打开文件名为 strFileName 的 C 语言源程序。

（2）用 read()方法读取文件的内容并用变量 str 存储读取到的字符。

（3）调用 close()方法关闭文件。

（4）输出 str，将待处理文件的内容显示出来。

（5）返回 str，以便其他函数的调用。

```
1    ########################################
2    #读取文件的内容的函数
3    ########################################
4    def ReadFile(self,strFileName):
5        f=open(strFileName)
6        str=f.read()
7        f.close()
8        print("要判断括号匹配的源程序如下: ")
9        print(str)
10       return str
```

算法 3-21　读取文件的内容的函数

上述第 5 行代码调用 open()方法打开文件名为 strFileName 的 C 语言源程序，然后由第 6 行代码用 read()方法读取文件的内容并用 str 存储读取到的字符，读取文件结束后在第 7 行代码中将该文件关闭。第 9 行代码将待处理文件的内容显示出来。第 10 行代码返回 str，以便其他函数的调用。

我们最终使用如下代码来判断一个源程序中的括号是否匹配。

```
################################
```

```
2 #测试括号匹配函数的正确性
3 ##############################
4 TBM=TestBM()
5 TBM.BracketMatch(TBM.ReadFile("example3-2.c"))
```

算法 3-22　测试括号匹配函数的正确性

第 5 行代码中调用的是文件名为 example3-2.c 的 C 语言程序。

注意：该程序执行时要求 example3-2.c 与测试函数在同一文件夹下。

上述代码的执行结果如图 3-11 所示。

```
要判断括号匹配的源程序如下：
}#include<stdio.h>{
void main()
{
    printf{("Hello world!");
}

括号匹配不成功！
未匹配的括号为：} { {
```

图 3-11　代码的执行结果

3.1.4　栈的典型应用

在本节中我们将介绍如何使用栈这一数据结构来辅助求解迷宫问题。

迷宫是指具有复杂通道的建筑物，人们从其内部很难发现到达建筑物入口或出口的道路。人类建造迷宫已有 5000 年的历史，在希腊神话中有一座建造于克诺索斯的迷宫，由名匠代达罗斯为克里特岛的国王米诺斯精心设计。这座迷宫被用来囚禁米诺斯的儿子。

通常我们将迷宫分为单迷宫和复迷宫，单迷宫是只有一种走法的迷宫，复迷宫是有多种走法的迷宫。对于单迷宫而言，有一种万能的破解方法，即仅沿着某一面墙壁行走。在迷宫中行走的时候，必须一直摸着这一面的墙壁，直到找到出口为止，这种方法可能费时最长，但绝不会永远被困在里面。从本质上说，复迷宫是由若干个单迷宫组成的，因此，复迷宫中必然有一些地方可以不回头地走回原点，所以对于复迷宫而言，上述对单迷宫有效的“万能”破解方法不一定适用，因为在复迷宫中，有可能一直是在兜圈子而无法找到出口。

【例 3-3】图 3-12 所示为仅含一个入口和一个出口的单迷宫，请借助于栈的基本操作来寻找从迷宫入口到出口的路径。

分析：由于计算机的运算能力极为强大，因此可借助于回溯法并利用栈这一数据结构来对迷宫问题进行求解。对图 3-12 所示的迷宫而言，我们从入口出发，理论上有上下左右 4 个方向可以选择，但有些方向是不能走的，比如入口的上方（相当于出口）、左方和右方（墙壁）。我们只能在可以走的方向中选择一个往前走，同时标记已走过的位置，按照这样的方式一直往前走。若遇到当前位置的 3 个方向都不能前进时，我们就需要往后退，一直退到含有未被标记的位置，然后选择下一个可以通行的方向，并按上述方式不断尝试，直到最终找到出口，则成功走出迷宫；否则无法走出迷宫。在成功走出迷宫的前提下，我们可以获得从迷宫入口到出口的路径。

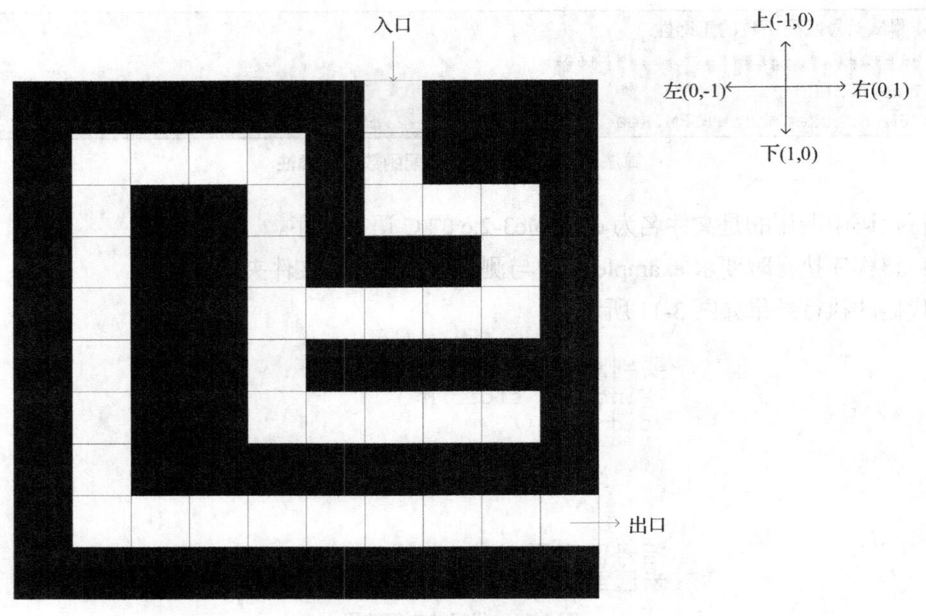

图 3-12　迷宫图

基于上述分析，在给定迷宫入口和出口位置的前提下，借助于栈寻找走出迷宫路径的算法思路如下。

（1）创建一个栈并进行初始化，将迷宫的入口位置作为当前位置。

（2）将当前位置与出口位置比较，若相等，则执行（6）；否则从当前位置出发，找到该位置的下一个可以到达的位置，然后将当前位置压入栈中，同时将当前位置标记为已经走过的位置，并进入下一个位置执行（3）；若当前位置不存在下一个可以到达的位置，则执行（4）。

（3）在当前位置执行（2）。

（4）若栈不为空，则将栈顶元素出栈，判断在栈顶元素对应的位置选择出的下一个可以通行的位置是否被标记为已经走过的位置，若被标记为已经走过的位置，则在栈不为空的前提下继续将栈顶元素出栈[此过程中若出现栈空的情况，则执行（5）]；若没有被标记为已经走过的位置，则执行（2）。

（5）结束寻找迷宫路径的过程，输出找不到迷宫路径的提示。

（6）打印找到的一条迷宫路径。

我们分为几步给出上述算法思路的一种实现，接下来我们将详细介绍主要的算法步骤。实现时用二维数组存储迷宫路径，以 0 表示可以通行，以 1 表示不可以通行。

（1）定义指示当前位置的上下左右 4 个方向的数组 Directions。

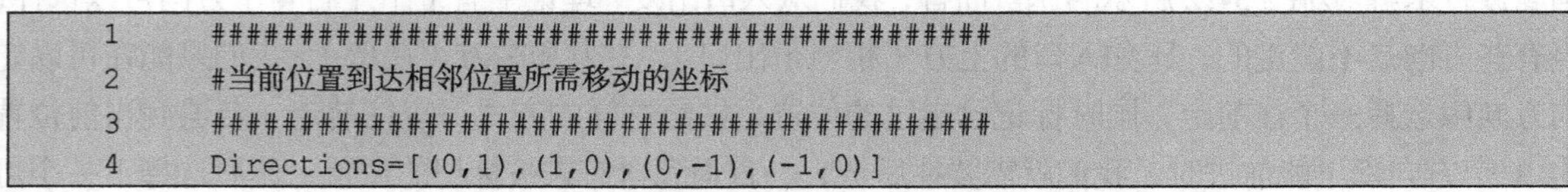

```
1    ##############################################
2    #当前位置到达相邻位置所需移动的坐标
3    ##############################################
4    Directions=[(0,1),(1,0),(0,-1),(-1,0)]
```

算法 3-23　当前位置到达相邻位置所需移动的坐标

第 4 行代码中二维数组 Directions 有 4 组取值，分别为(0,1)、(1,0)、(0, −1)、(−1,0)。假定当前位置的坐标为(x,y)，则在迷宫中当前位置向右走应加上(0,1)，即为下一位置(x,y+1)；在迷宫中当前位置向下走加上(1,0)，即为下一位置(x+1,y)；在迷宫中当前位置向左走加上(0, -1)，即为下一位置(x,y-1)；在迷宫中当前位置向上走加上(-1,0)，即为下一位置(x-1,y)。

（2）实现判断当前位置是否可以通行的函数 IsPossiblePass(self,mazeroute,position)，其对应的算法步骤如下。

① 判断当前位置是否被标记为 0。

② 若①为真，则将 True 赋值给 route；否则执行③。

③ 将 False 赋值给 route。

④ 返回 route。

```
1    ###############################################
2    #判断当前位置是否可以通行的函数
3    ###############################################
4    def IsPossiblePass(self,mazeroute,position):
5        if mazeroute[position[0]][position[1]]==0:
6            route=True
7        else:
8            route=False
9        return route
```

算法 3-24　判断当前位置是否可以通行的函数

第 5 行代码判断当前的位置 position 在二维数组 mazeroute 中的值是否为 0，若为 0，则表示该路可以通行（第 6 行代码），否则表示该路无法通行（第 8 行代码），最后第 9 行代码返回 route，表示该路是否可以通行。

（3）设定当前位置值的函数 PassedMark (self,mazeroute,position)。

```
1    ###################################################
2    #将走过的位置设置为 2 的函数
3    ###################################################
4    def PassedMark(self,mazeroute,position):
5        mazeroute[position[0]][position[1]]=2
```

算法 3-25　将走过的位置设置为 2 的函数

第 5 行代码将当前位置 position 的值置为 2，该值表示当前位置已经走过，避免重复走。

（4）输出迷宫路径的函数 PrintRoute(self,Exit,st)，其对应的算法步骤如下。

① 先打印出口的位置。

② 设置变量 i 的初值为 1。

③ 调用 IsEmptyStack()函数判断当前栈是否不为空。

④ 若③为真，则执行⑤；否则执行⑧。

⑤ 调用 PopStack()函数将栈顶元素出栈，打印栈顶元素对应的位置部分，并将 i 的值加 1。

⑥ 判断 i 对 10 取模的结果是否为 0。

⑦ 若⑥为真，则进行换行打印。

⑧ 结束本函数。

```
####################################
#走出迷宫后打印走过的路径的函数
```

```
3       ####################################
4       def PrintRoute(self,Exit,st):
5           print("从出口到入口的路径为：")
6           print(Exit,end=' ')
7           i=1
8           while st.IsEmptyStack()!=True:
9               print(st.PopStack()[0],end=' ')
10              i=i+1
11              if i%10==0:
12                  print()
```

算法 3-26　走出迷宫后打印走过的路径的函数

第 6 行代码先打印出口的坐标位置，然后第 9 行代码将栈内的路径（坐标）依次出栈打印，第 11 行代码控制每行只打印 10 个坐标位置。

（5）求解迷宫路径的函数 FindMazeRoute(self,mazeroute,Enter,Exit)，其对应的算法步骤如下。

① 创建一个栈 st。

② 将入口的位置赋值给当前位置 position。

③ 使用变量 nxt 表示当前位置的右方、下方、左方或上方，令其初值为 0，变量 nxt 代表的方向及取值如表 3-5 所示。

表 3–5　变量 nxt 的取值

方向	当前位置的右方	当前位置的下方	当前位置的左方	当前位置的上方
变量 nxt 的取值	0	1	2	3

④ 判断当前位置 position 是否等于出口。

⑤ 若（4）为真，则调用 PrintRoute 函数打印迷宫路径，并结束迷宫路径的寻找；否则执行⑥至⑬。

⑥ 调用 PassedMark 函数，将当前位置 position 标记为走过的位置。

⑦ 使用变量 i 指示当前位置 position 的相邻位置，从 i=nxt 到 i=3，执行⑧～⑩；若当前位置 position 的相邻位置全部都被标记为走过或不可以通行时，则执行⑪。

⑧ 调用 Directions 函数寻找当前位置 position 的相邻位置 nextposition。

⑨ 调用 IsPossiblePass 函数判断⑧中找到的相邻位置 nextposition 是否可以通行。

⑩ 若⑨为真，则调用 PushStack 函数将当前位置 position 和(i+1)压入栈 st 中，并将当前位置 position 修改为最新的 nextposition 的值，再将 nxt 重新修改为 0，并转入④。

⑪ 调用 IsEmptyStack 函数判断当前栈是否为空。

⑫ 若⑪为真，则结束迷宫路径的寻找，并执行⑭；否则执行⑬。

⑬ 调用 PopStack 函数将当前栈顶元素出栈，并将其赋值给当前位置 position 和 nxt，并转入④。

⑭ 输出“没有找到通过迷宫的路径”。

```
########################################
#寻找迷宫路径的函数
########################################
def FindMazeRoute(self,mazeroute,Enter,Exit):
    st=Stack()
    position=Enter
```

```
7          nxt=0
8          while True:
9              if position==Exit:
10                 self.PrintRoute(Exit,st)
11                 return
12             else:
13                 self.PassedMark(mazeroute,position)
14                 for i in range(nxt,4):
15                     nextposition=(position[0]+self.Directions[i][0],
16                                   position[1]+self.Directions[i][1])
17                     if self.IsPossiblePass(mazeroute,nextposition):
18                         st.PushStack((position,i+1))
19                         position=nextposition
20                         nxt=0
21                         break
22                 else:
23                     if st.IsEmptyStack():
24                         break
25                     else:
26                         position,nxt=st.PopStack()
27         print("没有找到通过迷宫的路径")
```

算法 3-27　寻找迷宫路径的函数

上述第 6 行代码将 Enter（即入口）的位置赋给 position，再进入第 8 行的 while 循环，然后由第 9 行代码判断此时的 position 是否为 Exit（即出口）的位置。若此时的 position 是出口，则由第 10 行代码调用 PrintRoute()函数输出走出迷宫的路径；否则由第 13 行代码调用 PassedMark()函数将当前位置标记为已经走过的路径。通过第 14 行代码的 for 循环检查当前位置的 4 个方向中下一个可以通行的位置，若第 17 行代码检查当前方向可通行，则在第 18 行代码中将当前位置及当前位置检查到的方向加 1 后压入栈 st 中。若没有位置可以通行，则在第 23 行代码中判断栈 st 是否为空；若不为空，就在第 26 行代码中将栈 st 的栈顶元素出栈。

（6）测试寻找迷宫路径。我们最终使用如下代码来寻找一个迷宫的路径。

```
##############################
#测试寻找迷宫路径函数的正确性
##############################
TM=TestMaze()
mazeroute=[[1,1,1,1,1,1,0,1,1,1],
           [1,0,0,0,0,1,0,1,1,1],
           [1,0,1,1,0,1,0,0,0,1],
           [1,0,1,1,0,1,1,1,0,1],
           [1,0,1,1,0,0,0,0,0,1],
           [1,0,1,1,0,1,1,1,1,1],
           [1,0,1,1,0,0,0,0,0,1],
           [1,0,1,1,1,1,1,1,1,1],
           [1,0,0,0,0,0,0,0,0,0],
           [1,1,1,1,1,1,1,1,1,1]]
TM.FindMazeRoute(mazeroute,(0,6),(8,9))
```

算法 3-28　测试寻找迷宫路径函数的正确性

上述代码的执行结果如图 3-13 所示。

```
从出口到入口的路径为:
(8, 9) (8, 8) (8, 7) (8, 6) (8, 5) (8, 4) (8, 3) (8, 2) (8, 1) (7, 1)
(6, 1) (5, 1) (4, 1) (3, 1) (2, 1) (1, 1) (1, 2) (1, 3) (1, 4) (2, 4)
(3, 4) (4, 4) (4, 5) (4, 6) (4, 7) (4, 8) (3, 8) (2, 8) (2, 7) (2, 6)
(1, 6) (0, 6)
```

图 3-13 执行结果

3.2 队列

与栈一样，队列也是一种特殊的线性表，不同的是，队列在进行数据操作时必须遵循“先进先出（First in First out，FIFO）”的原则，这一特点决定了队列的基本操作需要在其两端进行。在本节中，我们将首先介绍队列的基本概念，然后再介绍队列的顺序存储和链式存储，最后介绍队列的典型应用。

3.2.1 队列的基本概念

队列（Queue）的基本操作通常在队列的两端被执行，其中执行插入元素操作的一端被称为队尾（rear）；执行删除元素操作的一端被称为队头（front）。队列中的元素个数即队列的长度，若队列中不包含任何元素，则被称为队空（即队列中的元素个数为零），若队列中没有可用空间存储待进队元素，此时我们称为队满。

在队列中插入一个或多个数据元素的操作被称为入队（进队），删除一个或多个数据元素的操作称为出队。图 3-14 为数据元素 $D_0,D_1,D_2,\cdots,D_n$ 进队和出队的过程，其中入队的顺序为 $D_0,D_1,D_2,\cdots,D_n$，出队的顺序也为 $D_0,D_1,D_2,\cdots,D_n$。

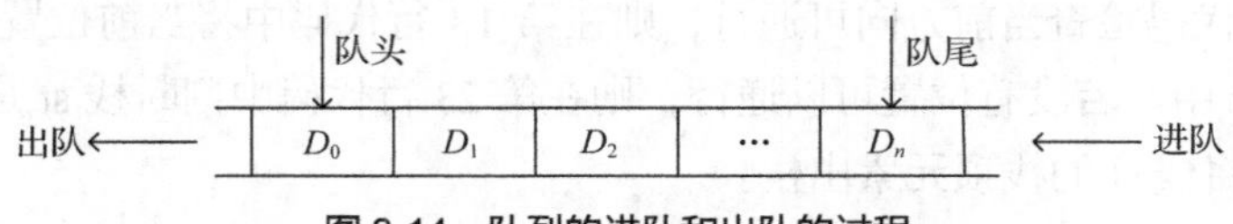

图 3-14 队列的进队和出队的过程

队列的抽象数据类型的定义如表 3-6 所示。

表 3–6 队列的抽象数据类型的定义

数据对象	具有相同特性的数据元素的集合 DataSet		
数据关系	若 DataSet 为空集，则称为队空；若 DataSet 中的数据元素个数大于或等于 1，则除了队头和队尾的元素以外，其他所有元素都有唯一的先驱元素和后继元素，这些元素均被限定为仅能在队列的特定端进行特定的基本操作		
基本操作	序号	操作名称	操作说明
	1	InitQueue(Q)	初始条件：无。 操作目的：初始化队列。 操作结果：队列 Q 被初始化
	2	DestroyQueue (Q)	初始条件：队列 Q 已存在。 操作目的：销毁队列 Q。 操作结果：队列 Q 不存在
	3	IsEmptyQueue (Q)	初始条件：队列 Q 已存在。 操作目的：判断当前队列 Q 是否为空。 操作结果：若为空则返回 True，否则返回 False

续表

基本操作	4	QueueVisit(Q)	初始条件：队列 Q 已存在。 操作目的：输出当前队列中某一元素。 操作结果：当前队列中某一元素被输出
	5	EnQueue(Q,e)	初始条件：队列 Q 已存在。 操作目的：将元素 e 插至 Q 的队尾。 操作结果：元素 e 为新的队尾元素，队列的长度加 1
	6	DeQueue (Q,e)	初始条件：队列 Q 已存在且不为空。 操作目的：删除 Q 的队头元素。 操作结果：用 e 返回被删除元素的值，队列 Q 的长度减 1
	7	GetHead(Q,e)	初始条件：队列 Q 已存在且不为空。 操作目的：获取队头元素。 操作结果：用 e 返回队头元素
	8	QueueLength(Q,e)	初始条件：队列 Q 已存在。 操作目的：获取队列中元素个数，即队列的长度。 操作结果：用 e 返回队列的长度
	9	QueueTraverse(Q)	初始条件：队列 Q 已存在。 操作目的：遍历队列 Q。 操作结果：输出队列 Q 内的每一个元素

3.2.2 队列的顺序存储

队列的顺序存储是指采用一组物理上连续的存储单元来存放队列中的所有元素。为了便于计算队列中的元素个数，我们约定，队头指针指向实际队头元素所在位置的前一位置，队尾指针指向实际队尾元素所在的位置。

如图 3-15 所示，假设为其中的顺序队列分配的存储单元数目最多不超过正整数 MaxQueueSize。图 3-15（a）表示创建一个队列并将其初始化为空，此时队头指针 front 和队尾指针 rear 的值都为 0；然后我们令元素 D_1 和 D_2 依次进队，此时队尾指针 rear 的值被修改为 2，而队头指针 front 的值仍然为 0，此时队列中共有 rear-front=2 个元素，如图 3-15（b）所示；图 3-15（c）表示元素 D_1 出队，此时队头指针 front 的值被修改为 1，而队尾指针 rear 的值仍然为 2，此时队列中有 rear-front=1 个元素；图 3-15（d）表示对该队列持续执行进队操作后导致队满，此时队尾指针 rear 的值被修改为 MaxQueueSize-1，而队头指针 front 的值仍然为 1，此时队列中有 rear-front=MaxQueueSize-2 个元素；图 3-15（e）表示对该队列持续执行出队操作后导致队空，此时队头指针 front 的值与队尾指针 rear 的值相同。

由上述实例可以知道，顺序队列中元素个数恒为 rear-front，其中队空和队满的条件如下。

队空条件：front==rear。

队满条件：rear+1==MaxQueueSize。

1. 顺序队列的基本操作

接下来，我们将介绍顺序队列的基本操作。

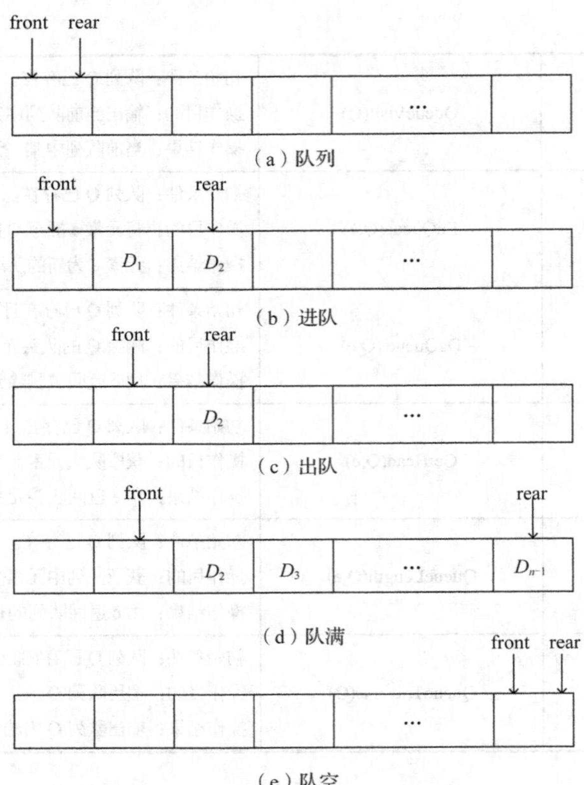

图 3-15　顺序队列的基本操作

创建文件 ex030202_01.py。在该文件中我们定义了一个用于顺序队列基本操作的 SequenceQueue 类，如表 3-7 所示。

表 3–7　SequenceQueue 类中的成员函数

序号	名称	注释
1	__init__(self)	初始化顺序队列（构造函数）
2	IsEmptyQueue(self)	判断顺序队列是否为空
3	QueueVisit(self,element)	访问顺序队列中某一元素
4	EnQueue(self,x)	元素 x 进队
5	DeQueue(self)	元素出队
6	QueueTraverse(self)	遍历顺序队列内的所有元素
7	GetHead(self)	获取队头元素
8	GetQueueLength(self)	获取顺序队列的长度
9	CreateQueueByInput(self)	创建一个顺序队列

接下来，我们将具体实现__init__(self)、IsEmptyQueue(self)、EnQueue(self,x)、DeQueue(self)、GetHead(self)和 CreateQueueByInput(self)这 6 个方法。读者可根据自己的需要，自行实现其他方法。

（1）初始化队列函数的实现

我们先调用 SequenceQueue 类的成员函数__init__ (self)初始化一个队列，其算法思路如下。

① 对队列空间进行初始化。

② 对队头指针进行初始化。

③ 对队尾指针进行初始化。

该算法思路对应的算法步骤如下。

① 将长度为 MaxStackSize 的列表 s 的每个元素设置为 None。

② 设置队头指针 front 的初值为 0。

③ 设置队尾指针 rear 的初值为 0，此时 front 和 rear 的值相等，用以表示队列为空。

该算法的实现代码如下。

```
1    ##############################
2    #初始化队列的函数
3    ##############################
4    def __init__(self):
5        self.MaxQueueSize=10
6        self.s=[None for x in range(0,self.MaxQueueSize)]
7        self.front=0
8        self.rear=0
```

算法 3-29 初始化队列的函数

上述代码的第 6 行用列表 s 来存储进队的元素，此时将长度为 MaxQueueSize 的列表 s 中的所有元素置为 None（即认为不会有值为 None 的元素进队和出队）。第 7 和 8 行代码分别将队头指针 front 和队尾指针 rear 的值设置为 0。

（2）判断队列是否为空函数的实现

我们调用 SequenceQueue 类的成员函数 IsEmptyQueue(self)来判断当前队列是否为空，其算法思路如下。

① 将队头指针的值与队尾指针的值相比较。

② 若两者相等则表示当前队列为空，否则表示当前队列不为空。

该算法思路对应的算法步骤如下。

① 将队头指针 front 与队尾指针 rear 相比较。

② 若①为真，则将 True 赋值给 iQueue；否则执行③。

③ 将 False 赋值给 iQueue。

④ 返回 iQueue。

该算法的实现代码如下。

```
1    ###############################
2    #判断队列是否为空的函数
3    ###############################
4    def IsEmptyQueue(self):
5        if self.front==self.rear:
6            iQueue=True
7        else:
8            iQueue=False
9        return iQueue
```

算法 3-30 判断队列是否为空的函数

上述第 5 行代码将队头指针 front 的值与队尾指针 rear 的值进行比较，若相等则返回 True；否则返回 False。

（3）元素进队函数的实现

SequenceQueue 类的成员函数 EnQueue(self ,x)用于将元素 x 进队，其算法思路如下。

① 判断当前队列是否有剩余空间。

② 若当前队列未满，修改队尾指针的值，使其指向队列的下一个空闲位置。

③ 将要进队的元素放在上述空闲位置，进队操作完成。

④ 若队满，则表示没有空间用于执行进队操作。

该算法思路对应的算法步骤如下。

① 判断队尾指针 rear 的值是否小于 MaxQueueSize-1（即判断是否队满）。

② 若①为真，则执行③；否则执行④。

③ 将队尾指针 rear 加 1，并将待进队元素压入队列中。

④ 输出“队列已满，无法进队”，并结束操作。

该算法的实现代码如下。

```
1    ###############################
2    #元素进队的函数
3    ###############################
4    def EnQueue(self,x):
5        if(self.rear<self.MaxQueueSize-1):
6            self.rear=self.rear+1
7            self.s[self.rear]=x
8            print("当前进队元素为：",x)
9        else:
10           print("队列已满，无法进队")
11           return
```

算法 3-31　元素进队的函数

上述第 5 行代码判断队尾指针 rear 的值是否小于队列的存储空间上限，若小于，则说明仍有空闲空间，执行第 6 行代码将 rear 指针的值加 1，然后执行第 7 行代码将元素 x 放在 rear 指针此时指向的位置；否则提示用户当前队列已满，此时将执行第 11 行代码结束进队操作。

（4）元素出队函数的实现

SequenceQueue 类的成员函数 DeQueue(self)可用于队头元素出队，其算法思路如下。

① 判断队列是否为空，若队空则无法执行出队操作，并提示队列为空。

② 若队列不为空，则修改队头指针的值，使其指向待出队元素。

③ 返回待出队元素。

该算法思路对应的算法步骤如下。

① 判断队列是否为空。

② 若①为真，则输出“队列为空，无法出队”，并结束操作；否则执行③。

③ 将队头指针 front 的值加 1，使其指向待出队元素。

④ 返回出队元素 self.s[self.front]。

该算法的实现代码如下。

```
1   ################################
2   #元素出队的函数
3   ################################
4   def DeQueue(self):
5       if self.IsEmptyQueue():
6           print("队列为空，无法出队")
7           return
8       else:
9           self.front=self.front+1
10          return self.s[self.front]
```

算法 3-32　元素出队的函数

上述第 5 行代码判断队列是否为空，若为空，此时执行第 6 行代码，提示队列为空，并执行第 7 行代码结束出队操作；若不为空，则说明队内仍有元素，执行第 9 行代码将队头指针 front 的值加 1，使其指向待出队元素，最后执行第 10 行代码返回待出队元素。

（5）获取队头元素函数的实现

SequenceQueue 类的成员函数 GetHead(self)可用于获取当前队头元素，其算法思路如下。

① 判断当前队列是否为空。

② 若①为真，则无法获取任何队头元素，此时给出队列为空的提示，并结束操作；否则执行③。

③ 返回当前队头元素。

该算法思路对应的算法步骤如下。

① 判断当前队列是否为空。

② 若①为真，则输出"队列为空，无法输出队头元素"；否则执行③。

③ 返回队头指针 front 加 1 后指向的元素 self.s[self.front+1]（即为队头元素）。

该算法的实现代码如下。

```
1   ################################
2   #获取队头元素的函数
3   ################################
4   def GetHead(self):
5       if self.IsEmptyQueue():
6           print("队列为空，无法输出队头元素")
7           return
8       else:
9           return self.s[self.front+1]
```

算法 3-33　获取队头元素的函数

上述第 9 行代码返回当前队头指针 front 对应位置的下一个位置的元素，即为当前队头元素。

（6）通过用户输入数据的方式创建一个顺序队列

SequenceQueue 类的成员函数 CreateQueueByInput(self)通过将用户输入的数据进队，从而实现创建队列，它的算法思路如下。

① 接收用户输入。

② 若①为结束标志，则算法结束；否则执行③。

③ 将用户输入的数据元素进队。

该算法思路对应的算法步骤如下。

① 将用户的输入存入变量 data 中。

② 若用户输入“#”，则输入结束；否则执行③。

③ 将用户输入的数据元素进队，并转①。

该算法的实现代码如下。

```
1    ######################################
2    #将用户输入的数据元素进队的函数
3    ######################################
4    def CreateQueueByInput(self):
5        data=input("请输入元素(继续输入请按回车键，结束请输入“#”)：")
6        while data!='#':
7            self.EnQueue(data)
8            data=input("请输入元素：")
```

算法 3-34　将用户输入的数据元素进队的函数

上述第 7 行代码调用 SequenceQueue 类的成员函数 EnQueue()将用户输入的数据元素进队。

我们用如下程序来测试 CreateQueueByInput 方法的执行情况。

```
################################
#测试 CreateQueueByInput()的程序
################################
sq=SequenceQueue()
sq.CreateQueueByInput()
```

算法 3-35　测试 CreateQueueByInput()的程序

上述代码的一次执行结果如图 3-16 所示。

```
请输入元素(继续输入请按回车键，结束请输入“#”)：1
当前进队元素为： 1
请输入元素：3
当前进队元素为： 3
请输入元素：5
当前进队元素为： 5
请输入元素：7
当前进队元素为： 7
请输入元素：9
当前进队元素为： 9
请输入元素：#
```

图 3-16　将用户输入的元素进队

2. 循环顺序队列的基本操作

在图 3-15（d）中，若有新元素要进队，就会提示队列已满，但在队头指针前存在空闲空间却无法使用。我们其实可以把要进队的新元素放入队头指针前的空闲空间，以提高存储空间的利用率。此时，我们可以把存储单元的 0 位置和 MaxQueueSize-1 位置看作相邻的环，这样当队尾指针 rear 指到 MaxQueueSize-1 的位置后，若还有新元素进队，就可以从空闲的存储单元的 0 位置开始放置，我们把这样的队列称为循环队列。这种情况下队尾指针 rear 的值就可能小于队头指针 front 的值，那么判断队空和队满的条件及计算循环队列中元素个数就与顺序队列不同。循环顺序队列中元素个数为(rear-front+ MaxQueueSize)% MaxQueueSize，其中队空和队满的条件如下。

队空条件：front==rear。

队满条件：front==(rear+1)%MaxQueueSize。

循环顺序队列的基本操作如图 3-17 所示。

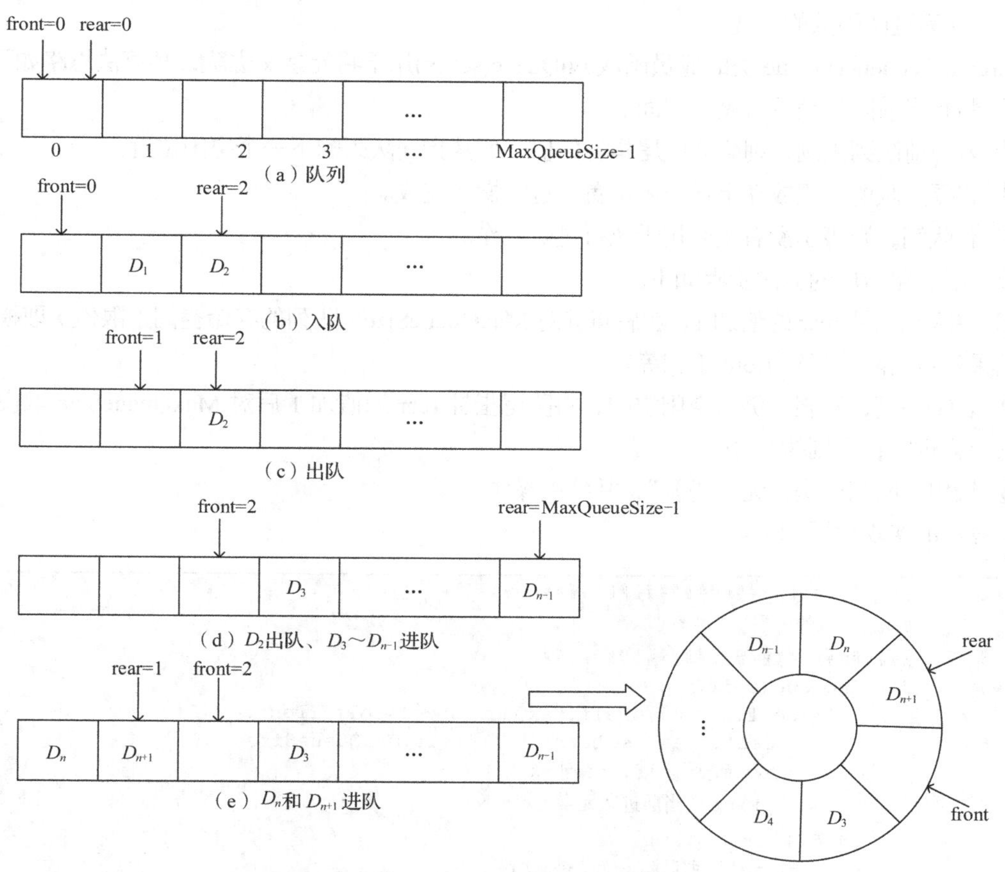

图 3-17 循环顺序队列的基本操作

接下来，我们将介绍循环顺序队列的基本操作。

创建文件 ex030202_02.py。在该文件中我们定义了一个用于循环顺序队列基本操作的 CircularSequenceQueue 类，如表 3-8 所示。

表 3-8 CircularSequenceQueue 类中的成员函数

序号	名称	注释
1	__init__(self)	初始化循环顺序队列（构造函数）
2	IsEmptyQueue(self)	判断循环顺序队列是否为空
3	QueueVisit(self,element)	访问循环顺序队列中某一元素
4	EnQueue(self,x)	元素 x 进队
5	DeQueue(self)	元素出队
6	QueueTraverse(self)	遍历循环顺序队列内的元素
7	GetHead(self)	获取队头元素
8	GetQueueLength(self)	获取循环顺序队列的长度
9	CreateQueueByInput(self)	创建一个循环顺序队列

由于循环顺序队列基本操作中的__init__(self)、IsEmptyQueue(self)和 GetHead(self)与顺序队列完全一样，所以接下来，我们将只给出 EnQueue(self,x)、DeQueue(self)和 CreateQueueByInput(self)这 3 个方法的具体实现。读者可根据自己的需要，自行实现其余方法。

（1）元素进队函数的实现

CircularSequenceQueue 类的成员函数 EnQueue(self,x)用于将元素 x 进队，其算法思路如下。

① 判断当前队列是否有剩余空间。

② 若当前队列未满，则修改队尾指针的值，使其指向队列的下一个空闲位置。

③ 将要进队的元素放在上述空闲位置，进队操作完成。

④ 若队满，则表示没有空间用于执行进队操作。

该算法思路对应的算法步骤如下。

① 将队尾指针 rear 的值加 1，然后将其对 MaxQueueSize（队列的存储空间上限值）取模，判断取模结果是否与队头指针 front 不相等。

② 若①为真，则表示仍有空闲空间，将队尾指针 rear 的值加 1 后对 MaxQueueSize 取模，再将待进队元素进队；否则执行③。

③ 输出“队列已满，无法进队”，并结束操作。

该算法的实现代码如下。

```
1      ################################
2      #元素进队的函数
3      ################################
4      def EnQueue(self,x):
5          if (self.rear+1)%self.MaxQueueSize!=self.front:
6              self.rear=(self.rear+1)%self.MaxQueueSize
7              self.s[self.rear]=x
8              print("当前进队元素为: ",x)
9          else:
10           print("队列已满，无法进队")
11           return
```

算法 3-36　元素进队的函数

上述第 5 行代码先将队尾指针 rear 的值加 1，然后将其对 MaxQueueSize（队列的存储空间上限值）取模，再将取模结果与队头指针 front 进行比较。若不相等，则表示仍有空闲空间，执行第 6 行代码将 rear 指针的值加 1 后再对 MaxQueueSize 取模，然后执行第 7 行代码将元素 x 放在队尾指针 rear 此时指向的位置；否则提示用户当前队列已满，此时将执行第 11 行代码结束进队操作。

（2）元素出队函数的实现

CircularSequenceQueue 类的成员函数 DeQueue(self)可用于队头元素出队，其算法思路如下。

① 判断队列是否为空。

② 若①为真，则无法执行出队操作，提示队列为空并返回；否则执行③。

③ 修改队头指针的值使其指向待出队元素。

④ 返回待出队元素。

该算法思路对应的算法步骤如下。

① 判断队列是否为空。

② 若①为真，则输出“队列为空，无法出队”，并结束操作；否则执行③。

③ 先将 self.front 的值加 1，然后对 MaxQueueSize 取模，再将取模后的结果存入 self.front 中。

④ 返回出队的元素 self.s[self.front]。

该算法的实现代码如下。

```
1    ################################
2    #元素出队的函数
3    ################################
4    def DeQueue(self):
5        if self.IsEmptyQueue():
6            print("队列为空，无法出队")
7            return
8        else:
9            self.front=(self.front+1)%self.MaxQueueSize
10           return self.s[self.front]
```

算法 3-37　元素出队的函数

上述第 5 行代码判断队列是否为空，若为空，此时执行第 7 行代码结束出队操作；若不为空，则说明队内仍有元素，执行第 9 行代码，先将队头指针 front 的值加 1，对 MaxQueueSize 取模，然后将队头指针 front 的值修改为取模后的结果，使其指向待出队的元素，最后执行第 10 行代码返回该元素。

（3）通过用户输入数据的方式创建一个循环顺序队列

CircularSequenceQueue 类的成员函数 CreateQueueByInput(self)通过将用户输入的数据进队，从而实现创建队列，它的算法思路如下。

① 接收用户输入。

② 若①为结束标志，则算法结束；否则执行③。

③ 将用户输入的数据元素进队。

该算法思路对应的算法步骤如下。

① 将用户的输入存入变量 data 中。

② 若用户输入“#”，则输入结束；否则执行③。

③ 将用户输入的数据元素进队，并转①。

该算法的实现代码如下。

```
1    ########################################
2    #将用户输入的元素进队的函数
3    ########################################
4    def CreateQueueByInput(self):
5        data=input("请输入元素(继续输入请按回车键，结束请输入“#”)：")
6        while data!='#':
7            self.EnQueue(data)
8            data=input("请输入元素：")
```

算法 3-38　将用户输入的元素进队的函数

上述第 7 行代码调用 CircularSequenceQueue 类的成员函数 EnQueue()将用户输入的数据元素进队。

我们用如下程序来测试 CreateQueueByInput 方法的执行情况。

```
##################################
#测试 CreateQueueByInput()的程序
##################################
sq=SequenceQueue()
sq.CreateQueueByInput()
```

算法 3-39　测试 CreateQueueByInput()的程序

上述代码的一次执行结果如图 3-18 所示。

```
请输入元素(继续输入请按回车键，结束请输入“#”)：1
当前进队元素为： 1
请输入元素：3
当前进队元素为： 3
请输入元素：5
当前进队元素为： 5
请输入元素：7
当前进队元素为： 7
请输入元素：9
当前进队元素为： 9
请输入元素：#
```

图 3-18　将用户输入的元素进队

3. 循环顺序队列的应用实例

【例 3-4】在 700 多年前，意大利著名数学家斐波那契（Fibonacci）在他的《算盘全集》一书中提出了有趣的兔子繁殖问题：如果一开始有一对小兔，每一个月都生下一对小兔，而所生下的每一对小兔在出生后的第三个月也都生下一对小兔。他对各个月的兔子对数进行了仔细观察，从中发现了一个十分有趣的规律，就是后面一个月份的兔子总对数，恰好等于前面两个月份兔子总对数的和，如果再把原来兔子的对数重复写一次，于是就得到了 1,1,2,3,5,8,13,21,34,55,89,144,233,377,…，请使用循环顺序队列的基本操作来计算某个月的兔子总数。

分析：我们要求某个月的兔子总数，借助于开始的小兔数目和第一个月的小兔总数目，我们可以求出第二个月的小兔总数目；然后由第一个月的小兔总数和第二个月的小兔总数，我们可以求出第三个月的小兔总数……依次类推，最终我们可以求出第 n 个月的小兔总数。本题要求采用循环队列的基本操作来求某个月的小兔总数，我们可以把第 n−2 个月和第 n−1 个月的小兔总数依次放入队列中，将队头元素（即第 n−2 个月的小兔总数）出队并记下其值，获取队头元素（即第 n−1 个月的小兔总数）并记下其值，将两次记下的值相加即为第 n 个月的小兔总数，然后将第 n 个月的小兔总数放入队列中。在求第 n+1 个月的小兔总数时，就可以再将当前队头元素（即第 n−1 个月的小兔总数）出队并记下其值，获取当前队头元素（即第 n 个月的小兔总数）并记下其值，将记下的两个值相加即得到第 n+1 个月的小兔总数。据此，我们就可以计算任意一个月的小兔总数。

基于上述分析，求某个月的兔子总数的算法思路可归纳如下。

（1）创建一个循环顺序队列。

（2）若需计算起始时的小兔总数，则令其为 1 对并输出 1。

（3）若需计算第一个月的小兔总数，则令其为 2 对并输出 2。

（4）若待计算的月份 n 大于 1，则执行（5）。

（5）先将当前月份的初始值设置为 1，起始的小兔总数（队头元素）和第一个月的小兔总数（队尾元素）依次放入队列中，此时的队尾元素即为当前月份的小兔总数。

（6）将队头元素出队并记下其值，然后获取当前队头元素，两者相加后的结果放入队列中，该值即为对当前月份执行加 1 操作后的月份的小兔总数。

（7）若（6）中当前月份小于待计算的月份 n，则执行（6），否则执行（8）。

（8）若当前队列的长度大于 1，则将队头元素出队；否则执行（9）。

（9）若当前队列的长度等于 1，则当前队列剩下的最后一个元素即为需计算月份的小兔总数，将队头元素出队并返回其值。

该算法思路对应的算法步骤如下。

（1）创建一个循环顺序队列 qu。

（2）判断待计算月份 n 是否为 0。

（3）若（2）为真，则输出“起始小兔的总对数为：1”，并结束对小兔总对数的计算；否则执行（4）。

（4）判断待计算月份 n 是否为 1。

（5）若（4）为真，则输出“第 1 个月小兔的总对数为：2”，并结束小兔总对数的计算；否则执行（6）。

（6）调用 EnQueue 函数将“1”和“2”进队。

（7）设置当前月份 iMonth 的初始值为 1。

（8）判断 iMonth 的值是否小于待计算月份 n。

（9）若（8）为真，则调用 DeQueue 函数将队头元素出队并赋值给 NumHead，然后调用 GetHead 函数获取队头元素并赋值给 NumRear，并将这两个元素相加赋值给 TotalNumber，执行（10）；否则执行（11）。

（10）调用 EnQueue 函数将“TotalNumber”进队，并将 iMonth 的值加 1，执行（8）。

（11）调用 GetQueueLength 函数获取当前队列的长度，判断其是否不等于 1。

（12）若（11）为真，则调用 DeQueue 函数将队头元素出队，继续执行（11）；否则执行（13）。

（13）调用 DeQueue 函数将队头元素出队（即为待计算月份的小兔总数），同时将其输出。

我们给出上述算法思路的一种实现，代码如下。

```
##################################
#计算指定月份小兔总对数的函数
##################################
def Fibonacci(self,n):
    qu=CircularSequenceQueue()
    if n==0:
        print("起始小兔的总对数为：",1)
        return
    elif n==1:
        print("第",n,"个月小兔的总对数为：",2)
        return
    else:
        qu.EnQueue(1)
        qu.EnQueue(2)
```

```
15          iMonth=1
16          while iMonth<n:
17              NumHead=qu.DeQueue()
18              NumRear=qu.GetHead()
19              TotalNumber=NumHead+NumRear
20              qu.EnQueue(TotalNumber)
21              iMonth=iMonth+1
22          while qu.GetQueueLength()!=1:
23              qu.DeQueue()
24          print("第",n,"个月小兔的总对数为：",qu.DeQueue())
```

算法 3-40　计算指定月份小兔总对数的函数

上述第 5 行代码创建一个循环顺序队列 qu。若需计算起始的小兔总数，则通过第 6 行代码的判断，在第 7 行代码中输出 1，第 8 行代码结束程序；若需计算第一个月的小兔总数，则通过第 9 行代码的判断，在第 10 行代码中输出 2，第 11 行代码结束程序。若需计算的月份大于 1，则通过第 13 和 14 行代码将 1 和 2 依次进队，在 15 行代码中将月份的初始值设为 1，与当前队尾元素为第一个月小兔总数对应。通过第 16 行代码判断是否完成指定月份小兔总数的计算，若条件满足，则继续执行第 17 行代码，将队头元素出队并记下其值为 NumHead，然后执行第 18 行代码获取队头元素并记下其值为 NumRear，将 NumHead 和 NumRear 相加的结果赋给 TotalNumber，紧接着执行第 20 行代码将 TotalNumber 进队。第 21 行代码将月份加 1，然后判断是否完成指定月份小兔总数的计算，若未完成该计算，则继续执行第 17 到 21 行代码；否则执行第 22 行代码判断队列长度是否为 1，若不为 1，则执行第 23 行代码进行出队操作，直至队列内只剩一个元素，最后执行第 24 行代码将队列中的最后一个元素（即待计算的月份 n 的小兔总对数）出队并输出。

为了验证计算指定月份小兔总对数的函数 Fibonacci(n)的正确性，我们设计一个测试方法，其算法思路如下。

（1）输入待计算月份 n。

（2）对输入的数值进行判断，若输入不满足条件，则要求重新输入；

（3）若输入满足条件，则调用 Fibonacci(n)函数，计算第 n 个月的小兔总数。

该算法思路对应的算法步骤如下。

（1）用变量 n 接收用户的输入。

（2）判断 n 是否小于 0。

（3）若（2）为真，则要求重新输入；否则执行（4）。

（4）调用 Fibonacci 函数完成对指定月份 n 小兔总对数的计算。

该算法的实现代码如下。

```
#############################################
#测试计算指定月份小兔总对数的函数
#############################################
def TestFibonacci(self):
    n=int(input("请输入需要求哪个月的小兔总对数："))
    while n<0:
        n=int(input("请重新输入需要求哪个月的小兔总对数："))
    self.Fibonacci(n)
```

算法 3-41　测试计算指定月份小兔总对数的函数

上述第 5 行代码用 n 接收用户的输入，第 6 行代码判断 n 是否合理，若不合理则执行第 7 行代码，要求重新输入，否则执行第 8 行代码调用 Fibonacci(n)函数。

我们最终使用如下代码来完成测试。

```
###############################################
#执行 TestFibonacci()
###############################################
TFN=TestFN()
TFN.TestFibonacci()
```

算法 3-42　执行 TestFibonacci()

上述代码的一次执行结果如图 3-19 所示：

```
请输入需要求哪个月的小兔总数：6
第 6 个月小兔的总对数为：21
```

图 3-19　计算第 6 个月小兔总数的结果

3.2.3　队列的链式存储

1. 链式队列

与栈的顺序存储一样，队列的顺序存储不适合某些应用场景。接下来我们将介绍链式存储结构的队列。

如图 3-20 所示，创建一个链式队列，该队列没有存入任何元素，因此，队头指针 front 和队尾指针 rear 指向结点的 data 域和 next 域均为空。

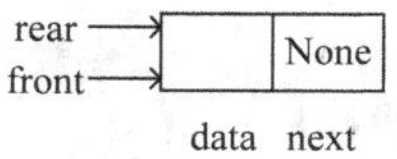

图 3-20　创建一个队列

当元素 D_0 进队时，新创建一个结点并将 D_0 存入该结点的 data 域，如图 3-21（a）所示；然后将 rear 结点的 next 域指向新结点，如图 3-21（b）所示；最后修改队尾指针 rear，使其指向新结点，如图 3-21（c）所示。

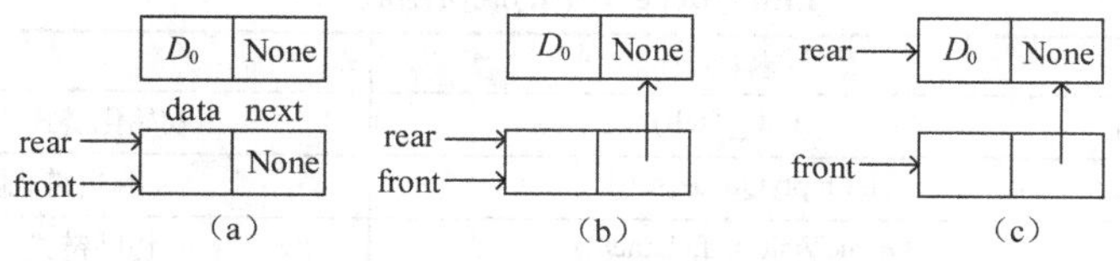

图 3-21　元素 D_0 进队

图 3-22（a）所示为元素 D_1 进队后的情况。当前队头元素 D_0 出队时，front 结点的 next 不再指向 D_0 所在结点，如图 3-22（b）所示；修改 front 结点的 next，使其指向 D_0 所在结点的下一个结点，如图 3-22（c）所示。D_0 所在结点的 next 域修改为 None，如图 3-22（d）所示。

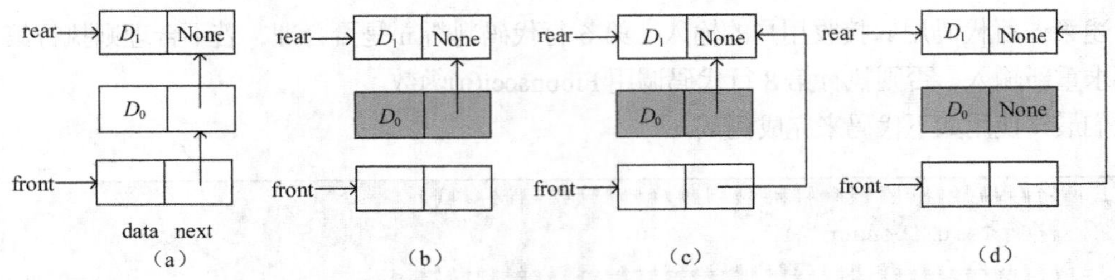

图 3-22 元素 D_0 出队

接下来，我们将介绍链式队列的基本操作。

创建文件 ex030203_01.py，在该文件中定义一个 QueueNode 类和 LinkQueue 类。

如表 3-9 所示，QueueNode 类包含了初始化结点的构造函数。

表 3–9　QueueNode 类中的构造函数

序号	名称	注释
1	__init__(self)	初始化结点

初始化结点可调用 QueueNode 类的构造函数__init__(self)实现，其算法思路如下。

（1）对结点的数据域进行初始化。

（2）对结点的指针域进行初始化。

该算法思路对应的算法步骤如下。

（1）将结点的 data 域初始化为 None。

（2）将结点的 next 域初始化为 None。

该算法的一种实现代码如下。

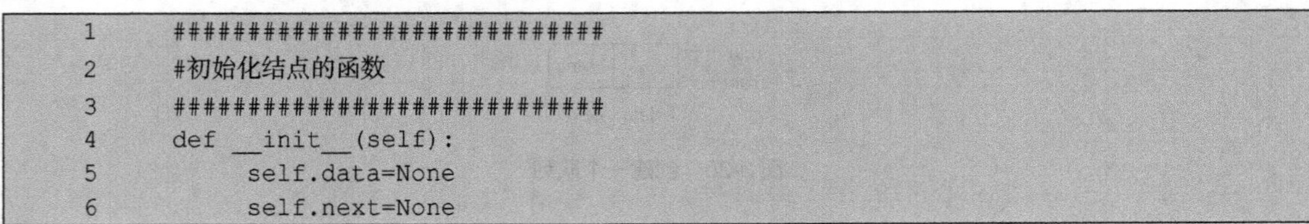

```
################################
#初始化结点的函数
################################
def __init__(self):
    self.data=None
    self.next=None
```

算法 3-43 初始化结点的函数

如表 3-10 所示，我们定义了 LinkQueue 类，在该类中我们实现了链式队列的基本操作。

表 3–10　LinkQueue 类中的成员函数

序号	名称	注释
1	__init__(self)	初始化链式队列（构造函数）
2	IsEmptyQueue(self)	判断链式队列是否为空
3	QueueVisit(self,element)	访问链式队列中某一元素
4	EnQueue(self,da)	元素 da 进队
5	DeQueue(self)	元素出队
6	QueueTraverse(self)	遍历链式队列内的元素
7	GetHead(self)	获取链式队列的队头元素
8	CreateQueueByInput(self)	创建一个链式队列

接下来我们将实现__init__(self)、IsEmptyQueue(self)、EnQueue(self,x)、DeQueue(self)、GetHead(self)和 CreateQueueByInput(self)这 6 个方法，其余方法读者可根据自己的需要实现。

（1）创建链式队列函数的实现

创建链式队列可调用 LinkQueue 类的成员函数__init__(self)实现，其算法思路如下。

① 创建一个新结点。

② 初始化队头指针使其指向新结点。

③ 初始化队尾指针使其指向新结点。

该算法思路对应的算法步骤如下。

① 创建结点并用 tQueueNode 指向。

② 设置队头指针 front 指向 tQueueNode 所在结点。

③ 设置队尾指针 rear 指向 tQueueNode 所在结点，此时队头指针与队尾指针均指向同一结点（即表示队列为空）。

该算法的一种实现代码如下。

```
1    ################################
2    #初始化链式队列的函数
3    ################################
4    def __init__(self):
5        tQueueNode=QueueNode()
6        self.front=tQueueNode
7        self.rear=tQueueNode
```

算法 3-44 初始化链式队列的函数

上述第 5 行代码用于创建结点 tQueueNode，第 6 行和第 7 代码分别使队头指针 front 和队尾指针 rear 指向 tQueueNode 结点。

（2）判断链式队列是否为空的函数的实现

我们调用 LinkQueue 类的成员函数 IsEmptyQueue(self)来判断当前队列是否为空，其算法思路如下。

① 判断队头指针和队尾指针是否相等。

② 若相等则表示当前队列为空，否则表示当前队列不为空。

该算法思路对应的算法步骤如下。

① 判断队头指针 front 与队尾指针 rear 是否相等。

② 若①为真，则将 True 赋值给 iQueue；否则执行③。

③ 将 False 赋值给 iQueue。

④ 返回 iQueue。

该算法的一种实现代码如下。

```
################################
#判断链式队列是否为空的函数
################################
def IsEmptyQueue(self):
    if self.front==self.rear:
        iQueue=True
```

```
7         else:
8                 iQueue=False
9         return iQueue
```

算法 3-45　判断链式队列是否为空的函数

上述第 5 行代码将队头指针 front 和队尾指针 rear 进行比较，若相等则返回 True；否则返回 False。

（3）进队函数的实现

LinkQueue 类的成员函数 EnQueue(self,da)用于将元素 da 进队，其算法思路如下。

① 在图 3-23（a）所示的链式队列中，创建一个新结点，并将待进队的元素存入该结点的数据域中，其效果如图 3-23（b）所示。

② 将新结点的地址存入队尾指针指向的结点的指针域中，这一过程可参考图 3-23（c）。

③ 将队尾指针指向新结点，这一过程可参考图 3-23（d）所示。

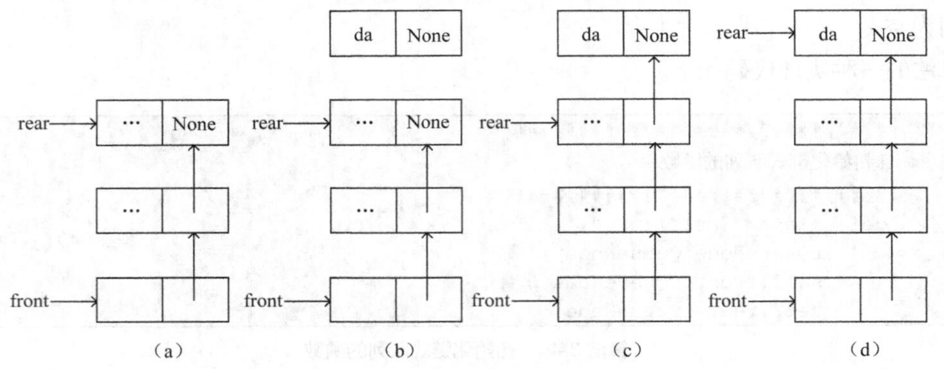

图 3-23　元素 da 的进队过程

该算法思路对应的算法步骤如下。

① 创建结点 tQueueNode。

② 将待进队元素 da 存入 tQueueNode 结点的 data 域。

③ 修改 rear 结点的 next 域，将其指向 tQueueNode 结点。

④ 修改队尾指针 rear，将其指向 tQueueNode 结点。

该算法的一种实现代码如下。

```
1    ################################
2    #进队的函数
3    ################################
4    def EnQueue(self,da):
5        tQueueNode=QueueNode()
6        tQueueNode.data=da
7        self.rear.next=tQueueNode
8        self.rear=tQueueNode
9        print("当前进队的元素为: ",da)
```

算法 3-46　进队的函数

上述第 5 行代码创建一个结点 tQueueNode，第 6 行代码将要进队的元素 da 存入 tQueueNode 结点的 data 域中，第 7 行代码修改队尾指针 rear 的 next 域，将其指向 tQueueNode 结点，第 8 行代码修改队尾指针 rear，将其指向 tQueueNode 结点，第 9 行代码输出元素。

（4）出队函数的实现

LinkQueue 类的成员函数 DeQueue(self)可用于队头元素出队，其算法思路如下。在进行出队操作时，不论队列中有多少个元素，其操作过程都是一致的。但若链式队列中只有一个元素，则进行出队操作后队列为空，此时需要加一步对队尾指针的处理。因此，接下来我们以链式队列中只有一个元素的情况为例，对出队操作加以说明。

① 判断队列是否为空，若队列为空，则无法执行出队操作，如图 3-24（a）所示，此时给出队列为空的提示；否则执行②。

② 记下队头指针指向的结点的下一个结点，这一过程可参考图 3-24（b）。

③ 修改队头指针指向的结点的指针域，在其中存入②中记下结点的指针域的值，这一过程可参考图 3-24（c）。

④ 判断队尾指针所在结点是否等于②中记下的结点。

⑤ 若④为真，则修改队尾指针，将其指向队头指针指向的结点（避免队尾指针的丢失），这一过程可参考图 3-24（d）。

⑥ 返回出队元素。

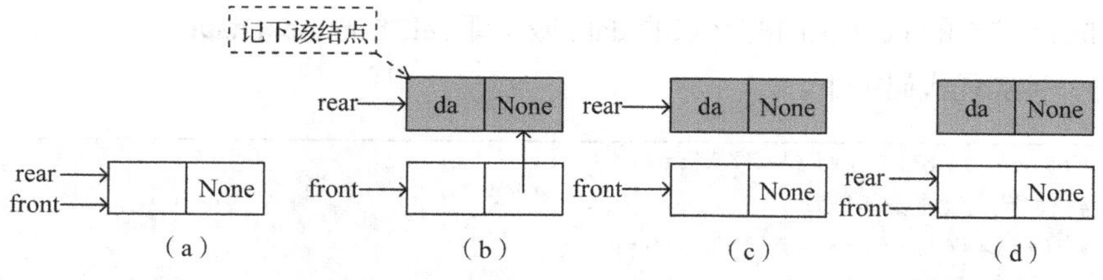

图 3-24　元素 da 的出队过程

该算法思路对应的算法步骤如下。

① 判断当前队列是否为空。

② 若①为真，则输出“队列为空。”，并结束操作；否则执行③。

③ 用 tQueueNode 记下 front 结点的 next 域指向的结点。

④ 修改 front 结点的 next，将其指向 tQueueNode 结点的 next 指向的结点。

⑤ 判断 rear 结点是否等于 tQueueNode 结点。

⑥ 若⑤为真，则修改队尾指针 rear，将其指向 front 结点。

⑦ 返回 tQueueNode.data。

该算法的一种实现代码如下。

```
##############################
#出队的函数
##############################
def DeQueue(self):
    if self.IsEmptyQueue():
        print("队列为空。")
        return
    else:
        tQueueNode=self.front.next
```

```
10          self.front.next=tQueueNode.next
11          if self.rear==tQueueNode:
12              self.rear=self.front
13          return tQueueNode.data
```

算法 3-47　出队的函数

上述第 9 行代码用 tQueueNode 记下 front 结点的 next 指向的结点，然后执行第 10 行代码修改 front 结点的 next 域，在其中存入 tQueueNode.next。然后第 11 行代码判断 rear 结点是否等于 tQueueNode 结点，若为真，则第 12 行代码修改队尾指针 rear，将其指向 front 结点。

（5）获取队头元素函数的实现

LinkQueue 类的成员函数 GetHead(self)可用于获取当前队头元素，其算法思路如下。

① 判断队列是否为空。

② 若①为真，则无法获取队头元素，提示队列为空，并结束操作；否则执行③。

③ 返回队头元素的值。

该算法思路对应的算法步骤如下。

① 判断当前队列是否为空。

② 若①为真，则输出“队列为空。”，并结束操作；否则执行③。

③ 返回 front 结点的 next 指向的结点的 data 域（即 self.front.next.data）。

该算法的一种实现代码如下。

```
1   ################################
2   #获取队头元素的函数
3   ################################
4   def GetHead(self):
5       if self.IsEmptyQueue():
6           print("队列为空。")
7           return
8       else:
9           return self.front.next.data
```

算法 3-48　获取队头元素的函数

上述第 9 行代码返回队头指针 front 指向的结点的 next 所指向的结点 data 域的值，即为队头元素。

（6）通过用户输入数据的方式创建一个队列

LinkQueue 类的成员函数 CreateQueueByInput(self)通过将用户输入的数据进队，从而实现创建队列，它的算法思路如下。

① 接收用户输入。

② 若①为结束标志，则算法结束；否则执行③。

③ 将用户输入的数据元素进队。

该算法思路对应的算法步骤如下。

① 将用户的输入存入变量 data 中。

② 若用户输入“#”，则输入结束；否则执行③。

③ 将用户输入的数据元素进队，并转（1）。

该算法的实现代码如下。

```
1  #####################################
2  #将用户输入的元素进队的函数
3  #####################################
4  def CreateQueueByInput(self):
5      data=input("请输入元素(继续输入请按回车键，结束请输入“#”)：")
6        while data!='#':
7            self.EnQueue(data)
8            data=input("请输入元素：")
```

算法 3-49　将用户输入的元素进队的函数

上述第 7 行代码调用 LinkQueue 类的成员函数 EnQueue()将用户输入的数据元素进队。

我们用如下程序来测试 CreateQueueByInput()方法的执行情况。

```
#################################
#测试 CreateQueueByInput()的程序
#################################
lq=SequenceQueue()
lq.CreateQueueByInput()
```

算法 3-50　测试 CreateQueueByInput()的程序

上述代码的一次执行结果如图 3-25 所示。

```
请输入元素(继续输入请按回车键，结束请输入“#”)：1
当前进队元素为：1
请输入元素：3
当前进队元素为： 3
请输入元素：5
当前进队元素为： 5
请输入元素：7
当前进队元素为： 7
请输入元素：9
当前进队元素为： 9
请输入元素：#
```

图 3-25　将用户输入的元素进队并输出

2. 循环链式队列

循环链式队列（默认带头结点）是将链式队列中的队尾指针所在结点的 next 指向头结点。由于头结点的下一个结点就是队头元素所在的位置，而队尾指针所在结点的 next 又指向头结点，所以由队尾指针也可以找到队头元素，因此在循环链式队列中我们不需要再增设队头指针。

如图 3-26 所示，创建一个循环链式队列，因为该队列没有存入任何元素，所以队尾指针 rear 所在结点的 next 指向结点本身，而 data 域为空。

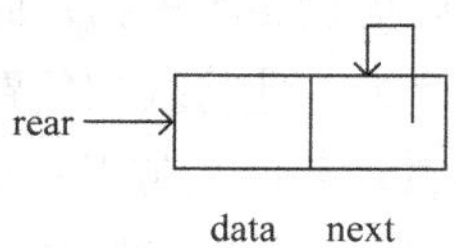

图 3-26　循环链式队列空队示意

当元素 D_0 进队时，新创建一个结点并将 D_0 放入该结点的 data 域，如图 3-27（a）所示；然后将新结点的 next 指向队尾指针 rear 指向的结点（即循环链表的头结点），如图 3-27（b）所示；接着将

rear 结点的 next 指向新结点，如图 3-27（c）所示；最后修改队尾指针 rear，将其指向新结点，如图 3-27（d）所示。将 D_1 进队，指针变化情况如下：D_0 所在结点的指针指向 D_1 所在结点，D_1 所在结点的指针指向头结点，队尾指针 rear 指向 D_1 所在结点，效果如图 3-27（e）所示。

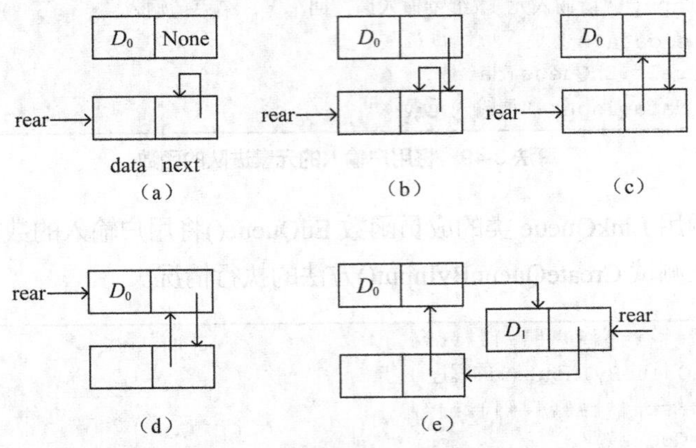

图 3-27　循环链式队列元素进队

当队头元素 D_0 出队时，头结点的 next 不再指向 D_0 所在结点，如图 3-28（b）所示；修改头结点的 next，使其指向 D_0 所在结点的下一结点，如图 3-28（c）所示；再将 D_0 所在结点的 next 置为 None，如图 3-28（d）所示。

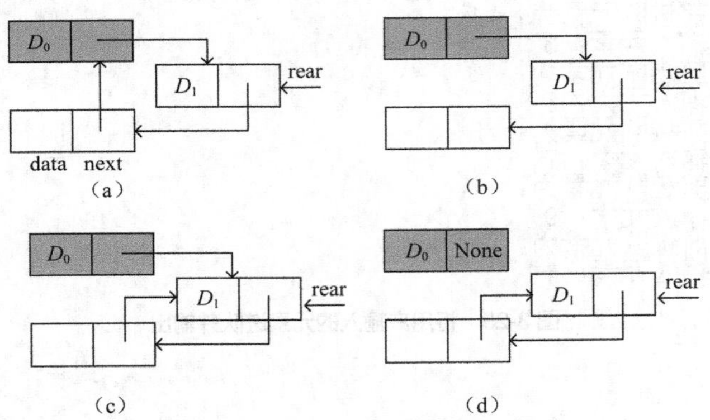

图 3-28　循环链式队列元素出队

3. 链栈的应用实例

【例 3-5】获取免费旅游资格：一行旅行社为了吸引更多的人参加即将开始的“云南之旅”项目，设计了一个活动。报名参加“云南之旅”项目的游客将在旅行社门口排成一个圆圈，由第 1 个人开始报数，每报数到 3 的人就没有机会获取免费旅游资格，此时必须退出圆圈，然后再接着由下一个人重新从 1 开始报数，直到剩下最后一个人，他将获取免费旅游资格。活动确实吸引了很多人，已经陆续有 40 个人报名参加。Josephus 很喜欢云南，苦于一直没有资金，但这次机会难得，所以他也报了名。为了获取免费旅游的资格，Josephus 经过一番思考，他最终选择了站在第 31 个位置，那么他是否能获得免费旅游的资格？请使用链式队列的基本操作验证之。

分析：旅行社确定的规则是所有的人排成一个圆圈，然后从 1 开始报数，数到 3 的人就必须退出圆圈，然后圆圈中的下一个人再从 1 开始报数，重复报数直至剩下最后一个人。Josephus 若想获得免费旅游的奖励，就必须成为圆圈中剩下的最后一个人。

本题要求用链式队列的基本操作来验证 Josephus 最终是否获得免费旅游的奖励，我们可以把所有人的编号按顺序存入链式队列中用来模拟这一活动。按照规则，当前的人报过数后，若他不是该退出圆圈的人，则他将是剩下的人中最后一个需要报数的，我们可以将他的编号从当前位置移到队尾；而若当前报数的是应该退出圆圈的人，则将他的编号出队，表示该人已经退出圆圈。重复以上操作直到队列中剩下最后一个编号。若该编号为 31，则表示最终 Josephus 获得了免费旅游的奖励；否则表示他没有。

基于上述分析，验证 Josephus 最终是否获得免费旅游奖励的问题的算法思路可归纳如下。

（1）创建一个链式队列。

（2）将每个人对应的编号依次存入队列中。

（3）开始模拟报数，计数器值初始化为 1。

（4）若计数器值不等于应该出队的编号，则将当前队头元素先出队再重新进队，计数器值加 1。

（5）若计数器值等于应该出队的编号，则将当前队列元素出队，从下一编号开始重复执行（3）。

（6）当队列中只剩一个元素时，输出该元素，若其值为 31，则表示 Josephus 获得免费旅游的奖励；否则表示他已经退出圆圈。

该算法思路对应的算法步骤如下。

（1）创建一个链式队列 qu。

（2）用变量 i 对每个人进行编号，设置 i 的初值为 1。

（3）判断 i 是否小于等于总人数 n。

（4）若（3）为真，则调用 EnQueue()函数将 i 进队，再将 i 的值加 1，并转（3）；否则执行（5）。

（5）调用 QueueTraverse()函数输出当前队内的所有元素。

（6）设置 count 的初值为 0。

（7）判断当前队列 qu 的长度是否不等于 1。

（8）若（7）为真，则执行（9）至（14）；否则执行（15）。

（9）设置 iNum 的初值为 1。

（10）判断 iNum 是否等于要退出圆圈的编号 k。

（11）若（10）为假，则调用 DeQueue()函数将当前队头元素出队并用 tData 记下其值，再调用 EnQueue()函数将 tData 进队，并将 iNum 的值加 1，转（10）；否则执行（12）。

（12）调用 DeQueue()函数将队头元素出队，并输出其值，再将 count 的值加 1。

（13）判断 count 对 10 取模的结果是否等于 0。

（14）若（13）为真，则调用 print()函数进行换行；否则转（7）。

（15）调用 QueueTraverse()函数输出队列中的元素。

我们给出上述算法思路的一种通用实现，可以传入两个参数——总人数 n 和应退出圆圈的人的编号 k，具体实现代码如下。

```
################################
#获取免费旅游资格的函数
################################
def Josephus(self,n,k):
    qu=LinkQueue()
```

```
6        i=1
7        while i<=n:
8            qu.EnQueue(i)
9            i=i+1
10       print("队内的编号顺序为：",end=' ')
11       qu.QueueTraverse()
12       print("\n出队顺序为：")
13       count=0
14       while qu.GetQueueLength()!=1:
15           iNum=1
16           while iNum!=k:
17               tData=qu.DeQueue()
18               qu.EnQueue(tData)
19               iNum=iNum+1
20           print(qu.DeQueue(),end=' ')
21           count=count+1
22           if count%10==0:
23               print()
24       print("\n最后剩下的一个编号为：",end=' ')
25       qu.QueueTraverse()
```

算法 3-51　获取免费旅游资格的函数

第 5 行代码创建一个链式队列，第 7～9 行代码将编号 1～n 进队。第 14 行代码判断队列中是否只剩一个元素，若该条件不成立，则开始报数，在第 16 行代码中若经比较发现 iNum 不等于编号 k（k 为每次应该退出圆圈的编号），则执行第 17 行代码将当前元素先出队并用 tData 记下其值，再执行第 18 行代码将 tData 进队；否则由第 20 行代码将当前队列元素出队并输出，第 22 行代码控制每出队 10 个元素就换行，直至队列中只剩一个元素。第 25 行代码输出队列内剩余的最后一个元素。

为了验证通用获取免费旅游资格问题 Josephus ()函数的正确性，我们设计一个测试方法，其思路如下。

（1）输入总的人数。

（2）输入应出列的编号。

（3）判断输入是否符合要求。

（4）若（3）为真，则调用 Josephus()函数；否则执行（5）。

（5）提示输入不符合要求。

该算法思路对应的算法步骤如下。

（1）用变量 PeopleNum 接收用户输入的总人数。

（2）用变量 Gap 接收用户输入的退出圆圈人的编号。

（3）判断 PeopleNum 和 Gap 是否都大于 0 且 Gap 小于等于 PeopleNum。

（4）若（3）为真，则调用 Josephus 函数进行测试；否则执行（5）。

（5）输出“输入不符合要求!”。

具体实现代码如下。

```
########################################
#测试获取免费旅游资格的函数
########################################
def  TestJosephus(self):
```

```
5         PeopleNum=int(input('请输入总的人数：'))
6         Gap=int(input('请输入要出列的编号：'))
7         if PeopleNum>0 and Gap>0 and Gap<=PeopleNum:
8             self.Josephus(PeopleNum,Gap)
9         else:
10            print('输入不符合要求!')
```

算法 3-52 测试获取免费旅游资格的函数

第 7 行代码判断输入的 PeopleNum（总人数）和 Gap（应出队的编号）是否都大于零，并且 PeopleNum 是否大于等于 Gap，若成立，则执行第 8 行代码调用 Josephus()函数；否则给出输入不符合要求的提示。

我们最终使用如下代码来判断获取免费旅游资格的函数的正确性。

```
########################################
#判断获取免费旅游资格的函数的正确性
########################################
TJP=TestJP()
TJP.TestJosephus()
```

算法 3-53 判断获取免费旅游资格的函数的正确性

上述代码的一次执行结果如图 3-29 所示，结果表明，选择编号 31 的 Josephus 获取了免费旅游的资格。

```
请输入总的人数：41
请输入要出列的编号：3
队内的编号顺序为：1 2 3 4 5 6 7 8 9 10 11 12 13 14 15 16 17 18 19 20 21 22 23 24
 25 26 27 28 29 30 31 32 33 34 35 36 37 38 39 40 41
出队顺序为：
3   6   9   12   15   18   21   24   27   30

33   36   39   1   5   10   14   19   23   28

32   37   41   7   13   20   26   34   40   8

17   29   38   11   25   2   22   4   35   16


最后剩下的一个编号为：31
```

图 3-29 31 号获取免费旅游资格

4. 特殊队列

以上我们讨论的队列都是在一端执行进队操作，而在另一端执行出队操作，并遵循“先进先出”原则的普通队列。事实上，对于不同的应用场景，我们可以使用队列的改进形式，接下来，我们介绍两种典型的队列——优先队列和双端队列。

（1）优先队列

在普通队列中，元素总是按照进队时的顺序出队的，不会出现先进队的元素后出队的情况。然而在优先队列中，元素被赋予优先级，进行出队操作时，总是选择最高（低）优先级的元素出队。

（2）双端队列

双端队列是指在两端都可以执行进队和出队操作的队列。在实际应用中还可以有输入受限和输出受限的双端队列：输入受限的双端队列是指在队列的两端都可以执行出队操作，而只能在一端执行进队操作；输出受限的双端队列是指在队列的两端都可以执行进队操作，而只能在一端执行出队操作。

3.2.4 队列的典型应用

【例 3-6】为了丰富学生们的课外生活，学校举办了各种各样的比赛活动，学生们都积极的参加了比赛。乒乓球比赛分为男子组和女子组。现假设有一些人从男子组比赛中胜出，另外一些人从女子组比赛中胜出，按照复赛规则，参加了男子组比赛并从中胜出及参加了女子组比赛并从中胜出的人有机会进入下一轮男女混合组比赛。在进行男女混合组队比赛时，每次从男子组选一个人，再从女子组选一个人，然后由这两个人组合成一队，直至男子组或女子组中的队员全部被选出则结束。请使用队列的基本操作解决上述问题。

分析：男子组选一个人和女子组选一个人形成组合，此时男子组和女子组的人数都将减少一个，重复选择直至某个队为空。本题要求用队列的基本操作完成，我们可以假设男子组所有人的编号依次放入队列 A 中，并将女子组所有人的编号依次放入队列 B 中。每次从 A 队列和 B 队列选出队头元素并组合后，将队头元素出队，以便下次再利用两队的队头元素组合，如此重复直至某队为空，输出相应提示并结束操作。

基于上述分析，男女混合比赛问题的算法思路可归纳如下。

（1）创建队列 A 和队列 B。

（2）按男子组和女子组比赛胜出的名单将对应的编号（假定选手编号按长度为 5 位，M 开头的编号为男子组胜出选手，F 开头的编号为女子组胜出选手的格式输入，编号-1 表示结束输入）输入到队列中。

（3）若输入的是男子组名单对应的编号，则将其存入到 A 队列中。

（4）若输入的是女子组名单对应的编号，则将其存入到 B 队列中。

（5）若输入的是-1，则说明输入结束。

（6）打印 A 和 B 两个队列的内容。

（7）将计数器的值初始化为 0。

（8）若两个队列都为空，则结束组合操作，执行（13）；

（9）若队列 A 为空，则结束组合操作并打印队列 B 的剩余元素，执行（13）。

（10）若队列 B 为空，则结束组合操作并打印队列 A 的剩余元素，执行（13）。

（11）若两个队列都不为空，则将队列 A 的队头元素出队并打印其值，将队列 B 的队头元素出队并打印其值，完成一次组合操作，将计数器的值加 1。

（12）重复执行（8）～（11）。

（13）输出计数器的值（即共形成了多少个组合）。

该算法思路对应的算法步骤如下。

（1）创建两个队列 quA 和 quB，并开始执行（2）～（13）。

（2）用 Num 接收用户输入的选手编号。

（3）判断 Num 是否为-1。

（4）若（3）为真，则转（14）；否则执行（5）。

（5）判断 Num 的长度是否为 5。

（6）若（5）为真，则执行（7）；否则执行（12）。

（7）判断 Num 是否以“M”开头。

（8）若（7）为真，则调用 EnQueue()方法将 Num 存入队列 quA 中；否则执行（9）。

（9）判断 Num 是否以“F”开头。

（10）若（9）为真，则执行（11）；否则执行（12）。

（11）调用 EnQueue()方法将 Num 存入队列 quB 中。

（12）输出相应提示。

（13）执行（2）。

（14）调用 QueueTraverse()方法输出队列 quA 和 quB 中的所有元素。

（15）设置 count 的初值为 0，执行（16）～（23）。

（16）调用 IsEmptyQueue()方法判断队列 quA 和 quB 是否都为空。

（17）若（16）为真，则输出“两队列都为空，组合结束”，并转（24）；否则执行（18）。

（18）调用 IsEmptyQueue()方法判断队列 quA 是否为空。

（19）若（18）为真，则调用 QueueTraverse()方法输出队列 quB 中的剩余元素，并转（24）；否则执行（20）。

（20）调用 IsEmptyQueue()方法判断队列 quB 是否为空。

（21）若（20）为真，则调用 QueueTraverse()方法输出队列 quA 中的剩余元素，并转（24）；否则执行（22）。

（22）调用 DeQueue()方法，分别将队列 quA 和 quB 的队头元素出队并组合，再将 count 的值加 1。

（23）执行（16）。

（24）输出总的组合数 count。

我们给出上述算法思路的一种实现，代码如下。

```
################################
#男女混合比赛问题的函数
################################
def MatchAB(self):
    quA=CircularSequenceQueue()
    quB=CircularSequenceQueue()
    print("请输入选手的编号，男生：M****，女生：F****，并
    以-1结尾。")
    while True:
      Num=input("请输入选手编号：")
      if Num=='-1':
          break
      else:
          if len(Num)==5:
              if Num[0]=='M':
                  quA.EnQueue(Num)
              elif Num[0]=='F':
                  quB.EnQueue(Num)
              else:
                  print("输入格式错误！")
          else:
```

```
21                    print("输入格式错误！")
22        print("A 队列的元素有：",end=' ')
23        quA.QueueTraverse()
24        print()
25        print("B 队列的元素有：",end=' ')
26        quB.QueueTraverse()
27        print()
28        print("组合的过程如下")
29        count=0
30        while True:
31            if quA.IsEmptyQueue() and quB.IsEmptyQueue():
32                print("两队都为空，组合结束")
33                break
34            elif quA.IsEmptyQueue():
35                print("A 队为空，组合结束")
36                print("B 队的剩余元素为：",end=' ')
37                quB.QueueTraverse()
38                break
39            elif quB.IsEmptyQueue():
40                print("B 队为空，组合结束")
41                print("A 队的剩余元素为：",end=' ')
42                quA.QueueTraverse()
43                break
44            else:
45                print(quA.DeQueue(),end=' ')
46                print("组合",end=' ')
47                print(quB.DeQueue(),end=' ')
48                count=count+1
49                print()
50        print ("\n 共有",count,"个组合")
```

算法 3-54　男女混合比赛问题的函数

上述第 5 和 6 行代码分别创建循环顺序队列 quA 和 quB，第 9 行代码用 Num 接收用户输入的数据，通过第 10 行代码判断 Num 是否为-1，若其值为-1，则结束用户的输入；否则由第 13 行代码判断 Num 的长度是否为 5，若其长度为 5，则通过第 14 行代码判断 Num 是否以“M”开头，若其以“M”开头，则执行第 15 行代码将 Num 存入队列 quA；否则通过第 16 行代码判断 Num 是否以“F”开头，若其以“F”开头，则由第 17 行代码将 Num 存入队列 quB；否则由第 19 行代码输出相应提示。当 Num 的长度不为 5 时，执行第 21 行代码输出相应提示。

第 29 行代码将 count 的值设置为 0，用于统计一共有多少队男女组合。

第 31 行代码判断两个队列 quA 和 quB 是否都为空，若两个队列都为空，则执行第 32 行代码输出提示，并由第 33 行代码结束 while 循环；否则由第 34 行代码判断队列 quA 是否为空。

若 quA 为空，则由第 37 行代码输出队列 quB 中的剩余元素，并由第 38 行代码结束 while 循环；否则通过第 39 行代码判断队列 quB 是否为空。

若 quB 为空，则由第 42 行代码输出队列 quA 中的剩余元素，并由第 43 行代码结束 while 循环。

若 quA 和 quB 均不为空，则由第 45 和 47 行分别将队列 quA 和 quB 的队头元素出队并输出；此时完成一次组队，由第 48 行代码将 count 的值加 1。

最后由第 50 行代码输出总的组合数 count。

我们最终使用如下代码来测试上述算法。

```
#####################################
#测试男女混合比赛问题的函数
#####################################
MAB=TestM()
MAB.MatchAB()
```

算法 3-55　测试男女混合比赛问题的函数

上述代码的一次执行结果如图 3-30 所示。

```
请输入选手的编号，男生：M****，女生：F****，并以-1结尾。
请输入选手编号：M0001
请输入选手编号：F0001
请输入选手编号：M0003
请输入选手编号：F0004
请输入选手编号：F0005
请输入选手编号：F0007
请输入选手编号：-1
A队列的元素有：M0001 M0003

B队列的元素有：F0001 F0004 F0005 F0007

组合的过程如下
M0001  组合  F0001
M0003  组合  F0004
A队为空，组合结束
B队的剩余元素为：F0005 F0007

共有 2 个组合
```

图 3-30　男女混合的组合结果

3.3　递归

递归在现实世界无处不在，它常被应用于逻辑学、数学和计算机科学（程序设计）等领域，可以把十分复杂的问题变的简单。本节将介绍递归的含义，递归算法的设计和实现，以及递归到非递归的转换。

3.3.1　什么是递归

递归是数学中一个十分重要的概念，它也被大量应用在计算技术中，其特征为直接或间接调用自身。在数据结构中存在诸多递归结构、算法及程序，例如我们之前介绍的链栈就是一种递归的结构，对每一个结点而言，其 next 均指向下一个同类型的结点。

在程序设计中，我们把某一过程或函数调用自身称为递归。若该过程或函数直接调用自身，称为直接递归；否则均称为间接递归。在算法设计中任何间接递归算法都可以转换为直接递归算法来实现，所以后面主要讨论直接递归算法。

阶乘（$n!$，n 为正整数）就是一个递归的例子，我们计算一个数 n 的阶乘 Fact(n)时，可按以下思路进行（图 3-31 中的实线表示对本项阶乘求解的递归，假设本项阶乘的下一项阶乘已知，则可以求出本项阶乘；虚线表示本项阶乘的值已知，回溯即可以求出上一项阶乘）。

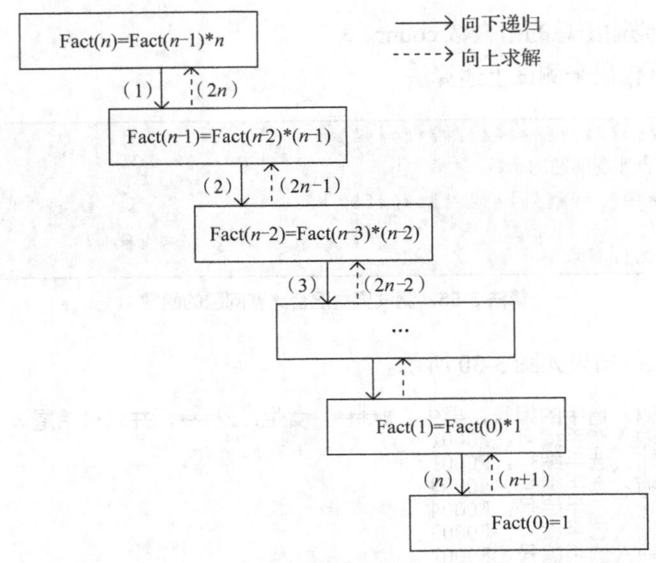

图 3-31 求 n 的阶乘

（1）假设我们已经知道 $n-1$ 的阶乘为 Fact(n−1)，则由 Fact(n−1)*n 就可以计算出 Fact(n)。

（2）需计算 Fact(n−1)时，则由 Fact(n−1)=Fact(n−2)*(n−1)可知，我们需要计算出 Fact(n−2)。

（3）需计算 Fact(n−2)时，则由 Fact(n−2)=Fact(n−3)*(n−2) 可知，我们需要计算出 Fact(n−3)。

（4）依次类推。

（5）需计算 Fact(2)时，则由 Fact(2)=Fact(1)*2，我们需计算 Fact(1)。

（6）由 Fact(1)=Fact(0)*1，因此我们需计算 Fact(0)。

（7）我们已经知道 0 的阶乘 Fact(0)为 1，则由 Fact(0)*1 我们可以计算出 Fact(1)，然后就可以计算出 Fact(2)，依次类推，最终计算出 Fact(n)的阶乘。

如图 3-31 所示，在计算 Fact(n)的阶乘的过程中，每一步的思路都是一样的，只是具体实参不同，而且（1）调用了（2），（2）调用了（3），依次类推，直到最后一步中，Fact(0)确定为 1，由 Fact(1)=Fact(0)*1，可以计算出 Fact(1)，再由 Fact(2)=Fact(1)*2，可以计算出 Fact(2)，依次类推，最后由 Fact(n)=Fact(n−1)*n，可以计算出 Fact(n)。

在计算阶乘 Fact(n)时就利用了递归的思路：即把问题分解成规模更小但和原问题有着相同解法的子问题，并最终找到结束递归的条件。在进行程序设计时，就不需要再考虑子问题的求解，只要借助递归机制调用函数的自身即可，我们给出下述求解 n 的阶乘的方法。

$$\text{Fact}(n)=\begin{cases}1 & n=0\\ n\,\text{Fact}(n-1) & n>0\end{cases}$$

由上述实例可见，递归算法通常是把一个复杂问题分解为多个与原问题相同但规模更小的子问题来求解，这样在实现时，只需要少量代码就可以解决子问题，然后再通过递归最终完成对复杂问题的求解。我们将递归算法设计的策略总结如下。

（1）把问题分解成规模更小但和原问题有着相同解法的问题。

（2）找到递归出口。

递归算法的优点是结构简单、逻辑清晰，并且易于阅读；而其缺点是效率低下，所需的内存空间较多，优化十分困难。那么递归算法适用于解决什么样的问题呢？一般来说，对于某一问题，至少要满足以下 3 个条件才可以在计算机中使用递归来求解。

（1）待解决问题可以被分解为规模更小但和原问题有着相同解法的子问题。

（2）子问题的个数必须是有限的，相应地，递归调用的次数也必须是有限的。

（3）子问题是可解的，即必须存在递归出口。

3.3.2 递归算法的设计和实现

【例 3-7】 自然界中，无数现象默默地展示斐波那契（Fibonacci）数列的神奇规律：银河系呈斐波那契排列；河外星系也呈斐波那契排列；植物的叶、枝、茎和花瓣等也是呈斐波那契排列……接下来就让我们用递归算法来探究斐波那契数列的神奇规律。观察斐波那契数列（1, 1, 2, 3, 5, 8, 13, 21, 34, 55, 89, 144, 233, 377, …），我们会发现从第三项开始，它的每一项都等于与它最靠近的前两项的和（图 3-32 中的实线表示对本项斐波那契数求解的递归，假设本项斐波那契数的下一项及下下一项斐波那契数已知，则可以计算出本项斐波那契数；虚线表示本项和本项的下一项斐波那契数的值已知，回溯即可以求出上一项斐波那契数）。

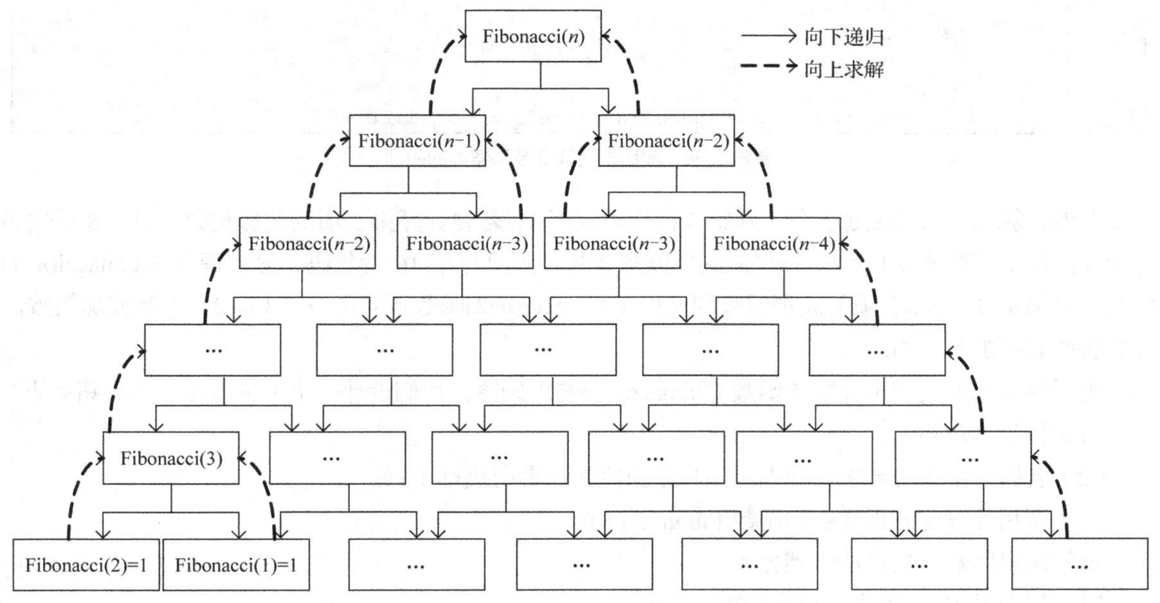

图 3-32 求第 *n* 项斐波那契数

分析：

原问题：计算出第 *n* 项斐波那契数。

将原问题分解：假设第 *n*−1 项和第 *n*−2 项斐波那契数已知，则由这两项斐波那契数就可以求出第 *n* 项斐波那契数，而如何计算第 *n*−1 项斐波那契数和第 *n*−2 项斐波那契数是和原问题具有相同解的子问题，所以可以用同样的方法解决。

递归出口：第 1 项斐波那契数为 1，第 2 项斐波那契数为 1。

基于上述分析，计算第 *n* 项斐波那契数的算法思路可归纳如下。

（1）若需计算的是第 1 项斐波那契数，则返回 1。

（2）若需计算的是第 2 项斐波那契数，则返回 1。

（3）若需计算的是第 n 项斐波那契数，则返回回递归计算出的第 n-1 项斐波那契数的结果和递归计算出的第 n-2 项斐波那契数的结果的和。

该算法思路对应的算法步骤如下。

（1）判断是否要计算第 1 项斐波那契数。

（2）若（1）为真，则返回 1；否则执行（3）。

（3）判断是否要计算第 2 项斐波那契数。

（4）若（3）为真，则返回 1；否则执行（5）。

（5）递归调用 Fibonacci()函数计算第 n-1 项和第 n-2 项斐波那契数，并返回其和。

我们给出上述算法思路的一种实现，代码如下。

```
1    ##################################
2    #输出指定项斐波那契数的函数
3    ##################################
4    def Fibonacci(self,n):
5          if n==1:
6              return 1
7          elif n==2:
8              return 1
9          else:
10             return self.Fibonacci(n-1)+self.Fibonacci(n-2)
```

算法 3-56　输出指定项斐波那契数的函数

若要计算第 1 项斐波那契数，则第 6 行代码返回 1；若要计算第 2 项斐波那契数，则第 8 行代码返回 1；若要计算第 n（n>2）项以后的斐波那契数，则执行第 10 行代码，分别调用 Fibonacci(n−1)函数计算第 n−1（n>2）项斐波那契数和调用 Fibonacci(n−2)函数计算第 n−2（n>2）项斐波那契数，然后将两者相加并返回。

为了验证求解斐波那契数的函数 Fibonacci (n)的正确性，我们设计一个测试方法，其思路如下。

（1）接收用户输入。

（2）若输入不符合要求，则提示用户重新输入；否则执行（3）。

（3）调用计算斐波那契数的函数 Fibonacci (n)。

该算法思路对应的算法步骤如下。

（1）用变量 Num 接收用户的输入。

（2）判断 Num 是否小于 1。

（3）若（2）为真，则要求用户重新输入，并转（1）；否则执行（4）。

（4）调用 Fibonacci()函数计算第 Num 项斐波那契数。

我们给出上述算法思路的一种实现，代码如下。

```
##################################
#测试计算指定项斐波那契数的函数
##################################
def InputNum(self):
      Num=int(input("请输入需计算第几项斐波那契数："))
      while Num<1:
             Num=int(input("请重新输入需计算第几项斐波那契数："))
```

```
8        print("第",Num,"项斐波那契数为",self.Fibonacci(Num))
```

算法 3-57　测试计算指定项斐波那契数的函数

上述代码第 5 行用 Num 接收用户的输入，若输入的 Num 小于 1，则执行第 7 行代码让用户重新输入，否则由第 8 行代码调用函数 Fibonacci (Num)。

我们最终使用如下代码来测试计算某一项斐波那契数的函数。

```
########################################
#测试输出某一项斐波那契数的函数
########################################
TF=TestFib()
TF.InputNum()
```

算法 3-58　测试输出某一项斐波那契数的函数

上述代码的一次执行结果如图 3-33 所示。

```
请输入需计算第几项斐波那契数：6
第 6 项斐波那契数为 8
```

图 3-33　计算第 6 项斐波那契数

【例 3-8】法国数学家爱德华·卢卡斯曾编写过一个关于印度的古老传说：圣庙里的一块黄铜板上插着 3 根宝石针。印度教的主神梵天在创造世界的时候，在其中一根宝石针上从上到下插着直径依次增大的 64 片金片，这就是所谓的汉诺塔。不论白天黑夜，总有一个僧侣在按照下面的规则移动这些金片：一次只移动一个金片，不管在哪根针上，直径小的金片必须在直径大的金片上面，直至所有的金片都从梵天穿好的那根针上移到另外一根针上。接下来我们用递归技术来模拟金片的移动过程。

现把 3 根宝石针分别命名为 NA、NB 和 NC，宝石针 NA 从上到下插着直径依次增大，编号分别为 1, 2, 3, ⋯, *n* 的金片。把宝石针 NA 上的 *n* 个金片按照僧侣移动金片的规则移动到宝石针 NC 上。

分析：

原问题：将 *n* 个金片按照规则借助 NB 针从 NA 针移到 NC 针上。

将原问题分解：借助 NC 针将 NA 针上的 1～*n*-1 号金片移到 NB 针上；将 NA 针上剩下的最后一个编号为 *n* 的金片直接移到 NC 针上；借助 NA 针将 NB 针上的 1～*n*-1 号金片移到 NC 针上。

递归出口：当 NA 针最初只有 1 号金片时，直接将其移到 NC 针上。

如何将 1～*n*-1 号金片从一根针移到另一根针上是和原问题（即将 1～*n* 号金片从一根针移到另一根针上）具有相同解的问题，即借助 NC 针将 NA 针上的 1～*n*-1 号金片移到 NB 针上和借助 NA 针将 NB 针上的 1～*n*-1 号金片移到 NC 针上，所以可以用同样的方法解决。

基于上述分析，将 *n* 个金片按照规则借助 NB 针从 NA 针移到 NC 针上的算法思路可归纳如下。

（1）初始化全局变量为 0，用于记录移动的次数。

（2）定义移动金片的函数。

① 将全局变量的值加 1。

② 输出移动次数及从哪根针移动到哪根针上。

（3）定义一个借助 NB 将 NA 上的 *n* 个金片按照规则移动到 NC 上的函数。

若 NA 上只有一个编号为 1 的金片，调用移动一个金片的方法将其移到 NC 上；否则执行如下任务。

① 递归，借助 NC 将 NA 上的第 1～*n*-1 号金片移动到 NB 上。

② 调用移动一个金片的方法将 NA 上剩下的第 *n* 号金片移到 NC 上。

③ 递归，借助 NA 将 NB 上的第 1～*n*-1 号金片移动到 NC 上。

（4）定义一个函数，用于测试借助 NB 将 NA 上的 *n* 个金片按照规则移到 NC 上的过程。

① 接收用户输入的金片个数。

② 若输入不符合要求，要求用户重新输入。

③ 要求用户输入 3 根针的编号。

④ 调用借助 NB 针将 NA 针上的 *n* 个金片按照规则移动到 NC 针上的函数。

我们分 3 步给出上述算法思路的一种实现，接下来将详细介绍这 3 步的算法步骤。

第 1 步，将编号为 n 的金片从一根针移到另一根针上，其对应的算法步骤如下。

（1）将变量 count 的值加 1。

（2）输出是第几次移动及从哪一根针移动到哪一根针。

我们给出上述算法思路的一种实现，代码如下。

```
1    ##############################################
2    #将编号为 n 的金片从 NA 针移到 NC 针的函数
3    ##############################################
4    def move(self, NA,n, NC):
5        self.count=self.count+1
6        print("第",self.count,"次移动：将第",n,"号金片从",NA,"移到",NC)
```

算法 3-59　将编号为 n 的金片从 NA 针移到 NC 针的函数

上述第 5 行代码将 count 的值加 1，第 6 行代码输出每一次编号为 n 的金片从参数为 NA 的针移动到参数为 NC 的针。

第 2 步，将 n 个金片从 NA 针移到 NC 针，其对应的算法步骤如下。

（1）判断金片的编号是否等于 1。

（2）若（1）为真，则调用 move 函数将金片从 NA 针移到 NC 针；否则执行（3）。

（3）递归调用 HanoiTower 函数借助 NC 针将 NA 针上的第 1～n-1 号金片移动到 NB 针上。

（4）调用 move 函数将 NA 针上剩下的第 n 号金片移到 NC 针上。

（5）递归调用 HanoiTower 函数借助 NA 针将 NB 针上的第 1～n-1 号金片移动到 NC 针上。

我们给出上述算法思路的一种实现，代码如下。

```
##########################################
#将 NA 针上的 n 个金片移到 NC 针上的函数
##########################################
def HanoiTower(self,n,NA,NB,NC):
        if n==1:
            self.move(NA,1,NC)
        else:
            self.HanoiTower(n-1,NA,NC,NB)
            self.move(NA,n,NC)
            self.HanoiTower(n-1,NB,NA,NC)
```

算法 3-60　将 NA 针上的 n 个金片移到 NC 针上的函数

若参数为 NA 的针上只有编号为 1 的金片，则由第 6 行代码调用 move(NA,1,NC)函数将参数为 NA 的针上仅有的 1 号金片移到参数为 NC 的针上；否则先由第 8 行代码递归调用 HanoiTower(n−1,NA,NC,NB)函数借助参数为 NC 的针将参数为 NA 的针上的第 1～n−1 号金片移动到参数为 NB 的针上，然后第 9 行代码调用 move(NA,n,NC)函数将参数为 NA 的针上剩下的第 n 号金片移到参数为 NC 的针上，最后第 10 行代码递归调用 HanoiTower(n−1,NB,NA,NC)函数借助参数为 NA 的针将参数为 NB 的针上的第 1～n−1 号金片移动到参数为 NC 的针上。

第 3 步，测试将 NA 针上的 n 个金片移到 NC 针上函数的正确性，其对应的步骤如下。

（1）用 N 接收用户输入的金片总数。

（2）判断 N 是否小于等于 0。

（3）若（2）为真，则要求用户重新输入，并转（1）；否则执行（4）。

（4）分别用 Num1、Num2 和 Num3 接收用户输入的 3 根针的编号。

（5）调用 HanoiTower()函数，对其进行测试。

我们给出上述算法思路的一种实现，代码如下。

```
1    ####################################################
2    #测试将 NA 针上的 n 个金片移到 NC 针上函数的正确性
3    ####################################################
4    def TestHT(self):
5        N=int(input("请输入第一根针上共有多少个金片："))
6        while N<=0:
7            N=int(input("请重新输入第一根针上共有多少个金片："))
8        Num1=input("请输入第一根针的编号为：")
9        Num2=input("请输入第二根针的编号为：")
10       Num3=input("请输入第三根针的编号为：")
11       print("移动过程如下：")
12       self.HanoiTower(N,Num1,Num2,Num3)
```

算法 3-61 测试将 NA 针上的 n 个金片移到 NC 针上函数的正确性

上述第 5 行代码用 N 接收用户输入的金片数，若 N 小于等于 0，则 7 行代码要求用户重新输入；然后由第 8、9 和 10 行代码分别用 Num1、Num2 和 Num3 接收用户输入的宝石针的编号；最后第 12 行代码调用 HanoiTower(N,Num1,Num2,Num3)函数执行金片的移动。

我们最终使用如下代码来测试借助 NB 将 NA 上的 n 个金片按照规则移到 NC 上的函数是否正确。

```
######################################################
#测试模拟将 NA 针上的 n 个金片移到 NC 针上函数的正确性
######################################################
TH=TestHanoi()
TH.TestHT()
```

算法 3-62 测试模拟将 NA 针上的 n 个金片移到 NC 针上函数的正确性

上述代码的一次执行结果如图 3-34 所示。

```
请输入第一根针上共有多少个金片：3
请输入第一根针的编号为：A
请输入第二根针的编号为：B
请输入第三根针的编号为：C
移动过程如下：
第 1 次移动：将第 1 号金片从 A 移到 C
第 2 次移动：将第 2 号金片从 A 移到 B
第 3 次移动：将第 1 号金片从 C 移到 B
第 4 次移动：将第 3 号金片从 A 移到 C
第 5 次移动：将第 1 号金片从 B 移到 A
第 6 次移动：将第 2 号金片从 B 移到 C
第 7 次移动：将第 1 号金片从 A 移到 C
```

图 3-34　3 个金片借助 B 针从 A 针移动到 C 针上的过程

3.3.3　递归到非递归的转换

通过之前的学习，我们可以发现递归程序具有结构清晰、可读性好、易于理解等优点。但是与非递归程序相比，递归程序执行时占用的存储空间较多，执行的效率低下，所以人们更希望将递归程序转化为非递归程序。此外，某些程序设计语言没有提供递归的机制和手段，因此无法在编程实现时使用递归来解决具有递归特点的问题。

【例 3-9】虽然我们知道递归的特征为直接或间接调用自身，但是调用过程到底是如何执行的呢？接下来，我们将以 InputString()函数调用 PrintString()函数为例给出函数间调用过程的分析。

```
###############################################
#类名称：CPrint
#类说明：用于函数调用
#类释义：包含输出字符串的函数和输入字符串的函数
###############################################
class CPrint:
    ###########################
    #输出字符串的函数
    ###########################
    def PrintString(self,str):
        strPrintString="In PrintString(self,str):"
        print(strPrintString,str)
        return len(str)
    ####################################
    #输入字符串并调用输出字符串函数的函数
    ####################################
    def InputString(self,strInputString):
        strInputString="In InputString(self,str):"+strInputString
        print("字符串",strInputString,"的长度为:
         ",self.PrintString(strInputString))
        strInput=input("请输入您的姓名：")
        strInput="您的姓名为："+strInput
        self.PrintString(strInput)
if __name__=='__main__':
    cp=CPrint()
    cp.InputString("This is main")
```

算法 3-63　用于函数调用的类

上述代码的一次执行结果如图 3-35 所示。

```
In PrintString(self, str): In InputString(self, str):This is main
字符串 In InputString(self, str):This is main 的长度为:  37
请输入您的姓名: MinHui
In PrintString(self, str): 您的姓名为: MinHui
```

图 3-35　函数间调用执行结果

当 InputString()函数调用 PrintString()函数时，在运行 PrintString()函数之前，系统要完成以下工作。

（1）保存 InputString()函数的所有信息，如参数（strInputString）和 InputString()函数的返回地址等。

（2）为 PrintString()函数的局部变量（strPrintString）分配存储区间。

（3）转到 PrintString()函数的入口执行。

当执行完 PrintString()函数返回到 InputString()函数之前，系统要完成以下工作。

（1）由于 PrintString()函数需要将执行结果[len(str)]返回给 InputString()函数，所以需将其保存。

（2）释放之前为 PrintString()函数的局部变量（strPrintString）分配的存储空间。

（3）借助运行 PrintString()函数之前保存的返回地址，转到 InputString()函数继续执行。

若有多个调用过程，则需要按照“先调用后返回”的顺序并依据上述分析恢复当前调用者的信息。

在了解了函数间调用的过程后，接下来，我们将介绍如何把递归程序转换为非递归程序，转换的思路如下。

（1）若当前正在进行递归函数的调用但还没达到递归出口条件，则将该函数的所有信息（如函数形参、局部变量和返回值）保存到栈空间里。

（2）每一次函数的递归调用均对应栈空间里的一个或多个数据，可通过声明类并实例化来存放这些数据。

（3）当递归调用返回时，需执行出栈操作以恢复其调用者的相关数据。若有数据需返回，可将其放入调用者对应的栈空间里，从而通过子问题的求解实现原问题的求解。

（4）栈顶元素对应当前函数的信息，该函数调用者的信息对应次栈顶（即栈顶的直接先驱）元素，所以函数调用顺序与栈中数据的排列顺序相反。

【例 3-10】阶乘函数($n!$)的非递归实现。

阶乘函数($n!$)的非递归实现，具体思路如下：首先，创建一个阶乘函数信息元素的类，该类应包括返回语句的标号、函数的形参和返回值这些成员变量。其次，创建一个阶乘函数非递归实现的类，在该类中执行如下任务。

（1）创建一个栈用于保存当前 $n!$函数的所有信息。

（2）递归调用开始，设置其返回语句的标号为函数结束的标号，将当前函数的所有信息压入栈中。

（3）判断是否未到达递归出口条件。

（4）若（3）为真，则将 n 减 1，设置当前函数的返回语句标号为处理递归函数返回时需要执行的操作的标号，将当前函数的所有信息压入栈中，并转（3）；否则执行（5）。

（5）根据递归出口条件对当前函数（对应信息在栈顶元素中）进行求解。

（6）执行（7）～（10）。

（7）获取栈顶元素，判断其对应的返回语句标号部分是否为处理递归函数返回时需要执行的操作的标号。

（8）若（7）为真，则执行以下操作，栈顶元素对应当前函数的所有信息，栈顶元素的下一个元素对应当前函数的调用者的所有信息。将栈顶元素出栈并记下其值，利用该值对当前栈顶元素对应的函数进行求解，并转（6）；否则转（9）。

（9）获取栈顶元素，判断其对应的返回语句标号部分是否为函数结束的标号。

（10）若（9）为真，则执行（11）；否则转（6）。

（11）获取栈顶元素，输出其对应的 *n* 和 *n*!，并执行出栈操作。

我们分两步给出上述算法思路的一种实现，接下来将详细介绍这两步的算法步骤。

（1）创建阶乘函数信息元素的类，该类包含一个构造函数，该构造函数对应的算法步骤如下。

① 设置返回语句的标号的初始值为 None。

② 设置函数形参的初始值为 None。

③ 设置函数返回值的初始值为 None。

具体实现的代码如下。

```
########################################
#初始化阶乘函数的信息元素的函数
########################################
def __init__(self):
        self.LabelN=None
        self.N=None
        self.F=None
```

算法 3-64　初始化阶乘函数的信息元素的函数

（2）我们创建一个类，用于阶乘函数非递归算法的实现，具体步骤如下。

① 创建一个 FactElements 类的对象 FE。

② 令 FE.LabelN 为 2。

③ 令 FE.N 为 n。

④ 创建一个顺序栈 st。

⑤ 调用 PushStack()函数将 FE 进栈。

⑥ 循环执行⑦～⑭。

⑦ 调用 GetTopStack()函数获取栈 st 的栈顶元素并赋值给 tFE。

⑧ 判断 tFE.N 是否大于等于 1。

⑨ 若⑧为真，则执行⑩～⑬；否则执行⑭。

⑩ 创建一个 FactElements 类的对象 temp。

⑪ 令 temp.LabelN 为 1。

⑫ 将 tFE.N 减 1 并赋值给 temp.N。

⑬ 调用 PushStack()函数将 temp 进栈，并转⑥。

⑭ 令 tFE.F 为 1，退出循环并转⑮。

⑮ 循环执行⑯～㉖。

⑯ 调用 GetTopStack()函数获取栈 st 的栈顶元素并赋值给 tFE。

⑰ 判断 tFE.LabelN 是否等于 1。

⑱ 若⑰为真，则执行⑲～㉑；否则执行㉒。

⑲ 调用 PopStack()函数将当前栈顶元素出栈。

⑳ 调用 GetTopStack()函数获取栈 st 的栈顶元素并赋值给 temp。

㉑ 将 tFE.F 乘以 temp.N 后的结果存入 temp.F。

㉒ 调用 GetTopStack()函数获取栈 st 的栈顶元素并赋值给 tFE。

㉓ 判断 tFE.LabelN 是否等于 2。

㉔ 若㉓为真，则执行㉕；否则转⑮。

㉕ 调用 PopStack()函数执行出栈操作并将返回值赋给 tFE。

㉖ 将 tFE.F 存入 f，退出循环并转㉗。

㉗ 输出 tFE.N 和 f。

具体实现的代码如下。

```
1    ###########################
2    #阶乘非递归算法求解的函数
3    ###########################
4    def Factorial(self,n):
5        FE=FactElements()
6        FE.LabelN=2
7        FE.N=n
8        st=SequenceStack()
9        st.PushStack(FE)
10       while True:
11           tFE=st.GetTopStack()
12           if tFE.N>=1:
13               temp=FactElements()
14               temp.LabelN=1
15               temp.N=tFE.N-1
16               st.PushStack(temp)
17           else:
18               tFE.F=1
19               break
20       while True:
21           tFE=st.GetTopStack()
22           if tFE.LabelN==1:
23               st.PopStack()
24               temp=st.GetTopStack()
25               temp.F=tFE.F*temp.N
26           tFE=st.GetTopStack()
27           if tFE.LabelN==2:
28               tFE=st.PopStack()
29               f=tFE.F
30               break
31       print("求解的结果为：",tFE.N,"!=",f)
```

算法 3-65 阶乘非递归算法求解的函数

上述第 5 行代码创建名为 FactElements 类的实例并命名为 FE，然后执行第 6 行代码将 FE.LabelN 赋值为 2，紧接着第 7 行代码将 FE.N 赋值为 n。由第 8 行代码创建一个顺序栈 st 后，执行第 9 行代码将 FE 进栈。

接下来是递归调用的过程：首先由第 11 行代码获取栈顶元素并将其赋值给 tFE，然后执行第 12

行代码判断 tFE.N 是否大于等于 1，若为真，则执行第 13 行代码创建一个 FactElements 类实例 temp，接着由第 14 行代码将 temp.LabelN 赋值为 1，再执行第 15 行代码，令 temp.N 的值为 tFE.N−1，最后执行第 16 行代码将 temp 进栈；否则执行第 18 行代码将 tFE.F 置为 1，并由第 19 行代码结束递归调用过程。

接下来是递归返回的过程：首先执行第 21 行代码用 tFE 获取当前栈顶元素，并由第 22 行代码判断 tFE.LabelN 是否等于 1，若为真，则由第 23 行代码执行出栈操作，并执行第 24 行代码用 temp 获取栈顶元素，并利用上一栈顶元素 tFE.F 计算 temp.F。紧接着执行第 27 行代码判断 tFE.LabelN 是否为 2，若为真，则执行第 28 行代码执行出栈操作并用 tFE 接收其返回值。

最终我们使用如下代码来测试 Factorial()函数的正确性。

```
####################################
#测试阶乘非递归算法的正确性
####################################
TF=TestFact()
TFn=int(input("请输入待求阶乘的数："))
TF.Factorial(TFn)
```

算法 3-66　测试阶乘非递归算法的正确性

上述代码的执行结果如图 3-36 所示。

```
请输入待求阶乘的数：6
求解的结果为：6 != 720
```

图 3-36　求解 6 的阶乘

【例 3-11】汉诺塔的非递归实现。

汉诺塔的非递归实现，具体思路如下。

（1）创建一个将汉诺塔函数的各项信息作为成员变量的类。

（2）创建一个汉诺塔非递归实现的类，在该类中执行如下步骤。

第 1 步，初始化全局变量的值为 0，用于记录移动的次数。

第 2 步，定义移动金片的函数。

① 将全局变量的值加 1。

② 输出金片移动的相关信息。

第 3 步，定义汉诺塔非递归实现的函数。

① 创建一个栈用于保存递归调用时函数的所有信息。

② 递归调用开始，将当前函数的所有信息压入栈中。

③ 判断是否未到达递归出口且当前函数未处理。

④ 若③为真，则将待移动金片数目减 1，并将当前函数的所有信息压入栈中。

⑤ 判断是否到达递归出口且当前函数未处理。

⑥ 若⑤为真，则根据递归出口条件对当前函数（对应信息在栈顶元素中）进行求解，并将该函数标记为已处理过的函数；否则转③。

⑦ 判断栈是否不为空。

⑧ 若⑦为真，则执行⑨；否则执行⑪。

⑨ 获取栈顶元素并判断其是否为处理过的函数。

⑩ 若⑨为真，则将当前栈顶元素出栈，并转⑦；否则执行⑪。

⑪ 判断当前栈是否为空。

⑫ 若⑪为真，则结束程序；否则执行⑬。

⑬ 调用移动金片的函数，然后将当前函数标记为处理过的函数。

⑭ 将待移动金片数目减 1，然后将当前函数的所有信息压入栈中，并转③。

我们分两步给出上述算法思路的一种实现，接下来将详细介绍这两步的算法步骤。

1. 创建汉诺塔函数的信息元素 HanoiElements 类

该类包含一个构造函数，其对应的算法步骤如下。

（1）设置处理标记的初始值为 0。

（2）设置待移动金片数目的初始值为 None。

（3）设置第一根针的编号的初始值为 None。

（4）设置第二根针的编号的初始值为 None。

（5）设置第三根针的编号的初始值为 None。

具体实现的代码如下。

```
    ##########################################
    #初始化汉诺塔函数的信息元素的函数
    ##########################################
  def __init__(self):
      self.Tag=0
      self.N=None
      self.A=None
      self.B=None
      self.C=None
```

算法 3-67 初始化汉诺塔函数的信息元素的函数

2. 创建一个 TestHanioTower 类

该类包含构造函数、移动金片的函数和汉诺塔非递归实现的函数。

（1）构造函数

构造函数对应的算法步骤如下。

① 定义移动次数的变量为 self.count。

② 令 self.count 初始值为 0。

其实现的代码如下。

```
  ##################################
  #初始化移动次数的函数
  ##################################
  def __init__(self):
      self.count=0
```

算法 3-68 初始化移动次数的函数

（2）移动金片的函数

移动金片的函数对应的算法步骤如下。

① 将 self.count 加 1。

② 输出金片移动的相关信息。

其实现的代码如下。

```
##################################
#将 n 号金片从 NA 移到 NC 的函数
##################################
def move(self,NA,n,NC):
    self.count=self.count+1
    print("第",self.count,"次移动：将第",n,"号金片从",NA,"移到",NC)
```

算法 3-69　将 n 号金片从 NA 移到 NC 的函数

（3）汉诺塔非递归实现的函数

汉诺塔非递归实现的函数对应的算法步骤如下。

① 创建一个 HanoiElements 类的实例并命名为 HE。

② 将待移动金片数 n 和 3 根针的编号分别赋值给 HE 的对应成员变量。

③ 创建一个顺序栈 st。

④ 调用 PushStack()函数将 HE 进栈。

⑤ 判断当前栈是否不为空。

⑥ 若⑤为真，则执行⑦～㉛。

⑦ 循环执行⑧～⑱。

⑧ 调用 GetTopStack()函数获取当前栈顶元素并赋值给 tHE。

⑨ 判断 tHE.N 是否大于 1 且 tHE.Tag 是否为 0。

⑩ 若⑨为真，则执行⑪～⑭；否则执行⑮。

⑪ 创建一个 HanoiElements 类的实例并命名为 temp。

⑫ 将 tHE.N 减 1 后的结果存入 temp.N。

⑬ 将 tHE 对应的第一个金片 A 赋值给 temp.A，第二个金片 B 赋值给 temp.C，第三个金片 C 赋值给 temp.B。

⑭ 调用 PushStack()函数将 temp 进栈。

⑮ 判断 tHE.N 是否等于 1 且 tHE.Tag 是否为 0。

⑯ 若⑮为真，则执行⑰～⑱；否则转⑦。

⑰ 调用 move()函数将编号为 tHE.N 的金片从 tHE.A 移动到 tHE.C。

⑱ 将 tHE.Tag 置为 1，退出循环并执行⑲。

⑲ 判断当前栈是否不为空。

⑳ 若⑲为真，则执行㉑～㉒；否则执行㉓。

㉑ 用 tHE 获取栈顶元素，判断 tHE.Tag 是否为 1。

㉒ 若㉑为真，则调用 PopStack()函数将当前栈顶元素出栈；否则执行㉓。

㉓ 判断当前栈是否为空。

㉔ 若㉓为真，则结束程序；否则执行㉕。

㉕ 用 temp 获取当前栈顶元素。

㉖ 调用 move()函数将编号为 temp.N 的金片从 temp.A 移动到 temp.C。

㉗ 将 temp.Tag 置为 1。

㉘ 创建一个 HanoiElements 类的实例并命名为 t。

㉙ 将 temp.N 减 1 后的结果赋值给 t.N。

㉚ 将 temp 对应的第一个金片 A 赋值给 t.B，第二个金片 B 赋值给 t.A，第三个金片 C 赋值给 t.C。

㉛ 调用 PushStack()函数将 t 进栈，并转⑤。

其实现的代码如下。

```
1    ###############################
2    #汉诺塔非递归实现的函数
3    ###############################
4    def HanioTower(self,n,NA,NB,NC):
5        HE=HanoiElements()
6        HE.N=n
7        HE.A=NA
8        HE.B=NB
9        HE.C=NC
10       st=SequenceStack()
11       st.PushStack(HE)
12       while st.IsEmptyStack()!=True:
13           while True:
14               tHE=st.GetTopStack()
15               if tHE.N>1 and tHE.Tag==0:
16                   temp=HanoiElements()
17                   temp.N=tHE.N-1
18                   temp.A=tHE.A
19                   temp.B=tHE.C
20                   temp.C=tHE.B
21                   st.PushStack(temp)
22               elif tHE.N==1 and tHE.Tag==0:
23                   self.move(tHE.A,tHE.N,tHE.C)
24                   tHE.Tag=1
25                   break
26           while st.IsEmptyStack()!=True:
27               tHE=st.GetTopStack()
28               if tHE.Tag==1:
29                   st.PopStack()
30               else:
31                   break
32           if st.IsEmptyStack()==True:
33               break
34           temp=st.GetTopStack()
35           self.move(temp.A,temp.N,temp.C)
36           temp.Tag=1
37           t=HanoiElements()
38           t.N=temp.N-1
39           t.B=temp.A
40           t.A=temp.B
41           t.C=temp.C
42           st.PushStack(t)
```

算法 3-70　汉诺塔非递归实现的函数

上述算法的第 11 行代码将存有递归调用初始函数的所有信息的对象 HE 压入栈中。第 13～21 行代码对应汉诺塔的第一个递归调用语句，第 22～25 行代码对应递归出口条件，第 26～31 行代码将处理标记部分为 1（表示对应函数已处理过）的数据元素出栈，第 37～42 行代码对应汉诺塔的第二个递归调用语句。

最终用如下代码测试汉诺塔非递归函数的正确性。

```
################################
#测试汉诺塔非递归函数的正确性
################################
TH=TestHanioTower()
TH.HanioTower(3,'A','B','C')
```

算法 3-71　测试汉诺塔非递归函数的正确性

上述代码执行结果如图 3-37 所示。

```
第 1 次移动: 将第 1 号金片从 A 移到 C
第 2 次移动: 将第 2 号金片从 A 移到 B
第 3 次移动: 将第 1 号金片从 C 移到 B
第 4 次移动: 将第 3 号金片从 A 移到 C
第 5 次移动: 将第 1 号金片从 B 移到A
第 6 次移动: 将第 2 号金片从 B 移到 C
第 7 次移动: 将第 1 号金片从 A 移到 C
```

图 3-37　3 个金片借助 B 针从 A 针移动到 C 针上的过程

3.4　本章小结

本章主要介绍了栈和队列这两种特殊的线性表，并简要介绍了递归，小结如下。

（1）栈是一种只能在一端进行插入或删除的线性表，且进行数据操作时必须遵循“后进先出”的原则。栈的主要操作是进栈和出栈，在进行这些操作时，对于顺序存储结构的栈，要注意栈满和栈空条件的判断，而对于链式存储结构的栈，则需注意指针指向变化的先后顺序。

（2）队列是一种只能在一端进行插入操作而在另一端进行删除操作的线性表，且进行数据操作时必须遵循“先进先出”的原则。队列的主要操作是进队和出队，循环顺序队列在进行这些操作修改队头及队尾指针时，都要将其对 MaxQueueSize 取模。链式队列在进行出队操作时，若队列中数据元素全部出队导致队列为空，则需要回收队尾指针。

（3）在进行递归程序设计时，须注意对于复杂问题的分解要具有一般性，并且存在递归出口，从而可借助于递归解决复杂的问题。虽然递归程序十分简单，便于我们理解，但由于执行时的空间和时间复杂度都很高，因此在实际应用中还是希望将递归程序转换为非递归程序，所以掌握如何将递归程序转换为非递归程序的方法仍是十分必要的。

3.5　上机实验

3.5.1　基础实验

基础实验 1　实现顺序栈的基本操作

实验目的：考察能否正确理解栈的顺序存储结构，以及对顺序栈基本操作的掌握程度。

实验要求：创建名为 ex030501_01.py 的文件，在其中编写一个顺序栈的类，该类必须包含顺序栈的定义及基本操作，并通过以下步骤测试基本操作的实现是否正确。

（1）初始化一个顺序栈 SequenceStack。

（2）判断栈是否为空。

（3）将元素 1、3、5 依次进栈。

（4）遍历栈内所有元素。

（5）获取栈顶元素。

（6）获取栈的长度。

（7）将栈中元素依次出栈并输出。

（8）判断栈是否为空。

基础实验 2　实现链栈的基本操作

实验目的：考察能否正确理解栈的链式存储结构，以及对链式栈基本操作的掌握程度。

实验要求：创建名为 ex030501_02.py 的文件，在其中编写结点的类和链式栈的类，后者必须包含链式栈的定义及基本操作，并通过以下步骤测试基本操作的实现是否正确。

（1）初始化一个链栈 LinkStack。

（2）判断栈是否为空。

（3）将元素 2、4、6 依次进栈。

（4）获取栈顶元素。

（5）将栈中元素依次出栈并输出。

基础实验 3　实现顺序队列的基本操作

实验目的：考察能否正确理解队列的顺序存储结构，以及对顺序队列的基本操作的掌握程度。

实验要求：创建名为 ex030501_03.py 的文件，在其中编写一个顺序队列的类，该类必须包含顺序队列的定义及基本操作，并通过以下步骤测试基本操作的实现是否正确。

（1）初始化一个顺序队列 SequenceQueue。

（2）判断队列是否为空。

（3）遍历队列内的所有元素。

（4）将元素 1、3、5、7、9 等依次进队至队满。

（5）遍历队列内的所有元素。

（6）获取队头元素。

（7）获取队列的长度。

（8）将一个元素出队并输出。

（9）尝试能否将一个新元素进队。

基础实验 4　实现循环顺序队列的基本操作

实验目的：考察能否正确理解队列的顺序存储结构，以及对循环顺序队列的基本操作的掌握程度。

实验要求：创建名为 ex030501_04.py 的文件，在其中编写一个循环顺序队列的类，该类必须包含循环顺序队列的定义及基本操作，并通过以下步骤测试各种基本操作的实现是否正确。

（1）初始化一个循环顺序队列 CircularSequenceQueue。

（2）判断队列是否为空。

（3）遍历队列内的所有元素。

（4）将元素 1、3、5、7、9 等依次进队至队满。

（5）遍历队列内的所有元素。

（6）获取队头元素。

（7）获取队列的长度。

（8）出队一个元素并输出。

（9）尝试能否将一个新元素进队。

基础实验 5　实现链式队列的基本操作

实验目的：考察能否正确理解队列的链式存储结构，以及对链式队列的基本操作的掌握程度。

实验要求：创建名为 ex030501_05.py 的文件，在其中编写结点的类和链式队列的类，后者必须包含链式队列的定义及基本操作，并通过以下步骤测试各种基本操作的实现是否正确。

（1）初始化一个链式队列 LinkQueue。

（2）判断队列是否为空。

（3）将元素 1、3、5 依次进队。

（4）遍历队列内的所有元素。

（5）获取队头元素。

（6）获取队列的长度。

（7）将队列中元素依次出队并输出。

基础实验 6　实现循环链式队列的基本操作

实验目的：考察能否正确理解队列的链式存储结构，以及对循环链式队列的基本操作的掌握程度。

实验要求：创建名为 ex030501_06.py 的文件，在其中编写结点的类和循环链式队列的类，后者必须包含循环链式队列的定义及各种基本操作，并通过以下步骤测试各种基本操作的实现是否正确。

（1）初始化一个循环链式队列 CircularLinkQueue。

（2）判断队列是否为空。

（3）将元素 2、4、6 依次进队。

（4）遍历队列内的所有元素。

（5）获取队头元素。

（6）获取队列的长度。

（7）将队列中元素依次出队并输出。

（8）判断队列是否为空。

3.5.2 综合实验

综合实验 1　分析英文文章

实验目的：深入理解栈的存储结构，熟练掌握栈的基本操作。

实验背景：由例 3-1 可知，某些英文单词是回文单词。现要求借助于栈的基本操作统计出某一篇英文文章中出现的所有回文单词及该文章所有的单词的数量，并计算该文章的“回文单词比率”，其中回文单词比率的定义如下。

$$回文单词比率=\frac{一篇文章中回文单词总数}{一篇英文文章的单词总数}\times 100\%$$

实验内容：创建名为 ex030502_01.py 的文件，在其中编写计算该文章的“回文单词比率”的程序，具体如下。

（1）打开名为 030502_01.txt 的英文文章。

（2）使用栈的基本操作处理该英文文章。

（3）在屏幕上直接输出该文章中所有单词总数量及回文单词的数量，并输出回文单词比率。

实验提示：

（1）英文文章中各单词是以空格作为分隔符的，在处理时请编写代码将英文文章中单词以外的字符除去。

（2）提取出英文单词后对其进行回文判断前，需将其所有字母均转换为小写的，原因是：如“Dad”其实是回文单词，但若不将其第一个字母“D”转换为小写字母“d”，则程序将会判断“Dad”不是回文单词。

（3）若待处理的英文文章太长，一次性读入有可能产生溢出，此时建议将待处理文件的内容分成多个部分存储在不同的文件中，每次处理某一个文件。

综合实验 2　电子转盘抽奖

实验目的：深入理解队列的存储结构，熟练掌握队列的基本操作。

实验背景：商场在“双十一”时为了吸引更多的消费者来实体店消费，举办了一场抽奖活动，该活动使用分为 8 个扇区（依次编号为 1, 2, …, 8）的电子转盘，该转盘的每个扇区对应不同的奖品，抽奖前转盘指针随机停在某一扇区内，转盘经过若干次转动后，最终根据指针停在哪一扇区决定消费者领取什么奖品。

消费者在商场购物后可凭购物发票参与抽奖，抽奖流程如下：由用户自行将发票号输入抽奖系统，系统根据该发票号随机产生一个数字 Num，接下来电子转盘将会转动 Num 个扇区后停下来，消费者便可以获得转盘指针所在扇区对应的奖品。请借助于队列的基本操作来实现这次电子转盘的抽奖活动。

实验内容：创建名为 ex030502_02.py 的文件，在其中编写模拟电子转盘抽奖活动的程序，具体如下。

（1）随机产生一个数字 Num。

（2）使用队列的基本操作模拟转盘抽奖。

（3）根据转盘指针最后停在的位置，确定消费者获得的奖项。

实验提示：

（1）建议采用顺序队列来模拟，并用顺序队列存储转盘扇区的 8 个编号。

（2）先将随机数字 Num 对扇区总数取模，然后再基于取模结果执行相应操作。

综合实验 3　递归程序设计

实验目的：熟练掌握递归算法的设计思路，深入理解递归算法的执行过程，并尝试将递归算法转换为非递归算法。

实验背景：递归程序具有结构清晰、可读性好和易于理解等优点，但从空间复杂度上来看，由于每一次递归调用都需要在栈中分配空间来保存数据（如实参、返回地址和局部变量等），所以在一个递归程序执行的过程中会占用很多的空间，而且若递归次数太多，可能会导致栈溢出，甚至系统的崩溃；而从时间复杂度上来看，每一次递归调用向栈里压入数据和从栈里弹出数据都需要时间，并且有时会有重复的计算。因此，递归算法的空间和时间复杂度较大，执行效率低下，通常我们需要把递归算法转换为非递归算法。

实验内容：创建名为 ex030502_03.py 的文件，在其中编写 Ackerman 函数的递归算法及非递归算法。

Ackerman 函数定义如下。

$$\mathrm{Ack}(m,n)=\begin{cases} n+1 & \text{当}m=0\text{时} \\ \mathrm{Ack}(m-1,1) & \text{当}m\neq 0,\ n=0\text{时} \\ \mathrm{Ack}(m-1,\mathrm{Ack}(m,n-1)) & \text{当}m\neq 0,\ n\neq 0\text{时} \end{cases}$$

（1）编写出计算 Ack(m,n)的递归算法。

（2）将（1）中的递归算法转换为非递归算法。

习题

一、选择题

1. 对于一个顺序栈，栈中能存储的元素个数最多不超过正整数 MaxStackSize（栈顶指针 top 的初值为-1），对于栈满条件的判断应该为（　　）。

A. top!=MaxStackSize−1　　B. top!=MaxStackSize

C. top<MaxStackSize−1　　D. top<MaxStackSize

2. 让元素 a、b、c、d、e 依次进入一个链式栈中，则出栈的顺序不可能是（　　）。

A. e、d、c、b、a　　B. b、a、e、d、c

C. d、c、a、b、e　　D. b、c、e、d、a

3. 设栈 S 和队列 Q 的初始状态均为空，元素 a、b、c、d、e、f、g 依次进入栈 S。若每个元素出栈后立即进入队列 Q，且 7 个元素出队的顺序是 b、d、c、f、e、a、g，则栈 S 的容量至少是（　　）。

A. 1　　B. 2　　C. 3　　D. 4

4. 带头结点的链式队列，其队头指针指向实际队头元素所在结点的前一个结点，其队尾指针指向队尾结点，则在进行出队操作时（　　）。

A. 修改队头指针　　B. 可能修改队尾指针

C. 队头和队尾指针都要修改　　D. 队头和队尾指针可能都要修改

5. 设有一个递归算法如下。

```
def fact(self,n):
    if n<=0:
        return 1
    else:
        return self.fact(n-1)*n
```

计算 fact(n)需要调用该函数的次数为（　　）。

A. n+1　　B. n−1　　C. n　　D. n+2

二、填空题

1. 一个栈的进栈序列为 1, 2, 3, …, n，对应的出栈序列为 S_1, S_2, S_3, …, S_n。若 S_2=3，则 S_3 可能取值的个数为________。

2. 引入循环队列的目的是______________________________。

3. 利用长度为 n 的列表存储循环队列的元素，队头指针 front 指向实际队头元素所在位置的前一个位置，队尾指针 rear 指向实际队尾元素，则入队时的操作为__________，出队时的操作为________。

4. 栈和队列的共同点是______________。

5. 一个递归算法必须包括_________和________。

三、编程题

1. 在例 3-1 中我们用了两个栈来实现判断一个单词是否是回文单词，其实我们也可以只用一个栈来判断，思路如下：通过将一个待判断的单词按照从前往后的顺序依次进栈后，再将栈内元素逐一出栈并与待判断单词的字母依次比较，若完全相等，则该待判断单词是回文单词；否则不是回文单词。请借助栈的基本操作按照以上要求用一个栈完成对一个单词是否为回文单词的判断。

2. 请使用顺序栈的基本操作实现例 3-2 的括号匹配问题。

3. 请尝试使用链式栈的基本操作找出例 3-3 中的迷宫路径。

4. 请实现循环链式队列（带头结点）的基本操作。

5. 楼梯有 n 阶台阶，上楼时可以一次跨 1 阶或 2 阶，借助递归计算共有多少种不同走法。

6. 试编写一个算法实现例 3-2 括号匹配问题的扩充，同时检查源程序中花括号、尖括号、方括号和圆括号等是否匹配（不考虑程序中的注释部分）。

7. 请借助栈的基本操作编写一个算法，将一个非负的十进制整数转换为一个二进制数。

8. 例 3-4 的兔子繁殖问题是用循环顺序队列的基本操作实现的，事实上使用链式队列（带头结点）的基本操作也可以实现，请尝试实现之。

9. 请尝试使用循环链式队列实现例 3-5 获取免费旅游资格的问题。

10. 请尝试使用机械方法将斐波那契数列的递归程序转换为非递归程序。

04

第4章　串、数组和广义表

在早期的程序设计语言中，字符串是作为输入输出常量出现的，而现在字符串通常作为一种数据类型出现在很多程序设计语言（C、Java、Python 等）中。字符串作为计算机上的非数值处理对象，应用极为广泛，本章我们首先将介绍字符串的基本概念、存储结构和基本运算，然后再介绍数组和广义表的基本概念及操作。

4.1 串

字符串通常被简称为串。在本节中，我们首先将介绍串的基本概念，然后根据其存储方式的不同分别介绍串的顺序存储和链式存储，最后介绍串的模式匹配。

4.1.1 串的基本概念

1. 串的定义

串是由数字、字母或其他字符组成的有限序列，一般记为

StringName="a[0]a[1]a[2]…a[i]…a[n−1]"($n\geqslant 0, 0\leqslant i\leqslant n-1$)

其中 StringName 是串名，双引号内的序列是该串的值，n 为串的长度，i 为某一字符在该串中的下标。

2. 串的常用术语

（1）串的长度：串中包含的字符个数即为串的长度。

例如：StringHM="HuiMin"，该字符串的长度为 6。

（2）空串：串中不包含任何字符时被称为空串，此时串的长度为 0。

例如：StringBlank=""，该字符串为空串，其长度为 0。

（3）空格串：由一个或多个空格组成的串被称为空格串，它的长度为串中空格的个数。

例如：StringBlank=" "，该字符串为仅含一个空格的空格串，故其长度为 1。

（4）子串：串中任意个连续字符组成的子序列被称为该串的子串。空串是任意串的子串。

例如：StringH="Hui"，该字符串的所有子串共有 7 个，分别为 StringH_1=""，StringH_2="H"，StringH_3="u"，StringH_4="i"，StringH_5="Hu"，StringH_6="ui"，StringH_7="Hui"。

（5）主串：包含子串的串被称为主串。

例如：对于 StringHM="HuiMin"和 StringH="Hui"，字符串 StringHM 为字符串 StringH 的主串。

（6）真子串：串的所有子串中，除其自身外，其他子串都被称为该串的真子串。

例如：StringH="Hui"，该字符串的所有子串共有 7 个，分别为 StringH_1=""，StringH_2="H"，StringH_3="u"，StringH_4="i"，StringH_5="Hu"，StringH_6="ui"，StringH_7="Hui"。

除 StringH_7 以外，其他子串 StringH_1～StringH_6 均为 StringH 的真子串。

（7）子串的位置：子串的第一个字符在主串中对应的位置被称为子串在主串中的位置，简称子串的位置。

例如：对于 StringHM="HuiMin"和 StringH="Hui"，子串 StringH 在主串 StringHM 中的位置为 0。

（8）串相等：当两个串的长度相等且对应位置的字符依次相同时，我们称这两个串是相等的。

例如：对于 StringH="Hui"和 StringM="Hui"，串 StringH 和串 StringM 相等。

3. 串的抽象数据类型

串的逻辑结构与线性表很相似，但串的数据元素只能为字符，因此我们认为串是一种特殊的线性表。在串的基本操作中，通常以整体作为操作对象，这和线性表以单个元素作为操作对象不同。因此，串的抽象数据类型的定义如表 4-1 所示。

表 4-1　　串的抽象数据类型的定义

<table>
<tr><td>数据对象</td><td colspan="3">由零个或多个字符型的数据元素构成的集合 DataSet</td></tr>
<tr><td>数据关系</td><td colspan="3">若 DataSet 为空集，则其为空串；若 DataSet 中的数据元素大于或等于 1，则除了第一个和最后一个元素以外，其他所有元素都有唯一的先驱元素和后继元素</td></tr>
<tr><td rowspan="12">基本操作</td><td>序号</td><td>操作名称</td><td>操作说明</td></tr>
<tr><td>1</td><td>InitString(string)</td><td>初始条件：无。
操作目的：初始化串。
操作结果：串 string 被初始化</td></tr>
<tr><td>2</td><td>StringAssign(stringDest,stringSrc)</td><td>初始条件：stringSrc 是字符串常量。
操作目的：将 stringSrc 的字符序列赋值给 stringDest。
操作结果：串 stringDest 的字符序列与 stringSrc 相同</td></tr>
<tr><td>3</td><td>IsEmptyString(string)</td><td>初始条件：串 string 已存在。
操作目的：判断当前串是否为空。
操作结果：若为空，则返回 True；否则返回 False</td></tr>
<tr><td>4</td><td>StringCopy(stringDest,stringSrc)</td><td>初始条件：串 stringDest 和 stringSrc 已存在。
操作目的：由串 stringSrc 复制得串 stringDest。
操作结果：串 stringDest 的内容与 stringSrc 相同</td></tr>
<tr><td>5</td><td>StringCompare(stringDest,stringSrc)</td><td>初始条件：串 stringDest 和 stringSrc 已存在。
操作目的：将串 stringDest 和串 stringSrc 的内容进行比较。
操作结果：若串 stringDest 大于 stringSrc，则返回 1；若串 stringDest 等于 stringSrc，则返回 0；若串 stringDest 小于 stringSrc，则返回-1</td></tr>
<tr><td>6</td><td>StringLength(string)</td><td>初始条件：串 string 已存在。
操作目的：获取串 string 的长度。
操作结果：返回串 string 的长度</td></tr>
<tr><td>7</td><td>ClearString(string)</td><td>初始条件：串 string 已存在。
操作目的：清空串 string。
操作结果：串 string 被清空为空串</td></tr>
<tr><td>8</td><td>StringConcat(stringDest,stringSrc)</td><td>初始条件：串 stringDest 和 stringSrc 已存在。
操作目的：将串 stringSrc 连接到串 stringDest 后。
操作结果：新的串 stringDest 的内容由原本的串 stringDest 和串 stringSrc 组成</td></tr>
<tr><td>9</td><td>SubString(string,iPos,length)</td><td>初始条件：串 string 已存在且不为空。
操作目的：从串 string 的指定位置 iPos 处开始获取指定长度为 length 的子串。
操作结果：返回获得的子串</td></tr>
<tr><td>10</td><td>IndexString(stringDest,stringSrc,iPos)</td><td>初始条件：串 stringDest 和串 stringSrc 已存在且串 stringSrc 不为空。
操作目的：若串 stringDest 中存在与串 stringSrc 相同的子串，则返回它在串 stringDest 中第 iPos 个字符之后第一次出现的位置；否则令 iPos 为-1 并返回其值。
操作结果：返回获得的 iPos</td></tr>
<tr><td>11</td><td>StringDelete(string,iPos,length)</td><td>初始条件：串 string 已存在且不为空。
操作目的：从串 string 的指定位置 iPos 处开始删除指定长度为 length 的子串。
操作结果：从串 string 中第 iPos 个位置开始，删除长度为 length 的子串</td></tr>
</table>

续表

基本操作	12	StringInsert(stringDest,iPos,stringSrc)	初始条件：串 stringDest 和 stringSrc 已存在。 操作目的：在串 stringDest 的第 iPos 个位置后插入串 stringSrc。 操作结果：新的串 stringDest 的内容由原本的串 stringDest 和串 stringSrc 组成
	13	StringReplace(stringDest,stringSrc,stringTemp)	初始条件：串 stringDest、stringSrc 和 stringTemp 已存在，且 stringSrc 为非空串。 操作目的：在串 stringDest 中用串 stringTemp 替换串 stringSrc 的所有内容。 操作结果：串 stringDest 中的所有串 stringSrc 被串 stringTemp 替换
	14	DestroyString(string)	初始条件：串 string 已存在。 操作目的：销毁串 string。 操作结果：串 string 被销毁

4.1.2　串的顺序存储及运算

在本小节中我们将详细介绍串的顺序存储结构。所谓串的顺序存储（以下简称顺序串），就是采用一组物理上连续的存储单元来存放串中所有字符。如图 4-1（a）所示，初始化一个串时，为其分配长度为 MaxStringSize 的连续存储空间；如图 4-1（b）所示，创建一个串 stringSH，串的每一个字符占用一个存储单元，最终得到长度为 13 的串。

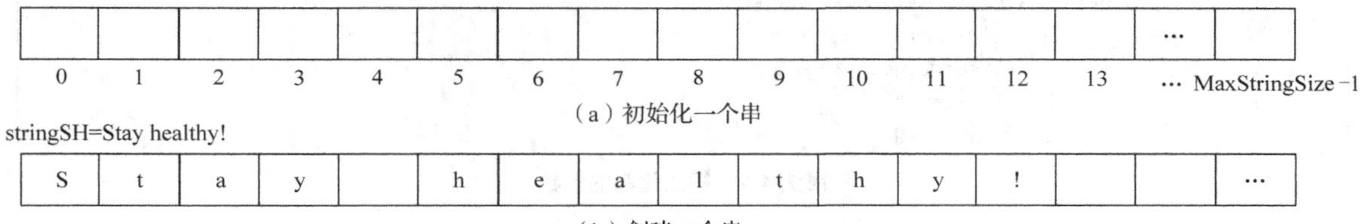

图 4-1　串的顺序存储

下面介绍如何实现顺序串的一些基本操作。

创建文件 ex040102.py。在该文件中我们定义了一个用于顺序串基本操作的类 StringList，如表 4-2 所示。

表 4–2　StringList 类中的成员函数表

序号	名称	注释
1	__init__(self)	初始化顺序串（构造函数）
2	IsEmptyString(self)	判断串是否为空
3	CreateString(self)	创建一个串
4	GetStringLength(self)	获取串的长度
5	GetString(self)	获取串的所有字符
6	StringCopy(self,strSrc)	由串 strSrc 复制得当前串
7	StringCompare(self,strSrc)	将当前串和串 strSrc 进行比较

续表

序号	名称	注释
8	StringConcat(self,strSrc)	将串 strSrc 连接到当前串的末尾
9	SubString(self,iPos,length)	从当前串的指定位置 iPos 获取长度为 length 的子串
10	StringDelete(self,iPos,length)	从当前串的指定位置 iPos 删除长度为 length 的子串
11	StringInsert(self,iPos,strSrc)	从当前串的指定位置 iPos 插入串 strSrc

接下来，我们将给出__init__(self)、IsEmptyString(self)、CreateString(self)、StringConcat(self,strSrc)和 SubString(self,iPos,length)这 5 个方法的具体实现。读者可根据自己的需要，自行实现其他方法。

1. 初始化串的函数实现

我们先调用 StringList 类的成员函数__init__(self)初始化一个顺序串，其算法思路如下。

（1）对串的存储空间进行初始化。

（2）对串进行初始化。

该算法思路对应的算法步骤如下。

（1）设置顺序串能存储的字符个数 MaxStringSize 最多为 256。

（2）令串为空，并将串的长度设置为 0。

该算法的实现代码如下。

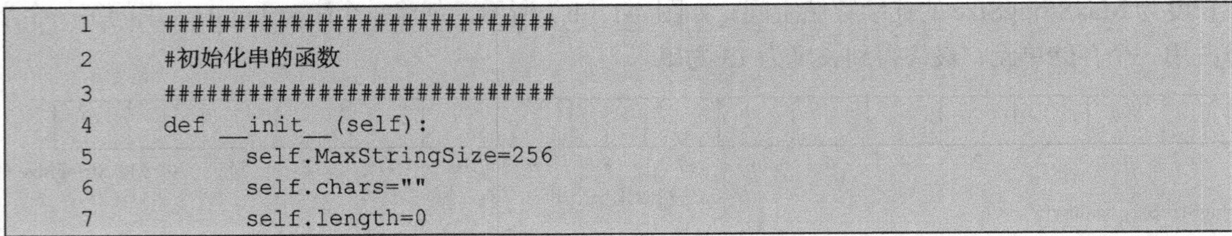

```
################################
#初始化串的函数
################################
def __init__(self):
    self.MaxStringSize=256
    self.chars=""
    self.length=0
```

算法 4-1　初始化串的函数

2. 判断串是否为空的函数实现

我们调用 StringList 类的成员函数 IsEmptyString(self)来判断当前串是否为空，其算法思路如下。

（1）判断当前串的长度是否等于 0。

（2）若为 0，则表示当前串为空，否则表示当前串不为空。

该算法思路对应的算法步骤如下。

（1）判断当前串的长度 self.length 是否等于 0。

（2）若（1）为真，表示当前串为空，将 True 赋值给 IsEmpty；否则执行（3）。

（3）此时串不为空，将 False 赋值给 IsEmpty。

（4）返回 IsEmpty。

该算法的实现代码如下。

```
################################
#判断串是否为空的函数
################################
def IsEmptyString(self):
    if self.length==0:
```

```
            IsEmpty=True
        else:
            IsEmpty=False
        return IsEmpty
```

算法 4-2　判断串是否为空的函数

3. 创建串的函数实现

我们调用 StringList 类的成员函数 CreateString(self)来创建一个串，其算法思路如下。

（1）接收用户输入的字符序列。

（2）判断用户输入的字符序列的长度是否大于串的最大存储空间。

（3）若（2）为真，则将用户输入的字符序列超过的部分截断后赋值给当前串，如图 4-2（a）所示；否则执行（4）。

（4）将输入的字符序列赋值给当前串，如图 4-2（b）所示。

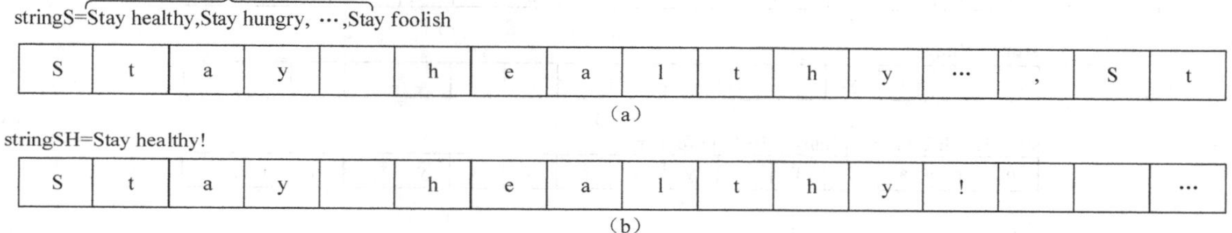

图 4-2　顺序串的创建

该算法思路对应的算法步骤如下。

（1）用 stringSH 接收用户输入的字符序列。

（2）判断 stringSH 的长度是否大于串的最大存储空间。

（3）若（2）为真，则将 stringSH 长为 MaxStringSize 的部分赋值给 self.chars；否则执行（4）。

（4）将 stringSH 存入 self.chars 中。

该算法的实现代码如下。

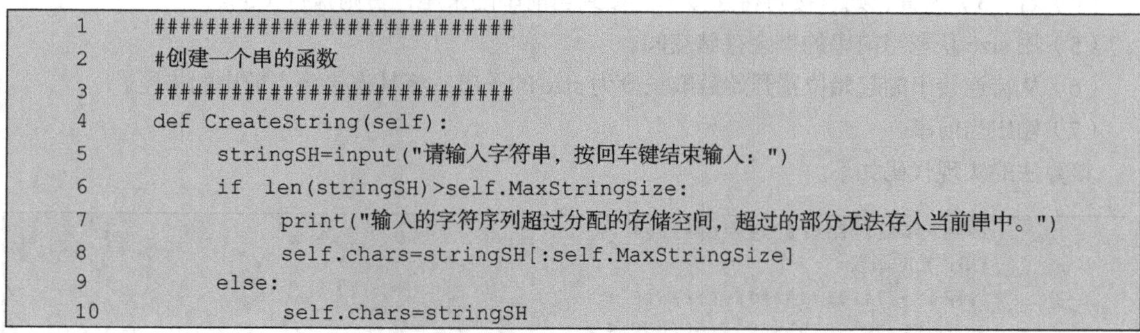

```
1    ##############################
2    #创建一个串的函数
3    ##############################
4    def CreateString(self):
5        stringSH=input("请输入字符串，按回车键结束输入：")
6        if  len(stringSH)>self.MaxStringSize:
7            print("输入的字符序列超过分配的存储空间，超过的部分无法存入当前串中。")
8            self.chars=stringSH[:self.MaxStringSize]
9        else:
10           self.chars=stringSH
```

算法 4-3　创建一个串的函数

上述第 6 行代码判断用户输入的字符序列 stringSH 的长度是否大于串的最大存储空间，若为真，则由第 8 行代码将 stringSH 截断后赋值给 self.chars；否则执行第 10 行代码直接将 stringSH 赋值给 self.chars。

4. 串连接的函数实现

StringList 类的成员函数 StringConcat(self,strSrc)可用于将两个串连接，其算法思路如下。

（1）计算当前串的长度与待连接串的长度之和，判断其是否小于或等于当前串的最大存储空间。

（2）若（1）为真，则将待连接串置于当前串的末尾，使其成为当前串的一部分，如图 4-3（c）所示；否则执行（3）。

（3）将当前串与待连接串组成的新串超过当前串最大存储空间的部分截去，此时当前串之后为待连接串剩下的部分，如图 4-3（f）所示。

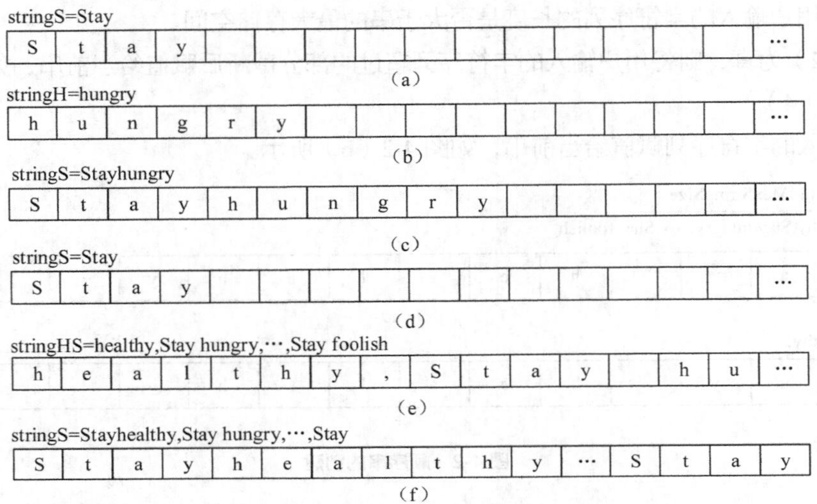

图 4-3　顺序串的连接

该算法思路对应的算法步骤如下。

（1）用 lengthSrc 获取待连接串的长度。

（2）用 stringSrc 获取待连接串的字符序列。

（3）判断当前串的长度加上 lengthSrc 的结果是否小于等于 MaxStringSize。

（4）若（3）为真，则直接将待连接串连接到当前串的末尾；否则执行（5）。

（5）用 size 获取当前串的剩余存储空间。

（6）从待连接串的起始位置开始截取长度为 size 的子串，将其连接到当前串的末尾。

（7）输出当前串。

该算法的实现代码如下。

```
################################
#串连接的函数
################################
def StringConcat(self,strSrc):
    lengthSrc=strSrc.length
    stringSrc=strSrc.chars
    if lengthSrc+len(self.chars)<=self.MaxStringSize:
        self.chars=self.chars+stringSrc
    else:
        print("两个字符串连接后的长度超过分配的内存，超过的部分无法显示。")
```

```
            size=self.MaxStringSize-len(self.chars)
            self.chars=self.chars+stringSrc[0:size]
        print("连接后的字符串为：",self.chars)
```

算法 4-4　串连接的函数

注意：在进行串连接的过程中，要考虑两个串连接为一个串后的实际长度可能会超过串的最大存储空间，此时就需要将待连接串中超出的部分截断。

5. 获取子串的函数实现

StringList 类的成员函数 SubString(self,iPos,length)可用于从串的指定位置 iPos 开始，获取长度为 length 的子串，其算法思路如下。

（1）判断指定的位置及指定的长度是否可以进行子串的获取。

（2）若（1）为假，则输出无法获取子串的提示；否则执行（3）。

（3）从指定位置开始获取指定长度的子串，并输出获取的子串。

该算法思路对应的算法步骤如下。

（1）判断指定位置是否大于当前串的长度减 1 或小于 0，判断指定的长度是否小于 1 或指定的位置加上指定的长度大于串的长度。

（2）若（1）为真，则输出无法获取子串的提示；否则执行（3）。

（3）从当前串的 iPos 开始，获取长度为 length 的子串。

（4）输出获取的子串。

该算法的实现代码如下。

```
#####################################
#从指定位置开始获取指定长度子串的函数
#####################################
def SubString(self,iPos,length):
      if iPos>len(self.chars)-1 or iPos<0 or length<1
         or(length+iPos>len(self.chars)):
          print("无法获取子串。")
      else:
          substr=self.chars[iPos:iPos+length]
          print("获取的字串为：",substr)
```

算法 4-5　从指定位置开始获取指定长度子串的函数

注意：在获取子串时，指定的位置可能不在当前串内；指定的长度也可能超过串的长度；指定的位置加上指定的长度也可能超过串的长度，所以要加以判断。

4.1.3　串的链式存储及运算

在串的链式存储中，每个结点可以存放一个或多个字符，我们将每个结点存放的字符个数称为结点长度（也称“结点大小”），图 4-4（a）和图 4-4（b）中每个结点分别存放了 3 个和 1 个字符，即结点长度分别为 3 和 1。

如图 4-4（a）所示，当结点长度大于 1 时，由于串“abcdefg”的长度不是结点长度的整倍数，因此链串的最后一个结点需要使用“#”来填满（此时认为“#”不属于该串，而属于填充字符）；当结点长度等于 1 时，则不存在这一填充问题，如图 4-4（b）所示。

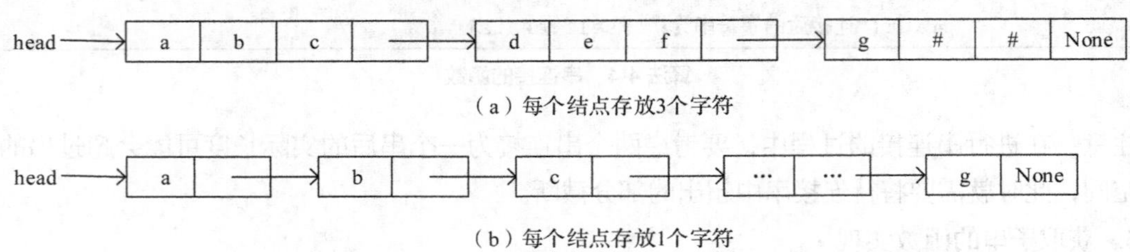

图 4-4　链串的结点结构

通常以整个串为对象对其进行相关操作，因此在对串进行存储时，需合理选择结点长度，此时我们就需要考虑串的存储密度，其定义如下。

$$\text{串的存储密度}=\frac{\text{串所占的存储位}}{\text{实际分配的存储位}}$$

由上述定义可以看出，对某一定长串而言，存储密度越大，实际分配的存储位（即所占用的存储空间）就越小，但在实现串的基本操作（如插入、删除和替换等）时可能会导致大量字符的移动；而存储密度越小，所占用的存储空间就越大，但在实现串的基本操作（如插入、删除和替换等）时则不会导致大量字符的移动。

在本小节介绍串的基本操作时，我们规定每个结点只存放一个字符，并使用带头结点的链表实现串的链式存储（以下简称链串），且在链串中增加一个尾指针，以便于链串的某些基本操作（如串连接等）的进行，同时使用一个变量记录当前串的长度。

如图 4-5（a）所示，在初始化一个链串时，头指针 head 和尾指针 tail 均指向同一结点，该结点的 data 和 next 为空。在创建一个链串时，将串中的每一个字符存入一个新结点的 data 中，并将该结点的地址存入尾指针 tail 所指结点的 next（即修改尾指针 tail 所指结点的 next），然后将尾指针 tail 向后移动，使其始终指向当前串的最后一个字符，最终效果如图 4-5（b）所示。

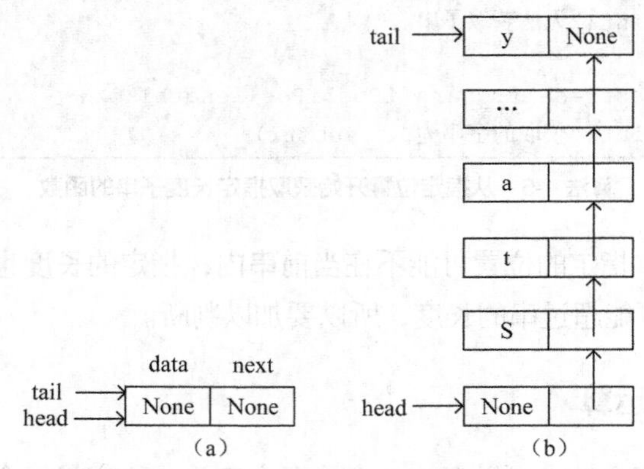

图 4-5　串的链式存储

下面将介绍链串的一些基本操作。

创建文件 ex040103.py，在该文件中定义一个 StringNode 类和 StringLink 类。

如表 4-3 所示，StringNode 类包含了初始化结点的构造函数。

表 4–3　　StringNode 类中的构造函数

序号	名称	注释
1	__init__(self)	初始化结点

初始化结点可调用 StringNode 类的构造函数__init__(self)实现，其算法思路如下。

（1）对结点的数据域进行初始化。

（2）对结点的指针域进行初始化。

该算法思路对应的算法步骤如下。

（1）将结点的 data 域初始化为 None。

（2）将结点的 next 域初始化为 None。

该算法的实现代码如下。

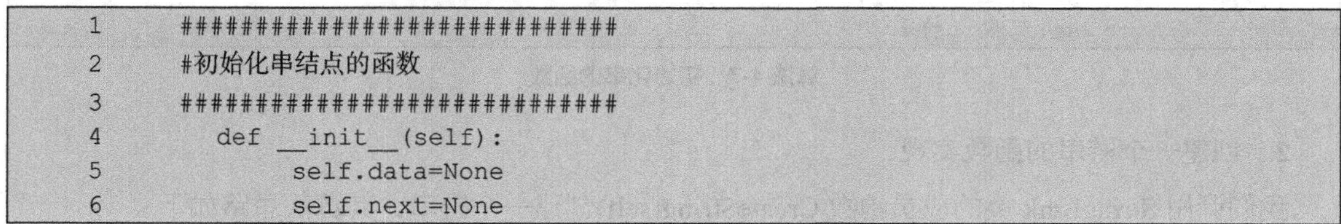

```
################################
#初始化串结点的函数
################################
  def __init__(self):
      self.data=None
      self.next=None
```

算法 4-6　初始化串结点的函数

如表 4-4 所示，StringLink 类包含链串的基本操作。

表 4–4　　StringLink 类中的成员函数

序号	名称	注释
1	__init__(self)	初始化链串（构造函数）
2	IsEmptyString(self)	判断链串是否为空
3	CreateString(self)	创建一个链串
4	GetStringLength(self)	获取链串的长度
5	GetString(self)	获取链串的字符序列
6	StringCopy(self,strSrc)	由链串 strSrc 复制得当前串
7	StringCompare(self,strSrc)	将当前串和链串 strSrc 进行比较
8	StringConcat(self,strSrc)	将链串 strSrc 连接到当前串末尾
9	SubString(self,iPos,length,strSrc)	从链串 strSrc 的指定位置 iPos 获取长度为 length 的子串并存至当前串中
10	StringDelete(self,iPos,length)	从当前串的指定位置 iPos 处开始删除长度为 length 的子串
11	StringInsert(self,iPos,strSrc)	从当前串的指定位置 iPos 插入串 strSrc

接下来，我们将具体实现__init__(self)、CreateString(self)、StringCopy(self,strSrc)和 StringConcat(self,strSrc)这 4 个方法。读者可根据自己的需要自行实现其他方法。

1. 初始化串的函数实现

我们先调用 StringLink 类的成员函数__init__(self)初始化一个链串，其算法思路如下。

（1）对链串的头指针进行初始化。

（2）对链串的尾指针进行初始化。

（3）对链串的长度进行初始化。

该算法思路对应的算法步骤如下。

（1）创建一个 StringNode 类的结点。

（2）使用该结点对链串的头指针进行初始化。

（3）将头指针的值赋值给链串的尾指针。

（4）将链串的长度设置为 0。

该算法实现代码如下。

```
###############################
#初始化串的函数
###############################
def __init__(self):
    self.head=StringNode()
    self.tail=self.head
    self.length=0
```

算法 4-7 初始化串的函数

2. 创建一个链串的函数实现

我们调用 StringLink 类的成员函数 CreateString(self)创建一个链串，其算法思路如下。

（1）接收用户输入的串。

（2）判断当前串的长度是否小于（1）中串的长度。

（3）若（2）为真，则执行（4）～（7）；否则结束函数。

（4）创建一个新结点。

（5）将串中的字符放入新结点的数据域中。

（6）将新结点链入当前链串中。

（7）将链串的长度加 1，并转（2）。

该算法思路对应的算法步骤如下。

（1）用 stringSH 变量接收用户输入的字符串。

（2）判断当前串的长度是否小于 len(stringSH)。

（3）若（2）为真，则执行（4）～（8）；否则结束函数。

（4）创建一个名为 Tstring 的结点，该结点为 StringNode 类的对象。

（5）令 Tstring.data=stringSH[self.length]。

（6）将 Tstring 结点的地址存入尾指针指向结点的 next 域。

（7）将尾指针指向 Tstring 结点。

（8）将当前串的长度加 1，并转（2）。

该算法实现代码如下。

```
###############################
#创建一个链串的函数
###############################
def CreateString(self):
    stringSH=input("\n 请输入字符串，按回车键结束输入：")
    while self.length<len(stringSH):
        Tstring=StringNode()
```

```
            Tstring.data=stringSH[self.length]
            self.tail.next=Tstring
            self.tail=Tstring
            self.length=self.length+1
```

算法 4-8　创建一个链串的函数

注意：在对链串进行初始化时，我们已经将其长度 self.length 设置为 0，所以可将其作为 stringSH 的下标。

3. 串复制的函数实现

我们调用 StringLink 类的成员函数 StringCopy(self,strSrc)将一个链串 strSrc 复制到当前链串 strDest。如图 4-6 所示，需要将串 strSrc 复制到 strDest，其中图 4-6（a）和图 4-6（b）分别为链串 strDest 和 strSrc，在执行复制操作时，先将 strDest 的头指针指向 strSrc 的头指针指向的结点，如图 4-6（c）所示，再将 strDest 的尾指针指向 strSrc 的尾指针指向的结点，如图 4-6（d）所示。

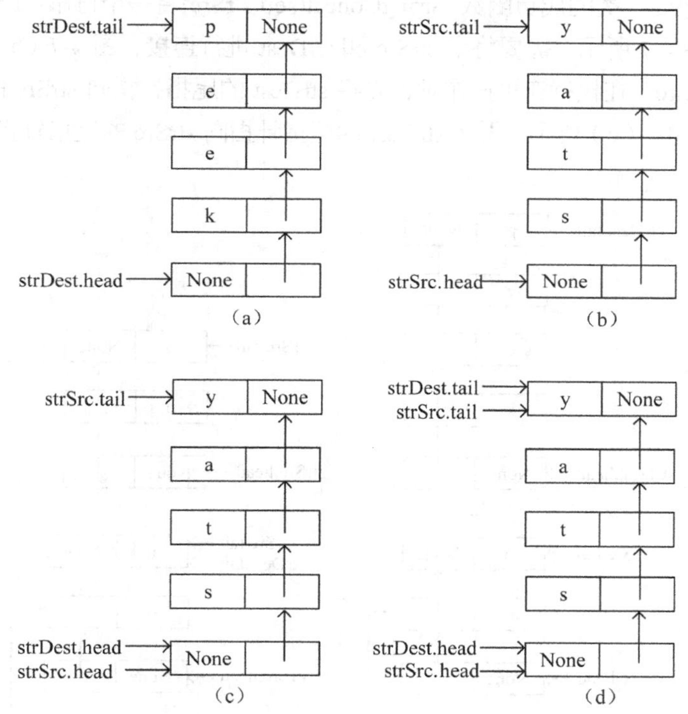

图 4-6　链串的复制

由上述链串复制的操作可知，其对应的算法思路如下。

（1）修改当前串的头指针，使其指向待复制串的头指针指向的结点。

（2）修改当前串的尾指针，使其指向待复制串的尾指针指向的结点。

（3）修改当前串的长度，使其等于待复制串的长度。

该算法思路对应的算法步骤如下。

（1）修改当前串的头指针 self.head，使其指向待复制串的头指针 strSrc.head 指向的结点。

（2）修改当前串的尾指针 self.tail，使其指向待复制串的尾指针 strSrc.tail 指向的结点。

（3）修改当前串的长度 self.length，使其等于待复制串的长度 strSrc.length。

该算法实现代码如下。

```
##############################
#复制的函数
##############################
def StringCopy(self,strSrc):
    self.head=strSrc.head
        self.tail=strSrc.tail
        self.length=strSrc.length
```

算法 4-9　复制的函数

注意：复制串时不仅要修改串的头指针，还要对尾指针进行修改，这是为了避免尾指针仍指向复制前的串的尾部；此外还要对串的长度进行修改。

4. 串连接的函数实现

我们调用 StringLink 类的成员函数 StringConcat(self,strSrc)将一个链串 strSrc 连接到当前链串 strDest 的末尾。如图 4-7 所示，需要将串 strSrc 和 strDest 进行连接，图 4-7（a）和图 4-7（b）分别为链串 strDest 和 strSrc。在执行连接操作时，先将 strDest 的尾指针指向 strSrc 的头指针所指结点的直接后继结点，如图 4-7（c）所示，再将 strDest 的尾指针指向 strSrc 的尾指针指向的结点，如图 4-7（d）所示。

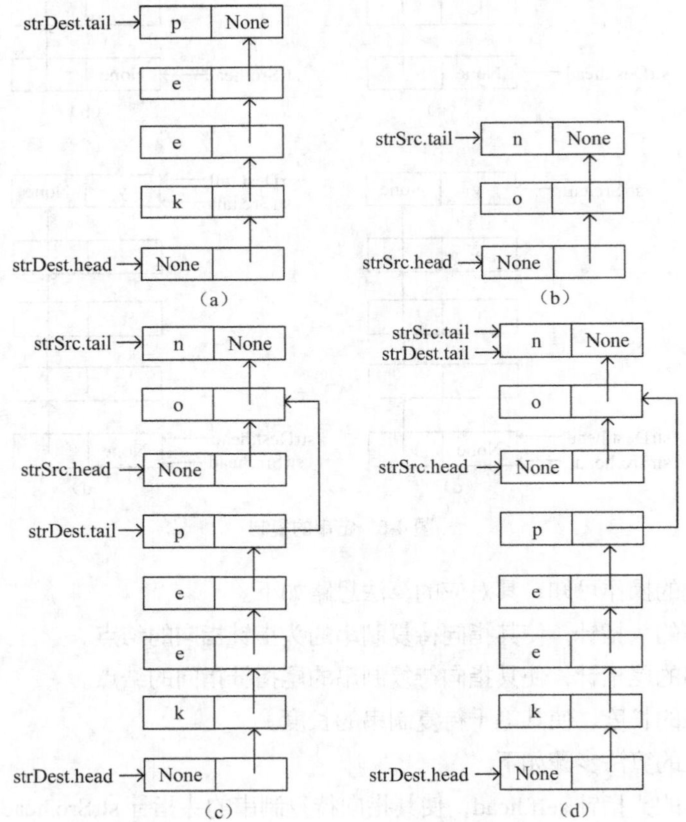

图 4-7　链串的连接

由上述链串连接的操作可知，其对应的算法思路如下。

（1）借助于当前串的尾指针来修改其所指结点的 next，即将待连接串头指针所指结点的直接后继结点存入 next 中。

（2）修改当前串的尾指针，使其指向待连接串尾指针指向的结点。

（3）修改当前串的长度，使其等于当前串的长度与待连接串的长度之和。

该算法思路对应的算法步骤如下。

（1）将当前串的 tail.next 指向待连接串 strSrc 的 head.next。

（2）修改 self.tail，使其指向待连接串 strSrc 的尾指针指向的结点。

（3）修改 self.length，使其等于 self.length+strSrc.length。

该算法实现代码如下。

```
1    ###############################
2    #连接的函数
3    ###############################
4    def StringConcat(self,strSrc):
5        self.tail.next=strSrc.head.next
6        self.tail=strSrc.tail
7        self.length=self.length+strSrc.length
```

算法 4-10 连接的函数

由于本节介绍的链串都是带头结点的，因此在第5行代码中，将当前串的tail.next指向待连接串strSrc的 head.next，这样可以跳过串 strSrc 的头结点。同时为了避免尾指针仍指向连接前的串的尾部，需执行第 6 行代码修改连接后串的尾指针，使其与 strSrc.tail 一致，并由第 7 行代码修改连接后串的长度。

4.1.4 串的模式匹配

我们把在串 S 中寻找与串 T 相等的子串的过程称为串的模式匹配，其中串 S 被称为主串或正文串，串 T 被称为模式串。若在串 S 中找到与串 T 相等的子串，则匹配成功；否则匹配失败。模式匹配的典型应用有搜索引擎、拼写检查、语言翻译和数据压缩等。在本小节中我们将介绍两种基于顺序串实现模式匹配的方法，一种为简单的模式匹配算法[BF（Bruce-Force）算法]，另一种为改进后的模式匹配算法（KMP 算法）。

1. BF 算法

假设有主串 S 和模式串 T，要求使用 BF 算法从主串 S 的指定位置 pos 处开始进行模式匹配，其对应的算法思路如下。

（1）用 i 和 j 分别指示主串 S 和模式串 T 当前待比较字符的位置，初始时，i 为主串 S 的指定位置 pos，j 为模式串 T 的第一个字符的位置。

（2）若模式串 T 中仍存在未比较的字符且主串 S 中剩余未比较的字符序列的长度大于或等于模式串 T 的长度，则执行（3）～（7）；否则执行（8）。

（3）记下当前主串 S 的下标 i。

（4）判断两个串当前位置的字符是否相等。

（5）若（4）为真，则执行（6）；否则执行（7）。

（6）将 i 和 j 分别执行加 1 操作，并转（4）。

（7）将（3）中的值加 1 并赋值给 i，再将 j 的值修改为 0（此时 j 指示模式串 T 的第一个字符）；转（2），重新进行匹配。

（8）输出模式匹配失败的提示。

上述算法思路对应的算法步骤如下。

（1）调用 GetStringLength()函数获取模式串的长度，将其赋值给变量 length。

（2）判断当前串的长度是否小于 length。

（3）若（2）为真，则提示无法进行模式匹配；否则执行（4）。

（4）用变量 i 指示当前串待匹配的字符并令其初值为 pos。

（5）调用 GetString()函数获取模式串的字符序列并赋值给 string。

（6）判断 i 的值是否小于等于当前串的长度与模式串的长度的差值。

（7）若（6）为真，则执行（8）～（17）；否则执行（18）。

（8）用变量 iT 记下此时 i 的值，该值被用于当前匹配失败后进行新一轮的比较。

（9）用变量 j 指示模式串待匹配的字符并令其初值为 0，设置变量 tag 的初值为 False（即默认匹配失败）。

（10）判断 j 是否小于 length。

（11）若（10）为真，则执行（12）；否则执行（14）。

（12）判断当前变量 i 和 j 指示的字符是否相等。

（13）若（12）为真，则将 i 和 j 分别加 1，并转（10）；否则执行（14）。

（14）判断 j 是否等于 length。

（15）若（14）为真，则执行（16）；否则执行（17）。

（16）提示匹配成功并输出模式串的第一个字符在当前串的位置 iT，并将 tag 的值修改为 True（即表示匹配成功），然后结束程序。

（17）将 i 的值修改为 iT+1；并转（6）。

（18）判断 tag 的值是否为 False。

（19）若（18）为真，则提示模式匹配失败。

该算法的实现代码如下。

```
##############################
#BF算法
##############################
def IndexBF(self,pos,T):
    length=T.GetStrLength()
    if len(self.chars)<length:
        print("子串的长度大于主串的长度，无法进行字符串的模式匹配。")
    else:
        i=pos
        string=T.GetString()
        while(i<=len(self.chars)-length):
            iT=i
            j=0
            tag=False
            while j<length:
                if self.chars[i]==string[j]:
```

```
17                      i=i+1
18                      j=j+1
19                  else:
20                      break
21              if j==length:
22                  print("匹配成功!模式串在主串中首次出现的位置为",iT)
23                  tag=True
24                  break
25              else:
26                  i=iT+1
27          if tag==False:
28              print("匹配失败! ")
```

算法 4-11　BF 算法

第 6 行代码判断当前串的长度是否小于模式串的长度，若为真，则执行第 7 行代码提示无法进行串的模式匹配。在第 11 行代码中，若 i 的值大于当前串的长度与模式串的长度的差值，则说明当前串剩下的未匹配的字符的长度小于模式串的长度，此时即使继续匹配也不会成功，所以可以直接得出模式匹配失败的结论，不需要再比较当前串的剩余部分。

为了验证 BF 算法的正确性，我们编写了一个 TestIndex 类，并在其中设计一个创建主串和模式串的方法，其思路如下。

（1）创建主串并输出。

（2）创建模式串并输出。

（3）由用户输入匹配的起始位置。

（4）调用 IndexBF()函数。

该算法思路对应的算法步骤如下。

（1）创建一个名为 S 的 StringList()类的对象。

（2）由 S 调用 CreateStringList()函数创建主串。

（3）由 S 调用 StringTraverse()函数输出主串。

（4）创建一个名为 T 的 StringList()类的对象。

（5）由 T 调用 CreateStringList()函数创建模式串。

（6）由 T 调用 StringTraverse()函数输出模式串。

（7）由用户输入匹配的起始位置，并存入变量 pos。

（8）执行 S.IndexBF(pos,T)测试 BF 算法的正确性。

该算法的实现代码如下。

```
###################################
#测试 BF 算法的正确性
###################################
def TestIndexBF(self):
    S=StringList()
    S.CreateStringList()
    print("主串为：",end=' ')
    S.StringTraverse()
    T=StringList()
    T.CreateStringList()
    print("模式为：",end=' ')
```

```
        T.StringTraverse()
        pos=int(input("请输入从主串的哪一位置开始串的模式匹配: "))
        print("匹配结果: ",end=' ')
        S.IndexBF(pos,T)
```

算法 4-12 测试 BF 算法的正确性

我们最终使用如下代码来测试 TestIndexBF()函数的正确性。

```
################################
#测试 TestIndexBF()函数的正确性
################################
TI=TestIndex()
TI.TestIndexBF()
```

算法 4-13 测试 TestIndexBF()函数的正确性

上述代码的一次执行结果如图 4-8 所示。

```
请输入字符串,按回车键结束输入: dedefdefdfede
主串为: dedefdefdfede
请输入字符串,按回车键结束输入: defdf
模式串为: defdf
请输入从主串的哪一位置开始串的模式匹配: 0
匹配结果: 匹配成功! 模式串在主串中首次出现的位置为 5
```

图 4-8 TestIndexBF()函数的一次执行结果

图 4-9 所示为主串 S="dedefdefdfede"和模式串 T="defdf"使用 BF 算法进行模式匹配的过程。

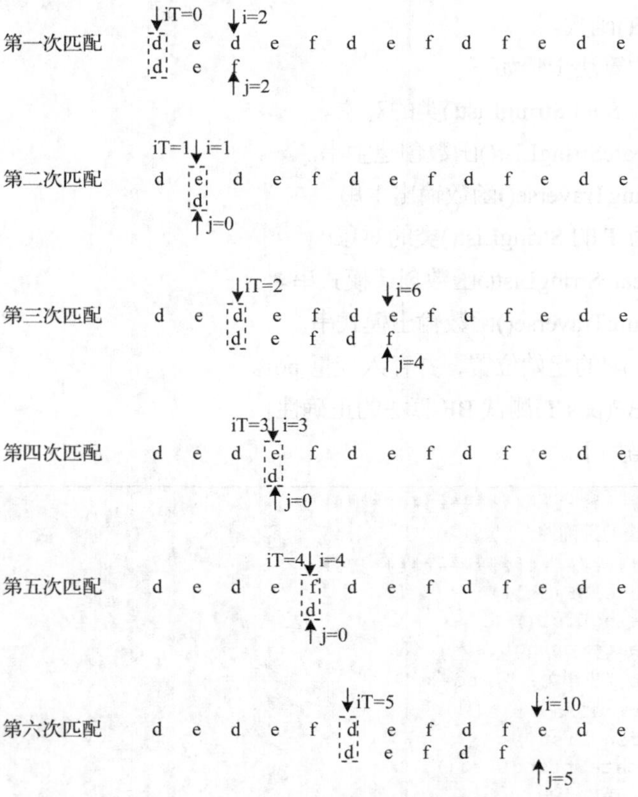

```
         ↓iT=0  ↓i=2
第一次匹配  d  e  d  e  f  d  e  f  d  f  e  d  e
         d  e  f
                ↑j=2

         iT=1↓ i=1
第二次匹配  d  e  d  e  f  d  e  f  d  f  e  d  e
            d
            ↑j=0

               ↓iT=2       ↓i=6
第三次匹配  d  e  d  e  f  d  e  f  d  f  e  d  e
               d  e  f  d  f
                           ↑j=4

            iT=3↓ i=3
第四次匹配  d  e  d  e  f  d  e  f  d  f  e  d  e
                  d
                  ↑j=0

               iT=4↓ i=4
第五次匹配  d  e  d  e  f  d  e  f  d  f  e  d  e
                     d
                     ↑j=0

                     ↓iT=5          ↓i=10
第六次匹配  d  e  d  e  f  d  e  f  d  f  e  d  e
                        d  e  f  d  f
                                    ↑j=5
```

图 4-9 BF 算法的匹配过程

2. KMP 算法

BF 算法思路简单，便于读者理解，但在执行时效率太低。例如，在图 4-9 所示的串 S 和串 T 匹配的过程中，当第一次匹配失败后，需再次回退到主串 S 的第二个字符'e'进行匹配。但事实上我们可以跳过此次匹配，直接开始第三次匹配，之所以可以跳过第二次匹配是因为在第一次匹配中已经匹配成功的字符为主串 S 中的子串 t="de"，子串 t 中除第一个字符是'd'以外，其他字符均不为'd'。

那么为什么我们可以判定子串 t 中只有第一个字符是'd'呢？这是因为子串 t 与模式串 T="defdf"的前两个字符是匹配的，所以不需要将主串 S 的第二个字符'e'与模式串 T 的第一个字符'd'进行比较，即再次回退到主串 S 的第二个字符'e'进行匹配（第二次匹配）是多余的。

同理，在第三次匹配中，当 i=6、j=4 匹配失败后，第四次匹配时又从 i=3、j=0 重新比较，然而仔细观察会发现第四、五次匹配是不必要的，并且在第六次匹配中，主串中的'd'与模式串中的'd'的比较也是不必要的。因为从第三次匹配失败后的结果就可知，根据模式串部分匹配结果的情况可以推断主串中的第四、第五和第六个字符必然是'e'、'f'和'd'（即模式串中第二、第三和第四个字符），所以这 3 个字符均不需要与模式串的第一个字符'd'进行比较。而仅需将模式串向右移动 3 个字符的位置继续进行比较即可。

基于上述分析，可以考虑对 BF 算法做出改进，即在匹配失败后，重新开始匹配时不改变主串 S 中的 i，只改变模式串 T 中的 j，从而减少匹配的次数，以提高模式匹配的效率。

接下来我们将介绍这一改进的模式匹配算法，它是由 D.E.Knuth、J.H.Morris 和 V.R.Pratt 同时发现的，所以该算法又被称为克努特-莫里斯-普拉特操作，简称 KMP 算法。该算法的基本思路是在匹配失败后，无须回到主串和模式串最近一次开始比较的位置，而是在不改变主串已经匹配到的位置的前提下，根据已经匹配的部分字符，从模式串的某一位置开始继续进行串的模式匹配。

图 4-10 所示为使用改进的算法将主串 S="dedefdefdfede"和模式串 T="defdf"进行模式匹配的过程。在第一次匹配失败后，第二次开始匹配时并没有像图 4-9 中的第二次匹配一样将 i 的值修改为 1，而是继续从第一次匹配失败时的 i=2 开始往后匹配；同理在第二次匹配失败后，第三次匹配是从第二次匹配失败时的 i=6 开始匹配的。

```
                ↓i=2
第一次匹配  d e d e f d e f d f e d e
            d e f
                ↑j=2

                ↓i=2      ↓i=6
第二次匹配  d e d e f d e f d f e d e
                d e f d f
                ↑j=0      ↑j=4

                          ↓i=6      ↓i=10
第三次匹配  d e d e f d e f d f e d e
                       (d) e f d f
                          ↑j=1      ↑j=5
```

图 4-10　改进后的匹配过程

现在讨论一般情况，假设主串 S="s[0]s[1]…s[n−1]"和模式串 T="t[0]t[1]…t[m−1]"进行匹配，用 i 和 j 分别指示主串 S 和模式串 T 当前待比较的字符的位置。当 S[i]!=T[j]时，即当前匹配失败后，下一次匹配前 S[i]应与模式串的哪个字符进行比较呢？

当 S[i]!=T[j]时，已经得到的部分匹配结果 TS 为

T[0,j−1]==S[i−j,i−1]

如图 4-11 所示，当前位置匹配失败，即 s[i]!=t[j]，T[0,j−1]表示“t[0]…t[j−1]”，S[i−j,i−1]表示“s[i−j]…s[i−1]”。

主串	s[0]	s[1]	…	s[i−j]	s[i−j+1]	…	s[i−1]	s[i]	…	s[n−3]	s[n−2]	s[n−1]
模式串				t[0]	t[1]	…	t[j−1]	t[j]	…	t[m−1]		

图 4-11　主串 S 和模式串 T 在当前位置匹配失败

假定下一次匹配前 S[i]应与模式串的 k 位置进行比较，则模式串中的前 k 个字符必须满足下式要求。

T[0,k−1]==S[i−k,i−1]

如图 4-12 所示，T[0,k−1]表示“t[0]…t[k−1]”，S[i−k,i−1]表示“s[i−k]…s[i−1]”。

主串	s[0]	s[1]	s[2]	…	s[i−k]	…	s[i−1]	s[i]	…	s[n−3]	s[n−2]	s[n−1]
模式串					t[0]	…	t[k−1]	t[k]	…	t[m−1]		

图 4-12　主串 S 和模式串 T 从位置 k 进行匹配

注意：此时不存在比 k 更长的字符串满足上式，否则就会从更长的字符串开始匹配。

对于匹配失败时已经得到的长度为 j 的部分匹配结果 TS 而言，其从后往前的 k（k<j）个字符在主串和模式串中均存在，且满足下式要求。

S[i−k,i−1]==T[j−k,j−1]

图 4-13 所示给出部分匹配结果中的 k 个字符。

主串	s[0]	…	…	s[j−k−1]	s[i−k]	…	s[i−1]	s[i]	…	…	s[n−2]	s[n−1]
模式串		t[0]	…	t[j−k−1]	t[j−k]	…	t[j−1]	t[j]	…	t[m−1]		

图 4-13　部分匹配结果中的 k 个字符

所以我们可以得到 T[0,k−1]==T[j−k,j−1]，即图 4-12 和图 4-13 中虚线框中的字符。

若模式串 T 中存在形如 T[0,k−1]==T[j−k,j−1]的两个子串，则在模式串的 j 位置匹配失败后，可以从模式串的 k 位置开始继续与主串 S 中 i 指示的字符进行比较。

图 4-14 所示为主串 S=“abcabcdfdfede”和模式串 T=“abcabb”的第一次匹配失败。

i=5

a b c a b c d f d f e d e

a b c a b b

j=5

图 4-14　串 S 和串 T 的第一次匹配失败

此时主串 S 的'c'和模式串 T 的'b'失配，那么下一次匹配前我们应该将 j 移动到模式串 T 的哪一位置呢？由于匹配到模式串 T 的第六个字符，因此有 j=5，且模式串 T 中存在子串 T[0,k−1]=T[0,1]="ab"和 T[j−k,j−1]=T[3,4]="ab"相等，所以 k−1=1，即 k=2。

由 k=2 可知应将 j 移动到模式串的第三个字符处（即 j=2），如图 4-15 所示。

```
                 ↓i=5
a  b  c [a  b]  c  d  f  d  f  e  d  e
        [a  b]  c  a  b  b
                 ↑j=2
```

图 4-15　串 S 和串 T 的第二次匹配前 j 应移到的位置

我们将模式串在当前位置 j 与主串对应位置的字符匹配失败后应移到的位置记为 ListNext[j]，下面我们给出其定义。

$$\text{ListNext}[j]=\begin{cases}-1 & \text{当}j=0\text{时}\\ \text{Max}\{k\mid 0<k<j\text{且}T[0\sim k-1]==T[j-k\sim j-1]\} & \text{当此集合不为空时}\\ 0 & \text{其他情况}\end{cases}$$

当 j=0 时，若匹配失败，我们以−1 表示，此时从模式串的第一个位置开始匹配。

给定模式串 T="abaabcac"，其 ListNext 如表 4-5 所示。

表 4-5　模式串 T 的 ListNext

j	0	1	2	3	4	5	6	7
模式串 T	a	b	a	a	b	c	a	c
ListNext[j]	−1	0	0	1	1	2	0	1

在成功计算出 ListNext 之后，我们就可以基于 ListNext 并使用 KMP 算法进行串的模式匹配，其基本思路如下：用 i 和 j 分别指示主串和模式串当前待比较的字符，令 i 和 j 的初值分别为 pos 和 0。若在匹配的过程中 i 和 j 指示的字符相等，则将 i 和 j 的值都加 1；否则 i 的值不变，令 j=ListNext[j] 后，并将当前 j 指示的字符与 i 指示的字符再次进行比较，重复以上过程进行比较。在重复比较时，若 j 值为−1，则需将主串的 i 值加 1，并将 j 回退到模式串起始位置，重新与主串进行匹配。

通过以上分析，我们可以基于主串 S、主串 S 的指定位置 iPos 和模式串 T，并借助 ListNext 给出 KMP 算法的实现，具体思路如下。

（1）分别用 i 和 j 指示主串和模式串当前待比较的字符，初始时，i 等于主串 S 的指定位置 pos，j 指示模式串的第一个字符。

（2）若模式串和主串均未比较结束，则执行（3）～（6）；否则执行（7）。

（3）判断 j 的值是否为−1 或两个串当前位置对应的字符是否相等。

（4）若（3）为真，则执行（5）；否则执行（6）。

（5）将 i 和 j 分别加 1。

（6）修改 j 的值为在当前位置匹配失败后应移到的位置，并转（2）。

（7）判断 j 是否等于模式串的长度。

（8）若（7）为真，则输出匹配成功的提示；否则执行（9）。

（9）输出匹配失败的提示。

该算法思路对应的算法步骤如下。

（1）用变量 i 和 j 分别指示主串和模式串当前匹配的字符，设置 i 和 j 的初值分别为 pos 和 0。

（2）调用 GetStringLength()函数获取模式串的长度并赋值给 length。

（3）调用 GetString()函数获取模式串的字符序列并赋值给 string。

（4）判断 i 是否小于主串的长度且 j 是否小于 length。

（5）若（4）为真，则执行（6）～（9）；否则执行（10）。

（6）判断 j 是否为-1 或 i 和 j 当前指示的字符是否相等。

（7）若（6）为真，则执行（8）；否则执行（9）。

（8）将 i 和 j 的值都加 1，并转（4）。

（9）将 j 的值修改为在当前位置匹配失败后下一次匹配前应移到的位置 ListNext[j]，并转（4）。

（10）判断 j 是否等于 length。

（11）若（10）为真，则输出匹配成功时模式串在主串中首次出现的位置 i-length；否则执行（12）。

（12）输出“匹配失败!”的提示。

该算法的实现代码如下。

```
1      ###############################
2      #KMP 算法
3      ###############################
4      def IndexKMP(self,pos,T,ListNext_ListNextValue):
5           i=pos
6           j=0
7           length=T.GetStringLength()
8           string=T.GetString()
9           while i<len(self.chars) and j<length:
10              if j==-1 or self.chars[i]==string[j]:
11                  i=i+1
12                  j=j+1
13              else:
14                  j=ListNext_ListNextValue[j]
15          if j==length:
16              print("匹配成功！模式串在主串中首次出现的位置为",i-length)
17          else:
18              print("匹配失败！")
```

算法 4-14　KMP 算法

上述第 10 行代码中的 self.chars[i]==string[j]判断主串和模式串当前对应字符是否相等，若为真，则执行第 11 和 12 行代码分别将 i 和 j 的值加 1 继续匹配；否则说明当次匹配失败，此时执行第 14 行代码将 j 的值修改为当前位置匹配失败后应移动到的位置。若第 10 行代码中的 j==-1 的条件满足，则执行第 11 行代码将 i 的值加 1 指示主串的下一字符，并由第 12 行代码从模式串的第一个字符开始新一轮的匹配。

上述 KMP 算法必须在模式串的 ListNext 值已知的前提下进行，所以我们必须实现对 ListNext 值的求解，其对应的算法思路如下。

由于模式串的第一个字符与主串中的某一字符匹配失败后，下一次匹配时需从模式串的第一个位置（即为 ListNext[0]的值，我们将其设为-1）开始，也就是说 ListNext[0]=-1。

现考虑一般情况，假设当前位置为 j 时，ListNext[j]=k，这表示在模式串中有 T[0,k-1]==T[j-k,j-1]，那么对于 ListNext[j+1]的求解我们应分为以下两种情况：若 T[k]==T[j]，这表示在模式串中有

T[0,k]==T[j-k,j]，那么 ListNext[j+1]=k+1，即 ListNext[j+1]=ListNext[j]+1；若 T[k]≠T[j]，此时我们可以将模式串既看作主串又看作模式串，参照 KMP 算法的匹配思路，根据已经匹配成功的部分 T[0,k-1]==T[j-k,j-1]，将模式串向右移动到 ListNext[k]指示的位置再与 j 指示的字符进行比较。

假设 ListNext[k]=ik，若 T[j]=T[ik]，则说明 T[0,ik]==T[j-ik,j]，此时 ListNext[j+1]=ik+1，又因为 ListNext[k]=ik，所以 ListNext[j+1]=ListNext[k]+1；若 T[j]≠T[ik]，此时需将模式串向右移动到 ListNext[ik]指示的位置，再与此时 j 指示的字符进行比较……若不存在任何 ik 满足 T[0,ik]==T[j-ik,j]，此时则令 ListNext[j+1]=-1，即应从模式串的第一个字符开始重新进行匹配。

上述算法思路对应的算法步骤如下。

（1）将长度为 100（假定模式串长度不超过 100）的列表 ListNext 中的所有元素的值初始化为 None，用于存储在位置 j 匹配失败后，下一次匹配时应从模式串开始匹配的位置，我们将该位置记为 k。

（2）令 ListNext[0]=-1，并令 k=-1。

（3）用变量 j 指示当前匹配到的字符，令 j=0。

（4）判断 j 是否小于当前字符串的长度。

（5）若（4）为真，则执行（6）～（10）；否则执行（11）。

（6）判断 k 是否等于-1 或 j 指示的字符 self.chars[j]是否等于 k 指示的字符 self.chars[k]。

（7）若（6）为真，则执行（8）～（9）；否则执行（10）。

（8）将 k 和 j 的值分别加 1。

（9）将 k 赋值给 ListNext[j]。

（10）将 ListNext[k]赋值给 k。

（11）返回列表 ListNext，以便其他函数调用。

上述算法步骤对应的代码如下。

```
1    ################################
2    #获取模式串的 ListNext 值的函数
3    ################################
4    def GetListNext(self):
5         ListNext=[None for x in range(0,100)]
6         ListNext[0]=-1
7         k=-1
8         j=0
9         while j<len(self.chars):
10              if k==-1 or self.chars[j]==self.chars[k]:
11                   k=k+1
12                   j=j+1
13                   ListNext[j]=k
14              else:
15                   k=ListNext[k]
16         return ListNext
```

算法 4-15　获取模式串的 ListNext 的函数

若上述第 10 行代码中的 self.chars[j]==self.chars[k]为真，则执行第 11 和 12 行代码将 k 和 j 分别加 1，并执行第 13 行代码设置当前 j 位置的 ListNext[j]为 k；否则说明当前匹配失败，此时执行第 15 行代码将 k 的值修改为当前位置匹配失败后应移动到的位置。若第 10 行代码中的 k==-1 为真，则执行第 11 行代码将 k 移动到模式串的第一个字符处，并执行第 12 行代码将 j 移动到主串的下一字符处。

至此我们完成了 ListNext 值的求解，在使用基于 ListNext 的 KMP 算法时，若主串和模式串匹配失败，主串不需要回退，只需将模式串向右滑动。

但在某些情况下，上述 KMP 算法中使用的 ListNext 值的求解方法仍存在缺陷。例如使用此方法对主串 S="aaabaaaab"和模式串 T="aaaab"进行匹配时，模式串 T 对应的 ListNext 如表 4-6 所示。

表 4-6　模式串 T 的 ListNext

j	0	1	2	3	4
模式串 T	a	a	a	a	b
ListNext[j]	-1	0	1	2	3

具体的匹配过程如图 4-16 所示，当第一次匹配失败后，根据 ListNext 的值，在第二次匹配时我们将 j=0、1、2、3 指向的字符分别和 i=3 指向的字符进行比较，其实 j=0 与 i=3 指示的字符比较失败后，j=1、2 和 3 分别与 i=3 这 3 步的比较是不需要的，因为 T[1]、T[2]和 T[3]都与 T[0]相等（即都为'a'），因此我们可以跳过第二次匹配直接进行第三次匹配。

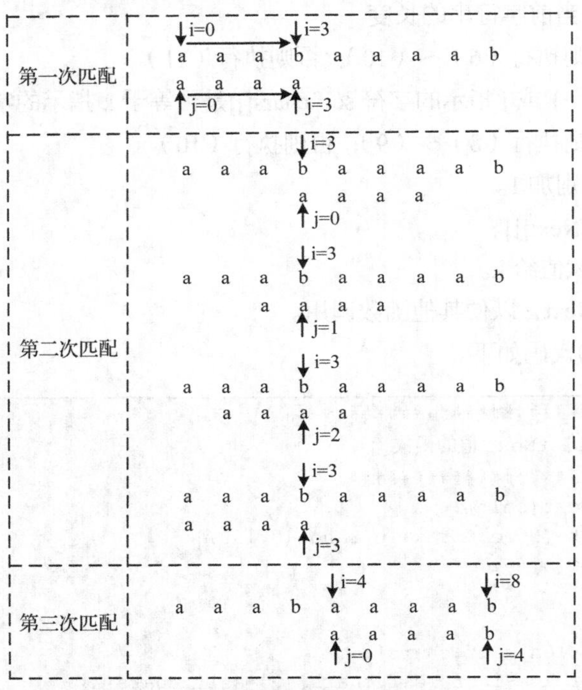

图 4-16　主串 S 和模式串 T 的匹配过程

对于上述特殊实例的一般情况，我们有如下结论：当 ListNext[j]=k，而 T[k]==T[j]，若有 S[i]≠T[j]，则不需要进行 S[i]与 T[k]的比较，而是直接得出当前位置匹配失败的结论，继续获取下一个 ListNext 值，并与 T[j]进行比较。

因此我们可以对模式串 T="aaaab"的 ListNext 值进行修正，我们将修正后的 ListNext 称为 ListNextValue，具体结果如表 4-7 所示。

表 4-7　模式串 T 的 ListNextValue

j	0	1	2	3	4
模式串 T	a	a	a	a	b
ListNextValue[j]	-1	-1	-1	-1	3

基于以上分析，求解模式串的 ListNextValue 值对应的算法步骤如下。

（1）将长度为 100（假定模式串长度不超过 100）的列表 ListNextValue 中的所有元素的值初始化为 None，用于存储在位置 j 匹配失败后，下一次匹配时应从模式串开始匹配的位置，我们将该位置记为 k。

（2）令 ListNextValue[0]=-1，并令 k=-1。

（3）用变量 j 指示当前匹配到的字符，令 j=0。

（4）判断 j 是否小于当前字符串长度减 1。

（5）若（4）为真，则执行（6）～（12）；否则执行（13）。

（6）判断 k 是否等于-1 或 j 指示的字符 self.chars[j]是否等于 k 指示的字符 self.chars[k]。

（7）若（6）为真，则执行（8）～（11）；否则执行（12）。

（8）将 k 和 j 的值分别加 1。

（9）判断 self.chars[j]是否不等于 self.chars[k]。

（10）若（9）为真，则将 k 赋值给 ListNextValue[j]；否则执行（11）。

（11）将 ListNextValue[k]赋值给 ListNextValue[j]。

（12）将 ListNextValue[k]赋值给 k。

（13）返回 ListNextValue 列表。

上述算法步骤对应的代码如下。

```
1    ####################################
2    #获取模式串的 ListNextValue 值的函数
3    ####################################
4    def GetListNextValue(self):
5        ListNextValue=[None for x in range(0,100)]
6        ListNextValue[0]=-1
7        k=-1
8        j=0
9        while j<len(self.chars)-1:
10           if k==-1 or self.chars[j]==self.chars[k]:
11               k=k+1
12               j=j+1
13               if self.chars[j]!=self.chars[k]:
14                   ListNextValue[j]=k
15               else:
16                   ListNextValue[j]=ListNextValue[k]
17           else:
18               k=ListNextValue[k]
19       return ListNextValue
```

算法 4-16　获取模式串的 ListNextValue 值的函数

上述第 13～16 行代码对应 GetListNextValue 函数的改进部分，若第 13 行中 j 和 k 指示的字符不相等，则在 j 位置匹配失败后，下一次应移到的位置就是此时的 k，所以直接执行第 14 行代码将 k 的值赋值给 ListNextValue[j]；否则表明 j 和 k 对应的字符相等，因此我们执行第 16 行代码将 ListNextValue[k]的值赋值给 ListNextValue [j]，即在 k 位置匹配失败后应移到的位置 ListNextValue[k]，与 j 位置匹配失败后应移到的位置 ListNextValue[j]相同。

为了验证分别借助 ListNext 值和 ListNextValue 值实现的 KMP 算法的正确性，我们编写了一个 TestIndex 类并在其中设计创建主串和模式串的方法，其思路如下。

（1）创建主串并输出。

（2）创建模式串并输出。

（3）由用户输入匹配的起始位置。

（4）分别调用借助 ListNext 值和 ListNextValue 值实现的 KMP 算法。

该算法思路对应的算法步骤如下。

（1）创建一个名为 S 的 StringList()类的对象。

（2）由 S 调用 CreateStringList()函数创建主串。

（3）由 S 调用 StringTraverse()函数输出主串。

（4）创建一个名为 T 的 StringList()类的对象。

（5）由 T 调用 CreateStringList()函数创建模式串。

（6）由 T 调用 StringTraverse()函数输出模式串。

（7）由用户输入匹配的起始位置，并存入变量 pos。

（8）获取串 T 的 ListNext 值后执行 S.IndexKMP (pos,T,T.GetListNext ())。

（9）获取串 T 的 ListNextValue 值后执行 S.IndexKMP(pos,T,T.GetListNextValue())。

上述算法步骤对应的代码如下。

```
########################################
#测试 KMP 算法的正确性
########################################
def TestIndexKMP(self):
     S=StringList()
     S.CreateStringList()
     print("主串为：",end=' ')
     S.StringTraverse()
     print()
     T=StringList()
     T.CreateStringList()
     print("模式串为：",end=' ')
     T.StringTraverse()
     pos=int(input("\n 请输入从主串的哪一位置开始串的模式匹配："))
     print("\n 借助 ListNext 值的匹配结果：")
     S.IndexKMP(pos,T,T.GetListNext())
     print("\n 借助 ListNextValue 值的匹配结果：")
     S.IndexKMP(pos,T,T.GetListNextValue())
```

算法 4-17　测试 KMP 算法的正确性

我们最终使用如下代码来测试 TestIndexKMP()函数的正确性。

```
################################
#测试 TestIndexKMP()函数的正确性
################################
TI=TestIndex()
TI.TestIndexKMP()
```

算法 4-18　测试 TestIndexKMP()函数的正确性

上述代码的两次执行结果如图 4-17 所示。

```
请输入字符串,按回车键结束输入：aaabaaaab
主串为：aaabaaaab

请输入字符串,按回车键结束输入：aaaab
模式串为：aaaab

请输入从主串的哪一位置开始串的模式匹配：0

借助ListNext值的匹配结果：匹配成功！模式串在主串中首次出现的位置为 4
共进行了 5 次匹配

借助ListNextValue值的匹配结果：匹配成功！模式串在主串中首次出现的位置为 4
共进行了 2 次匹配
请输入字符串,按回车结束输入：dedefdefdfede
主串为：dedefdefdfede

请输入字符串,按回车结束输入：defdf
模式串为：defdf

请输入从主串的哪一位置开始串的模式匹配：0

借助ListNext值的匹配结果：匹配成功！模式串在主串中首次出现的位置为 5
共进行了 3 次匹配

借助ListNextValue值的匹配结果：匹配成功！模式串在主串中首次出现的位置为 5
共进行了 3 次匹配
```

图 4-17　TestIndexKMP()函数的两次执行结果

从图 4-17 中可以看出，对于主串"aaabaaaab"和模式串"aaaab"，使用 ListNext 值实现 KMP 算法需匹配的次数为 5 次，而调用 ListNextValue 值，则只需 2 次，这种情况下后者是优于前者的。而对于主串"dedefdefdfede"和模式串"defdf"，调用 ListNext 值和 ListNextValue 值实现 KMP 算法需匹配的次数均为 3 次，这种情况下调用后者并不具优势。

4.2　数组和特殊矩阵

数组和矩阵是算法设计中较为常用的数据结构，本节将先介绍数组的基本概念和存储方式，然后再介绍几个特殊矩阵的相关知识。

4.2.1　数组的基本概念

数组是由一组相同类型的数据元素组成的有限序列，这组数据元素存储在一段连续的存储单元中，每一数据元素在数组中都有一组对应的编号，我们将其称为下标，借助于下标可以随机地访问数组中的数据元素（简称数组元素）。

最为常见的是一维数组，它的逻辑形式为 $A[n]=(a[0], a[1], a[2], \cdots, a[i], \cdots, a[n-1])(n\geqslant 0，0\leqslant i\leqslant n-1)$。

对于二维数组，我们可以将其看作由一组一维数组作为数据元素组成的有限序列。如图 4-18 所示是一个 m 行 n 列的二维数组 $A[m][n]$（$m\geqslant 0，n\geqslant 0$）。

$$A[m][n]=\begin{bmatrix} a[0][0] & a[0][1] & a[0][2] & \cdots & a[0][n-1] \\ a[1][0] & a[1][1] & a[1][2] & \cdots & a[1][n-1] \\ \cdots & \cdots & \cdots & \cdots & \cdots \\ a[m-1][0] & a[m-1][1] & a[m-1][2] & \cdots & a[m-1][n-1] \end{bmatrix}$$

图 4-18　二维数组 A[*m*][*n*]

我们可以认为 A[*m*][*n*]的一行或一列就是一个一维数组，若我们将 A[*m*][*n*]的每一行看作一个数据元素，则 A[*m*][*n*]可以表示为 AM[*m*]=(AR[0], AR[1], AR[2], ⋯, AR [*i*], ⋯, AR[*m*−1])（$0\leqslant i\leqslant m-1$），其中：AR[0]=(a[0][0], a[0][1], a[0][2], ⋯, a[0][*n*−1])，AR[1]=(a[1][0], a[1][1], a[1][2], ⋯, a[1][*n*−1])，AR[2]=(a[2][0], a[2][1], a[2][2], ⋯, a[2][*n*−1])，AR[*i*]=(a[i][0], a[*i*][1], a[*i*][2], ⋯, a[*i*][*n*−1])，AR[*m*−1]=(a[*m*−1][0], a[*m*−1][1], a[*m*−1][2], ⋯, a[*m*−1][*n*−1])。

若我们将 A[*m*][*n*]的每一列看作一个数据元素，则 A[*m*][*n*]可以表示为 AN[*n*]=(AC[0], AC[1], AC[2], ⋯, AC [*i*], ⋯, AC[*n*−1])（$0\leqslant i\leqslant n-1$），其中：AC[0]=(a[0][0], a[1][0], a[2][0], ⋯, a[*m*−1][0])，AC[1]=(a[0][1], a[1][1], a[2][1], ⋯, a[*m*−1][1])，AC[2]=（a[0][2], a[1][2], a[2][2], ⋯, a[*m*−1][2]），AC[*i*]=(a[0][*i*], a[1][*i*], a[2][*i*], ⋯, a[*m*−1][*i*])，AC[*n*−1]=(a[0][*n*−1], a[1][*n*−1], a[2][*n*−1], ⋯, a[*m*−1][*n*−1])。

依次类推，对于三维数组，我们可以将其看作由一组二维数组作为数据元素组成的有限序列。进而我们可以推广到多维（*N* 维）数组，将其看作由一组 *N*-1 维数组作为数据元素的有限序列。数组的抽象数据类型的定义如表 4-8 所示。

表 4-8　**数组的抽象数据类型的定义**

数据对象	具有相同特性的数据元素的集合 DataSet		
数据关系	若 DataSet 为空集，则称数组为空；若 DataSet 中的数据元素个数大于或等于 1，则除了第一个和最后一个元素以外，其他所有元素都有唯一的先驱元素和后继元素		
基本操作	序号	操作名称	操作说明
	1	InitArray(Array)	初始条件：无。 操作目的：初始化数组。 操作结果：数组 Array 被初始化
	2	ArrayAssign(Array,e,index1,index2,⋯,indexN)	初始条件：Array 存在，index1,index2,⋯,indexN 为 N 个下标值。 操作目的：若下标没有越界，将 e 的值赋给上述下标在 Array 中对应的元素。 操作结果：Array 中指定的元素值被修改为 e
	3	ArrayValue(Array,e,index1,index2,⋯,indexN)	初始条件：Array 存在，index1,index2,⋯,indexN 为 N 个下标值。 操作目的：若下标没有越界，将上述下标在 Array 中对应的元素赋给 e。 操作结果：用 e 获得数组 Array 中的指定元素
	4	DestroyArray(Array)	初始条件：数组 Array 存在。 操作目的：销毁数组 Array。 操作结果：数组 Array 不存在

4.2.2　数组的顺序存储

从数组的基本操作中可以看出，我们对数组中数据元素所执行的操作（除初始化和销毁数组）仅限于读取指定位置的元素、存储或修改指定位置的数据元素，并不涉及其他复杂的操作（如添加和删除等），因此通常采用顺序存储方式存储数组中的数据元素。

对于一维数组 A[n]=(a[0], a[1], a[2], …, a[i], …, a[n−1])（n≥0，0≤i≤n−1），假定 a[0]的物理地址为 LOC(a[0])，其所占用的存储单元的大小为 k，又因为数组中的所有元素具有相同的数据类型，因此所占用的存储单元大小相同，可用以下公式分别求解出一维数组 A[n]中数据元素的物理地址。

$$\text{LOC}(a[i])=\text{LOC}(a[0])+i\times k$$

图 4-19 所示为一维数组 A[n]顺序存储示意。

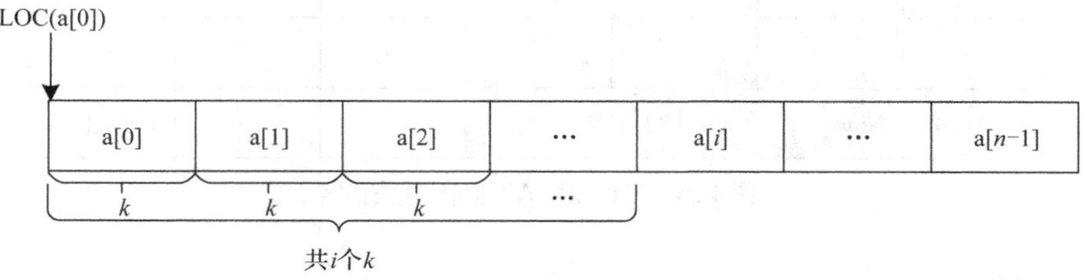

图 4-19　一维数组 A[n]顺序存储示意

对于二维数组 A[m][n]，若确定 a[0][0]的物理地址为 LOC(a[0][0])，其所占用的存储单元的大小为 k，由于 A[m][n]可分为行和列两种情况，因此对其存储方式也分为行优先和列优先两种情况。

若按行优先存储数组中的数据元素，即先存储第一行的数据元素，再存储第二行的数据元素，依次类推，最后存储第 m 行的数据元素。

依据 LOC(a[0][0])和 k，可用如下公式求解出 a[i][j]（0≤i≤m−1，0≤j≤n−1）的物理地址 LOC(a[i][j])。

$$\text{LOC}(a[i][j])=\text{LOC}(a[0][0])+(i\times n+j)\times k$$

详细过程可参考图 4-20。

共i行	a[0][0]	a[0][1]	a[0][2]	…	…	…	a[0][n−1]
	a[1][0]	a[1][1]	a[1][2]	…	…	…	a[1][n−1]
	…	…	…	…	…	…	…
第i+1行中a[i][j]前面有j个元素	a[i][0]	a[i][1]	a[i][2]	…	a[i][j]	…	a[i][n−1]
	…	…	…	…	…	…	…
	a[m−1][0]	a[m−1][1]	a[m−1][2]	…	…	…	a[m−1][n−1]

图 4-20　二维数组 A[m][n]行优先存储

若按列优先存储数组中的数据元素，即先存储第一列的数据元素，再存储第二列的数据元素，依次类推，最后存储第 n 列的数据元素。依据 LOC(a[0][0])和 k，可用如下公式求解出 a[i][j]（0≤i

$\leqslant m-1$，$0\leqslant j\leqslant n-1$）的物理地址 LOC(a[$i$][$j$])。

$$LOC(a[i][j])=LOC(a[0][0])+(j\times m+i)\times k$$

详细过程可参考图 4-21。

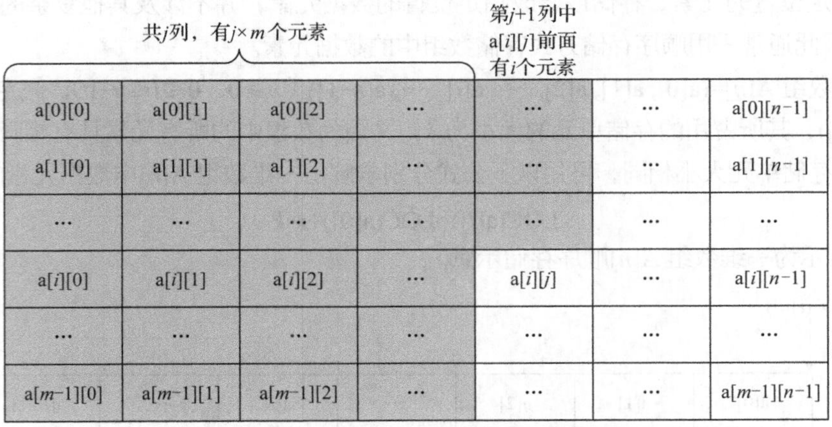

a[0][0]	a[0][1]	a[0][2]	…	…	…	a[0][n−1]
a[1][0]	a[1][1]	a[1][2]	…	…	…	a[1][n−1]
…	…	…	…	…	…	…
a[i][0]	a[i][1]	a[i][2]	…	a[i][j]	…	a[i][n−1]
…	…	…	…	…	…	…
a[m−1][0]	a[m−1][1]	a[m−1][2]	…	…	…	a[m−1][n−1]

共j列，有$j\times m$个元素

第j+1列中 a[i][j]前面有i个元素

图 4-21 二维数组 A[m][n]列优先存储

4.2.3 特殊矩阵

科学与工程计算中的矩阵通常用二维数组来表示，在使用某些特殊矩阵时，其数据元素的值或所在的位置具有一定的规律性，如对称矩阵、三角矩阵和稀疏矩阵等。因此为了节省存储空间，我们考虑对这些矩阵进行压缩存储。压缩时，对于相同元素只分配一个存储单元，而对于零元素则不分配存储单元，同时按常规存储剩余元素。在本小节中我们将详细介绍这类特殊矩阵及它们的压缩存储方式。

1. 对称矩阵

n 阶方阵 A(n 行，n 列)如图 4-22 所示。

$$A[n][n]=\begin{bmatrix} a[0][0] & a[0][1] & a[0][2] & \cdots & a[0][n-1] \\ a[1][0] & a[1][1] & a[1][2] & \cdots & a[1][n-1] \\ \cdots & \cdots & \cdots & \cdots & \cdots \\ a[n-1][0] & a[n-1][1] & a[n-1][2] & \cdots & a[n-1][n-1] \end{bmatrix}$$

图 4-22 n 阶方阵 A

若方阵 A 中的数据元素满足 a[i][j]==a[j][i]（$0\leqslant i，j\leqslant n-1$），则我们将该方阵称为对称矩阵。在对称矩阵中，数据元素是关于主对角线元素（a[i][j]，i==j）对称的，因此在进行存储时，我们可以只存储该对称矩阵中的上三角（$i\leqslant j$）或下三角（$i\geqslant j$）中的数据元素。

为了便于理解，我们以行优先方式存储对称矩阵中下三角的数据元素（见图 4-23）为例，给出对称矩阵压缩存储的方法。

a[0][0]	a[0][1]	a[0][2]	…	…	…	a[0][n-1]
a[1][0]	a[1][1]	a[1][2]	…	…	…	a[1][n-1]
a[2][0]	a[2][1]	a[2][2]	…	…	…	a[2][n-1]
…	…	…	…	…	…	…
a[i][0]	a[i][1]	a[i][2]	…	…	…	a[i][n-1]
…	…	…	…	…	…	…
a[n-1][0]	a[n-1][1]	a[n-1][2]	…	…	…	a[n-1][n-1]

图 4-23　对称矩阵下三角的数据元素

在压缩存储对称矩阵时，我们用大小为 $n\times(n+1)/2$ 的一维数组来存储其下三角中的数据元素，如图 4-24 所示。

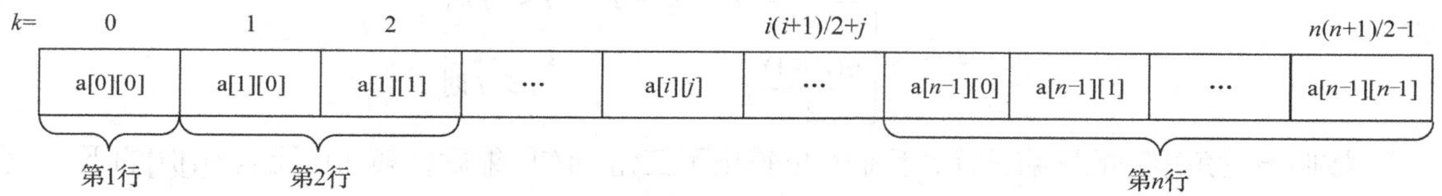

图 4-24　对称矩阵的数据元素压缩存储至一维数组

此时对于下三角中的任意一个数据元素 a[i][j]（$i\geqslant j$）的下标 i 和 j，与 a[i][j]在一维数组中的下标 k 的关系为 $k=i(i+1)/2+j$，而对于上三角中的任意一个数据元素 a[i][j]（$i\leqslant j$）的下标 i 和 j，与 a[i][j]在一维数组中的下标 k 的关系为 $k=j(j+1)/2+i$。

2. 三角矩阵

通过主对角线可以将 N 阶矩阵分为 N 阶上三角矩阵和 N 阶下三角矩阵。N 阶上三角矩阵是指矩阵的下三角部分中的元素（不包括主对角线上的元素）均为常数 c 或零，如图 4-25 所示。

a[0][0]	a[0][1]	a[0][2]	…	…	…	a[0][n-1]
c	a[1][1]	a[1][2]	…	…	…	a[1][n-1]
c	c	a[2][2]	…	…	…	a[2][n-1]
…	…	…	…	…	…	…
c	c	c	…	…	…	a[i][n-1]
…	…	…	…	…	…	…
c	c	c	…	c	c	a[n-1][n-1]

图 4-25　上三角矩阵

N 阶下三角矩阵则是指矩阵的上三角部分中的元素（不包括主对角线上的元素）均为常数 c 或

零。对于矩阵中的每一个元素 a[i][j]（$0 \leqslant i, j \leqslant n-1$），其中的上（下）三角部分我们只需用一个存储单元来存储重复常数 c 或零，剩下的 $n \times (n+1)/2$ 个元素可采用同对称矩阵一样的存储方式来存储。我们以上三角矩阵为例给出三角矩阵压缩存储的方法。

在以行优先压缩存储三角矩阵中的数据元素时，我们用大小为 $n \times (n+1)/2+1$ 的一维数组的最后一个存储单元存储常数 c 或零，再用前 $n \times (n+1)/2$ 个存储单元来存储矩阵中剩下的 $n \times (n+1)/2$ 个数据元素 a[i][j]（$i \leqslant j$），具体存储情况如图 4-26 所示。

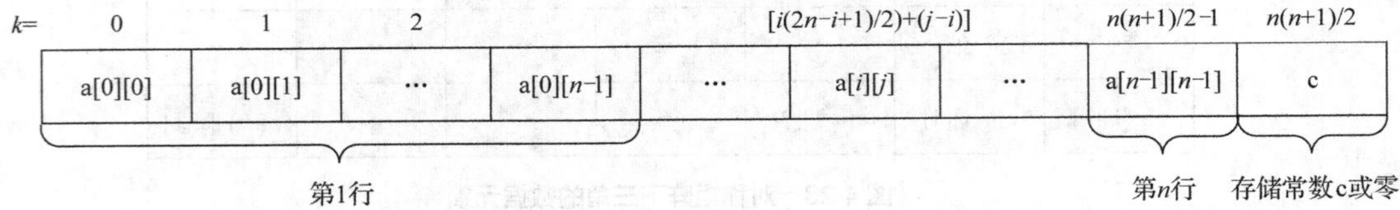

图 4-26　上三角矩阵的数据元素压缩存储至一维数组

上三角矩阵中 a[i][j]的下标 i 和 j，与其在一维数组中对应的下标 k 的关系为

$$k=\begin{cases}\dfrac{i(2n-i+1)}{2}+(j-i) & i \leqslant j \text{ 时} \\ \dfrac{n(n+1)}{2} & i > j \text{ 时}\end{cases}$$

按照上三角矩阵的压缩过程，我们可以得出下三角矩阵压缩后，其任意元素 a[i][j]的下标 i 和 j，与该元素在一维数组中对应的下标 k 的关系为

$$k=\begin{cases}\dfrac{i(i+1)}{2}+j & i \geqslant j \text{ 时} \\ \dfrac{n(n+1)}{2} & i < j \text{ 时}\end{cases}$$

3. **稀疏矩阵**

若一个 $m \times n$ 的矩阵 C 中有 s 个非零元素，令 $e=s/(m \times n)$，并将 e 称为矩阵 C 的稀疏因子。当 $e \leqslant 0.05$ 时，我们将矩阵 C 称为稀疏矩阵。在稀疏矩阵中，由于非零元素的个数远小于值为零的元素的个数，若仍采用 $m \times n$ 个存储单元存储矩阵的数据元素，则十分浪费。图 4-27 所示的矩阵 C，其中的非零元素个数就十分少，因此我们可以考虑对其进行压缩存储。

$$C[5][9]=\begin{bmatrix} 0 & 0 & 0 & 0 & 0 & 3 & 0 & 0 & 0 \\ 0 & 0 & 0 & 0 & 0 & 0 & 0 & 0 & 0 \\ 4 & 0 & 0 & 0 & 0 & 0 & 0 & 0 & 0 \\ 0 & 0 & 0 & 0 & 0 & 0 & 0 & 0 & 0 \\ 0 & 0 & 0 & 0 & 0 & 11 & 0 & 0 & 0 \end{bmatrix}$$

图 4-27　矩阵 C

通常稀疏矩阵中非零元素的数目少且分布没有规律，因此在压缩存储时不仅要存储对应的非零元素 a[*i*][*j*]，还需要存储非零元素的位置信息(*i*，*j*)。

稀疏矩阵中的某一非零元素可由一个三元组（*i*，*j*，a[*i*][*j*]）来唯一确定，一个稀疏矩阵的所有非零元素对应的三元组构成该矩阵的三元组表。三元组表的不同表示方式引出稀疏矩阵不同的压缩存储方法，如三元组顺序表、行逻辑链接顺序表和十字链表等。接下来简要介绍三元组顺序表和十字链表。

（1）三元组顺序表

我们通常使用顺序存储结构存储稀疏矩阵的三元组表，并将其称为三元组顺序表。在该表中，每一行对应一个非零元素在稀疏矩阵中的行号、列号和非零元素的值（a[*i*][*j*]）。为了能够从三元组顺序表中获取更多关于稀疏矩阵的信息，我们将在其三元组顺序表中加入该矩阵的行数、列数及非零元素的总数目。对于图 4-27 所示的矩阵，对其进行压缩存储后所得的三元组顺序表如图 4-28 所示。

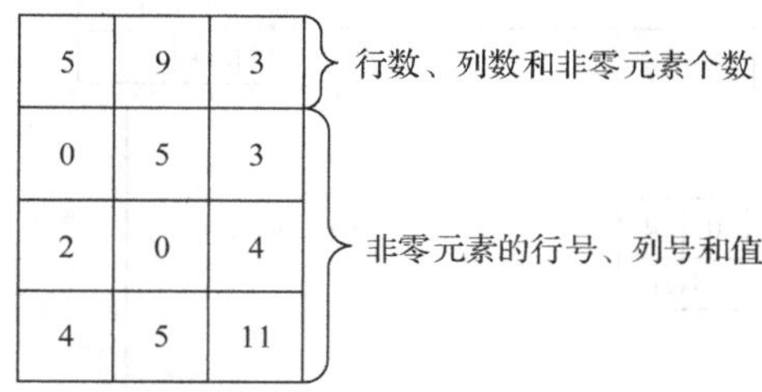

图 4-28　矩阵 C 的三元组顺序表

三元组顺序表默认是以行优先方式进行存储的，因此有利于稀疏矩阵的某些运算，例如稀疏矩阵的转置，对于转置，我们有如下描述。

假定存在一个 $m \times n$ 的矩阵 M，它的转置矩阵是一个 $n \times m$ 的矩阵 T，且 T(*i*,*j*)==M(*j*,*i*)（$0 \leqslant i < m$，$0 \leqslant j < n$）。我们对稀疏矩阵进行转置时，需对稀疏矩阵和其三元组顺序表做以下修改：将三元组顺序表中的行号和列号进行交换；以行优先方式重排三元组之间的次序。

通过以上分析，我们可以对上述矩阵 C 进行转置，转置后对应的三元组顺序表如图 4-29 所示。

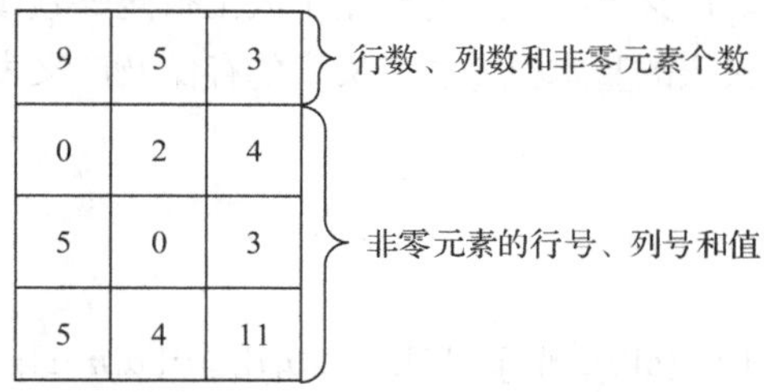

图 4-29　矩阵 C 转置后对应的三元组顺序表

（2）十字链表

当矩阵的非零元素个数和位置在操作的过程中变化较大时，采用顺序存储结构就会给矩阵的相关操作带来困难，如将矩阵 B 加到矩阵 A 上时，可能会引起矩阵 A 的三元组顺序表里数据的移动，此时若采用链式存储结构则会带来很大的便利。通常我们使用十字链表这一链式结构存储矩阵，现介绍如下。

如图 4-30 所示，十字链表结构中每个非零元素的结点由 5 个域组成，包含标识非零元素所在行信息的行域（row）、所在列信息的列域（col）及非零元素值的值域（data），然后通过向右域（right）链接同一行中的下一个非零元素，并在该行形成一个行链表，再由向下域（down）链接同一列中的下一个非零元素，并在该列形成一个列链表。

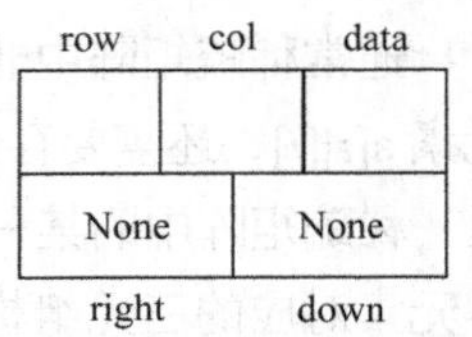

图 4-30 十字链表结点的结构

由于存储每一非零元素相关信息的结点既是某个行链表中的一个结点也是某个列链表中的一个结点，因此整个矩阵的非零元素就形成了一个十字交叉链表。为了能够访问整个十字链表，我们还需用两个一维数组存储每一行链表的头指针和每一列链表的头指针。

图 4-27 所示的矩阵的十字链表如图 4-31 所示。

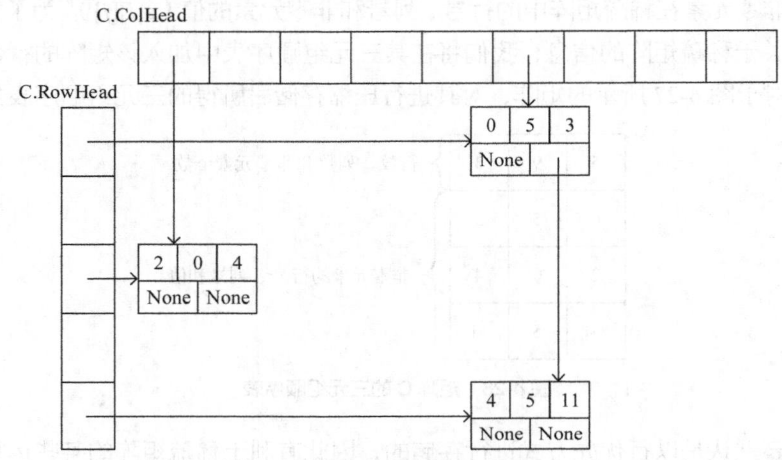

图 4-31 矩阵 C 的十字链表

4.3 广义表

广义表是一种非线性的数据结构，它是线性表的一种推广，即广义表中放松对表元素的原子限制，容许它们具有其自身结构。广义表被广泛的应用于人工智能等领域的表处理语言 LISP 语言中。在本节中，我们将详细介绍广义表的基本概念、广义表的存储及广义表的操作。

4.3.1 广义表的基本概念

广义表一般记作

$$LS=(\alpha[0], \alpha[1], \alpha[2], \cdots, \alpha[i], \cdots, \alpha[n-1])$$

其中，LS 是广义表的名称，$\alpha[i]$（$0\leqslant i\leqslant n-1$）是广义表 LS 的数据元素。$\alpha[i]$既可以是基本数据类型的元素，此时我们称 $\alpha[i]$为广义表 LS 的原子（通常以小写字母表示）；也可以是广义表（通常以大写字母表示），此时称 $\alpha[i]$为广义表 LS 的子表。

注意：我们把$(\alpha[0], \alpha[1], \alpha[2], \cdots, \alpha[i], \cdots, \alpha[n-1])$称为 LS 的书写形式串。

LS 中括号的最大嵌套层数被称为其深度，而表中的元素个数则被称为广义表 LS 的长度（即 n）。当 $n>0$，即 LS 为非空表时，我们称第一个元素 $\alpha[0]$为 LS 的表头，称剩余元素组成的表$(\alpha[1], \alpha[2], \cdots, \alpha[i], \cdots, \alpha[n-1])$为 LS 的表尾；当 $n=0$ 时，称 LS 为空表，此时 LS 的表头为空，表尾为空表。

注意：表尾是广义表中除第一个元素以外剩余元素组成的表，因此广义表的表尾一定是一个广义表。

广义表的抽象数据类型的定义如表 4-9 所示。

表 4–9　　广义表的抽象数据类型的定义

数据对象	由零个或多个原子或广义表构成的集合 DataSet		
数据关系	若 DataSet 为空集，则为空表；若 DataSet 中的数据元素个数大于或等于 1，则除了第一个和最后一个元素以外，其他所有元素都有唯一的先驱元素和后继元素		
基本操作	序号	操作名称	操作说明
	1	InitGList(GList)	初始条件：无。 操作目的：初始化广义表。 操作结果：广义表 GList 被初始化
	2	CreateGList(GList,S)	初始条件：S 是广义表的书写形式串。 操作目的：创建广义表 GList。 操作结果：由 S 创建广义表 GList
	3	IsEmptyGList(GList)	初始条件：广义表 GList 已存在。 操作目的：判断广义表 GList 是否为空。 操作结果：若为空，则返回 True；否则返回 False
	4	CopyGList(GListDest,GListSrc)	初始条件：广义表 GListSrc 已存在。 操作目的：由 GListSrc 复制得到广义表 GListDest。 操作结果：广义表 GListSrc 和 GListDest 的内容相同
	5	GListLength(GList)	初始条件：广义表 GList 已存在。 操作目的：求广义表的长度。 操作结果：返回广义表 GList 的长度
	6	GListDepth(GList)	初始条件：广义表 GList 已存在。 操作目的：求广义表的深度。 操作结果：返回广义表 GList 的深度
	7	GetGListHead(GList)	初始条件：广义表 GList 已存在。 操作目的：获取广义表的表头。 操作结果：返回广义表 GList 的表头
	8	GetGListTail(GList)	初始条件：广义表 GList 已存在。 操作目的：获取广义表的表尾。 操作结果：返回广义表 GList 的表尾
	9	InsertFirstGList(GList,α)	初始条件：广义表 GList 已存在。 操作目的：将元素 α 插入广义表 GList 的第一个位置。 操作结果：α 作为广义表 GList 新的表头
	10	DeleteFirstGList(GList,α)	初始条件：广义表 GList 已存在。 操作目的：删除广义表 GList 的表头，并将其值赋值给 α。 操作结果：返回 α
	11	TraverseGList(GList)	初始条件：广义表 GList 已存在。 操作目的：遍历广义表 GList。 操作结果：输出广义表 GList 的每一个元素
	12	DestroyGList(GList)	初始条件：广义表 GList 已存在。 操作目的：销毁广义表 GList。 操作结果：广义表 GList 被销毁

接下来，我们将以广义表 A=()、B=(a)、C=(b,(c,d,e))、D=(A,B,C)、E=(f,E)为例给出广义表的相关说明。

1. 广义表的元素、长度、深度、表头、表尾及书写形式串

（1）A=()中没有元素，它的长度为 0，深度为 1，表头为空，剩余元素也为空，所以组成的表为()，即表尾为()。

（2）B=(a)有一个元素且为原子 a，其长度为 1，深度为 1，表头为 a，剩余元素为空，所以组成的表为()，即表尾为()。

（3）C=(b,(c,d,e))中有两个元素，分别为原子 b 和子表(c,d,e)，其长度为 2，深度为 2，表头为 b，剩余元素为(c,d,e)，组成的表为((c,d,e))，所以表尾为((c,d,e))。

（4）D=(A,B,C)中有 3 个元素，分别为子表 A、B、C，其长度为 3。D 的表头为 A，剩余元素为 B、C，所以组成的表为(B,C)，即表尾为(B,C)。

分别将 A、B、C 代入，即得 D=((),(a),(b,(c,d,e)))，其深度为 3。

（5）E=(f,E)中有两个元素，分别为原子 f 和广义表 E 本身，所以 E 是一个递归定义的广义表，其长度为 2，深度不确定。E 的表头为 f，剩余元素为 E，所以组成的表为(E)，即表尾为(E)。

（6）对于广义表 A=()、B=(a)、C=(b,(c,d,e))和 D=(A,B,C)，其书写形式串分别为()、(a)、(b,(c,d,e))和(A,B,C)。

2. 广义表的图形表示

我们用圆圈表示广义表，方框表示原子，则上述广义表的图形表示如图 4-32 所示。

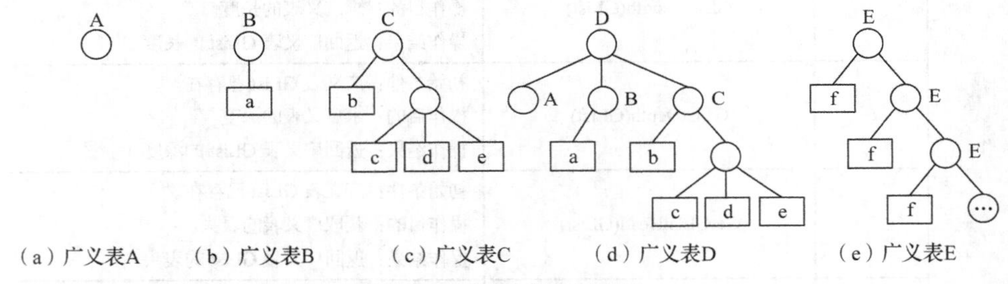

图 4-32 广义表的图形表示

基于上述介绍，我们可以对广义表的特性总结如下。

（1）广义表的元素可以是原子也可以是子表，而且子表的元素仍可以是原子或子表……因此广义表是一个多层次的结构。

（2）广义表可以共享，如上述广义表 D=(A,B,C)，在 D 中不必给出子表 A、B、C 的值，而是通过各自的名称来引用。

（3）广义表可以是一个递归的表，即广义表本身也可以作为其子表，如上述广义表中的 E=(f,E)。

4.3.2 广义表的存储

根据广义表的定义，其数据元素既可以是原子也可以是广义表，因此通常采用链式存储结构，本节将介绍两种常用的链式结构。

由上节广义表的概念可知，若某广义表非空，则我们可以得到唯一的表头和表尾；反之，当有一个表头和一个与之对应的表尾时，我们就可以唯一地确定一个广义表。因此在广义表的第一种链式存储结构中，需定义一个标志域区分原子和子表（标志域为 0 代表原子结点，为 1 代表子表）。如图 4-33 所示，表结点由标志域（tag=1）、指示表头的指针域（headp）和指示表尾的指针域（tailp）组成；而原子结点由标志域（tag=0）和值域（atom）组成，我们将这种存储结构称为头尾链表存储结构。

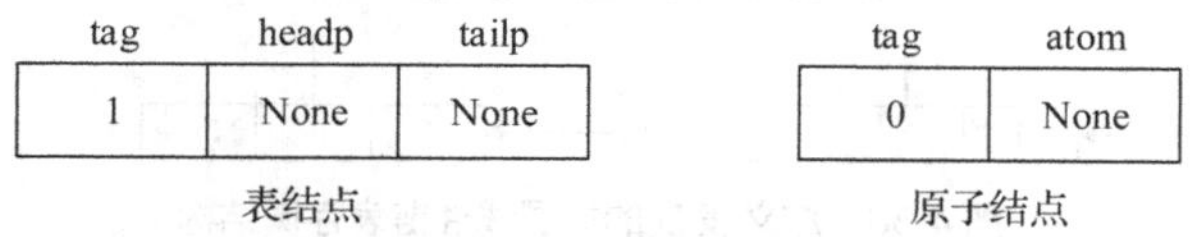

图 4-33　广义表的链表结点结构

采用第一种链式结构存储广义表 D=((),(a),(b,(c,d,e)))中的数据元素时，其结构如图 4-34 所示。

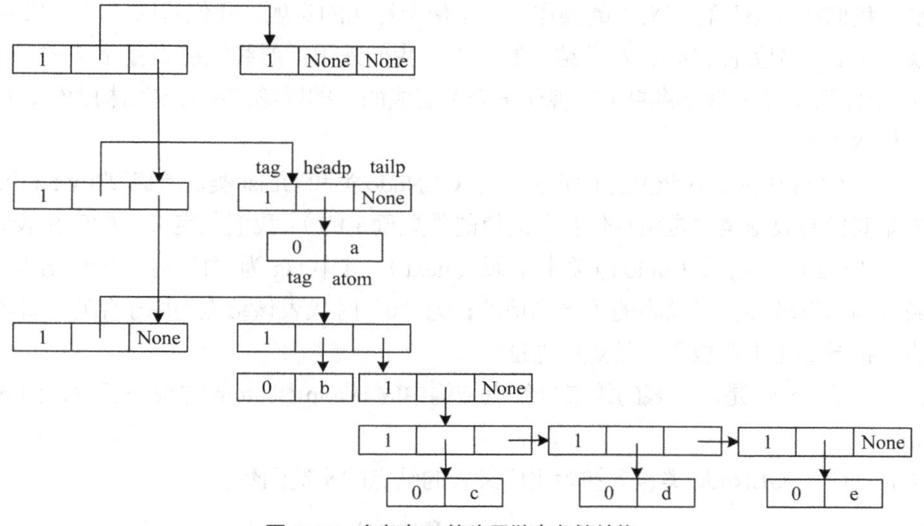

图 4-34　广义表 D 的头尾链表存储结构

从图 4-34 中可以看出，采用这种结构将广义表中的原子和子表所在的层次展现得十分清楚。如在广义表 D 中，我们可以看出原子 a 和 b 在同一层上，原子 c、d 和 e 在同一层上且比 a 和 b 低一层。此外，既然广义表是线性表的推广，那么我们也可以参照线性表链式存储的实现来存储广义表中的数据元素。

图 4-35 所示为广义表的第二种链式存储结构，我们将广义表的每一层看作一个线性表，对该层数据元素的存储采用类似于线性表的存储方式。这种存储结构可以被称为扩展线性链表存储结构。

tag	headp	tailp
1	None	None

表结点

tag	atom	tailp
0	None	None

原子结点

图 4-35　广义表的第二种链式存储结构

采用第二种链式结构存储广义表 D=((),(a),(b,(c,d,e)))中的数据元素时，其结构如图 4-36 所示。

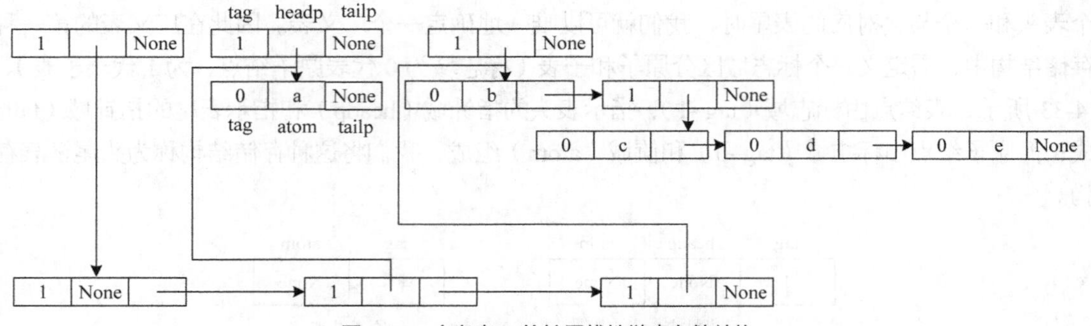

图 4-36 广义表 D 的扩展线性链表存储结构

4.3.3 广义表的操作

接下来，我们将介绍几种广义表的操作，为了便于算法的实现，我们将以“(#)”代表空表。

在实现广义表的相关操作时，对于结点的定义，我们采用扩展线性链表存储结构，并将广义表看作是由 *n* 个并列子表（假设将原子也视作子表）组成的，即以第二种存储结构为例，给出广义表相关操作的具体实现。

创建文件 ex040303.py，在该文件中定义一个 GLNode 类和 GList 类。考虑到 Python 语言中变量的特殊性（即变量的数据类型是由具体存入的值的类型确定的），我们只定义一种广义表结点，该结点包含标志域（tag）、联合域（union）和指针域（next），其中 tag 为“1”时代表该结点为表结点，此时联合域作为指针域存放当前表的子表的地址；为“0”时代表该结点为原子结点，此时联合域存放原子的值。指针域用于存放下一结点的地址。

注意：这里的 union 是广义表的第二种结点结构中的 headp 和 atom 的统一表示，而 next 则对应其中的 tailp。

如表 4-10 所示，GLNode 类包含初始化广义表的结点的构造函数。

表 4-10 GLNode 类中的构造函数

序号	名称	注释
1	__init__(self)	初始化广义表的结点

初始化广义表的结点可调用 GLNode 类的构造函数__init__(self)实现，其算法思路如下。

（1）对结点的标志域进行初始化。

（2）对结点的联合域进行初始化。

（3）对结点的指针域进行初始化。

该算法思路对应的算法步骤如下。

（1）将结点的 tag 域初始化为 1。

（2）将结点的 union 域初始化为 None。

（3）将结点的 next 域初始化为 None。

上述算法步骤对应的代码如下。

```
################################
#初始化广义表结点的函数
################################
```

```
    def __init__(self):
        self.tag=1
        self.union=None
        self.next=None
```

算法 4-19　初始化广义表结点的函数

如表 4-11 所示，我们定义了 GList 类，在该类中我们实现了广义表的相关操作。

表 4–11　GList 类中的成员函数

序号	名称	注释
1	CreateGList(self)	创建广义表
2	TraverseGList(self)	遍历广义表
3	GetGListHead(self)	获取广义表的表头
4	GetGListTail(self)	获取广义表的表尾

接下来，我们将会给出上述 4 个方法的具体实现。

1. 创建广义表函数的实现

创建广义表可调用 GList 类的成员函数 CreateGList(self)来实现，其算法思路如下。

（1）创建广义表结点。

（2）给出广义表的书写形式串。

（3）判断广义表的书写形式串的长度是否大于 0。

（4）若（3）为真，则执行（5）～（10）；否则执行（11）。

（5）取出广义表的书写形式串的第一个字符，判断其是否为“(”。

（6）若（5）为真，则表示当前结点应为表结点，执行（7）；否则执行（8）。

（7）设置结点的标志域为 1，重复上述步骤递归创建子表，将子表的地址存入广义表结点的指针域中。

（8）判断（5）中字符是否为“)”或“#”。

（9）若（8）为真，则置广义表结点为空；否则执行（10）。

（10）设置结点的标志域为 0，以表示该结点为原子结点，并将（5）中的字符存入结点的联合域中。

（11）置广义表结点为空。

（12）判断此时广义表的书写形式串的长度是否大于 0。

（13）若（12）为真，则取出广义表的书写形式串的第一个字符；否则执行（14）。

（14）判断广义表结点是否不为空。

（15）若（14）为真，则执行（16）～（18）；否则执行（19）。

（16）判断（13）中的字符是否为“,”。

（17）若（16）为真，则重复上述步骤递归创建剩余的子表，并将结点的地址存入当前结点的指针域中；否则执行（18）。

（18）设置当前结点的指针域为空。

（19）返回广义表结点的地址，以便其他函数调用。

上述算法思路对应的算法步骤如下。

（1）用 len()函数获取传入的广义表的书写形式串 Table 的长度，并判断其结果是否大于 0。

（2）若（1）为真，则执行（3）～（10）；否则执行（11）。

（3）调用 pop()函数移除 Table 中的第一个元素，并将该元素赋值给变量 tTable。

（4）创建 GLNode 类结点并命名为 tGLNode。

（5）判断 tTable 是否等于“(”。

（6）若（5）为真，则执行（7）；否则执行（8）。

（7）设置 tGLNode 的标志域为 1，调用 CreateGList()递归创建子表，并将其地址存入 tGLNode 的联合域中。

（8）判断 tTable 是否等于“)”或“#”。

（9）若（8）为真，则设置 tGLNode 的值为 None；否则执行（10）。

（10）设置 tGLNode 的标志域为 0，联合域为 tTable（原子的值）。

（11）设置 tGLNode 的值为 None。

（12）用 len()函数获取当前 Table 的长度，并判断结果是否大于 0。

（13）若（12）为真，则调用 pop()函数移除当前 Table 中的第一个元素，并将该元素赋值给变量 tTable；否则执行（14）。

（14）判断 tGLNode 是否不为 None。

（15）若（14）为真，则执行（16）～（18）；否则执行（19）。

（16）判断 tTable 是否等于“,”。

（17）若（16）为真，则调用 CreateGList()函数递归创建剩余子表，并将其地址存入 tGLNode 的指针域中；否则执行（18）。

（18）设置 tGLNode 的指针域为空。

（19）返回 tGLNode 以便其他函数调用。

上述算法步骤对应的代码如下。

```
##########################################
#创建广义表的函数
##########################################
def CreateGList(self,Table):
    if len(Table)>0:
        tTable=Table.pop(0)
        tGLNode=GLNode()
        if tTable=='(':
            tGLNode.tag=1
            tGLNode.union=self.CreateGList(Table)
        elif tTable==')' or tTable=='#':
            tGLNode=None
        else:
            tGLNode.tag=0
            tGLNode.union=tTable
    else:
        tGLNode=None
    if len(Table)>0:
        tTable=Table.pop(0)
    if tGLNode!=None:
        if tTable==',':
```

```
22                 tGLNode.next=self.CreateGList(Table)
23             else:
24                 tGLNode.next=None
25         return tGLNode
```

算法 4-20 创建广义表的函数

上述第 8 行代码的条件若为真，则说明接下来要处理的是表，因此执行第 9 行代码将 tGLNode 的标志域设置为 1，并执行第 10 行代码递归创建广义表，同时将其地址存入 tGLNode 的联合域中。第 11 行代码中，若 tTable 等于')'的条件满足，则表示当前子表处理完毕，而若 tTable 等于'#'的条件为真，则说明当前子表为空表，此时执行第 12 行代码设置 tGLNode 为 None。若上述条件都不满足，则说明 tTable 是原子，因此执行第 14 行代码将 tGLNode 的标志域设置为 0，并执行第 15 行代码将 tTable 存入 tGLNode 的联合域中。经过上述步骤后，若第 20 行代码的条件为真，则说明表不为空，此时执行第 21 行代码判断当前待处理字符 tTable 是否等于','，若为真，则执行第 22 行代码递归创建当前表的后继元素，并将其地址存入 tGLNode 的指针域中；否则执行第 24 行代码设置 tGLNode 的指针域为空。最后执行第 25 行代码返回 tGLNode。

2. **遍历广义表的函数实现**

遍历广义表可调用 GList 类的成员函数 TraverseGList(self)来实现，其算法思路如下。

（1）判断待遍历的广义表是否存在。

（2）若（1）为真，则执行（3）～（10）。

（3）判断当前待处理广义表结点的标志域的值是否代表原子。

（4）若（3）为真，则输出当前结点的联合域的值；否则执行（5）和（6）。

（5）输出“(”，并判断当前待处理表的联合域是否为空。

（6）若（5）为真，则说明当前待处理表为空表，此时输出'#'；否则重复上述步骤遍历当前待处理表的子表。

（7）输出“)”。

（8）判断当前子表是否还有后继元素需处理。

（9）若（8）为真，则执行（10）。

（10）输出‘,’，重复上述步骤处理当前子表的后继元素。

上述算法思路对应的算法步骤如下。

（1）判断传入的待遍历的广义表 GList 是否不为空。

（2）若（1）为真，则执行（3）～（13）。

（3）判断 GList 的标志域是否为 0。

（4）若（3）为真，则说明 GList 为原子结点，此时输出 GList 的联合域的值（即原子的值）；否则说明 GList 为表结点，此时执行（5）～（9）。

（5）输出“(”。

（6）判断 GList 的联合域是否为空。

（7）若（6）为真，则输出“#”，否则执行（8）。

（8）重复上述步骤处理 GList 的联合域中对应的子表。

（9）输出“)”。

（10）判断 GList 的指针域是否不为空。

（11）若（10）为真，则执行（12）和（13）。

（12）输出“,”。

（13）重复上述步骤，处理 GList 的指针域中对应的后继元素。

上述算法步骤对应的代码如下。

```
1   #####################################
2   #遍历广义表的函数
3   #####################################
4   def TraverseGList(self,GList):
5       if GList!=None:
6           if GList.tag==0:
7               print(GList.union,end=' ')
8           else:
9               print('(',end='')
10              if GList.union==None:
11                  print('#',end=' ')
12              else:
13                  self.TraverseGList(GList.union)
14              print(')',end=' ')
15          if GList.next!=None:
16              print(',',end=' ')
17              self.TraverseGList(GList.next)
```

算法 4-21　遍历广义表的函数

上述第 6 和 7 行代码对应处理原子结点的部分。第 9～14 行代码对应处理表结点的部分，其中第 10 和 11 行代码对应处理空表，由第 13 行代码递归处理当前表的子表，而由第 17 行代码递归处理当前表的后继表。

3. 获取广义表表头的函数实现

获取广义表的表头可调用 GList 类的成员函数 GetGListHead(self)来实现，其算法思路如下。

（1）判断待获取表头的广义表是否不为空且不为空表。

（2）若（1）为真，则执行（3）～（5）；否则执行（6）。

（3）获取广义表的第一个元素的指针。

（4）将第一个元素指向其后继元素的指针置为空。

（5）返回获取到的第一个元素（即表头）。

（6）提示无法获取表头元素。

上述算法思路对应的算法步骤如下。

（1）判断待获取表头的广义表 GList 是否不为空且其联合域的值是否也不为空。

（2）若（1）为真，则执行（3）～（5）；否则执行（6）。

（3）调用 copy 模块的 deepcopy()函数将 GList 的联合域复制出来，将其赋值给变量 head，head 即为指向广义表第一个元素的指针。

（4）将 head 的指针域置为空。

（5）返回 head。

（6）输出“无法获取表头!”。

上述算法步骤对应的代码如下。

```
#################################
#获取广义表表头的函数
#################################
def GetGListHead(self,GList):
    if GList!=None and GList.union!=None:
        head=copy.deepcopy(GList.union)
        head.next=None
        return head
    else:
        print("无法获取表头！")
```

算法 4-22　获取广义表表头的函数

注意：只有广义表不为空且不为空表时，才可以获取表头。在调用 copy 模块的 deepcopy()函数时，需在源程序中加入 import copy 语句，以导入 copy 模块，从而进行 deepcopy()函数的调用。

4. 获取广义表表尾的函数实现

获取广义表的表尾可调用 GList 类的成员函数 GetGListTail(self)来实现，其算法思路如下。

（1）判断待获取表尾的广义表是否不为空且不为空表。

（2）若（1）为真，则执行（3）～（4）；否则执行（5）。

（3）获取广义表第一个元素的后继元素的指针。

（4）返回（3）中指针。

（5）提示无法获取表尾。

上述算法思路对应的算法步骤如下。

（1）判断待获取表头的广义表 GList 是否不为空且其联合域的值是否也不为空。

（2）若（1）为真，则执行（3）～（4）；否则执行（5）。

（3）调用 copy 模块的 deepcopy()函数将 GList 的联合域对应元素的指针域复制出来，并将其赋值给变量 tail，tail 即为指向广义表第一个元素的后继元素的指针。

（4）返回 tail。

（5）输出“无法获取表尾!”。

上述算法步骤对应的代码如下。

```
#################################
#获取广义表表尾的函数
#################################
def GetGListTail(self,GList):
    if GList!=None and GList.union!=None:
        tail=copy.deepcopy(GList.union.next)
        return tail
    else:
        print("无法获取表尾！")
```

算法 4-23　获取广义表表尾的函数

注意：只有广义表不为空且不为空表时，才可以获取表尾。

4.4 本章小结

本章介绍了串、数组和广义表这 3 种数据结构，现总结如下。

（1）串是一种特殊的线性表，它规定了表中的元素必须为字符。串有顺序存储和链式存储两种存储结构，但结合串的具体操作来看，顺序存储结构更为适合。串常用的模式匹配算法主要有 BF 算法和 KMP 算法。BF 算法思路简单，但实现时需回溯，导致该算法在执行时的效率十分低下，考虑到在实际应用中串的庞大性和复杂性，KMP 算法对 BF 算法进行了相应的改进，从而提高了匹配的效率。

（2）多维数组通常采用顺序存储结构，通过深入地了解数组在内存中的存储形式，能够按行优先或列优先方式将多维数组转换为一维结构，而掌握了特殊矩阵常用的压缩存储方式，则能结合实际情况对几种常见形式的特殊矩阵进行压缩存储。

（3）由于广义表中的元素既可以是子表，也可以是原子，因此在存储广义表中的元素时，需结合其自身的特性（可以分为表头和表尾两部分）来选择两种链式存储结构中的任意一种。在实现时，我们使用了第二种链式存储结构。

4.5 上机实验

4.5.1 基础实验

基础实验 1　实现顺序串的基本操作

实验目的：考察能否正确理解串的顺序存储结构，以及对顺序串基本操作的掌握程度。

实验要求：创建名为 ex040501_01.py 的文件，在其中编写一个顺序串的类，该类必须包含顺序串的定义及基本操作，并通过以下步骤测试基本操作的实现是否正确。

（1）创建顺序串 StringSrc="Array"和 StringDst="GeneralizedList"（读者可以自行确定 StringSrc 和 StringDst 中的字符）。

（2）StringDst 调用复制函数（以 StringSrc 为参数），观察复制结果并验证其正确性。

（3）StringDst 调用比较函数（以 StringSrc 为参数），观察比较结果并验证其正确性。

（4）StringDst 调用连接函数（以 StringSrc 为参数），观察连接结果并验证其正确性。

（5）StringDst 调用获取子串函数，观察截取结果并验证其正确性（读者需提供两个参数：开始截取的位置，以及要截取的长度）。

（6）StringDst 调用删除子串函数，观察删除结果并验证其正确性（读者需提供两个参数：删除的起始位置，以及要删除的长度）。

（7）StringDst 调用插入函数（以开始插入的位置为参数），观察插入结果并验证其正确性。

基础实验 2　实现链串的基本操作

实验目的：考察能否正确理解串的链式存储结构，以及对链串基本操作的掌握程度。

实验要求：创建名为 ex040501_02.py 的文件，在其中编写结点的类和链串的类，后者必须包含链串的定义及基本操作，并通过以下步骤测试基本操作的实现是否正确。

（1）创建链串 StringSrc="Array"和 StringDst="GeneralizedList"（读者可以自行确定 StringSrc 和 StringDst 中的字符）。

（2）StringDst 调用复制函数（以 StringSrc 为参数），观察复制结果并验证其正确性。

（3）StringDst 调用比较函数（以 StringSrc 为参数），观察比较结果并验证其正确性。

（4）StringDst 调用连接函数（以 StringSrc 为参数），观察连接结果并验证其正确性。

（5）StringDst 调用获取子串函数，观察截取结果并验证其正确性（读者需提供两个参数：开始截取的位置，以及要截取的长度）。

（6）StringDst 调用删除子串函数，观察删除结果并验证其正确性（读者需提供两个参数：删除的起始位置，以及要删除的长度）。

（7）StringDst 调用插入函数（以开始插入的位置为参数），观察插入结果并验证其正确性。

基础实验 3　实现 BF 算法

实验目的：考察能否正确运用顺序串的某些基本操作实现 BF 算法，并深入理解 BF 算法。

实验要求：创建名为 ex040501_03.py 的文件，在其中编写包含顺序串的某些基本操作及 BF 算法的类，具体步骤如下。

（1）创建主串 S 和模式串 T。

（2）在主串 S 中设置 BF 算法匹配的起始位置，并实现 BF 算法。

（3）主串 S 调用 BF 算法并以起始位置和模式串 T 为参数，验证 BF 算法的正确性。

基础实验 4　实现 KMP 算法

实验目的：考察能否正确运用顺序串的某些基本操作实现 KMP 算法，并理解 KMP 算法。

实验要求：创建名为 ex040501_04.py 的文件，在其中编写 KMP 算法，同时需实现模式串的 ListNextValue 函数（即修正后的），具体步骤如下。

（1）在主串 S 中设置 KMP 算法匹配的起始位置，并实现 ListNextValue 函数。

（2）调用 ListNextValue 函数，求解模式串 T 的 ListNextValue 函数值。

（3）主串 S 调用 KMP 算法并以起始位置、模式串 T 及模式串 T 的 ListNextValue 函数值为参数，验证 KMP 算法的正确性。

基础实验 5　数组和特殊矩阵

实验目的：考察能否正确运用数组及特殊矩阵。

实验要求：创建名为 ex040501_05.py 的文件，在其中编写九九乘法表，具体步骤如下。

（1）将 1～9 这 9 个数字分别存入两个一维数组中，如图 4-37 中的一维数组部分。

（2）将某一数字分别和剩余数字相乘，将其存入矩阵中，如图 4-37 中的矩阵部分。

（3）输出该矩阵。

基础实验 6　实现广义表的基本操作

实验目的：考察能否正确理解广义表的链式存储结构，以及对广义表相关操作的掌握程度。

实验要求：创建名为 ex040501_06.py 的文件，在其中编写结点的类和广义表的类，后者必须包含广义表的定义及基本操作，并通过以下步骤测试相关操作的实现是否正确。

（1）输入广义表的书写形式串（例如：“(b,(c,d,e))”）。

（2）以广义表的书写形式串为参数创建广义表 gl。

（3）遍历并输出广义表 gl。

（4）获取广义表 gl 的表头，对其进行遍历并输出。

（5）获取广义表 gl 的表尾，对其进行遍历并输出。

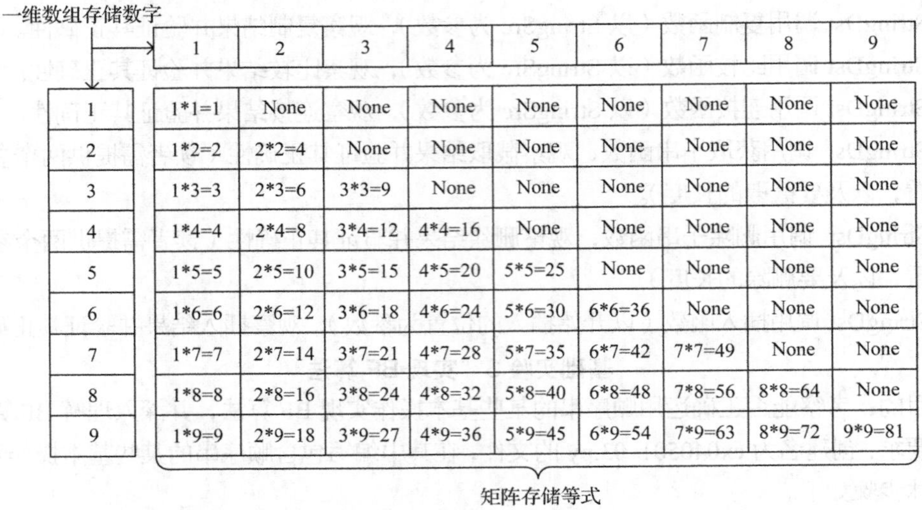

一维数组存储数字

	1	2	3	4	5	6	7	8	9
1	1*1=1	None	None	None	None	None	None	None	None
2	1*2=2	2*2=4	None	None	None	None	None	None	None
3	1*3=3	2*3=6	3*3=9	None	None	None	None	None	None
4	1*4=4	2*4=8	3*4=12	4*4=16	None	None	None	None	None
5	1*5=5	2*5=10	3*5=15	4*5=20	5*5=25	None	None	None	None
6	1*6=6	2*6=12	3*6=18	4*6=24	5*6=30	6*6=36	None	None	None
7	1*7=7	2*7=14	3*7=21	4*7=28	5*7=35	6*7=42	7*7=49	None	None
8	1*8=8	2*8=16	3*8=24	4*8=32	5*8=40	6*8=48	7*8=56	8*8=64	None
9	1*9=9	2*9=18	3*9=27	4*9=36	5*9=45	6*9=54	7*9=63	8*9=72	9*9=81

矩阵存储等式

图 4-37　九九乘法表

4.5.2　综合实验

综合实验 1　在主串中查找所有的模式串

实验目的：深入理解串模式匹配的设计思路，从而熟练地将其运用于具体的问题。

实验背景：在文本编辑器中有查找和替换的功能，当我们在一篇文章中多次用到了某一短语，但在修改文章时发现该短语需要被替换时，需要将文章中该短语全部查找出来，然后替换成另一短语。现要求以某篇文章为主串，某个短语为模式串，并使用串的基本操作和 KMP 算法进行模式匹配，找出该短语在文章中每次出现的位置并输出。

实验内容：创建名为 ex040502_01.py 的文件，并编写在主串中查找所有的模式串的程序，具体如下。

（1）打开名为 040502_01.txt 的文件。

（2）使用串的基本操作和 KMP 算法找出该文章中的所有“短语”。

（3）若查找成功，则在屏幕上输出该“短语”在文章中出现的位置。

（4）若查找失败，则输出相应提示。

实验提示：

（1）若待处理的文章太长，一次性读入有可能产生溢出，此时建议将待处理文件的内容分成多个部分存储在不同的文件中，每次处理某一个文件。

（2）由于文章较长时若只是输出“短语”在文章中的位置，则不便于我们在文章中定位到它，因此建议按该“短语”所在的行+该“短语”所在的列的形式输出“短语”在文章中出现的位置。

综合实验 2　比较两种模式匹配

实验目的：熟练掌握 BF 算法和 KMP 算法的设计思路，并深入分析 BF 算法和 KMP 算法。

实验背景：虽然 KMP 算法是对 BF 算法的改进，但在实际使用时，BF 算法匹配某些主串和模式串还是要优于使用 KMP 算法的。这是因为 KMP 算法在匹配失败后，模式串要想能够向右滑动较远的距离从而减少比较的次数，其前提是模式串中有一定长度的重复子串。当模式串中很少存在甚至不存在一定长度的重复子串时，KMP 算法的效率将会明显低于 BF 算法。现要求实现这两种算法，输入一个主串和模式串，同时执行 BF 算法和 KMP 算法，输出这两种算法的匹配次数或完成匹配的时间，并对结果进行分析。

实验内容：创建名为 ex040502_02.py 的文件，在其中编写比较两种模式匹配的程序，具体如下。

（1）实现 BF 算法和 KMP 算法（实现这两种算法时需改进，使其能够统计匹配的次数或执行的时间）。

（2）多次输入主串和模式串，分别对其执行改进后的 BF 算法和 KMP 算法，并分析匹配结果。

实验提示：

（1）输入的串应具有代表性（有重复子串和无重复子串的两种模式串）。

（2）为了增加结果的准确性，应多次输入具有代表性的主串和模式串。

综合实验 3　KMP 算法中的 ListNext 与 ListNextValue 值的对比

实验目的：理解 KMP 算法中将求解 ListNext 值改进为求解 ListNextValue 值的原因，并实现这两种求解方法，然后通过具体实例对比它们的优劣。

实验背景：若匹配时，在主串 S 的位置 i 和模式串 T 的位置 j 处匹配失败（即 S[i]!=T[j]）时，下次匹配前，模式串应移到位置 k（即 ListNext[j]=k），此时若有 T[k]==T[j]，则不需要将 T[k]与 S[i] 进行比较，而是直接调用下一 ListNext 值（即 ListNext[k]）。

由于对 ListNext 值的求解和 ListNextValue 值的求解是不同的，现要求以主串 S="aaabaaaab"和模式串 T="aaaab"为操作对象，分析调用 ListNext 值和 ListNextValue 值实现 KMP 算法的差异。

实验内容：创建名为 ex040502_03.py 的文件，在其中编写对比 KMP 算法中的 ListNext 与 ListNextValue 值的程序，具体如下。

（1）分别实现求解 ListNext 与 ListNextValue 值的方法。

（2）分别使用这两种方法实现 KMP 算法进行主串 S 和模式串 T 的匹配（实现时需输出每种方法的比较次数），分析两者的差异。

综合实验 4　对称矩阵的乘法

实验目的：熟练掌握对称矩阵压缩存储的方法，并能运用此方法进行实际应用。

实验背景：对于 $n \times n$ 阶的对称矩阵，其元素分布的特点是 a[i][j]==a[j][i]，在存储时，只需压缩存储对称矩阵的上三角或下三角元素，但两个对称矩阵相乘的结果不一定是对称矩阵。

实验内容：创建名为 ex040502_04.py 的文件，在其中编写两个对称矩阵相乘的程序，具体如下。

（1）分别输入对称矩阵的元素。

（2）将这两个矩阵相乘，所得结果存入一个 $n \times n$ 阶的矩阵中，输出存放结果的矩阵。

（3）若输出为上三角或下三角矩阵，则需对其进行压缩存储。

实验提示：

（1）可以分别用两个一维数组压缩存储两个对称矩阵的元素以节省存储空间。

（2）由于相乘的结果不一定是对称矩阵，因此应该使用一个 $n \times n$ 阶的矩阵存放其结果，若输出为上三角或下三角矩阵，则需使用一维数组对其进行压缩存储。

综合实验 5　广义表的相关操作

实验目的：熟练掌握广义表基本操作的设计思路，了解更多关于广义表的操作，如求深度和复制等，并实现这些操作。

实验背景：广义表的定义是递归的，组成广义表的元素既可以是原子也可以是广义表，在熟练掌握广义表的基本操作后，进一步实现广义表的其他操作，如求解广义表的深度和复制等。现要求先实现广义表 GL=(A)的创建和遍历等操作，再实现求解广义表的深度和复制的操作。其中A=(B,C,D)，B=(E,f)，C=(g)，D=(H,i,j)，E=(k,l)，H=(m)。

实验内容：创建名为 ex040502_05.py 的文件，在其中编写广义表的相关操作的程序，具体如下。

（1）实现广义表的相关操作，创建广义表 GL 并执行这些操作。

（2）根据输出的结果，判断相关操作实现的正确性。

习题

一、选择题

1. 现有两个串分别为 S1=“abdcefg”，S2=“MLHWP”，对其执行以下操作(S1.SubString(1,S2.GetStringLength()−1)).StringConcat(S1.SubString(S2.GetStringLength(),2))后的结果为（　　）。

A. bcdef　　B. bdcefg　　C. bcMLHWP　　D. bcdefef

2. 若串 S=“software”，则其子串和真子串数目分别为（　　）。

A. 8，7　　B. 37，36　　C. 36，35　　D. 9，8

3. 模式串 T=“ABABAABAB”的 ListNextValue 值为（　　）。

A. (0,1,0,1,0,4,1,0,1)　　B. (0,1,0,1,0,2,1,0,1)

C. (0,1,0,1,0,0,0,1,1)　　D. (0,1,0,1,0,1,0,1,1)

4. 设矩阵 A 是一个对称矩阵，为了节省存储空间，将其下三角部分按照行优先存放在一个一维数组 B[0,⋯,$n(n+1)/2-1$]中，对于下三角部分中任意一元素 a[i][j]（$i \geqslant j$），在一维数组 B 中的下标 k 的值为（　　）。

A. $i(i-1)/2+j-1$　　B. $i(i+1)/2+j$　　C. $i(i+1)/2+j-1$　　D. $i(i-1)/2+j$

5. 广义表((a,b,c,d))的表头和表尾分别为（　　）。

A. a，(b,c,d)　　B. a，((b,c,d))

C. (a,b,c,d)，表尾为空　　D. (a,b,c,d)，()

二、填空题

1. 两个串相等的充分必要条件为________________。

2. 模式串 T=“abababaab”的 ListNext 和 ListNextValue 函数值分别为________________。

3. 设有二维数组 A[30][50]，其元素长度为 4 字节，按行优先顺序存储，基地址为 100，则元素A[23][42]的存储地址为________________。

4. 稀疏矩阵常用的压缩存储方式为________________。

5. 广义表(a,(a,b),d,e,(i,j),k)的长度为______________，其表头和表尾分别为______________。

三、编程题

1. 编写算法，实现在顺序存储方式下用串 V 替换主串 S 中出现的所有与串 T 相等的子串。

2. 编写算法，实现在链式存储方式下用串 V 替换主串 S 中出现的所有与串 T 相等的子串。

3. 编写算法，用于计算某一模式串在某一主串中出现的次数，若没有出现，则返回零。

4. 一个文本串可用事先给定的字母表映射进行加密。例如，设字母映射表为

a	b	c	d	e	f	g	h	i	j	k	l	m	n	o	p	q	r	s	t	u	v	w	x	y	z
n	g	z	q	t	c	o	b	m	u	h	e	l	k	p	d	a	w	x	f	y	i	v	r	s	j

则串“weihonli”被加密为“vtmbpkem”。试写一算法，将输入的文本串进行加密后输出；另写一算法，将输入的已加密的文本串进行解密后输出。

5. 编写算法统计在输入的串中各个不同字符出现的次数（规定串中的合法字符为 a～z 这 26 个字母和 0～9 这 10 个数字），并将结果存入一个数组中。

6. 对于两个给定的整型 $m \times n$ 矩阵 A 和 B，编程实现将两个矩阵相加，并将相加的结果存入矩阵 A 中，最后输出矩阵 A。

7. 对于给定的稀疏矩阵 A，要求编写一个算法，采用三元组顺序表存储其中的非零元素，并计算其转置矩阵 B，要求 B 也采用三元组顺序表表示。

8. 编写一个算法，用于计算广义表的长度，例如，一个广义表为(a,(b,c),((d)))，其长度为 3。

9. 编写一个算法 gl.change(x,y)，用于将广义表 gl 中的所有原子 x 替换为 y。例如，广义表 gl=(a,(a)) 执行 change(a,b)后 gl=(b,(b))。

10. 广义表具有可共享性，因此我们可以考虑在遍历一个广义表时为每一个结点另增加一个标志域 mark，以记录该结点是否被访问过。一旦某一个共享的子表结点的 mark 域被标记为已访问，以后就不再访问它。请将 mark 域添加至广义表的结点定义中，并据此对广义表的基本操作进行修改。

05 第5章　树、二叉树和森林

到目前为止，我们已经学习了线性结构，如线性表、栈和队列等。从本章开始学习非线性结构。所谓非线性结构，是指在该结构中通常存在一个数据元素，有两个或两个以上的直接先驱（或直接后继）元素。我们将首先介绍树、二叉树和森林的基本概念、存储及应用，然后再介绍哈夫曼树的基本概念、哈夫曼算法及实现、哈夫曼编码及应用。

5.1　树

在本小节中，我们将介绍树的基本概念和存储方式，并详细阐述如何对树中的每一个结点进行遍历。

5.1.1　树的基本概念

树是一种十分重要的非线性结构，它在计算机领域应用十分广泛，如在编译程序或数据库程序中。图 5-1 所示为树的示例。

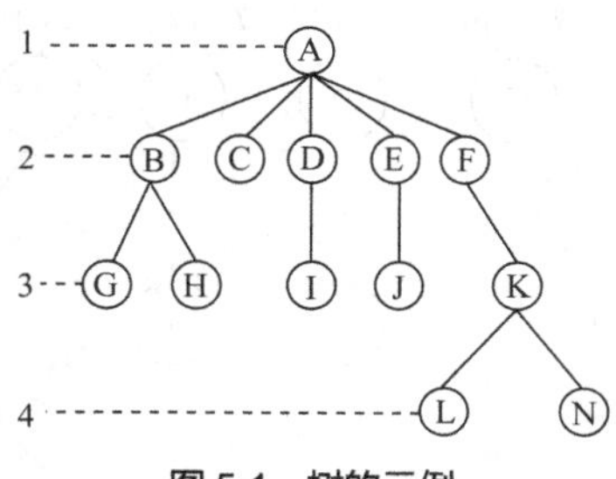

图 5-1　树的示例

与仅具有一个直接先驱结点和一个直接后继结点的线性结构不同，树形结构具有分支性和层次性两大特点。分支性是由于树中的一个或多个结点存在两个或两个以上直接后继结点。在图 5-1 中，结点 A 有分支 B、C、D、E 和 F；结点 B 有分支 G 和 H。层次性则由分支产生并呈现出来。在图 5-1 中，假定结点 A 所在的层次为 1，则其分支 B 所在的层次为 2，同理，B 的分支 G 所在的层次为 3。

接下来我们介绍一下树的基本概念。

1. 树的定义

树（Tree）是由有限个结点（即数据元素）组成的集合。若这一集合的结点个数为 0，则我们称该树为**空树**；否则称为**非空树**。图 5-2（a）所示为空树，图 5-2（b）所示为仅含根结点的非空树，图 5-2（c）所示为由 4 个结点组成的非空树。

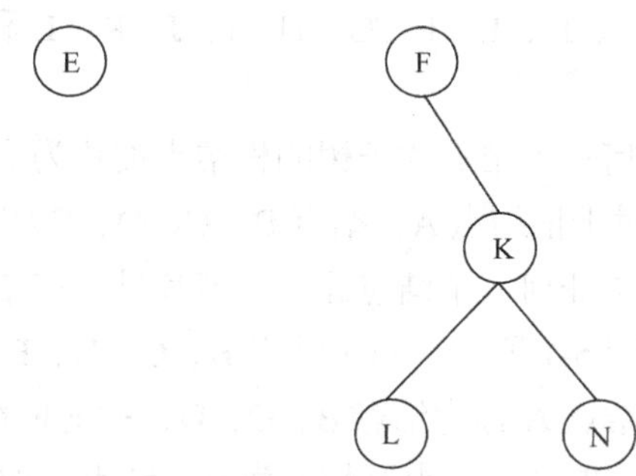

（a）空树　（b）仅含根结点的非空树　（c）包含4个结点的非空树

图 5-2　空树和非空树示例

任意一棵非空树有以下特点。

（1）有且仅有一个称为树根的结点（简称“根结点”），该结点无任何先驱结点（包括直接先驱结点和间接先驱结点）。

（2）当结点数目大于 1 时，除了树根结点之外的其余结点被分成若干个互不相交的有限集合，这些有限集合均可被视为一棵独立的树，它们均被称为树根结点的子树。

在图 5-1 中，结点 A 即为树根结点（简称“根结点”），我们将图 5-1 中的根结点及其与子树的连接线去掉后，其子树被分成 5 个互不相交的有限集合 T_1、T_2、T_3、T_4 和 T_5，如图 5-3 所示。从图中可以看出，去除根结点 A 后，这 5 个集合本身均为独立的树，同时也是结点 A 的子树。T_1 包括结点 B，G 和 H，其中根结点为 B；T_2 仅包括根结点 C；T_3 包括结点为 D 和 I，其中结点 D 为根结点；T4 包括结点 E 和 J，其中结点 E 为根结点；T_5 包括结点 F、K、L 和 N，其中结点 F 为根结点。

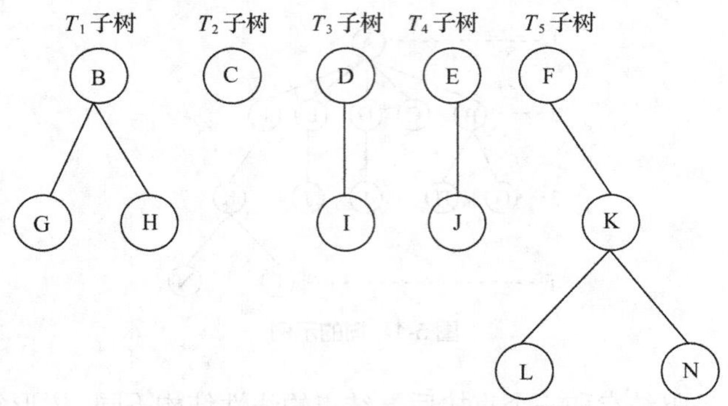

图 5-3　结点 A 的子树

2. **树的常用术语**

结点的度：每个结点拥有子树的数目被称为结点的度。例如：图 5-1 中的结点 A 的度为 5，结点 B 的度为 2，结点 C 的度为 0。

叶子结点：度为 0 的结点被称为叶子结点（也被称为“终端结点”）。图 5-1 中的结点 C、G 和 H 等结点均为叶子结点。

分支结点：度不为 0 的结点被称为分支结点（也被称为“非终端结点”）。图 5-1 中的结点 B 和 D 等结点均为分支结点。

树的度：树内所有结点度的最大值被称为该树的度。图 5-1 中的根结点 A 的度为 5，结点 B 的度为 2，依次计算结点 C、D、E、F、G、H、I、J、K、L 和 N 的度，最后取这 13 个结点度的最大值 5 为该树的度。

孩子结点：树中任何一个结点的子树的根结点被称为这一结点的孩子结点（也被称为“后继结点”）。如图 5-1 所示，对于根结点 A，结点 B、C、D、E 和 F 均为其孩子结点。

双亲结点：对于树中任何一个结点而言，若其具有孩子结点，那么我们把这个结点就称为其孩子结点的双亲结点。如图 5-1 所示，对于结点 B、C、D、E 和 F 中的任意一个结点，均为结点 A 的孩子结点，因此我们把结点 A 称为结点 B、C、D、E 或 F 的双亲结点。

兄弟结点：同一双亲的孩子结点互相称为兄弟结点。如图 5-1 所示，结点 B、C、D、E 和 F 互相称为兄弟结点。

祖先结点:从根结点到树中任一结点所经过的所有结点被称为该结点的祖先结点。如图 5-1 所示，从根结点 A 出发经过结点 F 和结点 K，最终抵达结点 L 处，即结点 A、F 和 K 均被称为结点 L 的祖先结点。

子孙结点：树中以某一结点为根的子树中任一结点均被称为该根结点的子孙结点。如图 5-1 所示结点 A 的子孙结点 F、K 和 N。

结点的层次：从根结点开始定义，通常将根结点设定为第一层，根的孩子结点为第二层，依次类推，若某一结点在第 i 层，则其子树的根在第 i+1 层。

堂兄弟结点：双亲在同一层次的结点被称为堂兄弟结点。如图 5-1 所示结点 G 和结点 I、J、K 互为堂兄弟，因为他们的双亲 B、D、E 和 F 在同一层次。

树的深度：树中所有结点的层次的最大值被称为该树的深度（也称为"高度"）。通常将空树的深度定义为 0，图 5-1 所示树的深度为 4。

有序树：如果将树中结点的各子树看成从左至右是有次序的，这些子树的位置是不能被改变的，则称该树为有序树。

无序树：如果将树中结点的各子树看成是无次序的，这些子树的位置是能够被改变的，则称该树为无序树。

如图 5-4 所示，将结点 B 和结点 C 的位置互换。对于有序树而言，图 5-4（a）和图 5-4（b）表示两棵不同的树；而对无序树而言，这两棵树为同一棵树。

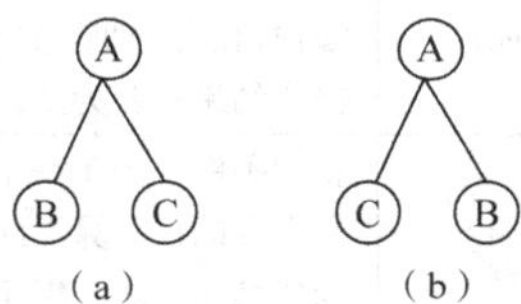

图 5-4　有序树和无序树

含有 3 个结点 A、B、C 的无序树和有序树分别如图 5-5（a）和图 5-5（b）所示。

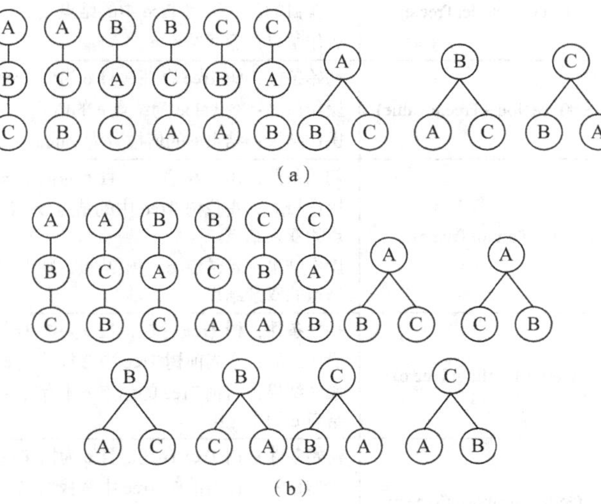

图 5-5　有三个结点的无序树和有序树

3. 树的逻辑结构

树的抽象数据类型的定义如表 5-1 所示。

表 5–1　　　　树的抽象数据类型的定义

<table>
<tr><td>数据对象</td><td colspan="3">具有相同特性的数据元素的集合 DateSet</td></tr>
<tr><td>数据关系</td><td colspan="3">若 DataSet 为空集，则称之为空树；若 DataSet 中的数据元素个数大于或等于 1，则必含有一个被称为根结点的元素（根结点无先驱结点），除根结点以外，剩余数据元素可被分为若干个互不相交的集合，这些集合均为根结点的子树，它们都是根结点的后继结点。这些子树仍满足上述关系</td></tr>
<tr><td rowspan="14">基本操作</td><td>序号</td><td>操作名称</td><td>操作说明</td></tr>
<tr><td>1</td><td>InitTree(Tree)</td><td>初始条件：无。
操作目的：初始化一棵树 Tree。
操作结果：返回一棵空树 Tree</td></tr>
<tr><td>2</td><td>DestoryTree(Tree)</td><td>初始条件：树 Tree 存在。
操作目的：销毁树 Tree。
操作结果：树 Tree 不存在</td></tr>
<tr><td>3</td><td>CreateTree(Tree)</td><td>初始条件：树 Tree 的定义存在。
操作目的：创建一棵树 Tree。
操作结果：树 Tree 创建完毕</td></tr>
<tr><td>4</td><td>ClearTree(Tree)</td><td>初始条件：树 Tree 存在。
操作目的：将树 Tree 置为空。
操作结果：树 Tree 被置空</td></tr>
<tr><td>5</td><td>IsTreeEmpty(Tree)</td><td>初始条件：树 Tree 存在。
操作目的：判断当前树 Tree 是否为空。
操作结果：若为空，则返回 True；否则返回 False</td></tr>
<tr><td>6</td><td>GetTreeDepth(Tree)</td><td>初始条件：树 Tree 存在。
操作目的：计算当前树 Tree 的深度。
操作结果：返回树 Tree 的深度</td></tr>
<tr><td>7</td><td>GetRoot(Tree)</td><td>初始条件：树 Tree 存在。
操作目的：获得树 Tree 的根结点。
操作结果：返回当前树 Tree 的根结点</td></tr>
<tr><td>8</td><td>GetTreeNode(Tree,e)</td><td>初始条件：树 Tree 存在，且 e 为树 Tree 的某个结点。
操作目的：获得树 Tree 中的结点 e。
操作结果：返回结点 e</td></tr>
<tr><td>9</td><td>SetTreeNode(Tree,e,value)</td><td>初始条件：树 Tree 存在，且 e 为树 Tree 的某个结点。
操作目的：令 value 为结点 e 的值。
操作结果：结点 e 的值被置为 value</td></tr>
<tr><td>10</td><td>GetParent(Tree,e)</td><td>初始条件：树 Tree 存在，且 e 为树 Tree 的某个结点。
操作目的：查找树 Tree 中的结点 e，若结点 e 不为根结点，取得该结点的双亲结点。
操作结果：若结点 e 为根结点，则无双亲结点，返回空；否则返回该结点的双亲结点</td></tr>
<tr><td>11</td><td>GetLeftSibling(Tree,e)</td><td>初始条件：树 Tree 存在，且 e 为树 Tree 的某个结点。
操作目的：在当前树 Tree 中查找结点 e 的左兄弟。
操作结果：若树 Tree 的结点 e 不存在左兄弟，则返回为空；否则返回结点 e 的左兄弟</td></tr>
<tr><td>12</td><td>GetRightSibling(Tree,e)</td><td>初始条件：树 Tree 存在，且 e 为树 Tree 的某个结点。
操作目的：在当前树 Tree 中查找结点 e 的右兄弟。
操作结果：若树 Tree 的结点 e 不存在右兄弟，则返回为空；否则返回结点 e 的右兄弟</td></tr>
<tr><td>13</td><td>GetLeftChild(Tree,e)</td><td>初始条件：树 Tree 存在，且 e 为树 Tree 的某个结点。
操作目的：在当前树 Tree 中查找结点 e 的左孩子。
操作结果：若树 Tree 的结点 e 无左孩子，返回为空；否则返回结点 e 的左孩子</td></tr>
</table>

续表

基本操作	14	GetRightChild(Tree,e)	初始条件：树 Tree 存在，且 e 为树 Tree 的某个结点。 操作目的：在当前树 Tree 中查找结点 e 的右孩子。 操作结果：若树 Tree 的结点 e 无右孩子，返回为空；否则返回结点 e 的右孩子
	15	InsertChild(Tree,e,i,NTree)	初始条件：树 Tree 存在，且 e 为树 Tree 的某个结点，NTree 不为空且不包含于 Tree，1≤i≤（e 的度+1）。 操作目的：在当前树 Tree 中插入 NTree 为 e 所指结点的第 i 棵子树。 操作结果：将 NTree 插至 Tree 中，使其成为结点 e 的第 i 棵子树
	16	DeleteChild(Tree,e,i)	初始条件：树 Tree 存在，e 为树 Tree 的某个结点，1≤i≤结点 e 的度。 操作目的：在当前树 Tree 中删除结点 e 的第 i 棵子树。 操作结果：删除 Tree 中结点 e 的第 i 棵子树
	17	VisitTree(TreeNode)	初始条件：结点 TreeNode 存在。 操作目的：访问 TreeNode 结点。 操作结果：输出结点 TreeNode
	18	TraverseTree(Tree)	初始条件：树 Tree 存在。 操作目的：访问 Tree 中每一个结点。 操作结果：通过调用 VisitTree()方法，按照某种次序访问 Tree 中每个结点

4. 树的表示

树的表示有很多种方法，常见的表示方法有树形结构表示法、凹入表示法（凹入法）、嵌套集合表示法（文氏图表示法）、广义表表示法（圆括号表示法或括号表示法），它们都能正确表达出树中结点间的关系。

（1）树形结构表示法。如图 5-6（a）所示，我们使用圆圈来代表结点，圆圈中的内容代表结点的数据，圆圈之间的连线代表结点间的关系。

（2）凹入表示法。如图 5-6（b）所示，我们使用条形来代表结点，孩子结点比双亲结点的条形长度更短，同一层的结点的条形长度相同。

（3）嵌套集合表示法。如图 5-6（c）所示，我们使用圆圈来代表树中的结点，圆圈间的隶属关系代表树中结点之间的关系，它们可以是包含关系，也可以是不包含关系。

（4）广义表表示法。如图 5-6（d）所示，我们使用括号中的元素来代表结点，括号间的包含关系来代表树中结点间的关系。

5. 树的性质

性质 1：树中的结点数目等于所有结点的度加 1。

证明：在一棵树中，除根结点以外，每个结点有且仅有一个双亲结点，由结点的度的定义我们可以知道，一棵树中除根结点以外的结点数目等于所有结点拥有子树的数目（即度数），所以树中的结点数目等于所有结点的度数加根结点，即为所有结点的度加 1，因此，性质 1 得证。

性质 2：度为 k 的树中第 i（$i \geqslant 1$）层上最多有 k^{i-1} 个结点。

证明：我们将使用数学归纳法来证明，步骤如下。

（1）由树的定义可知，每棵树有且仅有一个根结点，因此当 i=1 时，度为 k 的树中第 1 层上最多有 $k^{1-1}=k^0=1$ 个结点，即为根结点，该命题成立。

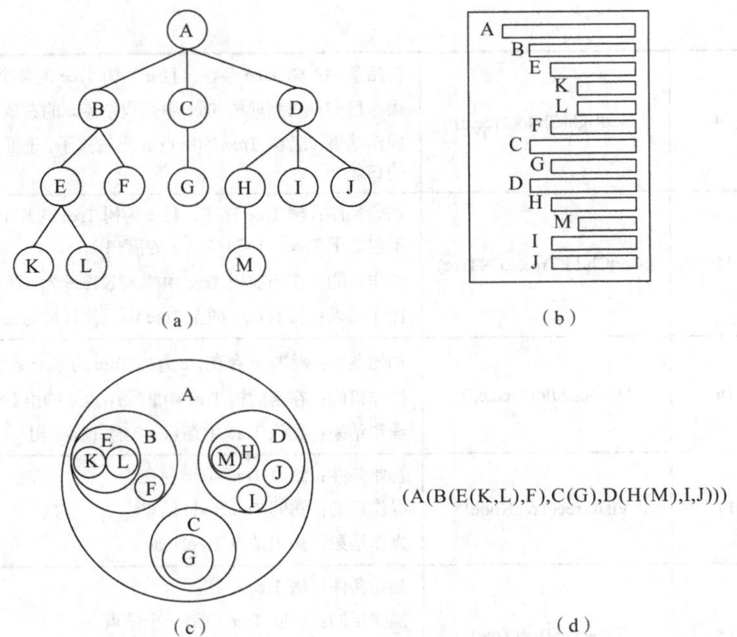

(a) (b) (c) (d)

图 5-6 树的 4 种表示方法

（2）假设对于第 i–1 层，上述命题成立，即第 i–1 层上至多有 k^{i-2} 个结点。对于第 i 层，因为树的度为 k，所以第 i 层上的最大结点数目为第 i–1 层上的最大结点数目的 k 倍，因此，第 i 层上的最大结点数目为 $k\times k^{i-2}=k^{i-1}$。

综合（1）与（2），命题成立。

性质 3：深度为 h 的 k 叉树（即度为 k 的树）最多有 $\dfrac{k^h-1}{k-1}$ 个结点。

证明：由性质 2 可知，对于 k 叉树而言，第 i 层上最多有 k^{i-1} 个结点。欲使深度为 h 的 k 叉树的结点数目达到最大，则对于 k 叉树的每一层而言，其结点数目为：

第 1 层为 k^0 个结点，第 2 层为 k^1 个结点，依次类推，第 h 层为 k^{h-1} 个结点。

因此深度为 h 的 k 叉树的结点数目为

$$\sum_{i=1}^{h} k^{i-1}=k^0+k^1+\cdots+k^{h-1}=\frac{k^h-1}{k-1}$$

注意：当一棵 k 叉树上的结点数达到最大值 $\dfrac{k^h-1}{k-1}$ 时，称为满 k 叉树。

性质 4：具有 n 个结点的 k 叉树的最小深度为 $\lceil \log_k(n(k-1)+1)\rceil$ [即为不小于 $\log_k(n(k-1)+1)$ 的最小整数]。

证明：假设具有 n 个结点的 k 叉树，其深度为 h，欲使具有 n 个结点的 k 叉树深度最小，则必须满足：对于该树的第 i 层，其结点数目等于 k^{i-1}（$1\leqslant i\leqslant h-1$）。

此时，从第 1 层到第 h–1 层总的结点数目为

$$\sum_{i=1}^{h-1} k^{i-1}=k^0+k^1+\cdots+k^{h-2}=\frac{k^{h-1}-1}{k-1}$$

（1）由于第 h 层至少有一个结点（否则深度就不为 h，而是 h-1），因此结点总数目 $n > \dfrac{k^{h-1}-1}{k-1}$。

对不等式 $n > \dfrac{k^{h-1}-1}{k-1}$ 两边均乘以 k-1 后再加 1，即可得

$$k^{h-1} < n(k-1)+1$$

对上式两边均进行对数运算后再加 1，即可得

$$h < \log_k(n(k-1)+1)+1$$

（2）由性质 2 可知，对于第 h 层而言，其结点数目最多为 k^{h-1}。所以从第 1 层到第 h 层总的结点数目最多为 $\dfrac{k^h-1}{k-1}$，而结点总数目 $n \leqslant \dfrac{k^h-1}{k-1}$。

对不等式 $n \leqslant \dfrac{k^h-1}{k-1}$ 两边均乘以 k-1 后再加 1，即可得

$$n(k-1)+1 \leqslant k^h$$

对上式两边均进行对数运算，即可得

$$\log_k(n(k-1)+1) \leqslant h$$

综合（1）与（2），即可得

$$\log_k(n(k-1)+1) \leqslant h < \log_k(n(k-1)+1)+1$$

由于 h 只能取整数，所以该 k 叉树的最小深度为 $\lceil \log_k(n(k-1)+1) \rceil$ [即为不小于 $\log_k(n(k-1)+1)$ 的最小整数]。

5.1.2　树的存储

我们在进行树的存储时，除了要考虑结点本身如何存储，还要考虑树作为一种典型的非线性结构，其结点间关系与线性结构不同而导致存储方式不同的问题。同线性表、栈和队列等线性结构类似，树的存储结构也有顺序存储和链式存储两种结构。下面将介绍树最为常用的 3 种存储方式，即双亲表示法、孩子表示法、孩子兄弟表示法。

1. 双亲表示法

双亲表示法在存储树的结点时，包括两个部分，结点值 data 和该结点的双亲 parent。我们在实现时使用一组连续的存储单元存储树的每一个结点及结点间的关系。以数组为例，对每个结点（除根结点外）的双亲 parent 我们并不直接存储其值，而是存储该值对应的数组下标，由于根结点没有双亲结点，需将其双亲 parent 设置为特殊值，如图 5-7（b）所示，我们将其设置为-1。

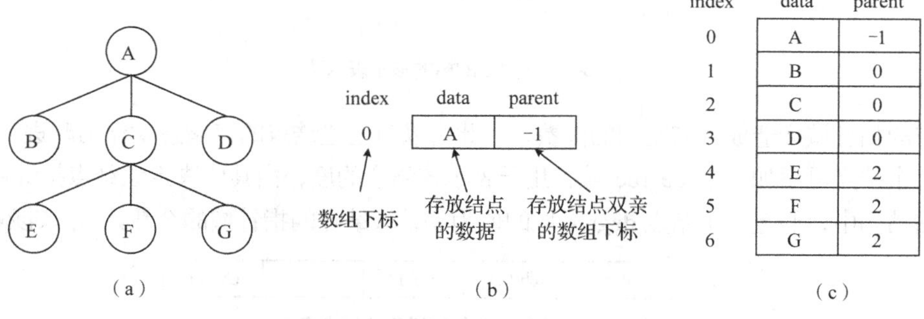

图 5-7　树的双亲表示法示例

我们定义了一个 TreeNode 类用于表示树的结点，实现代码如下。

```
##############################################################
#类名称：TreeNode
#类说明：定义树的一个结点
#类释义：分别有数据 data 和双亲结点位置 parent
##############################################################
class TreeNode(object):
    def __init__(self):
        self.data='#'
        self.parent='-1'
```

算法 5-1　树的双亲表示法结点的定义

对于图 5-7（a）中的树，其双亲表示法如图 5-7（c）所示。值为 A 的结点存储位置为 0，所以其孩子结点 B、C 和 D 的 parent 值被设置为 0，即表示指向值为 A 的结点。同理，结点 E、F 和 G 的 parent 值被设置为 2。

由于这种存储结构是以树中每一个结点（除根结点外）均只有唯一双亲结点为前提的，因此在使用数组实现这一存储结构时，我们会发现在求某个结点的双亲结点时很容易，但在求某个结点的孩子结点时，最坏情况下需要访问整个数组。

2. 孩子表示法

由于树中每个结点可能有多个孩子结点，因此在使用孩子表示法存储树的结点时，需要为每个结点设置多个指针域，指针域的个数取决于树的度。如图 5-8 所示，对于度为 n 的树，每个结点的数据域为 data，指针域为 pChild1, pChild2, ⋯, pChild$n$。

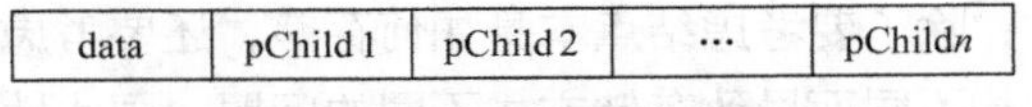

图 5-8　度为 n 的树的结点表示

事实上，由于树中很多结点的度均小于 n，因此这些结点在存储时会存在很多值为空的指针域，这将造成存储空间的浪费。图 5-9（a）所示树的度为 3，按照上述存储结构形成的多重链表如图 5-9（b）所示，其中存在很多值为空的指针域。

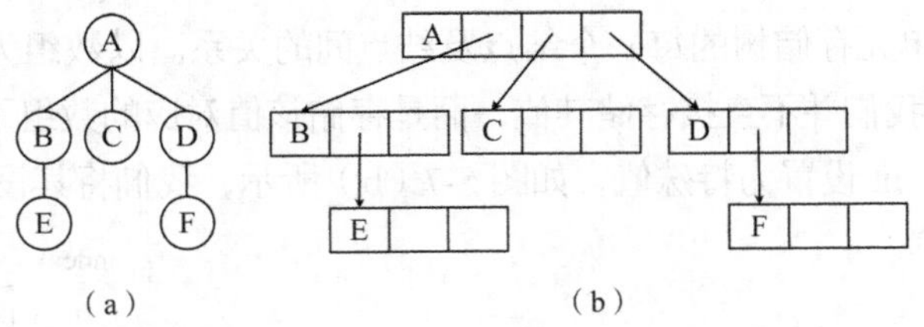

图 5-9　度为 3 的树的孩子表示法

由于空的指针域会造成存储空间的浪费，因此可以对上述结点的存储方式作出改进。如图 5-10 所示，为每个结点再添加一个 degree 域，用于表示该结点的度，由其值决定该结点指针域的个数。在这一存储结构中，假定一个结点 degree 域的值为 m，该结点的指针域的个数为 n，则必有 $n=m$。

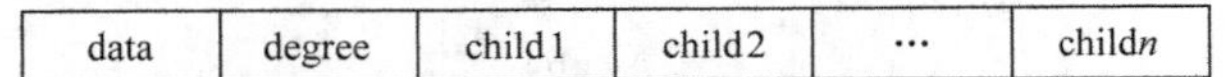

图 5-10　度为 n 的树改进后的结点表示

图 5-11（a）所示树的度为 3，按照上述存储结构形成的多重链表如图 5-11（b）所示，我们注意到此多重链表中无任何空指针。

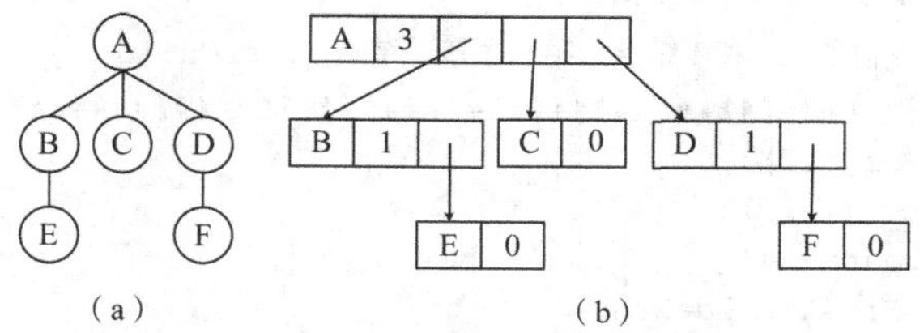

图 5-11　度为 3 的树改进的孩子表示法

改进后结点的存储方式尽管不存在值为空的指针域，但这一变长结构的设计会导致算法实现十分困难，同时还会给操作带来极大的不便。因此我们需要对其做进一步改进，具体如下。

这一改进的存储方式将树中结点及结点间的关系分为两部分表示：第一部分包括存储树中每一个结点的数据域及指向该结点的第一个孩子结点的指针域；第二部分则包括某一结点所有的孩子结点，其中每一个孩子结点均由两部分组成，这些孩子结点通过使用指针链接起来形成链表。

我们在实现第一部分时，使用 data 域来存储树的每一个结点值，并使用 pFirstChild 域来存储该结点的第一个孩子结点的地址，我们通常使用数组来存储上述存储结构的这一部分。在实现第二部分时，每一个孩子结点由 index 域和 NextSibling 域组成。任一孩子结点 index 域的值均为该孩子结点在数组中的下标，而 NextSibling 域的值则为 pFirstChild 域中的值所指结点的某一个兄弟结点，我们通常使用单链表来存储上述存储结构的这一部分。

对于图 5-12（a）中的树，值为 A 的结点有两个孩子结点，分别是值为 B 和值为 C 的结点，它们互为兄弟结点。在使用孩子表示法存储该树时，其结构如图 5-12（b）所示。结点 B 在数组中下标为 1，因此它在孩子链表中结点的 index 域值为 1；结点 C 在数组中下标为 2，因此它在孩子链表中结点的 index 域值为 2。

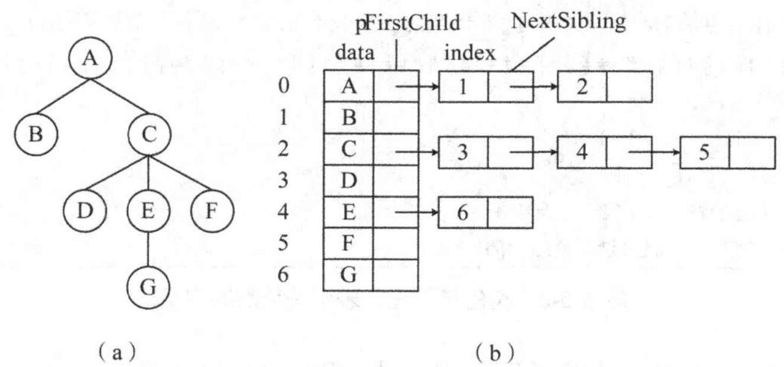

图 5-12　树的孩子表示法示例

孩子表示法的优点是查找某结点的孩子结点很方便，其缺点是在查找某个结点的双亲结点时，最坏情况下需要访问所有的数组元素及链表结点。

我们在实现孩子表示法时定义了两个类，一个是 TreeNode 类，它用于表示树的结点；另一个是 ChildNode 类，它用于表示组成孩子链表的孩子结点。它们的实现代码如下。

```
##################################################################
#类名称：TreeNode
#类说明：定义树的根结点
#类释义：分别有结点值 data 和该结点的第一个孩子结点 FirstChild
##################################################################
class TreeNode(object):
    def __init__(self):
        self.data='#'
        self.FirstChild=None
##################################################################
#类名称：ChildNode
#类说明：定义一个孩子结点
#类释义：包括该结点在数组中的下标 index 及其某一个兄弟结点 NextSibling
##################################################################
class ChildNode(object):
    def __init__(self):
        self.index=-1
        self.NextSibling=None
```

算法 5-2　树的孩子表示法结点的定义

3. 孩子兄弟表示法

孩子兄弟表示法（又被称为二叉树表示法或二叉链表表示法）在存储树的结点时，每个结点包含 3 个部分，即结点值 data、指向该结点的第一个孩子结点的结点域 pFirstChild、指向该结点的下一个兄弟结点的结点域 pNextSibling。

我们定义了一个 TreeNode 类用于表示树的结点，实现代码如下。

```
##################################################################
#类名称：TreeNode
#类说明：定义树的一个结点
#类释义：分别有结点值 data、第一个孩子结点 pFirstChild 和下一个兄弟结点 pNextSibling
##################################################################
class TreeNode(object):
    def __init__(self):
        self.data='#'
        self.pFirstChild=None
        self.pNextSibling=None
```

算法 5-3　树的孩子兄弟表示法结点的定义

对于图 5-13（a）所示的树，其孩子兄弟表示法如图 5-13（b）所示，值为 A 的结点的第一个孩子结点是值为 B 的结点，因此它的 pFirstChild 指向值为 B 的结点，由于其为根结点，因此无兄弟结点，所以它的 pNextSibling 域为空。

孩子兄弟表示法的优点是便于查找结点的孩子结点和兄弟结点，而其缺点和孩子表示法的缺点一样，即从当前结点查找双亲结点比较困难。从树的根结点开始查找某一结点的双亲结点，最坏情况下需要访问树中的所有结点。在该表示法中，若为每个结点增设一个 parent 域，用于记录其双亲结点，则同样能方便的实现查找双亲结点的操作。

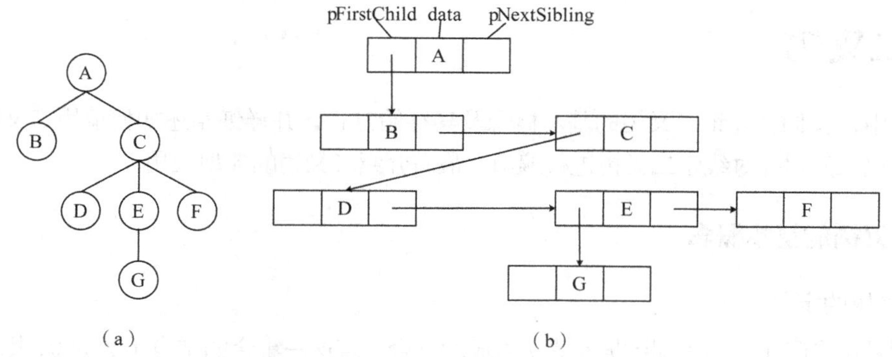

图 5-13　树的孩子兄弟表示法示例

5.1.3　树的遍历

树的遍历是指按某种方式访问树中的所有结点，并且要求树中每一个结点只被访问一次。树的遍历方式主要有先序（根）遍历、后序（根）遍历和层次遍历。

1. **先序遍历**

先序遍历的过程如下。

（1）访问根结点。

（2）按照从左到右的顺序先序遍历根结点的每一棵子树。

图 5-14 所示的树，采用先序遍历得到的结点序列为 ABEKLFCGDHMIJ。

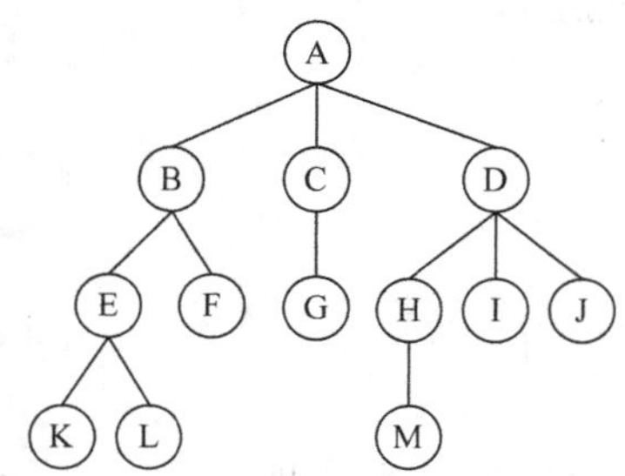

图 5-14　树的示例

2. **后序遍历**

后序遍历的过程如下。

（1）按照从左到右的顺序后序遍历根结点的每一棵子树。

（2）访问根结点。

图 5-14 所示的树，采用后序遍历得到的结点序列为 KLEFBGCMHIJDA。

3. **层次遍历**

层次遍历的过程是从根结点开始，按结点所在的层次从小到大、同一层从左到右的次序访问树中的每一个结点。

图 5-14 所示的树，采用层次遍历得到的结点序列为 ABCDEFGHIJKLM。

5.2 二叉树

在本节中，我们将介绍二叉树的基本概念及其存储方式，并详细阐述如何遍历二叉树，接着介绍如何线索化二叉树并对线索二叉树进行遍历，最后介绍二叉树的典型应用。

5.2.1 二叉树的基本概念

1. 二叉树的定义

二叉树是由有限个结点（即数据元素）组成的集合。若这一集合的结点个数为 0，则我们称该集合为**空二叉树**；否则称为**非空二叉树**。在任意一棵非空二叉树中，有且仅有一个被称为树根的结点（简称“根结点”），该结点无任何先驱结点（包括直接先驱结点和间接先驱结点）；当结点数目大于 1 时，除了树根结点之外的其余结点可分成两个互不相交的有限集合，这些有限集合均可被视为一棵独立的二叉树，它们均被称为根结点的子树，其中第一个有限集合被称为左子树，第二个有限集合被称为右子树。

根据上述二叉树的递归定义可知任意一棵非空二叉树具有以下特点。

（1）二叉树中每个结点至多只有两棵子树，因此二叉树中的每个结点的度最大为 2（即二叉树中不存在度大于 2 的结点）。

（2）二叉树中每一个结点的两棵子树有左、右之分，其次序不能颠倒。

根据二叉树的定义及其特点，可以得到二叉树的 5 种基本形态，如图 5-15 所示。任何复杂的二叉树都可以看成是这 5 种基本形态的组合。

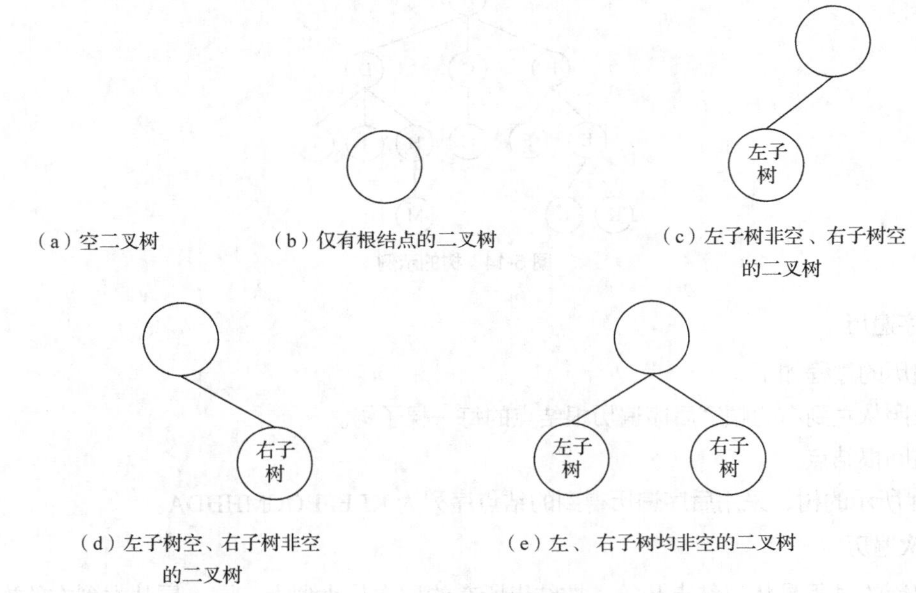

（a）空二叉树　（b）仅有根结点的二叉树　（c）左子树非空、右子树空的二叉树

（d）左子树空、右子树非空的二叉树　（e）左、右子树均非空的二叉树

图 5-15　二叉树的 5 种基本形态

2. 二叉树的相关术语

之前介绍的有关树的术语都适用于二叉树，我们在接下来介绍的内容中将用到这些术语。

满二叉树：在一棵二叉树中，假设所有分支结点都有左子树和右子树，并且所有的叶子结点只能在最大层次出现，则称这样的二叉树为满二叉树。图 5-16（a）所示为一棵满二叉树，而图 5-16（b）所示为一棵非满二叉树。

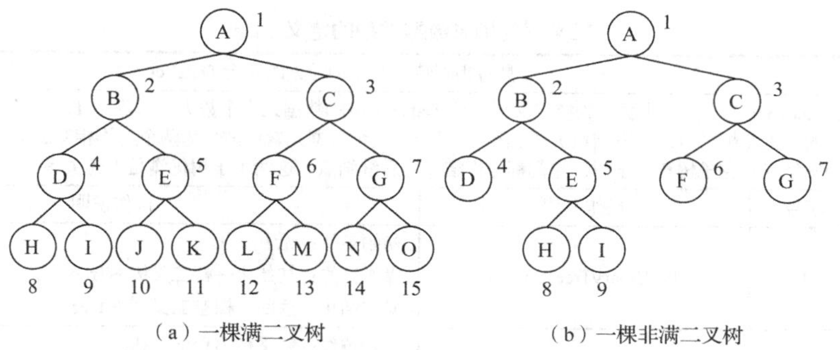

图 5-16　满二叉树和非满二叉树

由树的性质 3[深度为 h 的 k 叉树（即度为 k 的树）最多有 $\frac{k^h-1}{k-1}$ 个结点]可知，对于二叉树，k 为 2，因此深度为 h 的二叉树最多的结点数为

$$\frac{k^h-1}{k-1}=\frac{2^h-1}{2-1}=2^h-1$$

对于一棵深度为 h 的二叉树，若其结点数目为 2^h-1，我们将其称为满二叉树。

完全二叉树：对一棵具有 n 个结点且深度为 k 的二叉树，从其根结点开始，按照结点所在的层次从小到大、同一层从左到右的次序进行编号，如果树中的每一个结点都与深度为 k 的满二叉树中的同一位置上的结点具有相同的编号，则称其为完全二叉树。

由上述定义，我们可以发现完全二叉树具有如下特点。

（1）叶子结点集中在最下面两层。

（2）对任一结点，若其右子树的深度为 h，则其左子树的深度为 h 或 $h+1$。

对比满二叉树和完全二叉树，我们可以发现满二叉树是完全二叉树的一种特例。因此，如果一棵二叉树是满二叉树，那么它必定是一棵完全二叉树；反之，如果一棵二叉树是完全二叉树，它却不一定是一棵满二叉树。图 5-17（a）所示的树为一棵完全二叉树，但它不是一棵满二叉树。

注意：如果一棵二叉树不是完全二叉树，那么它绝对不是一棵满二叉树。图 5-17（b）为一棵非完全二叉树，因此它不是一棵满二叉树。

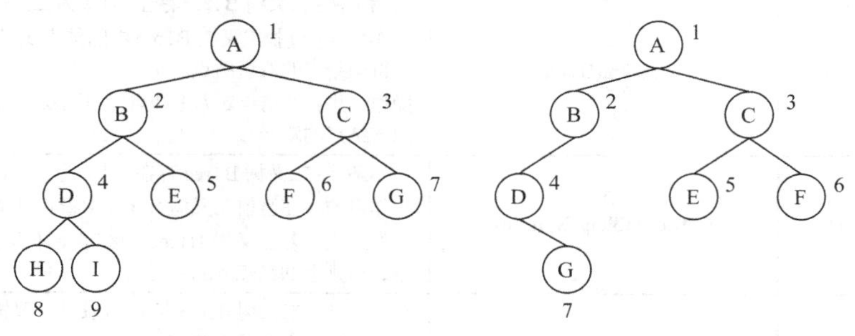

图 5-17　完全二叉树和非完全二叉树

3. 二叉树的逻辑结构

二叉树的抽象数据类型的定义如表 5-2 所示，实现时根据二叉树的存储结构来确定实际参数的名称和数据类型。

表 5-2　　二叉树的抽象数据类型的定义

数据对象	具有相同特性的数据元素的集合 DateSet		
数据关系	若 DataSet 为空集，则称之为空二叉树；若 DataSet 中的数据元素个数大于或等于 1，则必含有一个被称为根结点的元素（根结点无先驱结点），除根结点以外，剩余数据元素可被分为两个互不相交的集合，这两个集合分别为根结点的左子树和右子树，它们都是根结点的后继结点。这两个子树仍满足上述关系		
基本操作	序号	操作名称	操作说明
	1	InitBinaryTree(BTree)	初始条件：无。 操作目的：初始化一棵二叉树 BTree。 操作结果：返回一棵空二叉树 BTree
	2	DestroyBinaryTree(BTree)	初始条件：二叉树 BTree 存在。 操作目的：销毁二叉树 BTree。 操作结果：二叉树 BTree 不存在
	3	CreateBinaryTree(BTree)	初始条件：二叉树 BTree 的定义存在。 操作目的：创建一棵二叉树 BTree。 操作结果：二叉树 BTree 创建完毕
	4	ClearBinaryTree(BTree)	初始条件：二叉树 BTree 存在。 操作目的：将二叉树 BTree 置为空。 操作结果：二叉树 BTree 被置空
	5	IsBinaryTreeEmpty(BTree)	初始条件：二叉树 BTree 存在。 操作目的：判断当前二叉树 BTree 是否为空。 操作结果：若为空则返回 True；否则返回 False
	6	GetBinaryTreeDepth(BTree)	初始条件：二叉树 BTree 存在。 操作目的：计算当前二叉树 BTree 的深度。 操作结果：返回二叉树 BTree 的深度
	7	GetRoot(BTree)	初始条件：二叉树 BTree 存在。 操作目的：获得二叉树 BTree 的根结点。 操作结果：返回当前二叉树 BTree 的根结点
	8	GetBinaryTreeNode(BTree,e)	初始条件：二叉树 BTree 存在，且 e 为二叉树 BTree 的某个结点。 操作目的：获得二叉树 BTree 中的结点 e。 操作结果：返回结点 e
	9	SetBinaryTreeNode(BTree,e,value)	初始条件：二叉树 BTree 存在，且 e 为二叉树 BTree 的某个结点。 操作目的：令 value 为结点 e 的值。 操作结果：结点 e 的值被置为 value
	10	GetParent(BTree,e)	初始条件：二叉树 BTree 存在，且 e 为二叉树 BTree 的某个结点。 操作目的：查找二叉树 BTree 中的结点 e，若结点 e 不为根结点，取得该结点的双亲结点。 操作结果：若结点 e 为根结点，则无双亲结点，返回空；否则返回该结点的双亲
	11	GetLeftSibling(BTree,e)	初始条件：二叉树 BTree 存在，且 e 为二叉树 BTree 的某个结点。 操作目的：在当前二叉树 BTree 中查找某个结点 e 的左兄弟。 操作结果：若二叉树 BTree 的结点 e 不存在左兄弟，则返回为空；否则返回结点 e 的左兄弟
	12	GetRightSibling(BTree,e)	初始条件：二叉树 BTree 存在，且 e 为二叉树 BTree 的某个结点。 操作目的：在当前二叉树 BTree 中查找某个结点 e 的右兄弟。 操作结果：若二叉树 BTree 的结点 e 不存在右兄弟，则返回为空；否则返回结点 e 的右兄弟

续表

	序号	操作名称	操作说明
基本操作	13	GetLeftChild(BTree,e)	初始条件：二叉树 BTree 存在，且 e 为二叉树 BTree 的某个结点。 操作目的：在当前二叉树 BTree 中查找某个结点 e 的左孩子。 操作结果：若二叉树 BTree 的结点 e 无左孩子，返回为空；否则返回结点 e 的左孩子
	14	GetRightChild(BTree,e)	初始条件：二叉树 BTree 存在，且 e 为二叉树 BTree 的某个结点。 操作目的：在当前二叉树 BTree 中查找某个结点 e 的右孩子。 操作结果：若二叉树 BTree 的结点 e 无右孩子，返回为空；否则返回结点 e 的右孩子
	15	InsertChild(BTree,e,LR,NTree)	初始条件：二叉树 BTree 存在且右子树为空，e 为二叉树 BTree 的某个结点，NTree 非空且不包含于二叉树 BTree，LR 的值为 0 或 1。 操作目的：在当前二叉树 BTree 中插入 NTree 为 e 的左子树或右子树。 操作结果：当 LR 为 0 时，将 NTree 插至 BTree 中，使其成为结点 e 的左子树；当 LR 为 1 时，将 NTree 插至 BTree 中，使其成为结点 e 的右子树
	16	DeleteChild(BTree,e,LR)	初始条件：二叉树 BTree 存在，e 为二叉树 BTree 的某个结点，LR 的值为 0 或 1。 操作目的:在当前二叉树 BTree 中删除结点 e 的左子树或右子树。 操作结果：当 LR 为 0 时，删除 BTree 中结点 e 的左子树；当 LR 为 1 时，删除 BTree 中结点 e 的右子树
	17	PreOrder(BTree)	初始条件：二叉树 BTree 存在。 操作目的：访问二叉树 BTree 中的每一个结点。 操作结果：通过调用 VisitBinaryTreeNode()方法，先序遍历二叉树 BTree 中的每一个结点
	18	InOrder(BTree)	初始条件：二叉树 BTree 存在。 操作目的：访问二叉树 BTree 中的每一个结点。 操作结果：通过调用 VisitBinaryTreeNode()方法，中序遍历二叉树 BTree 中的每一个结点
	19	PostOrder(BTree)	初始条件：二叉树 BTree 存在。 操作目的：访问二叉树 BTree 中的每一个结点。 操作结果：通过调用 VisitBinaryTreeNode()方法，后序遍历二叉树 BTree 中的每一个结点
	20	LevelOrder(BTree)	初始条件：二叉树 BTree 存在。 操作目的：访问二叉树 BTree 中的每一个结点。 操作结果：通过调用 VisitBinaryTreeNode()方法，层次遍历二叉树 BTree 中的每一个结点
	21	VisitBinaryTreeNode(BinaryTreeNode)	初始条件：结点 BinaryTreeNode 存在。 操作目的：访问结点 BinaryTreeNode。 操作结果：输出结点 BinaryTreeNode

4. 二叉树的性质

性质 1：在二叉树的第 i 层上至多有 2^{i-1} 个结点（$i \geqslant 1$）。

证明：我们将使用数学归纳法来证明，步骤如下。

（1）由二叉树的定义可知，每棵二叉树有且仅有一个根结点，且二叉树的度最大为 2，因此当 $i=1$ 时，二叉树中第 1 层上最多有 $2^{1-1}=2^0=1$ 个结点，即为根结点，该命题成立。

（2）假设对于第 $i-1$ 层，上述命题成立，即第 $i-1$ 层上至多有 $2^{(i-1)-1}=2^{i-2}$ 个结点。对于第 i 层，因为二叉树的度最大为 2，所以第 i 层上的最大结点数目为第 $i-1$ 层上的最大结点数目的 2 倍，因此，第 i 层上的最大结点数目为 $2\times2^{i-2}=2^{i-1}$。

综合（1）和（2），命题成立。

性质 2：深度为 k 的二叉树至多有 2^k-1 个结点（$k \geqslant 1$）。

证明：由性质 1 可知，对于二叉树而言，第 i 层上最多有 2^{i-1} 个结点。欲使深度为 k 的二叉树的结点数目达到最大，则对于二叉树的每一层而言，其结点数目为：第 1 层为 2^0 个结点，第 2 层为 2^1 个结点，依次类推，第 k 层为 2^{k-1} 个结点。

因此深度为 k 的二叉树的结点数目为

$$\sum_{i=1}^{k} 2^{i-1} = 2^0 + 2^1 + \cdots + 2^{k-1} = 2^k - 1$$

性质 3：对任何一棵二叉树，如果其叶子结点的个数为 n_0，度为 2 的结点个数为 n_2，则 $n_0=n_2+1$。

证明：设二叉树中结点的总数目为 n，度为 1 的结点数目为 n_1。

因为二叉树中的结点最多有两棵子树，即二叉树中结点的度小于或等于 2，所以二叉树中结点的总数目为

$$n = n_0 + n_1 + n_2$$

由结点的度的定义我们可以知道，一棵树中除根结点以外的结点数目等于所有结点拥有子树的数目（即度数），所以树中的结点数目等于所有结点的度数加根结点，即为所有结点的度加 1。因此有

$$n = n_1 + 2 * n_2 + 1$$

综合上述两个等式可得

$$n_0 = n_2 + 1$$

性质 4：具有 n 个结点的完全二叉树的深度为 $\lfloor \log_2 n \rfloor + 1$ 或 $\lceil \log_2(n+1) \rceil$。（$\lfloor \log_2 n \rfloor$ 即为不大于 $\log_2 n$ 的最大整数，$\lceil \log_2(n+1) \rceil$ 即为不小于 $\log_2(n+1)$ 的最小整数）

证明：假设具有 n 个结点的完全二叉树，其深度为 h，欲使具有 n 个结点的完全二叉树深度最小，则必须满足：对于该树的第 i 层，其结点数目等于 2^{i-1}（$1 \leqslant i \leqslant h-1$）。

此时，从第 1 层到第 $h-1$ 层总的结点数目为

$$\sum_{i=1}^{h-1} 2^{i-1} = 2^0 + 2^1 + \cdots + 2^{h-2} = 2^{h-1} - 1$$

（1）由于第 h 层至少有一个结点（否则深度就不为 h，而是 $h-1$），因此上述完全二叉树的结点总数目 $n \geqslant (2^{h-1}-1)+1$，即 $n \geqslant 2^{h-1}$。

对不等式 $n \geqslant 2^{h-1}$ 两边取对数，即可得：

$$\log_2 n \geqslant h-1$$

对上式两边加 1，即可得

$$h \leqslant \log_2 n + 1$$

（2）由性质 1 可知，对于第 h 层而言，其结点数目最多为 2^{h-1}，因此上述完全二叉树的结点总数目 $n \leqslant (2^{h-1}-1)+2^{h-1}$，即 $n \leqslant 2^h-1$。

对不等式 $n \leqslant 2^h-1$ 两边加 1，即可得

$$n+1 \leqslant 2^h$$

对上式两边取对数，即可得

$$\log_2(n+1) \leqslant h$$

综合（1）和（2），即可得

$$\log_2(n+1) \leqslant h \leqslant \log_2 n + 1$$

由于 h 只能取整数，所以该完全二叉树的最小深度为 $\lfloor \log_2 n \rfloor +1$ 或 $\lceil \log_2(n+1) \rceil$。

性质 5：在一棵有 n 个结点的完全二叉树中，我们按照层次从小到大、同一层从左到右的次序进行编号，对树中任一编号为 i（$1 \leqslant i \leqslant n$）的结点有以下结论：如果 $2i > n$，则编号为 i 的结点无左孩子，即编号为 i 的结点为叶子结点；否则其左孩子是编号为 $2i$ 的结点。如果 $2i+1 > n$，则编号为 i 的结点无右孩子；否则其右孩子是编号为 $2i+1$ 的结点。

证明：我们将使用数学归纳法来证明，步骤如下。

（1）由完全二叉树的定义可知，当 $i=1$ 时，如果 $2i=2 \leqslant n$，编号为 1 的结点的左孩子存在且其编号为 2；反之，如果 $2i=2 > n$，编号为 1 的结点无左孩子。如果 $2i+1=3 \leqslant n$，编号为 1 的结点的右孩子存在且编号为 3；反之，如果 $2i+1=3 > n$，编号为 1 的结点无右孩子。

（2）假设对于编号为 $i=j$ 的结点，命题成立。即如果 $2j \leqslant n$，编号为 j 的结点（以下称为结点 j）的左孩子存在且编号为 $2j$；如果 $2j > n$，结点 j 无左孩子。如果 $2j+1 \leqslant n$，结点 j 的右孩子存在且其编号为 $2j+1$；如果 $2j+1 > n$，结点 j 无右孩子。

由完全二叉树的定义可知，当 $i=j+1$ 时，若编号为 $j+1$ 的结点的左孩子存在，则其编号一定等于结点 j 的右孩子的编号加 1，即为 $(2j+1)+1=2j+2=2(j+1)$，此时 $2(j+1) \leqslant n$；反之，如果 $2(j+1) > n$，则编号为 $j+1$ 的结点无左孩子。

同理，由完全二叉树的定义可知，当 $i=j+1$ 时，若编号为 $j+1$ 的结点的右孩子存在，则它的编号一定等于其兄弟结点（即编号为 $j+1$ 的结点的左孩子）的编号加 1，即为 $2(j+1)+1$，此时 $2(j+1)+1 \leqslant n$；反之，如果 $2(j+1)+1 > n$，则编号为 $j+1$ 的结点无右孩子。

综合（1）和（2），命题成立。

性质 6：在一棵有 n 个结点的完全二叉树中，我们按照层次从小到大、同一层从左到右的次序进行编号，对树中任一编号为 $i(1 \leqslant i \leqslant n)$ 的结点有以下结论：如果 $i=1$，则编号为 i 的结点是二叉树的根结点，无双亲；如果 $i>1$，则编号为 i 的结点的双亲结点是编号为 $\lfloor i/2 \rfloor$ 的结点（$\lfloor i/2 \rfloor$ 即为不大于 $i/2$ 的最大整数）。

证明：当 $i=1$ 时，二叉树中仅有一个结点，因此它是根结点，根据二叉树的定义，根结点无双亲结点。

由性质 5 可知，对于编号为 i 的结点，若其左孩子和右孩子存在，它们的编号分别为 $2i$ 和 $2i+1$。因此，如果 $i>1$，则编号为 i 的结点的双亲结点是编号为 $\lfloor i/2 \rfloor$ 的结点。

5.2.2　二叉树的存储

我们在存储二叉树时，除了要考虑结点本身如何存储，还要考虑作为一种非线性结构，如何存储其结点间的关系。二叉树的存储结构可分为顺序存储和链式存储两种，下面将详细介绍这两种结构。

1. 二叉树的顺序存储结构

在顺序存储结构中，我们从二叉树的根结点开始，按照层次从小到大、同一层从左到右，将所有结点依次存储在一组地址连续的存储单元中。为了实现这一存储结构，我们定义了一个 SequenceBinaryTree 类用于存储二叉树的每一个结点，实现代码如下。

```
#############################################
#类名称：SequenceBinaryTree
#类说明：定义一棵顺序存储的二叉树
```

```
#类释义：包含存储二叉树每一个结点的数组
##############################################
class SequenceBinaryTree(object):
    def __init__(self):
        self.SequenceBinaryTree=[]
```

算法 5-4　二叉树的顺序存储结构类的定义

以数组为例，对于一棵完全二叉树，从根结点开始，按照层次从小到大、同一层从左到右的顺序对其中的结点进行编号后，按照编号从小到大依次将结点存入数组中，即将编号为 i 的结点存储在数组下标为 i–1 的分量中。图 5-18（b）所示为图 5-18（a）中完全二叉树的顺序存储结构。

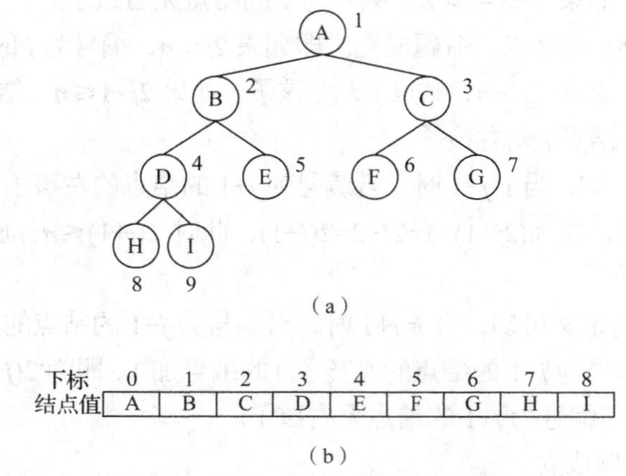

图 5-18　一棵完全二叉树及其顺序存储结构

若完全二叉树中某一结点存在双亲结点、左孩子和右孩子，假定该结点在数组中的下标已知，根据二叉树的性质 5 和性质 6，我们可以方便地求得该结点的双亲结点、左孩子和右孩子在数组中的下标。如图 5-18（a）所示的完全二叉树，结点 B 的双亲结点、左孩子和右孩子分别是结点 A、结点 D 和结点 E。如图 5-18（b）所示，结点 B 在数组中的下标是 1，对该下标加 1 即可得到该结点在二叉树中的编号为 2，根据二叉树的性质 5，结点 B 的左孩子的编号为 2*2=4，所以结点 B 的左孩子在数组中的下标是 3，同理，结点 B 的右孩子的编号为 2*2+1=5，所以结点 B 的右孩子在数组中的下标是 4。根据二叉树的性质 6，结点 B 的双亲结点的编号为$\lfloor 2/2 \rfloor$=1，所以结点 B 的双亲结点在数组中的下标是 0。

上述存储结构不能够很好地反应出非完全二叉树中结点之间的逻辑关系，需做以下改进，即参照完全二叉树，增加一些实际并不存在的空结点，并将这些空结点的值置为#，然后再按照完全二叉树的编号方式对改进后的二叉树进行编号，并存储在数组中。

将图 5-19（a）所示的二叉树按上述方式改进之后，即可得到图 5-19（b）所示的完全二叉树，再将其按照顺序存储结构存入数组，如图 5-19（c）所示。

在采用顺序存储结构存储一棵非完全二叉树时，由于需要增加一些空结点，从而导致了存储空间的浪费。在最坏情况下，一棵深度为 k 且只有 k 个结点的二叉树需要为其分配 2^k–1 个存储单元，即其存储空间的利用率仅为$\left(\frac{k}{2^k-1}\right)$*100%，由此可见，顺序存储结构不适用于非完全二叉树。图 5-20（a）所示为一棵深度是 3 且只有 3 个结点的二叉树，图 5-20（b）所示为该二叉树的顺序存储结构，在为其分配的 7 个存储单元中，仅有 3 个存储单元用于存储二叉树的结点，空间浪费超过 50%。

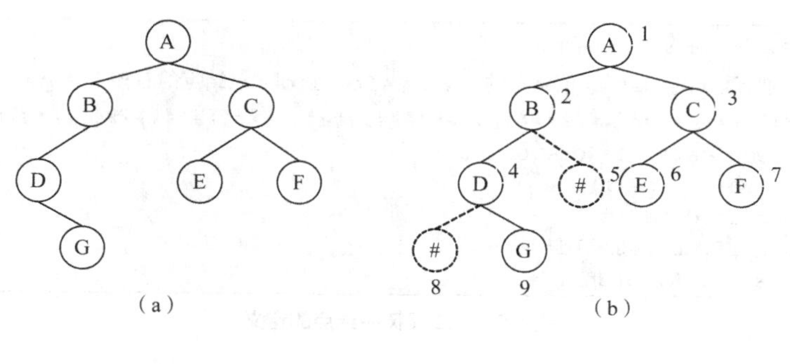

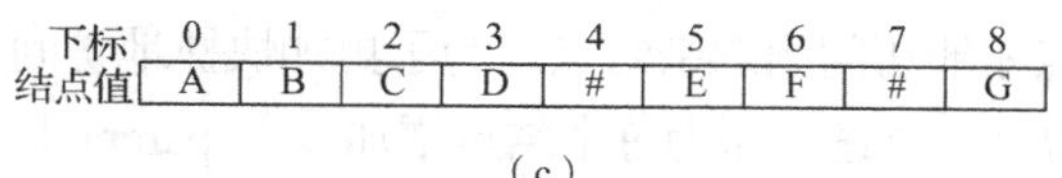

（c）

图 5-19　一棵非完全二叉树及其顺序存储结构

2. 二叉树的链式存储结构

通过上述分析，我们可以知道对于非完全二叉树来说，顺序存储结构会造成存储空间的浪费，并且树的层次越深，结点越少，存储空间浪费越大。因此在实际使用时通常选择链式结构存储二叉树。图 5-21 所示每个结点包括结点值 data、左孩子 LeftChild 和右孩子 RightChild。

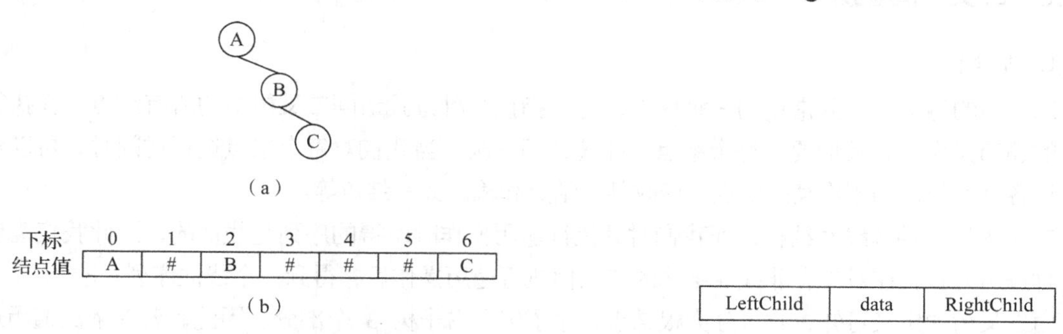

图 5-20　一棵非完全二叉树及其顺序存储结构

图 5-21　二叉树中结点的存储结构

我们把使用上述结点结构存储二叉树形成的链表称为二叉链表。图 5-22（a）所示的二叉树，其二叉链表如图 5-22（b）所示。

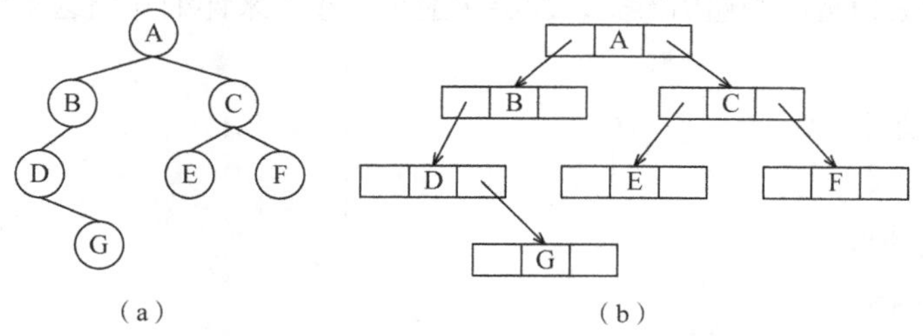

图 5-22　一棵二叉树及其二叉链表

我们定义了一个 LinkedBinaryTreeNode 类用于表示二叉树的结点，实现代码如下。

```
#####################################################################
#类名称：LinkedBinaryTreeNode
```

```
#类说明：定义二叉树的一个结点
#类释义：分别有结点值 data、该结点的左孩子 LeftChild 和该结点的右孩子 RightChild
######################################################################
class LinkedBinaryTreeNode(object):
    def __init__(self):
        self.data='#'
        self. LeftChild=None
        self. RightChild=None
```

算法 5-5　二叉树中结点的定义

在二叉链表中访问某结点的孩子结点很容易，但是在访问其双亲结点时很困难，在最坏情况下需要访问链表中的所有结点才能访问到双亲结点。为了更加快捷地访问某一结点的双亲结点，我们可以对二叉链表中的结点做以下改进，即为每个结点增加一个 parent 域，用于存放该结点的双亲结点。图 5-23 所示为改进后的二叉树结点的存储结构，我们把使用这种结点结构存储二叉树形成的链表称为三叉链表。

LeftChild	parent	data	RightChild

图 5-23　改进后的二叉树结点的存储结构

5.2.3　二叉树的遍历

1. 基本概念

二叉树的遍历是十分常用的一种操作，它是指按某种方式访问二叉树中的所有结点。在执行二叉树的遍历操作时，我们要求每个结点仅能被访问一次。当我们对每个结点进行访问时，可以对它们执行各种操作，如删除某一结点、修改某一结点和输出某一结点等。

二叉树是一种非线性结构，而我们对其执行遍历操作时所得的序列是线性的，因此我们需要找到一种遍历方式，在对具有非线性结构的二叉树执行遍历操作后，得到一个线性序列。

由二叉树的定义可知，它可分为根结点、左子树和右子树 3 个部分。因此，若能依次遍历这 3 个部分，就完成了二叉树的遍历，按上述思路，我们可以得到图 5-24 所示的 6 种遍历二叉树的方式。若规定遍历时，总是先访问左子树再访问右子树，则图 5-24 中的图（a）、图（b）和图（c）符合这一要求，我们把它们遍历二叉树的方式分别称为先序遍历、中序遍历和后序遍历。除了这 3 种遍历方式之外，还有一种极为常用的遍历方式，即层次遍历。接下来详细介绍这 4 种遍历方式。

（1）先序遍历

先序遍历的过程如下。

① 访问根结点。

② 先序遍历左子树。

③ 先序遍历右子树。

对图 5-25 所示的二叉树，采用先序遍历得到的序列为 ABDHIECFJG。我们通常把先序遍历得到的序列称为先序序列，可以发现，在一棵二叉树的先序序列中，第一个元素即为根结点的值。

（2）中序遍历

中序遍历的过程如下。

① 中序遍历左子树。

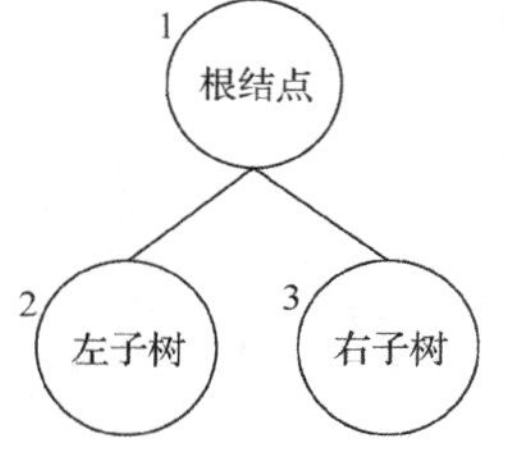

（a）遍历次序为根结点、左子树、右子树

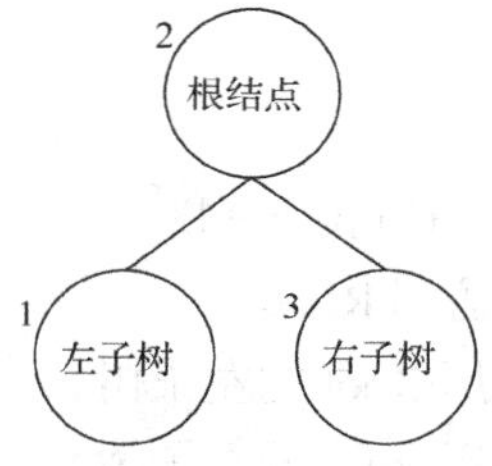

（b）遍历次序为左子树、根结点、右子树

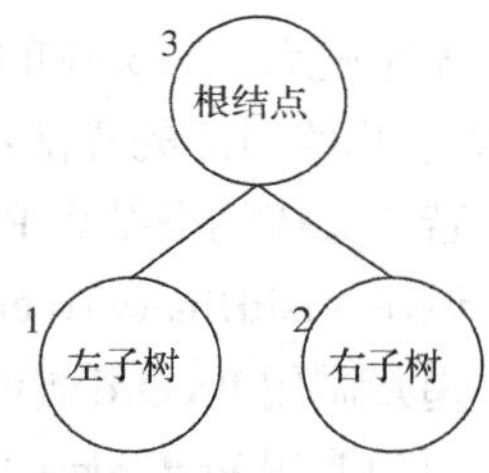

（c）遍历次序为左子树、右子树、根结点

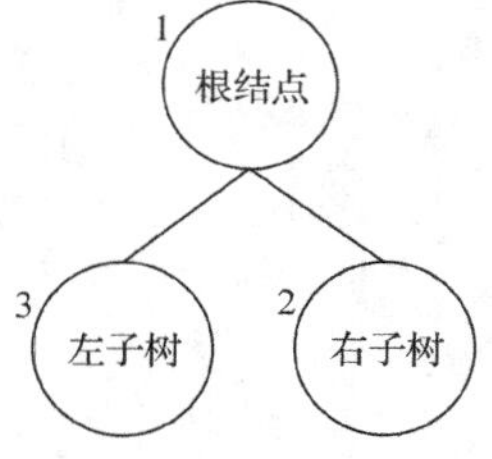

（d）遍历次序为根结点、右子树、左子树

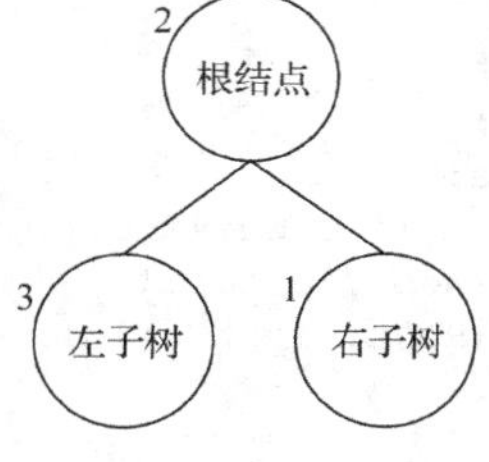

（e）遍历次序为右子树、根结点、左子树

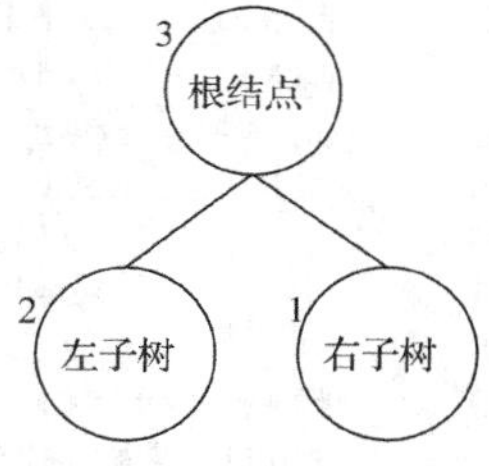

（f）遍历次序为右子树、左子树、根结点

图 5-24　二叉树的 6 种遍历方式

② 访问根结点。

③ 中序遍历右子树。

对图 5-25 所示的二叉树，采用中序遍历得到的序列为 HDIBEAJFCG。我们通常把中序遍历得到的序列称为中序序列，可以发现，在一棵二叉树的中序序列中，根结点将此序列分为两个部分：根结点之前的部分为二叉树的左子树的中序序列，根结点之后的部分为二叉树的右子树的中序序列。

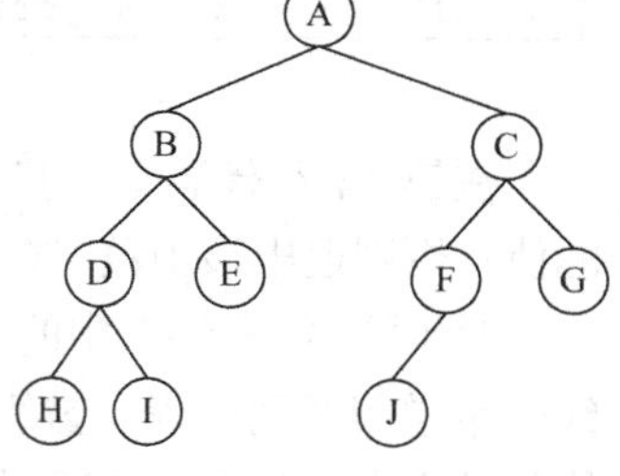

图 5-25　二叉树的示例

（3）后序遍历

后序遍历的过程如下。

① 后序遍历左子树。

② 后序遍历右子树。

③ 访问根结点。

对图 5-25 所示的二叉树，采用后序遍历得到的序列为 HIDEBJFGCA。我们通常把后序遍历得到的序列称为后序序列，可以发现，在一棵二叉树的后序序列中，最后一个元素即为根结点的值。

（4）层次遍历

层次遍历是指从根结点开始，按结点所在的层次从小到大、同一层从左到右访问树中的每一个结点。对图 5-25 所示的二叉树，采用层次遍历得到的序列为 ABCDEFGHIJ。

2. 遍历算法

（1）先序遍历算法

根据先序遍历的过程，我们可将其递归算法思路归纳如下。

① 若二叉树的根结点不为空，执行②～④。

② 访问该二叉树的根结点。

③ 先序遍历该二叉树的左子树。

④ 先序遍历该二叉树的右子树。

该算法思路对应的算法步骤如下：

① 若二叉树的根结点 Root 不为空，执行②～④。

② 调用 VisitBinaryTreeNode()函数访问 Root。

③ 递归调用 PreOrder()函数先序遍历 Root 的左子树。

④ 递归调用 PreOrder()函数先序遍历 Root 的右子树。

该算法的实现代码如下。

```
1     #########################
2     #先序遍历二叉树的函数
3     #########################
4     def PreOrder(self,Root):
5         if Root is not None:
6             self.VisitBinaryTreeNode(Root)
7             self.PreOrder(Root.LeftChild)
8             self.PreOrder(Root.RightChild)
9     #########################
10    #访问二叉树一个结点函数
11    #########################
12    def VisitBinaryTreeNode(self,BinaryTreeNode):
13        #值为#的结点代表空结点
14        if BinaryTreeNode.data is not '#':
15            print(BinaryTreeNode.data)
```

算法 5-6　先序遍历递归算法

在第 14 行代码中，若被访问结点的值不为#（即不为空结点），则由第 15 行代码输出当前结点的值；否则退出该函数。

对于图 5-26（a）中的二叉树，采用先序遍历递归算法的执行过程如图 5-26（b）所示，其中实线表示递归调用过程，虚线表示当前递归调用结束后返回至上一层的过程，序号表示先序遍历算法执行过程中递归调用和返回的顺序，其后为先序序列。

根据二叉树的定义，可以知道，对于二叉树中的结点可分为以下 4 种。

① 结点有左子树和右子树（简称 LR 结点）。

② 结点无左子树且有右子树（简称 NR 结点）。

③ 结点有左子树且无右子树（简称 LN 结点）。

④ 结点无左子树和右子树（简称 NN 结点）。

对于上述 4 种结点，执行先序遍历递归算法访问时，情况如下：对于 LR 结点，先访问结点本身，再递归访问其左子树，然后递归访问其右子树，最后结束当前递归调用并返回至上一层；对于 NR 结点，由于其无左子树，所以先访问结点本身，再递归访问其右子树，然后结束当前递归调用并返回至上一层；对于 LN 结点，由于其无右子树，所以先访问结点本身，再递归访问其左子树，然后结束当前递归调用并返回至上一层；对于 NN 结点，由于其无左子树和右子树，所以只需访问结点本身，即可结束当前递归调用并返回至上一层。

通过之前的学习，我们知道任何一种递归算法均可以转换为非递归算法。因此，对于先序遍历的递归算法，也可以将其转换成非递归算法，接下来给出一种先序遍历的非递归算法思路。

① 使用一个变量 tTreeNode 存储二叉树的根结点，并使用一个栈存储该二叉树的所有结点。

② 当栈不为空或者 tTreeNode 不为空时，执行③；否则转⑧。

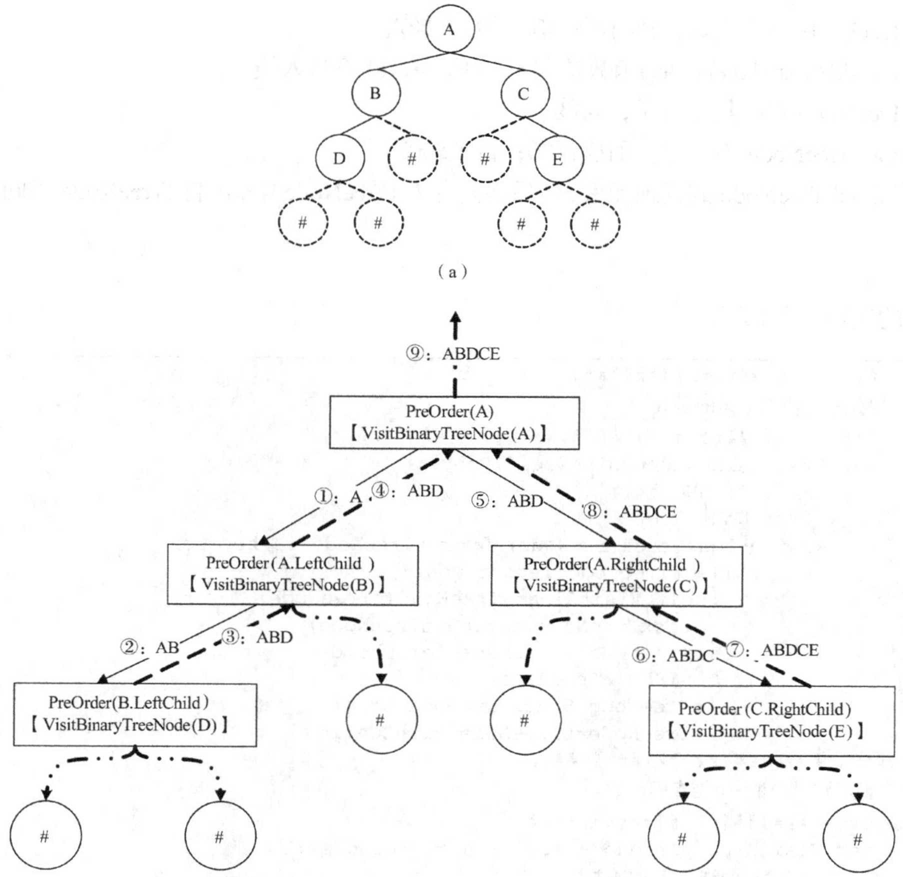

注：由于我们在算法实现时将空结点的值置为#，所以在执行先序遍历递归算法时，若当前访问的结点值为#，将立即结束本层递归调用返回至上一层。

◆图中值为D的结点是叶子结点，其左孩子和右孩子均为空结点（即值为#的结点），因此在访问值为D的结点之后，再访问其左孩子和右孩子时，由于它们均为空结点，所以完成当前递归调用并返回至上一层（即步骤③）。

◆图中值为B的结点的右孩子是空结点（即值为#的结点），因此在访问值为B的结点及其左孩子之后，再访问其右孩子时，由于它为空结点，所以完成当前递归调用并返回至上一层（即步骤④）。

◆图中值为C的结点的左孩子是空结点（即值为#的结点），因此在访问值为C的结点之后，再访问其左孩子时，由于它为空结点，所以直接访问其右孩子（即步骤⑥）。

（b）

图 5-26　一棵二叉树及其先序遍历递归算法的执行过程

③ 当 tTreeNode 不为空时，执行④～⑤；否则转⑥。

④ 访问 tTreeNode，并将其入栈。

⑤ 将 tTreeNode 指向其左孩子，转③。

⑥ 若栈不为空，则执行⑦，否则转②。

⑦ 获取栈顶元素，然后将其存入 tTreeNode 中，再将 tTreeNode 指向其右孩子，并转②。

⑧ 结束遍历。

该算法思路对应的算法步骤如下。

① 使用变量 tTreeNode 存储二叉树的根结点 Root，并使用栈 StackTreeNode 存储该二叉树的所有结点。

② 当 StackTreeNode 不为空或者 tTreeNode 不为空时，执行③，否则转⑧。

③ 当 tTreeNode 不为空时，执行④～⑤；否则转⑥。

④ 调用 VisitBinaryTreeNode()函数访问 tTreeNode，并将其入栈。

⑤ 将 tTreeNode 指向其左孩子，转③。

⑥ 若 StackTreeNode 不为空，则执行⑦；否则转②。

⑦ 获取 StackTreeNode 的栈顶元素，然后将其存入 tTreeNode 中，再将 tTreeNode 指向其右孩子，并转②。

⑧ 结束遍历。

该算法的实现代码如下。

```
1     ###########################
2     #先序遍历二叉树的函数
3     ###########################
4     def PreOrderNonRecursive(self,Root):
5          StackTreeNode=[]
6          tTreeNode=Root
7          while len(StackTreeNode)>0 or tTreeNode is not None:
8              while tTreeNode is not None:
9                  self.VisitBinaryTreeNode(tTreeNode)
10                 StackTreeNode.append(tTreeNode)
11                 tTreeNode=tTreeNode.LeftChild
12             if len(StackTreeNode)>0:
13                 tTreeNode=StackTreeNode.pop()
14                 tTreeNode=tTreeNode.RightChild
15    ################################
16    #访问二叉树一个结点的函数
17    ################################
18    def VisitBinaryTreeNode(self,BinaryTreeNode):
19         #值为#的结点代表空结点
20         if BinaryTreeNode.data is not '#':
21             print(BinaryTreeNode.data)
```

算法 5-7　先序遍历非递归算法

在第 10 行代码中，调用了 append()函数将 tTreeNode 进栈；在第 13 行代码中，调用了 pop()函数获取 StackTreeNode 的栈顶元素，并将其存入 tTreeNode。

对于图 5-27（a）中的二叉树，采用先序遍历非递归算法的执行过程如图 5-27（b）～图 5-27（w）所示，图（a）中结点左侧的序号表示访问该结点的先后顺序，它即为图（b）～图（w）中部分栈正上方的序号。这些正上方带有序号的栈用于展示某一结点被访问之后栈内结点存储的情况。我们以访问值为 A 的结点为例，由于它是第一个被访问的结点，因此它的访问序号为①，即为图（b）所示的栈正上方的序号，此时结点 A 被访问后入栈，栈中结点存储情况如图（b）所示。

（2）中序遍历算法

根据中序遍历的递归过程，我们可将中序遍历的递归算法思路归纳如下。

① 若二叉树的根结点不为空，执行②～④。

② 中序遍历该二叉树的左子树。

③ 访问该二叉树的根结点。

④ 中序遍历该二叉树的右子树。

该算法思路对应的算法步骤如下。

① 若二叉树的根结点 Root 不为空，执行②～④。

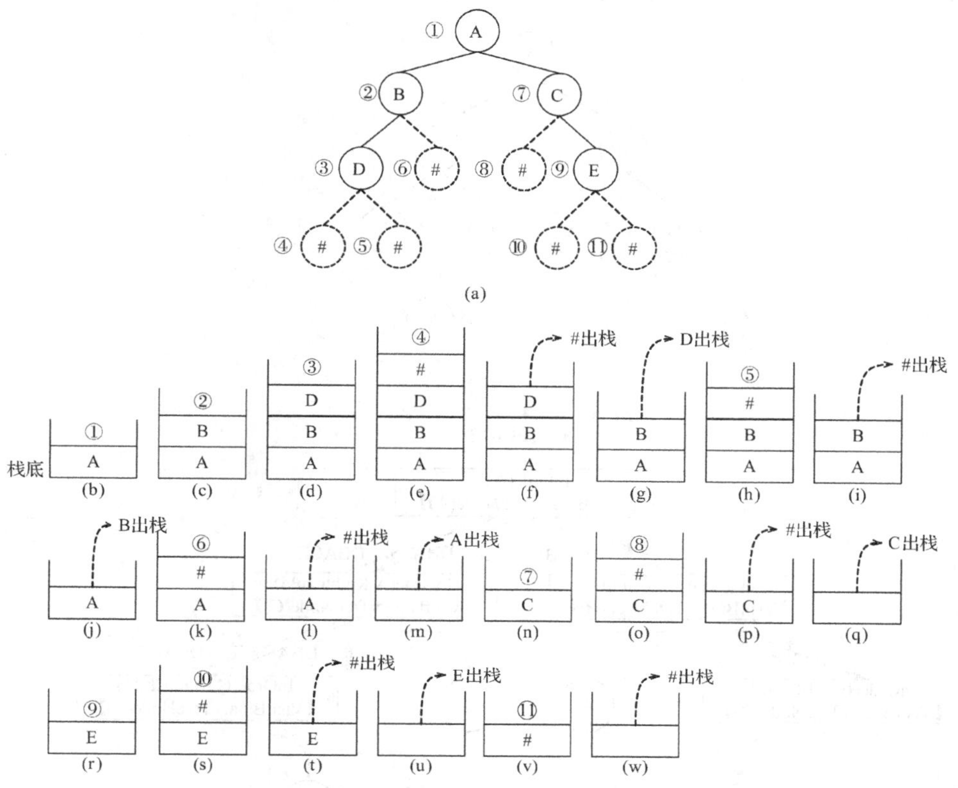

图 5-27　一棵二叉树及其先序遍历非递归算法的执行过程

② 递归调用 InOrder()函数中序遍历 Root 的左子树。

③ 调用 VisitBinaryTreeNode()函数访问 Root。

④ 递归调用 InOrder()函数中序遍历 Root 的右子树。

该算法的实现代码如下。

```
#########################
#中序遍历二叉树的函数
#########################
def InOrder(self,Root):
    if Root is not None:
        self.InOrder(Root.LeftChild)
        self.VisitBinaryTreeNode(Root)
        self.InOrder(Root.RightChild)
#########################
#访问二叉树一个结点的函数
#########################
def VisitBinaryTreeNode(self,BinaryTreeNode):
    #值为#的结点代表空结点
    if BinaryTreeNode.data is not '#':
        print(BinaryTreeNode.data)
```

算法 5-8　中序遍历递归算法

对于图 5-28（a）中的二叉树，采用中序遍历递归算法的执行过程如图 5-28（b）所示。其中实线表示递归调用过程，虚线表示当前递归调用结束后返回至上一层的过程，序号表示中序遍历算法执行过程中递归调用和返回的顺序，其后为中序序列。

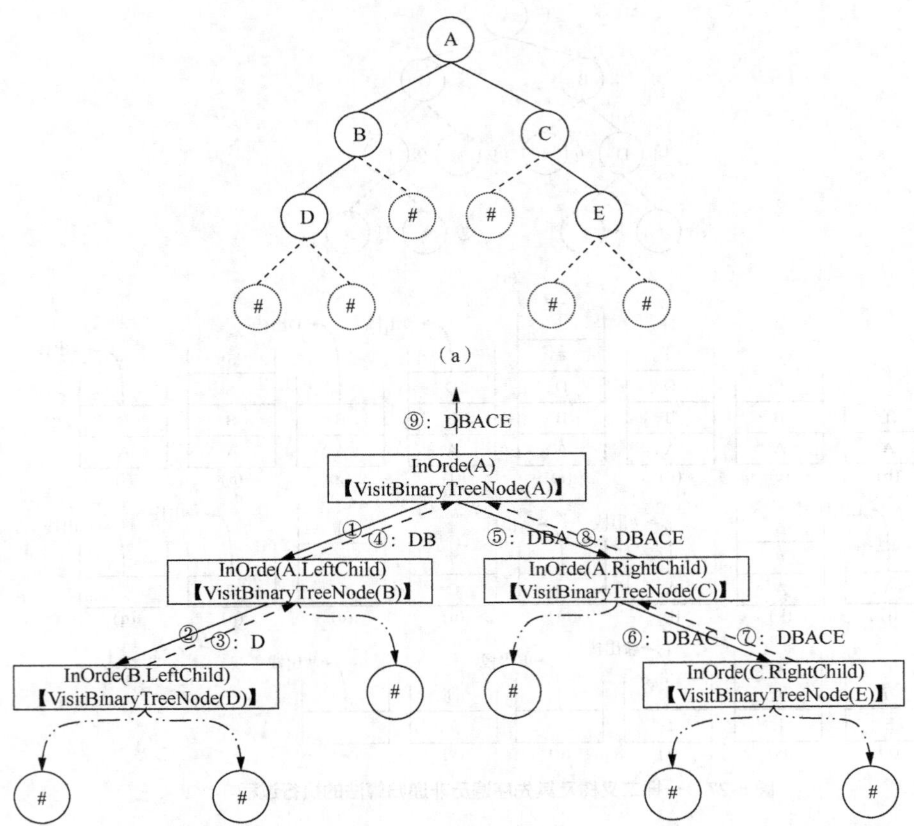

注：由于我们在算法实现时将空结点的值置为#，所以在执行中序遍历递归算法时，若当前访问的结点值为#将立即结束本层递归调用返回至上一层。
◆图中值为D的结点是叶子结点，其左孩子和右孩子均为空结点（即值为#的结点），因此只需访问该结点，即可完成当前递归调用并返回至上一层（即步骤③）。
◆图中值为B的结点的右孩子是空结点（即值为#的结点），在访问值为B的结点的右孩子时，由于它为空结点，所以完成当前递归调用并返回至上一层（即步骤④）。
◆图中值为C的结点的左孩子是空结点（即值为#的结点），在访问值为C的结点的左孩子时，由于它为空结点，所以立即访问值为C的结点。

（b）

图 5-28　一棵二叉树及其中序遍历递归算法的执行过程

对于二叉树的 4 种结点，在执行中序遍历递归算法访问时，情况如下：对于 LR 结点，先递归访问结点的左子树，再访问结点本身，然后递归访问其右子树，最后结束当前递归调用并返回至上一层；对于 NR 结点，由于其无左子树，所以先访问结点本身，再递归访问其右子树，然后结束当前递归调用并返回至上一层；对于 LN 结点，由于其无右子树，所以先递归访问其左子树，再访问结点本身，然后结束当前递归调用并返回至上一层；对于 NN 结点，由于其无左子树和右子树，所以只需访问结点本身，即可结束当前递归调用并返回至上一层。

接下来给出一种中序遍历的非递归算法思路。

① 使用一个变量 tTreeNode 存储二叉树的根结点，并使用一个栈存储该二叉树的所有结点。

② 当栈不为空或者 tTreeNode 不为空时，执行③；否则转⑨。

③ 当 tTreeNode 不为空时，执行④～⑤；否则转⑥。

④ 将 tTreeNode 入栈。

⑤ 将 tTreeNode 指向其左孩子，转③。

⑥ 若栈不为空，执行⑦～⑧；否则转②。

⑦ 获取当前栈顶元素并存入 tTreeNode 中。

⑧ 访问 tTreeNode，再将 tTreeNode 指向其右孩子，转②。

⑨ 结束遍历。

该算法思路对应的算法步骤如下。

① 使用变量 tTreeNode 存储二叉树的根结点 Root，并使用栈 StackTreeNode 存储该二叉树的所有结点。

② 当 StackTreeNode 不为空或者 tTreeNode 不为空时，执行③，否则转⑨。

③ 当 tTreeNode 不为空时，执行④～⑤；否则转⑥。

④ 将 tTreeNode 入栈。

⑤ 将 tTreeNode 指向其左孩子，转③。

⑥ 若 StackTreeNode 不为空，执行⑦～⑧；否则转②。

⑦ 获取 StackTreeNode 的栈顶元素并存入 tTreeNode 中。

⑧ 调用 VisitBinaryTreeNode()函数访问 tTreeNode，再将 tTreeNode 指向其右孩子，转②。

⑨ 结束遍历。

该算法的实现代码如下。

```
########################
#中序遍历二叉树的函数
########################
def InOrderNonRecursive(self,Root):
    StackTreeNode=[]
    tTreeNode=Root
    while len(StackTreeNode)>0 or tTreeNode is not None:
        while tTreeNode is not None:
            StackTreeNode.append(tTreeNode)
            tTreeNode=tTreeNode.LeftChild
        if len(StackTreeNode)>0:
            tTreeNode=StackTreeNode.pop()
            self.VisitBinaryTreeNode(tTreeNode)
            tTreeNode=tTreeNode.RightChild
############################
#访问二叉树一个结点的函数
############################
def VisitBinaryTreeNode(self,BinaryTreeNode):
    #值为#的结点代表空结点
    if BinaryTreeNode.data is not '#':
        print (BinaryTreeNode.data)
```

算法 5-9　中序遍历非递归算法

对于图 5-29（a）中的二叉树，采用中序遍历非递归算法的执行过程如图 5-29（b）～图 5-29（w）所示，图（a）中结点左侧的序号表示访问该结点的先后顺序，它即为图（b）～图（w）中部分栈正上方的序号。当栈顶元素出栈并被立即访问后，结点存储的情况如图中这些正上方带有序号的栈所示。我们以访问值为 A 的结点为例，由于它是第六个被访问的结点，因此它的访问序号为⑥，即为图（m）所示的栈正上方的序号，此时结点 A 出栈并被立即访问，结点存储情况如图（m）所示。

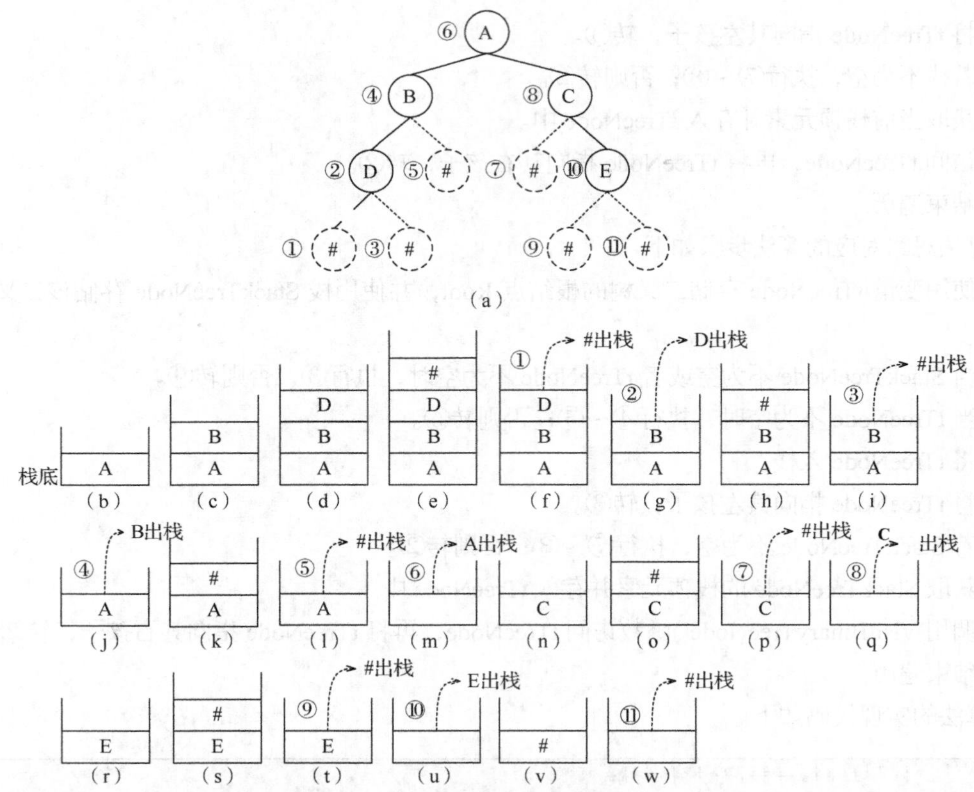

图 5-29　一棵二叉树及其中序遍历非递归算法的执行过程

（3）后序遍历算法

根据后序遍历的递归过程，我们可将其递归算法思路归纳如下。

① 若二叉树的根结点不为空，执行②～④。

② 后序遍历该二叉树的左子树。

③ 后序遍历该二叉树的右子树。

④ 访问该二叉树的根结点。

该算法思路对应的算法步骤如下。

① 若二叉树的根结点 Root 不为空，则执行②～④。

② 递归调用 PostOrder ()函数后序遍历 Root 的左子树。

③ 递归调用 PostOrder ()函数后序遍历 Root 的右子树。

④ 调用 VisitBinaryTreeNode()函数访问 Root。

该算法的实现代码如下。

```
##########################
#后序遍历二叉树的函数
##########################
def PostOrder(self,Root):
    if Root is not None:
        self.PostOrder(Root.LeftChild)
        self.PostOrder(Root.RightChild)
        self.VisitBinaryTreeNode(Root)
```

```
#########################
#访问二叉树一个结点的函数
#########################
def VisitBinaryTreeNode(self,BinaryTreeNode):
    #值为#的结点代表空结点
    if BinaryTreeNode.data is not '#':
        print(BinaryTreeNode.data)
```

算法 5-10　后序遍历递归算法

对于图 5-30（a）中的二叉树，采用后序遍历递归算法的执行过程如图 5-30（b）所示，其中实线表示递归调用过程，虚线表示当前递归调用结束后返回至上一层的过程，序号表示后序遍历算法执行过程中递归调用和返回的顺序，其后为后序序列。

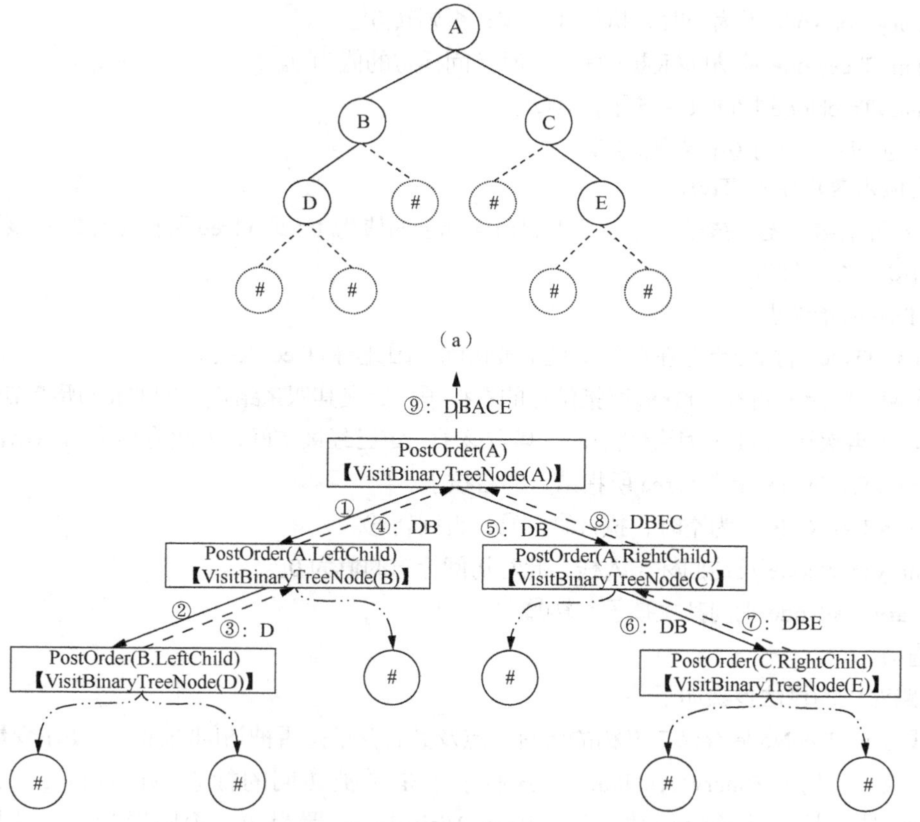

注：由于我们在算法实现时将空结点的值置为#，所以在执行后序遍历递归算法时，若当前访问的结点值为#将立即结束本层递归调用返回至上一层。

◆图中值为D的结点是叶子结点，其左孩子和右孩子均为空结点（即值为#的结点），因此只需访问该结点，即可完成当前递归调用并返回至上一层（即步骤③）。

◆图中值为B的结点的右孩子是空结点（即值为#的结点），在访问值为B的结点的右孩子时，由于它为空结点，所以立即访问值为B的结点。

◆图中值为C的结点的左孩子是空结点（即值为#的结点），在访问值为C的结点的左孩子时，由于它为空结点，所以立即访问值为C的结点的右孩子（即步骤⑥）。

（b）

图 5-30　一棵二叉树及其后序遍历递归算法的执行过程

对于二叉树的 4 种结点，在执行后序遍历递归算法访问时，情况如下：对于 LR 结点，先递归访问结点的左子树，再递归访问其右子树，然后访问结点本身，最后结束当前递归调用并返回至上一层；对于 NR 结点，由于其无左子树，所以先递归访问其右子树，再访问结点本身，然后结束当前递归调用并返回至上一层；对于 LN 结点，由于其无右子树，所以先递归访问其左子树，再访问结点本身，然后结束当前递归调用并返回至上一层；对于 NN 结点，由于其无左子树和右子树，所以只需访问结点本身，即可结束当前递归调用并返回至上一层。

接下来给出一种后序遍历的非递归算法思路。

① 使用一个栈存储二叉树的所有结点及其右孩子是否被访问的标志，使用变量 tTree 存储二叉树中某一结点及其右孩子是否被访问的标志（简称访问标志），若该结点被访问，其右孩子尚未被访问，则将访问标志置为 0，否则置为 1。使用一个变量 tBinaryTreeNode 存储二叉树的每一个结点，其初始值为根结点。

② 当 tBinaryTreeNode 不为空时，执行③～④；否则转⑤。

③ 将 tBinaryTreeNode 及访问标志入栈，此时访问标志的值为 0。

④ 将 tBinaryTreeNode 指向其左孩子，转②。

⑤ 当栈不为空时，执行⑥；否则转⑮。

⑥ 获取栈顶元素并存入 tTree。

⑦ 若 tTree 所指结点无右孩子或者该结点的访问标志的值为 1（即 tTree 所指结点的右孩子已经被访问），执行⑧；否则转⑨。

⑧ 访问 tTree 所指结点。

⑨ 由于此时 tTree 所指结点存在右孩子且未被访问，因此将 tTree 入栈。

⑩ 由后序遍历的定义可知，tTree 所指结点的右孩子一定在其双亲结点（即 tTree 所指结点）之前被访问，所以当再次访问 tTree 所指结点时，其右孩子一定已经被访问，因此将其访问标志置为 1。

⑪ 将 tBinaryTreeNode 指向 tTree 所指结点的右孩子。

⑫ 当 tBinaryTreeNode 不为空时，执行⑬～⑭；否则转⑤。

⑬ 将 tBinaryTreeNode 及访问标志入栈，此时访问标志的值为 0。

⑭ 将 tBinaryTreeNode 指向其左孩子，转⑫。

⑮ 结束遍历。

该算法思路对应的算法步骤如下。

① 使用栈 StackTreeNode 存储二叉树的所有结点及其右孩子是否被访问的标志，使用变量 tTree 存储二叉树中某一结点 BinaryTreeNode 及其右孩子是否被访问的标志 VisitedFlag，若访问 BinaryTreeNode 时，其右孩子尚未被访问，则将 VisitedFlag 置为 0，否则置为 1。使用变量 tBinaryTreeNode 存储二叉树的每一个结点，其初始值为根结点 Root。

② 当 tBinaryTreeNode 不为空时，执行③～④；否则转⑤。

③ 将 tBinaryTreeNode 及 VisitedFlag 入栈，此时 VisitedFlag 为 0。

④ 将 tBinaryTreeNode 指向其左孩子，转②。

⑤ 当 StackTreeNode 不为空时，执行⑥；否则转⑮。

⑥ 对 StackTreeNode 执行出栈操作，并将结果存入 tTree。

⑦ 若 tTree.BinaryTreeNode.RightChild 为空或者 tTree.VisitedFlag 为 1，执行⑧；否则转⑨。

⑧ 调用 VisitBinaryTreeNode()函数访问 tTree.BinaryTreeNode。

⑨ 将 tTree 入栈。
⑩ 将 tTree. VisitedFlag 置为 1。
⑪ 将 tBinaryTreeNode 指向 tTree.BinaryTreeNode 的右孩子。
⑫ 当 tBinaryTreeNode 不为空时，执行⑬～⑭；否则转⑤。
⑬ 将 tBinaryTreeNode 及 VisitedFlag 入栈，此时 VisitedFlag 为 0。
⑭ 将 tBinaryTreeNode 指向其左孩子，转⑫。
⑮ 结束遍历。

该算法的实现代码如下。

```
#########################
#后序遍历二叉树的函数
#########################
def PostOrderNonRecursive(self,Root):
    StackTreeNode=[]
    tBinaryTreeNode=Root
    tTree=None
    while tBinaryTreeNode is not None:
        tTree=TreeState(tBinaryTreeNode,0)
        StackTreeNode.append(tTree)
        tBinaryTreeNode=tBinaryTreeNode.LeftChild
    while len(StackTreeNode)>0:
        tTree=StackTreeNode.pop()
        if tTree.BinaryTreeNode.RightChild is None or tTree.VisitedFlag==1:
            self.VisitBinaryTreeNode(tTree.BinaryTreeNode)
        else:
            StackTreeNode.append(tTree)
            tTree.VisitedFlag=1
            tBinaryTreeNode=tTree.BinaryTreeNode.RightChild
            while tBinaryTreeNode is not None:
                tTree=TreeState(tBinaryTreeNode,0)
                StackTreeNode.append(tTree)
                tBinaryTreeNode=tBinaryTreeNode.LeftChild
#############################
#访问二叉树一个结点的函数
#############################
def VisitBinaryTreeNode(self,BinaryTreeNode):
    #值为#的结点代表空结点
    if BinaryTreeNode.data is not '#':
        print(BinaryTreeNode.data)
```

算法 5-11　后序遍历的非递归算法

对于图 5-31（a）中的二叉树，采用后序遍历非递归算法的执行过程如图 5-31（b）～图 5-31（u）所示，图（a）中结点左侧的序号表示访问该结点的先后顺序，它即为图（b）～图（u）中部分栈正上方的序号。当栈顶元素出栈并被访问后，结点存储的情况如图中这些正上方带有序号的栈所示。我们以访问值为 C 的结点为例，由于它是第四个被访问的结点，因此它的访问序号为④，即为图（o）所示的栈正上方的序号，此时结点 C 出栈后被访问，栈中结点存储情况如图（o）所示。

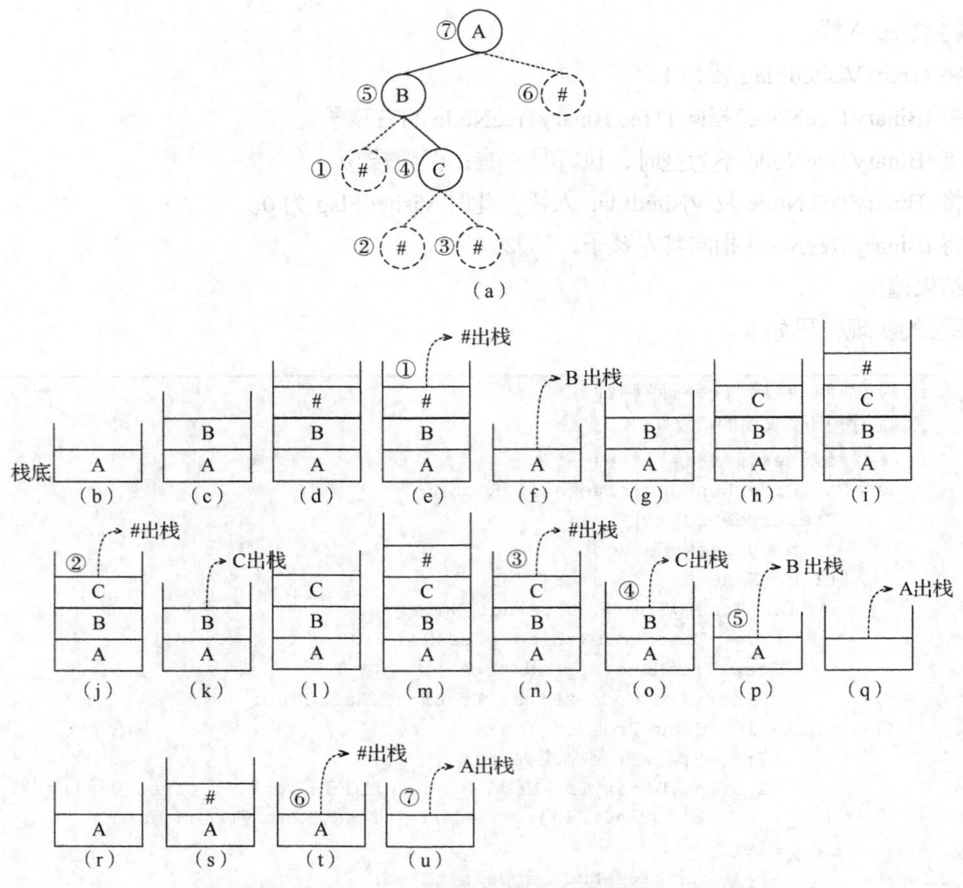

图 5-31 一棵二叉树及其后序遍历非递归算法的执行过程

（4）层次遍历算法

根据层次遍历的定义，我们可将层次遍历的算法思路归纳如下。

① 使用一个变量 tTreeNode 存储当前结点，其初始值为二叉树的根结点，并使用一个队列存储该二叉树的所有结点。

② 初始化队列，并将 tTreeNode 入队。

③ 当队列不为空时，执行④；否则转⑩。

④ 获取队首结点并存入 tTreeNode。

⑤ 访问 tTreeNode。

⑥ 若 tTreeNode 的左孩子不为空，则执行⑦；否则转⑧。

⑦ 将 tTreeNode 的左孩子入队。

⑧ 若 tTreeNode 的右孩子不为空，则执行⑨；否则转③。

⑨ 将 tTreeNode 的右孩子入队，转③。

⑩ 结束遍历。

该算法思路对应的算法步骤如下。

① 使用变量 tTreeNode 存储每一个待访问的结点，其初始值为 None，并使用队列 tSequenceQueue 存储该二叉树的所有结点。

② 调用 InitQueue()方法初始化队列，并调用 EnQueue()方法将 Root 入队。

③ 调用 IsEmptyQueue()方法判断队列是否为空，当队列不为空时，执行④；否则转⑩。

④ 调用 DeQueue()方法取队列 tSequenceQueue 的队首结点并存入 tTreeNode。

⑤ 调用 VisitBinaryTreeNode()方法访问 tTreeNode。

⑥ 若 tTreeNode 的左孩子不为空，执行⑦；否则转⑧。

⑦ 调用 EnQueue()方法将 tTreeNode 的左孩子入队。

⑧ 若 tTreeNode 的右孩子不为空，执行⑨；否则转③。

⑨ 调用 EnQueue()方法将 tTreeNode 的右孩子入队，转③。

⑩ 结束遍历。

该算法的实现代码如下。

```
##############################
#层次遍历二叉树的函数
##############################
def LevelOrder(self,Root):
     tSequenceQueue=CircularSequenceQueue()
     tSequenceQueue.InitQueue(100)
     tSequenceQueue.EnQueue(Root)
     tTreeNode=None
     while tSequenceQueue.IsEmptyQueue()==False:
          tTreeNode=tSequenceQueue.DeQueue()
          self.VisitBinaryTreeNode(tTreeNode)
          if tTreeNode.LeftChild is not None:
               tSequenceQueue.EnQueue(tTreeNode.LeftChild)
          if tTreeNode.RightChild is not None:
               tSequenceQueue.EnQueue(tTreeNode.RightChild)
###############################
#访问二叉树一个结点的函数
###############################
def VisitBinaryTreeNode(self,BinaryTreeNode):
     #值为#的结点代表空结点
     if BinaryTreeNode.data is not '#':
          print (BinaryTreeNode.data)
```

算法 5-12 层次遍历算法

对于图 5-32（a）中的二叉树，采用层次遍历的算法的执行过程如图 5-32（b）～图 5-32（w）所示，图（a）中结点左侧的序号表示访问该结点的先后顺序，它即为图（b）～图（w）中部分队列正中央的序号。当队首结点出队并被立即访问后，结点存储的情况如图中这些正中央带有序号的队列所示。我们以访问值为 C 的结点为例，由于它是第三个被访问的结点，因此它的访问序号为③，即为图（i）所示的队列正中央的序号，此时结点 C 出队后被访问，队列中结点存储情况如图（i）所示。

遍历二叉树的基本操作是访问树中的结点，不论按照哪种遍历方式进行遍历，对于含有 n 个结点的二叉树，其时间复杂度均为 $O(n)$。所需辅助空间为遍历过程中栈的最大容量，即树的深度，最坏情况下为 n，则空间复杂度也为 $O(n)$。但对于层次遍历而言，所需辅助空间最好情况下为 $O(1)$，最坏情况不超过 $O(n-1)$。

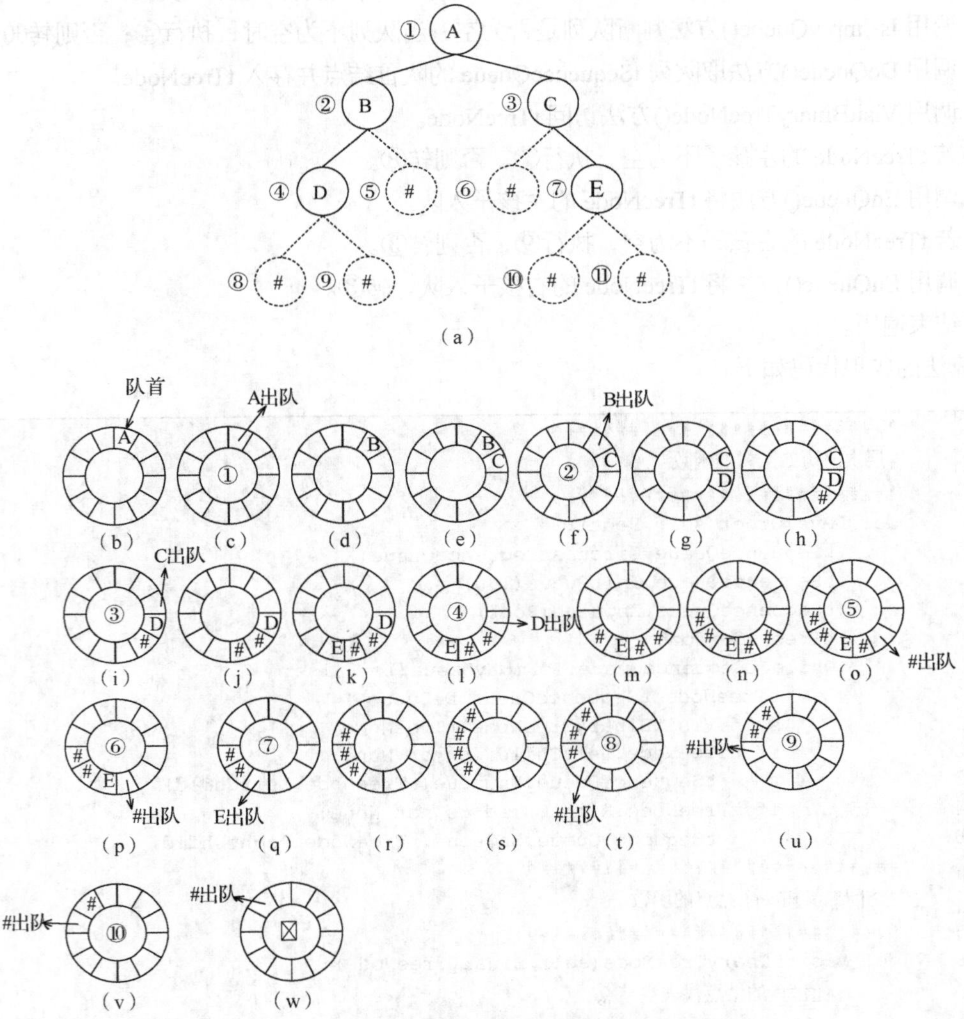

图 5-32　一棵二叉树及其层次遍历算法的执行过程

5.2.4　线索二叉树

1．基本概念

对一棵二叉树进行遍历时，我们以二叉链表作为存储结构，此时只能找到除根结点以外的任一结点的左、右孩子，而不能直接访问结点在遍历时所得的序列中的先驱和后继信息。如何解决这一问题呢？

我们知道无论是先序序列，还是中序序列，或者是后序序列，除了第一个结点和最后一个结点，其他结点在上述序列中的直接先驱和直接后继都能在遍历过程中得到。通过对二叉链表中的每一结点增添两个域 LTag 和 RTag 来保存这一结点的直接先驱和直接后继，如图 5-33 所示。

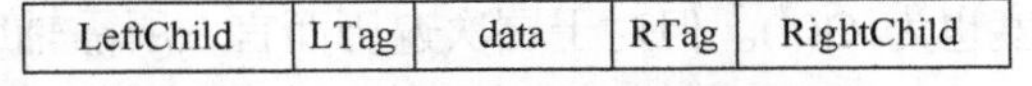

图 5-33　二叉树中带标志域的结点结构

当我们使用这一结构存储二叉树的任一结点时，若该结点存在左孩子，则 LeftChild 域存储其左孩子（此时 LTag 等于 0），否则存储该结点的直接先驱（此时 LTag 等于 1）；若该结点存在右孩子，则 RightChild 域存储其右孩子（此时 RTag 等于 0），否则存储该结点的直接后继（此时 RTag 等于 1）。

我们把存储在 LeftChild 域中的直接先驱和存储在 RightChild 域中的直接后继称为**线索**，添加上线索的二叉树称为**线索二叉树**，对二叉树以某种次序遍历使其变为线索二叉树的过程称为**线索化**。

我们把由先序遍历、中序遍历和后序遍历得到的线索二叉树分别称为先序线索二叉树、中序线索二叉树和后序线索二叉树，它们对应的链表分别为先序线索链表、中序线索链表和后序线索链表。

2. 线索化二叉树

线索化的实质是当二叉树中某一结点不存在左孩子或右孩子时，将其 LeftChild 域或 RightChild 域中存入该结点的直接先驱或直接后继。通常我们在遍历二叉树时才能实现对其线索化。

为了对二叉树进行线索化，我们定义了一个 BinaryTreeNodeThread 类用于存储二叉树的每一个结点，实现代码如下。

```
#####################################################################
#类名称：BinaryTreeNodeThread
#类说明：二叉树中带标志域的结点
#类释义：每一个结点包含左孩子 LeftChild，右孩子 RightChild，
#         数据 data，左标志 LTag 和右标志 RTag
#####################################################################
class BinaryTreeNodeThread(object):
    def __init__(self):
        self.data='#'
        self.LeftChild=None
        self.RightChild=None
        self.LTag=0
        self.RTag=0
```

算法 5-13 线索化二叉树的结点定义

接下来我们以中序线索二叉树为例讨论建立线索二叉树的算法。我们首先为中序线索链表添加一个头结点，然后将头结点的 LeftChild 指向二叉树的根结点，并将头结点的 RightChild 指向中序序列的最后一个结点；再将中序序列第一个结点的 LeftChild 和最后一个结点的 RightChild 指向头结点。此时，建立中序线索二叉树的算法思路如下。

（1）若根结点为空，执行（2）；否则转（3）。

（2）将头结点的左孩子指向头结点。

（3）将头结点的左孩子指向根结点。

（4）在线索化的过程中，我们使用变量 forward 存储中序序列每一结点的直接先驱结点。由于中序序列的第一个结点无直接先驱结点，因此我们在对 forward 初始化时，将其指向头结点。

（5）调用线索化二叉树方法。

（6）此时 forward 指向中序序列的最后一个结点，因此将该结点右标志的值置为 1。

（7）将 forward 的右孩子指向头结点。

（8）将头结点的右孩子指向 forward。

该算法思路对应的算法步骤如下。

（1）若根结点 Root 为空，执行（2）；否则转（3）。

（2）将 HeadNode.LeftChild 指向 HeadNode。

（3）将 HeadNode. LeftChild 指向 Root。

（4）在线索化的过程中，我们使用变量 forward 存储中序序列每一结点的直接先驱结点。由于中序序列的第一个结点无直接先驱结点，因此我们在对 forward 初始化时，指向 HeadNode。

（5）调用 InThreading()函数中序线索化二叉树。

（6）将 forward.RTag 置为 1。

（7）将 forward.RightChild 指向 HeadNode。

（8）将 HeadNode.RightChild 指向 forward。

该算法的实现代码如下。

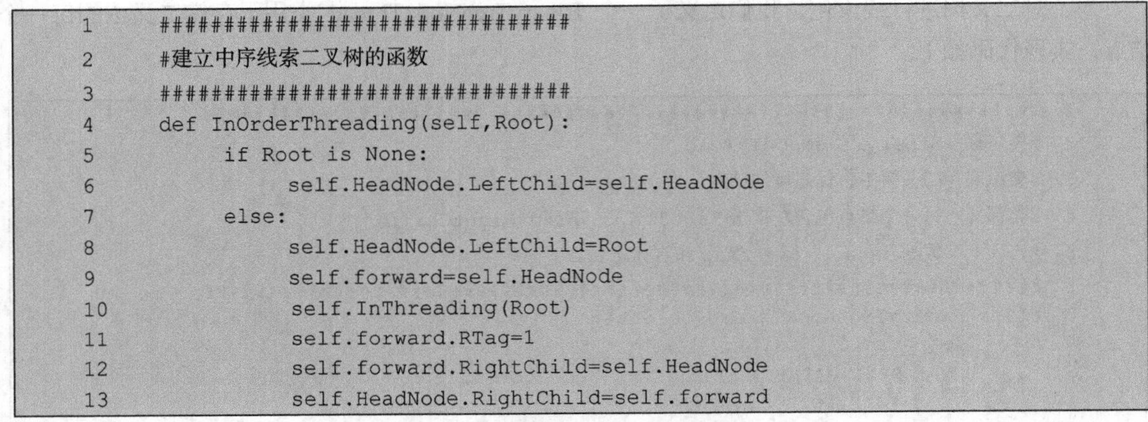

```
###################################
#建立中序线索二叉树的函数
###################################
def InOrderThreading(self,Root):
    if Root is None:
        self.HeadNode.LeftChild=self.HeadNode
    else:
        self.HeadNode.LeftChild=Root
        self.forward=self.HeadNode
        self.InThreading(Root)
        self.forward.RTag=1
        self.forward.RightChild=self.HeadNode
        self.HeadNode.RightChild=self.forward
```

算法 5-14 建立中序线索二叉树的函数

根据线索化二叉树的定义，我们可将中序线索化二叉树的算法思路归纳如下。

（1）使用一个变量 forward 存储当前被访问结点的直接先驱结点，再使用 BinaryTreeNode 存储待线索化的二叉树的根结点。

（2）若 BinaryTreeNode 不为空，则执行（3）～（11）。

（3）中序线索化 BinaryTreeNode 的左子树。

（4）若 BinaryTreeNode 的左子树为空，则执行（5）～（6）；否则转（7）。

（5）将 BinaryTreeNode 的左标志置为 1。

（6）将 BinaryTreeNode 的左孩子指向 forward。

（7）若 forward 的右孩子为空，则执行（8）～（9）；否则转（10）。

（8）将 forward 的右标志置为 1。

（9）将 forward 的右孩子指向 BinaryTreeNode。

（10）将 forward 指向 BinaryTreeNode。

（11）中序线索化 BinaryTreeNode 的右子树。

该算法思路对应的算法步骤如下。

（1）使用变量 forward 存储当前被访问结点的直接先驱结点，再使用 BinaryTreeNode 存储待线索化的二叉树的根结点。

（2）若 BinaryTreeNode 不为空，则执行（3）～（11）。

（3）递归调用 InThreading()函数中序线索化 BinaryTreeNode 的左子树。

（4）若 BinaryTreeNode.LeftChild 为空，则执行（5）～（6）；否则转（7）。

（5）将 BinaryTreeNode.LTag 置为 1。

（6）将 BinaryTreeNode.LeftChild 指向 forward。

（7）若 forward.RightChild 为空，则执行（8）～（9）；否则转（10）。

（8）将 forward.RTag 置为 1。

（9）将 forward.RightChild 指向 BinaryTreeNode。

（10）将 forward 指向 BinaryTreeNode。

（11）递归调用 InThreading()函数中序线索化 BinaryTreeNode 的右子树。

该算法的实现代码如下。

```
###################################
#中序线索化二叉树的函数
###################################
def InThreading(self,BinaryTreeNode):
    if BinaryTreeNode is not None:
        self.InThreading(BinaryTreeNode.LeftChild)
        if BinaryTreeNode.LeftChild is None:
            BinaryTreeNode.LTag=1
            BinaryTreeNode.LeftChild=self.forward
        if self.forward.RightChild is None:
            self.forward.RTag=1
            self.forward.RightChild=BinaryTreeNode
        self.forward=BinaryTreeNode
        self.InThreading(BinaryTreeNode.RightChild)
```

算法 5-15　中序线索化二叉树的函数

3. 遍历线索二叉树

遍历中序线索二叉树的算法思路如下。

（1）使用变量 BinaryTreeNode 存储二叉树的每一个结点，我们将其初始化为头结点的左孩子，即二叉树的根结点。

（2）当 BinaryTreeNode 不是头结点时，执行（3）；否则转（10）。

（3）当 BinaryTreeNode 的左标志等于 0 时，执行（4）；否则转（5）。

（4）将 BinaryTreeNode 指向其左孩子，转（3）。

（5）访问 BinaryTreeNode。

（6）当 BinaryTreeNode 的右标志为 1 且 BinaryTreeNode 的右孩子不是头结点时，执行（7）～（8）；否则转（9）。

（7）将 BinaryTreeNode 指向其右孩子。

（8）访问 BinaryTreeNode，转（6）。

（9）将 BinaryTreeNode 指向其右孩子，转（2）。

（10）结束遍历。

该算法思路对应的算法步骤如下。

（1）使用变量 BinaryTreeNode 存储二叉树的每一个结点，我们将其初始化为头结点 HeadNode 的左孩子，即二叉树的根结点。

（2）当 BinaryTreeNode 不是 HeadNode 时，执行（3）；否则转（10）。

（3）当 BinaryTreeNode.LTag 等于 0 时，执行（4）；否则转（5）。

（4）将 BinaryTreeNode 指向其左孩子，并转（3）。

（5）调用 VisitBinaryTreeNode()函数访问 BinaryTreeNode。

（6）当 BinaryTreeNode.RTag 为 1 且 BinaryTreeNode.RightChild 不是 HeadNode 时，执行（7）～（8）；否则转（9）。

（7）将 BinaryTreeNode 指向其右孩子。

（8）调用 VisitBinaryTreeNode()方法访问 BinaryTreeNode，并转（6）。

（9）将 BinaryTreeNode 指向其右孩子，转（2）。

（10）结束遍历。

该算法的实现代码如下。

```
1     ##########################
2     #遍历中序线索二叉树的函数
3     ##########################
4     def InOrderClue(self):
5         BinaryTreeNode=self.HeadNode.LeftChild
6         while BinaryTreeNode is not self.HeadNode:
7             while BinaryTreeNode.LTag==0:
8                 BinaryTreeNode=BinaryTreeNode.LeftChild
9             self.VisitBinaryTreeNode(BinaryTreeNode)
10            while BinaryTreeNode.RTag==1 and BinaryTreeNode.RightChild is not self.HeadNode:
11                BinaryTreeNode=BinaryTreeNode.RightChild
12                self.VisitBinaryTreeNode(BinaryTreeNode)
13            BinaryTreeNode=BinaryTreeNode.RightChild
14    ##########################
15    #访问线索二叉树的一个结点
16    ##########################
17    def VisitBinaryTreeNode(self,BinaryTreeNode):
18        #值为#的结点代表空结点
19        if BinaryTreeNode.data is not '#':
20            print(BinaryTreeNode.data)
```

算法 5-16　遍历中序线索二叉树的算法

在第 19 行代码中，若被访问结点的值不为#（即不为空结点），则由第 20 行代码输出当前结点的值；否则退出该函数。

遍历线索二叉树的时间复杂度为 O(n)，空间复杂度为 O(1)，这是因为实现线索二叉树的遍历时不需要使用栈。

图 5-34（a）所示为一棵中序线索二叉树，对该二叉树执行上述遍历算法，可得图 5-34（b）所示的中序线索链表。

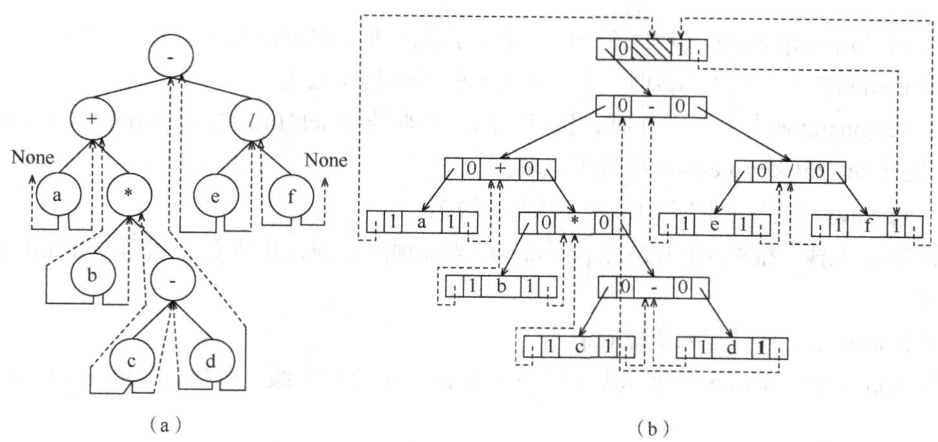

图 5-34　中序线索二叉树及其中序线索链表

5.2.5　二叉树的典型应用

对于含有括号的算术表达式，我们对其直接计算时，须根据运算优先级（即先括号，后乘除，再加减）并按照从左到右的顺序来进行，若使用计算机来处理，则十分困难。波兰科学家于 1920 年发明了一种不需要括号的方法来表示算术表达式，这种方法将表达式中的运算符写在操作数之前，我们将其称为前缀表达式（即波兰式）。相应地，我们把运算符写在操作数中间的表达式称为中缀表达式（即通常所见的算术表达式），同时，把运算符写在操作数之后的表达式称为后缀表达式（即逆波兰式）。实践表明，使用计算机对前缀表达式或后缀表达式进行处理较为容易，人类则更习惯使用中缀表达式。请结合二叉树和栈来计算中缀表达式 9+(3−1)*3+10/2 的值。

分析：根据题设，须结合二叉树和栈来计算给定中缀表达式的值，我们给出两种求解思路。

（1）首先由给定的中缀表达式创建一棵二叉树，接着对该二叉树分别进行先序遍历和后序遍历，从而得到对应的先序序列和后序序列，其中，先序序列即为前缀表达式，后序序列即为后缀表达式。最后我们使用栈对所得前缀表达式或后缀表达式求值即可。

（2）将给定的中缀表达式转换为后缀表达式，再由这一后缀表达式创建一棵二叉树，然后对二叉树执行先序遍历，得到先序序列（即前缀表达式），最后我们使用栈对这一前缀表达式求值即可。具体实现步骤如下。

① 将中缀表达式转换为后缀表达式，此时使用栈存储中缀表达式中的运算符。

② 由后缀表达式构建一棵二叉树，其中使用栈存储二叉树的每一个结点。

③ 先序遍历二叉树得到前缀表达式。

④ 借助栈对前缀表达式求值。

接下来我们分为 5 步给出上述算法思路的一种实现，其中前 4 步与上述算法思路的每一步对应，第 5 步为验证程序。

1. 将中缀表达式转为后缀表达式

我们调用函数 InfixToPostfix(self) 将中缀表达式转为后缀表达式，其算法步骤如下。

（1）使用栈 operator 存储中缀表达式 self.InfixExpression 中的所有运算符，并使用列表 PostfixExpression 存储转换后的后缀表达式。

（2）从 self.InfixExpression 中第一项开始，直到最后一项，依次存入 item，同时执行（3）～（19）。

（3）若 item in ['+','-','*','/']为真时，则执行（4）；否则转（12）。

（4）当 len(operator)大于等于 0 时，执行（5）；否则结束 self.InfixExpression 中当前项的处理，并转（2）处理 self.InfixExpression 中的下一项。

（5）若 operator 为空，则执行（6）；否则转（7）。

（6）将 item 入栈，结束 self.InfixExpression 中当前项的处理，并转（2）处理 self.InfixExpression 中的下一项。

（7）将栈顶元素出栈并存入变量 tmp。

（8）若 tmp 为'('或者 tmp 的运算优先级小于 item 的运算优先级，则执行（9）～（10）；否则转（11）。

（9）将 tmp 入栈。

（10）将 item 入栈，结束 self.InfixExpression 中当前项的处理，并转（2）处理 self.InfixExpression 中的下一项。

（11）将 tmp 添加到列表 PostfixExpression 中，转（5）。

（12）若 item 为'('，则执行（13）；否则转（14）。

（13）将 item 入栈，结束 self.InfixExpression 中当前项的处理，并转（2）处理 self.InfixExpression 中的下一项。

（14）若 item 为')'，则执行（15）；否则转（19）。

（15）当 operator 不为空时，执行（16）；否则结束 self.InfixExpression 中当前项的处理，并转（2）处理 self.InfixExpression 中的下一项。

（16）将栈顶元素出栈并存入变量 tmp。

（17）若 tmp 不为'('，则执行（18）；否则结束 self.InfixExpression 中当前项的处理，并转（2）处理 self.InfixExpression 中的下一项。

（18）将 tmp 添加到列表 PostfixExpression 中，转（15）。

（19）将 item 添加到列表 PostfixExpression 中，结束 self.InfixExpression 中当前项的处理，并转（2）处理 self.InfixExpression 中的下一项。

（20）当栈不为空时，执行（21）。

（21）将栈顶元素出栈并将其添加到列表 PostfixExpression 中，转（20）。

该算法的实现代码如下。

```
########################################
#将中缀表达式转换为后缀表达式的函数
########################################
def InfixToPostfix(self):
    operator=[]
    for item in self.InfixExpression:
        if item in ['+','-','*','/']:
            while len(operator)>=0:
                if len(operator)==0:
                    operator.append(item)
                    break
                tmp=operator.pop()
```

```
13                    if tmp=='('or self.Grade(item)>self.Grade(tmp):
14                        operator.append(tmp)
15                        operator.append(item)
16                        break
17                    else:
18                        self.PostfixExpression.append(tmp)
19            elif item=='(':
20                operator.append(item)
21            elif item==')':
22                while len(operator)>0:
23                    tmp=operator.pop()
24                    if tmp!='(':
25                        self.PostfixExpression.append(tmp)
26                    else:
27                        break
28            else:
29                self.PostfixExpression.append(item)
30        while len(operator)>0:
31            self.PostfixExpression.append(operator.pop())
32    ################################
33    #返回运算符的运算优先级的函数
34    ################################
35    def Grade(self,operator):
36        if operator=='+':
37            return 1
38        elif operator=='-':
39            return 1
40        elif operator=='*':
41            return 2
42        else:
43            return 2
```

算法 5-17 将中缀表达式转换为后缀表达式的算法

在第 13 行代码中，我们调用 Grade()函数比较两个运算符的运算优先级，该方法的实现代码在第 35 行，其作用是返回一个运算符的运算优先级。

2. **使用后缀表达式创建二叉树**

我们调用函数 CreatePostfixBinaryTree(self,Root)实现由后缀表达式创建二叉树，其算法步骤如下。

（1）使用参数 Root 存储主调函数传入的二叉树的根结点，并使用栈 StackTreeNode 存储二叉树的所有结点。

（2）从 self.PostfixExpression 中第一项开始，直到最后一项，依次存入 item，同时执行（3）～（10）。

（3）若 item in ['+','–','*','/']为真，则执行（4）～（9）；否则执行（10）。

（4）将栈顶元素出栈并存入 OperandTwo。

（5）将栈顶元素出栈并存入 OperandOne。

（6）创建一个二叉树的结点 RootNode，并将其值初始化为 item。

（7）将 RootNode.LeftChild 指向 OperandOne。

（8）将 RootNode.RightChild 指向 OperandTwo。

（9）将 RootNode 入栈，结束 self.PostfixExpression 中当前项的处理，并转（2）处理

self.PostfixExpression 中的下一项。

（10）创建一个二叉树的结点，并将其值初始化为 item，再将其入栈，结束 self.PostfixExpression 中当前项的处理，并转（2）处理 self.PostfixExpression 中的下一项。

（11）将栈顶元素出栈并存入 TreeNode。

（12）将 Root.data 置为 TreeNode.data。

（13）将 Root.LeftChild 指向 TreeNode.LeftChild。

（14）将 Root.RightChild 指向 TreeNode.RightChild。

（15）打印“创建二叉树成功!”。

该算法对应的实现代码如下。

```
##########################################
#由后缀表达式创建二叉树的函数
##########################################
def CreatePostfixBinaryTree(self,Root):
    StackTreeNode=[]
    for item in self.PostfixExpression:
        if item in ['+','-','*','/']:
            OperandTwo=StackTreeNode.pop()
            OperandOne=StackTreeNode.pop()
            RootNode=LinkedBinaryTreeNode()
            RootNode.data=item
            RootNode.LeftChild=OperandOne
            RootNode.RightChild=OperandTwo
            StackTreeNode.append(RootNode)
        else:
            TreeNode=LinkedBinaryTreeNode()
            TreeNode.data=item
            StackTreeNode.append(TreeNode)
    TreeNode=StackTreeNode.pop()
    Root.data=TreeNode.data
    Root.LeftChild=TreeNode.LeftChild
    Root.RightChild=TreeNode.RightChild
    print('创建二叉树成功！')
```

算法 5-18　由后缀表达式创建二叉树的函数

3. 先序遍历二叉树获取前缀表达式

先序遍历二叉树获取前缀表达式的算法与我们之前学过的先序遍历二叉树算法的思路相同，在实现时我们传入一个列表用于存储先序遍历二叉树得到的前缀表达式，其实现代码如下。

```
##################################
#先序遍历二叉树，得到前缀表达式
##################################
def GetPrefixExpression(self,BinaryTree,expression):
    if BinaryTree is not None:
        self.VisitBinaryTree(BinaryTree,expression)
        self.PreOrder(BinaryTree.LeftChild,expression)
        self.PreOrder(BinaryTree.RightChild,expression)
```

```
#########################
#访问二叉树的一个结点
#########################
def VisitBinaryTree(self,BinaryTree,expression):
    print(str(BinaryTree.data)+' ',end=" ")
    expression=expression.append(BinaryTree.data)
```

算法 5-19　先序遍历二叉树获取前缀表达式的算法

4. 实现前缀表达式求值

我们调用函数 GetValue(self,expression)对前缀表达式求值，其算法步骤如下。

（1）使用栈 StackValue 存储计算过程中的一系列值。在访问前缀表达式 expression 中的每一项时，我们使用 index 作为辅助变量，其初始值为 len(expression)−1。

（2）当 index 大于等于 0 时，执行（3）；否则转（12）。

（3）若 expression[index] in ['+','-','*','/']为真，则执行（4）～（9）；否则转（10）。

（4）将栈顶元素出栈并存入 OperandOne。

（5）将栈顶元素出栈并存入 OperandTwo。

（6）将 OperandOne 和 OperandTwo 作为操作数，expression[index]作为运算符，进行计算，得到一个计算结果 result。

（7）若 result is 'error'为真，则执行（8）；否则转（9）。

（8）打印“除数不能为 0。”，并结束该函数。

（9）将 result 入栈，转（11）。

（10）将 expression[index]转为整型并入栈，转（11）。

（11）将 index 自减 1，转（2）。

（12）将栈顶元素出栈并存入 result。

（13）将 self.result 置为 result。

该算法的实现代码如下。

```
#########################
#前缀表达式求值的函数
#########################
def GetValue(self,expression):
    StackValue=[]
    index=len(expression)-1
    while index>=0:
        if expression[index] in ['+','-','*','/']:
            OperandOne=StackValue.pop()
            OperandTwo=StackValue.pop()
            result=self.Calculation(OperandOne,OperandTwo,expression[index])
            if result is 'error':
                print('除数不能为 0。')
                return
            StackValue.append(result)
        else:
            StackValue.append(int(expression[index]))
```

```
18            index=index-1
19        result=StackValue.pop()
20        self.result=result
21    ##########################
22    #进行四则运算的函数
23    ##########################
24    def Calculation(self,OperandOne,OperandTwo,operator):
25        if operator=='+':
26            return OperandOne+OperandTwo
27        elif operator=='-':
28            return OperandOne-OperandTwo
29        elif operator=='*':
30            return OperandOne*OperandTwo
31        elif operator=='/':
32            if OperandTwo==0:
33                return 'error'
34            else:
35                return OperandOne/OperandTwo
```

算法 5-20　前缀表达式求值的算法

在第 11 行代码中，我们调用 Calculation ()函数对两个操作数按指定运算符进行计算。该方法的实现代码在第 24 行，它将返回由指定两个操作数按指定运算符进行计算后的结果。

5. 计算中缀表达式的值

计算中缀表达式 9+(3−1)*3+10/2 的实现代码如下。

```
#######################
#给定的中缀表达式
#######################
expression='9+(3-1)*3+10/2'
print('题目所给中缀表达式为：')
print(expression)
###################################
#(1)将中缀表达式转换为后缀表达式
###################################
iexpression=InfixExpression(expression)
iexpression.InfixToPostfix()
print('转换之后的后缀表达式为：')
print(''.join(iexpression.PostfixExpression))
##############################################
#(2)根据后缀表达式创建一棵二叉树，root 是树的根结点
##############################################
print('由后缀表达式创建二叉树！')
bt=BinaryTree(iexpression.PostfixExpression)
root=LinkedBinaryTreeNode()
bt.CreatePostfixBinaryTree(root)
########################################################
#(3)先序遍历二叉树得到前缀表达式，expression 存储得到的前缀表达式
########################################################
```

```
expression=[]
print('先序遍历二叉树得到的前缀表达式如下：')
bt.GetPrefixExpression(root,expression)
#################################
#(4)计算并输出前缀表达式的结果
#################################
pexpression=PrefixExpression()
pexpression.GetValue(expression)
print('\n'+'运算结果：'+str(pexpression.result))
```

算法 5-21　计算中缀表达式的值

上述代码的执行结果如图 5-35 所示。

```
题目所给中缀表达式为:
9 + ( 3 - 1 ) * 3 + 10 / 2
转换之后的后缀表达式为:
9 3 1 - 3 * + 10 2 / +
由后缀表达式创建二叉树!
创建二叉树成功!
前序遍历二叉树得到的前缀表达式如下:
+ + 9 * - 3 1 3 / 10 2
运算结果: 20.0
```

图 5-35　中缀表达式 9+(3−1)*3+10/2 的运算

5.3　森林

在本节中，我们将介绍森林的定义，树、森林和二叉树之间的关系，并详细介绍如何对树、森林和二叉树进行相互转换。

5.3.1　森林的定义

若干棵互不相交的树组成的集合被称为森林。森林可由空树的集合组成，也可由一棵树组成，还可以由多棵树组成。事实上，如果一棵树的根结点含有多棵子树，这些子树可以构成森林。图 5-36 所示为森林，它是删除了树的根结点而产生的。

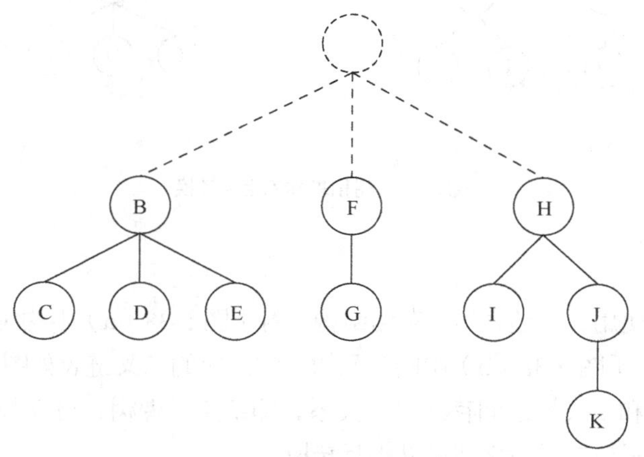

图 5-36　删除树的根结点得到的森林

森林有以下特点：森林 F 由若干棵树 T 组成，$F=(T_1,T_2,\cdots,T_m)$，$m\geqslant 0$；当 $m=0$ 时，F 为空，此时森林实质为一棵空树；当 $m=1$ 时，F 为只包含一棵树的森林，此时森林实质为一棵非空树；当 $m>1$ 时，F 包含两棵或两棵以上的树。

5.3.2 树、森林和二叉树

1. 树和森林

由森林的定义我们知道，森林是由若干棵树组成的集合，可写成 $F=(T_1,T_2,\cdots,T_m)$。

若为 F 添加一个结点 R，则可得到一棵树 $T=(R,F)$，其中 R 为该树的根结点，F 为 R 的子树，即森林可以转换为树。

反之，对于一棵树 $T=(R,F)$，其中 R 为该树的根结点，F 为 R 的子树，若将 R 删除，则 $T=(F)$，即树可以转化为森林。

综上所述，树和森林之间可以相互转换。为图 5-37（a）所示的森林添加一个值为 A 的结点，并将森林中的每一棵树作为该结点的子树，即可得到图 5-37（b）所示的树；将图 5-37（c）所示的树移除根结点 A，即可得到图 5-37（d）所示的森林。

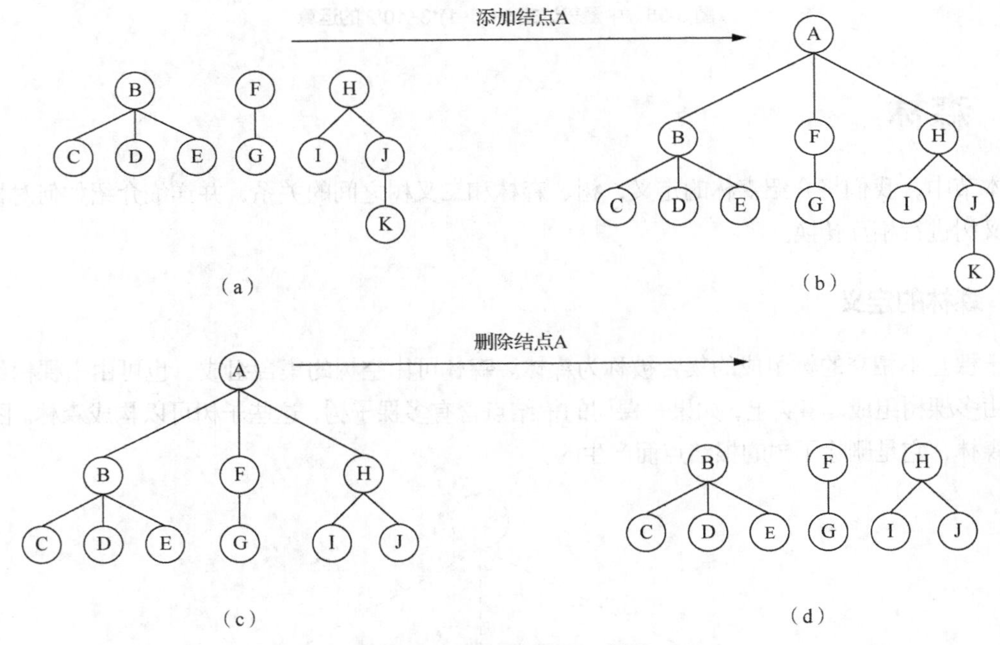

图 5-37 树和森林的相互转换

2. 树和二叉树

树和二叉树都可以使用二叉链表作为存储结构。对于图 5-38（a）中的树，它对应的二叉链表如图 5-38（c）所示，而对于图 5-38（b）中的二叉树，它对应的二叉链表如图 5-38（d）所示。

由此我们发现，树和二叉树之间存在对应关系，即给定一棵树，可以找到唯一的一棵二叉树与之对应。这也就是说，树与二叉树之间可以相互转换。

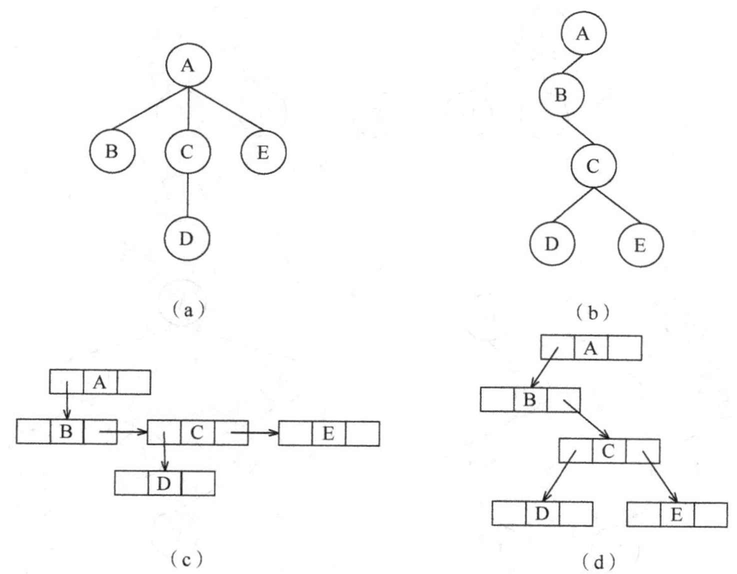

图 5-38　树与二叉树的对应关系

3. 森林和二叉树

由于树和森林之间可以相互转换，且树和二叉树存在一一对应的关系，因此，森林和二叉树之间也可以互相转换。

5.3.3　树或森林转换为二叉树

1. 森林转换为二叉树

假设森林 $F=(T_1,T_2,\cdots,T_m)$，其中 $T_1,T_2,\cdots,T_m$ 是 m 棵树，我们将其按如下步骤转换为一棵二叉树 B=(root,LB,RB)，其中 root 是二叉树的根结点，LB 是二叉树的左子树，RB 是二叉树的右子树。

（1）若 F 为空，即 m=0，则 B 为空树。

（2）若 F 非空，即 $m\neq 0$，我们可将森林 F 分为 3 部分，分别为 F_1、F_2、F_3。

$F_1=(T_1R_1)$，T_1R_1 为 T_1 的根结点。

$F_2=(T_1-\{T_1R_1\})$，T_1 中不包含根结点的部分，即 T_1 的子树。

$F_3=F-T_1=(T_2,T_3,\cdots,T_m)$，$F$ 中除 T_1 以外的其他树，即 $T_2,T_3,\cdots,T_m$。

将森林 F 转换为二叉树 B 时，F_1 即为 B 的根结点，对森林 F_2 执行上述步骤转换后得到的二叉树作为 B 的左子树，再对森林 F_3 执行上述步骤转换后得到的二叉树作为 B 的右子树。

图 5-39（a）中的森林里的每棵树对应的二叉树如图 5-39（b）所示，该森林对应的二叉树如图 5-39（c）所示。

2. 树转换为二叉树

由于森林和树是可以相互转换的，因此在将树转换为二叉树时，可先将树转换为森林，再将森林转换为二叉树。图 5-40（a）中的树转换为森林后如图 5-40（b）所示，再将其转换为二叉树的过程如图 5-40（c）～图 5-40（d）所示。

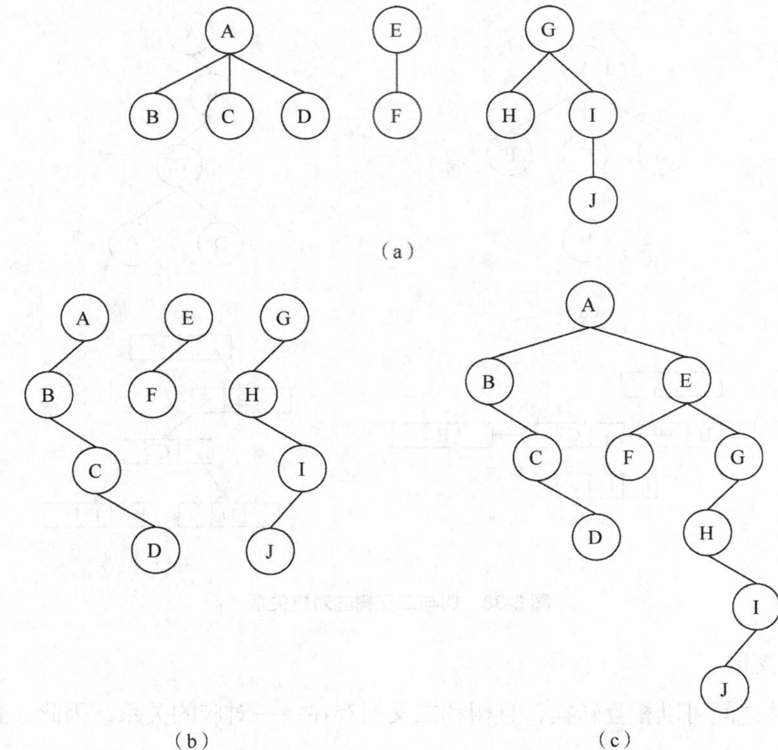

（a）

（b）　　（c）

图 5-39　森林转换为二叉树

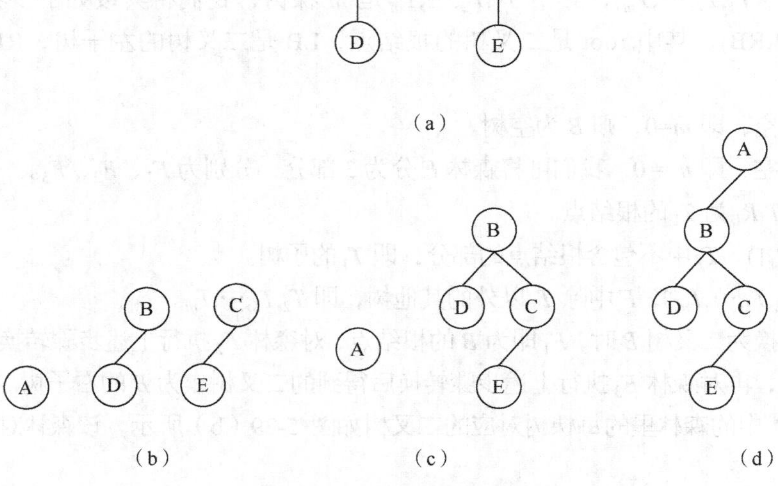

（a）

（b）　　（c）　　（d）

图 5-40　一棵树转换为二叉树

5.3.4　二叉树转换为森林或树

1．二叉树转换为森林

假设 B=(root,LB,RB)是一棵二叉树，其中 root 是根结点，LB 是二叉树的左子树，RB 是二叉树的右子树，我们将其按如下步骤转换为森林 $F=(T_1,T_2,\cdots,T_m)$，其中 $T_1,T_2,\cdots,T_m$ 是 m 棵树。

（1）若 B 为空，则 F 为空树。

（2）若 B 非空，我们可将 B 分为 3 部分，分别为 B_1、B_2、B_3，并且 B_1=root，B_2=LB，B_3=RB。

将二叉树 B 转换为森林 F 时，F 中第一棵树 T_1 的根结点即为 B_1，树 T_1 的子树组成的森林即为对二叉树 B_2 执行上述步骤转换后得到的森林，F 中的树 $T_2,\cdots,T_m$ 组成的森林即为对二叉树 B_3 执行上述步骤转换后得到的森林。

图 5-41（a）中的二叉树，其对应的森林如图 5-41（b）所示。

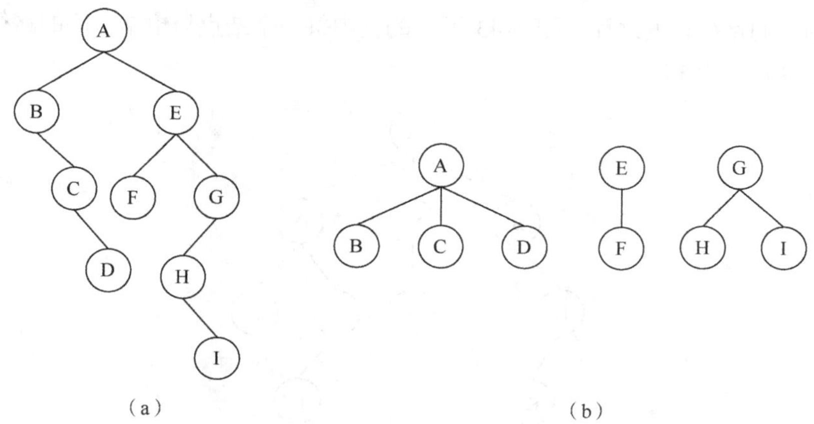

图 5-41　二叉树转换为森林

2. 二叉树转换为树

将二叉树转换为树时，二叉树的根结点即为树的根结点，二叉树的左子树转换后得到森林，并且该森林中的每一棵树作为树的子树。图 5-42（a）中的二叉树转换为树后如图 5-42（b）所示。

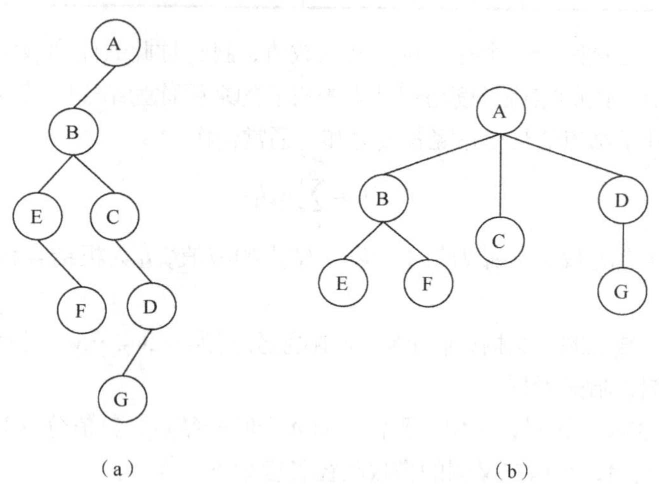

图 5-42　二叉树转换为树

5.4 哈夫曼树

在本节中，我们首先介绍哈夫曼（Huffman）树的基本概念，然后介绍哈夫曼算法，并给出该算法的实现，最后介绍哈夫曼编码及其应用。

5.4.1 哈夫曼树的基本概念

通常将树中某一结点与其孩子结点间的连线称为分支(如图 5-43 中值为 A 的结点与值为 B 的结点的连线，我们将其称为分支 AB)，从一个结点到另一个结点间所有的分支构成这两个结点之间的**路径**(如值为 A 的结点与值为 K 的结点间的路径由分支 AB、BE、EK 组成)，路径中包含的分支数目被称为**路径长度**(如值为 A 的结点与值为 K 的结点间的路径长度为 3)，**树的路径长度**是从树的根结点到每一个结点的路径长度之和。图 5-43 所示的树中每一个结点与根结点间的路径长度如表 5-3 所示，该树的路径长度为 17。

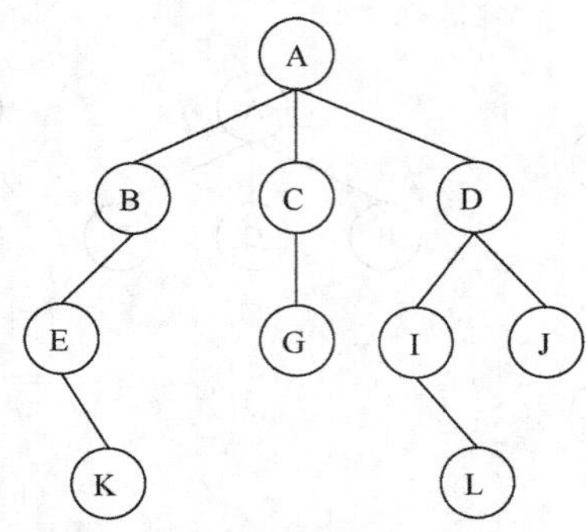

图 5-43 树的示例

表 5-3 树中每一个结点与根结点间的路径长度

路径	AB	AC	AD	AE	AG	AI	AJ	AK	AL
路径长度	1	1	1	2	2	2	2	3	3

有时，树中的结点会被赋予一个有某种意义的数值，我们称此数值为该结点的权值。对于带权值的结点，它和根结点之间的路径长度与该结点的权值的乘积称为结点的带权路径长度。**树的带权路径长度**为树中所有叶子结点的带权路径长度之和，通常记作

$$\mathrm{WPL}=\sum_{k=1}^{n} w_k l_k$$

其中，n 为树中叶子结点的数目，w_k 为第 k 个叶子结点的权值，l_k 为根结点和第 k 个叶子结点间的路径长度。

对于含有 n 个叶子结点的二叉树，假定它们的权值分别为 $w_1,w_2,\cdots,w_n$，我们将其中 WPL 最小的二叉树称为**最优二叉树**或**哈夫曼树**。

如图 5-44 所示的 3 棵二叉树，每棵二叉树均有 4 个叶子结点，其值分别为 A、B、C、D，它们的权值分别为 7、5、2、4，每棵二叉树的带权路径长度如下。

$$\mathrm{WPL}_a=7\times2+5\times2+2\times2+4\times2=36$$

$$\mathrm{WPL}_b=7\times1+5\times2+2\times3+4\times3=35$$

$$\mathrm{WPL}_c=7\times3+5\times3+2\times1+4\times2=46$$

图 5-44(b)所示二叉树的带权路径长度最小。在之后的学习中，我们将证明它为哈夫曼树。

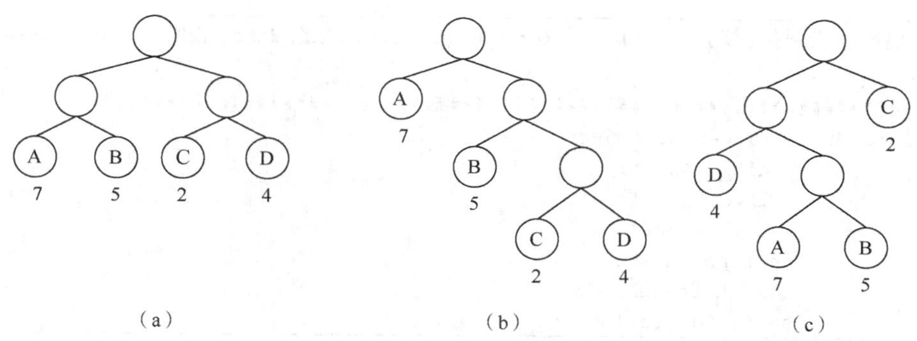

图 5-44　具有不同带权路径长度的二叉树

5.4.2　哈夫曼算法及实现

哈夫曼算法的基本思路如下。

（1）给定 n 棵仅含根结点的二叉树 $T_1,T_2,\cdots,T_n$，它们的权值分别为 $w_1,w_2,\cdots,w_n$，将它们放入一个集合 F 中，即 $F=\{T_1,T_2,\cdots,T_n\}$。

（2）在 F 中选取两棵根结点的权值最小的二叉树构造一棵新的二叉树，并且使新二叉树根结点的权值等于其左、右子树根结点的权值之和。

（3）将（2）中得到的新二叉树添加到 F 中，并将组成它的两棵二叉树删除。

（4）重复（2）和（3），直到 F 中只包含一棵二叉树，这棵二叉树即为哈夫曼树。

图 5-45（a）～图 5-45（d）所示为一棵哈夫曼树的构造过程。

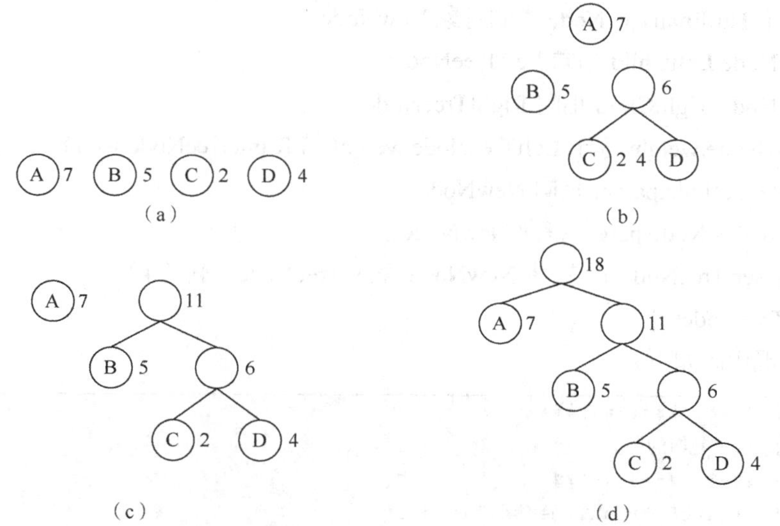

图 5-45　哈夫曼树的构造过程

为了实现构造哈夫曼树的算法，我们定义了一个 HuffmanTreeNode 类用于存储哈夫曼树中的每一个结点，具体如下。

```
########################################################################
#类名称：HuffmanTreeNode
#类说明：定义一个哈夫曼树的结点
```

```
#类释义：分别有左孩子 LeftChild，右孩子 RightChild，数据 data、权值 weight、该结点的双亲结点 parent
#################################################################
class HuffmanTreeNode(object):
    def __init__(self):
        self.data='#'
        self.weight=-1
        self.parent=None
        self.LeftChild=None
        self.RightChild=None
```

算法 5-22　哈夫曼树的结点

根据构造哈夫曼树的基本思路，我们可将算法步骤归纳如下。

（1）我们将哈夫曼树中的所有叶子结点存入列表 Nodes，并将其作为参数传入，所有叶子结点按照权值的升序排列。使用列表 TreeNode 存储哈夫曼树的每一个结点。

（2）将参数 Nodes 中的全部结点存入 TreeNode。

（3）若 len(TreeNode)>0，则执行（4）。

（4）当 len(TreeNode) >1 时，执行（5）～（13）；否则转（14）。

（5）获取列表 TreeNode 中的第一个结点并存入 LeftTreeNode，同时将该结点从列表 TreeNode 中删除。

（6）获取列表 TreeNode 中的第一个结点并存入 RightTreeNode，同时将该结点从列表 TreeNode 中删除。

（7）创建一个 HuffmanTreeNode 类的对象 NewNode。

（8）将 NewNode.LeftChild 指向 LeftTreeNode。

（9）将 NewNode.RightChild 指向 RightTreeNode。

（10）令 NewNode.weight 等于 LeftTreeNode.weight 与 RightTreeNode.weight 之和。

（11）将 LeftTreeNode.parent 指向 NewNode。

（12）将 RightTreeNode.parent 指向 NewNode。

（13）调用 InsertTreeNode()函数将 NewNode 插入 TreeNode，转（4）。

（14）返回 TreeNode[0]。

该算法的实现代码如下。

```
######################
#构造哈夫曼树的函数
######################
def CreateHuffmanTree(self,Nodes):
    TreeNode=Nodes[:]
    if len(TreeNode)>0:
        while len(TreeNode)>1:
            LeftTreeNode=TreeNode.pop(0)
            RightTreeNode=TreeNode.pop(0)
            NewNode=HuffmanTreeNode()
            NewNode.LeftChild=LeftTreeNode
            NewNode.RightChild=RightTreeNode
            NewNode.weight=LeftTreeNode.weight+RightTreeNode.
```

```
      weight
14                  LeftTreeNode.parent=NewNode
15                  RightTreeNode.parent=NewNode
16                  self.InsertTreeNode(TreeNode,NewNode)
17              return TreeNode[0]
```

算法 5-23　构造哈夫曼树的函数

在上述算法的第 8 行和第 9 行代码中，我们都调用 pop(0)方法获取列表 TreeNode 中的第一个结点并将其从该列表中删除；在第 16 行代码中，我们调用 InsertTreeNode()函数将某一结点插入列表中；由于哈夫曼树构建完成后，列表 TreeNode 中的第一个结点即为根结点，因此在第 17 行代码中返回 TreeNode[0]。

InsertTreeNode()函数用于将某一结点插入列表中，并使该列表中的结点按权值的升序排列，其算法思路如下。

（1）使用一个集合存储哈夫曼树的所有结点，这些结点按权值的升序排列。

（2）若该集合不为空，则执行（3）；否则转（4）。

（3）依次访问集合中的每一个结点，若待插入结点的权值小于当前结点的权值，则将其插至当前结点所在的位置，并保持集合中的结点仍有序；否则转（4）。

（4）将待插入结点存入集合的最后位置。

该算法对应的算法步骤如下。

（1）若列表 TreeNode 不为空，则执行（2）；否则转（7）。

（2）我们借助于 tmp 访问列表 TreeNode 中的每一项，tmp 的初始值为 0。

（3）当 tmp 小于 len(TreeNode)时，执行（4）；否则转（7）。

（4）若 TreeNode[tmp].weight 大于待插入结点 NewNode 的 weight，则执行（5）；否则转（6）。

（5）将 NewNode 插至 TreeNode 的第 tmp 个位置上，并结束该函数。

（6）tmp 自加 1，转（3）。

（7）调用 append()方法将 NewNode 插至 TreeNode 中。

该算法的实现代码如下。

```
###########################################################
#将某一结点插入列表中，并使该列表中的结点按权值的升序排列
###########################################################
def InsertTreeNode(self,TreeNode,NewNode):
    if len(TreeNode)>0:
        tmp=0
        while tmp<len(TreeNode):
            if TreeNode[tmp].weight>NewNode.weight:
                TreeNode.insert(tmp,NewNode)
                return
            tmp=tmp+1
    TreeNode.append(NewNode)
```

算法 5-24　将某一结点插入列表中

注意：对于具有 n 个叶子结点的哈夫曼树，共有 $2n-1$ 个结点，具体证明过程如下。

（1）由于在构造哈夫曼树的过程中，每次都是以两棵二叉树为子树创建一棵新的二叉树，因此哈夫曼树中不存在度为 1 的结点，即

$$n_1=0$$

（2）由二叉树的性质 3 可知，叶子结点数目 n_0 等于度为 2 的结点数目 n_2 加 1，即

$$n_0=n_2+1$$

将等式两边均减 1，可得

$$n_2=n_0-1$$

（3）由二叉树的定义可知，二叉树结点的总数目 $n=n_0+n_1+n_2$。因此对于哈夫曼树，有

$$n=n_0+n_2$$

由（2）可得

$$n=n_0+n_2=n_0+n_0-1=2n_0-1$$

因此，对于具有 n 个叶子结点的哈夫曼树，共有 $2n-1$ 个结点。

5.4.3 哈夫曼编码及应用

1. 哈夫曼编码的基本概念

我们进行数据通信时，需要传送各种报文。在对报文中的字符进行编码时，可将其编码设计为长度相等，但是这种方式的传输效率较低。若将这些字符的编码设计成长度不等，并让报文中出现次数较多的字符使用尽可能短的编码，可使报文的长度变短，从而提高报文的传输效率。

假定我们要传送的报文中包含字符 A、B、C、D、E、F、G、H，它们对应的等长编码和不等长编码如表 5-4 所示。

表 5-4 8 种字符的编码

字符	A	B	C	D	E	F	G	H
等长编码	000	001	010	011	100	101	110	111
不等长编码	0	1	01	11	10	101	110	111

假设待传送字符为 B 和 D，若采用等长编码，则传送的报文为‘001011’；若采用不等长编码，则传送的报文为‘111’。对于报文‘111’，译码时可为‘BBB’、‘BD’或‘H’等，因此采用不等长编码时，需要保证任一字符的编码都不是另一个字符的编码的前缀。我们将具有这一特性的编码称为前缀编码。

设计二进制前缀编码使得报文总长度最短的问题实质为创建一棵哈夫曼树。我们将使用哈夫曼树得到的二进制前缀编码称为哈夫曼编码，具体过程如下。

（1）将需要被编码的字符作为叶子结点，其权值即为字符在报文中出现的频率。

（2）我们约定，若哈夫曼树中某一结点是其双亲结点的左子树，则它们之间的分支代表字符‘0’，否则代表字符‘1’。

（3）在根结点到叶子结点的路径中，所有分支代表的字符组成的字符串即为该叶子结点对应字符的哈夫曼编码。

图 5-46（a）所示的哈夫曼树，其中叶子结点下方的数字表示该结点的权值，分支上的数字 0 或 1 表示该分支代表的字符。字符 A、B、C、D、E、F、G、H 的哈夫曼编码如图 5-46（b）所示。

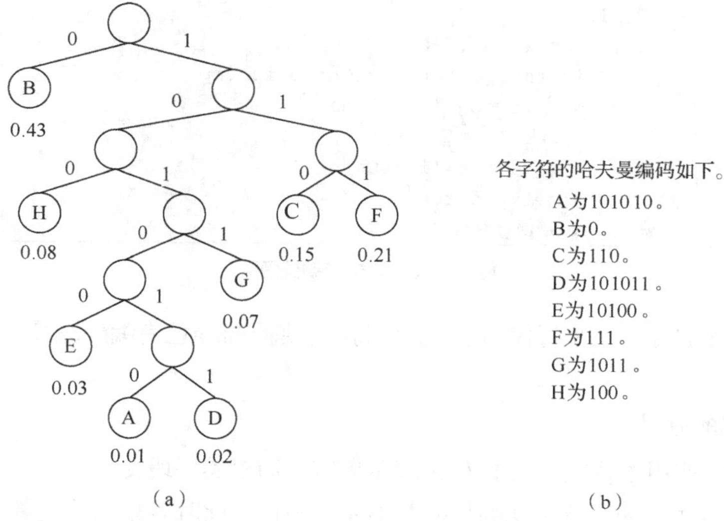

图 5-46 哈夫曼编码示例

由哈夫曼编码的基本思路可知，若哈夫曼树中某一结点是其双亲结点的左子树，则它们之间的分支代表字符‘0’；若哈夫曼树中某一结点是其双亲结点的右子树，则它们之间的分支代表字符‘1’。通常我们在获取某一叶子结点对应的字符编码时，可以从根结点开始沿分支到达该叶子结点，由于哈夫曼树的每一个结点都包含一个指向其双亲结点的指针，因此我们也可以从叶子结点沿分支到达根结点，接下来我们基于这一方法介绍获取哈夫曼树中每一叶子结点对应字符的哈夫曼编码的具体实现，算法步骤如下。

（1）使用变量 Root 存储哈夫曼树的根结点，使用列表 Nodes 存储哈夫曼树的所有叶子结点，这些结点按权值的升序排列，使用 Codes 存储哈夫曼树所有叶子结点的编码。

（2）对于每一项 item，依次执行（3）～（10）。

（3）将 Nodes[item]存入 tmp。

（4）将 tCode 置为空。

（5）当 tmp 不是 Root 时，执行（6）；否则转（10）。

（6）若 tmp.parent.LeftChild is tmp 为真，则执行（7）；否则转（8）。

（7）将字符‘0’插至 tCode 的首端，转（9）。

（8）将字符‘1’插至 tCode 的首端，转（9）。

（9）将 tmp 指向 tmp.parent，并转（5）。

（10）将 tCode 插入 Codes。

该算法的实现代码如下。

```
####################
#哈夫曼编码函数
####################
def HuffmanEncoding(self,Root,Nodes,Codes):
    index=range(len(Nodes))
    for item in index:
```

```
7               tmp=Nodes[item]
8               tCode=''
9               while tmp is not Root:
10                  if tmp.parent.LeftChild is tmp:
11                      tCode='0'+tCode
12                  else:
13                      tCode='1'+tCode
14                  tmp=tmp.parent
15              Codes.append(tCode)
```

算法 5-25　哈夫曼编码函数

在上述算法的第 11 行和 13 行代码中，我们将当前编码插至已有编码的最前面，是为了正确输出哈夫曼编码。

2. 哈夫曼编码的应用

在计算机中通常使用 7 位的 ASCII 码来表示字符，而对某一段文本而言，仅需使用部分字符即可。由于每一个被用到的字符出现的频率并不完全一样，此时若采用哈夫曼编码，即将使用频率高的字符编码短一些，而将使用频率低的字符编码长一些，就可以明显地减少数据存储和通信时的开销。假设有一段文本，仅包含 A、B、C、D、E、F、G、H 这 8 种字符，它们出现的频率分别为 0.05、0.09、0.06、0.3、0.13、0.23、0.04、0.1，试为上述文本中的 8 种字符设计相应的哈夫曼编码。

分析：由题意可知，我们要给出上述 8 种字符的哈夫曼编码，因此需要先创建一棵哈夫曼树，将上述 8 种字符作为该树的叶子结点，其权值分别为字符出现的频率，然后访问哈夫曼树，求解每一个叶子结点的哈夫曼编码，最后将其输出。为了便于计算，我们将字符出现的频率乘以 100。

基于上述分析，可按以下思路为 8 种字符设计哈夫曼编码。

（1）根据给定的 8 种字符及其出现的频率创建叶子结点，并将这些结点存入集合中。

（2）由集合中的叶子结点创建一棵哈夫曼树。

（3）访问该哈夫曼树，得到 8 种字符的哈夫曼编码，并将这一编码存储到另一集合中。

（4）输出（3）中集合内 8 种字符对应的哈夫曼编码。

我们分 4 步给出上述算法思路的一种实现。

（1）创建所有的叶子结点

我们调用函数 CreateLeafNodes ()创建 8 种字符对应的叶子结点，其算法步骤如下。

① 参数 LeafNodes 用于存储 8 种字符对应的叶子结点，其初始值为空。

② 输入一个叶子结点的值和权值，并将其存入 NodeInformation 中。

③ 当 NodeInformation[1]不为'#'时，执行④～⑧。

④ 创建一个 HuffmanTreeNode 类型的结点 NewNode。

⑤ 将 NewNode.data 置为 NodeInformation[0]。

⑥ 将 NodeInformation[1]转为整型，并存入 NewNode.weight 中。

⑦ 将 NewNode 插入 LeafNodes。

⑧ 输入下一个叶子结点的值和权值，并将其存入 NodeInformation 中，转③。

该算法的实现代码如下。

```
1    ###########################
2    #创建所有叶子结点的函数
3    ###########################
4    def CreateLeafNodes(self,LeafNodes):
5        print('请按照叶子结点权值的升序，分组输入叶子结点的值和权值，如 A 10,并以# #结束。')
6        NodeInformation=input('->').split(' ')
7        while NodeInformation[1] is not '#':
8            NewNode=HuffmanTreeNode()
9            NewNode.data=NodeInformation[0]
10           NewNode.weight=int(NodeInformation[1])
11           LeafNodes.append(NewNode)
12           NodeInformation=input('->').split()
```

算法 5-26　创建所有叶子结点的函数

在算法 5-26 的第 6 行和第 12 行代码中，均调用 split()方法分割用户输入的字符串。我们将用户输入的字符串分为两个部分，它们在输入时以空格分隔，其中第一部分为叶子结点的值，第二部分为叶子结点的权值。

注意：叶子结点的定义可参考算法 5-22。

（2）由叶子结点创建哈夫曼树

由叶子结点创建哈夫曼树的过程可参考算法 5-23。

（3）获取每一字符的哈夫曼编码

获取每一字符的哈夫曼编码的过程可参考算法 5-25。

（4）对 8 种字符求哈夫曼编码

```
##########################################
#使用 LeafNodes 存储所有叶子结点
##########################################
LeafNodes=[]
#############################################
#根据给定的 8 种字符及其出现的频率创建叶子结点
#############################################
huffman=HuffmanTree()
huffman.CreateLeafNodes(LeafNodes)
###################################################
#由叶子结点创建哈夫曼树，root 存储哈夫曼树的根结点
###################################################
print('创建哈夫曼树！')
root=huffman.CreateHuffmanTree(LeafNodes)
###################################################
#依次求 LeafNodes 中叶子结点的哈夫曼编码并存入 Codes
###################################################
Codes=[]
print('求所有字符的哈夫曼编码！')
huffman.HuffmanEncoding(root,LeafNodes,Codes)
##############################
```

```
#输出叶子结点的哈夫曼编码
############################
print('各字符的哈夫曼编码如下：')
for index in range(len(Codes)):
    print(LeafNodes[index].data+':'+Codes[index])
```

算法 5-27　对 8 种字符求哈夫曼编码

上述代码的执行结果如图 5-47 所示。

```
请按照叶子结点权值的升序，分组输入叶子结点的值和权值，如A 10,并以# #结束。
->G 4
->A 5
->C 6
->B 9
->H 10
->E 13
->F 23
->D 40
-># #
创建哈夫曼树!
求所有字符的哈夫曼编码!
各字符的哈夫曼编码如下:
G:0000
A:0001
C:1010
B:1011
H:001
E:100
F:01
D:11
```

图 5-47　代码的执行过程

5.5　本章小结

在本章中我们介绍了树、二叉树、森林和哈夫曼树，现将各部分内容小结如下。

（1）树是一种十分重要的树形结构，它有 3 种典型的存储结构，分别为双亲表示法、孩子表示法和孩子兄弟表示法。其中孩子兄弟表示法又称二叉链表表示法，它有助于实现树与二叉树之间的转换。

（2）二叉树是一种特殊的树，它有两种常用的存储结构，分别为顺序存储结构和链式存储结构。顺序存储结构对于完全二叉树而言不会造成存储空间的浪费，而链式存储结构对于非完全二叉树更节省存储空间。

二叉树的遍历是二叉树中十分重要的操作，共有 4 种常用的遍历方式，分别为先序遍历、中序遍历、后序遍历和层次遍历。

无论是先序线索二叉树，还是中序线索二叉树，或是后序线索二叉树，都可通过线索方便地查找某一结点的直接先驱或直接后继。

（3）由于树、森林和二叉树之间可以相互转换，因此在处理树和森林的问题时，可以转换为处理与之对应的二叉树的问题。

（4）哈夫曼树是一种特殊的二叉树，我们通常通过哈夫曼算法来构造哈夫曼树，进而得到相应的哈夫曼编码。

5.6　上机实验

5.6.1　基础实验

基础实验 1　实现树的各种基本操作

实验目的：理解树的存储结构，并掌握树的基本操作。

实验要求：创建名为 ex050601_01.py 的文件，在文件中定义两个类，一个是树的结点类，该类包含结点的相关信息（如结点的值和所有的子树）；另一个是树的类，该类包含树的定义及其基本操作。请按以下步骤测试树的基本操作的实现是否正确。

（1）初始化一个结点。

（2）以（1）中结点作为根结点，使用递归算法创建一棵图 5-48 所示的树。

图 5-48　一棵树

（3）对树执行先序遍历，并将先序序列输出。

（4）对树执行后序遍历，并将后序序列输出。

（5）对树执行层次遍历，并将所得序列输出。

（6）计算树的深度并输出。

（7）插入值为 G 的结点，使其是值为 D 的结点的第一个孩子结点。

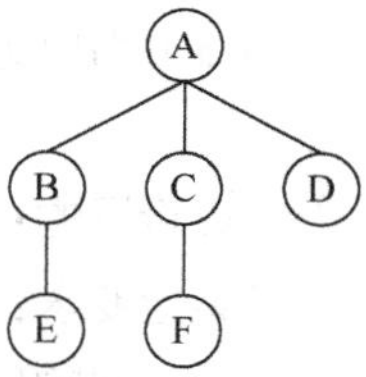

基础实验 2　实现二叉树的各种基本操作

实验目的：理解二叉树的链式存储结构，并掌握二叉树的基本操作。

实验要求：创建名为 ex050601_02.py 的文件，在文件中定义两个类，一个是二叉树的结点类，该类包含结点的相关信息（如结点的值和左、右子树）；另一个是二叉树的类，该类包含二叉树的定义及其基本操作。请按以下步骤测试二叉树的基本操作的实现是否正确。

（1）初始化一个结点。

（2）以（1）中结点作为根结点并使用链式存储结构，递归创建一棵图 5-49 所示的二叉树。

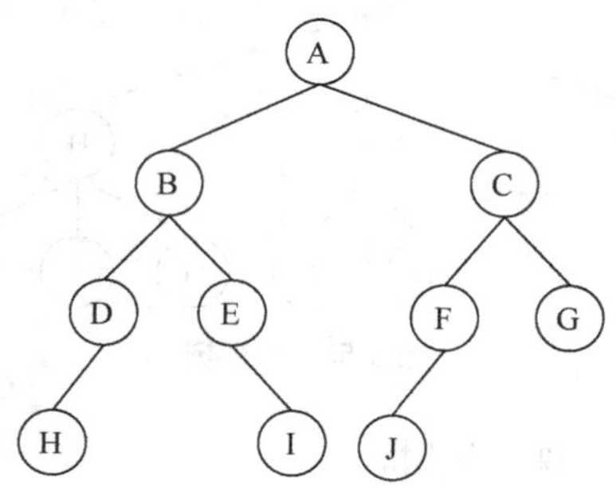

图 5-49　一棵二叉树

（3）对二叉树执行先序遍历，并将先序序列输出。

（4）对二叉树执行中序遍历，并将中序序列输出。

（5）对二叉树执行后序遍历，并将后序序列输出。

（6）对二叉树执行层次遍历，并将所得序列输出。

（7）获取值为 F 的结点，并将其值修改为 Z。

（8）为值为 G 的结点添加右孩子，令其值为 K。

基础实验 3　实现线索二叉树的各种基本操作

实验目的：理解线索二叉树的基本概念，掌握线索二叉树的基本操作。

实验要求：创建名为 ex050601_03.py 的文件，在文件中定义两个类，一个是线索二叉树的结点类，该类包含结点的相关信息（如结点的值和左、右子树）；另一个是线索二叉树的类，该类包含线索二叉树的定义及其基本操作。请按以下步骤测试线索二叉树的基本操作的实现是否正确。

（1）初始化一个结点。

（2）以（1）中结点作为根结点并使用链式存储结构，递归创建一棵图 5-49 所示的二叉树。

（3）中序线索化（2）中的二叉树，使其成为一棵带头结点的中序线索二叉树。

（4）遍历（3）中的中序线索二叉树，要求起点为该中序线索二叉树对应的中序序列的最后一个结点，最后将遍历所得序列输出。

（5）为值为 G 的结点添加右孩子，令其值为 K，并修改相应结点的线索。

基础实验 4　实现树、森林和二叉树之间的相互转换

实验目的：理解并掌握树、森林和二叉树的相互转换。

实验要求：创建名为 ex050601_04.py 的文件，在文件中定义如下 5 个类。

（1）树的结点的类，该类包含结点的相关信息（如结点的值和所有子树）。

（2）树的类，该类包含树的定义及其基本操作。

（3）森林的类，该类包含森林的定义及其基本操作。

（4）二叉树的结点的类，该类包含结点的相关信息（如结点的值和左、右子树）。

（5）二叉树的类，该类包括二叉树的定义及其基本操作。

请按以下步骤测试树、森林和二叉树相互转换的实现是否正确。

（1）初始化一个树的结点。

（2）以（1）中结点作为根结点，递归创建一棵图 5-50 所示的树。

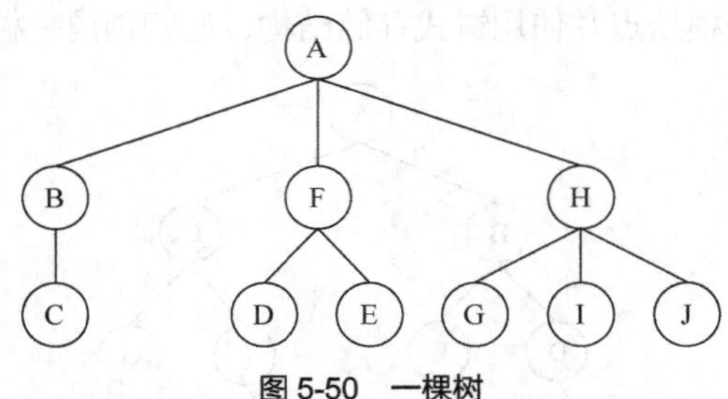

图 5-50　一棵树

（3）将（2）中所得树转换为一棵二叉树。

（4）将（2）中所得树转换为森林。

（5）将（4）中所得森林转换为一棵二叉树。

（6）先序遍历（3）和（5）中所得二叉树，并将遍历得到的序列输出，比较两个序列是否相同。

（7）将（3）中所得二叉树转换为树。

（8）先序遍历（2）和（7）中的树，并将遍历得到的序列输出，比较两个序列是否相同。

（9）将（4）中所得森林转换为树。

（10）先序遍历（2）和（9）中的树，并将遍历得到的序列输出，比较两个序列是否相同。

5.6.2 综合实验

综合实验 1　非递归先序遍历二叉树

实验目的：深入理解二叉树的存储结构，熟练掌握二叉树的基本操作。

实验背景：递归算法最大的好处就是将复杂问题简单化，本章曾多次用到递归算法，如创建二叉树或遍历二叉树。由于递归算法的空间复杂度和时间复杂度都比较高，因此我们可将递归算法转换为非递归算法。在介绍二叉树的遍历时，我们不仅介绍了每种遍历的递归算法，还介绍了与之对应的非递归算法。事实上，由递归算法转换而来的非递归算法并不唯一，以先序遍历二叉树为例，与算法 5-7 不同的非递归遍历算法的思路如下。

（1）使用一个栈存储二叉树的所有结点，首先将根结点入栈。

（2）若栈不为空，重复执行（3）～（5）直至栈为空。

（3）将栈顶结点 TreeNode 弹出并访问之。

（4）若 TreeNode 有右孩子，将 TreeNode 的右孩子入栈。

（5）若 TreeNode 有左孩子，将 TreeNode 的左孩子入栈。

实验内容：创建名为 ex050602_01.py 的文件，在其中编写非递归遍历二叉树的程序，具体如下。

（1）创建一棵图 5-51 所示的二叉树。

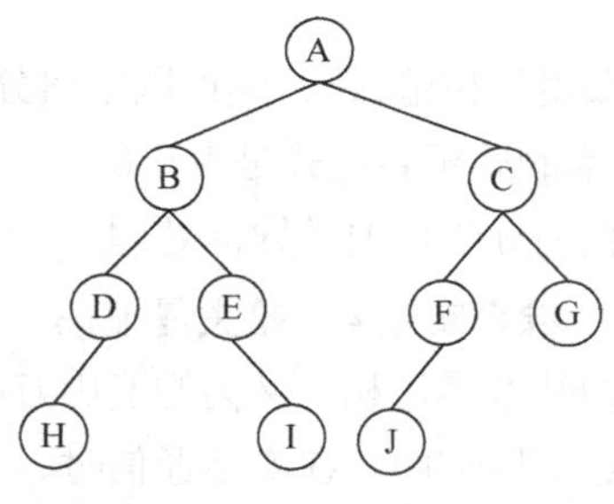

图 5-51　一棵二叉树

（2）仿照上述思路实现非递归先序、中序、后序遍历二叉树。

（3）输出先序序列、中序序列和后序序列。

实验提示：

（1）建议使用二叉树链式存储结构。

（2）在使用栈这一数据结构时，可参考第 3 章。

综合实验 2　二叉树的反序列化

实验目的：熟练掌握二叉树的遍历和构造方法。

实验背景：在进行网络传输和数据存储时，若处理对象的数据结构为二叉树，可先对其序列化。二叉树序列化是指遍历二叉树时得到由该树中所有结点值组成的线性序列的过程。二叉树序列化所得的线性序列（简称“二叉序列”）记录了空结点的值（通常将空结点的值设为特殊字符）。我们可由二叉序列创建一棵二叉树，这一过程被称为二叉树反序列化。

实验内容：创建名为 ex050602_02.py 的文件，在其中编写由先序序列化结果（即先序遍历二叉树时所有结点值组成的线性序列）创建一棵二叉树的程序，具体如下。

（1）用户输入一个先序序列化结果，如“ABD##EG###C#F##”（‘#’代表空结点的值）。

（2）由先序序列化结果创建一棵二叉树。

（3）二叉树序列化，验证所建二叉树是否正确。

综合实验 3　使用栈和二叉树对中缀表达式求值

实验目的：熟练掌握二叉树的构造和遍历方法。

实验背景：我们通常所见的算术表达式为中缀表达式，对其进行计算时，须根据运算优先级并按照从左到右的顺序来进行。对于计算机来说，直接对中缀表达式进行计算比较困难，而对后缀表达式进行计算较为容易。

那么如何将中缀表达式转换为后缀表达式呢？首先借助于二叉树和栈由给定的中缀表达式创建二叉树，然后对二叉树进行后序遍历得到后缀表达式。

实验内容：创建名为 ex050602_03.py 的文件，在其中编写使用栈和二叉树对中缀表达式求值的程序，具体如下。

（1）用户输入一个中缀表达式“3+2*9-6/2”。

（2）由该中缀表达式非递归创建一棵二叉树。

（3）非递归后序遍历该二叉树得到后缀表达式。

（4）借助栈对这一后缀表达式求值并将结果输出。

实验提示：

（1）输入中缀表达式时（按回车键结束输入），建议以空格分隔操作数与运算符，以便于处理。

（2）需验证由“3+2*9-6/2”转换的后缀表达式是否正确。

（3）进行除法运算时，需对除数为 0 的情况做异常处理。

综合实验 4　哈夫曼编码

实验目的：熟练掌握哈夫曼树的基本操作和二叉树的遍历方法。

实验背景：哈夫曼编码多用于数据压缩中。在实际通信时，若甲方需传输一个文件 F 给乙方，为了实现数据压缩，甲方先根据 F 中每个字符出现的频率设计哈夫曼编码 H，再对 F 进行处理得到文件 HF，然后将文件 HF 和哈夫曼编码 H 同时发送给乙方，最后乙方将根据哈夫曼编码 H 对文件 HF 进行还原。

实验内容：创建名为 ex050602_04.py 的文件，在其中编写处理程序，具体如下。

（1）打开 ex050602_04.txt。

（2）统计文件中各字符出现的概率。

（3）将文件中的字符作为叶子结点的值，并将字符出现的概率作为叶子结点的权值。创建叶子结点，将它们存入同一集合中，并使它们按照权值的升序排列。

（4）由叶子结点创建哈夫曼树。

（5）为所有叶子结点设计哈夫曼编码。

（6）将 ex050602_04.txt 中的所有字符全部转换为其对应的哈夫曼编码，得到文件 ex050602_05.txt。

（7）对 ex050602_05.txt 进行还原，并将还原后的内容存入 ex050602_06.txt，比较 ex050602_04.txt

和 ex050602_06.txt 的内容是否一致。

习题

一、选择题

1. 深度为 h 的满 m 叉树的第 k 层有（　　）个结点。（$1 \leqslant k \leqslant h$）

A. m^{k-1}　　B. m^k-1　　C. m^{h-1}　　D. m^h-1

2. 一棵具有 1028 个结点的二叉树的深度 h 为（　　）。

A. 11　　B. 10　　C. 11～1028　　D. 10～1027

3. 关于二叉树的说法正确的是（　　）。

A. 所有二叉树的度均为 2

B. 一棵二叉树的度可以小于 2

C. 一棵二叉树中至少有一个结点的度为 2

D. 一棵二叉树的根结点的度必为 2

4. 一棵满二叉树的层次遍历的结果为 ABCDEFG，则先序遍历该满二叉树得到的先序序列为（　　）。

A. ABCEFDG　　B. ABDECFG　　C. ACGFBED　　D. ABEDCGF

5. 假定在一棵二叉树中，度为 2 的结点的数目为 6，则该二叉树中叶子结点的数目是（　　）。

A. 6　　B. 5　　C. 7　　D. 8

二、填空题

1. 图 5-52 所示的树的深度和度分别为________和________，若将该树转换为森林，则转换后得到的森林中共包含________棵树。

2. 遍历图 5-53 所示的二叉树，得到的先序序列为______________、中序序列为______________、后序序列为______________。

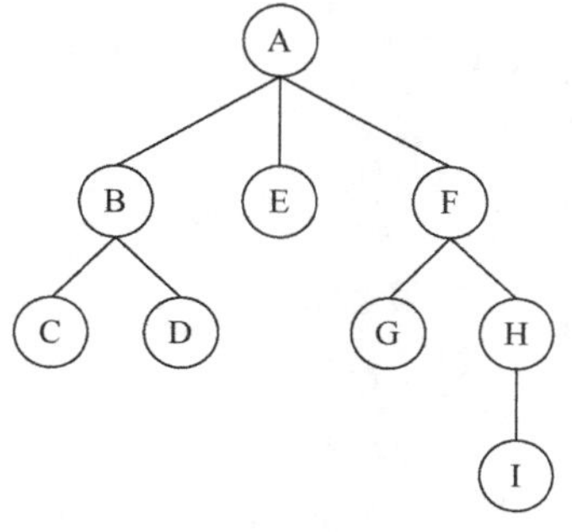

图 5-52　一棵树

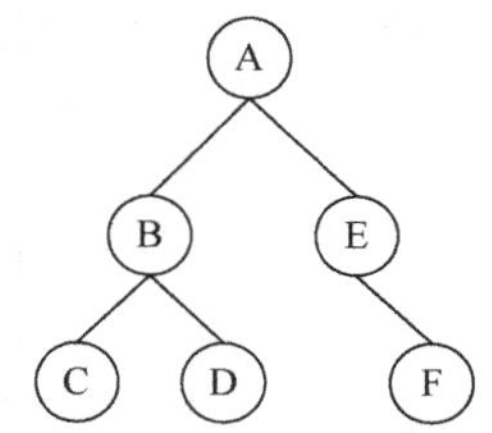

图 5-53　一棵二叉树

3. 已知有一棵深度为 5 的完全二叉树，共有 23 个结点，则该树一共有________个叶子结点。

4. 将图 5-52 所示的树转换为二叉树后，值为 F 的结点的左孩子的值为________。

5. 假设在某次通信时的一份报文中只包含 A、B、C、D、E 这 5 种字符，它们在该报文中出现的频率分别为 0.1、0.2、0.43、0.09、0.18。若为上述 5 种字符设计哈夫曼编码，则字符 D 的编码为

________。

三、算法设计题（若无特别说明，本题中均采用二叉链表存储二叉树）

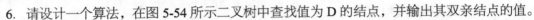

1. 请设计一个非递归算法，创建一棵图 5-54 所示的二叉树，然后层次遍历该二叉树，并输出层次遍历得到的序列。

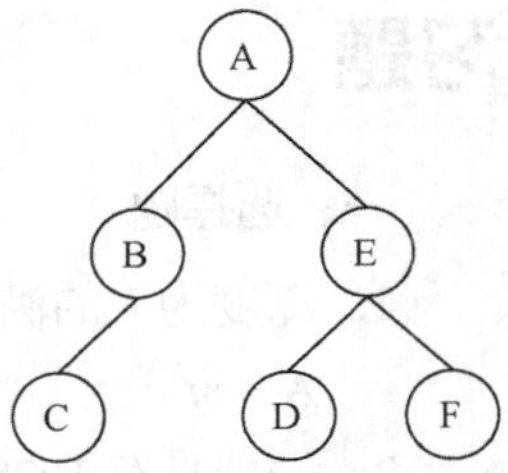

2. 请设计一个算法，输出图 5-54 中二叉树的先序序列、中序序列和后序序列。

3. 请设计一个算法，统计并输出图 5-54 中二叉树的结点总数目。

4. 请设计一个算法，计算并输出图 5-54 中二叉树的深度。

图 5-54　一棵二叉树

5. 请设计一个算法，统计并输出图 5-54 所示二叉树中每一个结点的兄弟结点的值（若某一结点无兄弟结点，则默认其兄弟结点为 None）。

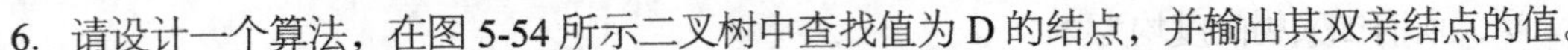

6. 请设计一个算法，在图 5-54 所示二叉树中查找值为 D 的结点，并输出其双亲结点的值。

7. 请设计一个算法，对图 5-54 所示二叉树进行中序线索化，并输出每个结点的先驱结点和后继结点的值。

8. 请设计一个算法，用于对图 5-54 所示二叉树中值为 F 的结点添加值为 G 的左孩子。

9. 请设计一个算法，将图 5-54 所示二叉树转换为森林。

10. 假设一份报文中只包含 A、B、C、D、E、F 这 6 种字符，它们在报文中出现的频率分别为 0.1、0.2、0.43、0.09、0.10、0.08。请为这 6 种字符设计哈夫曼编码。

06 第6章　图

图是比树更加复杂的非线性数据结构。在树形结构中，通常一个数据元素有两个或两个以上的直接后继，该数据元素及其直接后继之间存在着层次关系，而在图形结构中，数据元素之间的关系可以是任意的。

在本章，我们将首先介绍图的基本概念，然后介绍图的存储结构及图的遍历，最后介绍图的相关应用。

6.1 图的基本概念

6.1.1 图的定义

图的形式化定义为 $G=(V,\{VR\})$，其中 V 是图中数据元素的有穷非空集合，VR 是两个顶点间关系的集合，它可以是空集。通常我们将图中的数据元素称为**顶点**。

为上述定义的图加上一组基本操作，就构成了抽象数据类型。图的抽象数据类型的定义如表 6-1 所示。

表 6–1　　图的抽象数据类型的定义

数据对象	具有相同特性的数据元素的集合 VertexSet，称为顶点集		
数据关系	在无向图中，若存在一条连接顶点 v 和顶点 w 的边，则两顶点间的数据关系可以用无序对(v,w)表示。在有向图中，若存在一条由顶点 v 指向顶点 w 的弧，则两顶点间的数据关系可以用有序对<v,w>表示		
基本操作	序号	操作名称	操作说明
	1	CreateGraph(Graph,Vertex,VR)	初始条件：图 Graph 的定义存在，Vertex 是图 Graph 的顶点集。若图 Graph 是有向图，则 VR 是图 Graph 中弧的集合；若图 Graph 是无向图，则 VR 是图 Graph 中边的集合。 操作目的：由集合 Vertex 和集合 VR 创建图 Graph。 操作结果：图 Graph 创建完毕
	2	DestroyGraph(Graph)	初始条件：图 Graph 存在。 操作目的：销毁图 Graph。 操作结果：图 Graph 不存在
	3	LocateVertex(Graph,v)	初始条件：图 Graph 存在，v 与图 Graph 中的顶点结构相同。 操作目的：判断 v 是否是图 Graph 中的顶点。 操作结果：若 v 是图 Graph 中的顶点，则返回 v 在图 Graph 中的位置；否则返回其他信息
	4	GetVertex(Graph,v)	初始条件：图 Graph 存在，v 是图 Graph 中的某个顶点。 操作目的：获取顶点 v 的值。 操作结果：返回顶点 v 的值
	5	SetVertex(Graph,v,value)	初始条件：图 Graph 存在，v 是图 Graph 中的某个顶点。 操作目的：令 value 为顶点 v 的值。 操作结果：顶点 v 的值被置为 value
	6	GetFirstAdjacentVertex(Graph,v)	初始条件：图 Graph 存在，v 是图 Graph 中的某个顶点。 操作目的：获取顶点 v 在图 Graph 中的第一个邻接点。 操作结果：若顶点 v 在图 Graph 中有邻接点，则返回顶点 v 的第一个邻接点；否则返回空
	7	GetNextAdjacentVertex(Graph,v,w)	初始条件：图 Graph 存在，v 是图 Graph 中的某个顶点，w 是 v 的邻接点。 操作目的： 返回顶点 v 的一个邻接点。 操作结果：将顶点 v 的相对于顶点 w 的下一个邻接点返回。若 w 是 v 的最后一个邻接点，则返回空
	8	InsertVertex(Graph,v)	初始条件：图 Graph 存在，v 与图 Graph 中的顶点结构相同。 操作目的：将 v 作为顶点添加到图 Graph 中。 操作结果：在图 Graph 中增加新顶点 v
	9	DeleteVertex(Graph,v)	初始条件：图 Graph 存在，v 是图 Graph 中的某个顶点。 操作目的：在图 Graph 中删除顶点 v 及其相关的弧或边。 操作结果：删除图 Graph 中的顶点 v 及其相关的弧或边

续表

	序号	操作名称	操作说明
基本操作	10	InsertArc(Graph,v,w)	初始条件：图 Graph 存在，v 和 w 是图 Graph 中的某两个顶点。 操作目的：在图 Graph 中添加弧<v,w>或边(v,w)。 操作结果：若图 Graph 为有向图，则添加弧<v,w>；否则添加边(v,w)
	11	DeleteArc(Graph,v,w)	初始条件：图 Graph 存在，v 和 w 是图 Graph 中的某两个顶点。 操作目的：在图 Graph 中删除弧<v,w>或边(v,w)。 操作结果：若图 Graph 为有向图，则删除弧<v,w>；否则删除边(v,w)
	12	DFSTraverse(Graph)	初始条件：图 Graph 存在。 操作目的：访问图 Graph 中的每一个顶点。 操作结果：深度优先遍历图 Graph，并调用 VisitVertex 方法访问图 Graph 中的每一个顶点
	13	BFSTraverse(Graph)	初始条件：图 Graph 存在。 操作目的：访问图 Graph 中的每一个顶点。 操作结果：广度优先遍历图 Graph，并调用 VisitVertex 方法访问图 Graph 中的每一个顶点
	14	VisitVertex(Vertex)	初始条件：顶点 Vertex 存在。 操作目的：访问顶点 Vertex。 操作结果：输出顶点 Vertex

6.1.2　图的相关术语

1. 无向图

给定图 $G=(V,\{VR\})$，若该图中每条边都是没有方向的，则称其为无向图。对图 G 中顶点 v 和顶点 w 的关系，可用无序对 (v,w) 表示，它是连接 v 和 w 的一条边。图 6-1 所示的无向图，一共存在 5 条边：(v_1,v_2)，(v_1,v_3)，(v_2,v_4)，(v_1,v_5)，(v_5,v_4)。

2. 有向图

给定图 $G=(V,\{VR\})$，若该图中每条边都是有方向的，则称其为有向图。对于图 G 中顶点 v 和顶点 w 的关系可用有序对 $<v,w>$ 表示，它是从 v 到 w 的一条**弧**，其中 v 被称为**弧尾**或初始点，w 被称为**弧头**或终端点。图 6-2 所示的有向图，一共存在 4 条弧：$<v_1,v_2>$，$<v_1,v_3>$，$<v_3,v_4>$，$<v_4,v_1>$。

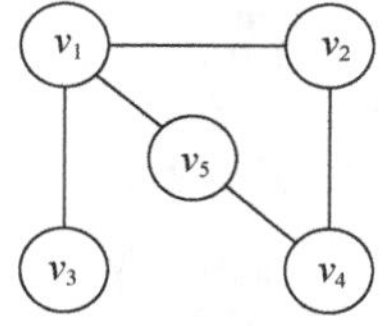

图 6-1　无向图

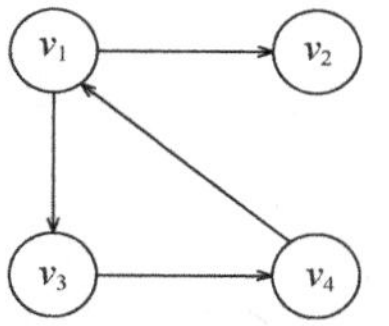

图 6-2　有向图

对于图 $G=(V,\{VR\})$，若无特别说明，在本章中我们有如下两条约定。

（1）若 v_i、$v_j \in V$，且 $<v_i,v_j> \in VR$ 或 $(v_i,v_j) \in VR$，则必有 $v_i \neq v_j$。

（2）集合 VR 中的元素是彼此不同的，即若图 G 为有向图且 $<v_i,v_j> \in VR$，则不存在 $<v,w> \in VR$，使得 $v=v_i$、$w=v_j$；若图 G 为无向图且 $(v_i,v_j) \in VR$，则不存在 $(v,w) \in VR$，使得 $v=v_i$、$w=v_j$。

3. 完全图

对于任一无向图，若其顶点的总数目为 n，边的总数目为 $e=\frac{n(n-1)}{2}$，则称其为完全图。图 6-3 所示为一个完全图。

4. 有向完全图

对于任一有向图，若其顶点的总数目为 n，边的总数目为 $e=n(n-1)$，则称其为有向完全图。图 6-4 所示为一个有向完全图。

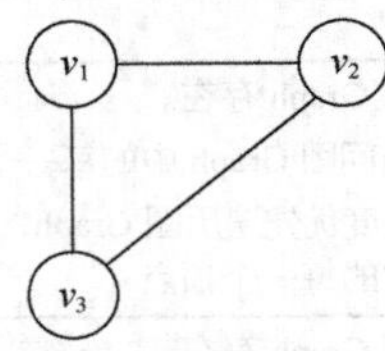

图 6-3 完全图

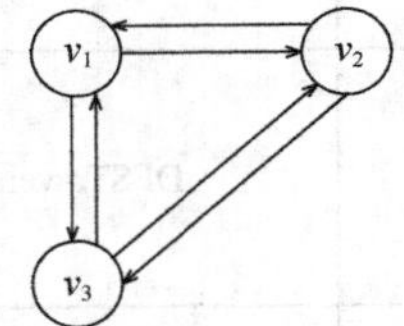

图 6-4 有向完全图

5. 稀疏图和稠密图

对于具有 n 个顶点，e 条边或弧的图来说，若 e 很小（如 $e<n\log n$），则称其为稀疏图，反之称其为稠密图。

6. 权和网

权：我们将图中边或弧被赋予的某一数值称为权，它可以表示从一个顶点到另外一个顶点的距离或其他相关信息。

网：带权的图称为网。

7. 稀疏网和稠密网

稀疏网：带权的稀疏图被称为稀疏网。

稠密网：带权的稠密图被称为稠密网。

8. 子图

对于图 $G=(V,\{R\})$和图 $G'=(V',\{R'\})$，若 $V'\subseteq V$ 且 $R'\subseteq R$，则称 G'为 G 的子图。在图 6-5 中，图（b）～图（d）为图（a）的子图。

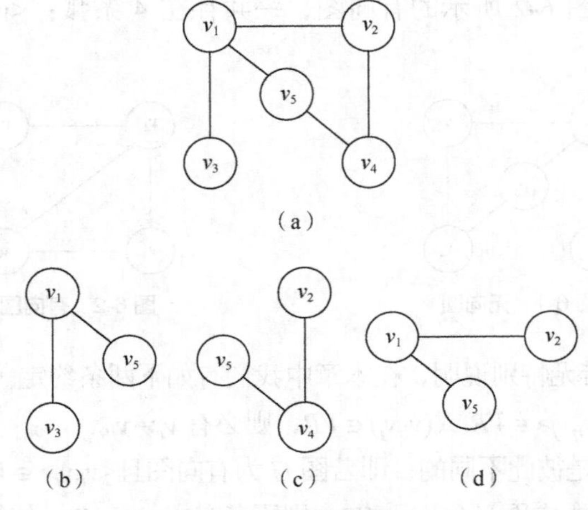

图 6-5 图与子图

9. 邻接点

对于无向图 $G=(V,\{R\})$，若 $v\in V$、$w\in V$ 且 $(v,w)\in R$，则称顶点 v 和顶点 w 互为邻接点，并称边 (v,w) 依附于顶点 v 和顶点 w，或称边 (v,w) 与顶点 v 和顶点 w 相关联。在图 6-6（a）中，顶点 v_1 和顶点 v_2 互为邻接点，边 (v_1,v_2) 与顶点 v_1 和顶点 v_2 相关联；由于顶点 v_1 和顶点 v_3 之间不存在边 (v_1,v_3)，因此顶点 v_1 不是顶点 v_3 的邻接点，顶点 v_3 也不是顶点 v_1 的邻接点（即顶点 v_1 和顶点 v_3 不互为邻接点）。

对于有向图 $G=(V,\{R\})$，若 $v\in V$、$w\in V$ 且 $<v,w>\in R$，则称顶点 v 邻接到顶点 w，顶点 w 邻接自顶点 v，弧 $<v,w>$ 与顶点 v 和顶点 w 相关联。在图 6-6（b）中，顶点 v_1 邻接到顶点 v_2，顶点 v_2 邻接自顶点 v_1，弧 $<v_1,v_2>$ 与顶点 v_1 和顶点 v_2 相关联；由于不存在弧 $<v_2,v_1>$，因此顶点 v_2 不会邻接到顶点 v_1，顶点 v_1 也不会邻接自顶点 v_2。

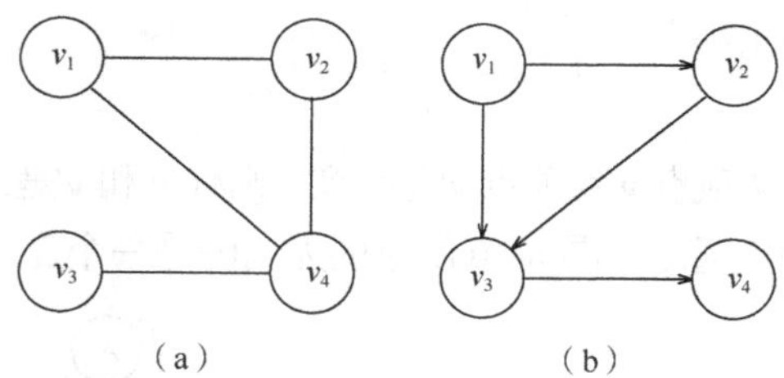

图 6-6　无向图和有向图

10. 顶点的入度、出度和度

无向图中顶点的度：在无向图中，顶点 v 的度等于与该顶点相关联的边的数目，记为 $TD(v)$。如图 6-7（a）所示，顶点 V_2 的度 $TD(v_2)=3$。

有向图中顶点的入度、出度和度：在有向图中，某一顶点 v 的度等于该顶点的入度与出度之和，我们将其记为 $TD(v)$。其中，顶点 v 的入度[记为 $ID(v)$]是以该顶点为弧头的弧的数目，顶点 v 的出度[记为 $OD(v)$]是以该顶点为弧尾的弧的数目。如图 6-7（b）所示，由于顶点 v_4 的入度为 1，即 $ID(v_4)=1$，顶点 v_4 的出度为 2，即 $OD(v_4)=2$，因此顶点 v_4 的度 $TD(v_4)=OD(v_4)+ID(v_4)=2+1=3$。

11. 路径、简单路径和路径长度

路径：在图 $G=(V,\{R\})$ 中，顶点 v_1 到顶点 v_m 的路径是一个顶点序列 $(v_1,v_2,\cdots,v_i,v_j,\cdots,v_m)$，对于上述序列中任意两个相邻的顶点 v_i 和 v_j，若图 G 是无向图，则有 $(v_i,v_j)\in R$；若图 G 是有向图，则有 $<v_i,v_j>\in R$。

在图 6-8（a）所示的无向图中，顶点 v_1 到顶点 v_4 的路径之一为 (v_1,v_2,v_4)；在图 6-8（b）所示的有向图中，顶点 v_1 到顶点 v_4 的路径之一为 (v_1,v_2,v_4)。

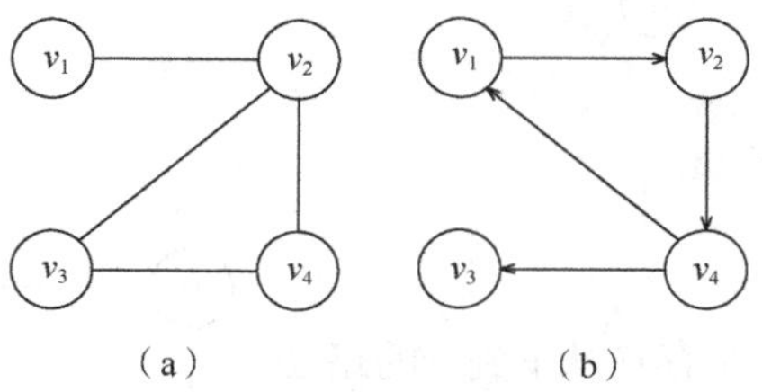

图 6-7　无向图和有向图的度

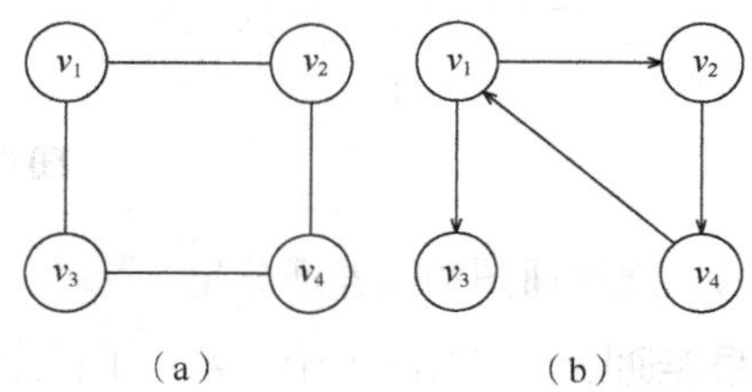

图 6-8　无向图和有向图的路径

简单路径：给定一条路径，若该路径对应的序列中的顶点不重复出现，则称该路径为简单路径。

在图 6-8（a）中，(v_1,v_2,v_4)为一条简单路径，而在图 6-8（b）中，(v_4,v_1,v_3)为一条简单路径。

路径长度：路径上边或弧的数目称为路径长度。在图 6-8（a）所示的无向图中，顶点 v_1 到顶点 v_4 的路径为(v_1,v_2,v_4)，其长度是 2；而在图 6-8（b）所示的有向图中，顶点 v_2 到顶点 v_3 的路径为(v_2,v_4,v_1,v_3)，其长度是 3。

12. 回路和简单回路

回路（环）：若某一路径中的第一个顶点和最后一个顶点相同，则称该路径为回路（或环）。在图 6-9（a）所示的有向图中，路径(v_1,v_2,v_4,v_3,v_1)是一个回路；而在图 6-9（b）所示的无向图中，路径(v_1,v_2,v_4,v_3,v_1)是一个回路。

简单回路（简单环）：在某一回路中，若除第一个顶点和最后一个顶点外，其余顶点均不重复，则称该回路为简单回路（或简单环）。

13. 连通图和连通分量

连通图：在无向图中，若从顶点 v 到顶点 v'有路径，则称 v 和 v'是连通的，若在该图中任意两个顶点间都是连通的，则称其为连通图。图 6-10 所示的无向图是一个连通图。

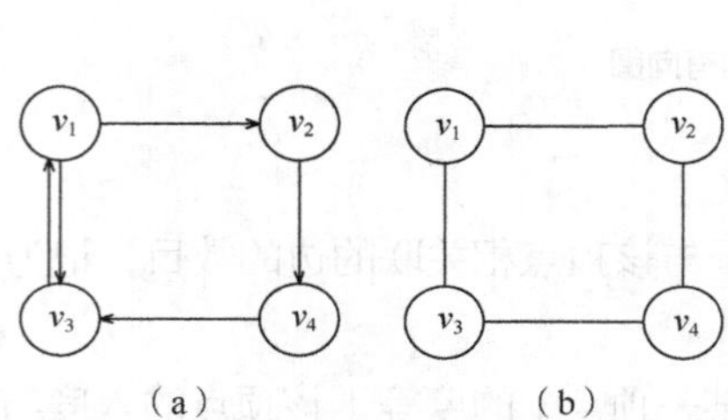

图 6-9　包含回路的有向图和无向图

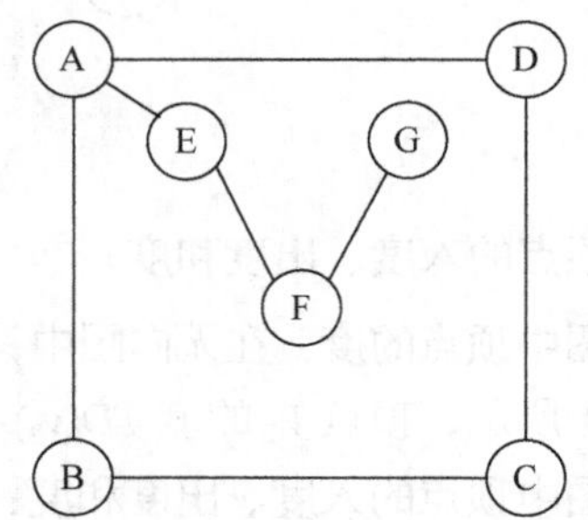

图 6-10　连通图

连通分量：连通分量即指无向图中的极大连通子图。图 6-11（a）所示的无向图中包含 3 个连通分量，如图 6-11（b）所示。

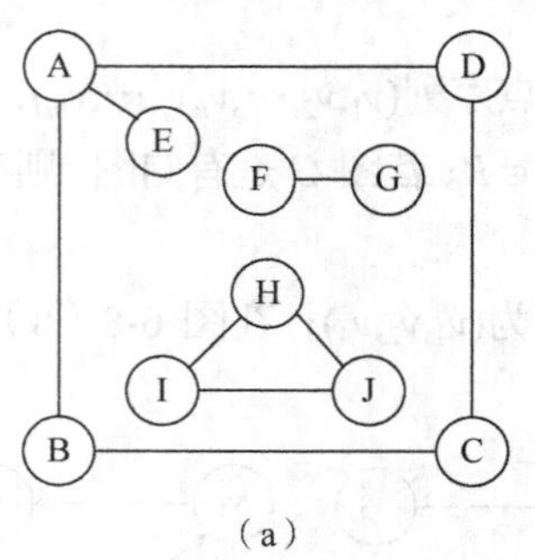

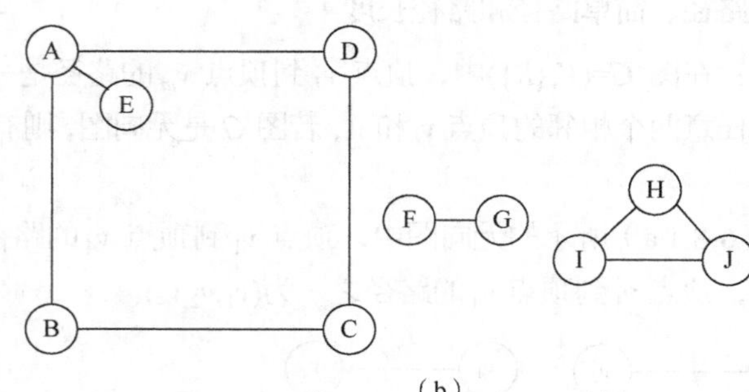

图 6-11　无向图及其连通分量

14. 强连通图和强连通分量

强连通图：在有向图中，若对于任意两个顶点 v 和 v'，都存在从 v 到 v'的路径和从 v'到 v 的路径，则称这样的有向图为强连通图。图 6-12 所示的有向图是一个强连通图。

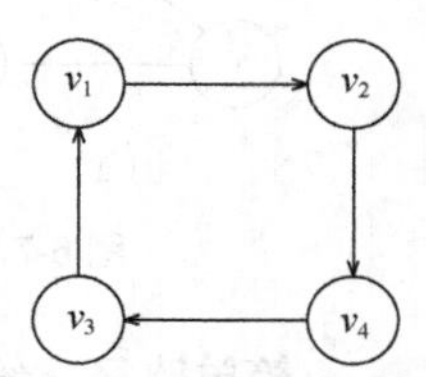

图 6-12　强连通图

强连通分量：强连通分量即指有向图中的极大强连通子图。图 6-13（a）所示的有向图中包含两个强连通分量，如图 6-13（b）所示。

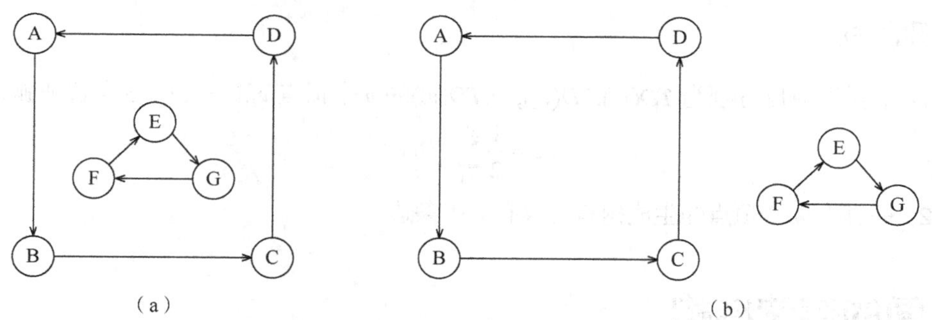

图 6-13 有向图及其强连通分量

15. 生成树和最小生成树

生成树：某一具有 n 个顶点的连通图的生成树是该图的极小连通子图，生成树包含这一连通图中的 n 个顶点和 n-1 条边。图 6-14（a）所示的连通图的一棵生成树如图 6-14（b）所示。

由生成树的定义可知，若某图有 n 个顶点和 m（$m<n-1$）条边，则该图是非连通的。

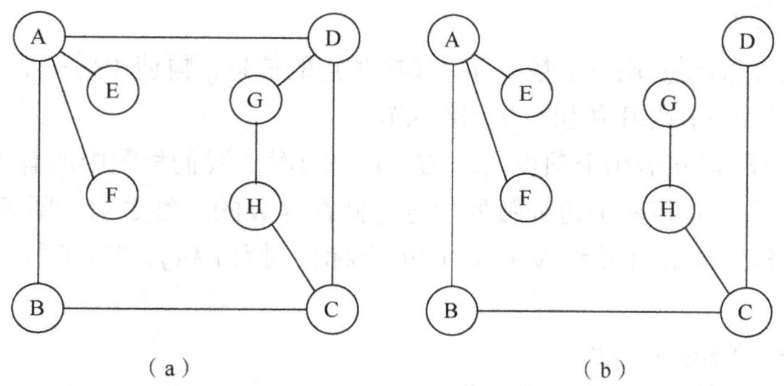

图 6-14 无向图及其生成树

最小生成树：通常把各边带权的连通图称为连通网，在某一连通网的所有生成树中，对每一棵生成树的各边权值求和，并找出权值之和最小的生成树，这一生成树被称为该连通网的最小生成树。图 6-15（a）所示的连通网，其最小生成树如图 6-15（b）所示。

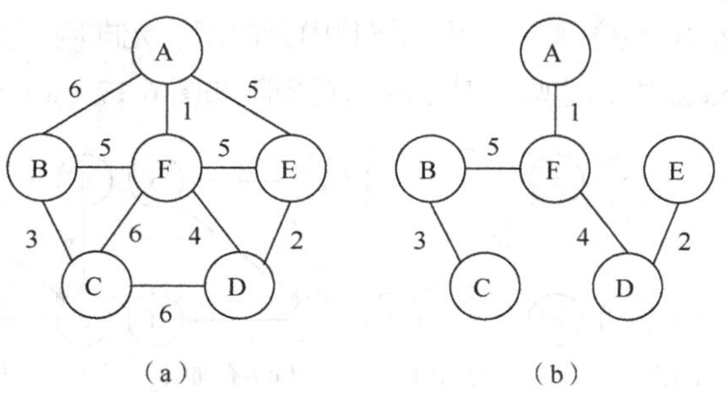

图 6-15 连通网及其最小生成树

非连通图的各连通分量的生成树组成的森林称为生成森林。

6.1.3 图的性质

性质 1：若某图有度分别为 $TD(v_1),TD(v_2),\cdots,TD(v_n)$的 n 个顶点 $v_1,v_2,\cdots,v_n$，e 条边或弧，则有

$$e=\frac{1}{2}\sum_{i=1}^{n}TD(v_i)$$

性质 2：一棵有 n 个顶点的生成树有且仅有 $n-1$ 条边。

6.2 图的存储结构

我们在存储图这一数据结构时，除了要考虑顶点本身如何存储，还要考虑如何存储图中顶点间的关系（即边或弧）。我们既可以使用数组来存储图，也可以使用邻接表、邻接多重表和十字链表来存储图。

6.2.1 数组表示法

1. 邻接矩阵的定义

在数组表示法中，需要使用一个数组存储图中顶点的信息，再使用另一个数组存储图中边或弧的信息。我们通常把后一个数组称为图的邻接矩阵。

在使用数组存储含有 $n(n>0)$个顶点的图 $G=\{V,\{E\}\}$时，我们将图中所有顶点存储在长度为 n 的一维数组 Vertexs 中，并将图中边或弧的信息存储在 $n\times n$ 的二维数组（即邻接矩阵 Arcs）中。假设图 G 中顶点 v 和顶点 w 在数组 Vertexs 中的下标分别为 i 和 j，该图对应的邻接矩阵 Arcs 的定义如下。

（1）若图 G 为有向图或无向图

$$\text{Arcs}[i][j]=\begin{cases}1 & \text{若}(v,w)\text{或}<v,w>\in E\\0 & \text{其他}\end{cases}$$

（2）若图 G 为有向网或无向网

$$\text{Arcs}[i][j]=\begin{cases}w_{ij} & \text{若 } i\neq j\text{ 且}(v,w)\text{或}<v,w>\in E\text{，该边或弧的权值为 }w_{ij}\\0 & i=j\\\infty & \text{其他}\end{cases}$$

如图 6-16（a）～图 6-16（d）所示，我们将其中无向图、无向网、有向图和有向网中所有顶点均存储在数组 Vertexs=[a,b,c,d]中，这些图对应的邻接矩阵如图 6-17（a）～图 6-17（d）所示。

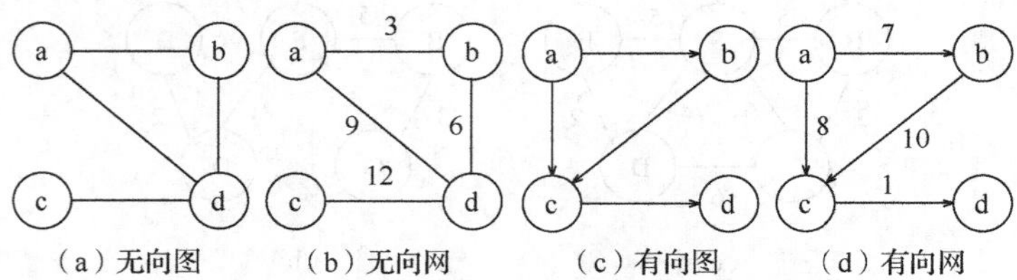

图 6-16 无向图、无向网、有向图和有向网

$$\text{Arcs}=\begin{bmatrix}0&1&0&1\\1&0&0&1\\0&0&0&1\\1&1&1&0\end{bmatrix}$$

（a）无向图的邻接矩阵

$$\text{Arcs}=\begin{bmatrix}0&3&0&9\\3&0&0&6\\0&0&0&12\\9&6&12&0\end{bmatrix}$$

（b）无向网的邻接矩阵

$$\text{Arcs}=\begin{bmatrix}0&1&1&0\\0&0&1&0\\0&0&0&1\\0&0&0&0\end{bmatrix}$$

（c）有向图的邻接矩阵

$$\text{Arcs}=\begin{bmatrix}0&7&8&0\\0&0&10&0\\0&0&0&1\\0&0&0&0\end{bmatrix}$$

（d）有向网的邻接矩阵

图 6-17　邻接矩阵

2. 邻接矩阵的实现

为了使用数组表示法存储图，我们首先定义一个 VertexMatrix 类表示图中的每一个顶点，其代码如下。

```
#############################################
#类名称：VertexMatrix
#类说明：定义图的一个顶点
#类释义：包含顶点值 data 和顶点的相关信息 info
#############################################
class VertexMatrix(object):
    def __init__(self,data):
        self.data=data
        self.info=None
```

算法 6-1　图的顶点表示

接下来我们定义一个 GraphMatrix 类用于表示图，该类包括图的类型、图的所有顶点、图的邻接矩阵、图的顶点数目、边或弧的数目，具体代码如下。

```
##################################################################
#类名称：GraphMatrix
#类说明：定义一个图
#类释义：包含该图的类型 kind（0 无向图，1 无向网，2 有向图，3 有向网）、
#        存储图中所有顶点的顶点集 Vertices、邻接矩阵 Arcs、图中的
#        顶点数 VertexNum 和图中边或弧的数目 ArcNum
##################################################################
class GraphMatrix(object):
    def __init__(self,kind):
        self.kind=kind
        self.Vertices=[]
        self.Arcs=[]
        self.VertexNum=0
        self.ArcNum=0
```

算法 6-2　图的数组表示

3. 邻接矩阵的特点

邻接矩阵的特点如下。

（1）由于创建邻接矩阵时，输入顶点的顺序可能不同，因此一个图的邻接矩阵并不是唯一的。

（2）对于含有 n 个顶点的图，无论图中包含多少条边或弧，其邻接矩阵一定是 $n \times n$ 的二维数组，因此邻接矩阵更适用于存储稠密图。

（3）无向图的邻接矩阵具有对称性，因此，可采用压缩存储的方式，只对其上三角（或下三角）元素进行存储。

（4）对于无向图，若某一顶点 v 在一维数组 Vertexs 中的下标为 i，则该顶点的度为邻接矩阵第 i+1 行中值为 1 的元素的总数目。

（5）对于有向图，若某一顶点 v 在一维数组 Vertexs 中的下标为 i，则该顶点的出度为邻接矩阵第 i+1 行中值为 1 的元素的总数目，该顶点的入度为邻接矩阵第 i+1 列中值为 1 的元素的总数目。

构造一个具有 n 个顶点 e 条边的无向网的时间复杂度为 $O(n^2+en)$，其中对邻接矩阵的初始化使用了 $O(n^2)$的时间。

6.2.2 邻接表表示法

1. 邻接表的定义

在使用邻接表存储图时，通常将图分为两部分：第一部分为图中每一顶点及与该顶点相关联的第一条边或弧；第二部分为与某一顶点相关联的所有边或以某一顶点为弧尾的所有弧。

我们在实现第一部分时，使用 data 域来存储图中每一个顶点的值，并使用 FirstArc 域来存储与该顶点相关联的第一条边或弧，这一部分通常使用数组来存储。在实现第二部分时，每一条边或弧都存储在一个结点中，该结点由 adjacent 域、info 域和 NextArc 域组成，这些结点形成了若干个单链表。一般情况下，第一部分中数组每一维的 FirstArc 域均指向第二部分中某一单链表的第一个结点，该结点和当前 FirstArc 域对应的 data 域存储的顶点之间存在边或弧。

图 6-18（a）所示的无向网，对应的邻接表如图 6-18（b）所示。图 6-18（a）所示的无向网中与顶点 A 相关联的边为(A,C)和(A,D)，它们的权值分别为 1 和 2，而在图 6-18（b）中，由于值为 C 的元素的下标为 2，因此边(A,C)对应的结点 adjacent 域值为 2，又因为该边的权值为 1，所以这一结点的 info 域值为 1。

同理，由于值为 D 的元素的下标为 3，因此边(A,D)对应的结点 adjacent 域值为 3，又因为该边的权值为 2，所以这一结点的 info 域值为 2。

值为 A 的元素的 FirstArc 域指向由上述两个结点组成的单链表的第一个结点[图中所示为边(A,C)对应的结点]。

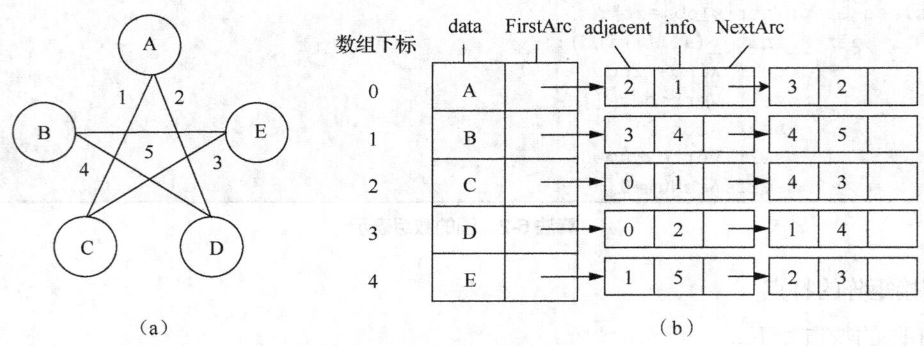

图 6-18 无向网及其邻接表

图 6-19（a）所示的有向网，其对应的邻接表如图 6-19（b）所示。图 6-19（a）所示的有向网中以顶点 B 为弧尾的弧为<B,C>和<B,D>，它们的权值分别为 5 和 3，而在图 6-19（b）中，由于值为 C 的元素的下标为 2，因此弧<B,C>对应的结点 adjacent 域值为 2，又因为该弧的权值为 5，所以这一结点的 info 域值为 5。

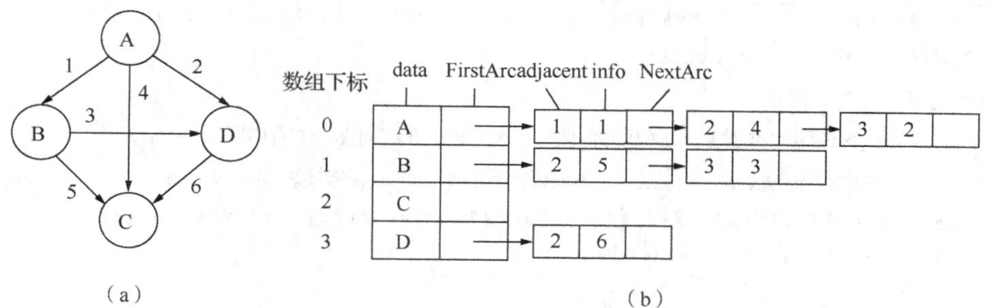

图 6-19　有向网及其邻接表

同理，由于值为 D 的元素的下标为 3，因此弧<B,D>对应的结点 adjacent 域值为 3，又因为该弧的权值为 3，所以这一结点的 info 域值为 3。

值为 B 的元素的 FirstArc 域指向由上述两个结点组成的单链表的第一个结点（图中所示为弧<B,C>）。

2. 邻接表的实现

为了使用邻接表存储图，我们首先定义一个 VertexAdjacencyList 类表示图中的顶点，其代码如下。

```
###########################################################
#类名称：VertexAdjacencyList
#类说明：定义图的一个顶点
#类释义：包含顶点值 data 和与该顶点相关联的第一条边 FirstArc
###########################################################
class VertexAdjacencyList(object):
    def __init__(self,data):
        self.data=data
        self.FirstArc=None
```

算法 6-3　图的顶点的表示

接下来我们定义一个 ArcAdjacencyList 类用于表示图中的边或弧，其代码如下。

```
###########################################################
#类名称：ArcAdjacencyList
#类说明：定义图中的一条边或弧
#类释义：包含邻接点或弧头 adjacent、与该边或弧相关的信息 info 和
#        与该边或弧依附于相同顶点的下一条边或弧 NextArc
###########################################################
class ArcAdjacencyList(object):
    def __init__(self,adjacent):
        self.adjacent=adjacent
        self.info=None
        self.NextArc=None
```

算法 6-4　图的边或弧的表示

最后我们定义一个 GraphAdjacencyList 类用于表示图，该类包括图的类型、图的顶点数目、图的边或弧的数目、图的邻接表，其代码如下。

```
########################################################################
#类名称：GraphAdjacencyList
#类说明：定义一个图
#类释义：包含该图的类型 kind（0 无向图，1 无向网，2 有向图，3 有向网）、
#         图中的顶点数 VertexNum、边或弧的数目 ArcNum、邻接表 Vertices
########################################################################
class GraphAdjacencyList(object):
    def __init__(self,kind):
        self.kind=kind
        self.VertexNum=0
        self.ArcNum=0
        self.Vertices=[]
```

算法 6-5　图的定义

3. 邻接表的特点

邻接表的特点如下。

（1）将图中存储边或弧的结点通过不同的顺序链接起来会形成不同的单链表，这也就是说一个图的邻接表并不是唯一的。

（2）若使用邻接表存储具有 e 条边的无向图，则需要 $2e$ 个结点存储该图中的边，而对于具有 e 条弧的有向图，则需要 e 个结点存储此图中的弧。

（3）对于具有 n 个顶点 e 条边或弧的稀疏图而言，若采用数组存储该图，则需要 n^2 个存储空间来存储图中所有的边或弧，而采用邻接表存储该图，则至多需要 $2e$ 个结点存储图中所有的边或弧。由于稀疏图中的顶点数目远大于边数，即 $n \gg e$，因此可得 $n^2 \gg 2e$，所以对于稀疏图，采用邻接表存储更节省存储空间。

（4）对于无向图，某一顶点的度为其对应链表中结点（边）的总数目。

（5）对于有向图，若某一顶点在数组中的存储下标为 i，则该顶点的出度为其对应链表中结点（弧）的总数目，入度为邻接表中 adjacent 域内值为 i 的结点（弧）的总数目。

注意：在使用邻接表存储有向图时，计算图中某一顶点的出度很容易，但是在计算某一顶点的入度时，最坏情况下需要遍历整个邻接表。因此，有时为了方便计算有向图中某一顶点的入度，可以为该图建立一个逆邻接表。

图 6-20（a）所示的有向图，其对应的逆邻接表如图 6-20（b）所示。图 6-20（a）所示的有向图中以顶点 D 为弧头的弧有<A,D>和<B,D>，而在图 6-20（b）中，由于值为 A 的元素的下标为 0，因此弧<A,D>对应的结点 adjacent 域值为 0。同理，由于值为 B 的元素的下标为 1，因此弧<B,D>对应的结点 adjacent 域值为 1。

值为 D 的元素的 FirstArc 域指向由上述两个结点组成的单链表的第一个结点（图中所示为弧<A,D>）。

在建立邻接表或逆邻接表时，若输入的顶点信息为顶点的编号，则建立邻接表或逆邻接表的时间复杂度为 $O(n+e)$；否则，需要通过查找才能得到顶点在图中的位置，则时间复杂度为 $O(ne)$。

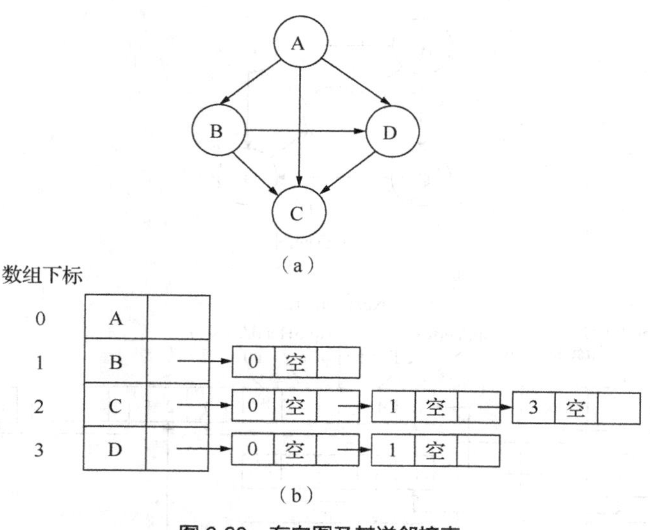

图 6-20　有向图及其逆邻接表

6.2.3　十字链表表示法

1. 十字链表的定义

十字链表通常用于存储有向图，我们可以将它看成邻接表和逆邻接表的结合。

在使用十字链表存储有向图时，可将其分为两个部分——顶点结点部分和弧结点部分。通常所有的顶点结点存储在数组中，而所有的弧结点存储在单链表中。在这一存储结构中，我们可以很容易地计算图中某一顶点的出度和入度。

在顶点结点部分，每一个顶点结点包含 data 域、FirstTailArc 域和 FirstHeadArc 域，如图 6-21 所示。其中 data 域存储顶点的值，FirstTailArc 指向以当前顶点为弧尾的第一条弧，FirstHeadArc 指向以当前顶点为弧头的第一条弧。

data	FirstTailArc	FirstHeadArc

图 6-21　顶点结点

在弧结点部分，每一条弧结点包含 TailVertex 域、HeadVertex 域、NextTailArc 域、NextHeadArc 域和 info 域，如图 6-22 所示。其中 TailVertex 域存储当前弧的弧尾在数组中的下标，HeadVertex 域存储当前弧的弧头在数组中的下标，NextTailArc 指向与当前弧有相同弧尾的下一条弧，NextHeadArc 指向与当前弧有相同弧头的下一条弧，info 域存储当前弧的其他信息。

TailVertex	HeadVertex	NextTailArc	NextHeadArc	info

图 6-22　弧结点

图 6-23（a）所示的有向图，其对应的十字链表如图 6-23（b）所示。

2. 十字链表的实现

为了使用十字链表存储有向图，我们首先定义一个 VertexOrthogonalList 类表示有向图中的顶点，其代码如下。

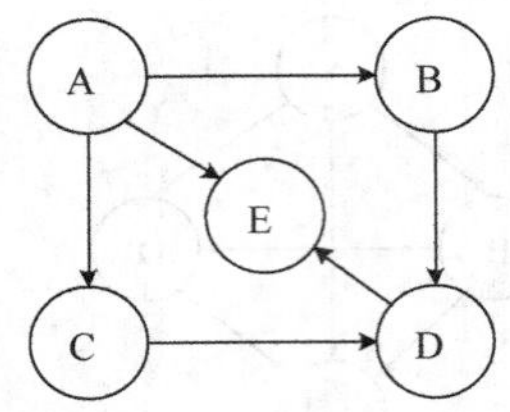

（a）有向图

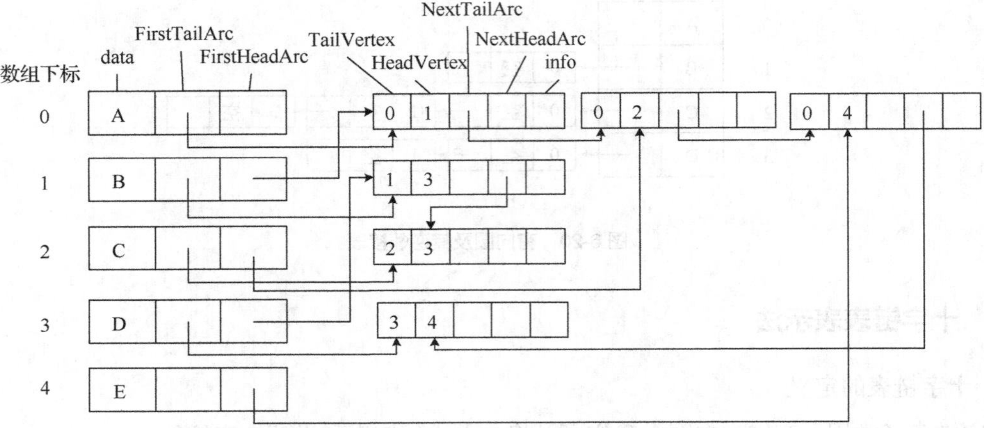

（b）十字链表

图 6-23　有向图及其十字链表

```
#####################################################################
#类名称：VertexOrthogonalList
#类说明：定义有向图中的一个顶点
#类释义：包含顶点值 data、以该顶点为弧头的第一条弧 FirstHeadArc
#       和以该顶点为弧尾的第一条弧 FirstTailArc
#####################################################################
class VertexOrthogonalList(object):
    def __init__(self,data):
        self.data=data
        self.FirstHeadArc=None
        self.FirstTailArc=None
```

算法 6-6　有向图的顶点的表示

接下来我们定义一个 ArcOrthogonalList 类用于表示有向图中的弧，其代码如下。

```
##########################################################################
#类名称：ArcOrthogonalList
#类说明：定义有向图中的一条弧
#类释义：包含当前弧中弧尾在数组中的下标 TailVertex，当前弧中弧头
#       在数组中的下标 HeadVertex，与当前弧有相同弧尾的下一条弧
#       NextTailArc，与当前弧有相同弧头的下一条弧 NextHeadArc，
#       当前弧包含的其他信息 info
##########################################################################
class ArcOrthogonalList(object):
```

```
    def __init__(self,TailVertex,HeadVertex):
        self.TailVertex=None
        self.HeadVertex=None
        self.NextTailArc=None
        self.NextHeadArc=None
        self.info =None
```

算法 6-7 有向图的弧的表示

最后我们定义一个 GraphOrthogonalList 类用于表示有向图，该类包括图的顶点数目、图中弧的数目和图的十字链表，其代码如下。

```
#####################################################################
#类名称：GraphOrthogonalList
#类说明：定义一个有向图
#类释义：包含图中的顶点数 VertexNum、弧的数目 ArcNum 和十字链表 Vertices
#####################################################################
class GraphOrthogonalList(object):
    def __init__(self,kind):
        self.VertexNum=0
        self.ArcNum=0
        self.Vertices=[]
```

算法 6-8 有向图的定义

6.2.4 邻接多重表表示法

1. 邻接多重表的定义

在使用邻接表存储无向图时，无向图中的每一条边都对应两个结点，由于这两个结点均属于两个不同的单链表，这使得无向图中的某些操作变得复杂。例如，在删除图中某一指定的边时，需要对邻接表中的两条单链表执行删除操作，此时我们可以采用邻接多重表来存储无向图以缓解上述情况。

在使用邻接多重表存储无向图时，可将其分为两个部分——顶点结点部分和边结点部分。通常所有的顶点结点存储在数组中，而所有的边结点存储在单链表中。

在顶点结点部分，每一个顶点结点包含 data 域和 FirstEdge 域，如图 6-24 所示。其中 data 域存储顶点的值，FirstEdge 则指向与当前顶点相关联的第一条边。

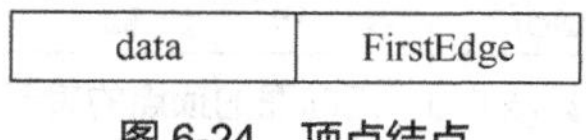

图 6-24 顶点结点

在边结点部分，每一个边结点包含 mark 域、VertexOne 域、NextEdgeOne 域、VertexTwo 域、NextEdgeTwo 域和 info 域，如图 6-25 所示。其中 mark 用于标记当前边是否被访问，VertexOne 域和 VertexTwo 域分别存储当前边的两个顶点在数组中的下标，NextEdgeOne 指向与 VertexOne 对应的顶点相关联的下一条边，NextEdgeTwo 指向与 VertexTwo 对应的顶点相关联的下一条边，info 域存储当前边的其他信息。

mark	VertexOne	NextEdgeOne	VertexTwo	NextEdgeTwo	info

图 6-25 边结点

图 6-26（a）中的无向图的邻接多重表如图 6-26（b）所示。

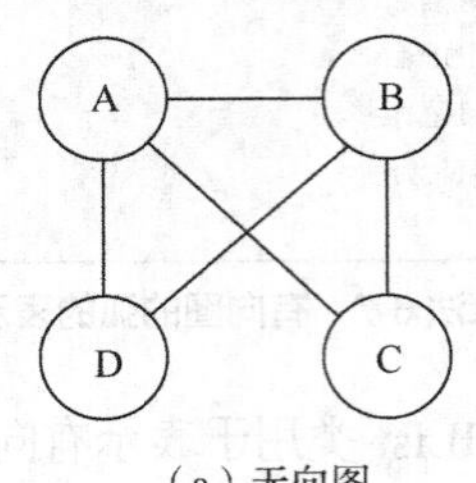

（a）无向图

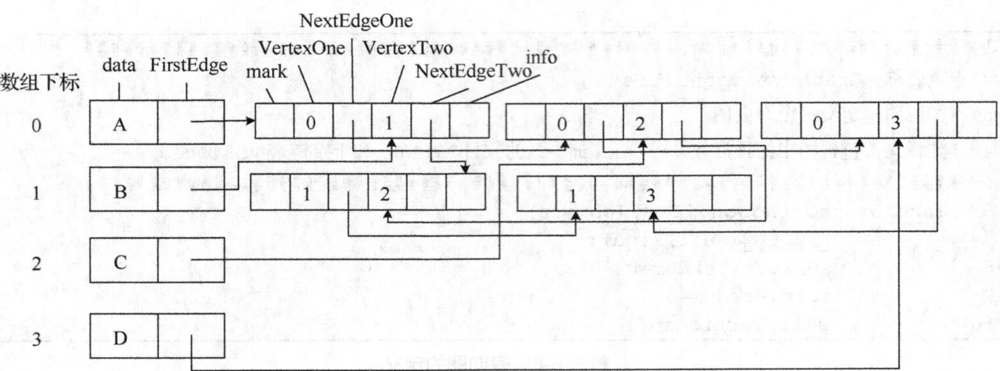

（b）邻接多重表

图 6-26　无向图及其邻接多重表

2. 邻接多重表的实现

为了使用邻接多重表存储无向图，我们首先定义一个 VertexAdjacencyMultitable 类表示无向图中的顶点，其代码如下。

```
##############################################################
#类名称：VertexAdjacencyMultitable
#类说明：定义无向图中的一个顶点
#类释义：包含顶点值 data，与该顶点相关联的第一条边 FirstEdge
##############################################################
class VertexAdjacencyMultitable(object):
    def __init__(self,data):
        self.data=data
        self.FirstEdge=None
```

算法 6-9　无向图的顶点的表示

接下来我们定义一个 Edge 类用于表示无向图中的边，其代码如下。

```
##################################################################
#类名称：Edge
#类说明：定义无向图中的一条边
#类释义：包含当前边是否被访问的标记 mark、该边的两个顶点在数组中
#       的下标 VertexOne 和 VertexTwo、与 VertexOne 对应的顶点相关联
#       的下一条边 NextEdgeOne、与 VertexTwo 对应的顶点相关联的下
#       一条边 NextEdgeTwo、当前边包含的其他信息 info
```

```
#######################################################################
class Edge(object):
    def __init__(self,VertexOne,VertexTwo):
        self.mark=None
        self.VertexOne=None
        self.NextEdgeOne=None
        self.VertexTwo=None
        self.NextEdgeTwo=None
        self.info=None
```

算法 6-10 无向图的边的表示

最后我们定义一个 GraphAdjacencyMultitable 类用于表示无向图，该类包括图的顶点数目、图中边的数目和图的邻接多重表，其代码如下。

```
#######################################################################
#类名称：GraphAdjacencyMultitable
#类说明：定义一个无向图
#类释义：包含图中的顶点数 VertexNum、边的数目 EdgeNum 和邻接多重表 Vertices
#######################################################################
class GraphAdjacencyMultitable(object):
    def __init__(self,kind):
        self.VertexNum=0
        self.EdgeNum=0
        self.Vertices=[]
```

算法 6-11 无向图的定义

6.3 图的遍历

图的遍历是指从图中某一顶点开始按指定方式访问图中每一个顶点。在执行图的遍历操作时，我们要求每一个顶点仅能被访问一次。图的遍历方式主要有深度优先遍历（Depth-First Search）和广度优先遍历（Breadth-First Search），这两种方式均可被用于遍历无向图和有向图。

6.3.1 深度优先遍历

图的深度优先遍历的递归过程的基本思路如下。

（1）从图中某一顶点 v 开始，先访问顶点 v，若被访问的图是无向图，则依次以顶点 v 未被访问的邻接点为起点深度优先遍历图，直到所有与顶点 v 连通的顶点都被访问；若被访问的图是有向图，则依次以顶点 v 邻接到的未被访问的顶点为起点深度优先遍历图，直到从顶点 v 出发能到达的所有顶点都被访问。

（2）若图中还有未被访问的顶点，则从中选择一个顶点并重复执行（1），直到图中所有顶点均被访问。

在开始递归遍历图之前，我们首先需要在图中找到一个顶点作为遍历的起点，对应的算法思路如下。

（1）在算法中我们使用邻接表存储图，并使用列表 visited 记录图中每一个顶点是否被访问（假定某一顶点在邻接表中的数组下标为 i，若该顶点已经被访问，则 visited[i]的值为 True，否则为 False）。

（2）初始化列表，将所有顶点标记为未被访问。

（3）依次判断每个顶点是否被访问，并将未被访问的顶点作为遍历的起点。

该算法对应的算法步骤如下。

（1）将 index 的值置为 0。

（2）当 index< self.VertexNum 时，执行（3）～（4）；否则转（5）。

（3）调用 append()方法将'False'追加至 visited 末端。

（4）index 自加 1，并转（2）。

（5）将 index 的值置为 0。

（6）当 index< self.VertexNum 时，执行（7）。

（7）若 visited[index] is 'False'为真，则执行（8）；否则转（9）。

（8）调用 DFS()方法，将下标为 index 的顶点作为起点深度优先遍历图，并将 visited 作为参数。

（9）index 自加 1，并转（6）。

该算法的实现代码如下。

```
1    ############################
2    #深度优先遍历图的算法
3    ############################
4    def DFSTraverse(self):
5        visited=[]
6        index=0
7        while index<self.VertexNum:
8            visited.append('False')
9            index=index+1
10       index=0
11       while index<self.VertexNum:
12           if visited[index] is 'False':
13               self.DFS(visited,index)
14           index=index+1
```

算法 6-12 深度优先遍历图的算法

在上述算法的第 13 行代码中，我们以图中某一顶点为起点调用 DFS()方法对图进行深度优先遍历。

根据深度优先遍历的递归过程的基本思路，我们给出如下 DFS()方法对应的算法步骤。

（1）令 visited[Vertex]的值为'True'。

（2）调用 VisitVertex()方法访问下标为 Vertex 的顶点。

（3）若被访问的图是无向图，则调用 GetFirstAdjacentVertex()方法获取 Vertex 对应的顶点的第一个邻接点的下标，并存入 NextAdjacent；若被访问的图是有向图，则调用 GetFirstAdjacentVertex()方法获取 Vertex 对应的顶点邻接到的第一个顶点的下标，并存入 NextAdjacent。

（4）当 NextAdjacent 不是 None 时，执行（5）。

（5）若 visited[NextAdjacent] is 'False'为真，执行（6）；否则转（7）。

（6）递归调用 DFS()方法，以下标为 NextAdjacent 的顶点为起点深度优先遍历图，并将 visited 作为参数。

（7）若被访问的图为无向图，则调用 GetNextAdjacentVertex()方法获取 Vertex 对应的顶点的下一个邻接点的下标，并存入 NextAdjacent；若被访问的图为有向图，则调用 GetNextAdjacentVertex()方法获取 Vertex 对应的顶点邻接到的下一个顶点的下标，并存入 NextAdjacent。转（4）。

该算法的实现代码如下。

```
############################
#深度优先遍历图的递归算法
############################
def DFS(self,visited,Vertex):
    visited[Vertex]='True'
    self.VisitVertex(Vertex)
    NextAdjacent=self.GetFirstAdjacentVertex(Vertex)
    while NextAdjacent is not None:
        if visited[NextAdjacent] is 'False':
                self.DFS(visited,NextAdjacent)
        NextAdjacent=self.GetNextAdjacentVertex(Vertex,NextAdjacent)
```

算法 6-13　深度优先遍历图的递归算法

注意：GetFirstAdjacentVertex(Vertex)方法通过传入某一顶点的下标 Vertex 来获取该顶点的第一个邻接点的下标；GetNextAdjacentVertex(Vertex,NextAdjacent)方法通过传入某一顶点的下标 Vertex 及该顶点的某一邻接点的下标 NextAdjacent 来获取下标为 NextAdjacent 的顶点的后继结点。

对于含有 n 个顶点和 e 条边或弧的图，调用算法 6-12 对其进行深度优先遍历时，由于图中每一个顶点仅能被访问一次，因此对每一个顶点至多调用一次 DFS()方法，所以递归调用的总次数为 n，所需的时间为 $O(n)$。

由算法 6-13 可知，深度优先遍历图的过程实质上是对每一个顶点查找其邻接点的过程。当使用邻接表存储该图时，查找每一个顶点的邻接点所需的时间为 $O(e)$。

综上可知，深度优先遍历算法的时间复杂度为 $O(n+e)$。

图 6-27 所示的无向图，按照上述算法 6-12 和算法 6-13 对其进行深度优先遍历时，一种被访问的顺序为

A→F→E→D→C→B→G

注意：由于通常情况下图的邻接表并不是唯一的，因此深度优先遍历图时各顶点被访问的顺序可能不同。

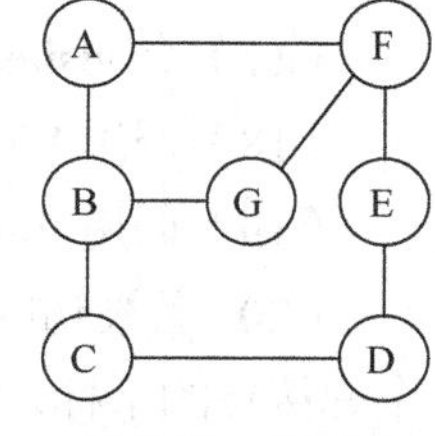

图 6-27　无向图

6.3.2　广度优先遍历

图的广度优先遍历的基本思路如下。

（1）从图中某一顶点 v 开始，先访问顶点 v，若被访问的图是无向图，则依次访问顶点 v 未被访问的邻接点，再依次访问这些邻接点未被访问的邻接点，直到所有与顶点 v 连通的顶点都被访问；若被访问的图是有向图，则依次访问顶点 v 邻接到的所有未被访问的顶点，再依次访问这些顶点邻接到的未被访问的顶点，直到从顶点 v 出发能到达的所有顶点都被访问。

（2）若图中还有未被访问的顶点，则从中选择一个顶点并重复执行（1），直到图中所有顶点均被访问。

我们在实现广度优先遍历时也采用邻接表存储图，同时使用列表 visited 记录图中每一个顶点是否被访问（假定某一顶点在邻接表中的数组下标为 i，若该顶点已经被访问，则 visited[i]的值为 True，

否则为 False）。

根据广度优先遍历的思路，我们可将其对应的算法步骤描述如下。

（1）令 index 的值等于 0。

（2）调用 InitQueue()方法初始化队列 Queue。

（3）当 index< self.VertexNum 时，执行（4）～（5）；否则转（6）。

（4）调用 append()方法，将'False'追加至 visited 末端。

（5）index 自加 1，并转（3）。

（6）令 index 的值等于 0。

（7）当 index< self.VertexNum 时，执行（8）。

（8）若 visited[index] is 'False'为真，则执行（9）～（12）；否则转（21）。

（9）令 visited[index]的值为'True'。

（10）调用 VisitVertex()方法访问 index 对应的顶点。

（11）调用 EnQueue()方法将 index 入队。

（12）调用 IsEmptyQueue()方法判断 Queue 是否为空，若 Queue 不为空，则执行（13）～（15）；否则转（21）。

（13）调用 DeQueue()方法获取 Queue 的队首元素，并存入 tVertex。

（14）若被访问的图是无向图，则调用 GetFirstAdjacentVertex()方法获取 tVertex 对应顶点的第一个邻接点的下标，并存入 NextAdjacent；若被访问的图是有向图，则调用 GetFirstAdjacentVertex()方法获取 tVertex 对应顶点邻接到的第一个顶点的下标，并存入 NextAdjacent。

（15）当 NextAdjacent 不为 None 时，执行（16）；否则转（12）。

（16）若 visited[NextAdjacent] is 'False'为真，执行（17）～（19）；否则转（20）。

（17）令 visited[NextAdjacent]的值为'True'。

（18）调用 VisitVertex()方法访问 NextAdjacent 对应的顶点。

（19）调用 EnQueue()方法将 NextAdjacent 入队。

（20）若被访问的图是无向图，则调用 GetNextAdjacentVertex()方法获取 tVertexd 对应顶点的下一个邻接点的下标，并存入 NextAdjacent；若被访问的图是有向图，则调用 GetNextAdjacentVertex()方法获取 tVertexd 对应顶点邻接到的下一个顶点的下标，并存入 NextAdjacent。转（15）。

（21）index 自加 1，并转（7）。

该算法的实现代码如下。

```
########################
#广度优先遍历图的算法
########################
def BFSTraverse(self):
    visited=[]
    index=0
    Queue=CircularSequenceQueue()
    Queue.InitQueue(10)
    while index<self.VertexNum:
        visited.append('False')
        index=index+1
    index=0
```

```
        while index<self.VertexNum:
            if visited[index] is 'False':
                visited[index]='True'
                self.VisitVertex(index)
                Queue.EnQueue(index)
                while Queue.IsEmptyQueue() is False:
                    tVertex=Queue.DeQueue()
                    NextAdjacent=self.GetFirstAdjacentVertex(tVertex)
                    while NextAdjacent is not None:
                        if visited[NextAdjacent] is 'False':
                            visited[NextAdjacent]='True'
                            self.VisitVertex(NextAdjacent)
                            Queue.EnQueue(NextAdjacent)
                        NextAdjacent=self.GetNextAdjacentVertex(tVertex,NextAdjacent)
            index=index + 1
```

算法 6-14　广度优先遍历图的算法

对于含有 n 个顶点和 e 条边或弧的图，当使用邻接表存储该图时，对其进行广度优先遍历和深度优先遍历所需的时间一样，即广度优先遍历算法的时间复杂度为 $O(n+e)$。

图 6-28 所示的无向图，按照上述算法 6-14 对其进行广度优先遍历时，一种被访问的顺序为

A→H→F→B→E→C→D→G

注意：由于通常情况下图的邻接表并不是唯一的，因此广度优先遍历图时各顶点被访问的顺序可能不同。

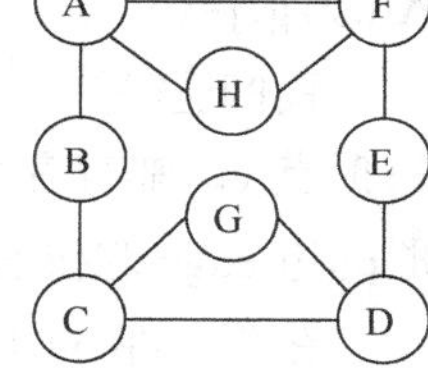

图 6-28　无向图

6.4　图的最小生成树

6.4.1　基本概念

假设需要在图 6-29 所示的 7 个省的省会之间建造高铁，以便将这些城市连接起来（各省会之间的距离如图所示）。由于高铁的造价十分昂贵，如何设计这一高铁网络，以使得连通这 7 个城市的高铁的总长度最短呢？

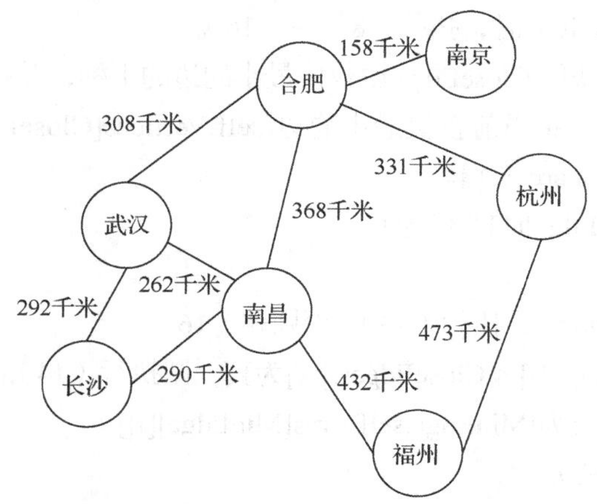

图 6-29　7 个城市的高铁网络

若将上述 7 个城市看成连通网的 7 个顶点，并将城市间的距离看作边的权值，那么这一问题的本质就是如何构造连通网的权值最小的生成树（简称**最小生成树**）。在实际应用中，通常使用 Prim 算法和 Kruskal 算法来构造最小生成树。

6.4.2 Prim 算法

假设 $G=\{V,\{E\}\}$是含有 n 个顶点的连通网，使用 Prim 算法构造其最小生成树 $T=\{U,\{TE\}\}$的基本思路如下。

（1）指定连通网 G 中某一顶点 w 作为构造最小生成树的起点，并令 $U=\{w\}$、$TE=\{\}$。

（2）在所有 $u\in U$、$v\in V-U$ 的边中，找到具有最小权值的一条边$(u,v)\in E$，将 v 并入 U，并将边(u,v)并入 TE。

（3）重复执行（2），直到 $U=V$，此时最小生成树包含 $n-1$ 条边。

我们在实现构造最小生成树时，采用邻接矩阵 Arcs 存储图。当 $i=j$ 时，Arcs[i][j]=0；当 $i\neq j$ 时，若下标为 i 和 j 的顶点之间存在边且该边权值为 w，则 Arcs[i][j]=Arcs[j][i]=w，否则 Arcs[i][j]=Arcs[j][i]=∞。

我们还需要一个辅助数组 CloseEdge，用于存储从 U 到 $V-U$ 中权值最小的边。对于 $V-U$ 中的任一顶点 v，都对应数组中的一个分量 CloseEdge[i]，它包含两个部分，一部分用于存储与顶点 v 相关联的边 edge 的权值；另一部分用于存储边 edge 中属于 U 的顶点的下标。

在第一部分中，edge 是所有边$(v,w)(w\in U)$中权值最小的边，若边 edge 为组成最小生成树的边，则将该部分的值置为 0，即将顶点 v 并入 U，并更新 $V-U$ 中顶点对应分量的值。

最后，我们需要一个列表 arc 来存储最小生成树的边。

根据 Prim 算法的基本思路，我们可将 Prim 算法的步骤描述如下。

（1）令 Vertex 为创建最小生成树的起点。

（2）令 MinEdge 和 index 的值均为 0。

（3）当 index<self.VertexNum 时，执行（4）～（5）；否则转（6）。

（4）令 CloseEdge[index]的值为[Vertex,self.Arcs[Vertex][index]]。

（5）index 自加 1，并转（3）。

（6）令 index 的值为 1。

（7）当 index<self.VertexNum 时，执行（8）～（16）。

（8）调用 GetMin()方法获取 CloseEdge 中权值最小的边的下标，并存入 MinEdge。

（9）调用 append()方法，将当前权值最小的边[self.Vertices[CloseEdge[MinEdge][0]].data,self.Vertices[MinEdge].data]追加到 arc 末端。

（10）令 CloseEdge[MinEdge][1]的值为 0。

（11）令 i 的值为 0。

（12）当 i<self.VertexNum 时，执行（13）；否则转（16）。

（13）若 self.Arcs[MinEdge][i] < CloseEdge[i][1]为真，则执行（14）；否则转（15）。

（14）令 CloseEdge[i]的值为[MinEdge,self.Arcs[MinEdge][i]]。

（15）i 自加 1，并转（12）。

（16）index 自加 1，并转（7）。

该算法的实现代码如下。

```
1    ####################################
2    #创建最小生成树的方法（Prim 算法）
3    ####################################
4    def MiniSpanTreePrim(self,Vertex):
5        arc=[]
6        CloseEdge=[[]for i in range(self.VertexNum)]
7        MinEdge=0
8        index=0
9        while index<self.VertexNum:
10               CloseEdge[index]=[Vertex,self.Arcs[Vertex][index]]
11               index=index+1
12       index=1
13       while index<self.VertexNum:
14               MinEdge=self.GetMin(CloseEdge)
15               arc.append([self.Vertices[CloseEdge[MinEdge][0]].data,
self.Vertices[MinEdge].data])
16               CloseEdge[MinEdge][1]=0
17               i=0
18               while i<self.VertexNum:
19                   if self.Arcs[MinEdge][i]<CloseEdge[i][1]:
20                       CloseEdge[i]=[MinEdge,self.Arcs[MinEdge][i]]
21                   i=i+1
22               index=index+1
23   ############################
24   #获取权值最小的边的方法
25   ############################
26   def GetMin(self,CloseEdge):
27       index=0
28       MinWeight=float("inf")
29       vertex=0
30       while index<self.VertexNum:
31           if CloseEdge[index][1] is not 0 and CloseEdge[index][1]
<MinWeight:
32               MinWeight=CloseEdge[index][1]
33               vertex=index
34           index=index+1
35       return vertex
```

算法 6-15　Prim 算法

在上述算法的第 14 行代码中，我们调用 GetMin()函数用于获取 CloseEdge 中权值最小的边的下标，其实现代码为第 26 行到第 35 行代码。

假定网中共包含 n 个顶点，则初始化 CloseEdge 的循环语句的频度为 n，而构造最小生成树的循环语句的频度为 $n-1$。又因为构造最小生成树时需要获取权值最小的边和更新 CloseEdge 中边的长度，它们对应的执行语句的频度为 $n-1$ 和 n。因此，Prim 算法的时间复杂度为 $O(n^2)$。由于该算法的执行时间只与图中顶点的总数目有关，而与边的总数目无关，因此它更适用于稠密网求最小生成树。

图 6-30（a）所示的无向网，我们以顶点 A 为起点，并按照上述算法 6-15 构造该图的最小生成树的过程如图 6-30（b）～图 6-30（f）所示。

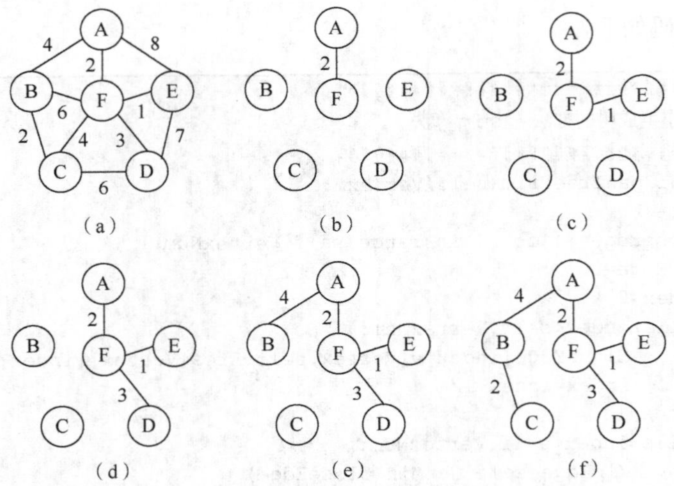

图 6-30　无向网及其最小生成树的构造过程

注意：在通常情况下，对于某一图而言，选择不同的起点构造最小生成树，其过程不同。

6.4.3 Kruskal 算法

假设 $G=\{V,\{E\}\}$是含有 n 个顶点的连通网，使用 Kruskal 算法构造其最小生成树 $T=\{U,\{TE\}\}$的基本思路如下。

（1）将连通网 G 中所有的边存入集合 Edges，并使它们按权值的升序排列，同时令 $U=V$、$TE=\{\}$，由于此时 TE 为空，最小生成树 T 中每一个顶点都自成一个连通分量。

（2）依次访问 Edges 中的边，若当前被访问的边的两个顶点属于不同的连通分量，则将该边并入 TE，并标记两个顶点所在的连通分量为同一连通分量；否则将该边从 Edges 中删除。

（3）重复执行（2），直到最小生成树 T 的所有顶点均属于同一连通分量，此时 Edges 中的边与组成最小生成树 T 的边相同，这些边组成了集合 TE。

我们在实现构造最小生成树时，采用邻接矩阵存储图，同时需要一个辅助数组 flag 用于记录每一个顶点所属连通分量的序号。

根据上述 Kruskal 算法的基本思路，我们可将 Kruskal 算法的步骤描述如下。

（1）令 index 的值为 0。

（2）当 index<self.VertexNum 时，执行（3）～（4）；否则转（5）。

（3）令 flag[index]的值为 index。

（4）index 自加 1，并转（2）。

（5）令 index 的值为 0。

（6）当 index<len(Edges)时，执行（7）。

（7）调用 LocateVertex()方法获取边 Edges[index]第一个顶点的下标，并存入 VertexOne。

（8）调用 LocateVertex()方法获取边 Edges[index]第二个顶点的下标，并存入 VertexTwo。

（9）若 flag[VertexOne] is not flag[VertexTwo]为真，则执行（10）～（17）；否则转（18）。

（10）令 FlagOne 的值为 flag[VertexOne]。

（11）令 FlagTwo 的值为 flag[VertexTwo]。

（12）令 limit 的值为 0。

（13）当 limit < self.VertexNum 时，执行（14）；否则转（17）。

（14）若 flag[limit] is FlagTwo 为真，则执行（15）；否则转（16）。

（15）令 flag[limit]的值为 FlagOne。

（16）limit 自加 1，并转（13）。

（17）index 自加 1，并转（6）。

（18）调用 pop()方法将下标为 index 的元素从 Edges 中删除，并转（6）。

该算法的实现代码如下。

```
########################################
#创建最小生成树的方法（Kruskal 算法）
########################################
def MiniSpanTreeKruskal(self,Edges):
    flag=[[]for i in range(self.VertexNum)]
    index=0
    while index<self.VertexNum:
        flag[index]=index
        index=index+1
    index=0
    while index<len(Edges):
        VertexOne=self.LocateVertex(Edges[index][0])
        VertexTwo=self.LocateVertex(Edges[index][1])
        if flag[VertexOne] is not flag[VertexTwo]:
            FlagOne=flag[VertexOne]
            FlagTwo=flag[VertexTwo]
            limit=0
            while limit<self.VertexNum:
                if flag[limit] is FlagTwo:
                    flag[limit]=FlagOne
                limit=limit+1
            index=index+1
        else:
            Edges.pop(index)
```

算法 6-16　Kruskal 算法

分析上述代码可知，Kruskal 算法的时间复杂度为 $O(e^2)$，也就是说，该算法的执行时间与图中边的总数目有关，而与顶点的总数目无关，因此它更适用于稀疏网求最小生成树。

事实上，可对上述 Kruskal 算法进行如下改进，即使用堆来存储连通网中的边，并采用更加合适的数据类型来描述生成树。此时 Kruskal 算法的时间复杂度为 O(eloge)。

如图 6-31（a）所示的无向网，按照上述算法 6-16 构造其最小生成树的一种过程如图 6-31 中图（b）～图（f）所示。

注意：对图中所有边按权值的升序排列时，由于采用的排序算法不同，权值相等的边的顺序有可能不同，所以构造图的最小生成树的过程可能不同。

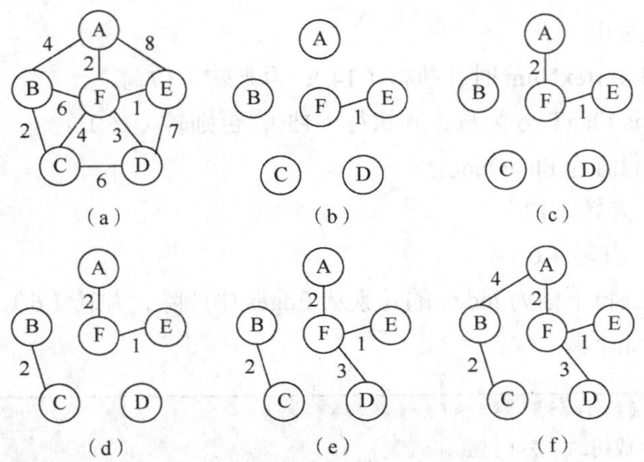

图 6-31 无向网及其最小生成树的构造过程

6.4.4 应用实例

在学习了 Prim 算法和 Kruskal 算法之后，我们重新回到本小节最开始时提出的问题，即如何设计一条连通这 7 个城市的总长度最短的高铁。由于该问题的实质是如何构造连通网的最小生成树，接下来我们分别使用 Prim 算法和 Kruskal 算法来解决这一问题。

假设以南昌为起点，使用 Prim 算法构造最小生成树的过程如图 6-32 所示。

由图 6-32（f）所示的最小生成树，可以计算出连通这 7 个城市的高铁总长度最短为 1781 千米。接下来，再使用 Kruskal 算法构造最小生成树，其过程如图 6-33 所示。

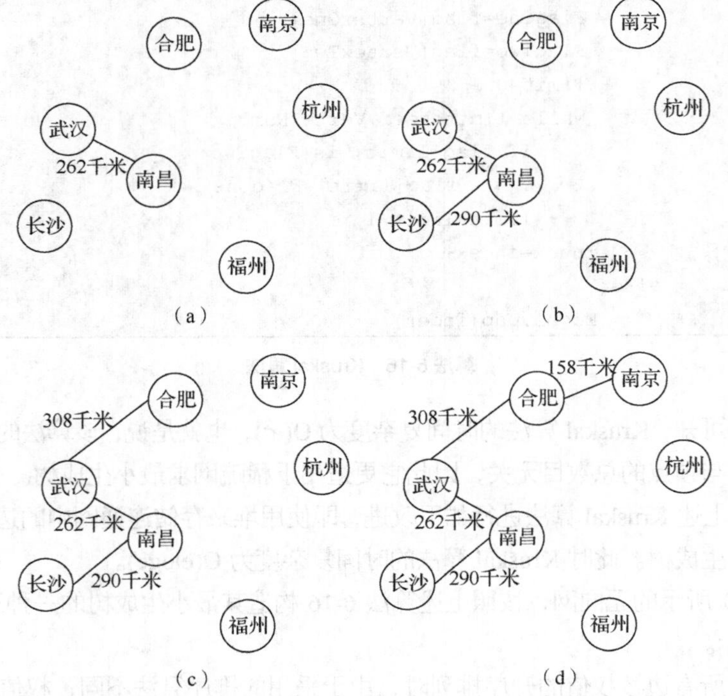

图6-32 使用Prim算法构造最小生成树

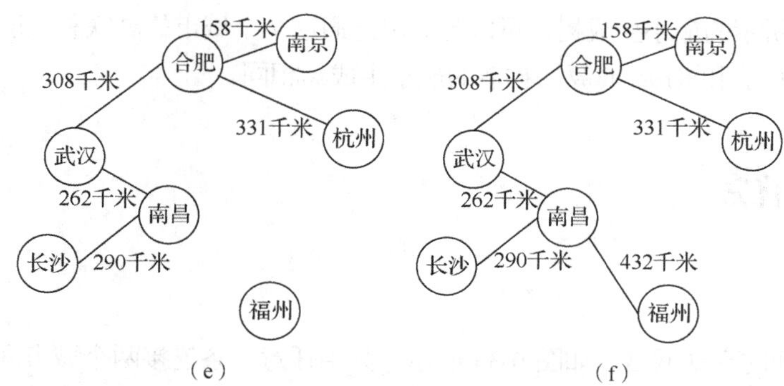

（e）　　（f）

图 6-32　使用 Prim 算法构造最小生成树（续）

（a）　　（b）

（c）　　（d）

（e）　　（f）

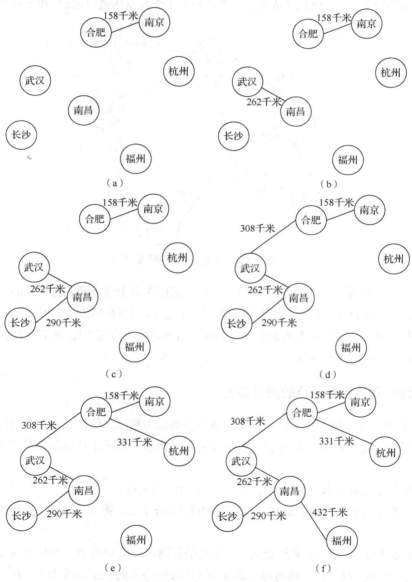

图 6-33　使用 Kruskal 算法构造最小生成树

由图 6-33（f）所示的最小生成树，可以计算出连通这 7 个城市的高铁总长度最短为 1781 千米。由此可见，由 Prim 算法和 Kruskal 算法构造的最小生成树相同。

6.5 最短路径

6.5.1 基本概念

现有 7 个城市间的高铁网络，如图 6-34 所示，其中任意一条连接两个城市间的弧上的数值表示高铁在这两个城市间运行所需要的时间。李晓明计划从南昌出发去图中其他 6 个城市旅游，他该如何设计出游时的高铁路线，以便找到从南昌到其他城市乘坐高铁所需时间最短的路线呢？

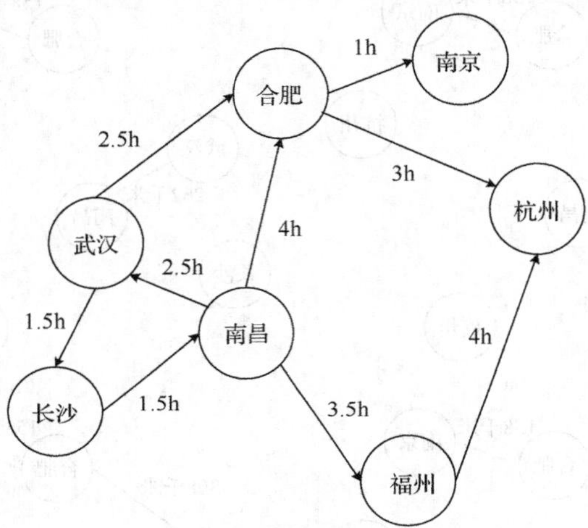

图 6-34　7 个城市的高铁网络

若将上述 7 个城市看成有向网的 7 个顶点，并将高铁在两个城市间的运行时间看作与之对应弧的权值，那么这一问题的本质就是求两个顶点之间权值最小的路径（简称**最短路径**）。

本节将以有向网为例，讨论图的最短路径问题。在本小节的讨论中，我们将路径上的第一个顶点称为源点，最后一个顶点称为终点。

6.5.2 从某源点到其余各顶点的最短路径

Dijkstra 算法可用于求解图中某源点到其余各顶点的最短路径。假设 $G=\{V,\{E\}\}$是含有 n 个顶点的有向网，以该图中顶点 v 为源点，使用 Dijkstra 算法求顶点 v 到图中其余各顶点的最短路径的基本思路如下。

（1）使用集合 S 记录已求得最短路径的终点，初始时 $S=\{v\}$。

（2）选择一条长度最小的最短路径，该路径的终点 $w\in V-S$，将 w 并入 S，并将该最短路径的长度记为 D_w。

（3）对于 $V-S$ 中任一顶点 s，将源点到顶点 s 的最短路径长度记为 D_s，并将顶点 w 到顶点 s 的弧的权值记为 D_{ws}，若 $D_w+D_{ws}<D_s$，则将源点到顶点 s 的最短路径的长度修改为 D_w+D_{ws}。

（4）重复执行（2）和（3），直到 $S=V$。

为了实现 Dijkstra 算法，我们使用邻接矩阵 Arcs 存储有向网，当 i=j 时，Arcs[i][j]=0；当 $i \neq j$ 时，若下标为 i 的顶点到下标为 j 的顶点有弧且该弧的权值为 w，则 Arcs[i][j]=w，否则 Arcs[i][j]=∞。我们还使用列表 Dist 存储源点到每一个终点的最短路径的长度，并使用列表 Path 存储每一条最短路径中倒数第二个顶点的下标，通过对 Path 的处理，我们可以得到从源点到每一个终点完整的最短路径，最后使用集合 flag 记录每一个顶点是否已经求得最短路径。

根据上述 Dijkstra 算法的基本思路，我们可将 Dijkstra 算法的步骤描述如下。

（1）以 Vertex 作为源点，并令 index 的值为 0。

（2）当 index<self.VertexNum 时，执行（3）～（5）；否则转（9）。

（3）令 Dist[index]的值为 self.Arcs[Vertex][index]。

（4）令 flag[index]的值为 0。

（5）若 self.Arcs[Vertex][index]<float("inf")为真，则执行（6）；否则执行（7）。

（6）令 Path[index]的值为 Vertex，并转（8）。

（7）令 Path[index]的值为-1，并转（8）。

（8）index 自加 1，并转（2）。

（9）令 flag[Vertex]的值为 1，并令 Path[Vertex]和 Dist[Vertex]的值均为 0。

（10）令 index 的值为 1。

（11）当 index<self.VertexNum 时，执行（12）。

（12）令 MinDist 的值为无穷大，并令 j 的值为 0。

（13）当 j<self.VertexNum 时，执行（14）；否则转（18）。

（14）若 flag[j] is 0 and Dist[j]<MinDist 为真，则执行（15）～（16）；否则转（17）。

（15）令 tVertex 的值为 j。

（16）令 MinDist 的值为 Dist[j]。

（17）j 自加 1，并转（13）。

（18）令 flag[tVertex]的值为 1，并令 EndVertex 的值为 0，最后令 MinDist 的值为无穷大。

（19）当 EndVertex<self.VertexNum 时，执行（20）；否则转（25）。

（20）若 flag[EndVertex] is 0 为真，则执行（21）；否则转（24）。

（21）若 self.Arcs[tVertex][EndVertex]<MinDist and Dist[tVertex]+self.Arcs[tVertex] [EndVertex]< Dist[EndVertex]为真，则执行（22）～（23）。

（22）令 Dist[EndVertex]的值为 Dist[tVertex]+self.Arcs[tVertex][EndVertex]。

（23）令 Path[EndVertex]的值为 tVertex。

（24）EndVertex 自加 1，并转（19）。

（25）index 自加 1，并转（11）。

该算法的实现代码如下。

```
###############
#Dijkstra 算法
###############
def Dijkstra(self,Vertex):
    Dist=[[]for i in range(self.VertexNum)]
    Path=[[]for i in range(self.VertexNum)]
```

```
7       flag=[[]for i in range(self.VertexNum)]
8       index=0
9       while index<self.VertexNum:
10          Dist[index]=self.Arcs[Vertex][index]
11          flag[index]=0
12          if self.Arcs[Vertex][index]<float("inf"):
13              Path[index]=Vertex
14          else:
15              Path[index]=-1
16          index=index+1
17      flag[Vertex]=1
18      Path[Vertex]=0
19      Dist[Vertex]=0
20      index=1
21      while index<self.VertexNum:
22          MinDist=float("inf")
23          j=0
24          while j<self.VertexNum:
25              if flag[j] is 0 and Dist[j]<MinDist:
26                  tVertex=j
27                  MinDist=Dist[j]
28              j=j+1
29          flag[tVertex]=1
30          EndVertex=0
31          MinDist=float("inf")
32          while EndVertex<self.VertexNum:
33              if flag[EndVertex] is 0:
34                  if self.Arcs[tVertex][EndVertex]<MinDist and
Dist[tVertex]+ self.Arcs[tVertex][EndVertex]<Dist[EndVertex]:
35                      Dist[EndVertex]=Dist[tVertex]+self.Arcs[tVertex]
    [EndVertex]
36                      Path[EndVertex]=tVertex
37              EndVertex=EndVertex+1
38          index=index+1
```

算法 6-17　Dijkstra 算法

从上述算法第 21 行代码开始的循环为构造最短路径的关键代码，对于某一包含 n 个顶点的有向网，该关键代码共执行 n-1 次，每一次的执行时间为 $O(n)$。因此该算法（即 Dijkstra 算法）的时间复杂度为 $O(n^2)$。

图 6-35 所示的有向网，以顶点 A 为源点，按照算法 6-17 求源点到图中其余各顶点的最短路径的结果如表 6-2 所示。

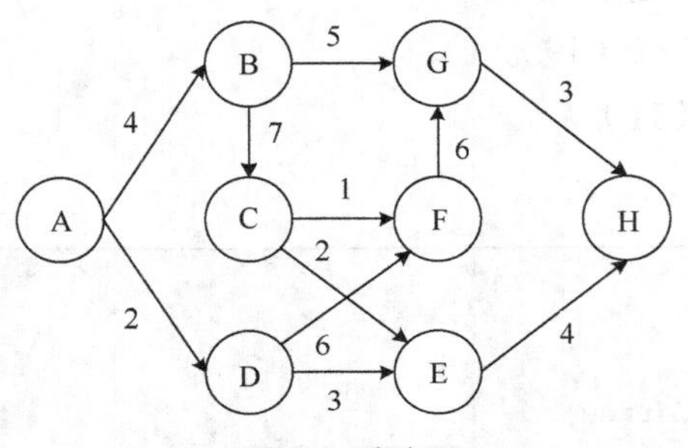

图 6-35　有向网

表 6-2　　算法 6-17 的某一次执行结果

源点	终点	最短路径	路径长度
A	B	A,B	4
	C	A,B,C	11
	D	A,D	2
	E	A,D,E	5
	F	A,D,F	8
	G	A,B,G	9
	H	A,D,E,H	9

6.5.3 每一对顶点之间的最短路径

假设 $G=\{V,\{E\}\}$是含有 n 个顶点的有向网，通过 Dijkstra 算法我们可以求得图中每一对顶点间的最短路径，即依次以图中每一个顶点作为源点，执行 Dijkstra 算法。除此之外，我们还可以使用 Floyd 算法求图中每一对顶点间的最短路径，其基本思路如下。

（1）对于图 G 中任意两个顶点 v 和 w，将顶点 v 到顶点 w 的最短路径的长度记为 D_{vw}，并依次判断其余各顶点是否为这两个顶点间最短路径上的顶点，具体判断过程如下。

对于除了顶点 v 和顶点 w 的任一顶点 u，将顶点 v 到顶点 u 的最短路径的长度记为 D_{vu}，并将顶点 u 到顶点 w 的最短路径的长度记为 D_{uw}，若 $D_{vu}+D_{uw}<D_{vw}$，则将 D_{vw} 的值修改为 $D_{vu}+D_{uw}$，即当前所得顶点 v 到顶点 w 的最短路径经过顶点 u。

（2）重复执行（1），直到图中每一对顶点间的最短路径都被求出。

为了实现 Floyd 算法，我们使用邻接矩阵 Arcs 存储有向网，当 i=j 时，Arcs[i][j]=0，当 $i\neq j$ 时，若下标为 i 的顶点到下标为 j 的顶点有弧且该弧的权值为 w，则 Arcs[i][j]=w，否则 Arcs[i][j]=∞。我们还使用二维数组 Dist 存储每一对顶点间的最短路径的长度，并使用二维数组 Path 存储每一条最短路径中倒数第二个顶点的下标，通过对 Path 的处理，我们可以得到每一对顶点间完整的最短路径。

根据上述 Floyd 算法的基本思路，我们可将 Floyd 算法的步骤描述如下。

（1）令 Horizontal 的值为 0。

（2）当 Horizontal<self.VertexNum 时，执行（3）；否则转（11）。

（3）令 Vertical 的值为 0。

（4）当 Vertical<self.VertexNum 时，执行（5）；否则转（10）。

（5）令 Dist[Horizontal][Vertical]的值为 self.Arcs[Horizontal][Vertical]。

（6）若 self.Arcs[Horizontal][Vertical]<float("inf") and Horizontal is not Vertical 为真，则执行（7）；否则转（8）。

（7）令 Path[Horizontal][Vertical]的值为 Horizontal，并转（9）。

（8）令 Path[Horizontal][Vertical]的值为-1，并转（9）。

（9）Vertical 自加 1，并转（4）。

（10）Horizontal 自加 1，并转（2）。

（11）令 tVertex 的值为 0。

（12）当 tVertex<self.VertexNum 时，执行（13）。

（13）令 ArcTail 的值为 0。

（14）当 ArcTail<self.VertexNum 时，执行（15）；否则转（22）。

（15）令 ArcHead 的值为 0。

（16）当 ArcHead<self.VertexNum 时，执行（17）；否则转（21）。

（17）若 ArcTail is not ArcHead and (Dist[ArcTail][tVertex]+Dist[tVertex][ArcHead]<Dist [ArcTail][ArcHead])为真，则执行（18）～（19）；否则转（20）。

（18）令 Dist[ArcTail][ArcHead]的值为 Dist[ArcTail][tVertex]+Dist[tVertex][ArcHead]。

（19）令 Path[ArcTail][ArcHead]的值为 Path[tVertex][ArcHead]。

（20）ArcHead 自加 1，并转（16）。

（21）ArcTail 自加 1，并转（14）。

（22）tVertex 自加 1，并转（12）。

该算法的实现代码如下。

```
################
#Floyd 算法
################
def Floyd(self):
    Dist=[[0 for i in range(self.VertexNum)] for i in range(self.VertexNum)]
    Path=[[0 for i in range(self.VertexNum)] for i in range(self.VertexNum)]
    Horizontal=0
    while Horizontal<self.VertexNum:
        Vertical=0
        while Vertical<self.VertexNum:
            Dist[Horizontal][Vertical]=self.Arcs[Horizontal][Vertical]
            if self.Arcs[Horizontal][Vertical]<float("inf") and Horizontal is not Vertical:
                Path[Horizontal][Vertical]=Horizontal
            else:
                Path[Horizontal][Vertical]=-1
            Vertical=Vertical+1
        Horizontal=Horizontal+1
    tVertex=0
    while tVertex<self.VertexNum:
        ArcTail=0
        while ArcTail<self.VertexNum:
            ArcHead=0
            while ArcHead<self.VertexNum:
                if ArcTail is not ArcHead and (Dist[ArcTail][tVertex]+Dist[tVertex][ArcHead]<Dist[ArcTail][ArcHead]):
                    Dist[ArcTail][ArcHead]=Dist[ArcTail][tVertex]+Dist[tVertex][ArcHead]
                    Path[ArcTail][ArcHead]=Path[tVertex][ArcHead]
                ArcHead=ArcHead+1
            ArcTail=ArcTail+1
        tVertex=tVertex+1
```

算法 6-18　Floyd 算法

观察上述 Floyd 算法可知，其时间复杂度为 $O(n^3)$（n 为图中顶点的总数目）。

图 6-36 所示的有向网，按照算法 6-18 求各顶点间的最短路径的结果如表 6-3 所示。

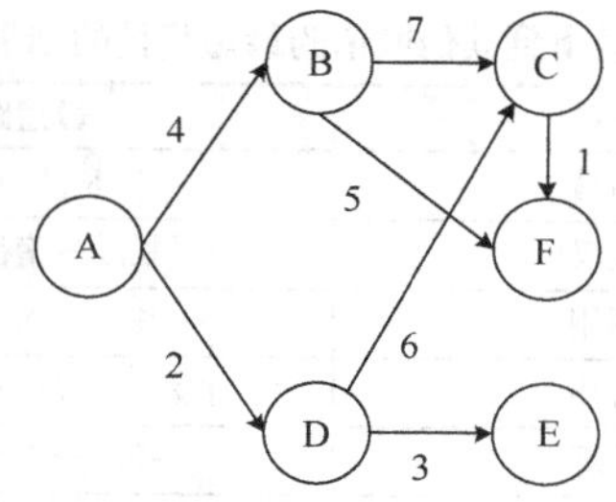

图 6-36 有向网

表 6-3 算法 6-18 的某一次执行结果

源点	终点	最短路径	路径长度
A	B	A,B	4
	C	A,D,C	8
	D	A,D	2
	E	A,D,E	5
	F	A,B,F	9
B	C	B,C	7
	F	B,F	5
C	F	C,F	1
D	C	D,C	6
	E	D,E	3
	F	D,C,F	7

6.5.4 应用实例

在学习了如何求解从某源点到其余各顶点的最短路径之后，我们再来考虑本小节最开始时提出的问题，即李晓明该如何设计出游路线，以使得从南昌到其他城市乘坐高铁用时最短。由于该问题的实质是求有向网中某源点到其余各顶点的最短路径，因此可以使用 Dijkstra 算法来解决。

对图 6-34 所示的高铁网络，使用 Dijkstra 算法求解从南昌到其他城市的最短路径的结果如表 6-4 所示。

表 6-4 从南昌到其他城市的最短路径的结果

源点	终点	最短路径	高铁历时
南昌	武汉	南昌→武汉	2.5h
	长沙	南昌→武汉→长沙	4h
	福州	南昌→福州	3.5h
	杭州	南昌→合肥→杭州	7h
	合肥	南昌→合肥	4h
	南京	南昌→合肥→南京	5h

事实上，每一个城市都会有像李晓明这样的朋友，他们需要找到自己所在的城市到其他城市历时最短的高铁。由于该问题的实质是求有向网中每一对顶点间的最短路径，因此可以使用 Floyd 算法来解决，其结果如表 6-5 所示。

表 6-5　　每一城市到其他城市的最短路径的结果

源点	终点	最短路径	高铁历时
长沙	南昌	长沙→南昌	1.5h
	武汉	长沙→南昌→武汉	4h
	福州	长沙→南昌→福州	5h
	杭州	长沙→南昌→合肥→杭州	8.5h
	合肥	长沙→南昌→合肥	5.5h
	南京	长沙→南昌→合肥→南京	6.5h
武汉	南昌	武汉→长沙→南昌	3h
	长沙	武汉→长沙	1.5h
	福州	武汉→长沙→南昌→福州	6.5h
	杭州	武汉→合肥→杭州	5.5h
	合肥	武汉→合肥	2.5h
	南京	武汉→合肥→南京	3.5h
合肥	南京	合肥→南京	1h
	杭州	合肥→杭州	3h
福州	杭州	福州→杭州	4h

注：由于以南昌为源点的最短路径已经在表 6-4 中给出，故在此省略

6.6　拓扑排序

6.6.1　基本概念

某大学生物工程专业部分课程如表 6-6 所示，这些课程的学习存在先后关系。例如，学生在学习分子生物学之前必须先学习有机化学和生物化学，也就是说有机化学和生物化学是分子生物学的先修课程。

表 6-6　　生物工程专业部分课程

课程编号	课程名称	先修课程
C_1	大学化学基础	无
C_2	有机化学	C_1
C_3	生物化学	C_2
C_4	分子生物学	C_2、C_3
C_5	微生物学	C_3
C_6	基因工程	C_3、C_4

图 6-37 所示为上述课程学习时的先后顺序，其中顶点表示课程，弧表示课程学习时的先后顺序，由于课程 C_2 和 C_3 是课程 C_4 的先修课程，因此有弧 $<C_3,C_4>$ 和 $<C_2,C_4>$。

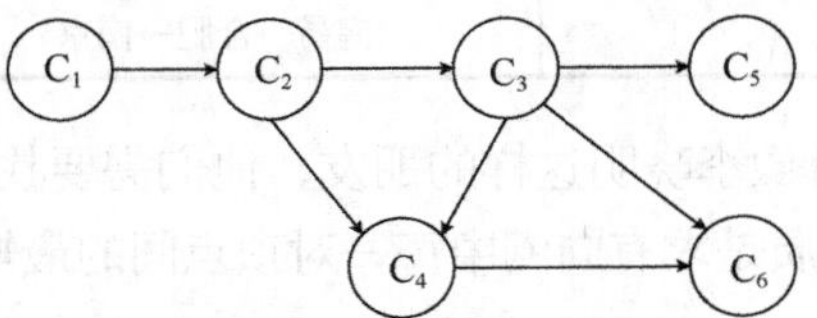

图 6-37　表示课程间学习的先后关系的有向图

我们将这种用顶点表示某种活动，并用弧表示活动间的先后发生关系的有向图称为顶点表示活动的网（Activity On Vertex Network），简称 AOV 网。在 AOV 网中，不能存在回路，否则会出现矛盾，导致活动不能正常进行。

假定在图 6-37 中存在路径<C_3,C_2>，则该图中存在回路(C_2,C_3,C_2)，即在学习课程 C_2 之前需要先学习课程 C_3，而在学习课程 C_3 之前又需要先学习课程 C_2，这将导致学习无法进行。

对于一个包含 n 个顶点的 AOV 网，假定将这 n 个顶点排列成一个线性序列 $S=v_1,v_2,\cdots,v_n$，如果该 AOV 网中存在从顶点 v_i 到顶点 v_j 的路径，那么在序列 S 中 v_i 必定出现在 v_j 之前，此时可将序列 S 称为该 AOV 网的**拓扑序列**，并将构造拓扑序列的过程称为**拓扑排序**。

通常情况下，一个 AOV 网的拓扑序列并不唯一。图 6-37 所示的 AOV 网，C_1,C_2,C_3,C_4,C_5,C_6 和 C_1,C_2,C_3,C_5,C_4,C_6 均为其拓扑序列。

由于拓扑序列将 AOV 网中各活动发生的先后关系以线性序列的形式给出，因此每一名学生在学习上述课程时，可以根据课程的 AOV 网对应的拓扑序列来制订自己的学习计划。该如何进行拓扑排序从而得到拓扑序列呢？

6.6.2 拓扑排序的实现

假设图 G 是一个包含 n 个顶点的有向图，对其进行拓扑排序的基本思路如下。

（1）在图 G 中选择一个入度为 0 的顶点，并将其值输出。

（2）将（1）中的顶点和以该顶点为弧尾的弧均从图 G 中删除。

（3）重复执行（1）和（2），直到所有顶点的值均被输出，或当前图中已经不存在入度为 0 的顶点（图 G 中包含回路）。

根据上述拓扑排序的基本思路，我们发现拓扑排序也可以被用来判断给定的 AOV 网是否包含回路。

根据上述拓扑排序的基本思路，求图 6-37 所示的 AOV 网的拓扑序列的过程如图 6-38 所示，最终输出的拓扑序列为 C_1,C_2,C_3,C_4,C_6,C_5。

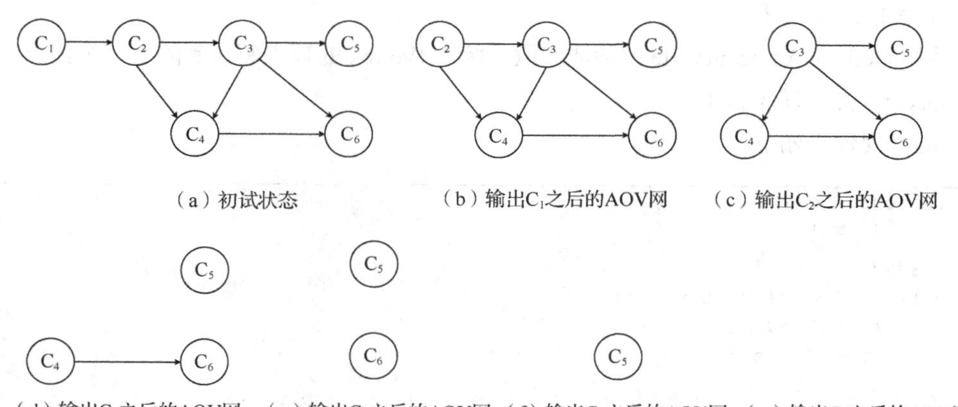

图 6-38 构造拓扑序列的过程

为了实现拓扑排序，我们使用邻接表存储有向图，其中顶点的结构如算法 6-19 所示。还使用栈 StackVertex 记录入度为 0 的顶点。

```
######################################################################
#类名称：VertexIndegree
#类说明：定义图中的一个顶点
#类释义：包含顶点值 data，与该顶点相关联的第一条边 FirstArc 及该顶点的入度
######################################################################
class VertexIndegree(object):
    def __init__(self,data):
        self.data=data
        self.indegree=0
        self.FirstArc=None
```

算法 6-19　顶点的结构

根据上述拓扑排序的基本思路，我们可将拓扑排序的算法步骤描述如下。

（1）调用 FindIndegree()函数计算各顶点的入度。

（2）令栈 StackVertex 为空，并令 index 的值为 0。

（3）当 index<self.VertexNum 时，执行（4）；否则转（7）。

（4）若 self.Vertices[index].indegree is 0 为真，则执行（5）；否则转（6）。

（5）将 index 入栈。

（6）index 自加 1，并转（3）

（7）当 len(StackVertex)>0 时，执行（8）。

（8）获取栈顶元素并存入 tVertex。

（9）将 self.Vertices[tVertex].data 输出。

（10）调用 GetFirstAdjacentVertex()函数获取下标为 tVertex 的顶点邻接到的第一个顶点的下标，并存入 tAdjacent。

（11）当 tAdjacent is not None 时，执行（12）；否则转（7）。

（12）self.Vertices[tAdjacent].indegree 自减 1。

（13）若 self.Vertices[tAdjacent].indegree is 0 为真，则执行（14）；否则转（15）。

（14）将 tAdjacent 入栈。

（15）调用 GetNextAdjacentVertex()函数获取下标为 tVertex 的顶点邻接到的下一个顶点的下标，并存入 tAdjacent，然后转（11）。

该算法的实现代码如下。

```
################
#拓扑排序算法
################
def TopologicalSort(self):
    self.FindIndegree()
    StackVertex=[]
    index=0
    while index<self.VertexNum:
        if self.Vertices[index].indegree is 0:
            StackVertex.append(index)
        index=index+1
    while len(StackVertex)>0:
        tVertex=StackVertex.pop()
        print(self.Vertices[tVertex].data)
```

```
15            tAdjacent=self.GetFirstAdjacentVertex(tVertex)
16            while tAdjacent is not None:
17                self.Vertices[tAdjacent].indegree=self.Vertices[tAdjacent].indegree -1
18                if self.Vertices[tAdjacent].indegree is 0:
19                    StackVertex.append(tAdjacent)
20                tAdjacent=self.GetNextAdjacentVertex(tVertex,tAdjacent)
```

算法 6-20　拓扑排序算法

在上述算法的第 5 行代码中，调用 FindIndegree()函数计算图中各顶点的入度，其整体思路为：依次访问图中每一个顶点，若不存在以该顶点为弧头的弧，则将该顶点的入度置为 0；若存在以该顶点为弧头的弧，则计算这些弧的总数目，并将其作为该顶点的入度。

该算法思路对应算法步骤如下。

（1）令 index 的值为 0。

（2）当 index<self.VertexNum 时，执行（3）。

（3）令 tArc 的值为 self.Vertices[index].FirstArc。

（4）当 tArc is not None 时，执行（5）～（6）；否则转（7）。

（5）self.Vertices[tArc.adjacent].indegree 自加 1。

（6）令 tArc 的值为 tArc.NextArc，并转（4）。

（7）index 自加 1，并转（2）。

该算法的实现代码如下。

```
#########################
#计算顶点入度的算法
#########################
def FindIndegree(self):
    index=0
    while index<self.VertexNum:
        tArc=self.Vertices[index].FirstArc
        while tArc is not None:
            self.Vertices[tArc.adjacent].indegree=self.Vertices[tArc.adjacent].indegree+1
            tArc=tArc.NextArc
        index=index+1
```

算法 6-21　计算顶点入度的算法

对于含有 n 个顶点和 e 条弧的有向图，调用上述算法进行拓扑排序时，可知计算各顶点入度的时间复杂度为 O(e)，并且建立存储入度为零的顶点的栈的时间复杂度为 O(n)。若该图中不包含回路，则每一个顶点进栈一次，出栈一次，入度减 1 的操作共执行 e 次，经分析可知（可参考 DFS 算法），拓扑排序的时间复杂度为 O(n+e)。

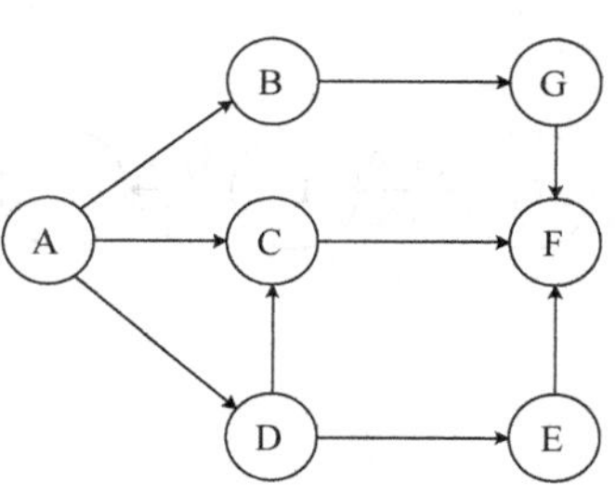

图 6-39　有向图

图 6-39 所示的有向图，按照算法 6-20 对其进行拓扑排序的结果为 ABGDCEF。

6.7 关键路径

6.7.1 基本概念

某公司欲开发一个电子商务平台，项目组将这一平台的开发任务分解为 13 个子任务，具体如表 6-7 所示。

表 6-7 电子商务平台开发任务

任务编号	任务名称	所需时间	先序任务
A_1	比较现有电子商务平台	10 天	无
A_2	提交项目计划书	5 天	A_1
A_3	需求分析和总体设计	15 天	A_2
A_4	开发电子商务平台数据库	8 天	A_3
A_5	编写网页代码	8 天	A_3
A_6	对数据库进行测试和修改	4 天	A_4
A_7	对网页进行测试和修改	3 天	A_5
A_8	编写测试案例	7 天	A_3
A_9	α 测试	5 天	A_6、A_7
A_{10}	外包模块开发	20 天	A_3
A_{11}	外包模块测试	5 天	A_{10}
A_{12}	将外包的模块进行整合	4 天	A_{11}、A_9
A_{13}	β 测试	6 天	A_8、A_{12}

注：在进行某一项任务前必须保证其先序任务已经完成

若将任务看成弧，并将任务执行的时间看成弧的权值，再将任务开始和结束的事件看成顶点，则所有任务的安排可用图 6-40 所示的有向网表示。我们将这种弧表示活动、权值表示活动持续的时间、顶点表示事件的有向网称为 AOE 网（Activity On Edge），并将网中入度为 0 的顶点称为源点，出度为 0 的顶点称为汇点。

注意：AOE 网必定是无环的。

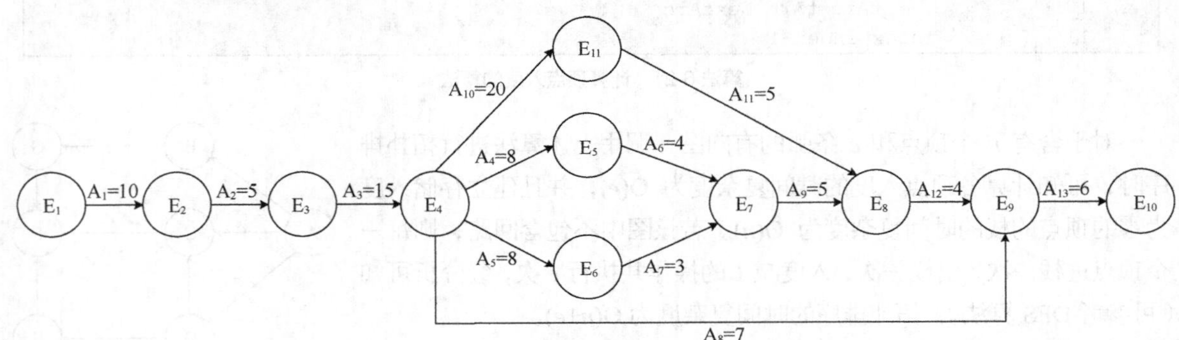

图 6-40 任务安排

现项目组需要计算该项目至少需要多少天完成，从而将项目的费用估算出来，并确定影响整个项目工期的关键任务，通过提高这些关键任务的执行效率，来缩短整个工期。事实上，无论是估算项目工期，还是确定关键任务，都可以通过分析 AOE 网而得到。

在 AOE 网中，通过对源点到汇点的每一路径上的所有活动持续总时间（即各活动持续时间之和）进行计算，从而获得持续总时间最长的路径，我们把这一路径称为**关键路径**。

注意：关键路径上所有活动持续总时间即为完成项目需要的最少时间。

6.7.2 求关键路径的算法

对于含有 *n* 个顶点的 AOE 网，E_i 表示该网中的某一事件，而 A_i 表示该网中的某一活动。在求该网的关键路径时，假设开始点是 E_1，从 E_1 到 E_i 的最长路径长度称为 E_i 的最早发生时间 EventEarly(*i*)，它决定了所有以 E_i 为弧尾的活动的最早开始时间，与某一事件的最早发生时间对应的是该事件的最晚发生时间 EventLate(*i*)。我们用 ActivityEarly(*i*)表示活动 A_i 的最早开始时间，并使用 ActivityLate(*i*)来表示一个活动的最晚开始时间，这一时间是在不推迟整个项目完成的前提下，活动 A_i 最迟必须开始的时间。两者之差 ActivityLate(*i*)−ActivityEarly(*i*)表示完成活动 A_i 的时间余量，若活动 A_i 推迟开始或延迟完成的时间在该时间余量范围内，都不会影响整个项目的工期，并将时间余量为 0 的活动称为关键活动。显然，关键路径上的所有活动均为关键活动，因此提前完成非关键活动并不能加快项目的进度。

在图 6-40 所示 AOE 网中，关键路径为$(E_1,E_2,E_3,E_4,E_{11},E_8,E_9,E_{10})$。由此可知，关键活动为 A_1、A_2、A_3、A_{10}、A_{11}、A_{12}、A_{13}。关键活动 A_{10} 的最早发生时间是 30，若将其推迟，则会拖延整个项目的工期；而对于非关键活动 A_4 的最早发生时间也是 30，但若将其推迟 2 天后才开始，并不会影响整个项目的工期。因此，在项目管理时获取关键路径可以帮助我们识别项目中的关键活动，通过提高这些关键活动的执行效率，从而缩短整个项目的工期。

为了获取关键路径，我们需求出 AOE 网中每一个事件和活动的最早开始时间和最晚开始时间，它们的关系如下。

（1）令 EventEarly(1)=0，则有

$$\text{EventEarly}(i)=\text{Max}\{\text{EventEarly}(j)+W_{<j,i>}\}$$
$$<j,i>\in T \text{ 且 } i=2,3,\cdots,n$$

其中，$<j,i>$是由 E_j 和 E_i 组成的弧，*T* 是所有以 E_i 为弧头的弧的集合，$W_{<j,i>}$表示弧$<j,i>$的权值。

（2）令 EventLate(*n*)= EventEarly(*n*)，则有

$$\text{EventLate}(i)=\text{Min}\{\text{EventLate}(j)-W_{<i,j>}\}$$
$$<i,j>\in S \text{ 且 } i=n-1,\cdots,1$$

其中，$<i,j>$是由 E_i 和 E_j 组成的弧，*S* 是所有以 E_i 为弧尾的弧的集合，$W_{<i,j>}$表示弧$<i,j>$的权值。

我们可以按照拓扑序列和逆向的拓扑序列求得 EventEarly(*i*)和 EventLate(*i*)。

（3）若 A_i 由弧$<j,k>$表示，该弧的权值为 $W_{<j,k>}$，则有

$$\text{ActivityEarly}(i)=\text{EventEarly}(j)$$
$$\text{ActivityLate}(i)=\text{EventLate}(k)-W_{<j,k>}$$

假设对于含有 *n* 个顶点的 AOE 网 *G*，对其求关键路径的算法思路如下。

（1）对该网进行拓扑排序，求得每一个顶点对应的 EventEarly(*i*)。若拓扑序列的数目小于 *n*，则说明该网包含回路，因此不能求得关键活动；否则执行（2）。

（2）按照逆向的拓扑序列求得每一个顶点的 EventLate(*i*)。

（3）通过每一个事件的 EventEarly(*i*)和 EventLate(*i*)求得每一个活动的 ActivityEarly(*i*)和

ActivityLate(*i*)。

（4）判断每一个活动的 ActivityEarly(*i*)和 ActivityLate(*i*)是否相等，若相等，则该弧为关键活动。

（5）所有关键活动构成的路径即为关键路径。

为了实现求关键路径的算法，我们使用邻接表存储有向网，其中顶点的结构如算法 6-19 所示，图类的定义如算法 6-22 所示。

```
####################################################################
#类名称：GraphSort
#类说明：定义一个图
#类释义：包含该图的类型 kind、图中的顶点数 VertexNum、边或弧的数目
#        ArcNum、邻接表 Vertices、该图的拓扑序列 tSort、每一个顶点的
#        最早开始时间 EventEarly 和最晚开始时间 EventLate
####################################################################
class GraphSort(object):
    def __init__(self,kind):
        self.kind=kind
        self.VertexNum=0
        self.ArcNum=0
        self.Vertices=[]
        self.tSort=[]
        self.EventEarly=[]
        self.EventLate=[]
```

算法 6-22　图类的定义

通过改写算法 6-20，可求得所有事件的最早发生时间，改写后的算法如下。

```
#############
#拓扑排序算法
#############
def TopologicalSortUpdate(self):
    self.FindIndegree()
    StackVertex=[]
    index=0
    while index<self.VertexNum:
        if self.Vertices[index].indegree is 0:
            StackVertex.append(index)
        self.EventEarly.append(0)
        index=index+1
    while len(StackVertex)>0:
        tVertex=StackVertex.pop()
        self.VisitVertex(tVertex)
        tAdjacent=self.Vertices[tVertex].FirstArc
        while tAdjacent is not None:
            self.Vertices[tAdjacent.adjacent].indegree=self.Vertices[tAdjacent.adjacent].indegree -1
            if self.Vertices[tAdjacent.adjacent].indegree is 0:
                StackVertex.append(tAdjacent.adjacent)
            if(self.EventEarly[tVertex]+tAdjacent.info)>self.EventEarly[tAdjacent.adjacent]:
                self.EventEarly[tAdjacent.adjacent]=(self.EventEarly[tVertex] + tAdjacent.info)
            tAdjacent=tAdjacent.NextArc
```

算法 6-23　改写后的拓扑排序算法

根据上述求关键路径的基本思路，可将对应的算法步骤描述如下。

（1）若 len(self.tSort)<self.VertexNum 为真，则执行（2）；否则转（3）。

（2）输出提示语“该有向网中包含环，因此其没有关键路径，即没有关键活动。”，并结束该函数。

（3）使用 for 循环，将图 EventEarly 中的值依次复制到 EventLate 中。

（4）当 len(self.tSort)>0 时，执行（5）；否则转（13）。

（5）将 self.tSort 的最后一个元素存入 tVertex 中，并将其从 self.tSort 中删除。

（6）令 tAdjacent 的值为 self.Vertices[tVertex].FirstArc。

（7）若 tAdjacent is not None 为真，则执行（8）；否则转（9）。

（8）令 self.EventLate[tVertex] 的值为(self.EventLate[tAdjacent.adjacent] −tAdjacent.info)。

（9）当 tAdjacent is not None 时，执行（10）；否则转（4）。

（10）若(self.EventLate[tAdjacent.adjacent]-tAdjacent.info) <self.EventLate[tVertex]为真，则执行（11）；否则转（12）。

（11）令 self.EventLate[tVertex]的值为(self.EventLate[tAdjacent.adjacent]−tAdjacent.info)。

（12）令 tAdjacent 的值为 tAdjacent.NextArc，并转（9）。

（13）令 index 的值为 0。

（14）当 index<self.VertexNum 时，执行（15）。

（15）令 tAdjacent 的值为 self.Vertices[index].FirstArc。

（16）当 tAdjacent is not None 时，执行（17）；否则转（22）。

（17）令 EventEarly 的值为 self.EventEarly[index]。

（18）令 EventLate 的值为 self.EventLate[tAdjacent.adjacent]−tAdjacent.info。

（19）若 EventEarly == EventLate 为真，则执行（20）；否则转（21）。

（20）输出提示语“关键活动：”以及 str(self.Vertices[index].data)+':'+str(self.Vertices [tAdjacent.adjacent].data)。

（21）令 tAdjacent 的值为 tAdjacent.NextArc，并转（16）。

（22）index 自加 1，并转（14）

该算法的实现代码如下。

```
#################
#求关键路径的算法
#################
def GetCriticalPath(self):
    if len(self.tSort)<self.VertexNum:
        print('该有向网中包含环，因此其没有关键路径，即没有关键活动。')
        return
    for item in self.EventEarly:
        self.EventLate.append(item)
    while len(self.tSort)>0:
        tVertex=self.tSort.pop()
        tAdjacent=self.Vertices[tVertex].FirstArc
        if tAdjacent is not None:
            self.EventLate[tVertex]=(self.EventLate[tAdjacent.adjacent]
-tAdjacent.info)
```

```
        while tAdjacent is not None:
            if(self.EventLate[tAdjacent.adjacent]-tAdjacent.info)<self.EventLate[tVertex]:
                self.EventLate[tVertex]=(self.EventLate[tAdjacent.adjacent]-tAdjacent.info)
            tAdjacent=tAdjacent.NextArc
    index=0
    while index<self.VertexNum:
        tAdjacent=self.Vertices[index].FirstArc
        while tAdjacent is not None:
            EventEarly=self.EventEarly[index]
            EventLate=self.EventLate[tAdjacent.adjacent]-tAdjacent.info
            if EventEarly==EventLate:
                print('关键活动：',end=' ')
                print(str(self.Vertices[index].data)+':'+str(self.Vertices[tAdjacent.adjacent].data))
            tAdjacent=tAdjacent.NextArc
        index=index+1
```

算法 6-24　求关键路径的算法

分析上述关键路径的算法可知，其时间复杂度为 $O(n+e)$（其中 n 为图中顶点的总数目，e 为图中边的总数目）。

在学习了如何求关键路径之后，我们再来考虑本小节最开始时提出的问题，即完成当前项目至少需要多少天和影响整个项目工期的关键任务是哪些。这两个问题均可通过图 6-41（a）所示的 AOE 网的关键路径找到答案。

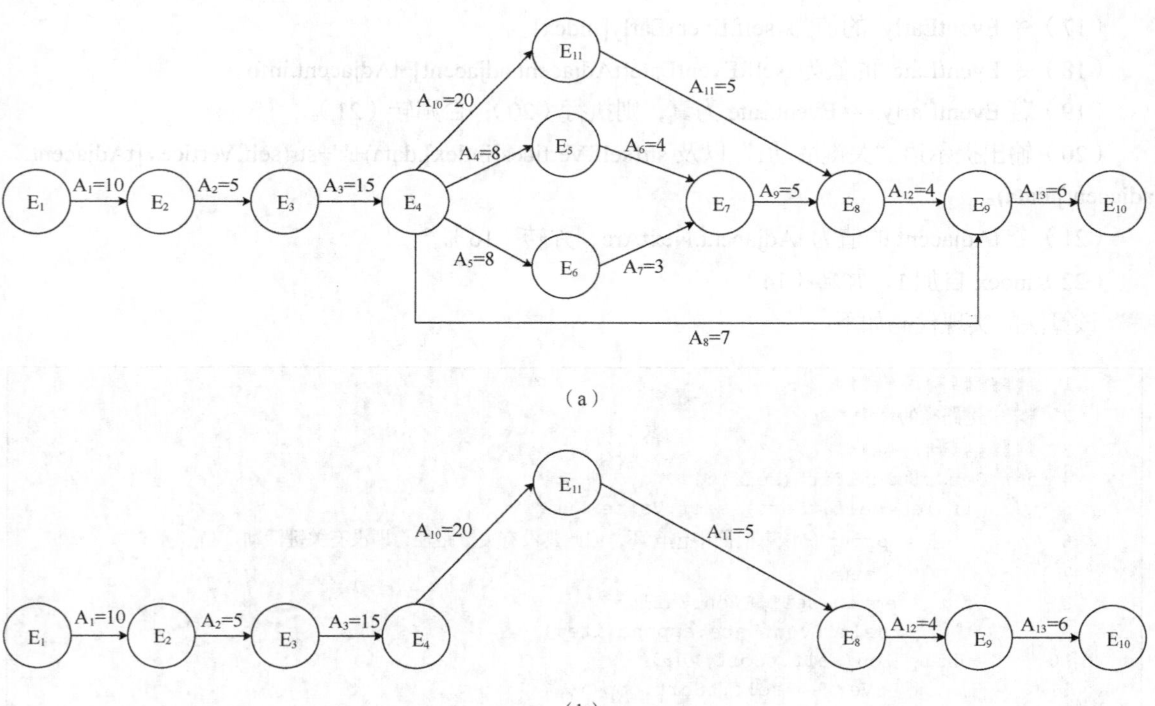

图 6-41　AOE 网及其关键路径

按照算法 6-24 对图 6-41（a）所示的 AOE 网求关键路径时，所有顶点和活动的开始时间如表 6-8 所示，最终得到的关键路径如图 6-41（b）所示。因此完成当前项目至少需要 10+5+15+20+5+4+6=65（天），而影响整个项目工期的关键任务是 A_1、A_2、A_3、A_{10}、A_{11}、A_{12}、A_{13}。

表 6-8　　图 6-41（a）所示的 AOE 网中顶点和活动的开始时间

顶点	EventEarly	EventLate	活动	ActivityEarly	ActivityLate	ActivityLate-ActivityEarly
E_1	0	0	A_1	0	0	0
E_2	10	10	A_2	10	10	0
E_3	15	15	A_3	15	15	0
E_4	30	30	A_4	30	38	8
E_5	38	46	A_5	30	39	9
E_6	38	47	A_6	38	46	8
E_7	42	50	A_7	38	47	9
E_8	55	55	A_8	30	52	22
E_9	59	59	A_9	42	50	8
E_{10}	65	65	A_{10}	30	30	0
E_{11}	50	50	A_{11}	50	50	0
			A_{12}	55	55	0
			A_{13}	59	59	0

影响关键活动的因素有很多，任一活动持续时间的改变都可能会使关键路径中的关键活动发生变化。例如，对于如图 6-42（a）所示的 AOE 网，按照算法 6-24 对其求关键路径的结果如图 6-42（b）所示。

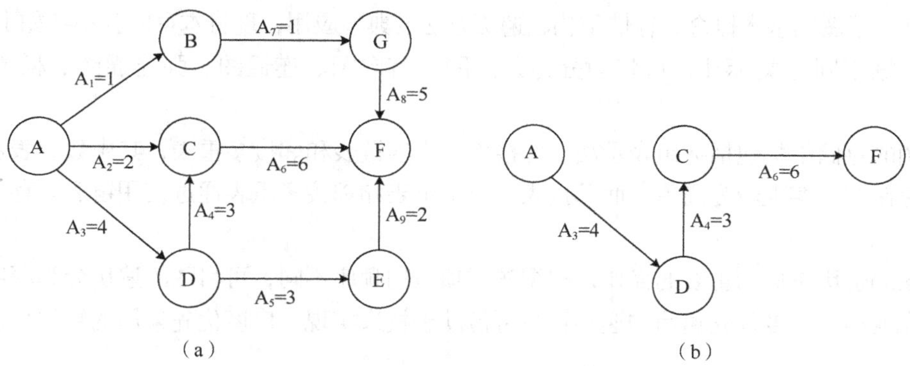

图 6-42　AOE 网及其关键路径

对于图 6-42（a）所示的 AOE 网，若将 A_9 的持续时间改为 7，则该网的关键活动则为 A_3、A_5、A_9，如图 6-43 所示。

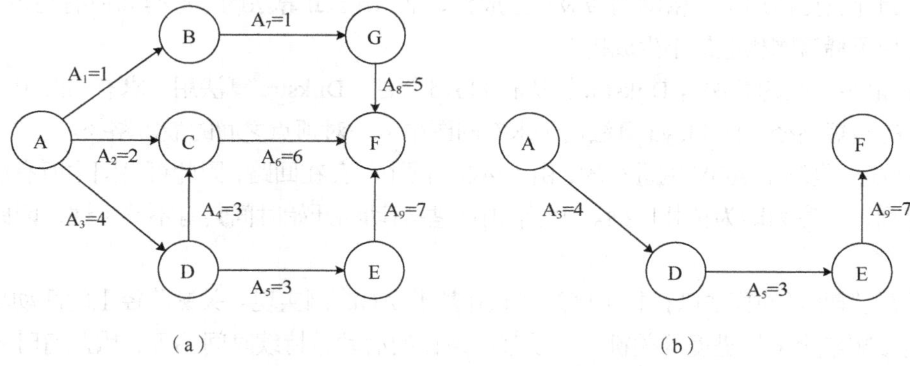

图 6-43　A_9 等于 7 的 AOE 网及其关键路径

对于图 6-42（a）所示的 AOE 网，若将 A_9 的持续时间改为 6，则该网的关键活动为 A_3、A_4、A_5、A_6、A_9，它们构成两条关键路径(A,D,C,F)和(A,D,E,F)，如图 6-44 所示。在这种情况下，若想缩短该网对应项目的完成工期，应提高所有关键路径中的关键活动的工效。

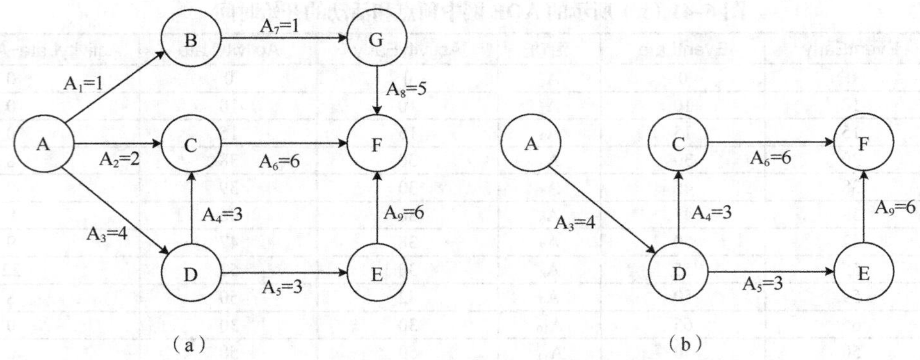

图 6-44 A_9 等于 6 的 AOE 网及其关键路径

6.8 本章小结

本章介绍了图的基本概念、存储结构、遍历方法及典型应用，现将本章内容小结如下。

（1）根据不同分类标准，可将图分为无向图、有向图、连通图、强连通图、稀疏图和稠密图等。

（2）图的存储结构包括数组表示法、邻接表、十字链表和邻接多重表，其中数组表示法通过使用数组来存储图，实现较为简单，而邻接表、十字链表和邻接多重表通过使用链表来存储图，实现较为复杂。

（3）图的遍历是极为重要的操作，根据访问顶点的顺序不同，可将图的遍历分为深度优先遍历和广度优先遍历。深度优先遍历的递归算法可借助于栈来实现，广度优先遍历的算法可借助于队列来实现。

（4）图的很多算法都可以用来解决实际问题，如构造最小生成树的算法、求解最短路径的算法、拓扑排序和求解关键路径的算法。

① 构造最小生成树的算法有 Prim 算法和 Kruskal 算法。Prim 算法的核心是将所有顶点归类到同一集合中，因此它更适用于稠密网构造最小生成树；而 Kruskal 算法的核心是将所有的边进行归类，因此它更适用于稀疏网构造最小生成树。

② 求解最短路径的算法有 Dijkstra 算法和 Floyd 算法。Dijkstra 算法用于求有向图中从某源点到其余各顶点的最短路径，而 Floyd 算法用于求有向图中每一对顶点之间的最短路径。

③ 拓扑序列是基于 AOV 网进行的，由于 AOV 网中不存在回路，因此可将图中所有活动排列成一个线性序列，该序列即为拓扑序列。由于图中某些活动的开始时间具有不确定性，因此拓扑序列并不唯一。

④ 求解关键路径的算法以拓扑排序为基础并基于 AOE 网实现。关键路径上的活动均为关键活动，它们是影响整个项目进度的关键。由于某些路径的活动总持续时间相等，因此有时关键路径并不是唯一的。

6.9 上机实验

6.9.1 基础实验

基础实验 1 实现有向图的各种基本操作

实验目的：理解图的十字链表这一存储结构，并掌握有向图的基本操作。

实验要求：创建名为 ex060901_01.py 的文件，在文件中定义 3 个类，第一个是顶点的结点类，第二个是弧的结点类，第三个是图类，该类包含存储有向图的十字链表及有向图的基本操作。请按以下步骤设计实现代码并验证之。

（1）创建一个图 6-45 所示的有向图，并使用十字链表存储。

（2）计算图中顶点的总数和弧的总数。

（3）计算每一个顶点的入度、出度和度。

（4）添加一条弧<D,C>。

（5）获取顶点 D 邻接到的第一个顶点，并将其值输出。

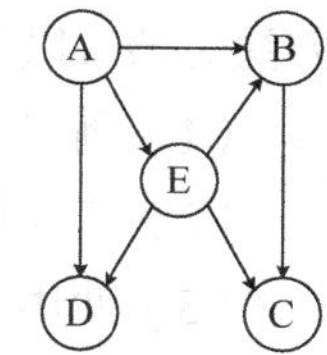

图 6-45 有向图

基础实验 2 实现无向图的各种基本操作

实验目的：理解图的邻接多重表这一存储结构，并掌握无向图的基本操作。

实验要求：创建名为 ex060901_02.py 的文件，在文件中定义 3 个类，第一个是顶点的结点类，第二个是边的结点类，第三个是图类，该类包含存储无向图的邻接多重表及无向图的基本操作。请按以下步骤设计实现代码并验证之。

（1）创建一个如图 6-46 所示的无向图，并使用邻接多重表存储。

（2）计算图中顶点的总数和边的总数。

（3）计算每一个顶点的度。

（4）添加一条边(D,E)。

（5）获取顶点 D 的所有邻接点，并将其值输出。

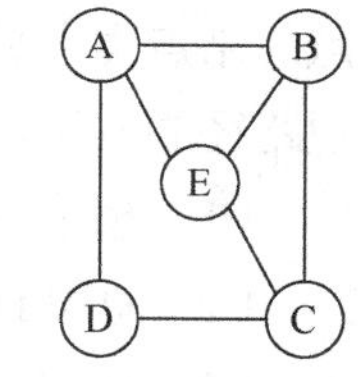

图 6-46 无向图

基础实验 3 实现图的深度优先遍历

实验目的：理解图的邻接表这一存储结构，并掌握图的深度优先遍历。

实验要求：创建名为 ex060901_03.py 的文件，在文件中定义 3 个类，第一个是顶点的结点类，第二个是边的结点类，第三个是图类，该类包含存储图的邻接表及图的深度优先遍历方法。请按以下步骤完成无向图的存储、深度优先遍历该图以验证其是否连通，最后将深度优先遍历的序列输出。

（1）创建一个图 6-47 所示的无向图，并使用邻接表存储。

（2）以顶点 A 为起点，深度优先遍历该图，并判断该图是否是连通图。

（3）将深度优先遍历所得的序列输出。

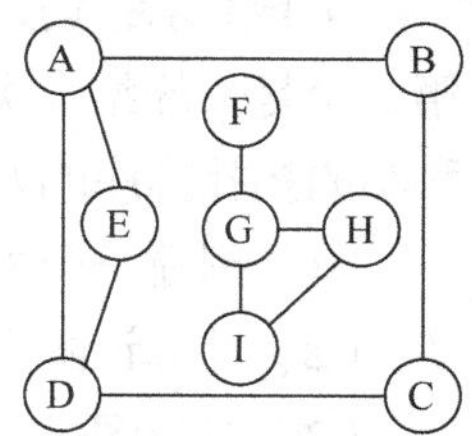

图 6-47 无向图

基础实验 4 实现图的广度优先遍历

实验目的：理解图的邻接表这一存储结构，并掌握图的广度优先遍历。

实验要求：创建名为 ex060901_04.py 的文件，在文件中定义 3 个类，第一个是顶点的结点类，第二个是弧的结点类，第三个是图类，该类包含存储图的邻接表及图的广度优先遍历方法。请按以下步骤完成有向图的存储、广度优先遍历该图并输出对应的序列。

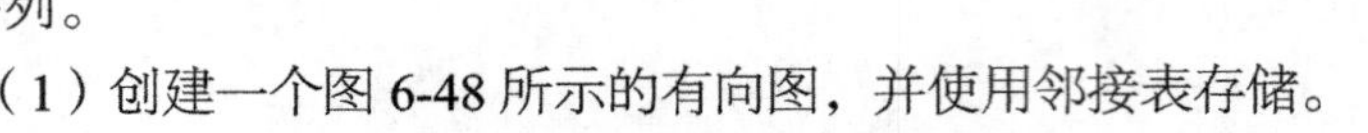

（1）创建一个图 6-48 所示的有向图，并使用邻接表存储。

（2）以顶点 A 为起点，广度优先遍历该图。

（3）将广度优先遍历所得的序列输出。

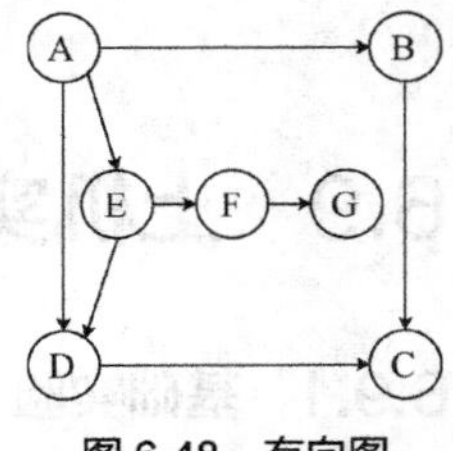

图 6-48　有向图

基础实验 5　实现最小生成树算法

实验目的：理解图的数组表示法，并掌握连通网的最小生成树算法。

实验要求：创建名为 ex060901_05.py 的文件，在文件中定义两个类，一个是顶点的结点类，另一个是图类，该类包含存储连通网的邻接矩阵、广度优先遍历图的方法和求连通网的最小生成树的方法。请按以下步骤实现连通网的最小生成树算法。

（1）创建一个图 6-49 所示的无向网，并使用数组表示法存储它。

（2）广度优先遍历该网，判断该网是否连通。

（3）使用 Prim 算法构造该网的最小生成树，并将构造过程输出。

（4）使用 Kruskal 算法构造该网的最小生成树，并将构造过程输出。

（5）比较（3）和（4）中构造最小生成树的过程，深入理解 Prim 算法和 Kruskal 算法构造连通网的最小生成树的差异。

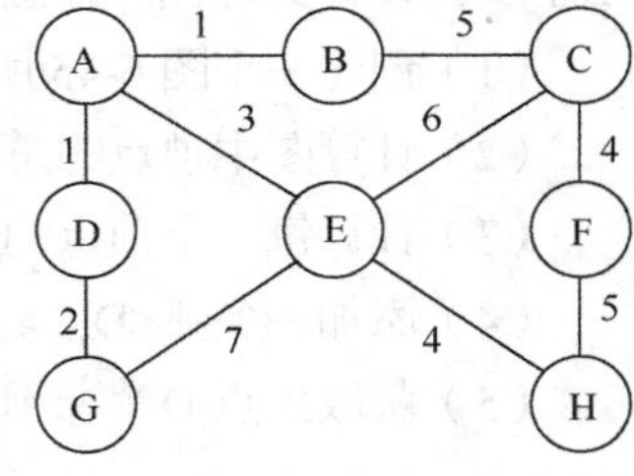

图 6-49　无向网

基础实验 6　实现最短路径算法

实验目的：理解图的数组表示法，并掌握无向网的最短路径算法。

实验要求：创建名为 ex060901_06.py 的文件，在文件中定义两个类，一个是顶点的结点类，另一个是图类，该类包含用于存储无向网的邻接矩阵和求无向网的最短路径的方法。请按以下步骤实现无向网的最短路径算法。

（1）创建一个图 6-50 所示的无向网，并使用数组表示法存储。

（2）使用 Dijkstra 算法求从顶点 A 到其余顶点的最短路径，并将这些路径输出。

（3）使用 Floyd 算法求图中各顶点间的最短路径，并将这些路径输出。

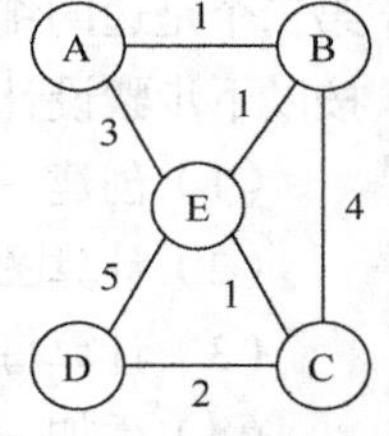

图 6-50　无向网

基础实验 7　实现图的拓扑排序

实验目的：理解图的邻接表这一存储结构，并掌握图的拓扑排序。

实验要求：创建名为 ex060901_07.py 的文件，在文件中定义 3 个类，第一个是顶点的结点类，第二个是弧的结点类，第三个是图类，该类包含用于存储图的邻接表、计算图中各顶点入度的方法和图的拓扑排序的方法。请按以下步骤实现图的拓扑排序。

（1）创建一个如图 6-51 所示的有向图，并使用邻接表存储。

（2）计算该图中各顶点的入度。

（3）对该图进行拓扑排序，并将拓扑序列输出。

（4）根据（3）中的拓扑序列判断该图是否包含回路。

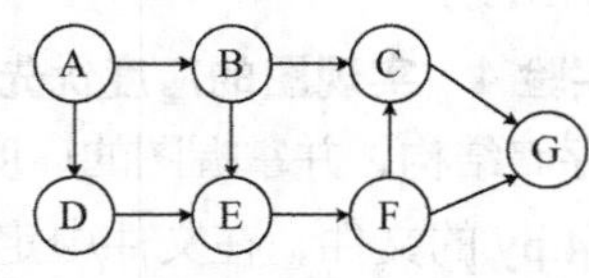

图 6-51　有向图

基础实验 8 实现关键路径算法

实验目的：理解图的邻接表这一存储结构，并掌握 AOE 网的关键路径算法。

实验要求：创建名为 ex060901_08.py 的文件，在文件中定义 3 个类，第一个是顶点的结点类，第二个是弧的结点类，第三个是图类，该类包含用于存储 AOE 网的邻接表和求 AOE 网的关键路径的方法。请按以下步骤实现 AOE 网的关键路径算法。

（1）创建一个图 6-52 所示的 AOE 网，并使用邻接表存储。

（2）求该 AOE 网的关键路径，并将其输出。

（3）根据（2）中的关键路径，识别出该 AOE 网中的关键活动和非关键活动，并分别将它们输出。

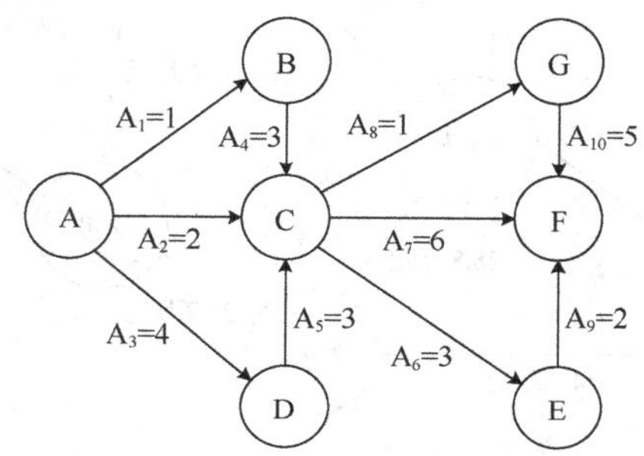

图 6-52 AOE 网

6.9.2 综合实验

综合实验 1 非递归深度优先遍历图

实验目的：深入理解图的邻接表这一存储结构，并熟练掌握深度优先遍历算法。

实验背景：递归算法的逻辑结构简单，但其空间复杂度和时间复杂度都比较高，通常我们需要将它转换为非递归算法。我们之前已经介绍了深度优先遍历的递归算法，现要求将该算法转换为非递归形式。通过这一转换过程，我们可以更加深入地理解深度优先遍历。

实验内容：创建名为 ex060902_01.py 的文件，在其中编写非递归深度优先遍历图的程序，具体如下。

（1）创建一个图 6-53 所示的有向图，并使用邻接表存储。

（2）非递归深度优先遍历该图，并输出所得序列。

（3）递归深度优先遍历该图，并输出所得序列。

（4）比较（2）和（3）中的序列是否一致。

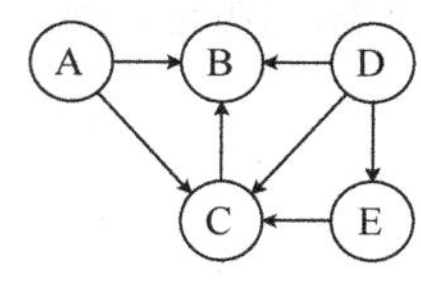

图 6-53 有向图

综合实验 2 制订铺设光缆的施工方案

实验目的：深入理解图的数组表示法，并熟练掌握图的最小生成树算法。

实验背景：光纤通信是现代信息传输的重要方式之一，它具有容量大、中继距离长、保密性好和不受电磁干扰等优点。光缆利用光纤作为传输媒质，可以单独或成组使用，适用于中长距离通信。假设江西省移动通信有限公司计划在省内部分城市之间铺设光缆，铺设光缆的费用如图 6-54 所示。请设计一个施工方案，该方案要求将图中所有的城市使用光缆连接起来，并保证总体费用最少。

实验内容：创建名为 ex060902_02.py 的文件，在其中编写制订铺设光缆的施工方案的程序，具体如下。

（1）将图 6-54 看作连通的无向网，创建该无向网，并使用数组表示法存储。

（2）广度优先遍历该网，判断其是否是连通网。

（3）使用 Prim 算法或 Kruskal 算法构造（1）中无向网的最小生成树，并输出组成最小生成树的所有边。

（4）根据（3）中的最小生成树计算最终施工方案的总体费用。

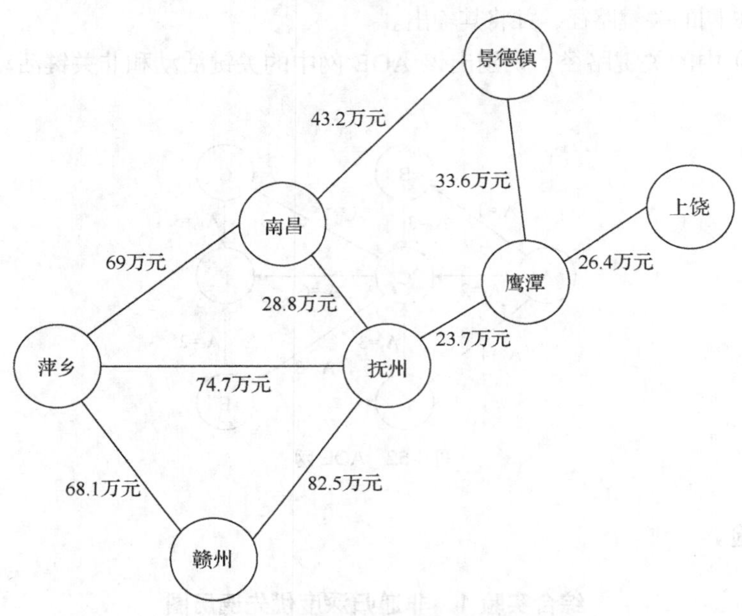

图 6-54　7 个城市间的通信网络

综合实验 3　规划春游的出行路线

实验目的：深入理解图的邻接矩阵这一存储结构，并熟练掌握图的最短路径算法。

实验背景：李晓明一家计划在 3 月份进行春游，他们将驾车去大明湖游玩。为了节约在路上的时间，李晓明需要提前规划从家到大明湖的路线，使得在路上的时间最短。图 6-55 所示为从家到大明湖的可选路线，图中的数值为某段路程驾车所需的时间。

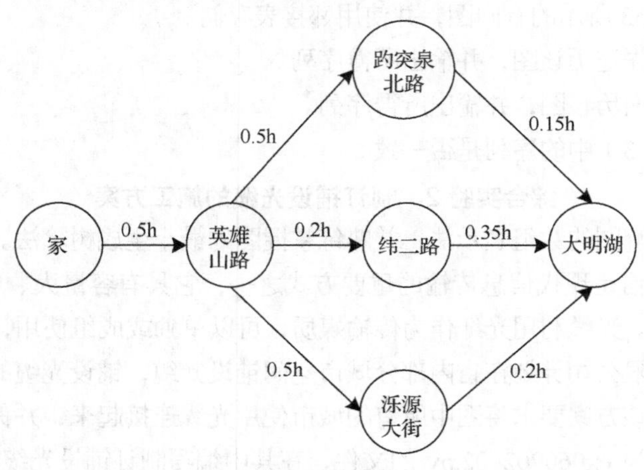

图 6-55　地图

实验内容：创建名为 ex060902_03.py 的文件，在其中编写寻找从家到大明湖耗时最短的路线的程序，具体如下。

（1）将图 6-55 看作一个有向网，创建该有向网，并使用数组表示法存储。

（2）对于（1）中的有向网，使用 Dijkstra 算法求从家到大明湖的最短路径，并将其输出。

（3）根据（2）中的最短路径计算李晓明制定的路线总共需要多少时间。

综合实验 4　挑战闯关游戏

实验目的：深入理解图的邻接表这一存储结构，并熟练掌握图的拓扑排序。

实验背景：游乐场中有一闯关游戏，共包含 10 个关卡。要求游客在挑战该游戏时，按照规定的顺序挑战每一个关卡，这一顺序可用图 6-56 所示的有向图表示。其中顶点表示关卡编号，弧表示挑战关卡的先后顺序。由于挑战关卡 B 之前应挑战关卡 A，因此有弧<A,B>。请给出某一游客闯关成功时所经过的各关卡的顺序。

实验内容：创建名为 ex060902_04.py 的文件，在其中编写挑战闯关游戏的程序，具体如下。

（1）创建如图 6-56 所示的有向图，并使用邻接表存储。

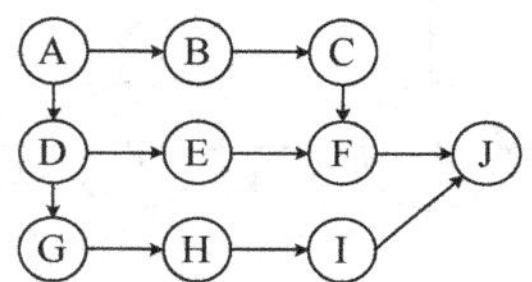

图 6-56　挑战游戏关卡的顺序

（2）计算该图中各顶点的入度。

（3）假定某一游客闯关成功，试输出该游客通过各关卡的顺序（即该图的某一拓扑序列）。

综合实验 5　管理装修进度

实验目的：深入理解图的邻接表这一存储结构，并熟练掌握 AOE 网的关键路径算法。

实验背景：某公司欲对办公室进行装修，承包这一任务的装修公司计划分 9 个子任务来进行施工，具体如表 6-9 所示。

表 6–9　装修任务

任务编号	任务名称	所需时间/h	先序任务
A_1	清空办公室	3	无
A_2	拆除非承重墙	2	A_1
A_3	装修天花板	4	A_1
A_4	布置办公用具	5	A_2
A_5	重新布线	4	A_2
A_6	装修墙壁	4	A_3
A_7	装修地板	6	A_6
A_8	安装智能系统	2	A_5
A_9	清扫办公室	4	A_4、A_7、A_8

注：在进行某一项任务前必须保证其先序任务已经完成

上述 9 个子任务对应的 AOE 网如图 6-57 所示，现装修公司需要估算装修需要的最少时间，并确定影响整个装修进度的子任务。

实验内容：创建名为 ex060902_05.py 的文件，在其中编写估算装修需要的最少时间，并确定影响整个装修进度的子任务的程序，具体如下。

（1）创建图 6-57 所示的 AOE 网，并使用邻接表存储。

（2）计算该网中各顶点的入度。

（3）对该网进行拓扑排序，并求解该网中各事件的最早发生时间。

（4）计算并输出每一个子任务的最早开始时间、最晚开始时间和时间余量（=最晚开始时间-最早开始时间）。

（5）求解该网的关键路径。

（6）计算关键路径上所有活动持续总时间（即为装修需要的最少时间）。

（7）将关键路径上的关键活动（即为影响整个装修进度的子任务）输出。

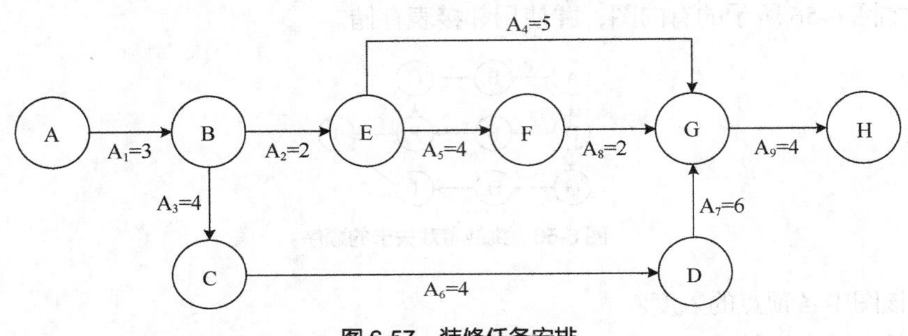

图 6-57　装修任务安排

习题

一、选择题

1. 图 6-58 所示的有向图中，顶点 A 的入度为（　　）。

A. 4　　B. 1　　C. 3　　D. 0

2. 若某图有 4 个顶点，它们的入度和出度分别为 3、1、2、2，则该图共有（　　）条边或弧。

A. 6　　B. 8　　C. 9　　D. 10

3. 一棵有 n 个顶点的生成树有且仅有（　　）条边。

A. $n+2$　　B. $n+1$　　C. n　　D. $n-1$

4. 对于图 6-59 所示的无向图，以顶点 A 为起点，对其进行深度优先遍历所得的序列不可能是（　　）。

A. AEBCD　　B. ACDEB　　C. ABCDE　　D. ADECB

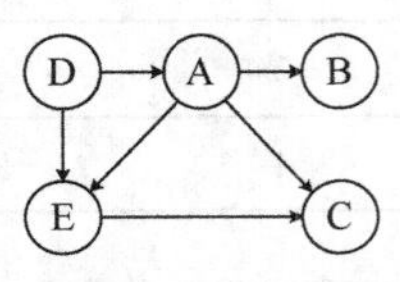

图 6-58　有向图

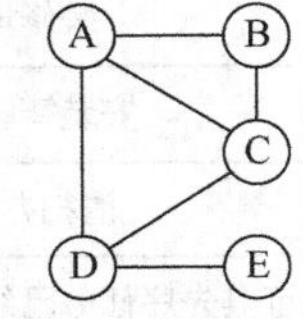

图 6-59　无向图

5. 对于图 6-60 所示的连通网，以顶点 A 为起点的最小生成树为（　　）。

A. 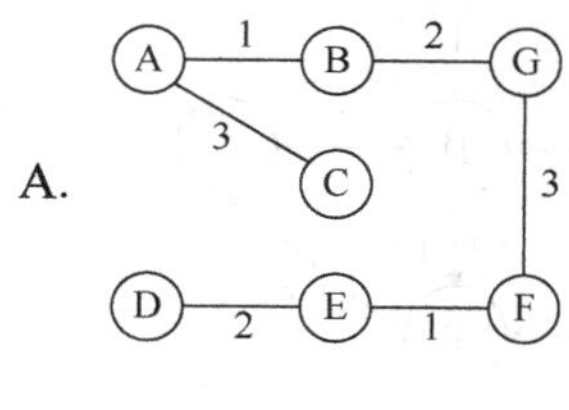

B. 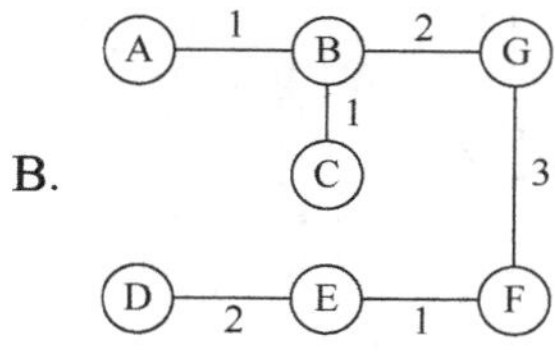

C. 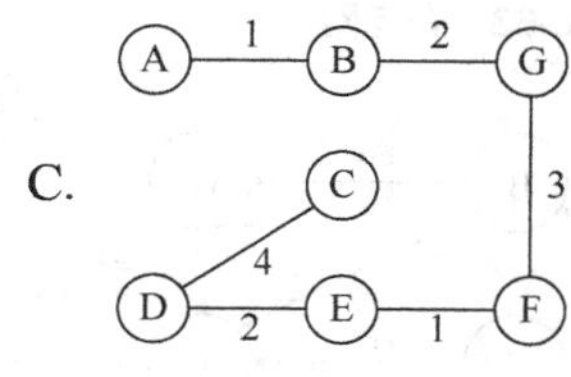

D. 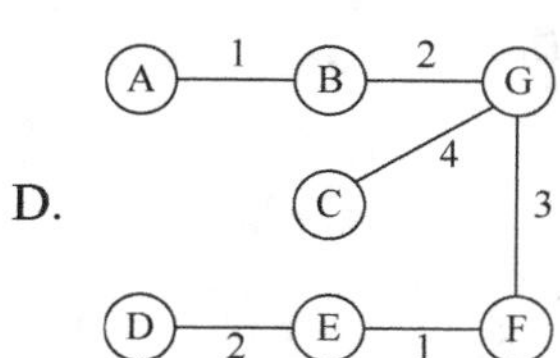

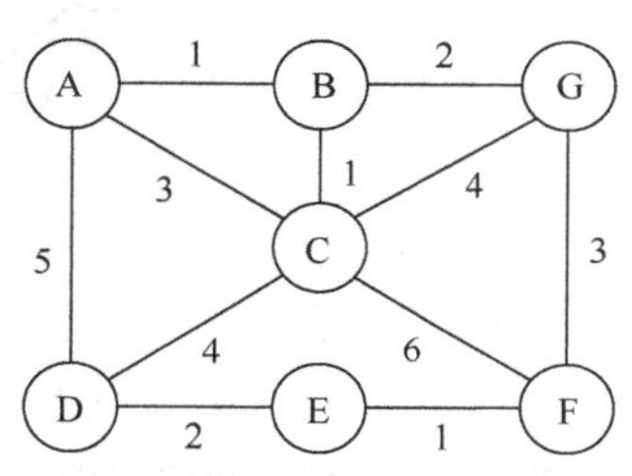

图 6-60 连通网

二、填空题

1. 对图 6-61（a）所示的无向图，若其对应的邻接表如图 6-61（b）所示，假设以 A 为起点，则对其进行广度优先遍历的结果为________________。

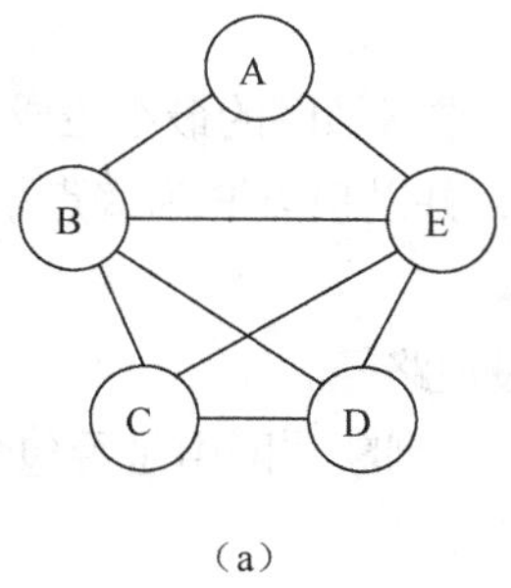

（a）

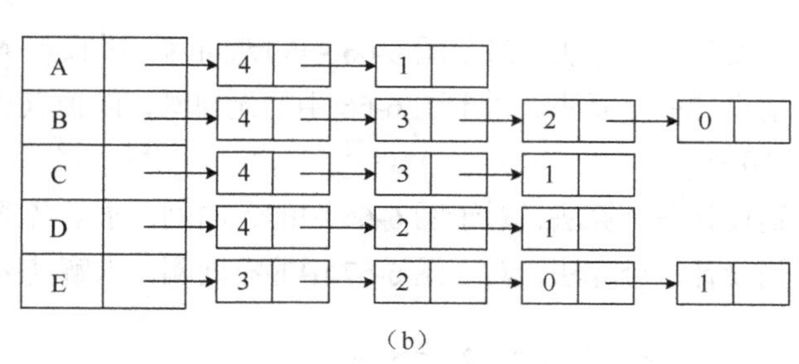

（b）

图 6-61 无向图及其对应的邻接表

2. 对图 6-62 所示的连通网，其最小生成树为________________。

3. 对图 6-63 所示的有向网，以顶点 A 为起点，并以顶点 G 为终点求最短路径的结果为________________。

4. 对图 6-64 所示的 AOV 网，其可能的拓扑序列为________________。

5. 对图 6-65 所示的 AOE 网，对其求关键路径的结果为________________。

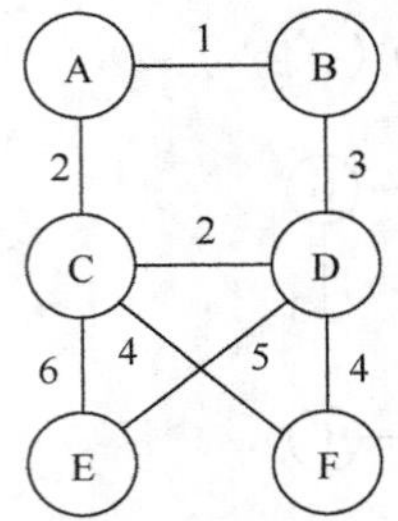
图 6-62　连通网

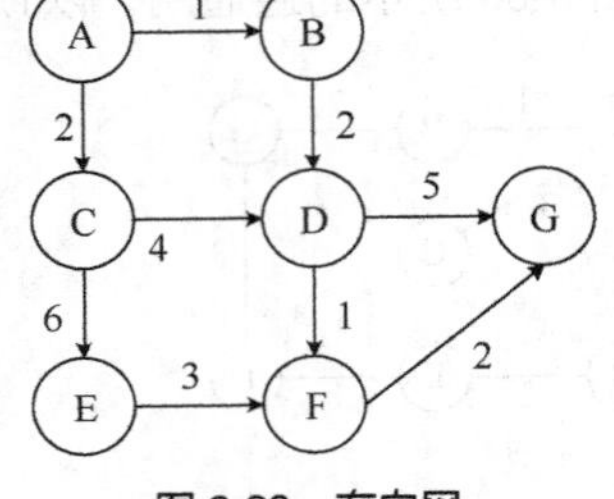
图 6-63　有向网

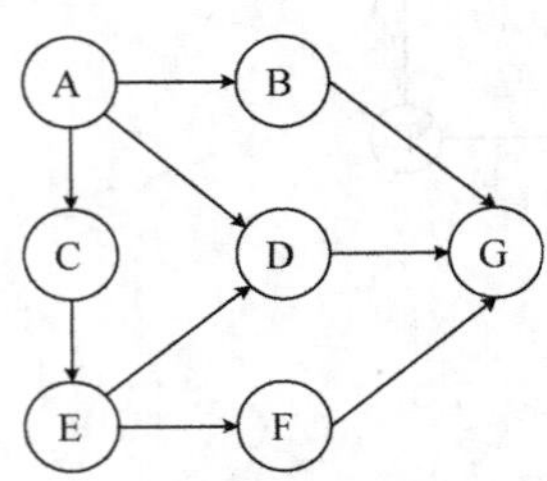
图 6-64　AOV 网

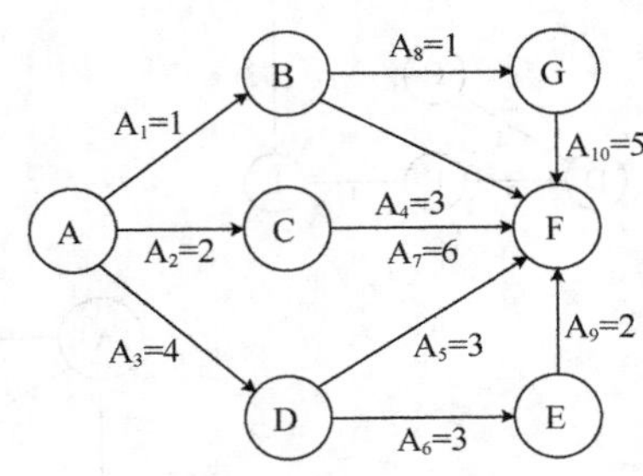

图 6-65　AOE 网

三、算法设计题

1. 请设计一个算法，首先创建一棵图 6-66 所示的无向网，并使用邻接表存储，然后以顶点 A 为起点非递归深度优先遍历该图，最后输出遍历得到的序列。

2. 请设计一个算法，计算并输出图 6-66 所示的无向网中顶点的总数和边的总数。

3. 请设计一个算法，计算并输出图 6-66 所示的无向网中各顶点的度。

4. 请设计一个算法，查找并输出图 6-66 所示的无向网中顶点 B 的所有邻接点。

5. 请设计一个算法，以顶点 B 为起点广度优先遍历图 6-66 中的无向网，并判断该图是否是连通的。

6. 请设计一个算法，对于图 6-66 中的无向网，以顶点 A 为起点，求解该图的最小生成树。

7. 请设计一个算法，对于图 6-66 中的无向网，以顶点 A 为起点，并以顶点 F 为终点，求解该网的最短路径。

8. 请设计一个算法，对于图 6-66 中的无向网，求解各顶点间的最短路径。

9. 请设计一个算法，对于图 6-67 中的有向网，求解其拓扑序列，并判断该网中是否包含回路。

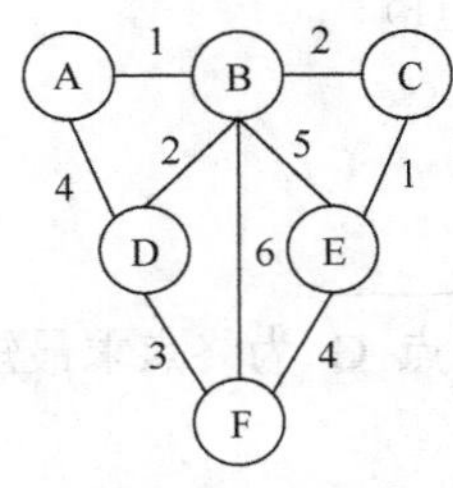
图 6-66　无向网

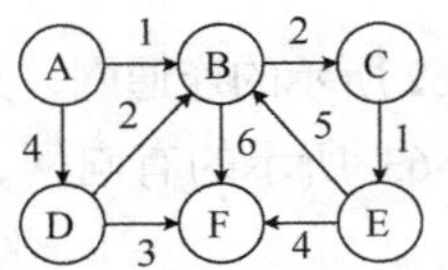
图 6-67　有向网

10. 请设计一个算法，对于图 6-68 中的 AOE 网，求解其关键路径，并按表 6-10 输出相关信息。

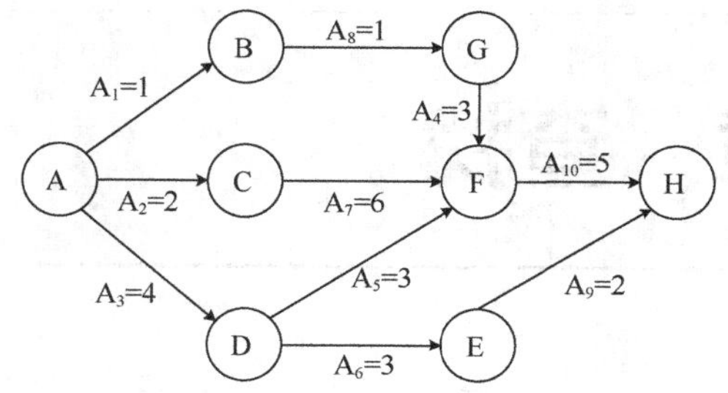

图 6-68　AOE 网

表 6-10　关键路径的相关信息

顶点编号	事件最早发生时间	事件最晚发生时间	活动编号	活动最早开始时间	活动最晚开始时间	活动的时间余量

07 第7章　查找

查找又称检索，是计算机进行数据处理时极为常用的操作之一，例如：在购物网站中输入某一商品信息进行检索，在视频点播网站中查找某一部影片或在导航软件中查找某一位置等。常用的查找方法很多，可大致分为静态查找和动态查找。

本章主要介绍顺序查找、折半查找、索引查找、树查找（包括二叉排序树查找、平衡二叉树查找、B-树查找和 B+树查找）和哈希表查找，其中顺序查找、折半查找和索引查找是基于静态查找表的查找；树查找和哈希表查找是基于动态查找表的查找。

7.1　查找的基本概念

查找在日常生活中几乎无处不在，其特点为在一个数据集中找出一个符合条件的元素，若查找成功，则返回该元素；否则提示查找失败。例如：若需要拨打某人的电话，则要在手机通讯录中先查找此人的电话号码，只有找到后才能进行拨号，否则无法与该人进行通话。表 7-1 为最常用的急救号码。

表 7–1　最常用的急救号码

类别	电话号码
匪警电话	110
火警电话	119
急救电话	120
交通事故报警电话	122
紧急救援电话	999

表 7-2 为某中学高中三年级同学第一次月考成绩。若想查找语文成绩最高的同学，只需要在语文成绩这一列中查找最大值即可；若想查找语文成绩最低的同学，只需在语文成绩这一列中查找最小值；若需查找数学成绩为 120 分的第一位同学，则要对数学成绩这一列进行查找，当找到数学成绩为 120 分的第一位同学即返回该同学的姓名。

表 7–2　某中学高中三年级同学第一次月考成绩

学号	姓名	语文	数学	英语	物理	化学	生物
201401001	程过宇	123	146	122	96	92	91
201401002	吴玉之	110	130	120	80	90	63
201401003	冯玉文	132	122	130	78	85	75
…	…	…	…	…	…	…	…
201401301	杨位南	118	128	120	65	86	80
201401302	李宇真	120	120	100	89	84	90
201401303	查海东	111	108	98	87	65	90

为了更好地学习本章，我们接下来介绍与本章内容相关的概念。

7.1.1　相关术语

查找表：由一组数据元素（或记录）构成的集合称为查找表。例如，表 7-2 中就是一个典型的查找表。

关键字：查找表中的某个数据项称为关键字。例如，表 7-2 中的姓名即为关键字。给定某一学生的姓名“吴玉之”，就能查找到这个学生的学号为“201401002”，语文成绩为“110”，数学成绩为“130”，英语成绩为“120”，物理成绩为“80”，化学成绩为“90”，生物成绩为“63”。

主关键字：取值唯一的关键字称为主关键字。例如，表 7-1 中的电话号码和表 7-2 中的学号均为取值唯一的关键字，即主关键字。

次关键字：取值不唯一的关键字称为次关键字。

查找：根据给定的关键字的值，在查找表中找到一个关键字与给定值相同的数据元素，并返回该数据元素在查找表中的位置的过程。

查找成功：在执行查找操作时，若找到指定的数据元素，则称查找成功。

查找失败：在执行查找操作时，若找不到指定的数据元素，则称查找失败，此时返回空。

静态查找：在查找过程中，只是对数据元素执行查找操作，而不对其执行其他操作。

动态查找：在查找过程中，不仅对数据元素执行查找操作，同时还执行其他操作（如插入和删除等）。

静态查找表：只执行静态查找的查找表称作静态查找表。

动态查找表：执行动态查找的查找表称作动态查找表。

内查找：在执行查找操作时，查找表中的所有数据元素都在内存中。

外查找：由于查找表中的数据元素太多，不能同时放在内存中，而需要将一部分数据元素放在外存中，从而导致在执行查找操作时需要访问外存。

查找长度：在查找运算中，给定值与关键字的比较次数被称为查找长度。

平均查找长度：查找长度的期望值被称为平均查找长度（Average Search Length，ASL）。

对于含有 n 个数据元素的查找表，查找成功时的平均查找长度为

$$\mathrm{ASL}=\sum_{i=1}^{n}P_iC_i$$

P_i 为在表中查找第 i 个数据元素的概率，它满足

$$\sum_{i=1}^{n}P_i=1$$

C_i 指当找到关键字与给定值相等的第 i 个记录时，给定值与表中关键字的比较次数。

在本章中，若无特别说明，我们认为在长度为 n 的查找表 ST 中，某一数据元素的值 ST [i]、该元素在查找表中的位置和该元素在查找表中的顺序之间的关系如表 7-3 所示。

表 7–3　　查找表 ST 中元素的位置及顺序

ST 中所有的元素	ST[0]	ST[1]	…	ST[i]	…	ST[n−1]
元素在 ST 中的位置	0	1	…	i	…	n−1
元素在 ST 中的顺序	1	2	…	i+1	…	n

通常我们认为，在一次查找中，可能会产生查找成功和查找失败两种情况，但在实际应用中，当 n 很大时，绝大部分情况查找成功的概率比查找失败的概率大得多，此时查找失败可以忽略不计。若查找失败不能忽略，在计算平均查找长度时，可综合考虑查找成功的平均查找长度和查找失败的平均查找长度。

7.1.2　查找表的基本操作

对查找表的操作通常可以分为以下几类：查找指定的数据元素是否在查找表中；检索指定的数据元素；在查找表中插入指定元素；在查找表中删除指定元素。

查找表的抽象数据类型如表 7-4 所示。

表 7-4　查找表的抽象数据类型的定义

数据对象	具有相同特性的数据元素集合。每个数据元素均含有类型相同、可唯一标识数据元素的关键字		
数据关系	数据元素同属于一个集合		
基本操作	序号	操作名称	操作说明
	1	CreateSearchingTable (ST)	初始条件：无。 操作目的：创建一个查找表 ST。 操作结果：返回查找表 ST
	2	DestroySearchingTable (ST)	初始条件：查找表 ST 存在。 操作目的：销毁查找表 ST。 操作结果：查找表 ST 被销毁
	3	SearchingTable (ST,key)	初始条件：查找表 ST 存在。 操作目的：查找 ST 中关键字为 key 的数据元素。 操作结果：若 key 存在，则返回其位置；否则返回空
	4	InsertSearchingTable (ST,key,i)	初始条件：查找表 ST 存在。 操作目的：把 key 插至查找表中的第 i 个位置。 操作结果：返回插入 key 后的查找表 ST
	5	DeleteSearchingTable (ST,i)	初始条件：查找表 ST 存在。 操作目的：删除查找表 ST 中第 i 个位置的数据元素。 操作结果：返回删除第 i 个位置的数据元素后的查找表 ST

7.2　基于静态查找表的查找

通常我们以线性表来表示静态查找表，线性表有顺序存储结构和链式存储结构两种，它们分别对应为顺序表和链表。本节只介绍基于顺序表的相关查找算法，具体包括顺序查找、折半查找和索引查找。

静态查找表的抽象数据类型的定义如表 7-5 所示。

表 7-5　静态查找表的抽象数据类型的定义

数据对象	具有相同特性的数据元素集合。每个数据元素均含有类型相同、可唯一标识数据元素的关键字		
数据关系	数据元素同属于一个集合		
基本操作	序号	操作名称	操作说明
	1	CreateStaticTable(StaticTable)	初始条件：无。 操作目的：创建一个静态查找表 StaticTable。 操作结果：返回静态查找表 StaticTable
	2	DestroyStaticTable(StaticTable)	初始条件：静态查找表 StaticTable 存在。 操作目的：销毁静态查找表 StaticTable。 操作结果：静态查找表 StaticTable 被销毁

续表

	序号	操作名称	操作说明
基本操作	3	SequenceSearch (StaticTable,key)	初始条件：静态查找表 StaticTable 存在。 操作目的：利用顺序查找算法查找静态查找表 StaticTable 中关键字为 key 的数据元素。 操作结果：若 key 存在，则返回其位置；否则返回空
	4	BinarySearch (StaticTable,key)	初始条件：静态查找表 StaticTable 存在。 操作目的：利用折半查找算法查找静态查找表 StaticTable 中关键字为 key 的数据元素。 操作结果：若 key 存在，则返回其位置；否则返回空
	5	IndexSearch (StaticTable,key,IndexTable)	初始条件：静态查找表 StaticTable 存在，其索引表 IndexTable 也存在。 操作目的：利用索引查找算法查找静态查找表 StaticTable 中关键字为 key 的数据元素，此时还需要 IndexTable。 操作结果：若 key 存在，则返回其位置；否则返回空
	6	TraverseStaticTable(StaticTable)	初始条件：静态查找表 StaticTable 存在。 操作目的：遍历静态查找表 StaticTable。 操作结果：输出静态查找表 StaticTable 的数据
	7	VisitStaticTable (Element)	初始条件：静态查找表 StaticTable 存在。 操作目的：遍历 Element 的值。 操作结果：输出 Element 的值

7.2.1 顺序查找

顺序查找又被称作线性查找，它的基本思路为：将给定值与静态查找表中数据元素的关键字逐个比较，若表中某个数据元素的关键字和给定值相等，则说明查找成功，找到所查的数据元素；若直到表中数据元素的关键字全部比较完毕，仍未找到与给定值相等的关键字，则说明查找失败，即表中无所查的数据元素。

我们在实现顺序查找算法时创建文件 ex070201.py，在该文件中定义一个用于静态查找表基本操作的 StaticTable 类，通过调用该类的成员函数 CreateStaticTable(self,elements)创建一个静态查找表，并调用 SequenceSearch(self,key)实现顺序查找，其算法思路如下。

（1）从静态查找表的第一个数据元素的关键字开始，依次将表中数据元素的关键字和给定值进行比较。

（2）若表中某个数据元素的关键字和给定值相等，则说明查找成功，此时返回该数据元素在表中的位置。

（3）若比较至表中最后一个数据元素时，均无法在表中找到与给定值相等的关键字，则说明该表中没有所查的数据元素，此时查找失败。

例如，对于一个静态查找表(3,5,8,123,22,54,7,99,300,222)，在按上述算法思路进行顺序查找时，假定给定值为 99，将从静态查找表的第一个关键字 3 依次向后进行比较，当比较到第八个关键字 99，则查找成功，此时返回位置 7。

上述算法思路对应的算法步骤如下。

（1）从静态查找表的第一个数据元素的关键字开始，依次将表中的数据元素的关键字和给定值 key 进行比较。

（2）若表中某个数据元素的关键字和给定值 key 相等，则说明查找成功，此时返回该数据元素在表中的位置 iPos。

（3）若比较至表中最后一个数据元素时，仍未找到与 key 相等的关键字，则说明表中没有所查的数据元素，此时查找失败，返回-1。

上述算法步骤对应的代码如下。

```
#########################
# 顺序查找函数
#########################
def SequenceSearch(self,key):
    iPos=-1
    for i in range(self.length):
        if self.data[i].key==key:
            iPos=i
            break
    return iPos
```

算法 7-1 顺序查找函数

在上述查找过程中，每次循环需判断 i 是否越界。为了进一步提高查找效率，可将上述算法做以下改进：将静态查找表中的 self.data[0]作为“哨兵”，把关键字等于给定值的数据元素存入其中，这样在查找过程中无须判断 i 是否越界。改进后的算法如下。

```
##########################
# 顺序查找函数加入“哨兵”
##########################
def SequenceSearch1(self,key):
    self.data[0].key=key
    iPos=-1
    for i in range(self.length-1,0,-1):
        if self.data[i].key==key:
            iPos=i
            break
    return iPos
```

算法 7-2 改进的顺序查找

注意：由于在本算法中将静态查找表中的 self.data[0]作“哨兵”，因此，本算法中的 iPos 与算法 7-1 中的 iPos 不一致。在查找成功时，在本算法中 iPos 是从 n−1（其中 n 为静态查找表的长度）到 1，在算法 7-1 中 iPos 是从 0 到 n−1。

对于改进后的顺序查找算法，假定静态查找表中含有 n 个数据元素，在查找成功的情况下，其平均查找长度为

$$\mathrm{ASL}=\sum_{i=1}^{n}P_iC_i$$

假定每个数据元素的查找概率相等，即 P_i=1/n。C_i 取决于所查的数据元素在表中的位置。若所查的数据元素为查找表中的最后一个数据元素，则需比较 1 次；若所查的数据元素为查找表中的第一个数据元素，则需比较 n 次。因此，对于一般情况 C_i=n−i+1，有

$$\begin{aligned}\text{ASL} &= \sum_{i=1}^{n} P_i C_i = nP_1 + (n-1)P_2 + \cdots + 2P_{n-1} + P_n \\ &= \frac{1}{n}\sum_{i=1}^{n}(n-i+1) = \frac{1}{n} \times \frac{n(n+1)}{2} = \frac{n+1}{2}\end{aligned}$$

若同时考虑查找成功和查找失败的情况，假设查找成功与查找失败的概率相等，每个数据元素的查找概率也相等，此时的平均查找长度 ASL 为

ASL=(查找成功的平均查找长度 ASLS+查找失败的平均查找长度 ASLF)/2

对于查找成功的情况，其平均查找长度为

$$\text{ASLS} = \frac{1}{n}\sum_{i=1}^{n}(n-i+1)$$

对于查找失败的情况，给定值和关键字比较的次数为 n+1，则查找不成功的平均查找长度为

$$\text{ASLF} = \frac{1}{n}\sum_{i=1}^{n}(n+1)$$

改进后的顺序查找算法的平常查找长度 ASL 为

$$\begin{aligned}\text{ASL} &= \frac{\text{ASLS}+\text{ASLF}}{2} = \frac{1}{2}\left[\frac{1}{n}\sum_{i=1}^{n}(n-i+1) + \frac{1}{n}\sum_{i=1}^{n}(n+1)\right] \\ &= \frac{1}{2}\left[\frac{(n+1)}{2} + (n+1)\right] = \frac{3(n+1)}{4}\end{aligned}$$

顺序查找算法较为简单，对查找表的存储结构无特别要求，但当 n 很大时，查找效率较低。

7.2.2 折半查找

折半查找又称二分法查找，该方法查找效率较高，但要求静态查找表必须是有序表（我们假定本小节讨论的静态查找表中的数据元素按其关键字的非递减顺序排列）。折半查找的基本思想为：首先在静态查找表中确定待查找范围（查找区间），然后从该范围的中间位置开始，若给定值与该位置的关键字相等，则查找成功；若给定值大于该位置的关键字，则在该范围的右半部分继续查找，否则在该范围的左半部分继续查找。不断重复上述查找过程，直到查找成功，或者查找范围为空时结束上述查找过程（此时查找失败）。

我们在实现折半查找算法时创建文件 ex070202.py，在该文件中定义一个用于顺序表基本操作的 StaticTable 类，通过调用该类的成员函数 CreateStaticTable(self,elements)创建一个静态查找表，并调用 BinarySearch(self,key)实现折半查找，其算法思路如下。

（1）首先在静态查找表中确定待查找范围（查找区间）。

（2）若查找范围为空，则说明在表中未查找到所查的数据元素，此时查找失败；否则与该查找范围中间位置的关键字进行比较。

（3）若给定值等于该位置的关键字，则查找成功。

（4）若给定值大于该位置的关键字，则在该查找范围的右半部分继续查找。

（5）若给定值小于该位置的关键字，则在该查找范围的左半部分继续查找。

上述算法思路对应的算法步骤如下。

（1）假定当前查找区间为[low,high]，并令 low=0、high=self.length−1。

（2）若 low>high，查找失败，返回−1。否则取该区间的中间位置为 mid=(low+high)/2 的数据元素为当前比较元素，将给定值 key 和该元素的关键字进行比较。

（3）若 key=self.data[mid].key，则查找成功，返回 mid。

（4）若 key>self.data[mid].key，则在[mid+1,high]范围内继续查找。

（5）若 key<self.data[mid].key，则在[low,mid−1]范围内继续查找。

上述算法步骤对应的代码如下。

```
##########################
# 折半查找函数
##########################
def BinarySearch(self,key):
     low=0
     high=self.length-1
     while low<=high:
        mid=int((low + high)/2)
        if key<self.data[mid].key:
               high=mid-1
        elif key>self.data[mid].key:
               low=mid+1
        else:
               return mid
     return -1
```

算法 7-3 折半查找函数

假定存在一个有序的静态查找表 ST(3,8,10,12,15,18,20)，接下来给出在表 ST 中查找给定值时成功和失败的两种情况。首先给出查找成功的情况，按上述算法步骤查找关键字为 8 的数据元素，其过程如图 7-1 所示。

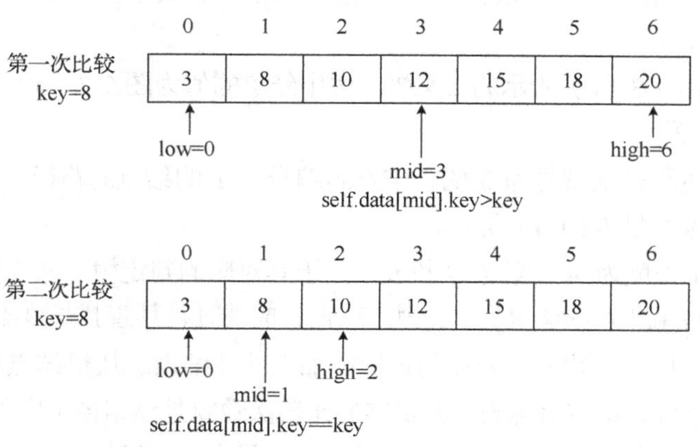

图 7-1 折半查找关键字 8 的过程

以查找关键字为 16 的数据元素为例，给出查找失败的情况，其过程如图 7-2 所示。

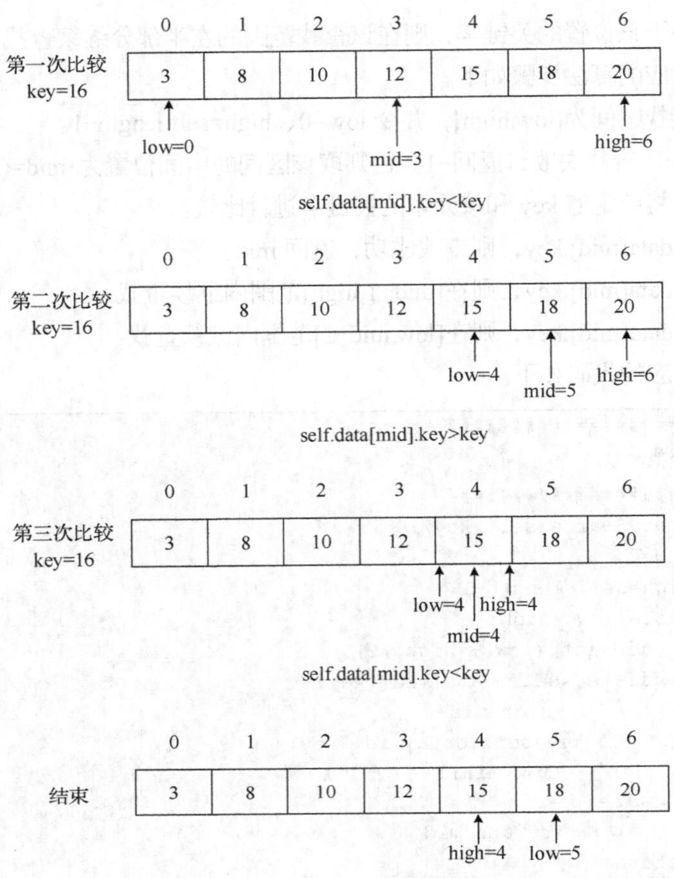

图 7-2 折半查找关键字 16 的过程

在表 ST 中折半查找给定值的过程可结合图 7-3（a）所示的二叉树完成，树中每一个结点表示查找表中的一个数据元素的关键字，结点的值为该关键字的值，通常我们将这种二叉树称作判定树。在判定树中，从树的根结点到某一关键字所在结点的路径是在表中查找该关键字时比较的过程，比较次数为该结点的层次数。

如图 7-3（b）和图 7-3（c）所示的二叉树，树中结点的值为图 7-3（a）所示的二叉树中每一结点的值在表 ST 中的位置。

查找关键字 8 的过程是从编号为 3 的根结点到编号为 1 的结点的路径，其比较次数是编号为 1 的结点的层次数，具体如图 7-3（b）所示。

一般地，对于一个长度为 n 的静态查找表，由于其对应的判定树中非二度结点只会出现在最后两层，所以该判定树的深度为$\lfloor \log_2 n \rfloor+1$。因此在查找成功时，其查找长度不超过$\lfloor \log_2 n \rfloor+1$。

对于查找不成功的情况，我们需要在判定树中加入外部结点。从根结点到外部结点的路径为查找某一元素不成功的过程，给定值与表中关键字的比较次数就是该路径上内部结点的个数。

如图 7-3（c）所示，查找关键字 16 的过程就是从编号为 3 的根结点到编号为 41 的结点的路径，其比较次数是该路径上内部结点的个数，即为 3，它们分别是编号为 3、5 和 4 的结点。因此对于一个长度为 n 的静态查找表，在查找不成功的情况下，其查找长度不超过$\lfloor \log_2 n \rfloor+1$。

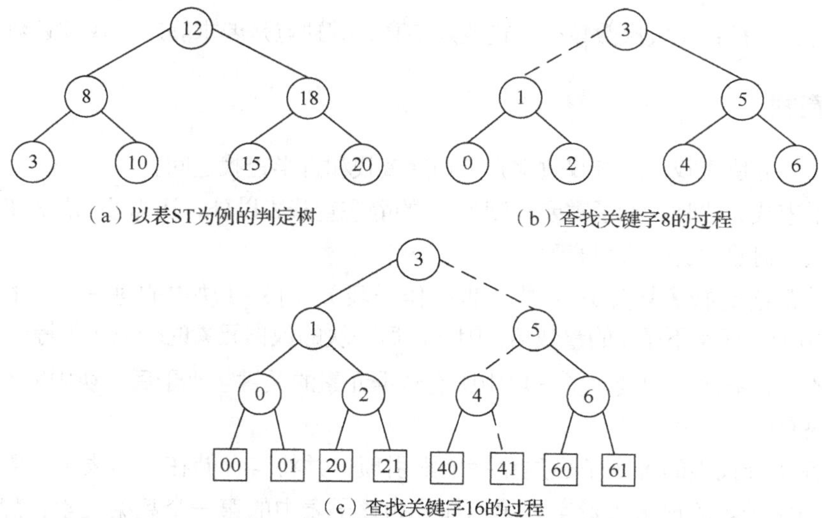

图 7-3　以表 ST 为例的判定树及查找关键字 8 和关键字 16 的过程

为讨论方便，假设静态查找表的长度为 $n=2^h-1$，则折半查找的判定树是深度为 $h=\log_2(n+1)$ 的满二叉树。由于判定树中深度为 k 的结点有 2^{k-1} 个，因此该层每个结点的查找次数为 k 次，所以找到该层所有结点的比较次数之和为 $k\cdot 2^{k-1}$。假设每个数据元素的查找概率相等 $\left(P_i=\dfrac{1}{n}\right)$，则折半查找的平均查找长度为

$$\begin{aligned}\text{ASL}&=\sum_{i=1}^{n}P_iC_i\\&=\frac{1}{n}\sum_{i=1}^{h}i\cdot 2^{i-1}\\&=\frac{n+1}{n}\log_2(n+1)-1\end{aligned}$$

其具体推导过程如下。

$$\text{ASL}=\sum_{i=1}^{n}P_iC_i=\frac{1}{n}\sum_{i=1}^{h}i\cdot 2^{i-1}=\frac{1}{n}(1\cdot 2^0+2\cdot 2^1+3\cdot 2^2+\cdots+h\cdot 2^{h-1})$$

令 $S=(1\cdot 2^0+2\cdot 2^1+3\cdot 2^2+\cdots+h\cdot 2^{h-1})$

则 $2S=[1\cdot 2^1+2\cdot 2^2+3\cdot 2^3+\cdots+(h-1)\cdot 2^{h-1}+h\cdot 2^h]$

因此 $S=2S-S=(-1\cdot 2^0-1\cdot 2^1-1\cdot 2^2-\cdots-1\cdot 2^{h-1}+h\cdot 2^h)$

$$\begin{aligned}&=(h\cdot 2^h-2^h+1)\\&=[(h-1)2^h+1]\end{aligned}$$

因为 $n=2^h-1$，所以，

$$\begin{aligned}\text{ASL}&=\frac{1}{n}[(n+1)(\log_2(n+1)-1)+1]\\&=\frac{1}{n}[(n+1)\log_2(n+1)-n-1+1]=\frac{1}{n}[(n+1)\log_2(n+1)-n]\\&=\frac{n+1}{n}\log_2(n+1)-1\end{aligned}$$

当 n 很大时，ASL 的近似结果为

$$\text{ASL}=\log_2(n+1)-1$$

折半查找的优点是：比较次数较少，查找效率高，其缺点是要求静态查找表必须是有序的。

7.2.3 索引查找

索引查找又称分块查找，其查找效率介于顺序查找和折半查找之间。

在使用索引查找算法时，除了需要长度为 n 的静态查找表以外，还需要与静态查找表相对应的索引表。那么该如何建立这一索引表呢？

通常首先将静态查找表均分成 s 块（也称作子表），前 $s-1$ 块中的每一块内的数据元素个数 $t=\lfloor n/s \rfloor$，但由于 n 通常不是 s 的整数倍，因此最后一块的数据元素的个数小于等于 t。尽管每一块内的数据元素不一定有序，但要求前一块中所有数据元素的关键字小于后一块中所有数据元素的关键字，即“分块有序”。

然后再对静态查找表的各个子表建立一个索引项，并将其存储在索引表中。索引项包含两部分：第一部分为该子表的最大关键字；第二部分为该子表中的第一个数据元素在静态查找表中的位置。

图 7-4 所示的静态查找表及其索引表，其中查找表被分为 3 个长度相等的子表 TA(3,20,9,8)、TB(40,37,25,58)和 TC(79,60,120,99)，子表 TA、TB、TC 的索引项分别为(20,0)、(58,4)和(120,8)。

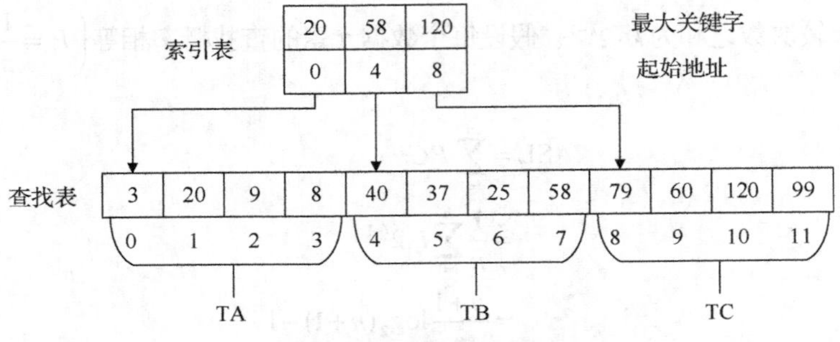

图 7-4 静态查找表及其索引表

在执行索引查找时，先确定所查数据元素所在的子表，然后在子表中顺序查找该数据元素。

我们在实现索引查找算法时创建文件 ex070203.py，在该文件中定义一个用于顺序表基本操作的 StaticTable 类，还定义一个用于索引表基本操作的 IndexTable 类，并调用该类的成员函数 CreateIndexTable(self,elements,n)创建一个索引表。

StaticTable 类的成员函数 IndexSearch(self,key,IndexData)用于实现索引查找，其算法思路如下。

（1）将给定值与索引表中的关键字进行比较，确定所查的数据元素所在的子表。

（2）若该子表存在，则在其中顺序查找该给定值；否则查找失败。

（3）若在子表中找到与该给定值相等的关键字，则查找成功；否则查找失败。

上述算法思路对应的算法步骤如下。

（1）将给定值 key 与索引表中的关键字进行比较，确定所查的数据元素 key 所在的子表。

（2）若该子表存在，则在其中顺序查找该给定值 key；否则查找失败。

（3）若在子表中找到与该给定值 key 相等的关键字，则查找成功，此时返回所查的数据元素的位置 iPos；否则查找失败。

上述算法步骤对应的代码如下。

```
##########################
# 索引查找函数
##########################
def IndexSearch(self,key,IndexTable):
    iPos=-1
    low=0
    high=0
    #num 获得子块中的关键字个数
    num=IndexTable.data[1].addr-IndexTable.data[0].addr
    for i in range(IndexTable.length-1):#防止溢出
        if key<=IndexTable.data[i].key:
            low=0
            high=low+num
            break
        else if key > IndexTable.data[i].key and key <= IndexTable.data[i+1].key:
            low=IndexTable.data[i+1].addr
            high=low+num
            break
    if high is not 0:
        for i in range(low,high):
            if key==self.data[i].key:
                iPos=i
        return iPos
    else: return iPos
```

算法 7-4　索引查找函数

注意：尽管在本算法中对索引表和子表均使用了顺序查找，但由于索引项有序，所以在索引表中查找关键字所在的子表可以使用折半查找。

对图 7-4 所示的查找表执行算法 7-4，假设给定值 key=8，首先将 8 和索引项中各子表的最大关键字逐一进行比较，因为 key<20，所以关键字为 key 的数据元素可能存在于子表 TA 中。在子表 TA 中进行顺序查找，当比较到 self.data[3].key 时查找成功。

本算法的平均查找长度 ASL 等于在索引表中查找的平均查找长度和在子表中查找的平均查找长度之和，即

$$\begin{aligned}\mathrm{ASL} &= \frac{1}{s}\sum_{i=1}^{s} i + \frac{1}{t}\sum_{j=1}^{t} j = \frac{s+1}{2} + \frac{t+1}{2} \\ &= \frac{1}{2}\left(t + \frac{n}{t}\right) + 1\end{aligned}$$

由此可见，索引查找的平均查找长度不仅和查找表的长度 n 有关，还和子表的长度 t 有关。当 $t=\sqrt{n}$ 时，索引查找的平均查找长度 ASL 取最小值 $\sqrt{n}+1$，其证明过程如下。

$$\mathrm{ASL} = \frac{1}{2}\left(t + \frac{n}{t}\right) + 1$$

对上式求导得

$$\mathrm{ASL}' = \frac{1}{2}\left(1 - \frac{n}{t^2}\right)$$

令上式值为 0，即

$$ASL' = \frac{1}{2}\left(1 - \frac{n}{t^2}\right) = 0$$

求得 $t = \sqrt{n}$，此时 ASL 的最小值为 $\sqrt{n}+1$。

对于索引查找，其平均查找长度比顺序查找的平均查找长度小，但比折半查找的平均查找长度大，和顺序查找相比，索引查找的缺点是增加了存储空间及要求查找表分块有序；同时，和折半查找相比，索引查找的优点是只要求索引表的关键字有序，但不要求静态查找表的关键字有序。

7.3 基于动态查找表的查找

本节将讨论动态查找表，这一结构的特点为表中元素均在查找的过程中动态生成。在动态查找表中查找某一元素时，若该元素存在，则查找成功，反之则将该元素插入表中。本节将分别介绍二叉排序树、平衡二叉树、B-树、B+树和哈希表。

表 7-6 所示是动态查找表的抽象数据类型的定义。

表 7–6 动态查找表的抽象数据类型的定义

数据对象	具有相同特性的数据元素集合。每个数据元素均含有类型相同、可唯一标识数据元素的关键字		
数据关系	数据元素同属于一个集合		
基本操作	序号	操作名称	操作说明
	1	CreateDynamicTable(DynamicTable)	初始条件：无。 操作目的：创建一个动态查找表 DynamicTable。 操作结果：返回动态查找表 DynamicTable
	2	DestroyDynamicTable(DynamicTable)	初始条件：动态查找表 DynamicTable 存在。 操作目的：销毁动态查找表 DynamicTable。 操作结果：动态查找表 DynamicTable 被销毁
	3	InsertSearch (DynamicTable,e)	初始条件：动态查找表 DynamicTable 存在。 操作目的：将数据元素 e 插入动态查找表 DynamicTable 中。 操作结果：若动态查找表 DynamicTable 中不存在关键字为 e.key 的数据元素，则插入 e 到动态查找表 DynamicTable 中
	4	DeleteSearch (DynamicTable,key)	初始条件：动态查找表 DynamicTable 存在。 操作目的：删除关键字等于 key 的数据元素。 操作结果：若动态查找表 DynamicTable 中存在关键字为 key 的数据元素，则删除之
	5	TraverseDynamicTable(DynamicTable)	初始条件：动态查找表 DynamicTable 存在。 操作目的：遍历动态查找表 DynamicTable。 操作结果：输出动态查找表 DynamicTable 的数据

7.3.1 树查找

1. 二叉排序树查找

（1）二叉排序树的定义

二叉排序树（Binary Sort Tree，BST）又被称为二叉查找树，它要么是空树，要么是满足以下性质的二叉树。

① 若根结点的左子树非空，则左子树中所有结点的值都小于根结点的值。

② 若根结点的右子树非空，则右子树中所有结点的值都大于根结点的值。

③ 根结点的左、右子树均是一棵二叉排序树。

根据 BST 的性质可知，中序遍历一棵二叉排序树可得到一个递增序列。

图 7-5（a）和图 7-5（b）所示为两棵二叉排序树。

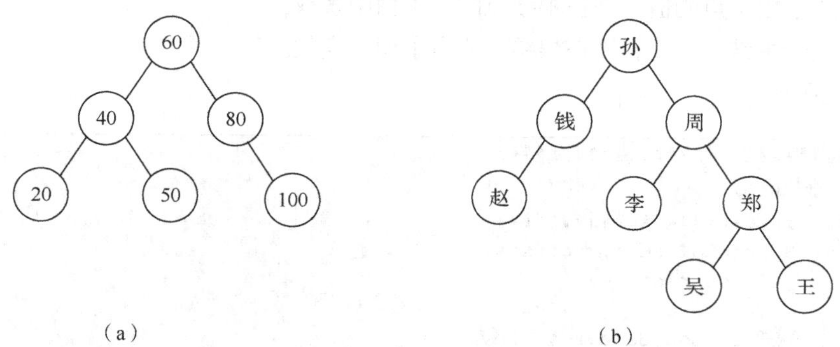

图 7-5 二叉排序树示例

若中序遍历图 7-5（a）所示的二叉排序树，则可得到一个递增序列(20,40,50,60,80,100)。

若中序遍历图 7-5（b）所示的二叉排序树，则可得到一个按百家姓的先后顺序排列的序列(赵,钱,孙,李,周,吴,郑,王)。

在开始讨论二叉排序树的相关操作之前，先给出二叉排序树的结点定义。

```
#################################################################
# 类名称：BSTNode
# 类说明：定义一个二叉排序树的结点
# 类释义：分别有数据 data、左孩子 Left 和右孩子 Right
#################################################################
class BSTNode:
    def __init__(self,data):
        self.data=data
        self.Left=None
        self.Right=None
```

算法 7-5 二叉排序树结点的定义

（2）二叉排序树的查找

在二叉排序树中查找元素的基本思路如下：若二叉排序树为空，则查找失败；否则比较给定值和根结点值的大小。若给定值与根结点值相等，则查找成功；否则在该根结点对应的左子树或右子树中继续查找。

我们在实现二叉排序树的查找算法时创建文件 ex070301_01.py，在该文件中定义一个用于二叉排序树基本操作的 BSTree 类，通过调用该类的成员函数 SearchBST(self,root,key)实现二叉排序树的查找，其算法思路如下。

① 若二叉排序树为空，则查找失败；否则比较给定值和根结点的值的大小。

② 若两者相等，则查找成功。

③ 若给定值小于根结点的值，则在根结点的左子树中继续查找。

④ 若给定值大于根结点的值，则在根结点的右子树中继续查找。

上述算法思路对应的算法步骤如下：

① 若二叉排序树为空，则查找失败；否则比较根结点的值和给定值 key 的大小。

② 若两者相等，则查找成功。

③ 若 key 小于根结点的值，则在根结点的左子树中查找。

④ 若 key 大于根结点的值，则在根结点的右子树中查找。

其对应的代码如下。

```
################################
# 查找函数
################################
def SearchBST(self,root,key):
    if not root:
        return
    elif root.data.key==key:
        return root
    elif root.data.key<key:
        return self.SearchBST(root.Right,key)
    else:
        return self.SearchBST(root.Left,key)
```

算法 7-6　二叉排序树的查找函数

接下来，按照算法 7-6 对图 7-6（a）所示的二叉排序树进行查找。首先给出查找成功的情况，即查找值为 50 的结点，其过程如图 7-6（b）～图 7-6（d）所示。

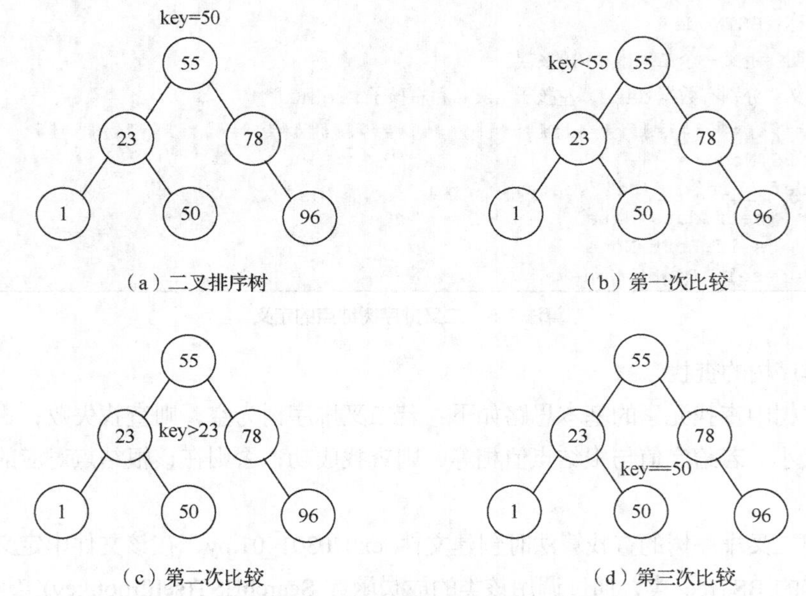

（a）二叉排序树　（b）第一次比较　（c）第二次比较　（d）第三次比较

图 7-6　在二叉排序树中查找值为 50 的结点

再以查找值为 100 的结点为例，给出查找失败的情况，其过程如图 7-7 所示。

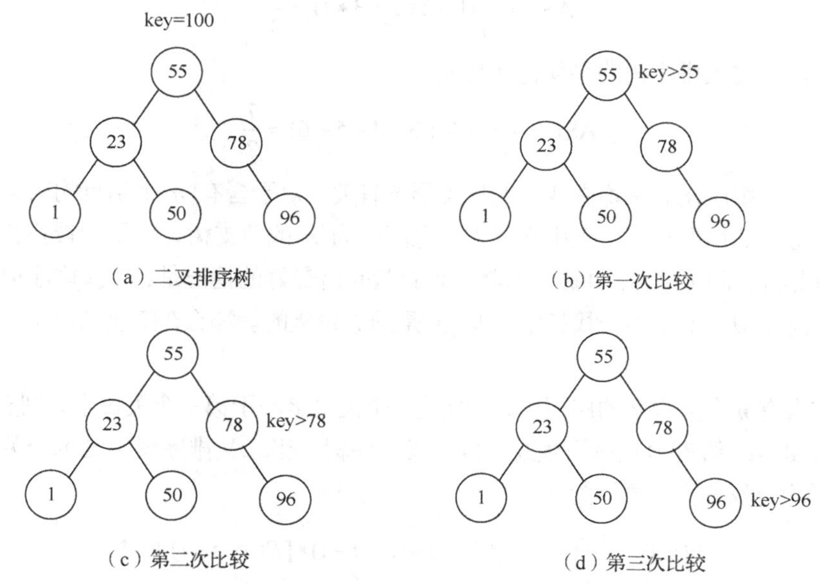

图 7-7　在二叉排序树中查找值为 100 的结点

通过查找 50 和 100 的过程可知，在二叉排序树中查找某一关键字成功时，其比较次数为该结点所在的层次数，否则为树的深度。

那么含有 *n* 个结点的二叉排序树的深度为多少呢？

含有 *n* 个结点的二叉排序树可能有多种不同的形态。如图 7-8（a）和图 7-8（b）所示的二叉排序树，树中所有结点的值构成的集合相同，但这两棵树的形态却不相同。

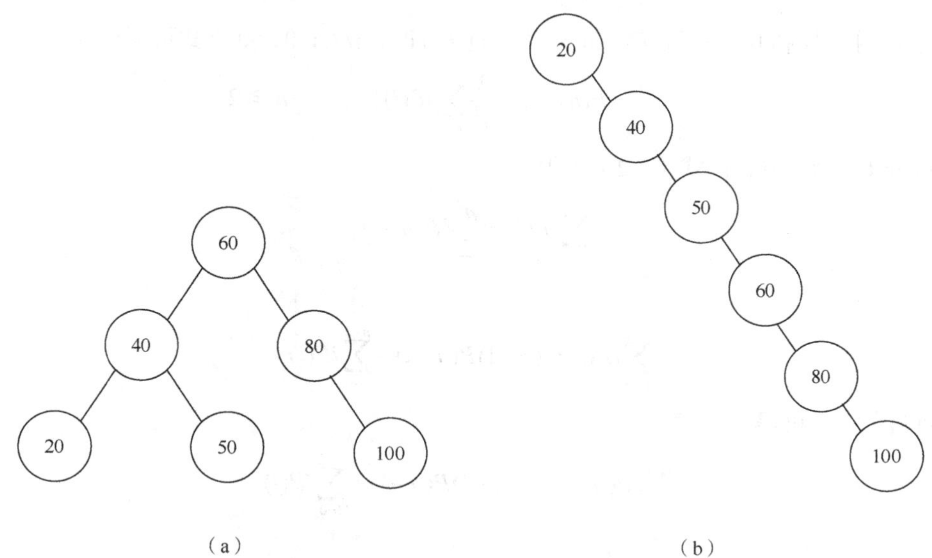

图 7-8　两棵所有结点的值构成的集合相同但形态不同的二叉排序树

图 7-8（a）所示的二叉排序树的深度为 3，图 7-8（b）所示的二叉排序树的深度为 6。假设每个元素的查找概率相等，即均为 1/6，则图 7-8（a）中的二叉排序树的平均查找长度为

$$\text{ASL}=\frac{1}{6}(1+2*2+3*3)=\frac{7}{3}$$

图 7-8（b）中的二叉排序树的平均查找长度为

$$\text{ASL}=\frac{1}{6}(1+2+3+4+5+6)=\frac{7}{2}$$

由此可见，二叉排序树的平均查找长度与其形态有关。对于含有 n 个结点的二叉排序树而言，其平均查找长度最坏的情况是：二叉排序树为一棵深度为 n 的单支树，其平均查找长度与顺序查找的平均查找长度相同，即 ASL=$(n+1)/2$，而其平均查找长度最好的情况是：二叉排序树的形态与折半查找的判定树形态相似，即平均查找长度与 $\log_2 n$ 是同数量级的。那么在随机情况下，其平均查找长度为多少呢？

一般地，在含有 n 个关键字的序列中，假定有 i 个关键字小于第一个关键字，则有 $n-i-1$ 个关键字大于第一个关键字。假设由此序列生成一棵二叉排序树，当二叉排序树中的每个关键字查找的概率相等时，其平均查找长度可表示为

$$P(n,i)=\frac{1}{n}\{1+i*[P(i)+1]+(n-i-1)*[P(n-i-1)+1]\} \qquad (7\text{-}1)$$

其中，$P(i)+1$ 为查找左子树中每个关键字所花费的平均比较次数，$P(n-i-1)+1$ 为查找右子树中每个关键字所花费的平均比较次数。又由于在随机情况下，任何一个关键字出现在二叉排序树中的每一个位置的概率均相等，因此可对式（7-1）求算术平均值。

$$\begin{aligned}P(n)&=\frac{1}{n}\sum_{i=0}^{n-1}P(n,i)\\&=1+\frac{1}{n^2}\sum_{i=0}^{n-1}[iP(i)+(n-i-1)P(n-i-1)]\end{aligned}$$

由于上式中括号内的第一项和第二项对称，且 i=0 时，$iP(i)$=0，则上式可写成为

$$P(n)=1+\frac{2}{n^2}\sum_{i=0}^{n-1}iP(i) \qquad n\geqslant 2 \qquad (7\text{-}2)$$

因为 $P(0)$=0，$P(1)$=1，由式（7-2）可得

$$\sum_{i=0}^{n-1}iP(i)=\frac{n^2}{2}[P(n)-1]$$

则

$$\sum_{i=0}^{n-1}iP(i)=(n-1)P(n-1)+\sum_{i=0}^{n-2}iP(i)$$

由上面两个式子可得

$$\frac{n^2}{2}[P(n)-1]=(n-1)P(n-1)+\sum_{i=0}^{n-2}iP(i)$$

即

$$P(n)=\frac{n^2-1}{n^2}P(n-1)+\frac{2}{n}-\frac{1}{n^2} \qquad (7\text{-}3)$$

接下来，对式（7-3）进行化简。

首先给出式（7-4）：如果 $n\geqslant 2$ 、$n\geqslant k\geqslant 1$，则

$$\frac{k^2-1}{k^2}\cdot\frac{(k+1)^2-1}{(k+1)^2}\cdot\frac{(k+2)^2-1}{(k+2)^2}\cdot\cdots\cdot\frac{(n-1)^2-1}{(n-1)^2}\cdot\frac{n^2-1}{n^2}$$
$$=\frac{(k-1)(k+1)}{k^2}\cdot\frac{k(k+2)}{(k+1)(k+1)}\cdot\frac{(k+1)(k+3)}{(k+2)(k+2)}\cdot\cdots\cdot\frac{(n-2)n}{(n-1)(n-1)}\cdot\frac{(n-1)(n+1)}{n^2}$$
$$=\frac{k-1}{k}\cdot\frac{n+1}{n} \qquad (7\text{-}4)$$

由式（7-3）可知

$$P(n-1)=\frac{(n-1)^2-1}{(n-1)^2}P(n-2)+\frac{2}{n-1}-\frac{1}{(n-1)^2}$$

因此

$$\frac{n^2-1}{n^2}P(n-1)=\frac{n^2-1}{n^2}\left[\frac{(n-1)^2-1}{(n-1)^2}P(n-2)+\frac{2}{n-1}-\frac{1}{(n-1)^2}\right]$$

同理

$$P(n-2)=\frac{(n-2)^2-1}{(n-2)^2}P(n-3)+\frac{2}{n-2}-\frac{1}{(n-2)^2}$$

因此

$$\frac{n^2-1}{n^2}\cdot\frac{(n-1)^2-1}{(n-1)^2}P(n-2)$$
$$=\frac{n^2-1}{n^2}\cdot\frac{(n-1)^2-1}{(n-1)^2}\left[\frac{(n-2)^2-1}{(n-2)^2}P(n-3)+\frac{2}{n-2}-\frac{1}{(n-2)^2}\right]$$

依次类推，可得

$$\frac{n^2-1}{n^2}\cdot\frac{(n-1)^2-1}{(n-1)^2}\cdot\cdots\cdot\frac{3^2-1}{3^2}P(2)$$
$$=\frac{n^2-1}{n^2}\cdot\frac{(n-1)^2-1}{(n-1)^2}\cdot\cdots\cdot\frac{3^2-1}{3^2}\times\left[\frac{2^2-1}{2^2}P(1)+\frac{2}{2}-\frac{1}{2}\right]$$

整理上述各式可得

$$P(n)=\frac{n^2-1}{n^2}\cdot\frac{(n-1)^2-1}{(n-1)^2}\cdot\cdots\cdot\frac{2^2-1}{2^2}P(1)$$
$$+\left[\frac{2}{n}+\frac{2}{n-1}\cdot\frac{n^2-1}{n^2}+\frac{2}{n-2}\cdot\frac{n^2-1}{n^2}\cdot\frac{(n-1)^2-1}{(n-1)^2}+\cdots+\frac{2}{2}\cdot\frac{n^2-1}{n^2}\right.$$
$$\left.\cdot\frac{(n-1)^2-1}{(n-1)^2}\cdot\cdots\cdot\frac{3^2-1}{3^2}\right]$$
$$-\left[\frac{1}{n^2}+\frac{1}{(n-1)^2}\cdot\frac{n^2-1}{n^2}+\frac{1}{(n-2)^2}\cdot\frac{n^2-1}{n^2}\cdot\frac{(n-1)^2-1}{(n-1)^2}+\cdots+\frac{1}{2}\cdot\frac{n^2-1}{n^2}\right.$$
$$\left.\cdot\frac{(n-1)^2-1}{(n-1)^2}\cdot\cdots\cdot\frac{3^2-1}{3^2}\right]$$

利用式（7-4）整理上式可得

$$P(n)=\frac{1}{2}\cdot\frac{n+1}{n}\cdot P(1)+2\cdot\frac{n+1}{n}\cdot\left(\frac{1}{n+1}+\frac{1}{n}+\cdots+\frac{1}{3}\right)$$
$$-\frac{n+1}{n}\left[\frac{1}{n(n+1)}+\frac{1}{(n-1)n}+\frac{1}{(n-2)(n-1)}+\cdots+\frac{1}{2\times 3}\right]$$
$$=\frac{n+1}{2n}\cdot P(1)+2\cdot\frac{n+1}{n}\left(\frac{1}{3}+\frac{1}{4}+\cdots+\frac{1}{n+1}\right)-\frac{n+1}{n}\cdot\left(\frac{1}{2}-\frac{1}{n+1}\right)$$

因为 $P(1)=1$，所以

$$P(n)=2\cdot\frac{n+1}{n}\cdot\left(1+\frac{1}{2}+\cdots\frac{1}{n}\right)-3$$

当 n 很大时，可知

$$P(n)\approx 2\ln n+2\mathrm{c}-3$$

其中，c 为正常量。

因此，在随机的情况下，二叉排序树的平均查找长度与 $\log_2 n$ 是等数量级的。

（3）二叉排序树的插入

在二叉排序树中插入某一关键字的基本思路如下：若二叉排序树为空，则创建根结点并将待插入关键字存入其中；否则比较该关键字和根结点值的大小。若该关键字与根结点值相等，则结束插入；否则插至该根结点对应的左子树或右子树中。插入关键字后的二叉排序树仍需满足 BST 的性质。

我们在实现二叉排序树的插入算法时创建文件 ex070301_02.py，在该文件中定义一个用于二叉排序树基本操作的 BSTree 类，通过调用该类的成员函数 InsertNode(self,key)实现二叉排序树的插入，其算法思路如下。

① 若根结点为空，则创建根结点并将待插入关键字存入其中；否则比较该关键字和根结点的值。

② 若两者相等，则结束插入并直接返回。

③ 若该关键字比根结点的值小，则将该关键字插至根结点的左子树中。

④ 若该关键字比根结点的值大，则将该关键字插至根结点的右子树中。

上述算法思路对应的算法步骤如下。

① 如果根结点为空，则创建根结点并将 key 存入其中；否则比较根结点的值和 key 的大小。

② 若两者相等，结束插入并直接返回。

③ 若 key 比根结点的值小，则将 key 插至根结点的左子树中。

④ 若 key 比根结点的值大，则将 key 插至根结点的右子树中。

上述算法步骤对应的代码如下。

```
##############################
# 插入结点函数
##############################
def InsertNode(self,key):
    bt=self.root
    if not bt:
        self.root=BSTNode(DElemType(key))
        return
    while True:
        if(key<bt.data.key):
```

```
            if not bt.Left:
                bt.Left=BSTNode(DElemType(key))
                return
            bt=bt.Left
        elif key>bt.data.key:
            if not bt.Right:
                bt.Right=BSTNode(DElemType(key))
                return
            bt=bt.Right
        else:
            bt.data.key=key
            return
```

算法 7-7 二叉排序树的插入结点函数

默认初始化二叉排序树为空，当执行一系列查找和插入操作后，可生成一棵二叉排序树。例如，给定关键字为(11,12,8,5,10,15)的序列，则生成二叉排序树的过程如图 7-9 所示。

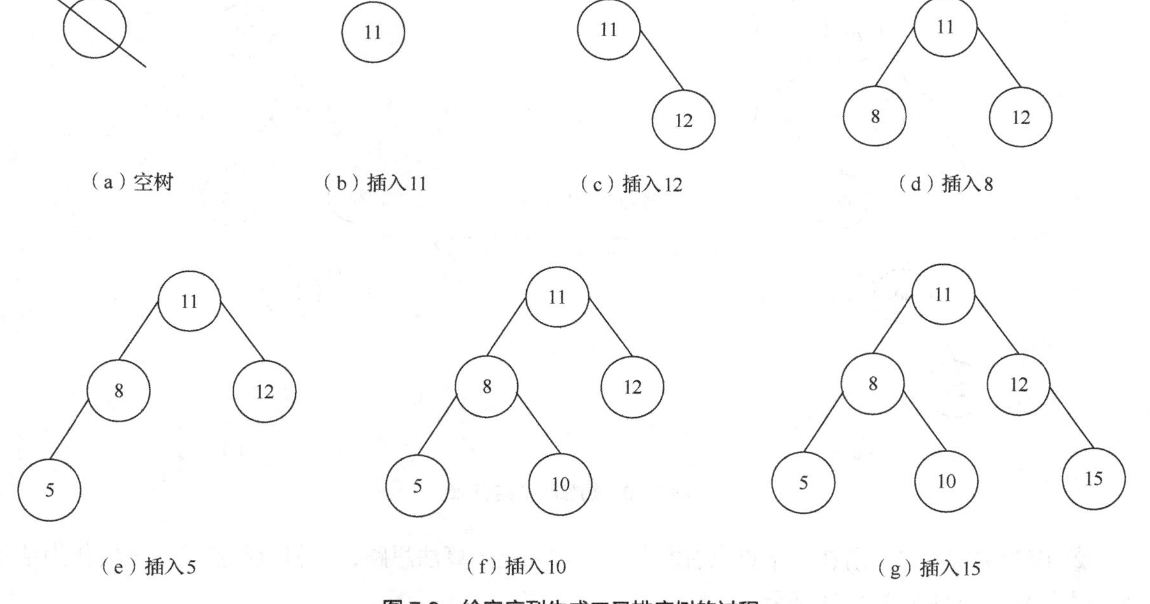

图 7-9 给定序列生成二叉排序树的过程

从图 7-9 可以看出，每次插入的结点均是作为二叉排序树的叶子结点，因此，在执行插入操作时，不必移动结点。

由于二叉排序树插入操作的关键步骤是查找，所以其时间复杂度为 $O(\log_2 n)$。

（4）二叉排序树的删除

在二叉排序树中删除关键字的基本思路是：若二叉排序树中不存在该关键字，则结束删除；否则删除该关键字所在的结点，并且要保证删除结点后的二叉树仍需满足 BST 性质。

我们在实现二叉排序树的删除算法时创建文件 ex070301_03.py，在该文件中定义一个用于二叉排序树基本操作的 BSTree 类，通过调用该类的成员函数 DeleteNode(self,key)实现二叉排序树的删除，其算法思路如下。

① 在二叉排序树中查找待删除关键字，若查找失败则结束删除；否则确定待删除关键字所在的

结点是否存在左子树或者右子树。

② 若该结点是叶子结点，不存在左子树和右子树，此时直接删除该结点。

③ 若该结点为单分支结点（即仅存在左子树或右子树的结点），并且只有左子树而没有右子树，则将其左子树作为该结点的双亲结点的子树。

④ 若该结点为单分支结点，并且只有右子树而没有左子树，则将其右子树作为该结点的双亲结点的子树。

⑤ 若该结点为双分支结点（即同时存在左右子树的结点），则将其左子树中的最大关键字所在的结点代替该结点，并调用成员函数 DeleteNode(self,key)删除最大关键字所在的结点。

按照上述算法思路，接下来我们分别删除叶子结点、只有左子树的结点、只有右子树的结点和既有左子树也有右子树的结点。

① 因为关键字 28 所在的结点为叶子结点，按照上述算法思路，可直接删除该结点，具体如图 7-10 所示。

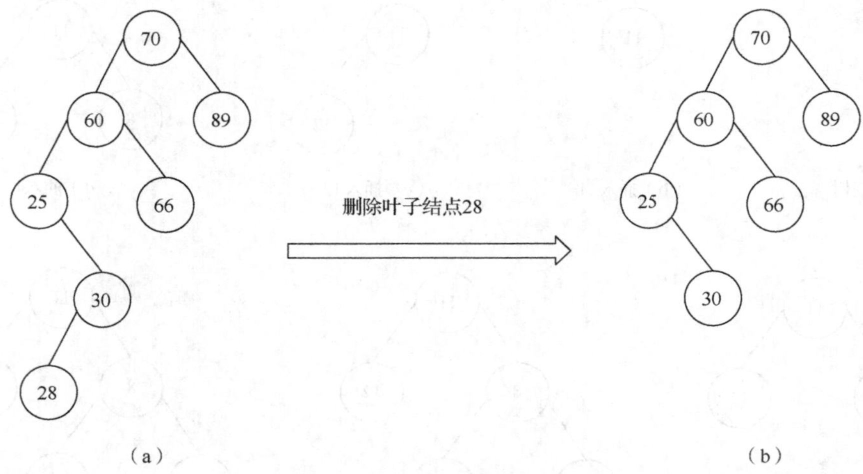

图 7-10 删除叶子结点 28

② 因为关键字 30 所在的结点只有左子树，按照上述算法思路，需将该结点的左子树作为结点 25 的右子树，具体如图 7-11 所示。

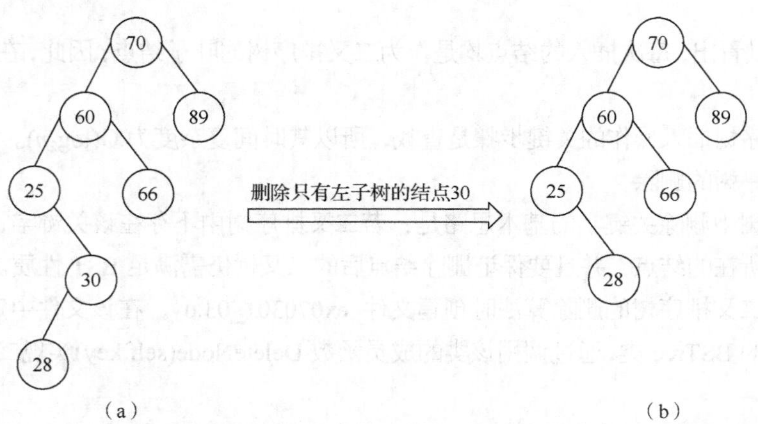

图 7-11 删除只有左子树的结点 30

③ 因为关键字 25 所在的结点只有右子树，按照上述算法思路，需将该结点的右子树作为结点 60 的左子树，具体如图 7-12 所示。

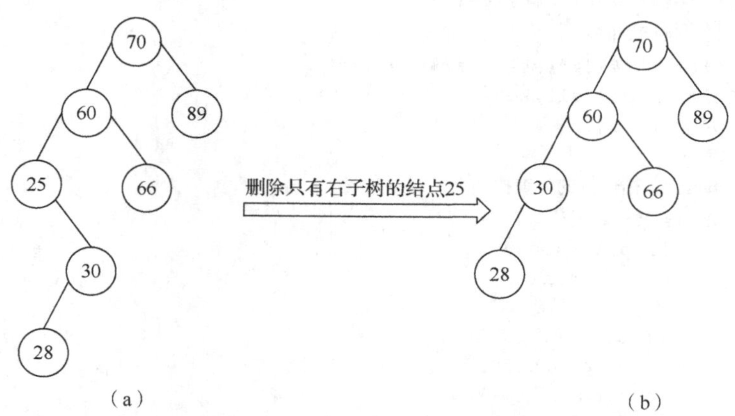

图 7-12 删除只有右子树的结点 25

④ 因为关键字 60 所在的结点有左子树和右子树，按照上述算法思路，需将该结点的左子树中的最大关键字 30 所在的结点替代结点 60，并删除关键字 30 所在的结点（具体如图 7-11 所示），具体如图 7-13 所示。

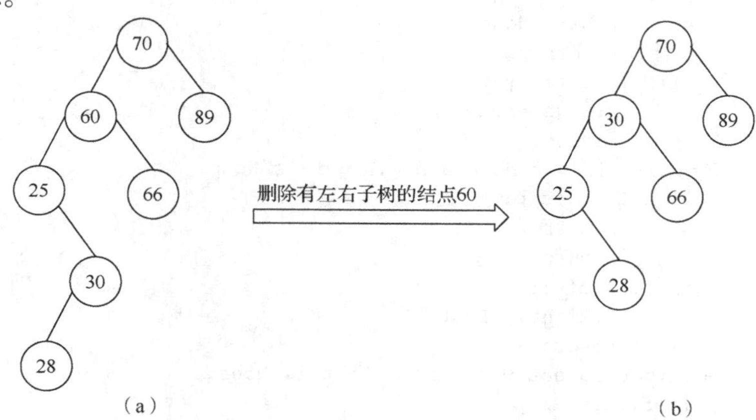

图 7-13 删除有左右子树的结点 60

通过上述实例可知，二叉排序树的删除算法思路对应的算法步骤如下。

① 在二叉排序树中查找待删除关键字 key，若查找失败则结束删除；否则确定 key 所在的结点 p 是否存在左子树或者右子树。

② 若结点 p 是叶子结点，不存在左子树和右子树，则直接删除结点 p。

③ 若结点 p 为单分支结点，并且只有左子树，没有右子树，则将其左子树作为结点 p 的双亲结点的子树。

④ 若结点 p 为单分支结点，并且只有右子树，没有左子树，则将其右子树作为结点 p 的双亲结点的子树。

⑤ 若结点 p 为双分支结点，即同时存在左右子树，则将其左子树中的最大关键字所在的结点 s，代替 p 结点，并调用成员函数 DeleteNode(self,key)删除结点 s。

上述算法步骤对应的代码如下。

```
################################
# 二叉排序树的删除函数
################################
def DeleteNode(self,key):
    p=self.root
    f=None
    #while 循环目的为查找结点是否存在
    while p:
        if p.data.key==key:
            break
        f=p
        if p.data.key>key:
            p=p.Left
        if p.data.key<key:
            p=p.Right
    #没有找到该结点，则直接返回
    if not p: return
    #删除结点
    if p.Left is None and p.Right is None:
        if f.Left==p:
            f.Left=None
            return
        elif f.Right==p:
            f.Right=None
            return
    if p.Left is not None and p.Right is None:
        if f.Left is p:
            f.Left=p.Left
            return
        if f.Right is p:
            f.Right=p.Left
            return
    if p.Right is not None and p.Left is None:
        if f.Left is p:
            f.Left=p.Right
            return
        if f.Right is p:
            f.Right=p.Right
            return
    if p.Right is not None and p.Left is not None:
        s=p.Left
        while s.Right is not None:
            s=s.Right
        #将 s.data 赋值给中间值 q
        q=s.data
        #删除结点 s
        self.DeleteNode(s.data.key)
        #将 q 赋值给 p.data
        p.data=q
```

算法 7-8　二叉排序树的删除函数

同二叉排序树的插入一样，二叉排序树删除的基本过程也是查找，因此其时间复杂度也是 $O(\log_2 n)$。

2. 平衡二叉树查找

对于含有 n 个结点的二叉排序树，其平均查找长度取决于树的形态，二叉排序树的高度越小，其平均查找长度越小。因此，仅就平均查找长度而言，二叉排序树的高度越小越好。本节将讨论一种特殊的二叉排序树，在创建这种树的过程中需要调整树的形态，以保证树的深度尽可能小并且满足 BST 的性质。我们把这种树称为平衡二叉树（Balance Binary Tree）或 AVL 树（这一名字来自于它的发明者 G.M. Adelson-Velsky 和 E.M. Landis 的姓名）。

（1）平衡二叉树的定义

平衡二叉树要么是空树，要么是满足以下性质的二叉排序树：每个结点的左子树和右子树的深度之差的绝对值不超过 1；每个结点的左子树和右子树均是一棵平衡二叉树。

若将树中某一结点的平衡因子（Balance Factor，BF）定义为该结点的左子树和右子树的深度之差，则由平衡二叉树的定义可知，所有结点的平衡因子可能的取值为-1、0、1（即绝对值不超过 1）。

图 7-14（a）所示为一棵平衡二叉树，树中结点的值表示该结点的关键字，而对于图 7-14（b）所示的二叉树，树中结点的值则为图 7-14（a）所示的平衡二叉树中相应结点的平衡因子。

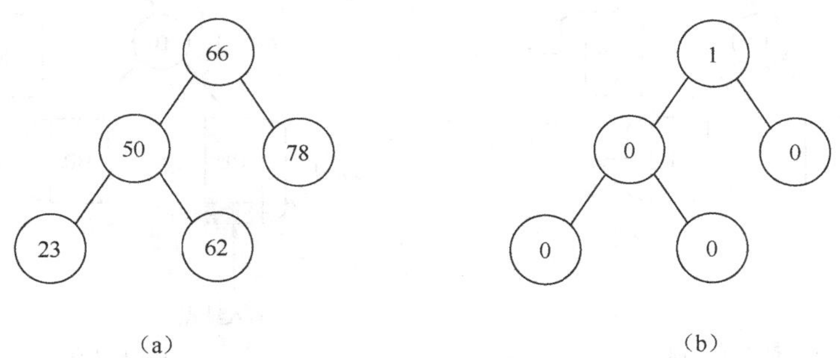

图 7-14 平衡二叉树

图 7-15（a）所示为一棵非平衡二叉树，树中结点的值表示该结点的关键字，而对于图 7-15（b）所示的二叉树，树中结点的值则为图 7-15（a）所示的非平衡二叉树中相应结点的平衡因子。

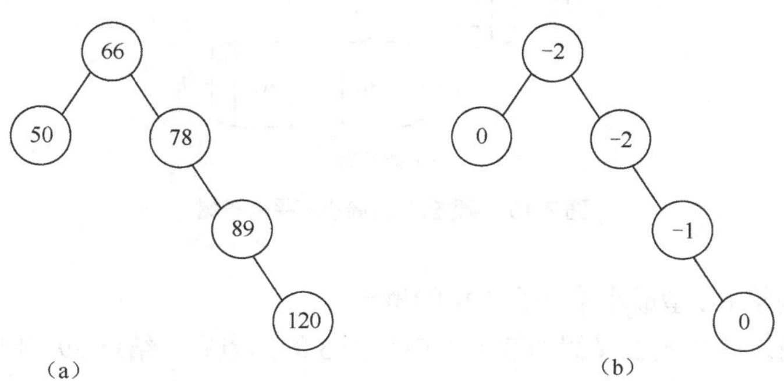

图 7-15 非平衡二叉树

（2）平衡二叉树的插入

在平衡二叉树中插入关键字的过程与在二叉排序树中插入关键字的过程类似，但不同的是：在平衡二叉树中插入关键字后，若存在某些结点的平衡因子的绝对值超过 1，则需要调整树的形态，以使得每个结点的平衡因子符合平衡二叉树的要求。

对于不符合要求的平衡二叉树，可以找到离插入结点最近并且平衡因子的绝对值超过 1 的祖先结点 A，我们把以 A 结点为根的子树称为最小不平衡子树，并将调整范围局限于这棵子树。根据插入结点与 A 结点的位置关系，可将最小不平衡子树分为 LL 型、RR 型、LR 型和 RL 型，每一种最小不平衡子树的调整方法具体如下。

① LL 型

如图 7-16（a）所示，结点 B 为结点 A 的左孩子，若在结点 B 的左子树中插入结点[如图 7-16（b）所示]，则该树不满足平衡二叉树的性质，需对其进行调整。

对于 LL 型最小不平衡子树，其调整规则为：以结点 B 为轴心进行一次顺时针旋转操作，将结点 B 作为根结点，结点 A 连同其右子树 AR 作为结点 B 的右子树，结点 B 原来的右子树 BR 作为结点 A 的左子树，如图 7-16（c）所示。

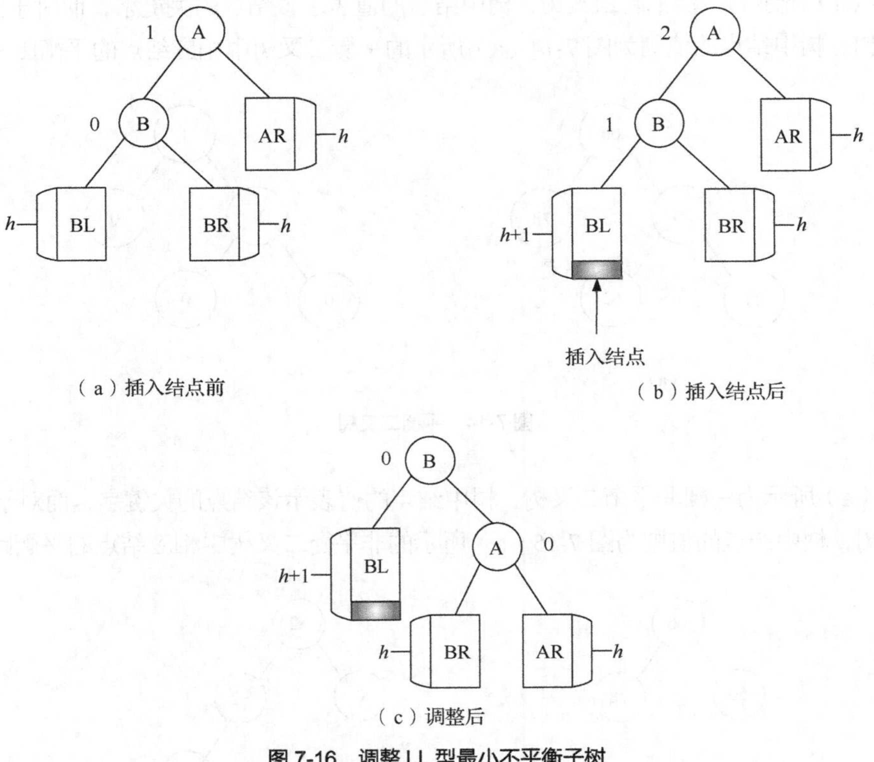

图 7-16 调整 LL 型最小不平衡子树

图 7-17 所示为调整 LL 型最小不平衡子树的例子。

在图 7-17（a）所示的平衡二叉树中插入关键字为 5 的结点后，结点 29 的平衡因子变为 2，如图 7-17（b）所示，此时需对其进行调整。调整过程如下：找到离插入结点 5 最近且平衡因子的绝对值超过 1 的祖先结点 29，进行一次顺时针旋转操作。

调整后的平衡二叉树如图 7-17（c）所示：结点 29 的左孩子结点 12 作为根结点，结点 29 连同其右子树作为结点 12 的右子树，结点 12 原来的右子树作为结点 29 的左子树。

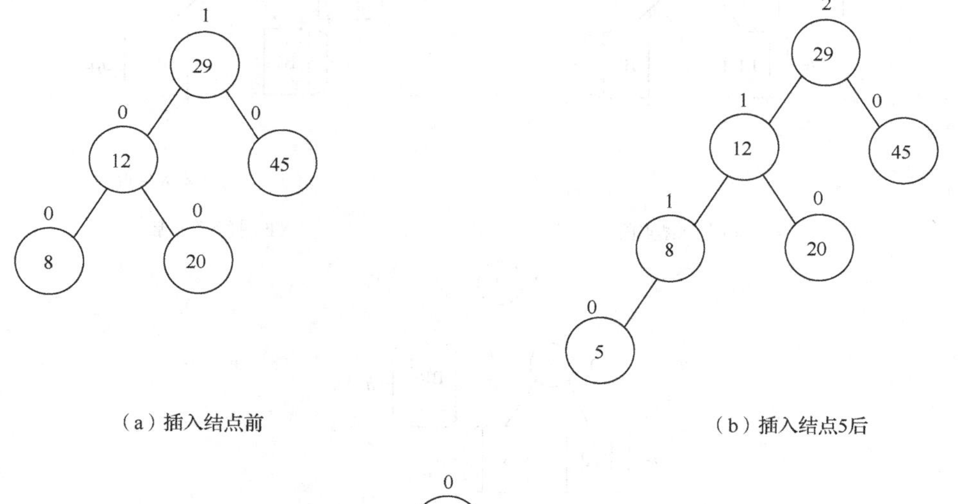

（a）插入结点前

（b）插入结点5后

（c）调整后

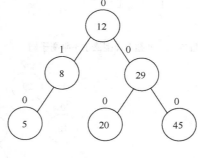

图 7-17　调整 LL 型最小不平衡子树的例子

② RR 型

如图 7-18（a）所示，结点 B 为结点 A 的右孩子，若在结点 B 的右子树中插入结点[如图 7-18（b）所示]，则该树不满足平衡二叉树的性质，需对其进行调整。

对于 RR 型最小不平衡子树，其调整规则为：以结点 B 为轴心进行一次逆时针旋转操作，将结点 B 作为根结点，结点 A 连同其左子树 AL 作为结点 B 的左子树，结点 B 原来的左子树 BL 作为结点 A 的右子树，如图 7-18（c）所示。

图 7-19 所示为调整 RR 型最小不平衡子树的例子。

在图 7-19（a）中所示的平衡二叉树中插入关键字为 68 的结点后，结点 29 的平衡因子变为-2，如图 7-19（b）所示，此时需对其进行调整。调整过程如下：找到离插入结点 68 最近且平衡因子绝对值超过 1 的祖先结点 29，进行一次逆时针旋转操作。

调整后的平衡二叉树如图 7-19（c）所示：结点 29 的右孩子结点 45 作为根结点，结点 29 连同其左子树作为结点 45 的左子树，结点 45 原来的左子树作为结点 29 的右子树。

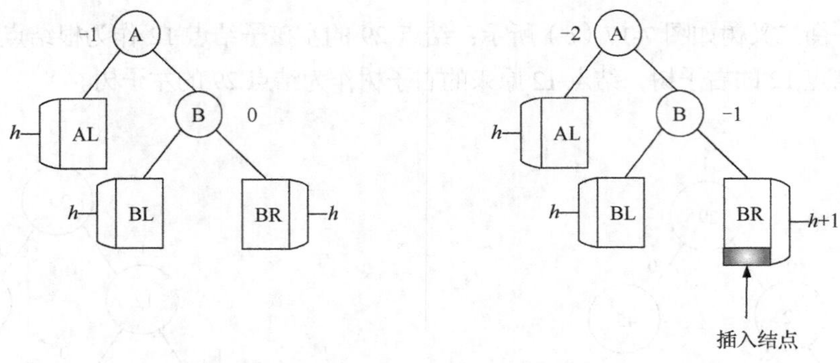

（a）插入结点前　　（b）插入结点后

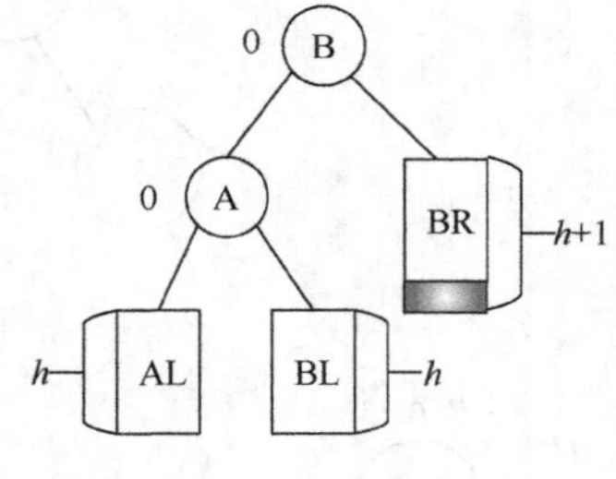

（c）调整后

图 7-18　调整 RR 型最小不平衡子树

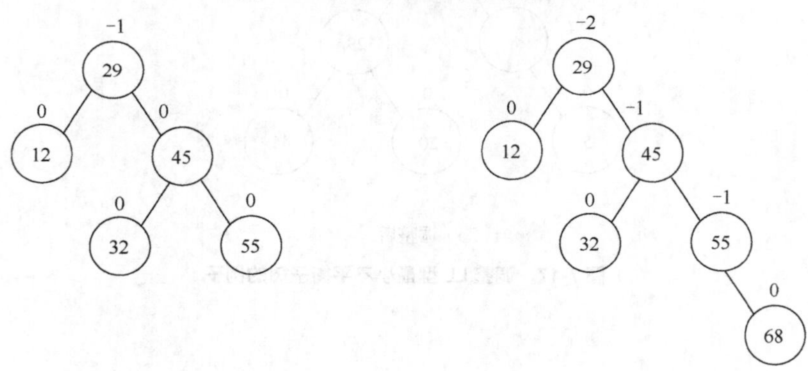

（a）插入结点前　　（b）插入结点68后

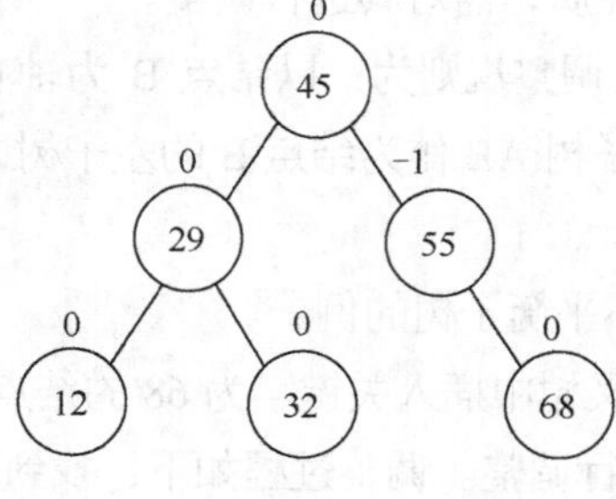

（c）调整后

图 7-19　调整 RR 型最小不平衡子树的例子

③ LR 型

如图 7-20（a）所示，结点 B 为结点 A 的左孩子，结点 C 为结点 B 的右孩子，在结点 C 的子树中插入结点[如图 7-20（b）所示]，则该树不满足平衡二叉树的性质，需对其进行调整。

对于 LR 型最小不平衡子树，调整时需进行两次旋转操作，具体如下。

第一次以结点 C 为轴心进行逆时针旋转，将结点 C 作为结点 B 的双亲结点，结点 B 连同其左子树 BL 均作为结点 C 的左子树，结点 C 原来的左子树 CL 作为结点 B 的右子树，如图 7-20（c）所示。

第二次以结点 C 为轴心进行顺时针旋转，将结点 C 作为根结点，结点 A 连同其右子树 AR 均作为结点 C 的右子树，结点 C 原来的右子树 CR 作为结点 A 的左子树，如图 7-20（d）所示。

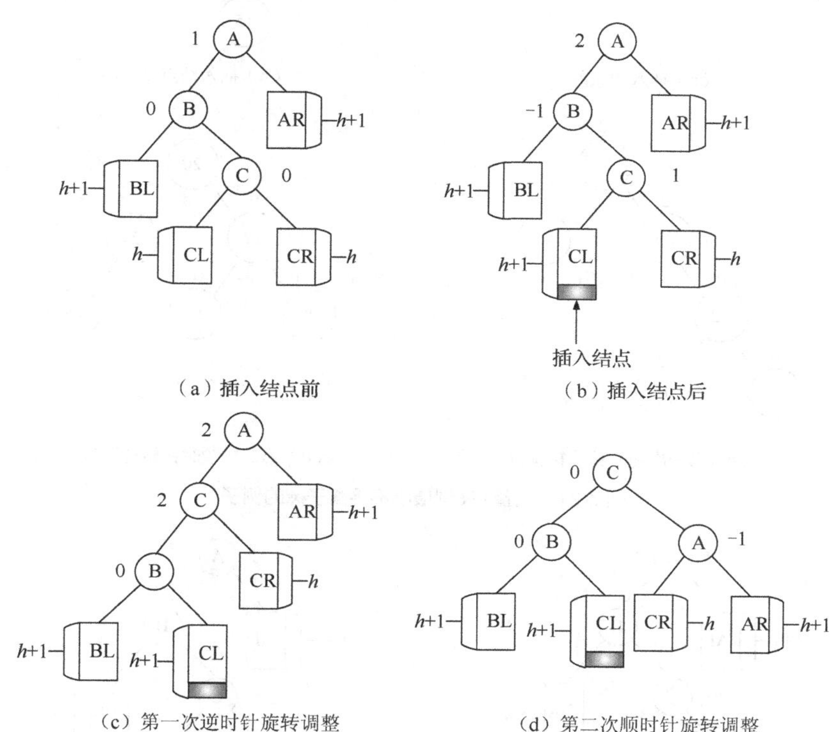

图 7-20　调整 LR 型最小不平衡子树

图 7-21 所示为调整 LR 型最小不平衡子树的例子。

在图 7-21（a）所示的平衡二叉树中插入关键字为 15 的结点后，结点 29 的平衡因子变为 2[如图 7-21（b）所示]，则该树不满足平衡二叉树的性质，需对其进行调整。调整过程如下：进行两次旋转操作，第一次以结点 20 为轴心进行逆时针旋转，旋转后如图 7-21（c）所示；第二次以结点 20 为轴心进行顺时针旋转，旋转后如图 7-21（d）所示。

④ RL 型

如图 7-22（a）所示，结点 B 为结点 A 的右孩子，结点 C 为结点 B 的左孩子，在结点 C 的子树中插入结点[如图 7-22（b）所示]，则该树不满足平衡二叉树的性质，需对其进行调整。

对于 RL 型最小不平衡子树，调整时需进行两次旋转操作，具体如下。

第一次以结点 C 为轴心进行顺时针旋转，将结点 C 作为结点 B 的双亲结点，结点 B 连同其右子树 BR 均作为结点 C 的右子树，结点 C 原来的右子树 CR 作为结点 B 的左子树，如图 7-22（c）所示。

第二次以结点 C 为轴心进行逆时针旋转，将结点 C 作为根结点，结点 A 连同其左子树 AL 作为结点 C 的左子树，结点 C 原来的左子树 CL 作为结点 A 的右子树，如图 7-22（d）所示。

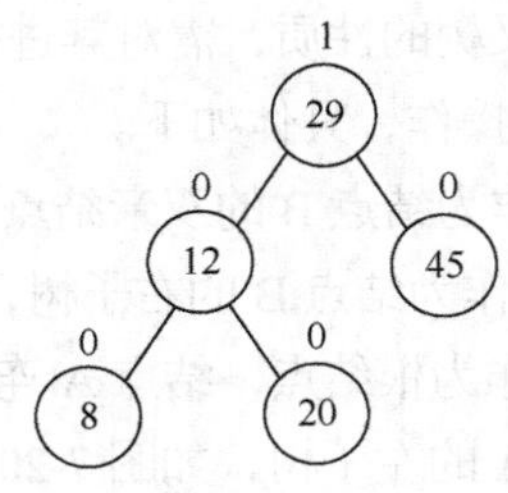

（a）插入结点前

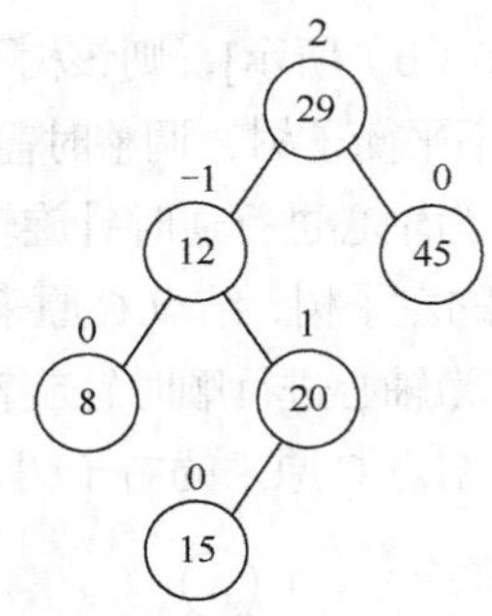

（b）插入结点15后

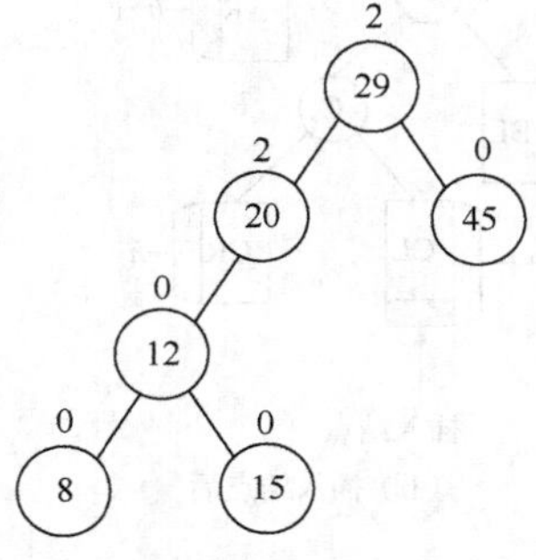

（c）第一次逆时针旋转调整

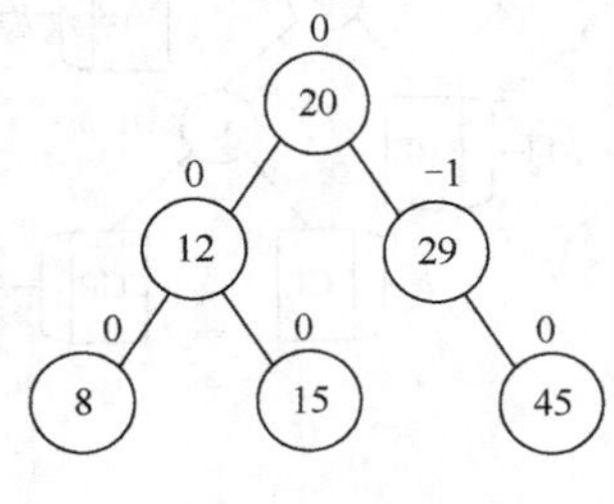

（d）第二次顺时针旋转调整

图 7-21　调整 LR 型最小不平衡子树的例子

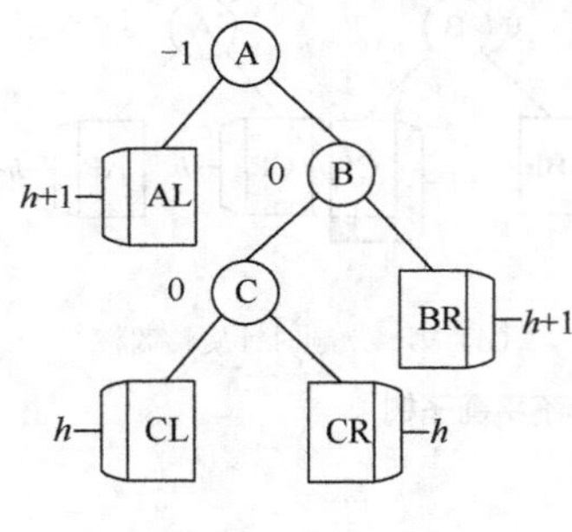

（a）插入结点前

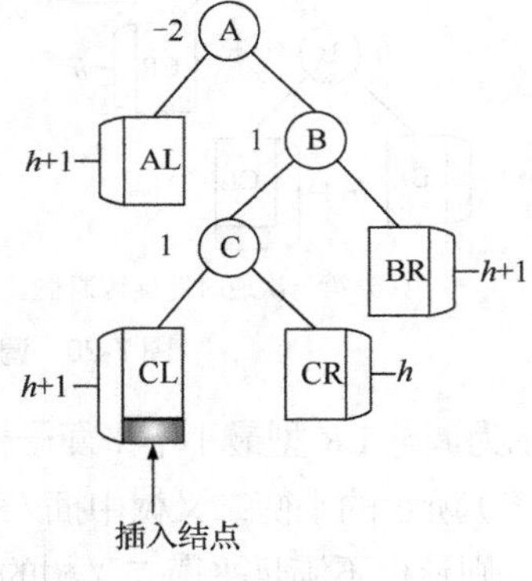

（b）插入结点后

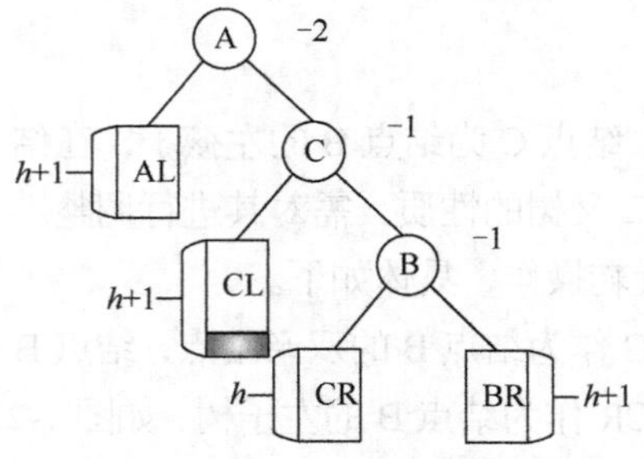

（c）第一次顺时针旋转调整

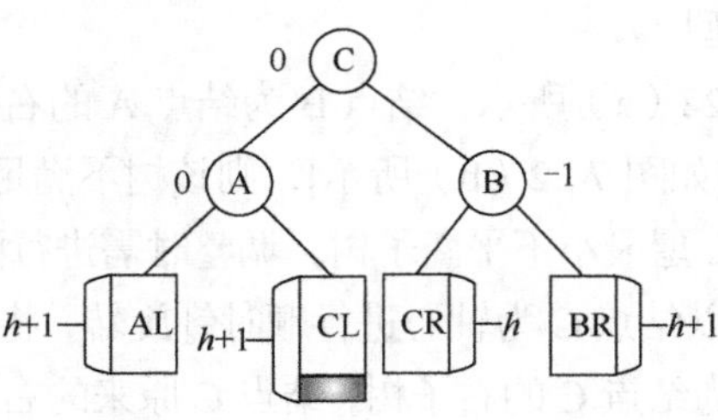

（d）第二次逆时针旋转调整

图 7-22　调整 RL 型最小不平衡子树

图 7-23 所示为调整 RL 型最小不平衡子树的例子。

在图 7-23（a）所示的平衡二叉树中插入关键字为 30 的结点后，结点 29 的平衡因子变为–2[如图 7-23（b）所示]，则该树不满足平衡二叉树的性质，需对其进行调整。调整过程为对其进行两次旋转操作：第一次以结点 32 为轴心进行顺时针旋转，旋转后如图 7-23（c）所示；第二次以结点 32 为轴心进行逆时针旋转，旋转后如图 7-23（d）所示。

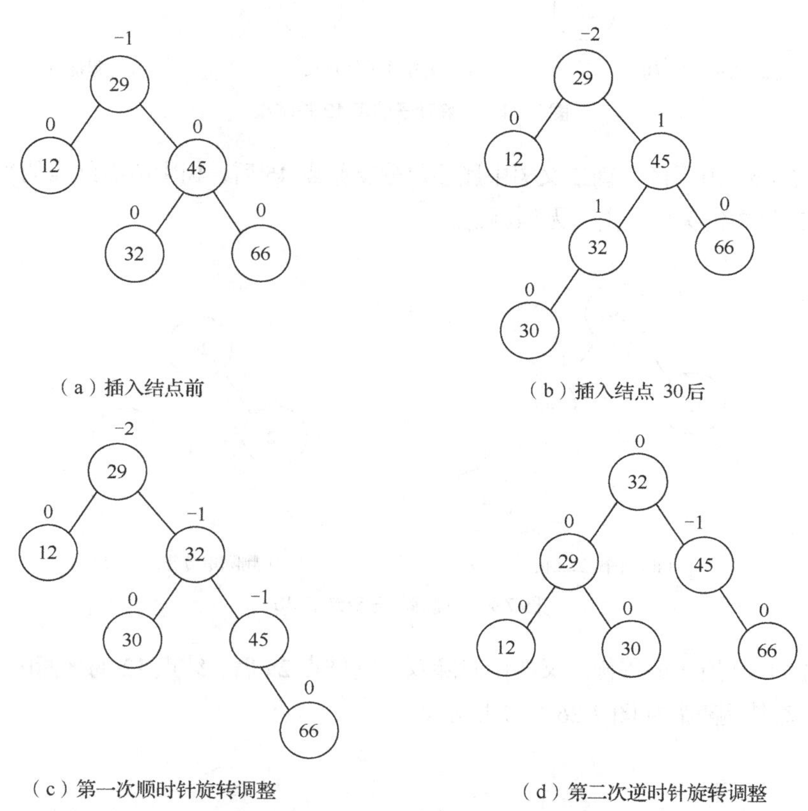

图 7-23　调整 RL 型最小不平衡子树的例子

综上所述，在平衡二叉树中插入结点后若导致其不再平衡，仅需对最小不平衡子树进行旋转操作，以达到二叉树重新平衡的目的。

（3）平衡二叉树的删除

在平衡二叉树中删除关键字的过程与在二叉排序树中删除关键字的过程类似，但由于删除关键字后可能导致二叉树不平衡，此时需要进一步调整。

在平衡二叉树中删除关键字的基本思路为：首先查找待删除关键字所在的结点，若待删除关键字对应的结点不存在，则结束删除操作；否则删除该结点。若删除结点后导致二叉树不平衡则需进一步调整。

接下来给出在平衡二叉树中删除叶子结点、单分支结点和双分支结点的例子。

① 在图 7-24（a）所示的平衡二叉树中删除叶子结点 12 后，结点 29 的平衡因子变为–2，导致二叉树不平衡，对其调整后如图 7-24（c）所示。

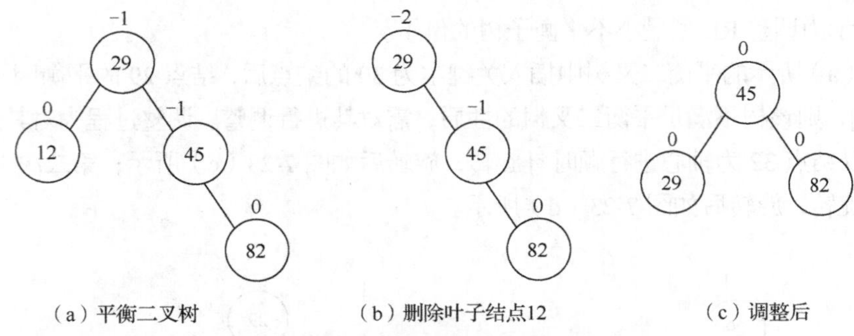

图 7-24 删除叶子结点 12 并调整

② 在图 7-25（a）所示的平衡二叉树中删除单分支结点 45 后，树中所有结点的平衡因子的绝对值均未超过 1，二叉树仍保持平衡，无须调整。

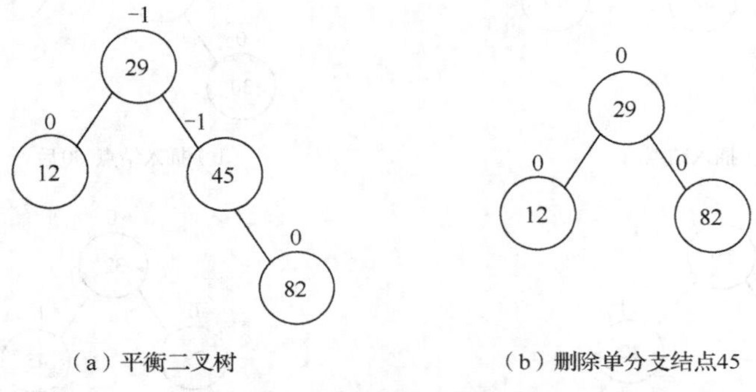

图 7-25 删除单分支结点 45

③ 在图 7-26（a）所示的平衡二叉树中删除双分支结点 29 后，结点 12 的平衡因子变为-2，导致二叉树不平衡，对其调整后如图 7-26（c）所示。

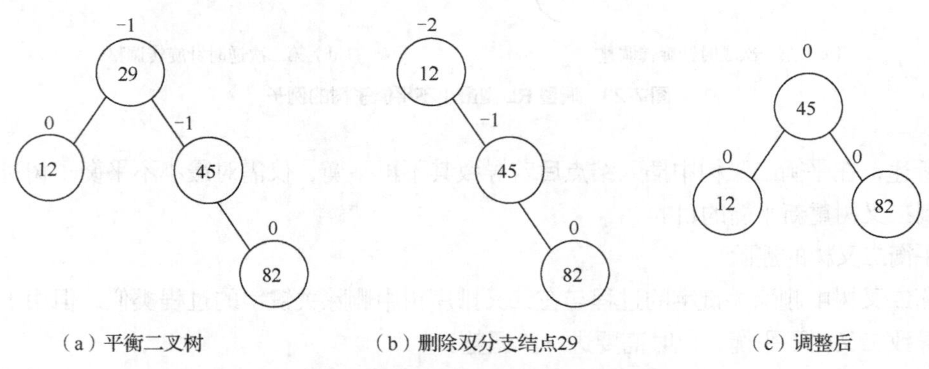

图 7-26 删除双分支结点 29 并调整

（4）平衡二叉树的查找

由于在平衡二叉树中查找关键字的过程与在二叉排序树中查找关键字的过程相同，因此，其查找长度不超过树的深度。那么含有 n 个结点的平衡二叉树的最大深度 h 为多少呢？

先考虑深度为 h 的平衡二叉树最少含有多少个结点。如图 7-27 所示，创建一系列的平衡二叉树 $T_0,T_1,T_2,T_3,\cdots,T_h$。

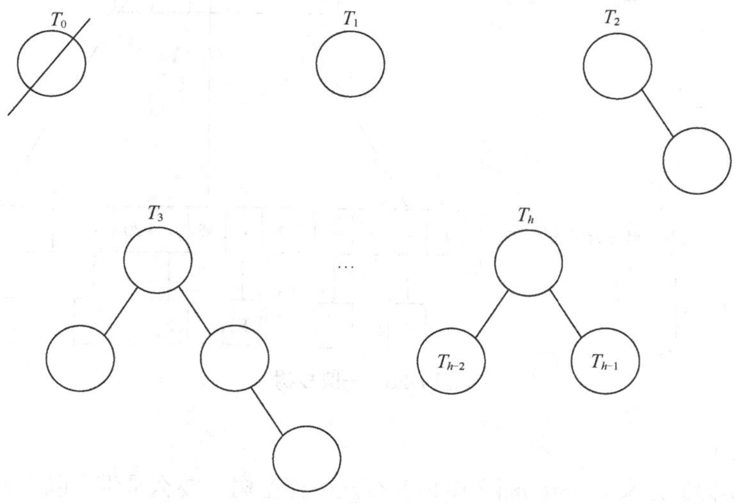

图 7-27 一系列平衡二叉树

T_h是深度为 h 且结点尽可能少的平衡二叉树，假定其结点数为 $N(h)$，经观察有

$$N(0)=0,N(1)=1,N(2)=2,N(3)=4,\cdots,N(h)=N(h-1)+N(h-2)$$

当 $h>1$ 时，此关系类似于之前介绍过的 Fibonacci 数列的关系，即

$$F(1)=1,F(2)=1,F(3)=2,\cdots,F(h)=F(h-1)+F(h-2)$$

通过归纳可知，$F(h)$和 $N(h)$的关系为

$$N(h)=F(h+2)-1$$

由于 Fibonacci 数列满足渐进公式：

$$F(h)=\frac{1}{\sqrt{5}}\varphi^h\text{，其中 }\varphi=\frac{1+\sqrt{5}}{2}$$

所以

$$\begin{aligned}N(h)&=F(h+2)-1\\&=\frac{1}{\sqrt{5}}\varphi^{h+2}-1\end{aligned}$$

根据 $N(h)=\frac{1}{\sqrt{5}}\varphi^{h+2}-1$得

$$h=\log_\varphi\left[\sqrt{5}(N(h)+1)\right]-2$$

因此，在含有 n 个结点的平衡二叉树中查找关键字时，最多比较 $\log_\varphi\left[\sqrt{5}(n+1)\right]-2$ 次，其平均查找长度与 $\log n$ 等数量级。

3. B-树查找

当查找表中数据元素太多以至于无法一次性读入内存时，查找时需要反复将查找表中数据元素读入内存，若利用二叉排序树和平衡二叉树的查找方法，则查找效率低下。本节将介绍一种用于查找的平衡多叉树——B-树（B-Tree）。图 7-28 所示是一棵深度为 3 的 3 阶的 B-树。

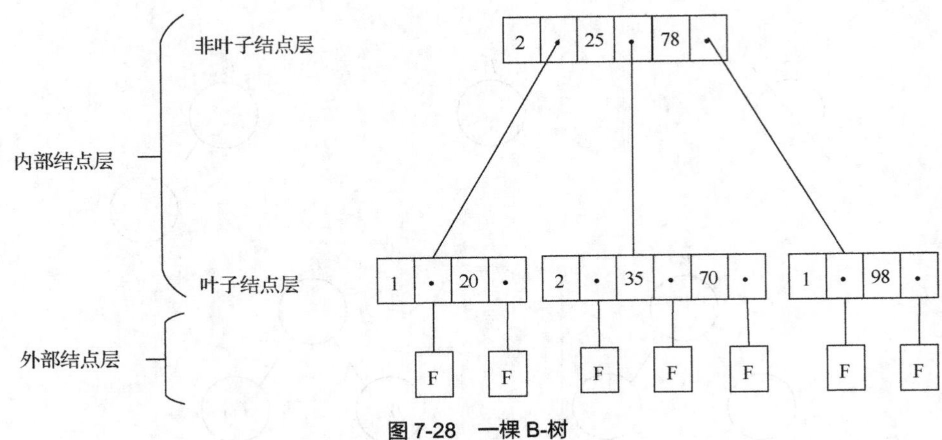

图 7-28　一棵 B-树

（1）B-树的定义

接下来给出 B-树的定义，一棵 m 阶 B-树要么是一棵空树，要么是满足以下要求的 m 叉树。

① 树中每个结点最多含有 m 棵子树。

② 若根结点不是叶子结点，则至少含有两棵子树。

③ 除根结点外所有非叶子结点至少有 $\lceil m/2 \rceil$ 棵子树。

④ 所有外部结点都出现在同一层，并且不带信息。

⑤ 所有非叶子结点的结构如图 7-29 所示。

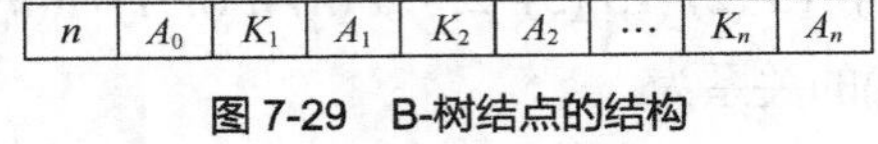

图 7-29　B-树结点的结构

其中，n 表示结点含有的关键字个数，除根结点以外，所有结点的关键字个数 n 都满足 $\lceil m/2 \rceil -1 \leqslant n \leqslant m-1$。$K_i$（$1 \leqslant i \leqslant n$）为该结点的关键字且满足 $K_i \leqslant K_{i+1}$。A_i（$0 \leqslant i \leqslant n$）指针指向了该结点的子树，且 A_i（$0 \leqslant i \leqslant n-1$）指向的子树中所有结点的关键字均大于 K_i 并且均小于 K_{i+1}，A_n 所指向的子树中所有结点的关键字均大于 K_n。

（2）B-树的查找

在 B-树中查找关键字的过程与在二叉排序树中查找关键字的过程类似，其基本思路为：若 B-树为空，则查找失败；否则依次比较给定值和根结点中的每一关键字。若找到与之相等的关键字，则查找成功；否则根据给定值与根结点中关键字的大小关系，在根结点的某一子树中继续查找给定值。

在 B-树中查找的基本过程如下。

① 若 B-树为空，则查找失败；否则依次比较给定值 key 与根结点中的每一关键字 $K_i(1 \leqslant i \leqslant n-1)$。

② 若 key=K_i，则查找成功。

③ 若 key<K_i，则在 A_{i-1} 指向的子树中继续查找。

④ 若 K_i<key<K_{i+1}，则在 A_i 指向的子树中继续查找。

⑤ 若 key>K_{i+1}，则在 A_{i+1} 指向的子树中继续查找。

例如，在图 7-30（a）所示的 B-树中查找关键字 98，其查找过程如图 7-30（b）～图 7-30（d）所示。

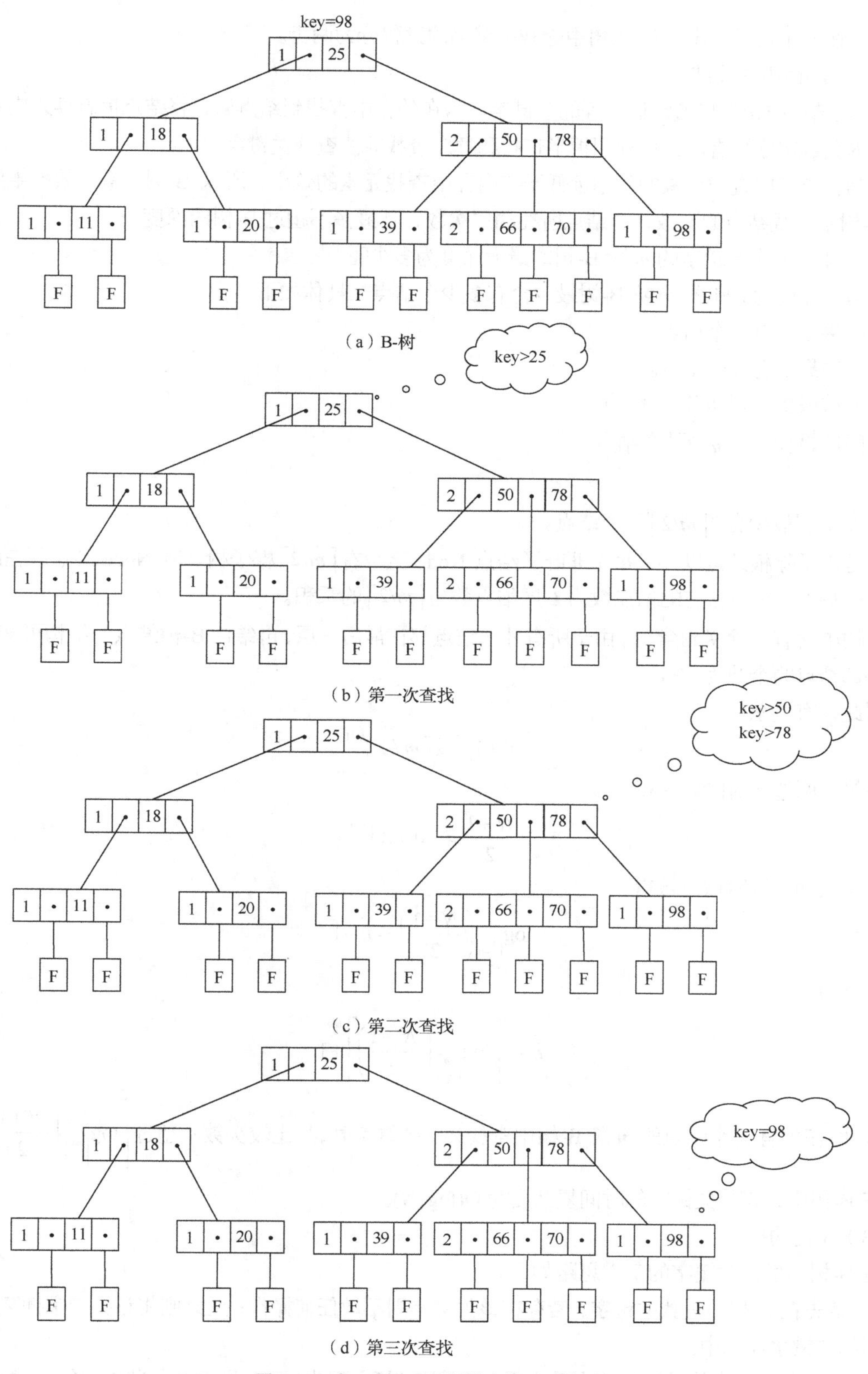

图 7-30　在 B-树中查找关键字为 98 的过程

由上述例子可以看出，在 B-树中查找关键字的过程分为两步。

① 在 B-树中查找结点。

② 在结点中查找与给定值相等的关键字。当在外存中查找到结点后，将结点信息读入内存，由于结点内关键字序列有序，可利用折半查找和顺序查找算法查找关键字。

因为在外存中查找元素的效率远低于在内存中查找元素的效率，所以 B-树的查找效率主要取决于在 B-树中查找结点的次数，即结点所在的层次数，其最多不超过 B-树的深度。

那么含有 N 个关键字的 m 阶 B-树的最大深度为多少呢？

先考虑深度为 h+1 的 m 阶 B-树最少含有多少个结点，具体如下。

第一层最少有 1 个结点。

第二层最少有 2 个结点。

第三层最少有 $2\lceil m/2\rceil$ 个结点。

第四层最少有 $2\lceil m/2\rceil^2$ 个结点。

⋮

第 h+1 层最少有 $2\lceil m/2\rceil^{h-1}$ 个结点。

这是由于除根结点以外，每个非叶子结点 Node 至少有 $\lceil m/2\rceil$ 棵子树。若 Node 结点所在的层次为 L，则 L+1 层至少含有的结点数为 L 层结点数与 $\lceil m/2\rceil$ 的乘积。

当树中含有 N 个关键字时，由于所有外部结点都在最后一层，再结合 B-树结点的结构可知第 h+1 层的外部结点的个数为 N+1。

因此，有关系

$$N+1 \geqslant 2\lceil m/2\rceil^{h-1}$$

不等式两边同时除以 2 得

$$\frac{N+1}{2} \geqslant \lceil m/2\rceil^{h-1}$$

不等式两边同时取对数得

$$\log_{\lceil \frac{m}{2}\rceil}\left(\frac{N+1}{2}\right) \geqslant h-1$$

整理得

$$h \leqslant \left\lfloor \log_{\lceil \frac{m}{2}\rceil}\left(\frac{N+1}{2}\right)\right\rfloor +1$$

因此,在含有 N 个结点的 m 阶 B-树中查找某一关键字时,其比较次数不超过 $\left\lfloor \log_{\lceil \frac{m}{2}\rceil}\left(\frac{N+1}{2}\right)\right\rfloor +1$。

在 B-树中，查找关键字的时间复杂度为 $O(\log_m N)$。

（3）B-树的插入

在 B-树中插入关键字的基本思路如下。

① 首先在 B-树中查找关键字，若存在该关键字则不做任何操作；反之则将该关键字插至某个叶子结点的关键字序列中。

② 此时若该结点的关键字的个数小于 m，则结束插入操作；反之则调整某些结点的关键字序列。

按照上述思路，在 B-树中插入关键字的步骤如下。

① 首先在 B-树中查找关键字 key，若查找成功则不做任何操作；反之则将该关键字插至查找失败时对应的叶子结点中。

② 此时若该结点的关键字个数小于 m，则不做任何操作；反之则调整某些结点的关键字序列，执行第③步。

③ 以该结点的第$\lceil m/2 \rceil$个关键字$K_{\lceil m/2 \rceil}$为界，分成 3 个部分，即$K_{\lceil m/2 \rceil}$的左边部分、$K_{\lceil m/2 \rceil}$和$K_{\lceil m/2 \rceil}$的右边部分。$K_{\lceil m/2 \rceil}$的左边部分保留在原结点中，$K_{\lceil m/2 \rceil}$的右边部分“分裂”出去，作为原结点的兄弟结点，$K_{\lceil m/2 \rceil}$插至原结点的双亲结点中。若双亲结点也需“分裂”，则重复该过程，直至双亲结点为根结点，此时执行第④步。

④ 由于根结点无双亲结点，所以需创建关键字为$K_{\lceil m/2 \rceil}$的结点作为根结点，此时 B-树的深度增加 1。

按照上述步骤，接下来在图 7-31（a）所示的 3 阶 B-树（图中 B-树的结点仅表示关键字序列）中先后插入关键字 19、23 和 75。

① 在 3 阶 B-树中插入关键字 19，找到关键字 19 的插入位置，即结点 E。由于插入后结点 E 的关键字的个数未超过 2（m−1=3−1=2），因此插入关键字 19 的操作完成，其结果如图 7-31（b）所示。

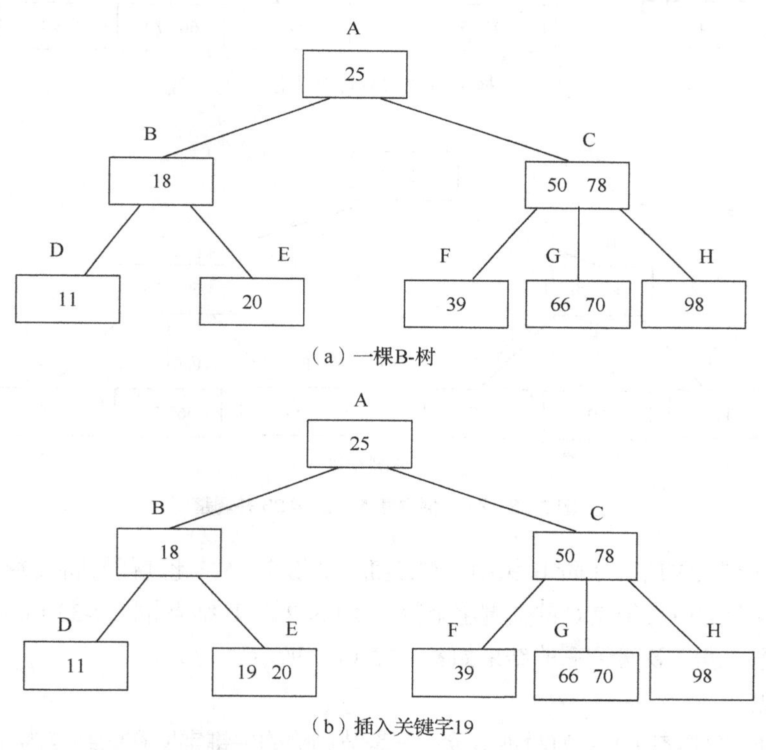

图 7-31　在 B-树中插入关键字 19

② 在插入关键字 19 后的 3 阶 B-树中，继续插入关键字 23，找到关键字 23 的插入位置，即结点 E，插入后的结果如图 7-32（b）所示。结点 E 的关键字个数为 3，此时需调整。按照调整的规则，关键字 19 留在原结点 E，关键字 23 插至新结点 E_1 中，关键字 20 插至结点 E 的父结点 B 中，此时 B 结点的关键字个数为 2（2<3），因此插入关键字 23 的操作完成，其结果如图 7-32（c）所示。

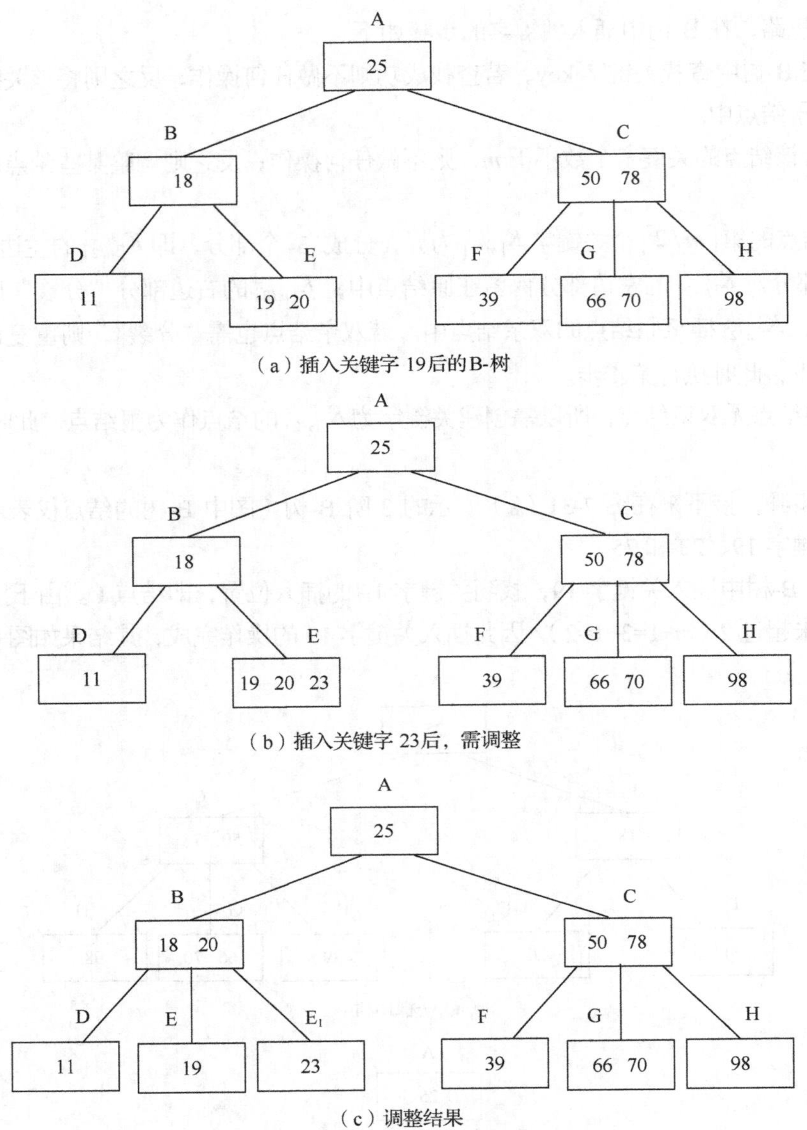

（a）插入关键字 19后的B-树

（b）插入关键字 23后，需调整

（c）调整结果

图 7-32 在 B-树中插入关键字 23 并调整

③ 在插入关键字 23 后的 3 阶 B-树中，继续插入关键字 75，此过程与插入关键字 23 的过程类似，但由于第一次分裂后父结点 C 的关键字个数为 3（3>2），其结果如图 7-33（c）所示，因此需要父结点 C 再次分裂。第二次分裂后的结果如图 7-33（d）所示。

（4）B-树的删除

在 B-树中删除关键字时可分为两种情况：一是被删除的关键字所在的结点为叶子结点；二是被删除的关键字所在的结点为非叶子结点。第二种情况下，将被删除的关键字左邻（与该关键字相邻并位于该关键字的（左方）[或右邻（与该关键字相邻并位于该关键字的右方）]的指针指向的子树中最大[或最小]的关键字（该关键字所在的结点一定是叶子结点）替换将被删除的关键字，并删除子树中最大[或最小]关键字。因此，在 B-树中删除关键字这一问题可归结为在 B-树的叶子结点中删除关键字。

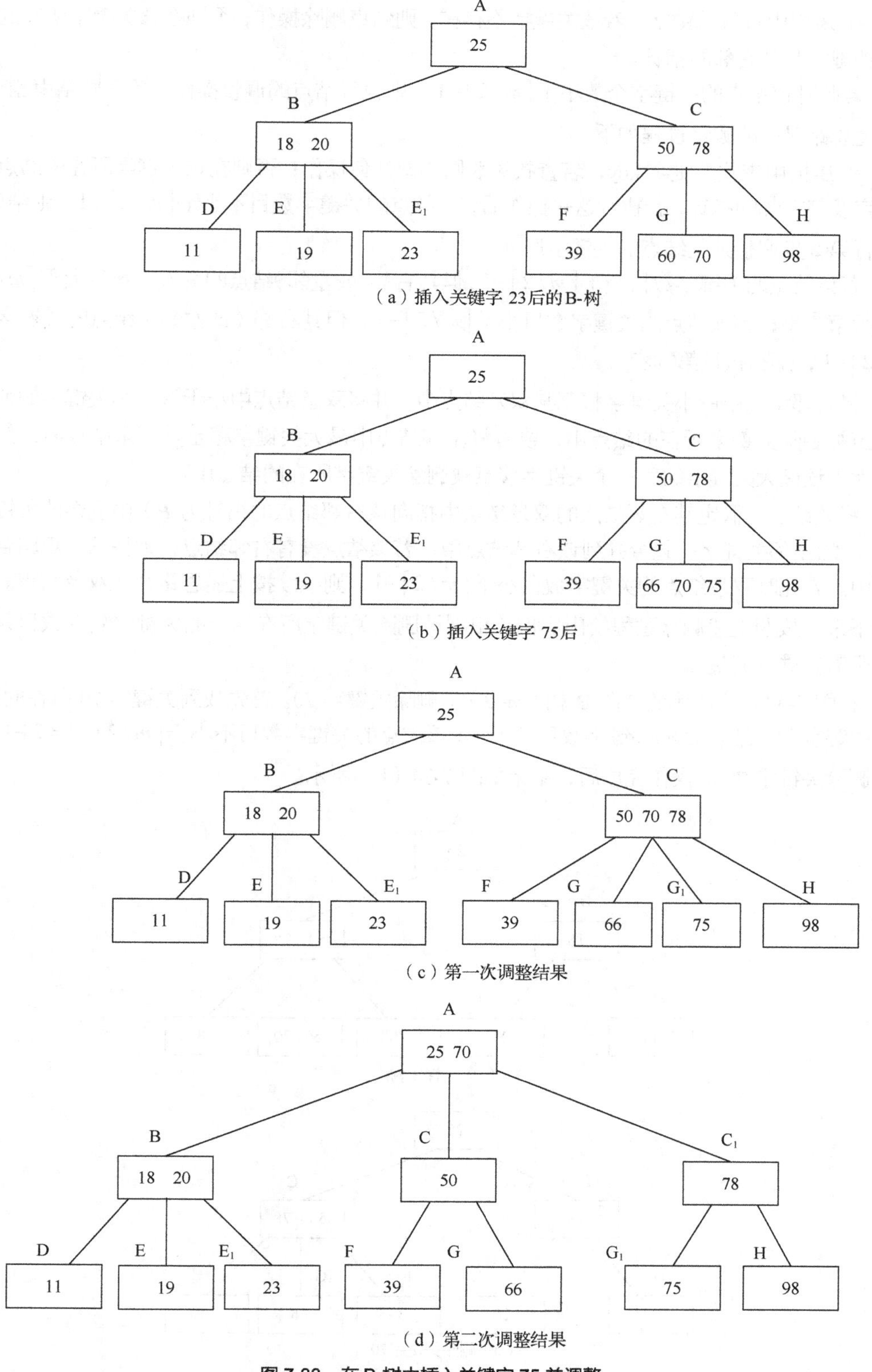

图 7-33　在 B-树中插入关键字 75 并调整

接下来仅讨论在 B-树的叶子结点中删除关键字的情况，其基本思路如下。

① 在 B-树中查找关键字，若该关键字不存在，则结束删除操作；否则在该关键字所在的结点中删除该关键字及其右邻的指针。

② 若此时该结点的关键字个数小于$\lceil m/2 \rceil -1$，则执行结点的调整操作；反之则结束删除操作。

上述思路对应的删除过程如下。

① 在 B-树中查找关键字 key，若查找失败则不做任何操作；否则在该关键字所在的结点中删除该关键字及其右邻的指针，若执行这一操作后，该结点的关键字数目不小于$\lceil m/2 \rceil -1$，则结束删除，否则执行第②步调整某些结点的关键字序列。

② 若该结点的关键字数目小于$\lceil m/2 \rceil -1$，但其右邻（或左邻）结点的关键字数目大于$\lceil m/2 \rceil -1$，那么执行第③步；若该结点的关键字数目小于$\lceil m/2 \rceil -1$，但其右邻（或左邻）结点的关键字数目等于$\lceil m/2 \rceil -1$，那么执行第④步。

③ 将右邻结点中最小关键字移至其双亲结点中，并将双亲结点中小于该最小关键字的前一个关键字移至被删除关键字所在的结点中；或者将左邻结点中最大关键字移至其双亲结点中，并将双亲结点中大于该最大关键字的后一个关键字移至被删除关键字所在的结点中。

④ 将该结点（假定其右邻结点的双亲结点中指向该右邻结点的指针为 P）中剩余的关键字和指针，和 P 的左邻关键字一起合并到该右邻结点中；若该结点没有右邻结点，则按同一思路合并至左邻结点中。若此时双亲结点的关键字数目小于$\lceil m/2 \rceil -1$，则继续按上述思路合并双亲结点。

接下来，按照上述删除过程给出实例（根据被删除关键字所在结点的关键字剩余数目判断相应结点是否需要进行调整）。

① 在图 7-34（a）所示的 3 阶 B-树（m=3）中删除关键字 70。首先找到关键字 70 所在的结点 G，删除该关键字后，结点 G 的关键字数目等于 1（该结点的关键字数目不小于$\lceil m/2 \rceil -1 = 2-1$）。

在删除关键字 70 的操作完成后，结果如图 7-34（b）所示。

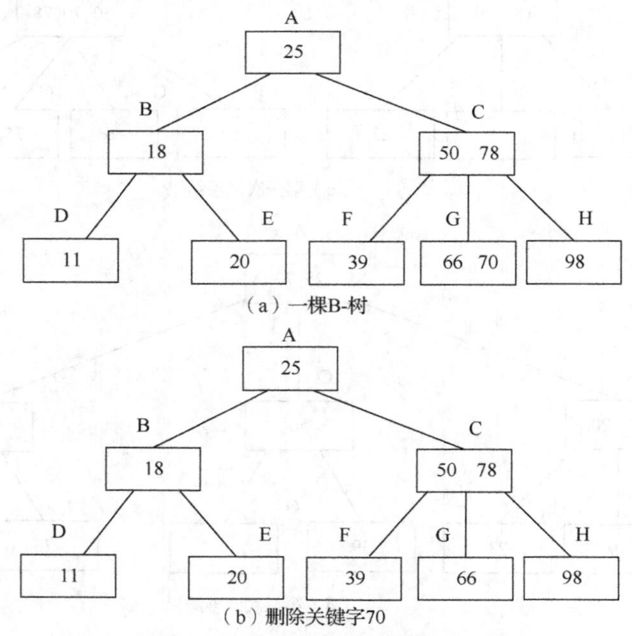

图 7-34　在 B-树中删除关键字 70

② 在图 7-35（a）所示的 3 阶 B-树（m=3）中删除关键字 39。首先找到 39 所在的结点 F，删除关键字后，F 中的关键字数目等于 0（该结点中的关键字数目小于$\lceil m/2 \rceil-1=2-1$），F 的右邻结点 G 中的关键字数目等于 2（右邻结点中的关键字数目不小于$\lceil m/2 \rceil-1=2-1$），如图 7-35（b）所示。

由于 F 中的关键字数目等于 0，此时需调整相应结点的关键字序列，具体如下：将结点 G 的关键字 66 插至双亲结点中，将 F 结点的双亲结点 C 中的关键字 50 插至 F 结点中。

此时，删除关键字 39 的操作完成，结果如图 7-35（c）所示。

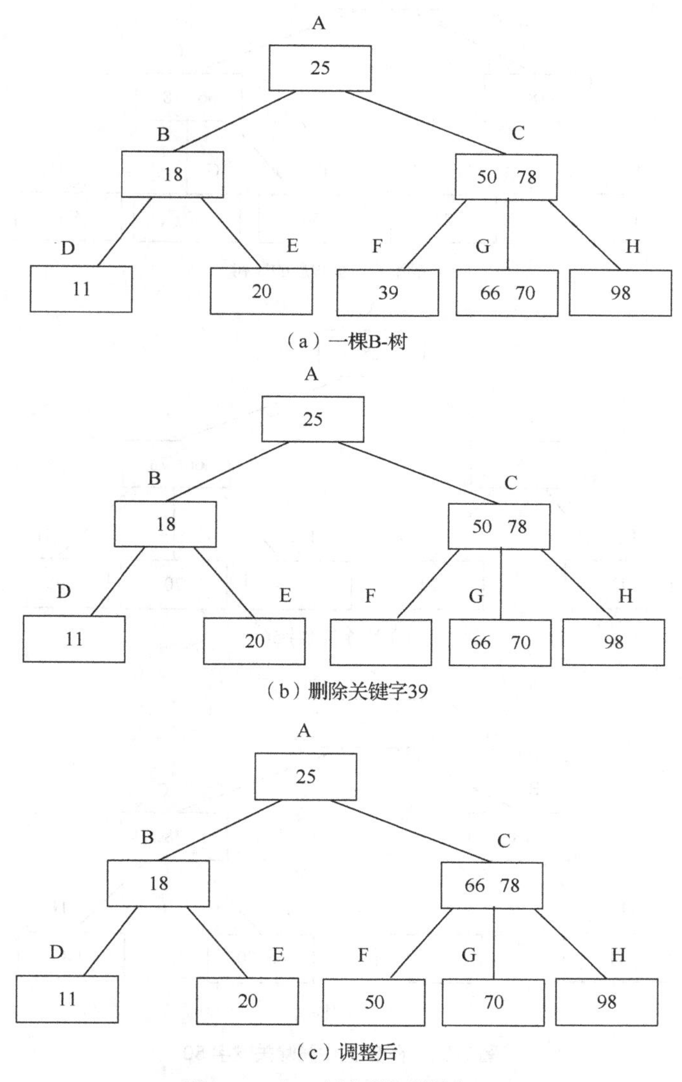

图 7-35 在 B-树中删除关键字 39

③ 在图 7-36（a）所示的 B-树（m=3）中删除关键字 50。首先找到 50 所在的结点 F，删除关键字后，F 中的关键字数目等于 0（该结点中的关键字数目小于$\lceil m/2 \rceil-1=2-1$），F 的右邻结点 G 中的关键字数目等于 1（右邻结点中的关键字数目等于$\lceil m/2 \rceil-1=2-1$），如图 7-36（b）

所示。

由于 F 中的关键字数目等于 0，此时需调整相应结点的关键字序列，具体如下：将 F 中的剩余关键字（此时为空）和其双亲结点 C 中的关键字 66 插至结点 G 中，此时双亲结点 C 中的关键字数目等于 1（双亲结点的关键字数目不小于 $\lceil m/2 \rceil - 1 = 2 - 1$），无须继续调整。

此时，删除关键字 50 的操作完成，结果如图 7-36（c）所示。

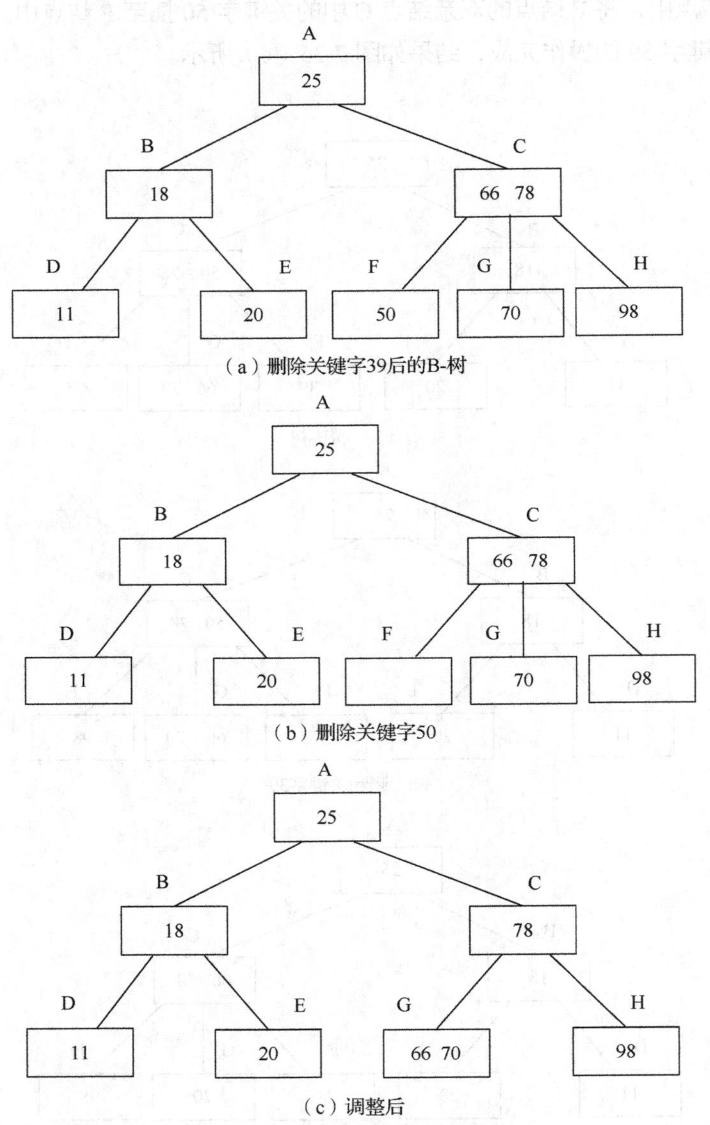

图 7-36　在 B-树中删除关键字 50

④ 在删除关键字 50 后继续删除关键字 20。删除过程与上述删除关键字 50 的过程类似。但由于关键字 20 所在的结点的双亲结点 B 在第一次调整关键字序列后，其关键字数目等于 0（双亲结点的关键字数目小于 $\lceil m/2 \rceil - 1 = 2 - 1$），如图 7-37（c）所示。此时需要按照相同的方法继续第二次调整相应结点的关键字序列，调整后如图 7-37（d）所示。

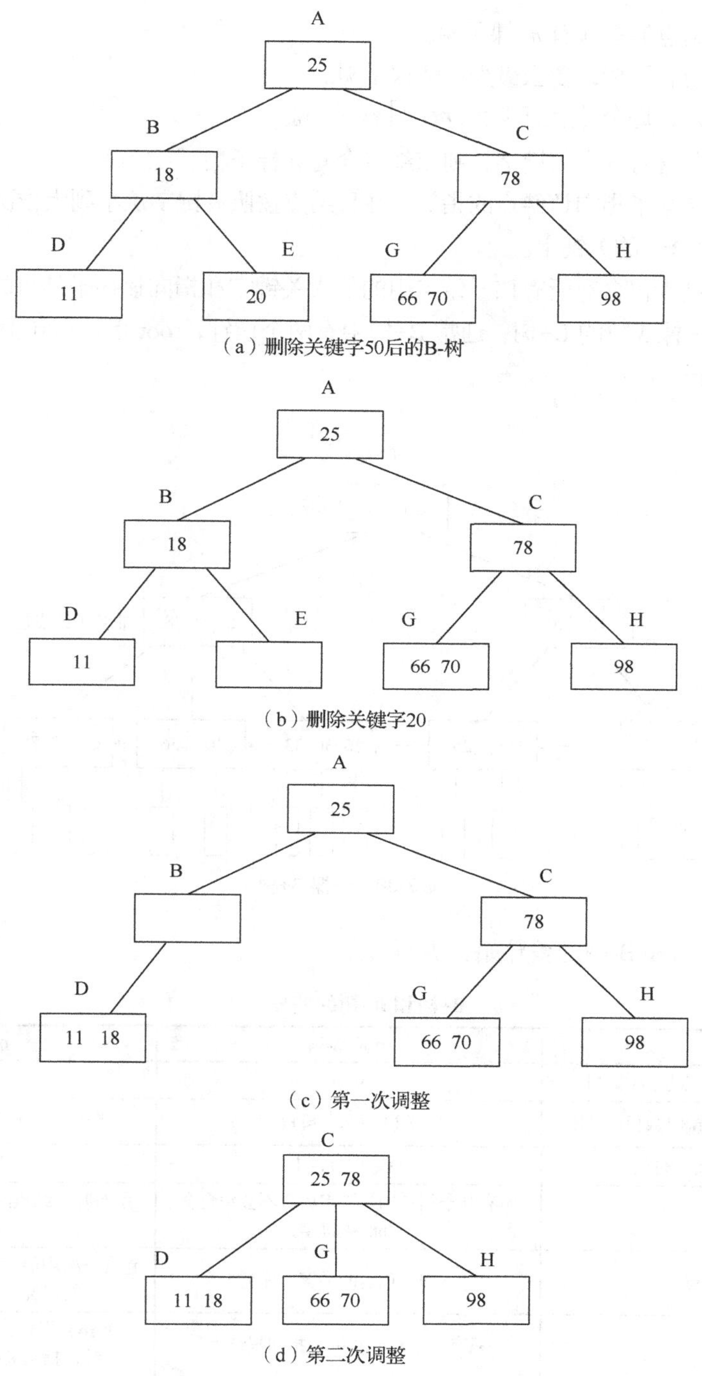

图 7-37　在 B-树中删除关键字 20

4. B+树查找

B+树是 B-树的一种变形树，但比 B-树更适合于操作系统的文件索引和数据库索引。

（1）B+树的定义

一棵 m 阶 B+树满足以下条件。

① 每个非叶子结点最多含有 m 棵子树。

② 根结点要么没有子树，要么最少有两棵子树。

③ 除根结点以外，每个结点至少有 $\lceil m/2 \rceil$ 棵子树。

④ 任一结点中若含有 n 个关键字，则该结点含有 n 棵子树。

⑤ 叶子结点中包含了指向该结点的指针，并且结点按照关键字从小到大依次链接。所有叶子结点的关键字集合包含全部的关键字。

⑥ 所有非叶子结点仅含有所有孩子结点中的最大关键字和指向该孩子结点的指针。

图 7-38 所示的一棵 3 阶的 B+树，通常 B+树中有两个指针，root 指针指向根结点，sqt 指针指向最小关键字所在的叶子结点。

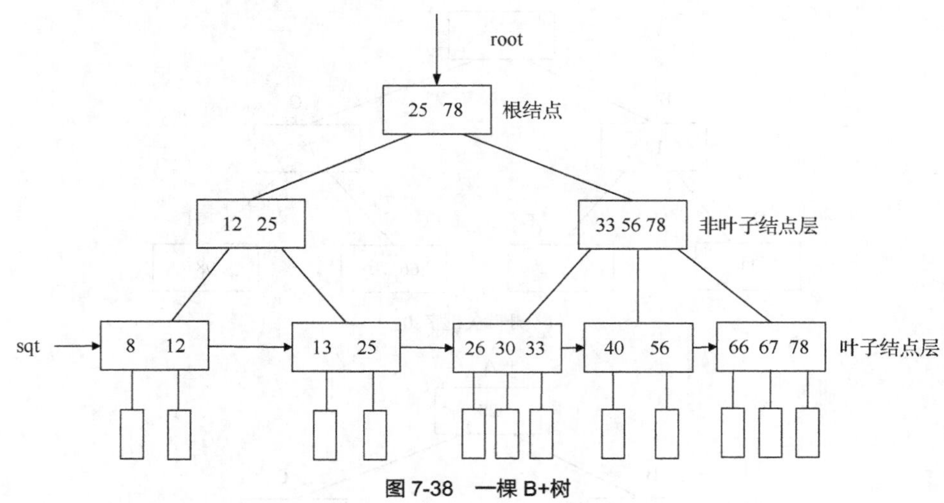

图 7-38 一棵 B+树

一棵 m 阶的 B+树和 B-树的差异如表 7-7 所示。

表 7–7 B+树和 B–树的差异

名称	m 阶 B-树	m 阶 B+树
含有 n 个关键字的结点的子树数目	$n+1$	n
除根结点外的结点的关键字数目的范围	$\lceil m/2 \rceil -1 \leqslant n \leqslant m-1$	$\lceil m/2 \rceil \leqslant n \leqslant m$
根结点的关键字数目的范围	$1 \leqslant n \leqslant m-1$	$2 \leqslant n \leqslant m$
叶子结点	所有叶子结点的关键字集合不会包含全部的关键字	所有叶子结点的关键字集合包含了全部的关键字
非叶子结点	不包含重复的关键字序列	包含子树中最大关键字，发生关键字重复的情况。仅起到索引的作用
头指针	只有一个 root 指针，指向根结点	一个 root 指针，指向根结点；一个 sqt 指针，指向关键字最小的叶子结点

（2）B+树的查找

在 B+树中可以利用 sqt 指针从最小关键字所在的叶子结点开始，顺序查找某一关键字。

在 B+树中执行随机查找时可利用 root 指针从根结点开始查找，和在 B-树中执行随机查找的过程类似。但不同的是，在 B+树中查找关键字时，若在非叶子结点中查找到该关键字并不结束查找操作，而是继续查找直至该关键字所在的叶子结点。因此，不管查找成功与否，在 B+树中随机查找的过程都是经历了一条从根结点到叶子结点的路径。

（3）B+树的插入

在 B+树中插入关键字与在 B-树中插入关键字的过程类似，均是将关键字插至某个叶子结点中。但不同的是，当在一棵 m 阶的 B+树的某一结点中插入关键字后，若结点中的关键字数目大于 m，则需将该结点调整成为两个结点，它们所含关键字的数目分别为 $\lceil (m+1)/2 \rceil$ 和 $\lfloor (m+1)/2 \rfloor$；同时其双亲结点中应包含这两个结点中的最大关键字。若此时双亲结点需调整，则按照上述思路继续调整。

（4）B+树的删除

在 B+树中删除关键字均是在叶子结点中执行的。若删除某一关键字后，该关键字所在的结点的关键字数目小于 $\lceil m/2 \rceil$，则调整过程与 B-树相同；若该关键字是所在结点中最大的关键字，虽然该结点的双亲结点也有这一关键字，但此时不删除双亲结点中的这一关键字。

7.3.2　哈希表查找

本节将讨论哈希表的基本概念、哈希函数的构造方法、哈希冲突的解决方法和哈希表的查找性能分析。

1. 哈希表的基本概念

前面讨论的各种查找元素的方法均是以关键字的比较为基础的，它们的共同特点是比较给定值和查找表中数据元素的关键字大小，查找的效率依赖于与关键字的比较次数。

理想的情况是不做任何的比较就能找到所查的数据元素，此时需将数据元素的关键字及其在查找表中的位置建立关系 H，使得每个关键字与表中唯一的位置相对应。在查找时，若存在某一数据元素的关键字与给定值 key 相等，则可根据关系 H 得到该数据元素在表中的位置为 H(key)。这一查找过程不需要进行任何比较就能找到所查的数据元素，这就是哈希查找的基本思想，我们将关系 H 称为哈希函数，按哈希函数建立的表为哈希表。

例如，假设要建立一张节日与日期关系的统计表，一年中的每个节日为一个记录，记录的各数据项为编号、日期（月-日）、节日。

统计表中的具体记录如表 7-8 所示。

表 7–8　　节日与日期关系的统计表

编号	日期（月-日）	节日
1	1-1	元旦
2	3-8	妇女节
3	3-12	植树节
4	4-1	愚人节
5	5-1	劳动节
6	5-4	青年节

假如按编号依次存储表中的记录，并将编号作为关键字，令其唯一确定记录的位置。例如，日期为 1 月 1 号的记录编号为 1，当要查看 1 月 1 号的节日名时，只需取出第一条记录即可。若以此方式构造哈希表，则哈希函数为 H(key)=key。表 7-9 所示为调用该哈希函数建立的哈希表（以表 7-8 中的编号作为关键字）。

表 7–9　　哈希函数为 H(key)=key 的哈希表

地址	0	1	2	3	4	5	6
编号	空闲	1	2	3	4	5	6
日期（月-日）	空闲	1-1	3-8	3-12	4-1	5-1	5-4
节日	空闲	元旦	妇女节	植树节	愚人节	劳动节	青年节

接下来给出关于哈希表的常用术语。

哈希函数：为某一数据元素的关键字 key 及其在哈希表中存储位置 p 之间建立一个对应关系 H，即 $p=H(\text{key})$，则称关系 H 为哈希函数。

哈希地址：根据哈希函数求得某一数据元素的存储位置 p，将其称作哈希地址（Hash Address）。

冲突和同义词：不同数据元素的关键字通过哈希函数 H 计算可能得到相同的哈希地址，即 $\text{key}_1 \neq \text{key}_2$，而 $H(\text{key}_1)=H(\text{key}_2)$，我们将这种情况称为发生冲突，并将 key_1 和 key_2 称为同义词。

在表 7-8 所示的统计表中，若将日期作为记录的关键字，并将哈希函数定义为取关键字的月份作为哈希函数值，则对应的哈希函数值如表 7-10 所示。

表 7–10　　取日期中的月份作为哈希函数值

编号	日期（月-日）	节日名	哈希函数值
1	1-1	元旦	1
2	3-8	妇女节	3
3	3-12	植树节	3
4	4-1	愚人节	4
5	5-1	劳动节	5
6	5-4	青年节	5

对于日期 3-8，其哈希函数值等于 3，而日期为 3-12 的哈希函数值也为 3。此时发生冲突，即关键字 3-8 和关键字 3-12 为同义词。

这种冲突现象给建立哈希表带来困难，因为若将关键字为 3-8 的记录存到哈希表的位置 3 中，那么关键字为 3-12 的记录应该存到哈希表的什么位置呢？

但若将哈希函数定义为取关键字的月、日之和作为哈希函数值，此时各个记录的哈希函数值如表 7-11 所示。观察该表可知，哈希函数值未发生冲突。

表 7–11　　取日期中的月和日之和作为哈希函数值

编号	日期（月-日）	节日名	哈希函数值
1	1-1	元旦	2
2	3-8	妇女节	11
3	3-12	植树节	15
4	4-1	愚人节	5
5	5-1	劳动节	6
6	5-4	青年节	9

因此，在构建哈希函数时，应该仔细观察关键字的特性，以便求得的哈希地址尽可能地均匀分布在整个地址空间中，从而减少冲突。我们称这种哈希函数为**均匀的哈希函数**。

当冲突不可避免时，应尽可能地减少冲突，并且需要提供解决冲突的办法。

因此，**哈希表**也可做出如下定义：根据设定好的哈希函数 H 和解决冲突的方法，将一组关键字 key 通过哈希函数 H 映射到有限的地址区间内，并将哈希函数值 H(key)作为其存储位置。

装填因子：哈希表中已存入的数据元素个数 n 和哈希表的长度 m 的比值，即装填因子 α 为

$$\alpha = \frac{n}{m}$$

2. 哈希函数的构造方法

构造哈希函数的目标是：关键字的哈希地址应尽可能地均匀分布；计算哈希函数值应该尽可能简单，否则会影响查找的速率。

构造哈希函数的方法有很多种，应该根据具体问题选用具体的哈希函数。构造“好”的哈希函数要考虑的因素有如下几个。

（1）哈希表的长度；

（2）关键字的长度和分布情况；

（3）哈希函数的复杂程度；

（4）关键字所在的记录的查找频率。

下面介绍几种常用构造哈希函数的方法。

（1）直接定址法

直接定址法构造哈希函数的思路是将关键字或关于关键字的某个线性函数值作为哈希地址，即

$$H(\text{key})=\text{key} \text{ 或者 } H(\text{key})=\text{a} \cdot \text{key}+\text{b}$$

其中，a 和 b 为常数。

假设需为某学校高三班级编号和班级人数建立统计表，如表 7-12 所示。

表 7-12　　班级编号和班级人数的统计表

班级编号	1	2	3	…	21
人数	55	68	56	…	108

若将班级编号作为关键字，利用直接定址法构造哈希函数为 H(key)=key，则构建的哈希表如表 7-13 所示。

表 7-13　　哈希函数为 H(key)=key 的哈希表

地址	0	1	2	3	…	21
班级编号	空闲	1	2	3	…	21
人数	空闲	55	68	56	…	108

假设学生信息如表 7-14 所示。

表 7-14　　学生信息

学号	20153030	20153031	20153032	…	20153040	…
姓名	张三	李四	王五	…	赵七	…

若将学号作为关键字，构造哈希函数为 H(key)=key−20153030，则对应的哈希表如表 7-15 所示。

表 7-15　哈希函数为 H(key)=key-20153030 的哈希表

地址	0	1	2	…	10	…
学号	20153030	20153031	20153032	…	20153040	…
姓名	张三	李四	王五	…	赵七	…

直接定址法构造的哈希函数计算简单，所得的哈希地址集合大小和关键字集合大小相同，因此，对于不同的关键字不会发生冲突。当关键字的分布基本连续时，可用这种方法构造哈希函数，但在实际中用得不多。

（2）除留余数法

除留余数法构造哈希函数的思想是将关键字 key 除以一个不大于哈希表长度 m 的数 p，取其余数作为哈希地址，即

$$H(\text{key})=\text{key}\%p$$

其中，%为取模运算。这种方法的关键是选取适当的 p，一般情况下，将 p 设为不大于 m 的最大质数，若选择不当，容易产生同义词。

假定有关键字序列(5,20,64,23,66)，若哈希表长 m=8，取 p=7，则哈希函数为 H(key)=key%7，对应的哈希表如表 7-16 所示。

表 7-16　哈希函数为 H(key)= key%7 的哈希表

地址	0	1	2	3	4	5	6	7
关键字		64	23	66		5	20	

除留余数法构造的哈希函数计算简单，取模运算后能够保证哈希函数值一定在哈希表的地址范围内。这种方法的适用范围非常广，是构造哈希函数最常用的方法。

（3）数字分析法

数字分析法构建哈希函数的思路是分析关键字的每一位上的数字，取分布均匀的若干位作为哈希地址，这样哈希地址的分布情况较为均匀，取的位数由哈希表的长度决定。

例如，假设哈希表的长度 m 为 100，有一组 8 位数的关键字。由于 m=100，则哈希地址位数为两位（0～99），此时可取关键字中分布均匀的两位数字作为哈希地址。分析这组关键字，发现第 6 位和第 7 位数字分布比较均匀，其余几位比较分散，因此选择关键字的第 6 位和第 7 位数字作为哈希地址，如图 7-39 所示。

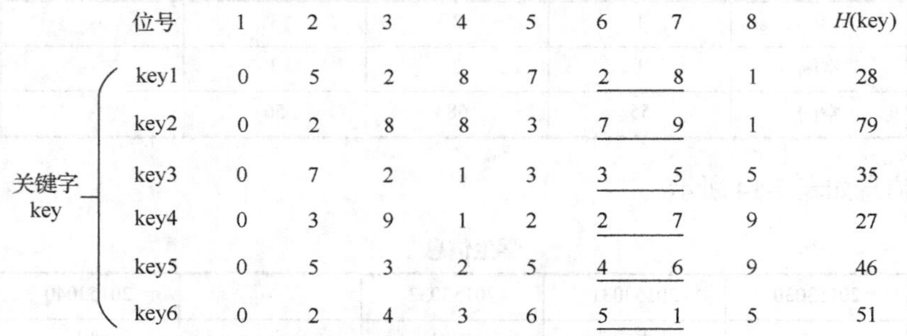

图 7-39　数字分析法取得哈希地址

数字分析法构造哈希函数适用于事先知道关键字的每一位数据的分布情况，且关键字的位数大

于哈希表的地址位数。

（4）平方取中法

平方取中法构造哈希函数的思路是取关键字进行平方运算后的中间几位作为哈希地址，所取的位数由哈希表的长度决定。

通常在选取哈希函数时，不一定了解关键字的全部情况，取其中某几位作为哈希地址也不一定适用。但因为一个数进行平方运算后的中间几位数和该数的每一位都相关，所以随机分布的关键字通过平方取中法得到的哈希地址也是随机的。

假如需要为一系列的标识符构建哈希表，其表长 m 为 100，因此哈希地址的位数为两位（0～99）。假设标识符是以字母开头的字符串，标识符的内部编码的规则为：字母在字母表中的位置序号作为该字母的内部编码，数字的内部编码就是用其本身。如字母 A 的内部编码是 01，数字 1 的内部编码也是 01。根据这种编码规则，可知字符串“HYD1”的内部编码是 08250401。同理可得到“HMB2”“LYB3”“FMD4”的内部编码。对关键字进行平方运算，经过分析后可以取出内部编码的平方后的第 3 位和第 6 位数字作为相应标识符的哈希地址，如表 7-17 所示。

表 7-17　　平方取中法的标识符及其哈希地址

标识符	内部编码	内部编码的平方	哈希地址
HYD1	08250401	068069116660801	89
HMB2	08130202	066100184560804	60
LYB3	12250203	150067473541209	07
FMD4	06130404	037581853203216	71

即使不知道关键字的全部情况，或难于直接从关键字中找到取值较分散的几位，也可以使用平方取中法构造哈希函数。

（5）折叠法

折叠法构造哈希函数的思路是将关键字分割成位数相同的几部分（最后一部分位数可能不同），然后取这几部分的叠加和（舍去最高进位）作为哈希地址，分割的位数由哈希表的长度决定。

根据叠加的方式，折叠法可以分为移位叠加和间界叠加两种。移位叠加是将分割后的每一部分低位对齐相加；间界叠加是指将分割后的数字从一端向另外一端沿分割界来回折叠后再对齐相加。

假设哈希表的长度 m 为 1000，关键字为 243827015。由于 m=1000，则哈希地址位数为 3 位（0～999），此时从左到右按三位数分割关键字得到 3 个部分——243、827、015。按照移位叠加和间界叠加两种折叠方式，求得哈希地址分别为 085 和 986，如图 7-40 所示。

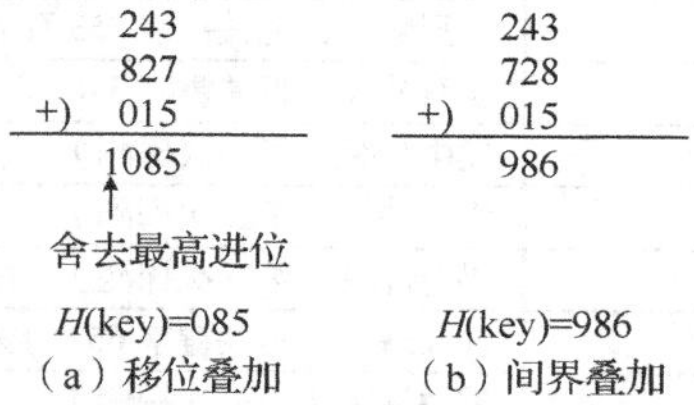

```
     243            243
     827            728
 +)  015        +)  015
 ---------      ---------
    1085            986
    ↑
 舍去最高进位

 H(key)=085      H(key)=986
 （a）移位叠加   （b）间界叠加
```

图 7-40　折叠法求得哈希地址

折叠法构造哈希函数适用于哈希地址位数较少，而关键字位数较多且关键字每一位的数据分布大致均匀。

3. 哈希冲突的解决方法

在构造哈希表时，若冲突不可避免，此时需要提供解决冲突的办法。解决冲突的基本思路是：替发生冲突的关键字寻找新的哈希地址，直至该哈希地址单元是空闲的。处理冲突的办法与哈希表的结构相关，按结构不同，通常分为两类——开放地址法和拉链法。

（1）开放地址法

开放地址法解决冲突的基本思路为：某一关键字为 key 的数据元素通过哈希函数 H 求得的哈希地址为 $p_0=H(\text{key})$，当该数据元素插至哈希表中发生冲突时，则以 p_0 为基础，按照某种方法生成新的哈希地址 p_1，若此时冲突未解决，则按照相同方法生成下一个新的哈希地址，直至 p_k 不再发生冲突（装填因子小于 1 时一定能解决冲突），然后将该数据元素插入。

生成新的哈希地址的方法可用以下公式表示。

$$p_i=(p_0+d_i)\%m$$

其中，$1\leqslant i\leqslant m-1$，$m$ 为哈希表的长度，d_i 为增量序列。根据 d_i 的不同，生成新的哈希地址的方法可分为线性探测法和平方探测法。我们将生成新地址并寻找空闲地址单元的过程称为“探测”，寻找空闲地址单元的次数称为探测次数。

① 线性探测法

线性探测的增量序列 d_i 为

$$d_i=1,2,3,\cdots,m-1$$

由 d_i 的取值可看出：当发生冲突时，从发生冲突的地址单元开始，向后依次探测空闲的地址单元，若探测到最后一个地址单元仍未找到空闲的地址单元，则从哈希表的第一个地址单元开始继续查找，直至冲突解决。

【例 7-1】假设哈希表的长度 m=10，且关键字序列为(357,635,214,753,376,652,369,899)。采用数字分析法构建哈希函数，并使用线性探测法处理冲突。

解：经过分析后可知，本题可采用关键字的第二位数作为哈希地址。构建哈希表的过程如表 7-18 所示。

表 7-18　线性探测法构建哈希表的过程

序号	哈希地址	说明
1	$H(357)=5$	没有冲突，将关键字 357 存入 i=5 的空闲单元，探测 1 次
2	$H(635)=3$	没有冲突，将关键字 635 存入 i=3 的空闲单元，探测 1 次
3	$H(214)=1$	没有冲突，将关键字 214 存入 i=1 的空闲单元，探测 1 次
4	$H(753)=p_0=5$	发生冲突（第一次探测）
	$p_1=(p_0+1)\%10=6$	冲突解决，将关键字 753 存入 i=6 的空闲单元，探测 2 次
5	$H(376)=7$	没有冲突，将关键字 376 存入 i=7 的空闲单元，探测 1 次
6	$H(652)=p_0=5$	发生冲突（第一次探测）
	$p_1=(p_0+1)\%10=6$	仍有冲突（第二次探测）
	$P_2=(p_0+2)\%10=7$	仍有冲突（第三次探测）
	$p_3=(p_0+3)\%10=8$	冲突解决，将关键字 652 存入 i=8 的空闲单元，探测 4 次
7	$H(369)=p_0=6$	发生冲突（第一次探测）
	$p_1=(p_0+1)\%10=7$	仍有冲突（第二次探测）
	$p_2=(p_0+2)\%10=8$	仍有冲突（第三次探测）
	$p_3=(p_0+3)\%10=9$	冲突解决，将关键字 369 存入 i=9 的空闲单元，探测 4 次
8	$H(899)=p_0=9$	发生冲突（第一次探测）
	$p_1=(p_0+1)\%10=0$	冲突解决，将关键字 899 存入 i=0 的空闲单元，探测 2 次

由上述过程构建的哈希表及探测次数如表 7-19 所示。

表 7-19　线性探测法构建的哈希表及探测次数

地址	0	1	2	3	4	5	6	7	8	9
关键字	899	214		635		357	753	376	652	369
探测次数	2	1		1		1	2	1	4	4

线性探测法的优点是：解决冲突简单，若哈希表未满，则总能探测到哈希表的空闲地址单元。但线性探测法容易发生“聚集”现象，即哈希地址不同的关键字试图占用同一个新的地址单元。例如上述例子中的关键字 652 和关键字 369 均试图占用哈希地址为 8 的地址单元。这种现象会使得在处理同义词冲突时加入了非同义词的冲突，从而降低了查找效率。

② 平方探测法

平方探测法的增量序列 d_i 为

$$d_i = 1^2, -1^2, 2^2, -2^2, \cdots, +k^2, -k^2 \quad (k \leqslant m/2)$$

例如，在上述例子中采用平方探测法解决冲突，构建的哈希表和探测次数如表 7-20 所示。

表 7-20　平方探测法构建哈希表的过程

序号	哈希地址	说明
1	$H(357)=5$	没有冲突，将关键字 357 存入 i=5 的空闲单元，探测 1 次
2	$H(635)=3$	没有冲突，将关键字 635 存入 i=3 的空闲单元，探测 1 次
3	$H(214)=1$	没有冲突，将关键字 214 存入 i=1 的空闲单元，探测 1 次
4	$H(753)=p_0=5$	发生冲突（第一次探测）
	$p_1=(p_0+1^2)\%10=6$	冲突解决，将关键字 753 存入 i=6 的空闲单元，探测 2 次
5	$H(376)=7$	没有冲突，将关键字 376 存入 i=7 的空闲单元，探测 1 次
6	$H(652)=p_0=5$	发生冲突（第一次探测）
	$p_1=(p_0+1^2)\%10=6$	仍有冲突（第二次探测）
	$p_2=(p_0-1^2)\%10=4$	冲突解决，将关键字 652 存入 i=4 的空闲单元，探测 3 次
7	$H(369)=p_0=6$	发生冲突（第一次探测）
	$p_1=(p_0+1^2)\%10=7$	仍有冲突（第二次探测）
	$p_2=(p_0-1^2)\%10=5$	仍有冲突（第三次探测）
	$p_3=(p_0+2^2)\%10=0$	冲突解决，将关键字 369 存入 i=0 的空闲单元，探测 4 次
8	$H(899)=9$	没有冲突，将关键字 899 存入 i=9 的空闲单元，探测 1 次

通过上述过程建立的哈希表和探测次数如表 7-21 所示。

表 7-21　平方探测法构建的哈希表和探测次数

地址	0	1	2	3	4	5	6	7	8	9
关键字	369	214		635	652	357	753	376		899
探测次数	4	1		1	3	1	2	1		1

平方探测法的优点是避免了聚集现象，而其缺点是不能保证一定能探测到哈希表的空闲地址单元，因为平方探测法只探测了哈希表一半的地址空间。

（2）拉链法

拉链法解决冲突的思想是将同义词存储在一个单链表中。哈希表的地址单元存储的不再是数据元素，而是各个单链表的头指针。

如图 7-41 所示，哈希表的地址空间范围从 0～m−1 并且其每个地址单元作为存储同义词的单链表的头结点，例如关键字为 key_x 的数据元素和关键字为 key_y 的数据元素的哈希函数值相等，即 $H(key_x)=H(key_x)=p_i$，此时冲突，则将它们存储在以 p_i 作为头指针的单链表中，同理，将关键字为 key_s 的数据元素和关键字为 key_t 的数据元素存储在以 p_j 作为头指针的单链表中。

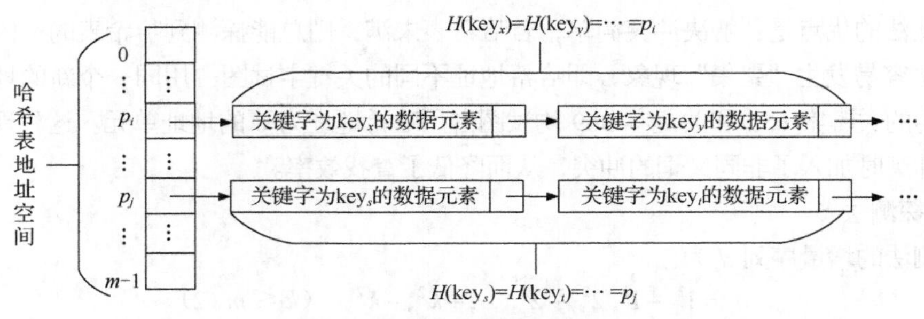

图 7-41　拉链法的哈希地址空间

【例 7-2】假设哈希表的长度为 5，现有关键字序列(5,23,9,8,15)。采用除留余数法构建哈希函数，并使用拉链法解决冲突，试创建哈希表。

解：由于题目要求使用除留余数法构建哈希函数 $H(key)=key\%5$，并使用拉链法解决冲突，构建哈希表的过程如表 7-22 所示。

表 7–22　　**拉链法构建哈希表的过程**

序号	哈希地址	说明
1	$H(5)=0$	没有冲突，将关键字 5 存入以 i=0 为头结点的单链表中，探测 1 次
2	$H(23)=3$	没有冲突，将关键字 23 存入以 i=3 为头结点的单链表中，探测 1 次
3	$H(9)=4$	没有冲突，将关键字 9 存入以 i=4 为头结点的单链表中，探测 1 次
4	$H(8)=3$	发生冲突（第一次探测），将关键字 8 存入以 i=3 为头结点的单链表中，冲突解决，探测 2 次
5	$H(15)=0$	发生冲突（第一次探测），将关键字 15 存入以 i=0 为头结点的单链表中，冲突解决，探测 2 次

由上述过程构建的哈希表如图 7-42 所示。哈希表的地址空间从 0 到 4，每个地址单元作为存储同义词的单链表的头结点，如果没有对应的单链表，则该地址单元置为空指针。

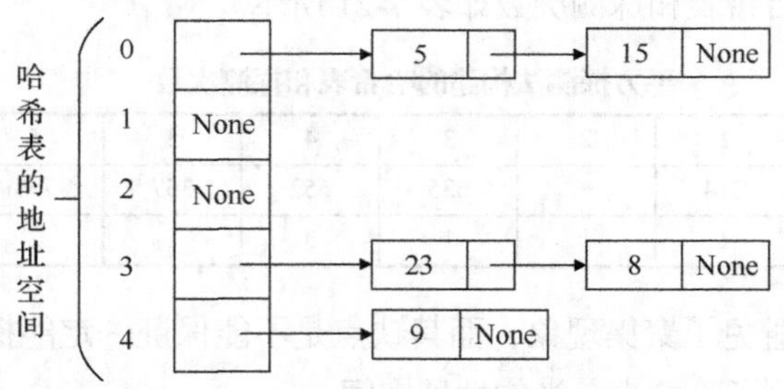

图 7-42　采用拉链法建立的哈希表

与开放地址法相比，拉链法的优点如下。

① 拉链法解决了非同义词之间的冲突，因此，拉链法提高了查找效率。

② 使用拉链法解决冲突时，各地址单元指向的单链表的存储空间是动态申请的，因此，适合提前不清楚表长的情况。

③ 对使用拉链法构造的哈希表执行插入、删除的操作非常简单。

④ 开放地址法要求装填因子必须小于 1，拉链法的装填因子可以大于等于 1，节省了地址空间。

拉链法的主要缺点是指针需要额外的存储空间。

4. 哈希表的查找性能分析

在哈希表中查找元素的基本思路是：对于一个给定值，通过哈希函数求得相应的哈希地址，若该地址内无数据元素，则查找失败；若该地址内存储的关键字等于给定值，则查找成功；若该地址内存储的关键字不等于给定值，则按照解决冲突的方法，求得新的哈希地址，并继续查找。

这也就是说，在哈希表中若查找元素时未发生冲突，则无须将给定值和关键字进行比较，而一旦发生冲突，则仍需将给定值和关键字进行比较，即在哈希表中查找元素时仍可能需要比较。因此，我们可用平均查找长度来衡量哈希表的查找效率，其中，影响哈希表的平均查找长度的因素有：构建的哈希函数；冲突的解决办法；哈希表的装填因子。

虽然哈希函数的好坏在很大程度上决定冲突发生的概率，但在一般情况下，我们假定：对同一组关键字，所有均匀的哈希函数产生冲突的可能性相同，在此时可不考虑哈希函数对平均查找长度的影响。因此，本小节仅讨论解决冲突的不同办法和哈希表的装填因子对平均查找长度的影响。

1. 开放地址法

开放地址法可分为线性探测法和平方探测法，本小节只介绍线性探测法构建哈希表的查找算法。

利用线性探测法解决冲突时，查找同义词的思路是：从冲突的地址单元开始，利用其增量序列 d_i 重新计算关键字的哈希地址，并继续查找。

我们在实现利用线性探测法解决冲突的查找算法时创建文件 ex070302_01.py，在该文件中定义一个用于哈希表基本操作的 HashTableList 类，通过调用该类的成员函数 CreateHashTableList(self, elements)创建一个哈希表（利用线性探测法解决冲突），并调用 SearchHashTableList(self,key)实现基于该哈希表的查找算法，其算法思路如下。

（1）对于给定值，通过哈希函数计算得到相应的哈希地址。

（2）若该地址内无数据元素，则查找失败。

（3）若该地址内存储的关键字等于给定值，则查找成功。

（4）若该地址内存储的关键字不等于给定值，则依次向后查找直到最后一个地址，若仍未找到，则从哈希表的第一个地址开始继续查找，直到遍历完整个哈希表，最后返回查找结果。

上述算法思路对应的算法步骤如下。

（1）对于给定值 key，通过哈希函数计算得到哈希地址 addr。

（2）若 addr 对应的地址内无数据元素，则查找失败。

（3）若 addr 对应的地址中存储的关键字等于给定值，则查找成功。

（4）若 addr 对应的地址中存储的关键字不等于给定值，则向后依次查找直到最后一个地址，若仍未找到，则从哈希表的第一个地址开始继续查找，直到遍历完整个哈希表，最后返回查找结果。

上述算法步骤对应的代码如下。

```
####################################
# 基于线性探测法解决冲突的查找算法
####################################
def SearchHashTableList(self,key):
    iPos=-1
    addr=key%self.length
    temp=addr
    if self.data[addr] is None:
        return iPos
    elif self.data[addr].key is key:
        iPos=addr
        return iPos
    elif self.data[addr].key is not key:
        while addr<=self.length-1:
            if self.data[addr] is None:
                return iPos
            elif self.data[addr].key is not key :
                addr=(addr+1)%self.length
            elif self.data[addr].key is key:
                iPos=addr
                return iPos
        while True:
            i=0
            if self.data[i] is None:
                return iPos
            elif self.data[i].key is not key :
                addr=(i+1)%self.length
            elif self.data[i].key is key:
                iPos=addr
                return iPos
```

算法 7-9　基于线性探测法解决冲突的查找算法

【例 7-3】假设哈希表的长度为 6，现有关键字序列(12,9,15,10,21)，若采用除留余数法构建哈希函数 $H(\text{key})=\text{key}\%5$，并使用线性探测法解决冲突，试创建哈希表。

解：本题要求使用除留余数法构建哈希函数 $H(\text{key})=\text{key}\%5$，并使用线性探测法解决冲突。构建哈希表的过程如表 7-23 所示。

表 7-23　线性探测法构建哈希表的过程

序号	哈希地址	说明
1	$H(12)=2$	没有冲突，将关键字 12 存入 i=2 的空闲单元，探测 1 次
2	$H(9)=4$	没有冲突，将关键字 9 存入 i=4 的空闲单元，探测 1 次
3	$H(15)=0$	没有冲突，将关键字 15 存入 i=0 的空闲单元，探测 1 次
4	$H(10)=p_0=0$	发生冲突（第一次探测）
	$p_1=(p_0+1)\%5=1$	冲突解决，将关键字 10 存入 i=1 的空闲单元，探测 2 次
5	$H(21)=p_0=1$	发生冲突（第一次探测）
	$p_1=(p_0+1)\%5=2$	仍有冲突（第二次探测）
	$p_1=(p_0+2)\%5=3$	冲突解决，将关键字 21 存入 i=3 的空闲单元，探测 3 次

由上述过程构建的哈希表如表 7-24 所示。

表 7-24　线性探测法构建的哈希表

地址	0	1	2	3	4	5
关键字	15	10	12	21	9	

以在哈希表中查找 21 为例，通过哈希函数 *H*(key)=key%5 计算得到哈希地址为 1，其查找过程如图 7-43 所示，一共需 3 次比较才能完成对关键字 key=21 的查找。

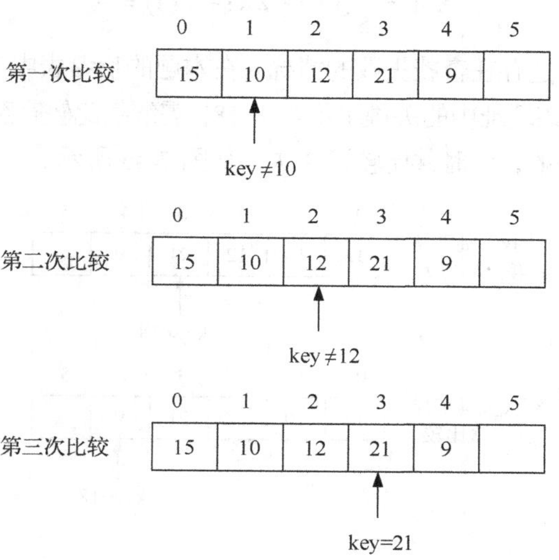

图 7-43 在哈希表中查找 21 的过程

由图 7-43 可知，在本题的哈希表中查找 21 的过程比较了 3 次，类似地，查找 12、9 和 15 比较了 1 次，查找 10 比较了 2 次，如图 7-44 所示。

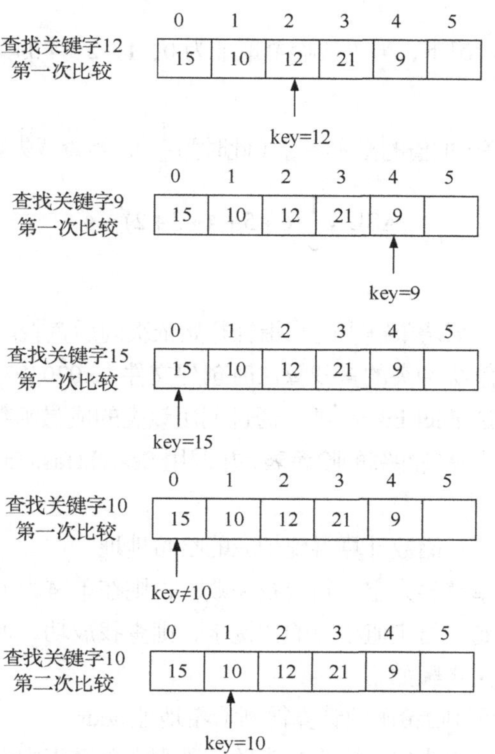

图 7-44 在哈希表中查找值为 12、9、15、10 的过程

假定每个关键字的查找概率相等（此时为$\frac{1}{5}$），当查找成功时，其平均查找长度 ASL 为

$$ASL=\frac{1}{5}(1\times3+2\times1+3\times1)=\frac{8}{5}$$

在哈希表中查找关键字还存在查找失败的情况。在本题的哈希表中查找值为 18 的关键字，计算得到其哈希地址 p=3，由于该地址中的关键字不等于 18，需继续比较直至哈希地址 p=5。由于该地址内无任何内容，因此查找失败，此时共比较了 3 次，如图 7-45 所示。

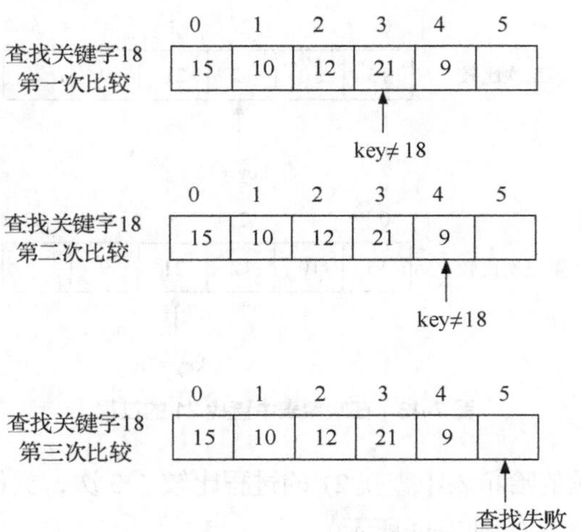

图 7-45 在哈希表中查找值为 18 的过程

类似地，在查找失败的情况下，当查找哈希地址为 0、1、2、4 的某些值时，它们分别比较了 6、5、4、2 次。

假定计算哈希函数得到每个取值的概率相等（此时为$\frac{1}{5}$），当查找失败时，其平均查找长度 ASL 为

$$ASL=\frac{1}{5}(6+5+4+3+2)=4$$

2. 拉链法

利用拉链法解决冲突时，需从单链表的头指针开始依次向后查找。

我们在实现利用拉链法解决冲突的查找算法时创建文件 ex070302_02.py，在该文件中定义一个用于哈希表基本操作的 HashTableLinked 类，通过调用该类的成员函数 CreateHashTableLinked(self, elements)创建一个利用拉链法解决冲突的哈希表，并调用 SearchHashTableLinked(self,key)实现查找算法，其算法思路如下。

（1）对于给定值，通过哈希函数计算得到相应的哈希地址。

（2）若该地址内存储的单链表为空，则查找失败；否则在单链表中继续查找关键字。

（3）若在单链表中查找到与给定值相等的关键字，则查找成功；否则查找失败。

上述算法思路对应的算法步骤如下。

（1）对于给定值 key，通过哈希函数计算得到哈希地址 addr。

（2）若该地址存储的单链表为空，则查找失败；否则在单链表中继续查找关键字。

（3）若在单链表中查找到与 key 相等的关键字，则查找成功；否则查找失败。

上述算法步骤对应的代码如下。

```
##################################
# 基于拉链法解决冲突的查找算法
##################################
def SearchHashTableLinked(self,key):
     iPos=-1
     addr=key%self.length
     if self.data[addr] is None:
           return iPos
     elif self.data[addr].key is key:
            iPos=addr
            return iPos
     elif self.data[addr].key is not key:
           p=self.data[addr]
           while p.next is not None:
               if p.next.key is key:
                    iPos=addr
                    return iPos
               else:
                    p=p.next
           return iPos
```

算法 7-10　基于拉链法解决冲突的查找算法

【例 7-4】假设哈希表的长度为 6，现有关键字序列(12,9,15,10,21)。采用除留余数法构建哈希函数 *H*(key)=key%5，并使用拉链法解决冲突，试创建哈希表。

解：由于题目要求使用除留余数法构建哈希函数 *H*(key)=key%5，并使用拉链法解决冲突，构建哈希表的过程如表 7-25 所示。

表 7–25　　拉链法构建哈希表的过程

序号	哈希地址	说明
1	*H*(12)=2	没有冲突，将关键字 12 存入 *i*=2 为头结点的单链表中，探测 1 次
2	*H*(9)=4	没有冲突，将关键字 9 存入 *i*=4 为头结点的单链表中，探测 1 次
3	*H*(15)=0	没有冲突，将关键字 15 存入 *i*=0 为头结点的单链表中，探测 1 次
4	*H*(10)=0	发生冲突（第一次探测），将关键字 10 存入 *i*=0 为头结点的单链表中，冲突解决，探测 2 次
5	*H*(21)=1	没有冲突，将关键字 21 存入 *i*=1 为头结点的单链表中，探测 1 次

由上述过程构建的哈希表如图 7-46 所示。

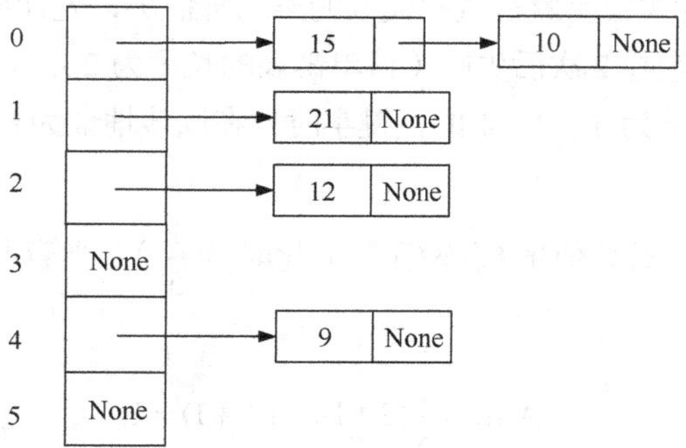

图 7-46　拉链法构建的哈希表

以在哈希表中查找 10 为例，通过哈希函数 $H(\text{key})=\text{key}\%5$ 计算得到哈希地址为 0，其比较过程如图 7-47 所示。

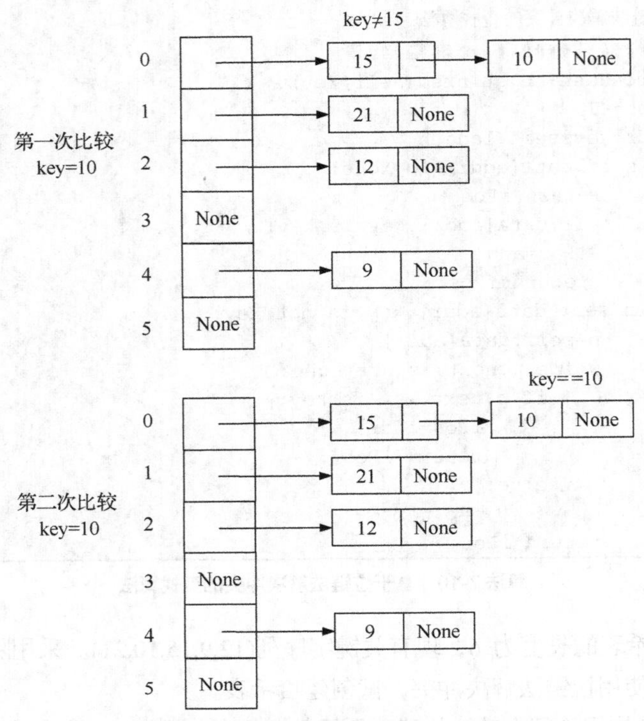

图 7-47　在哈希表中查找值为 10 的过程

在本题中，查找关键字 10 比较了 2 次，类似地，查找关键字 12、9、15 和 21 均比较了 1 次。假定每个关键字的查找概率相等（此时为 $\frac{1}{5}$），当查找成功时，其平均查找长度 ASL 为

$$\text{ASL}=\frac{1}{5}(1\times4+2\times1)=\frac{6}{5}$$

对于使用拉链法构造的哈希表，在查找失败时可分为两种情况：通过哈希函数计算得到的哈希地址内无任何内容；通过哈希函数计算得到哈希地址，在以该地址为表头的单链表中查找失败。

在本题中查找值为 18 的关键字就是查找失败的第一种情况，先通过计算得到哈希地址 p=3，由于该地址内无任何内容，因此查找失败。

在本题中查找值为 25 的关键字就是查找失败的第二种情况，先计算得到哈希地址 p=0，此时在以该地址为表头的单链表中查找 2 次后失败（该单链表的长度为 2），如图 7-48 所示。

类似地，当查找哈希地址为 1、2、4 的关键字时，在以该地址为表头的单链表中查找 1 次后失败（该单链表的长度为 1）。

假定计算得到每个哈希函数值的概率相等（此时为 $\frac{1}{5}$），当查找失败时，其平均查找长度 ASL 为

$$\text{ASL}=\frac{1}{5}(2+1+1+0+1)=1$$

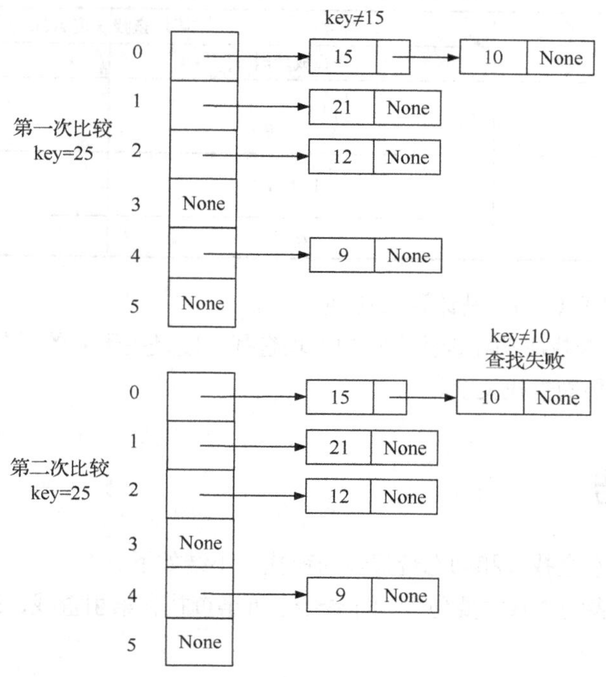

图 7-48　查找值为 25 的关键字

对于开放地址法和拉链法构造哈希表，当关键字序列一样时，若采用相同的哈希函数，无论查找成功或失败，它们的平均查找长度均不同。

假定在哈希表中每个关键字的查找概率相等，则当查找成功时，平均查找长度 ASL 为

$$\text{ASL}=\frac{1}{n}\sum_{i=1}^{n}C_i \tag{7-5}$$

其中，n 为哈希表中关键字的个数，C_i 为查找第 i 个关键字时所需的比较次数。

假定计算得到每个哈希函数值的概率相等，则查找失败时，平均查找长度 ASL 为

$$\text{ASL}=\frac{1}{t}\sum_{i=1}^{t}C_i \tag{7-6}$$

其中，t 为哈希函数所有可能的取值个数，C_i 为哈希函数值为 i 时查找失败时所需的比较次数。

3. 装填因子

由装填因子 α 的表达式（$\alpha=\frac{n}{m}$）可知，α 标志着哈希表的装满程度。

α 越小，则哈希表中已插入的关键字越少，此时再插入关键字时发生冲突的可能性越小。在这种情况下，要查找关键字时，需要比较的次数就越少；反之，α 越大，再插入关键字时发生冲突的可能性越大。此时，要查找关键字时，需要比较的次数就越多。

若仅考虑解决冲突而将 α 设置得很小，此时将会影响哈希表的空间利用率。

因此，为减少冲突的发生和提高哈希表的空间利用率，α 需控制在合适范围内。

在等概率的情况下，采用不同解决冲突的办法构造哈希表，在查找成功和失败时的平均查找长度 ASL 如表 7-26 所示。

表 7-26　　利用不同处理冲突的方法构造的哈希表的 ASL

处理冲突的方法	平均查找长度 ASL	
	查找成功时	查找失败时
线性探测法	$\frac{1}{2}\left(1+\frac{1}{1-\alpha}\right)$	$\frac{1}{2}\left(1+\frac{1}{(1-\alpha)^2}\right)$
平方探测法	$-\frac{1}{\alpha}\ln(1-\alpha)$	$\frac{1}{1-\alpha}$
拉链法	$1+\alpha/2$	$\alpha+e^{-\alpha}$

注意：式（7-5）和式（7-6）是计算 ASL 的方法。

由表 7-26 可看出，查找成功和查找失败的平均查找长度是关于 α 的函数，因此在设计哈希表时可选择合适的 α 来控制平均查找长度。

7.4　本章小结

本章介绍了基于静态查找表和动态查找表的查找，小结如下。

（1）基于静态查找表的查找主要包含顺序查找、折半查找和索引查找，3 者之间的比较如表 7-27 所示。

表 7-27　　顺序查找、折半查找和索引查找的比较

	顺序查找	折半查找	索引查找
查找成功时的 ASL	$(n+1)/2$	$\log_2(n+1)-1$	$\frac{1}{2}\left(t+\frac{n}{t}\right)+1$
特点	算法简单，不要求查找表有序，但查找效率不高	要求查找表有序，查找效率较高	要求索引表有序，查找效率介于顺序查找和折半查找之间
适用情况	任何结构的静态查找表	所有元素有序的静态查找表	分块有序的静态查找表

（2）基于动态表的查找包括二叉排序树查找、平衡二叉树查找、B-树查找、B+树查找、哈希表查找。

① 当二叉排序树是一棵单支树时，其查找效率与顺序查找相同，查找效率最高时的二叉排序树是一棵平衡二叉树，其平均查找长度与 $\log_2 n$ 等数量级。

② 在平衡二叉树中查找关键字的过程与在二叉排序树中查找关键字的过程相同。平衡二叉树的调整方法可分为 LL 型、RR 型、LR 型和 RL 型。

③ 在 B-树中进行查找关键字的过程和在二叉排序树中的查找关键字的过程类似。在 B-树中插入或删除关键字后可能需要调整某些结点的关键字序列。

④ B+树是 B-树的变形树，在 B+树中执行查找、插入和删除操作与在 B-树中执行查找、插入和删除操作类似。

⑤ 哈希表讨论的主要问题是如何构建哈希函数和处理冲突。通过哈希函数和处理冲突的方法构造的哈希表，其平均查找长度取决于哈希表的装填因子。

构造哈希函数最常见的方法是除留余数法，它不仅可以直接对关键字取模，还可以在执行折叠、平方取中等运算后取模。

处理冲突的方法主要分为两类——开放地址法和拉链法，两者之间的比较如表 7-28 所示。

表 7–28 开放地址法和拉链法的比较

解决冲突的方法	开放地址法	拉链法
存储空间	无多余的指针域，存储效率较高	附加指针域，降低了存储效率
查找	可能存在“聚集”现象，查找效率较低	不存在“聚集”现象，查找效率较高
插入或删除	不易实现	易于实现
适用情况	适用于哈希表的长度固定的情况	适用于哈希表的长度不确定的情况

7.5 上机实验

7.5.1 基础实验

基础实验 1 实现顺序查找的算法

实验目的：考察能否正确实现顺序查找，深入理解顺序查找算法。

实验要求：创建名为 ex070501_01.py 的文件，在其中编写一个静态查找表的类，该类必须包含静态查找表的基本操作，同时还要实现顺序查找算法。通过以下步骤测试上述实现是否正确。

（1）初始化一个静态查找表 StaticTable。

（2）判断 StaticTable 是否为空。

（3）将关键字为(1,3,5,9,16,25)的序列依次存入表 StaticTable 中。

（4）遍历 StaticTable，并输出所有元素。

（5）采用顺序查找算法查找关键字为 9 的数据元素。

基础实验 2 实现折半查找的算法

实验目的：考察能否正确实现折半查找，深入理解折半查找算法。

实验要求：创建名为 ex070501_02.py 的文件，在其中编写一个静态查找表的类，该类必须包含静态查找表的基本操作，同时还要实现折半查找算法。通过以下步骤测试上述实现是否正确。

（1）初始化一个静态查找表 StaticTable。

（2）判断 StaticTable 是否为空。

（3）将关键字为(9,17,25,39,42,53)的序列依次存入表 StaticTable 中。

（4）遍历 StaticTable，并输出所有元素。

（5）采用折半查找算法查找关键字为 17 的数据元素。

基础实验 3 实现索引查找的算法

实验目的：考察能否正确实现索引查找，深入理解索引查找算法。

实验要求：创建名为 ex070501_03.py 的文件，在其中编写一个静态查找表的类，该类必须包含静态查找表的基本操作，还需定义一个索引表的类，该类必须包含索引表的基本操作。在静态查找表的类中实现索引查找算法，并通过以下步骤测试上述实现是否正确。

（1）初始化一个静态查找表 StaticTable。

（2）将关键字为(8,3,5,10,16,25,28,35,30,56,40,55)的序列依次存入 StaticTable 中。

（3）根据 StaticTable 生成索引表 IndexTable。

（4）遍历 StaticTable 内所有元素。

（5）遍历 IndexTable 内所有元素。

（6）采用索引查找算法查找关键字为 16 的数据元素。

基础实验 4　实现二叉排序树的查找算法

实验目的：考察能否正确实现二叉排序树的查找，并深入理解二叉排序树的查找算法。

实验要求：创建名为 ex070501_04.py 的文件，在其中编写一个二叉排序树的类，该类必须包含二叉排序树的基本操作，同时实现二叉排序树的查找算法。通过以下步骤测试上述实现是否正确。

（1）初始化一个二叉排序树 BSTree。

（2）使用关键字为(4,9,5,11,25,3,12,17,1,32,20,15)的序列创建一棵二叉排序树。

（3）中序遍历 BSTree 并输出。

（4）查找关键字为 17 的结点。

（5）查找关键字为 38 的结点。

基础实验 5　实现哈希表查找的算法

实验目的：考察能否正确实现哈希表的查找，并深入理解哈希表查找算法。

实验要求：创建名为 ex070501_05.py 的文件，在其中编写一个哈希表的类，该类必须包含哈希表的基本操作，同时实现哈希表的查找算法。通过以下步骤测试上述实现是否正确。

（1）初始化一个哈希表 HashTable。

（2）利用除留余数法构建哈希函数，并使用开放地址法解决冲突，将关键字为(12,9,15,10,8,21,3,29,30,11,40,7)的序列依次存入哈希表中。

（3）使用哈希表查找的算法查找关键字为 15 的数据元素。

7.5.2　综合实验

综合实验 1　静态查找

实验目的：深入理解静态查找表。

实验背景：在阅读英文文章时，经常会遇到不认识的单词，通常需要查询这些英文单词。现给定一份包含英文单词的文件，文件中的单词按照从“a”到“z”的顺序排列，由用户输入一个待查找的单词，请分别使用顺序查找、折半查找和索引查找算法来进行该单词的查找。

实验内容：创建名为 ex070502_0101.py、ex070502_0102.py、ex070502_0103.py 的文件，分别在其中编写 3 种算法的程序，具体如下。

（1）打开包含英文单词的文件，读取其中所有的英文单词。

（2）将所有的英文单词依次存入一个顺序表 ST 中。

（3）由用户输入一个单词，分别利用顺序查找、折半查找和索引查找算法查找该单词。

（4）对这 3 种算法的性能进行比较。

实验提示：

（1）索引查找算法需要先创建索引表，索引项中的关键字为“a”到“z”的字母，查找该单词时，先在索引表中查找以确定该单词所在的范围。

（2）在性能比较时，可从查找单词花费的时间和所需占用的存储空间等方面进行考虑。由于顺序查找表不要求表中数据有序，而折半查找要求表中所有数据有序，索引查找要求索引表中数据有序，因此在比较 3 种算法的性能时，需考虑上述因素。

综合实验2 动态查找表

实验目的：深入理解二叉排序树。

实验背景：现有一篇英文文章，我们需要在该文章中查找出现指定次数的单词。在实现时，首先统计该文章中各单词出现的次数，然后根据各单词出现的次数创建二叉排序树，最后在二叉排序树中查找出现某一次数的单词。请利用二叉排序树完成以上操作。

实验内容：创建名为ex070502_02.py的文件，在其中编写查找次数的程序，具体如下。

（1）根据各单词在文章中的出现次数创建一棵二叉排序树。

（2）在二叉排序树中查找出现次数为3的结点。

（3）在二叉排序树中查找出现次数为8的结点。

（4）在二叉排序树中查找出现次数为16的结点。

实验提示：

（1）若有多个单词出现的次数一样，则将每一个单词存储到一个结点中，并将这些结点连接起来形成链表，或者将这些单词作为字符串存入结点中，单词和单词之间以空格分隔。

（2）若查找失败，则将出现的次数设置为0。

综合实验3 哈希表

实验目的：深入理解哈希表解决冲突的办法。

实验背景：某高校为庆祝建校100周年，学校全天免费赠送学生礼物。礼物的发放在食堂进行，其规则为：每名学生进入食堂之前发一张卡片，卡片上印有领取礼物的窗口号和礼物种类。当食堂处于就餐高峰期时，仅将不同种类的礼物存放在某一个窗口，当学生来领取礼物时该窗口员工找到相应礼物赠送给学生；当就餐人流退去时，将每种礼物存放在不同窗口，学生根据卡片上的序号到相应窗口领取礼物，若该窗口没有卡片上的礼物，则到下一个窗口领取，依次类推。请借助于哈希表来实现领取礼物的活动。

实验内容：创建名为ex070502_0301.py和ex070502_0302.py的文件，在其中分别编写模拟就餐高峰期和就餐人流退去时领取礼物活动的程序，具体如下。

（1）假设有5种礼物，每种礼物的编号分别为1、2、3、7、9。每种礼物领完后补齐。

（2）当就餐人数较多时，可将领取礼物的窗口数设为4。此时用除留余数法构建哈希函数，拉链法解决冲突，利用哈希表的查找模拟领取礼物。

（3）当就餐人流退去时，领取礼物的窗口数增加为6。此时利用除留余数法构建哈希函数，线性探测法解决冲突，利用哈希表的查找功能模拟领取礼物。

习题

一、选择题

1. 在下列查找方法中，适用于静态查找的方法有（　　）。

   A. 折半查找、二叉排序树查找　　B. 折半查找、索引查找

   C. 二叉排序树查找、顺序查找　　D. 哈希表查找、索引查找

2. 对含有10个数据元素的有序查找表执行折半查找，当查找失败时，至少需要比较（　　）次。

   A. 2　　B. 3　　C. 4　　D. 5

3. 下列选项中（　　）可能是在二叉排序树中查找 35 时所比较的关键字序列。

A. 2,25,40,39,53,34,35　　B. 25,39,2,40,53,34,35

C. 53,40,2,25,34,39,35　　D. 39,25,40,53,34,2,35

4. 在平衡二叉树中，每个结点的平衡因子的取值范围为（　　）。

A. −1～1　　B. 0～1　　C. −2～2　　D. −2～1

5. 下列关于 B-树和 B+树的叙述中，不正确的一项是（　　）。

A. 都是平衡多叉树　　B. 都可用于文件的索引结构

C. 都能有效地支持顺序检索　　D. 都能有效地支持随机检索

二、填空题

1. 对含有 *n* 个元素的查找表执行顺序查找时，假定每个元素的查找概率相同，其平均查找长度为____________。

2. 插入结点后引起 AVL 树失去平衡的调整方式分别为__________、____________、____________、_________。

3. *m* 阶 B-树的非叶子结点至多有__________个关键字。

4. 构造哈希函数最常用的方法是_______________。

5. 解决哈希冲突的两类方法是___________、_______。

三、编程题

1. 将静态查找表中的 self.data[−1]作为“哨兵”，把关键字等于给定值的数据元素存入其中，实现顺序查找算法。

2. 请实现折半查找的递归算法。

3. 请编写算法实现在索引表中利用折半查找确定给定值所在的子表范围。

4. 请编写算法实现判断一棵二叉树是否为二叉排序树。

5. 请按照字母表创建一棵二叉排序树。

6. 在二叉排序树中查找关键字为 key 的结点，若查找成功则返回该结点所在的层次数，否则将创建关键字为 key 的结点，将该结点插入二叉排序树中并保证插入结点后的二叉树仍旧是一棵二叉排序树。

7. 对于一个给定的关键字，在二叉排序树中查找到该关键字所在的结点并删除该结点的双亲结点。

8. 请实现对某一关键字序列利用数字分析法构建哈希函数（假设此时没有冲突发生）并创建相应的哈希表。

9. 请尝试实现利用平方探测法解决冲突并构建哈希表。

10. 继续上一题，请实现在哈希表中删除关键字的算法（请注意，关键字不能直接删除，否则影响同义词的查找）。

08 第8章　内排序

排序是处理数据时经常使用的重要运算之一，在本章中我们将详细地介绍几种常用的排序方法并对它们做简单比较。

8.1 排序的基本概念

排序是把数据元素序列或记录表整理成按排序码递增或递减的过程，它在“数据结构”课程中具有十分重要的地位。

例如：某高校博士研究生入学考试总成绩为[187,168,193,166,187,156]的数据元素序列，研招办需将这一成绩从高到低进行排序，从而完成博士研究生录取工作。又如：表 8-1 是小学二年级某班期末考试成绩表，该表中含有每个学生的学号、姓名、语文和数学成绩，它们均可作为关键字来进行排序。如果我们需要统计该班学生中语文课程及格总人数，可将表 8-1 按语文成绩从高到低来排序，然后我们只需在上述有序序列中找到语文成绩为 59 分（分数均为整数）的第一个同学，排在该同学前面学生的数量即语文课程及格的总人数。

表 8–1　　小学二年级某班期末考试成绩表

序号	学号	姓名	语文	数学	总分
0	1018	张三	80	78	158
1	1002	李四	89	76	165
2	1090	王五	78	78	156
…	…	…	…	…	…
n−1	1020	赵六	92	88	180

事实上，排序在日常生活中无处不在，从我们列队时由高到矮排序，到网上购物时按销售量由高到低对待购商品进行选择，再到邮箱中邮件列表按时间先后排序等。因此，深入研究各种排序算法是一件非常有意义的事情，而作为计算机专业人员，必须认真学习这些排序算法，从而熟练掌握并应用它们。

我们首先来学习排序的相关术语。

（1）**排序码**：排序码是排序的依据，通常它可以为某一数据序列，或者是记录的一个或多个属性。

（2）**关键字**：能够唯一标识一个记录的字段，有时也被称为关键码。通常排序码可以作为关键字，关键字也可以作为排序码。

（3）**有序序列和无序序列**：一组按排序码非递减或非递增的顺序排列的记录称为有序序列，反之则称为无序序列。

（4）**稳定的与不稳定的排序方法**：若按关键字排序，任何一个记录序列经排序后得到的结果均是唯一的；若按非关键字排序，则排序结果可能不唯一，因为待排序的记录序列中可能存在两个或两个以上相等的排序码。例如：在表 8-1 中，我们以数学成绩这一字段为排序码时，对应的序列为[78,76,78,…,88]，即存在两个数学成绩均为 78 的同学。

如果待排序的记录序列中存在多个排序码相同的记录，经过排序后，这些具有相同排序码的记录之间的相对次序保持不变，则我们认为该排序方法是稳定的；若具有相同排序码的记录之间的相对次序发生了变化，则认为该排序方法是不稳定的。

在上例中，稳定的排序方法会使学号为 1018、姓名为张三的学生经过排序之后仍然保持在学号为 1090、姓名为王五的学生的前面；而不稳定的排序方法有可能会使学号为 1090、姓名为王五的学生经过排序之后出现在学号为 1018、姓名为张三的学生的前面。

（5）**内部排序和外部排序**：由于待排序的记录所占的存储空间是无法预先估计的，有时因为其所需的存储空间超过了计算机内存的大小，导致排序时内存一次无法容纳全部待排序记录而需要操作系统将若干记录放在外部存储器上，因此可将排序算法分为两大类，即内部排序（简称内排序）和外部排序（简称外排序）。若整个排序过程完全在内存中进行，那么该排序被称为内部排序；而因数据量过大需要借助外部存储设备才能完成的排序，则被称为外部排序。

为了在本章中更好地讨论各种排序算法，我们首先给出排序的一个定义。

给定一个含有 n 个记录的序列为

$$\{S[1],S[2],S[3],S[4],S[5],\cdots,S[n]\}$$

其排序码分别为

$$\{K[1],K[2],K[3],K[4],K[5],\cdots,K[n]\}$$

确定 $1,2,\cdots,n$ 的一种排列 $k_1,k_2,\cdots,k_n$，将这些排序码排成如下顺序的一个序列。

$$\{K[k_1],K[k_2],K[k_3],K[k_4],K[k_5],\cdots,K[k_n]\}$$

同时使它们满足以下非递减或非递增的关系。

$$K[k_1]\leqslant K[k_2]\leqslant K[k_3]\leqslant K[k_4]\leqslant K[k_5]\leqslant\cdots\leqslant K[k_n]$$

或

$$K[k_1]\geqslant K[k_2]\geqslant K[k_3]\geqslant K[k_4]\geqslant K[k_5]\cdots\geqslant K[k_n]$$

排序是指使序列

$$\{S[1],S[2],S[3],S[4],S[5],\cdots,S[n]\}$$

成为一个按排序码有序的序列

$$\{S[k_1],S[k_2],S[k_3],S[k_4],S[k_5],\cdots,S[k_n]\}$$

的过程。

注意：在本章中，若无特别说明，均遵循如下原则。

（1）在创建序列时，均将该序列的第一个记录（即指在算法实现时下标为 0 的记录）对应的存储空间保留。

（2）对于任意待排序序列，在执行完某一排序算法后，其排序码满足非递减的关系。我们将这一非递减关系称为正序，反之，称为逆序。

（3）在实现时，每个记录对应一个 ListItem 结点，其中 ListItem 的构造函数如表 8-2 所示。

表 8–2　ListItem 类的构造函数

序号	名称	注释
1	__init__(self)	初始化结点（构造函数）

ListItem 类初始化结点的具体实现代码如下。

```
class ListItem(object):
    def __init__(self,key,value):
        self.key=key
        self.value=value
```

算法 8-1　初始化结点方法

其中 key 为排序记录的关键字，value 为记录的其他信息。

（4）定义 SortSequenceList 类用于对序列进行基本操作，如表 8-3 所示。

表 8-3　SortSequenceList 类中的成员函数

序号	名称	注释
1	__init__(self)	初始化顺序表（构造函数）
2	CreateSequenceListByInput(self,nElement)	创建一个序列
3	TraverseElementSet(self)	遍历序列中所有记录

（5）待排序记录至少存在以下 3 种存储方式。

① 顺序存储：在这一存储方式中，要求待排序的记录存放在地址连续的存储单元上，也就是说，在序列中相邻的两个记录 S[i]和 S[i+1]（i=1,2,3,…），其存储位置也是相邻的。在这种存储方式中，记录的先后顺序决定其存储位置，因此排序时通常需移动记录。

② 链式存储：在链式存储中，我们通常将待排序的记录存放在静态链表中，记录之间的先后次序是通过指针来指示的，排序时仅需修改指针的指向即可，而不需要移动任何记录。

③ 地址存储：待排序的记录存储在地址连续的存储单元内，同时使用地址向量来指示这些记录的存储位置，排序时仅移动地址向量中这些记录的存储位置，排序后再按照地址向量中的值（即这些记录的存储位置）来调整记录的存储位置。

（6）待排序序列的抽象数据类型的定义如表 8-4 所示。

表 8-4　待排序序列的抽象数据类型的定义

数据对象	具有相同特性的数据元素的集合		
数据关系	待排序列表中除表头和表尾元素以外，其他所有元素都有唯一的先驱和后继		
基本操作	序号	操作名称	操作说明
	1	InitList(List)	初始条件：无。 操作目的：构造新的待排序列表。 操作结果：待排序列表 List 被构造
	2	DestoryList(List)	初始条件：待排序列表 List 存在。 操作目的：销毁待排序列表 List。 操作结果：待排序列表 List 不存在
	3	InsertSort(List)	初始条件：待排序列表 List 存在。 操作目的：对 List 进行直接插入排序。 操作结果：待排序列表 List 有序
	4	BinaryInsertSort(List)	初始条件：待排序列表 List 存在。 操作目的：对 List 进行折半插入排序。 操作结果：待排序列表 List 有序
	5	ShellSort(List)	初始条件：待排序列表 List 存在。 操作目的：对 List 进行希尔排序。 操作结果：待排序列表 List 有序
	6	TableInsertSort(List)	初始条件：待排序列表 List 存在。 操作目的：对 List 进行表插入排序。 操作结果：待排序列表 List 有序
	7	BubbleSort（List）	初始条件：待排序列表 List 存在。 操作目的：对 List 进行冒泡插入排序。 操作结果：待排序列表 List 有序

续表

	序号	操作名称	操作说明
基本操作	8	QuickSort(List)	初始条件：待排序列表 List 存在。 操作目的：对 List 进行快速排序。 操作结果：待排序列表 List 有序
	9	SelectSort(List)	初始条件：待排序列表 List 存在。 操作目的：对 List 进行选择排序。 操作结果：待排序列表 List 有序
	10	HeapSort(List)	初始条件：待排序列表 List 存在。 操作目的：对 List 进行堆排序。 操作结果：待排序列表 List 有序
	11	MergeSort(List)	初始条件：待排序列表 List 存在。 操作目的：对 List 进行归并排序。 操作结果：待排序列表 List 有序
	12	RadixSort(List)	初始条件：待排序列表 List 存在。 操作目的：对 List 进行基数排序。 操作结果：待排序列表 List 有序
	13	TraverseList (List)	初始条件：待排序列表 List 存在。 操作目的：将待排序列表中所有元素逐一输出。 操作结果：表中所有元素被逐一输出

8.2 插入排序

插入排序是指每次把一个待排序的记录插至有序的文件中去，使得有序的文件在插入这个记录之后仍然保持有序，此时该有序文件的总记录数会加 1，直到所有待排序记录全部插入完成为止。目前成熟的插入排序方法非常多，本节我们仅介绍直接插入排序、折半插入排序、希尔排序和表插入排序。

8.2.1 直接插入排序

直接插入排序的思路是：先将序列的第一个记录看成一个有序的子序列，然后从第二个记录开始逐个进行插入，直至整个序列有序为止。在排序时，我们将整个序列划分成两部分——有序部分和无序部分。每次从序列的无序部分取出第一个记录，把它插至序列的有序部分的合适位置，使该序列的有序部分仍然保持有序。

需要注意的是，在插入时如果有某个记录的关键字小于所有其他记录的关键字，这时就可能出现下标越界的错误，为了既不出错又节省时间，我们可以在序列前插入一个记录当作哨兵，它就是排序时每一趟待插入的记录，这样就保证了在查找的过程中不产生越界的情况。

哨兵用于在查找循环中“监视”下标变量是否越界，哨兵可以和待插入记录直接比较，从而避免了在该循环内每一次均要检测下标是否越界，使得效率大大提高。

我们在实现直接插入排序算法时创建文件 ex080201.py，在该文件中定义一个用于顺序表基本操作的 SortSequenceList 类。

我们调用 SortSequenceList 类的成员函数 CreateSequenceListByInput(self,nElement)创建一个序列。

调用 InsertSort(self)对该序列实现直接插入排序，其算法思路如下。

（1）首先将该序列分为有序部分和无序部分，并默认该序列第一个记录有序。

（2）然后从该序列的第二个记录开始，直到最后一个记录（无序部分）均执行步骤（3）～（7）。

（3）将该序列中下标为 0 的记录当作哨兵，并将无序部分的第一个记录复制给哨兵。

（4）从当前记录（有序部分的最后一个记录）开始直到哨兵记录执行（5）。

（5）若当前记录大于哨兵记录，则执行（6）；否则执行（7）。

（6）将当前记录后移一位，并转（4）。

（7）将哨兵记录复制到适当位置，完成一趟排序。

例如，对于一个无序的序列[K(101),K(843),K(206),K(156),K(423),K(366),K(624)]，在执行直接插入排序过程中，默认将第一个记录看成有序的，即只包含一个记录[K(101)]的序列，在这之后我们将第二个记录 K(843)插入上述序列，因为 K(101) < K(843)，所以我们将它插至 K(101)序列的后面，从而使其成为有两个记录的有序序列[K(101),K(843)]。

同理，我们再将第三个记录按从右到左的顺序逐个比较找到合适的插入位置，由于 K(101)<K(206)<K(843)，所以记录 K(206)需要插至[K(101),K(843)]的中间使之成为一个新的有序序列[K(101),K(206),K(843)]。

上述算法思路对应的算法步骤如下。

（1）调用 len()方法获取当前序列总长度，存入变量 SeqListLen 中。

（2）调用 range()方法从第二个记录到第 SeqListLen-1 个记录，执行（3）～（8）。

（3）先将 self.SeqList[0]设定为哨兵记录，再将当前记录的关键字存入哨兵记录的关键字中。

（4）将当前记录的下标存入变量 index 中。

（5）当 self.SeqList[index-1].key 大于哨兵记录的关键字时，执行（6）；否则执行（8）。

（6）将 self.SeqList[index-1].key 复制到 self.SeqList[index].key 中。

（7）然后将 index 减 1，并执行（5）。

（8）将哨兵记录的关键字复制到 self.SeqList[index].key，则完成一趟插入排序。

（9）结束当前排序过程。

根据以上算法步骤，直接插入排序算法的实现代码如下。

```
1    ###############################
2    #直接插入排序
3    ###############################
4    def InsertSort(self):
5         SeqListLen=len(self.SeqList)
6         for i in range(2,SeqListLen):
7              self.SeqList[0].key=self.SeqList[i].key
8              index=i
9              while self.SeqList[index-1].key>self.SeqList[0].key:
10                  self.SeqList[index].key=self.SeqList[index-1].key
11                  index=index-1
12             self.SeqList[index].key=self.SeqList[0].key
```

算法 8-2　直接插入排序

在上述算法中，第 9 行～第 11 行代码，利用哨兵记录防止下标越界，然后把无序序列中第一个记录从右往左逐个与有序序列记录比较，直到找到合适的插入位置，最后将待排序记录插至合适位置。

例如，调用 CreateSequenceListByInput(self,nElement)方法，通过输入[101,843,206,156,423,366,624]。

创建一个无序的序列，该序列在执行 InsertSort(self)后的结果如图 8-1 所示。

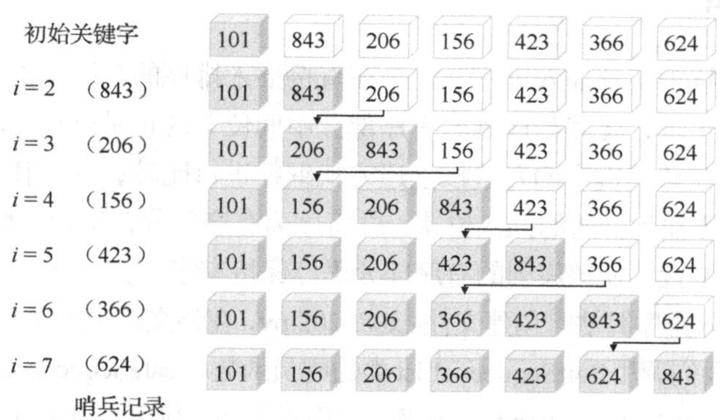

图 8-1　直接插入排序运行结果

通过观察直接插入排序的过程，我们可以看到这一算法为稳定的排序算法。

接下来分析该算法的时间复杂度。我们知道排序算法的时间复杂度主要由两方面来决定——关键字的比较次数和记录移动的次数。

对于算法 8-2 而言，假设有 n 个待排序记录，当所有关键字在未排序之前已经符合排序要求（即为正序），那么在每一次循环中我们只需要比较一次即可，此时关键字比较的总次数为最小值 Compare(min)，即

$$\text{Compare(min)} = n-1$$

而且不需要移动任何记录，因此移动次数最少，为 Move(min)，即

$$\text{Move(min)}=0$$

如果在未排序之前所有关键字是非递增的序列，那么关键字的比较次数为最大值 Compare(max)，即

$$\text{Compare(max)} = \sum_{i=1}^{n-1}(i) = \frac{n\times(n-1)}{2} = \frac{n^2-n}{2}$$

此时记录需要移动的次数最多，其值可表示为 Move(max)，即

$$\text{Move(max)} = \sum_{i=2}^{n}(i+1) = \frac{(n+4)\times(n-1)}{2} = \frac{n^2+3n-4}{2}$$

由于待排序记录是随机产生的，从理论上来说，所有待排序记录的排列符合均匀分布，因此我们可以取上述最大值与最小值的平均值作为该算法的时间复杂度。

上述关键字的比较次数的平均值 Compare(average)=(Compare(max)+Compare(min))/2，即

$$\text{Compare(average)} = \frac{(n-1)+\dfrac{n^2-n}{2}}{2} = \frac{n^2+n-2}{4} = \text{O}(n^2)$$

上述记录的移动次数的平均值 Move(average)=(Move(max)+ Move(min))/2，即

$$\text{Move(average)} = \frac{0+\dfrac{n^2+3n-4}{2}}{2} = \frac{n^2+3n-4}{4} = \text{O}(n^2)$$

综上所述，直接插入排序算法的时间复杂度为 $O(n^2)$。

算法 8-2 中使用了辅助变量 i、index、SeqListLen 和哨兵记录，与问题规模无关，因此其空间复杂度为 O(1)。

8.2.2 折半插入排序

折半插入排序也被称为二分插入排序，它是在直接插入排序的基础上做以下改进：每次从序列的无序部分取出第一个记录，将其与序列的有序部分中间位置的记录进行比较，如果比中间位置上的记录的关键字大，则在该关键字的右边按上述方式继续进行比较；否则在该关键字的左边按上述方式继续进行比较。直至找到合适的插入位置，并将序列有序部分该位置之后的记录向后移动一位，最终将该记录插入上述位置，使该序列的有序部分仍然保持有序。

我们在实现折半插入排序算法时创建文件 ex080202.py，在该文件中定义一个用于顺序表基本操作的 SortSequenceList 类。我们调用 SortSequenceList 类的成员函数 CreateSequenceListByInput(self,nElement)创建一个序列。调用 BinaryInsertSort(self)对该序列实现折半插入排序，其算法思路如下。

（1）我们将待排序序列分为有序序列和无序序列两部分，并默认待排序序列的第一个记录有序。

（2）然后从该序列的第二个记录开始，直到最后一个记录（无序部分）均执行步骤（3）～（11）。

（3）把有序部分的第一个记录下标记为 left，最后一个记录下标记为 right。

（4）将当前记录（无序部分第一个记录）存入一个变量 tItem。

（5）当 left 不大于 right 时，执行（6）；否则执行（10）。

（6）计算(left+right)/2 的值，并存入 mid 中。

（7）如果 tItem 大于下标为 mid 的记录，则执行（8）；否则执行（9）。

（8）令 left=mid+1，然后执行（5）。

（9）令 right=mid−1，然后执行（5）。

（10）从有序部分下标为 left 的记录开始，直到最后一个记录都后移一位。

（11）将变量 tItem 存入下标为 left 的记录中，完成一趟排序。

例如，对于一个无序的序列 SL[K(101),K(843),K(206),K(156),K(423),K(366),K(624)]，假定在对这一序列执行折半插入排序时，某一趟排序后的结果为

[K(101),K(156),K(206),K(366),K(423),K(843),K(624)]

下一趟排序则需将 K(624)插至序列 SL 的有序部分[K(101),K(156),K(206),K(366),K(423),K(843)]。图 8-2 所示为这一插入过程。

注意：在实际比较中，为记录的关键字进行比较。

该算法思路对应的算法步骤如下。

（1）调用 len()方法获取当前序列总长度，存入变量 SeqListLen 中。

（2）调用 range()方法从第二个记录到第 SeqListLen−1 个记录，执行（3）～（14）。

（3）对有序部分，令 SeqLeft=1，SeqRight=i−1。

（4）把无序部分的第一个记录的 key 存入 SeqList[0].key。

（5）若 SeqLeft 不大于 SeqRight 时，则执行（6）～（9）；否则执行（10）。

（6）令 SeqMid =(SeqLeft+SeqRight) // 2。

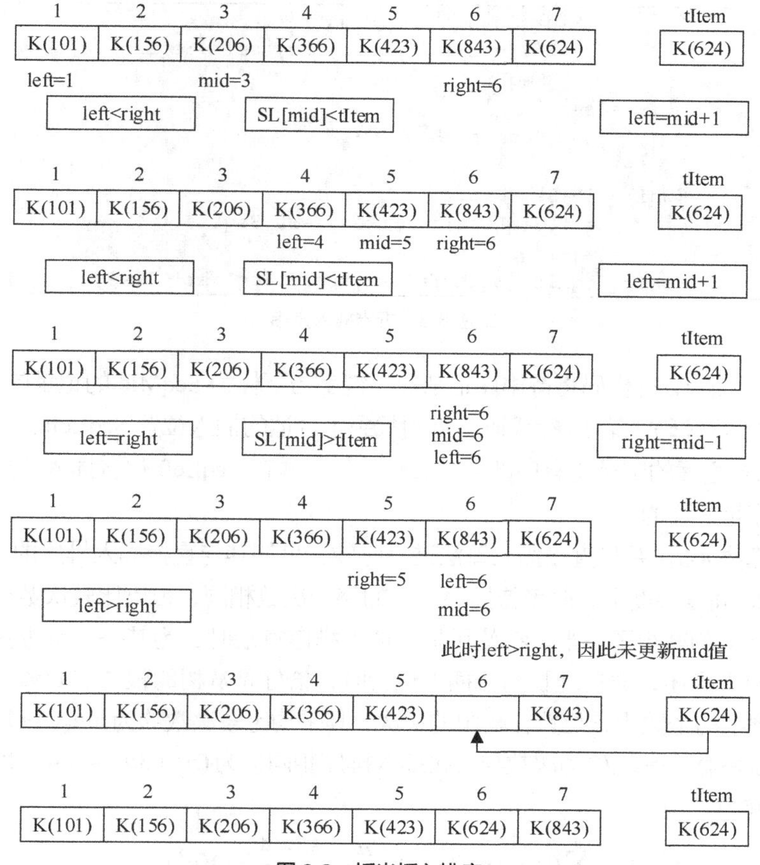

图 8-2 折半插入排序

（7）若 self.SeqList[SeqMid].key 大于 self.SeqList[0].key，则执行（8）；否则执行（9）。

（8）令 SeqRight=SeqMid-1，然后转（5）。

（9）令 SeqLeft=SeqMid+1，然后转（5）。

（10）将有序部分的最后一个记录的下标赋给 j。

（11）当 j 大于或等于 SeqLeft 时，执行（12）～（13）；否则执行（14）。

（12）令 self.SeqList[j+1].key=self.SeqList[j].key。

（13）令 j=j-1，然后转（11）。

（14）将 self.SeqList[0].key 存入 self.SeqList[SeqLeft].key，完成一趟排序。

具体算法如下。

```
################################
#折半插入排序
################################
def BinInsertSort(self):
     SeqListLen=len(self.SeqList)
     for i in range(2,SeqListLen):
          SeqLeft=1
          SeqRight=i-1
          self.SeqList[0].key =self.SeqList[i].key
           while SeqLeft<=SeqRight:
```

```
11                  SeqMid=(SeqLeft+SeqRight)//2
12                  if self.SeqList[SeqMid].key>self.SeqList[0].key:
13                      SeqRight=SeqMid-1
14                  else:
15                      SeqLeft=SeqMid+1
16              j=i-1
17              while j>=SeqLeft:
18                   self.SeqList[j+1].key=self.SeqList[j].key
19                   j=j-1
20              self.SeqList[SeqLeft].key=self.SeqList[0].key
```

算法 8-3 折半插入排序

在算法 8-3 中，第 12 行代码将待排序记录的关键字与下标为 SeqMid 的记录的关键字进行比较，然后决定执行第 13 行代码或第 15 行代码，直到找到了合适的插入位置 SeqLeft。

最后将 SeqLeft 之后的记录（有序部分）后移一位，并在 SeqLeft 位置插入待排序记录，这一过程与直接插入排序是一样的。

读者可执行算法 8-3，并与直接插入算法进行比较，可知其与直接插入排序的空间复杂度相同，均为 O(1)，而在时间复杂度上，两者待排序记录的移动次数相同，但就比较次数而言，折半插入排序比直接插入排序大约减少了一半。在使用折半插入排序算法时，为某一记录查找相应的插入位置的过程可用二叉树来描述，成功地找到待插入位置时，恰好是从树的根结点到该位置结点的比较过程，经历比较关键字的个数为该位置在树中的层次，其平均比较次数约为 $\log_2(n+1)-1$。然后将该位置之后的所有记录后移，平均移动次数与直接插入排序相同，为 $(n^2+3n-4)/4$，所以折半插入排序算法的时间复杂度为

$$\sum_{2}^{n}(\log_2(n+1)-1)+\frac{n^2+3n-4}{4}=\mathrm{O}(n^2)$$

我们把对折半插入排序算法做出以下改进后的算法称作 2-路插入排序：对一个待排序序列 SL，我们另外创建一个长度相同的空循环有序序列 TSL，从序列 SL 中取出第一个记录 SL[1]存入 TSL[1]，将其视为 TSL 的中间位置记录。从序列 SL 中的第二个记录的关键字开始直至最后一个记录的关键字，依次与 TSL[1].key 作比较，若当前记录的关键字小于 TSL[1].key，则将该记录插至左子序列中；否则将该记录插至右子序列中，并使 TSL 保持有序。

从某种程度上来说，2-路插入排序改善了折半插入排序算法的性能，但它只能减少移动记录的次数，而不能绝对避免移动记录，并且当 SL[1].key 为序列中最小或最大的记录的关键字时，2-路插入排序算法性能较差。

8.2.3 希尔排序

希尔排序是希尔于 1959 年提出的一种插入排序算法，也称为“缩小增量排序”。与之前介绍的两种插入排序算法相比，它的效率有较大的提升。

在学习直接插入排序算法性能时，我们知道其算法时间复杂度为 $\mathrm{O}(n^2)$，但是若待排序记录在未排序之前已经符合排序要求，其时间复杂度为 $\mathrm{O}(n)$，因此我们可以推测：若待排序记录在未排序之前已基本有序，则其效率可大大提高；并且通过分析可知，当 n 值较小时，直接插入排序算法的效率较高。希尔排序正是基于上述两点，对直接插入排序进行改进而得到的一种排序算法。

希尔排序的基本思想是先将待排序记录划分为若干个子序列，并对这些子序列进行直接插入排序，待整个序列基本有序时，再对其进行直接插入排序。

在希尔排序中，对含有 n 个记录的序列进行分组时，将相隔某个增量的记录分成一组。第一趟取增量 d_1（$d_1<n$）把全部记录分成 d_1 个组，所有间隔为 d_1 的记录分在同一组，并对每个组中的记录执行插入排序；第二趟取增量 d_2（$d_2<d_1<n$），重复上述的分组和排序过程；依次类推，直到第 t 趟取增量 $d_t=1$（$d_t<\cdots<d_2<d_1<n$，注意：最后一趟的增量 d_t 必须为 1），此时对所有记录执行直接插入排序即可。

我们在实现希尔排序算法时创建文件 ex080203.py，调用 SortSequenceList 类的成员函数 CreateSequenceListByInput(self,nElement)创建一个序列，然后调用 ShellSort(self)对该序列实现希尔排序，其算法思路如下。

（1）通过将增量（Gap）设定为序列长度的一半，使序列划分为若干个子序列。

（2）若 Gap 大于 0 时，则执行（3）～（8）；否则排序结束。

（3）从该序列第 Gap+1 个记录开始直到最后一个记录，对每一个子序列执行（4）～（7）。

（4）将当前待排序记录存入 tItem，并把该待排序记录的下标减去 Gap 后存入变量 n。

（5）当 n 大于 0 且 tItem 小于下标为 n 的记录时，则说明该子序列需要重新排序，此时执行（6）；否则执行步骤（7）。

（6）将下标为 n 的记录向后移动 Gap 个位置，并将 n 减小 Gap，然后转（5）。

（7）此时已经为待排序记录找到了合适的插入位置，将 tItem 存入下标为 n+Gap 的记录。

（8）Gap 缩小一半，完成一趟希尔排序。

接下来我们输入包含 7 个记录的无序的序列 SL。

[K(101),K(843),K(206),K(156),K(423),K(366),K(624)]

此时待排序序列长度为 8，按照上述算法思路，计算可得 Gap=4。如表 8-5 所示，我们从第 Gap+1 个记录开始把该序列划分为 4 个子序列：子序列 1[K(101),K(423)]，子序列 2[K(843),K(366)]，子序列 3[K(206),K(624)]和子序列 4[K(156)]，并对每个子序列执行插入排序，排序后结果：子序列 1[K(101),K(423)]，子序列 2[K(366),K(843)]，子序列 3[K(206),K(624)]和子序列 4[K(156)]，最后将上述子序列合并为如下序列。

[K(101),K(366),K(206),K(156),K(423),K(843),K(624)]

表 8–5　序列 SL 执行一趟希尔排序

长度	1	2	3	4	5	6	7	8
序列下标	0	1	2	3	4	5	6	7
序列	None	K(101)	K(843)	K(206)	K(156)	K(423)	K(366)	K(624)
子序列 1	None	K(101)				K(423)		
子序列 2	None		K(366)				K(843)	
子序列 3	None			K(206)				K(624)
子序列 4	None				K(156)			
一趟排序结果	None	K(101)	K(366)	K(206)	K(156)	K(423)	K(843)	K(624)

该算法思路对应的算法步骤如下。

（1）调用 len()方法获取 SeqList 的长度并存入变量 SeqListLen 中。

（2）把（SeqListLen//2）的值存入增量 Gap 中。

（3）当 Gap 大于 0 时执行（4）～（11）。

（4）从第 Gap+1 个记录开始直到最后一个记录，执行（5）～（10）。

（5）把当前待排序的记录的值存入 self.SeqList[0].key。

（6）将当前待排序记录的下标减去增量 Gap 并存入变量 j 中。

（7）当 j 大于 0 且 self.SeqList[0].key 的值小于下标为 j 的记录的 key 值时，执行（8）～（9）；否则执行（10）。

（8）将下标为 j 的记录的 key 赋值给下标为（j+Gap）的记录的 key。

（9）令 j=j−Gap。

（10）将 self.SeqList[0].key 的值存入下标为（j+Gap）的记录的 key 中，则完成一趟插入排序。

（11）执行 Gap=Gap//2 使增量缩小一半。

具体算法如下。

```
1  ################################
2  #希尔排序方法
3  ################################
4  def ShellSort(self):
5          SeqListLen=len(self.SeqList)
6          Gap=SeqListLen//2
7          while Gap>0:
8                  for i in range(Gap+1,len(self.SeqList)):
9                      self.SeqList[0].key=self.SeqList[i].key
10                     j=i-Gap
11                     while j>0 and self.SeqList[0].key<self.SeqList[j].key:
12                         self.SeqList[j+Gap].key=self.SeqList[j].key
13                         j=j-Gap
14                     self.SeqList[j+Gap].key=self.SeqList[0].key
15                 Gap=Gap//2
```

算法 8-4　希尔排序方法

在上述算法中，第 8 行代码从第 Gap+1 个记录开始循环；第 9 行代码将当前待排序记录存入 self.SeqList[0].key 中；第 12 行代码把大于 self.SeqList[0].key 的记录向后移动 Gap 个位置；第 14 行代码将待排序记录插至合适的位置。算法执行结果如图 8-3 所示。

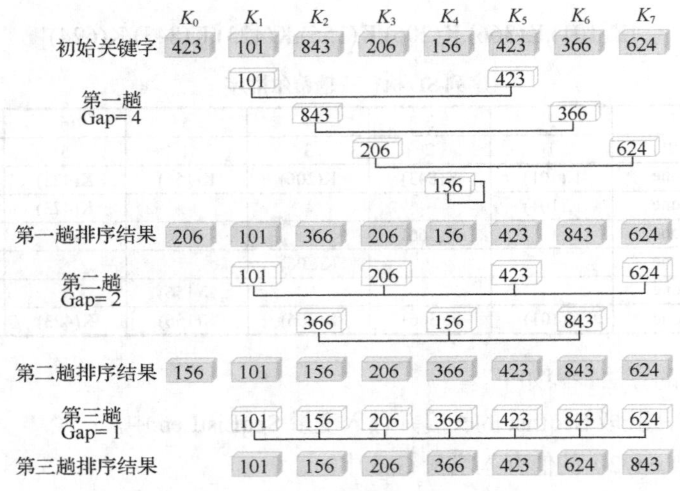

图 8-3　希尔排序

通过对算法进行分析，我们发现希尔排序算法的时间复杂度与算法中的增量紧密相关，这一问题十分复杂，目前学术界及工业界对于增量的最优取值（关于最优取值涉及数学上一些仍未解决的难题）尚无定论，但是无论增量序列如何选取，最后一个增量必须为 1。大量研究表明：当 n 在某个特定范围内，希尔排序所需要的比较次数和移动次数大约为 O($n^{1.3}$)，即其平均时间复杂度为 O($n^{1.3}$)，相对于直接插入排序，希尔排序的效率更高。

希尔排序是一种不稳定的排序方法，其空间复杂度为 O（1）。

8.2.4　表插入排序

表插入排序的基本操作仍是将一个记录插至已排好序的序列中，和上述 3 种插入排序算法（直接插入排序、折半插入排序及希尔排序）相比，表插入排序不需要移动任何记录，而是通过修改指针值来代替记录的移动这一过程，它与直接插入排序所需的关键字比较次数相同。在本小节中我们将详细介绍表插入排序算法。

为了实现表插入排序算法，我们在之前定义的 ListItem 类中添加一个新的成员变量 next，用于存放序列中记录的下标，并将修改后的类命名为 LinkListItem。在排序过程中，将每一个待排序记录插入序列的有序部分，同时更新该记录 next 域中的下标，排序结束后可得到一个由 next 域中的下标指示的有序序列。

LinkListItem 类的定义如下。

```
class LinkListItem(object):
    def __init__(self,key,value,next):
        self.key=key
        self.value=value
        self.next=next
```

算法 8-5　初始化结点

在实现表插入排序算法时我们创建文件 ex080204.py，调用 SortLinkList 类的成员函数 CreateSequenceListByInput(self,nElement)创建一个静态链表，该链表中每一结点的值如表 8-6 所示。

表 8-6　　初始静态链表

key	None	101	843	206	156	423	366	624
value	0	1	2	3	4	5	6	7
next	−1	−1	−1	−1	−1	−1	−1	−1

接下来我们调用 TableInsertSort (self)对该静态链表执行表插入排序，其算法思路如下。

（1）默认该序列第一个记录有序，将序列有序部分中 key 最小的记录的下标存入第零个记录的 next 域，即将第零个记录的 next 域的下标赋值为 1；把序列的有序部分中 key 最大的记录的 next 域存入第零个记录的下标，即将第一个记录的 next 域的下标赋值为 0。

（2）然后从该序列的第二个记录开始，直到最后一个记录均执行（3）～（6）。

（3）把第零个记录的 next 域中的值存入变量 q 中，同时令变量 p=0。

（4）当 q 值不为零且当前待排序记录的 key 不小于下标为 q 的记录的 key 时，执行（5）；否则执行（6）。

（5）把 q 的值存入 p，然后将 q 更新为下标为 q 的记录的 next，然后转（4）。

（6）此时已经找到了合适的插入位置，将当前待排序记录的下标存入下标为 p 的记录的 next 域中，然后把 q 存入当前待排序记录的 next 域中，完成一趟表插入排序，如图 8-4 所示。

第一趟排序开始时 q=1，p=0	key	None	101	843	206	156	423	366	624
	value	0	1	2	3	4	5	6	7
	next	1	0	−1	−1	−1	−1	−1	−1
第一趟排序结束后 q=0，p=1	key	None	101	843	206	156	423	366	624
	value	0	1	2	3	4	5	6	7
	next	1	2	0	−1	−1	−1	−1	−1

图 8-4　第一趟表插入排序

该算法思路对应的算法步骤如下。

（1）将第 0 个记录的 next 域赋值为 1，将第 1 个记录的 next 域赋值为 0。

（2）调用 len()方法获取当前序列的总长度，并存入变量 LinkListLen 中。

（3）从第 2 个记录开始直到最后一个记录，对每一个记录均执行（4）～（8）。

（4）把 self. LinkList [0].next 存入变量 q 中，并将变量 p 赋值为 0。

（5）当 q 不为零且 self.LinkList [i].key 不小于 self.LinkList [q].key 时，执行（6）；否则执行（7）。

（6）把变量 q 存入变量 p 中，并把 self.LinkList [q].next 存入变量 q 中，然后转（5）。

（7）把变量 q 存入 self.LinkList [i].next。

（8）把 i 存入 self.LinkList [p].next，完成一趟表插入排序。

根据以上算法步骤，表插入排序算法的实现代码如下。

```
1   ##############################
2   #表插入排序算法
3   ##############################
4   def TableInsertSort(self):
5       self.LinkList[0].next=1
6       self.LinkList[1].next=0
7       LinkListLen=len(self.LinkList)
8       for i in range(2,LinkListLen):
9           q=self.LinkList[0].next
10          p=0
11          while q!=0 and self.LinkList[i].key>=self.LinkList[q].key:
12              p=q
13              q=self.LinkList[q].next
14          self. LinkList[i].next=q
15          self. LinkList[p].next=i
```

算法 8-6　表插入排序算法

第 5 行代码将最小关键字的记录的下标存入 self. LinkList [0].next；第 9 行代码把第 0 个记录的 next 存入变量 q 中，从而使 self. LinkList [q].key 为最小的关键字；第 11 行代码判断当前记录的下标是否不为 0 且待排序记录不小于当前记录；第 12 行代码将当前记录的下标 q 存入变量 p 中；第 13 行代码将 q 指向当前记录的后续记录的下标。该算法某一次执行的结果如图 8-5 所示。

初始静态链表

记录下标	0	1	2	3	4	5	6	7
key	None	101	842	206	156	423	366	624
next	−1	−1	−1	−1	−1	−1	−1	−1

第一趟排序之前

记录下标	0	1	2	3	4	5	6	7
key	None	101	842	206	156	423	366	624
next	1	0	−1	−1	−1	−1	−1	−1

第一趟排序 $i=2$

记录下标	0	1	2	3	4	5	6	7
key	None	101	842	206	156	423	366	624
next	1	2	0	−1	−1	−1	−1	−1

第二趟排序 $i=3$

记录下标	0	1	2	3	4	5	6	7
key	None	101	842	206	156	423	366	624
next	1	3	0	2	−1	−1	−1	−1

第三趟排序 $i=4$

记录下标	0	1	2	3	4	5	6	7
key	None	101	842	206	156	423	366	624
next	1	4	0	2	3	−1	−1	−1

第四趟排序 $i=5$

记录下标	0	1	2	3	4	5	6	7
key	None	101	842	206	156	423	366	624
next	1	4	0	5	3	2	−1	−1

第五趟排序 $i=6$

记录下标	0	1	2	3	4	5	6	7
key	None	101	842	206	156	423	366	624
next	1	4	0	6	3	2	5	−1

第六趟排序 $i=7$

记录下标	0	1	2	3	4	5	6	7
key	None	101	842	206	156	423	366	624
next	1	4	0	6	3	7	5	2

图 8-5 表插入排序

通过观察算法的执行过程可知，表插入排序是一个稳定的排序算法。表插入排序在每一趟排序时需要修改两次 next，所以总共修改了 $2n$ 次 next，但在排序过程中无须移动任何记录。表插入排序的比较次数与直接插入排序相同，因此，表插入排序算法的时间复杂度也是 O（n^2）。

由于在表插入排序算法中借助了 p、q 两个辅助变量，所以该算法的空间复杂度为 O（1）。

8.3 交换排序

交换排序就是将待排序记录的关键字两两进行比较，若比较得出两个记录的位置关系不符合排序要求，则将交换两个记录的位置，直到所有记录符合排序要求为止。本节我们将详细介绍交换排序中的冒泡排序和快速排序。

8.3.1 冒泡排序

我们在观察水中的气泡时会发现体积较大的气泡会因为浮力更大而上浮，类似地，在冒泡排序算法的执行过程中，关键字较大的记录在经过比较后会逐步向上（向后）移动。

在对整个序列执行冒泡排序时，我们通常将其划分成两部分——有序部分和无序部分。在每一趟排序时，把序列无序部分中的第一个记录的关键字与第二个记录的关键字进行比较，若为逆序，则交换这两个记录的位置，然后对序列无序部分中的第二个记录与第三个记录重复上述步骤，依次类推，当对序列无序部分中的倒数第二个记录与最后一个记录执行完上述步骤后，则完成一趟冒泡排序，此时无序部分中最后一个记录成为有序部分的第一个记录。当该序列的无序部分仅有一个记录时，算法结束。

接下来我们在实现冒泡排序算法时创建文件 ex080301.py，调用 SortSequenceList 类的成员函数 CreateSequenceListByInput(self,nElement)创建一个序列，然后调用 BubbleSort(self)对该序列实现冒泡排序，其算法思路如下。

（1）从整个序列的第一个记录开始直到整个序列的倒数第 2 个记录，执行（2）～（4）。

（2）从该序列无序部分的第一个记录开始直到无序部分的倒数第 2 个记录，执行（3）～（4）。

（3）若当前记录大于当前记录的下一个记录，则执行（4）；否则转（2）。

（4）交换两个记录的位置。

（5）结束当前排序。

接下来我们输入包含 7 个记录的序列 SL。

[K(101),K(843),K(206),K(156),K(423),K(366),K(624)]

按照上述算法思路，我们在图 8-6 中展示对该序列执行第一趟冒泡排序算法的过程。

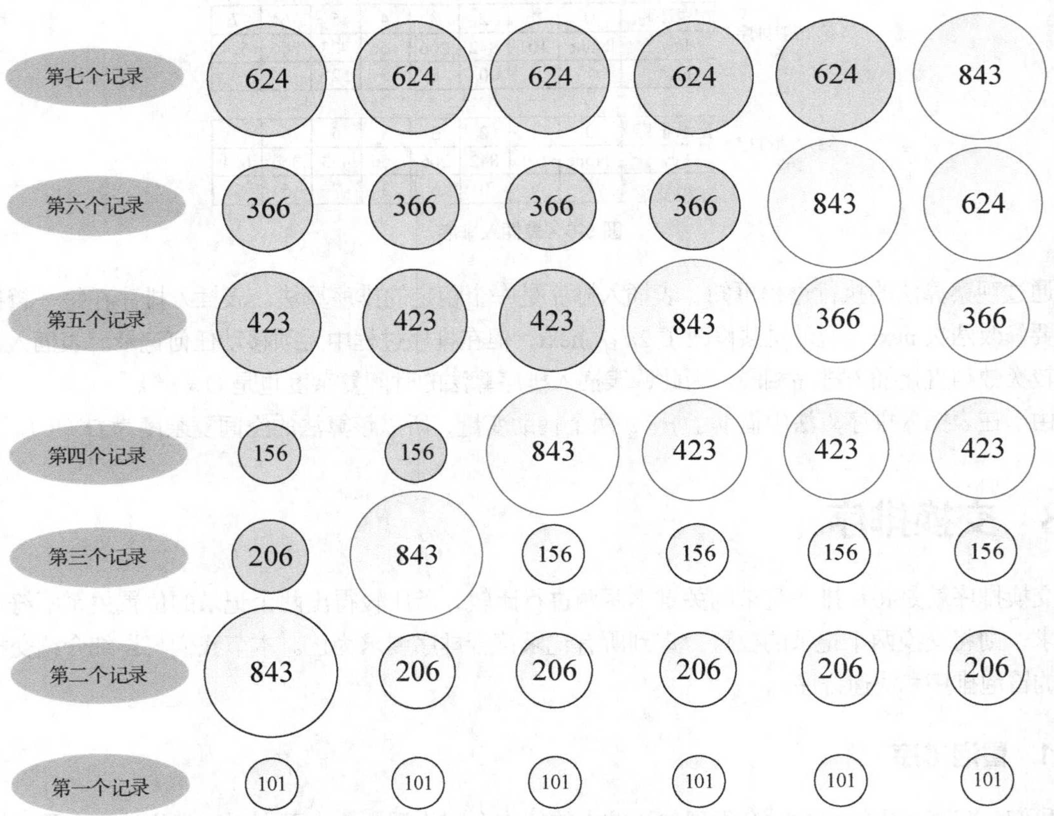

图 8-6 第一趟冒泡排序

该算法思路对应的算法步骤如下。

（1）调用 len()方法获取 SeqList 的长度并存入变量 SeqListLen 中。

（2）从第 1 个记录开始直到第 SeqListLen−2 个记录，执行（3）。

（3）从第 1 个记录开始直到第 SeqListLen−i−1 个记录，执行（4）。

（4）若 self.SeqList[j+1].key 小于 self.SeqList[j].key，则执行（5）～（7）；否则转（3）。

（5）将 self.SeqList[j].key 存入 self.SeqList[0].key。

（6）将 self.SeqList[j+1].key 存入 self.SeqList[j].key。

（7）将 self.SeqList[0].key 存入 self.SeqList[j+1].key，然后转（3）。

（8）结束当前排序。

根据以上算法步骤，冒泡排序算法的实现代码如下。

```
#########################
#冒泡排序算法
#########################
def BubbleSort(self):
     SeqListLen=len(self.SeqList)
     for i in range(1,SeqListLen-1):
           for j in range(1,SeqListLen-i):
                 if self.SeqList[j+1].key<self.SeqList[j].key:
                      self.SeqList[0].key=self.SeqList[j].key
                      self.SeqList[j].key=self.SeqList[j+1].key
                      self.SeqList[j+1].key=self.SeqList[0].key
```

算法 8-7　冒泡排序算法

上述算法每一趟的执行结果如图 8-7 所示。

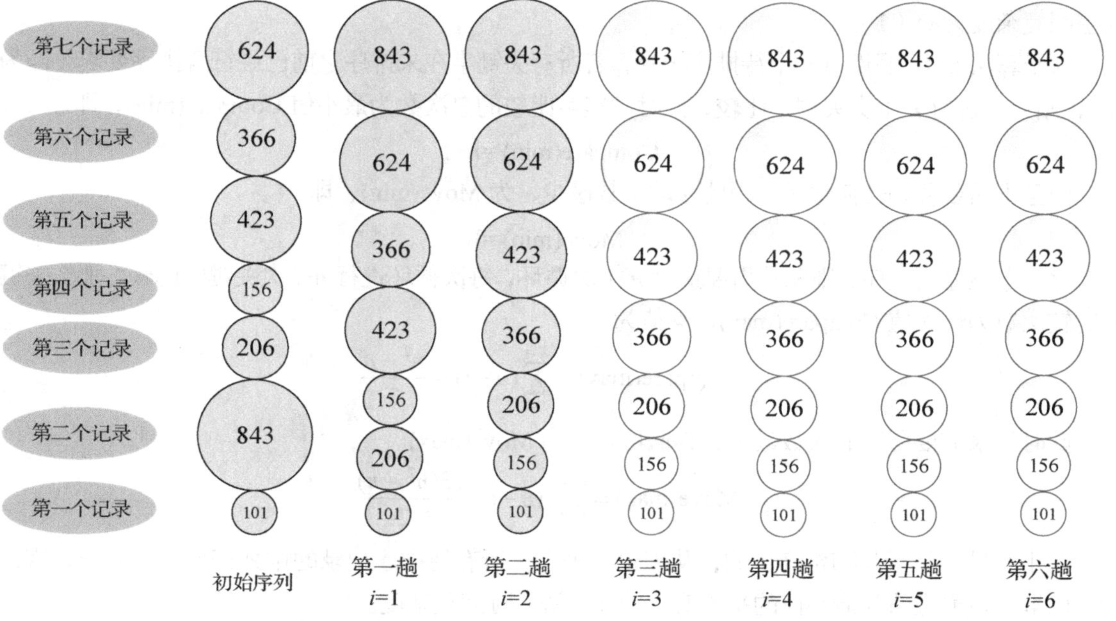

图 8-7　冒泡排序

通过观察算法 8-7 的执行过程可知，在执行完第二趟冒泡排序算法时，该序列已是正序序列，所以从第三趟排序开始，直到排序结束，均未移动任何记录。

因此，对于序列 SL，在使用算法 8-7 进行排序时，当 i=3 时即可结束排序算法，为此对算法 8-7 做出以下改进。

```
#########################
#改进的冒泡排序算法
#########################
 def BubbleSortUpdate(self):
      SeqListLen=len(self.SeqList)
      for i in range(1,SeqListLen-1):
           flag=0
           for j in range(1,SeqListLen-i):
                if self.SeqList[j+1].key<self.SeqList[j].key:
                     self.SeqList[0].key=self.SeqList[j].key
                     self.SeqList[j].key=self.SeqList[j+1].key
                     self.SeqList[j+1].key=self.SeqList[0].key
                     flag=1
           if flag==0:
               break
```

算法 8-8　改进的冒泡排序算法

我们新增了变量 flag，在每一趟冒泡排序开始时将 flag 赋值为 0，若在比较时发现有相邻的记录逆序需要交换位置，则将 flag 置为 1。在每一趟排序结束后，若 flag 为 0，则该序列已是正序，立即结束算法；否则继续执行下一趟排序。

冒泡排序是一种稳定的排序算法。在排序过程中需要用到辅助变量 self.SeqList[0].key 和 flag，所以空间复杂度为 O（1）。

对于算法 8-8，假设有 n 个待排序记录，若所有关键字在未排序之前已经符合排序要求（即为正序），则只需进行 $n-1$ 次关键字比较，此时关键字比较的总次数为最小值 Compare(min)，即

$$\text{Compare(min)} = n-1$$

而且不需要移动任何记录，因此移动次数最少，为 Move(min)，即

$$\text{Move(min)}=0$$

反之若该序列逆序，则总共需要执行 $n-1$ 次循环，每次循环进行 $n-i$ 次关键字比较，那么关键字的比较次数为最大值 Compare(max)，其值为

$$\text{Compare(max)} = \sum_{i=1}^{n-1}(n-i) = \frac{n^2-n}{2}$$

此时记录需要移动的次数最多，其值可表示为 Move(max)

$$\text{Move(max)} = \sum_{i=1}^{n-1}3(n-i) = \frac{3(n^2-n)}{2}$$

由于待排序记录是随机产生的，从理论上来说，所有待排序记录的排列符合均匀分布，因此我们可以取上述最大值与最小值的平均值作为该算法的时间复杂度。

上述关键字的比较次数的平均值 Compare(average)=(Compare(max)+ Compare(min))/2，即

$$\text{Compare(average)} = \frac{\frac{n^2-n}{2}+(n-1)}{2} = \frac{n^2+n-2}{4} = O(n^2)$$

上述记录的移动次数的平均值 Move(average)=(Move(max)+ Move(min))/2，即

$$\text{Move(average)} = \frac{\frac{3(n^2-n)}{2}+0}{2} = \frac{3n^2-3n}{4} = O(n^2)$$

综上所述，算法 8-8 的时间复杂度为 O（n^2）。

8.3.2 快速排序

快速排序是由 C. A. R. Hoare 在 1962 年提出的排序算法，该算法在冒泡排序的基础上做出了以下改进：将序列中的某一个记录设定为枢轴（通常我们将第一个记录设定为枢轴），通过一趟排序后，把序列分为两个子序列——左子序列和右子序列。我们将不小于枢轴的记录移动到右子序列中，并将小于枢轴的记录移动到左子序列中。接下来对左子序列和右子序列分别重复执行上述步骤，直到快速排序结束。

我们在实现快速排序算法时创建文件 ex080302.py，我们调用 SortSequenceList 类的成员函数 CreateSequenceListByInput(self,nElement)创建一个序列。调用 AdjustPartition (self,low,high)对该序列进行分区，其算法思路如下。

（1）默认序列中第一个记录为枢轴记录。

（2）把参数 low 存入变量 left 中，再把参数 high 存入变量 right 中。

（3）当 left<right 时，执行（4）～（9）；否则执行（10）。

（4）当 left<right 并且枢轴记录不大于下标为 right 的记录时执行（5）；否则执行（6）。

（5）执行 right=right-1，然后转（4）。

（6）把下标为 right 的记录的关键字存入下标为 left 的记录中。

（7）当 left<right 并且枢轴记录的关键字不小于下标为 left 记录的关键字时执行（8）；否则执行（9）。

（8）执行 left=left+1，然后转（7）。

（9）将下标为 left 的记录的关键字存入下标为 right 的记录中，然后转（3）。

（10）将枢轴记录的关键字存入下标为 left 的记录中，并返回 left 的值，完成快速排序的分区。

该算法思路对应的算法步骤如下。

（1）将 low 存入变量 left 中。

（2）将 high 存入变量 right 中。

（3）将 self.SeqList[left].key 存入 self.SeqList[0].key，作为枢轴记录。

（4）当 left<right 时，执行（5）～（10）；否则执行（11）。

（5）当 left<right 并且 self.SeqList[0].key 不大于 self.SeqList[right].key 时，执行（6）；否则执行（7）。

（6）执行 right=right-1，然后转（5）。

（7）将 self.SeqList[right].key 存入 self.SeqList[left].key 中。

（8）当 left<right 并且 self.SeqList[0].key 不小于 self.SeqList[left].key 时，执行（9）；否则执行（10）。

（9）执行 left=left +1，然后转（8）。

（10）将 self.SeqList[left].key 存入 self.SeqList[right].key 中，然后转（4）。

（11）将 self.SeqList[0].key 存入 self.SeqList[left].key，完成快速排序的分区。

（12）返回枢轴记录的下标。

根据以上算法步骤，快速排序分区的实现代码如下。

```
1     ########################
2     #快速排序算法
3     ########################
4     def AdjustPartition(self,low,high):
5         left=low
6         right=high
7         self.SeqList[0].key=self.SeqList[left].key
8         while left<right:
9             while left<right and self.SeqList[right].key>=self.SeqList[0].key:
10                right=right-1
11            self.SeqList[left].key=self.SeqList[right].key
12            while left<right and self.SeqList[left].key<=self.SeqList[0].key:
13                left=left+1
14            self.SeqList[right].key=self.SeqList[left].key
15        self.SeqList[left].key=self.SeqList[0].key
16        return left
```

算法 8-9　快速排序的一趟分区

上述算法第 8 行代码，判断条件 left<right 是否成立，若成立，则说明快速排序分区算法尚未完成；否则已完成快速排序分区；在代码第 9 行，增加条件 left<right 可以防止数组越界，按照排序的要求，所有下标为 right 的记录应当不小于枢轴记录，若 self.SeqList[right].key >= self.SeqList[0].key，则说明该记录不需移动，执行第 10 行代码 right=right-1，继续检查下标为 right 的记录是否符合分区的要求；若下标为 right 的记录不符合分区的要求（即 self.SeqList[right].key <self.SeqList[0].key），则执行第 11 行代码，将 self.SeqList[right].key 存入 self.SeqList[left].key；然后从代码第 12 行开始，判断下标为 left 的记录是否符合分区要求，执行的步骤与上述步骤相似。

为了更直观地理解快速排序算法的分区过程，我们创建一个无序的序列[K(366),K(101),K(843),K(206),K(156),K(423),K(624)]，并将第一个记录设定为枢轴记录，则快速排序的第一趟分区的过程如图 8-8 所示。

注意：实际比较时，为记录中的关键字进行比较。

观察图 8-8 可知，第一趟分区无法将该序列整理成为正序序列，所以在此之后我们递归调用快速排序算法对分区后的左子序列和右子序列继续分区，直到 low 不小于 high 时，结束算法。具体实现代码如下。

```
def QuickSort(self,low,high):
    if low<high:
        pivot=self.AdjustPartition(low,high)
        self.QuickSort(low,pivot-1)
        self.QuickSort(pivot+1,high)
```

算法 8-10　快速排序

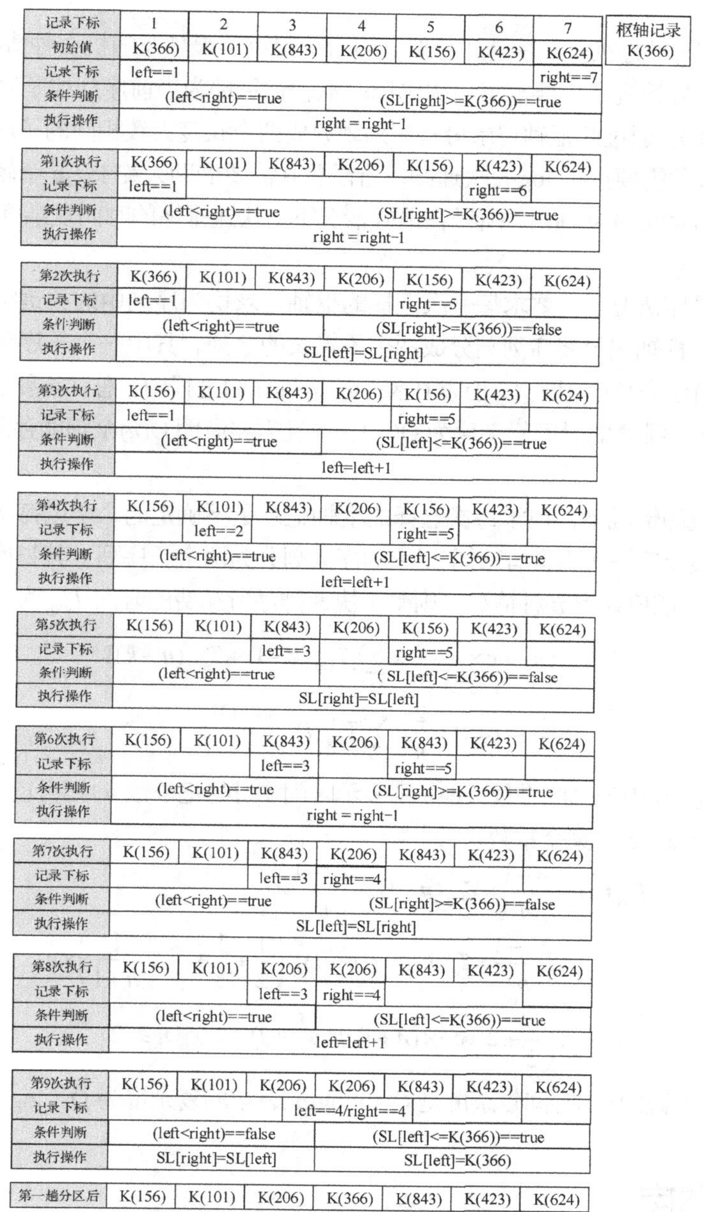

记录下标	1	2	3	4	5	6	7	枢轴记录
初始值	K(366)	K(101)	K(843)	K(206)	K(156)	K(423)	K(624)	K(366)
记录下标	left==1						right==7	
条件判断	(left<right)==true			(SL[right]>=K(366))==true				
执行操作	right = right-1							
第1次执行	K(366)	K(101)	K(843)	K(206)	K(156)	K(423)	K(624)	
记录下标	left==1					right==6		
条件判断	(left<right)==true			(SL[right]>=K(366))==true				
执行操作	right = right-1							
第2次执行	K(366)	K(101)	K(843)	K(206)	K(156)	K(423)	K(624)	
记录下标	left==1				right==5			
条件判断	(left<right)==true			(SL[right]>=K(366))==false				
执行操作	SL[left]=SL[right]							
第3次执行	K(156)	K(101)	K(843)	K(206)	K(156)	K(423)	K(624)	
记录下标	left==1				right==5			
条件判断	(left<right)==true			(SL[left]<=K(366))==true				
执行操作	left=left+1							
第4次执行	K(156)	K(101)	K(843)	K(206)	K(156)	K(423)	K(624)	
记录下标		left==2			right==5			
条件判断	(left<right)==true			(SL[left]<=K(366))==true				
执行操作	left=left+1							
第5次执行	K(156)	K(101)	K(843)	K(206)	K(156)	K(423)	K(624)	
记录下标			left==3		right==5			
条件判断	(left<right)==true			(SL[left]<=K(366))==false				
执行操作	SL[right]=SL[left]							
第6次执行	K(156)	K(101)	K(843)	K(206)	K(843)	K(423)	K(624)	
记录下标			left==3		right==5			
条件判断	(left<right)==true			(SL[right]>=K(366))==true				
执行操作	right = right-1							
第7次执行	K(156)	K(101)	K(843)	K(206)	K(843)	K(423)	K(624)	
记录下标			left==3	right==4				
条件判断	(left<right)==true			(SL[right]>=K(366))==false				
执行操作	SL[left]=SL[right]							
第8次执行	K(156)	K(101)	K(206)	K(206)	K(843)	K(423)	K(624)	
记录下标			left==3	right==4				
条件判断	(left<right)==true			(SL[left]<=K(366))==true				
执行操作	left=left+1							
第9次执行	K(156)	K(101)	K(206)	K(206)	K(843)	K(423)	K(624)	
记录下标				left==4/right==4				
条件判断	(left<right)==false			(SL[left]<=K(366))==true				
执行操作	SL[right]=SL[left]			SL[left]=K(366)				
第一趟分区后	K(156)	K(101)	K(206)	K(366)	K(843)	K(423)	K(624)	

图 8-8　快速排序的第一趟分区的过程

快速排序算法的执行过程如图 8-9 所示。

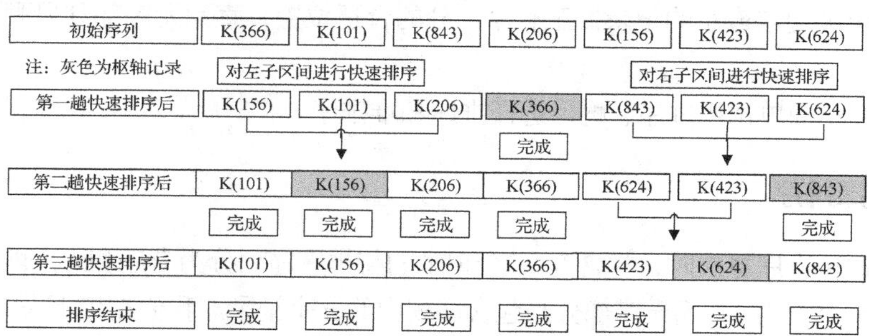

图 8-9　快速排序算法的执行过程

在对含有 n 个记录的序列进行快速排序时，可分为最好、最坏及随机 3 种情况。

在快速排序的最好情况下，要求每一次选择的枢轴记录都为当前序列或子序列中关键字大小中等的记录（中值记录），通过此枢轴记录可将序列划分成两个长度大致相同的子序列，所以在整个快速排序的过程中，大约需要进行 $\log_2 n$ 次递归，所以总共需要借助大约 $\log_2 n$ 个辅助存储空间，每次划分子序列所花费的时间约为 $O(n)$，所以在最好情况下，快速排序的时间复杂度大致为 $O(n\log_2 n)$，空间复杂度为 $O(\log_2 n)$。

在快速排序的最坏情况下，要求每一次选择的枢轴记录均为序列中的关键字最大或最小的记录（极值记录），通过此枢轴记录将序列划分成两个不等长的序列，其中一个子序列为空，而另一个子序列的长度与划分前序列长度相差 1，所以在整个快速排序的过程中，总共需要进行 $n-1$ 次递归，因此在最坏情况下，快速排序的时间复杂度为 $O(n^2)$，并且需要借助 $O(n)$ 个辅助存储空间，即空间复杂度为 $O(n)$。

快速排序在随机的情况下，由于每次选择的枢轴记录是不确定的，所以每次划分得到的子序列长度也无法确定，假设第一次将含有 n 个记录的序列划分为两个子序列，其长度分别为 $k-1$ 和 $n-k$（$1\leqslant k\leqslant n$），所以 k 的取值共有 n 种情况，则整个快速排序所花费的时间 T_{avg} 为

$$\begin{aligned}T_{\text{avg}}(n) &= \mathrm{c}\times n+\frac{1}{n}\times\sum_{k=1}^{n}[T_{\text{avg}}(k-1)+T_{\text{avg}}(n-k)]\\ &= \mathrm{c}\times n+\frac{2}{n}\times\sum_{i=0}^{n-1}T_{\text{avg}}(i)\end{aligned}$$

其中，c 为某一常数，n 为记录的个数，$\mathrm{c}\times n$ 则表示时间 T_{avg} 与记录数 n 成正比。

假定 $T_{\text{avg}}(1)\leqslant \mathrm{b}$（b 为某个常数），则

$$\begin{aligned}T_{\text{avg}}(n) &= \frac{n+1}{n}\times T_{\text{avg}}(n-1)+\frac{2n-1}{n}\times \mathrm{c}\\ &< \frac{2n-1}{n}\times T_{\text{avg}}(1)+2(n+1)\times\left(\frac{1}{2}+\frac{1}{3}+\cdots+\frac{1}{n+1}\right)\times \mathrm{c}\\ &< \left(\frac{\mathrm{b}}{2}+2\times \mathrm{c}\right)\times(n+1)\times\ln(n+1) \qquad n\geqslant 2\end{aligned}$$

所以快速排序的算法平均时间复杂度是 $O(n\log_2 n)$，空间复杂度为 $O(\log_2 n)$。

8.4 选择排序

选择排序的基本思路如下：先将待排序序列分为两个部分，即有序部分和无序部分，然后每次从无序部分中取出关键字最小的记录插至有序部分的合适位置，直到无序部分只剩下一个记录时，则完成了排序。

本节我们将介绍简单选择排序、树形选择排序和堆排序。

8.4.1 简单选择排序

在执行简单选择排序算法时，将含有 n 个记录的待排序序列分为有序和无序两个部分，初始时有序部分中的记录个数为 0，而无序部分则包含序列中的 n 个记录。我们在接下来的每一趟排序中，依次在无序部分中找出最小的记录，将其作为有序部分的第 i 个记录，直至无序部分记录的总个数为

1，此时直接将该记录作为有序部分的最后一个记录，并完成简单选择排序。

我们在实现简单选择排序算法时创建文件 ex080401.py，调用 SortSequenceList 类的成员函数 CreateSequenceListByInput(self,nElement)创建含有 *n* 个记录的序列，然后调用 SimpleSelectSort(self) 实现简单选择排序，其算法思路如下。

（1）从序列无序部分的第一个记录开始直到第 *n*-1 个记录，执行（2）～（7）。

（2）把当前无序部分中第一个记录的下标存入变量 minPos 中。

（3）从当前无序部分中第二个记录开始直到无序部分的最后一个记录执行（4）～（5）。

（4）若当前记录小于下标为 minPos 的记录，执行（5）；否则转（3）。

（5）将符合（4）中条件的记录的下标存入变量 minPos 中，然后转（3）。

（6）在当前记录与无序部分的最后一个记录比较结束后，若当前 minPos 与（2）中 minPos 相同，则转（1）；否则执行（7）。

（7）将下标为 minPos 的记录与无序部分中的第一个记录交换位置，然后转（1）。

对于含有 7 个记录的序列 SL[K(101),K(843),K(206),K(156),K(423),K(366),K(624)]，按照上述算法思路，执行简单选择排序的过程如图 8-10 所示。

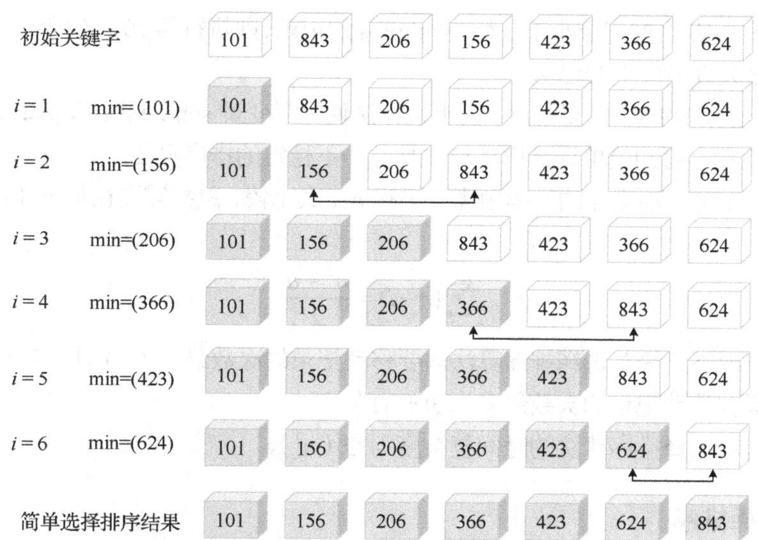

图 8-10 执行简单选择排序的过程

上述算法思路对应的算法步骤如下。

（1）调用 len()方法获取当前序列的长度，并存入变量 SeqListLen 中。

（2）从序列的第一个记录开始直到第 SeqListLen-2 个记录，执行（3）～（10）。

（3）把当前无序部分中第一个记录的下标存入变量 minPos 中。

（4）从当前记录之后的第一个记录开始直到第 SeqListLen-1 个记录执行（5）～（6）。

（5）若下标为 minPos 的记录的关键字大于下标为 j 的记录的关键字，则执行（6）；否则转（4）。

（6）把 j 存入变量 minPos，然后转（4）。

（7）若 minPos 不等于 i，则执行（8）～（10），否则转（2）。

（8）将 self.SeqList[minPos].key 存入 self.SeqList[0].key。

（9）将 self.SeqList[i].key 存入 self.SeqList[minPos].key。

（10）将 self.SeqList[0].key 存入 self.SeqList[i].key。

根据以上算法步骤，简单选择排序算法的实现代码如下。

```
1    ##########################
2    #简单选择排序的算法
3    ##########################
4    def SimpleSelectSort(self):
5        SeqListLen=len(self.SeqList)
6        for i in range(1,SeqListLen-1):
7              minPos=i
8              for j in range(i+1,SeqListLen):
9                    if self.SeqList[minPos].key>self.SeqList[j].key :
10                         minPos=j
11             if minPos!=i
12                   self.SeqList[0].key=self.SeqList[minPos].key
13                   self.SeqList[minPos].key=self.SeqList[i].key
14                   self.SeqList[i].key=self.SeqList[0].key
```

算法 8-11　简单选择排序的算法

在第 9 行代码中，若当前记录小于下标为 minPos 的记录，则执行第 10 行代码，将 j 赋值给 minPos，以此获取无序部分关键字最小的记录。

接下来分析上述算法的空间复杂度，由于该算法使用了变量 self.SeqList[0].key，所以其空间复杂度为 O(1)。通过观察，可知简单选择排序算法是一个不稳定的排序算法。

简单选择排序在每一趟排序的过程中需要进行 $n-i$ 次比较，总共需要循环 $n-1$ 次，所以总的比较次数为

$$\sum_{i=1}^{n-1}(n-i)=\frac{n^2-n}{2}$$

若在正序的情况下，简单选择排序算法需要移动记录的次数最少为 0 次；在逆序的情况下，简单选择排序算法需要移动记录的次数最多为 $3(n-1)$次。

综上所述，简单选择排序算法的时间复杂度为 O（n^2）。

8.4.2 树形选择排序

树形选择排序又被称为锦标赛排序，是一种按锦标赛的思想进行排序的方法，该算法针对简单选择排序中记录的比较次数过多而做出了进一步优化。例如，我们创建如下序列 SL。

[K(101),K(843),K(206),K(156),K(423),K(366),K(624)]

将它们两两分组后所得表 8-7 所示序列。

表 8–7　序列 SL 两两分组

组号	两两分组	每组中关键字较小的记录
第 1 组	[K(101),K(843)]	K(101)
第 2 组	[K(206),K(156)]	K(156)
第 3 组	[K(423),K(366)]	K(366)
第 4 组	[K(624)]	K(624)

将每组中关键字较小的记录继续两两分组，并进行比较，直到选出关键字最小的记录 K(101)并

将其输出，这一过程我们可以用一棵完全二叉树表示。

图 8-11 所示为对序列 SL 执行树形选择排序算法的全过程。

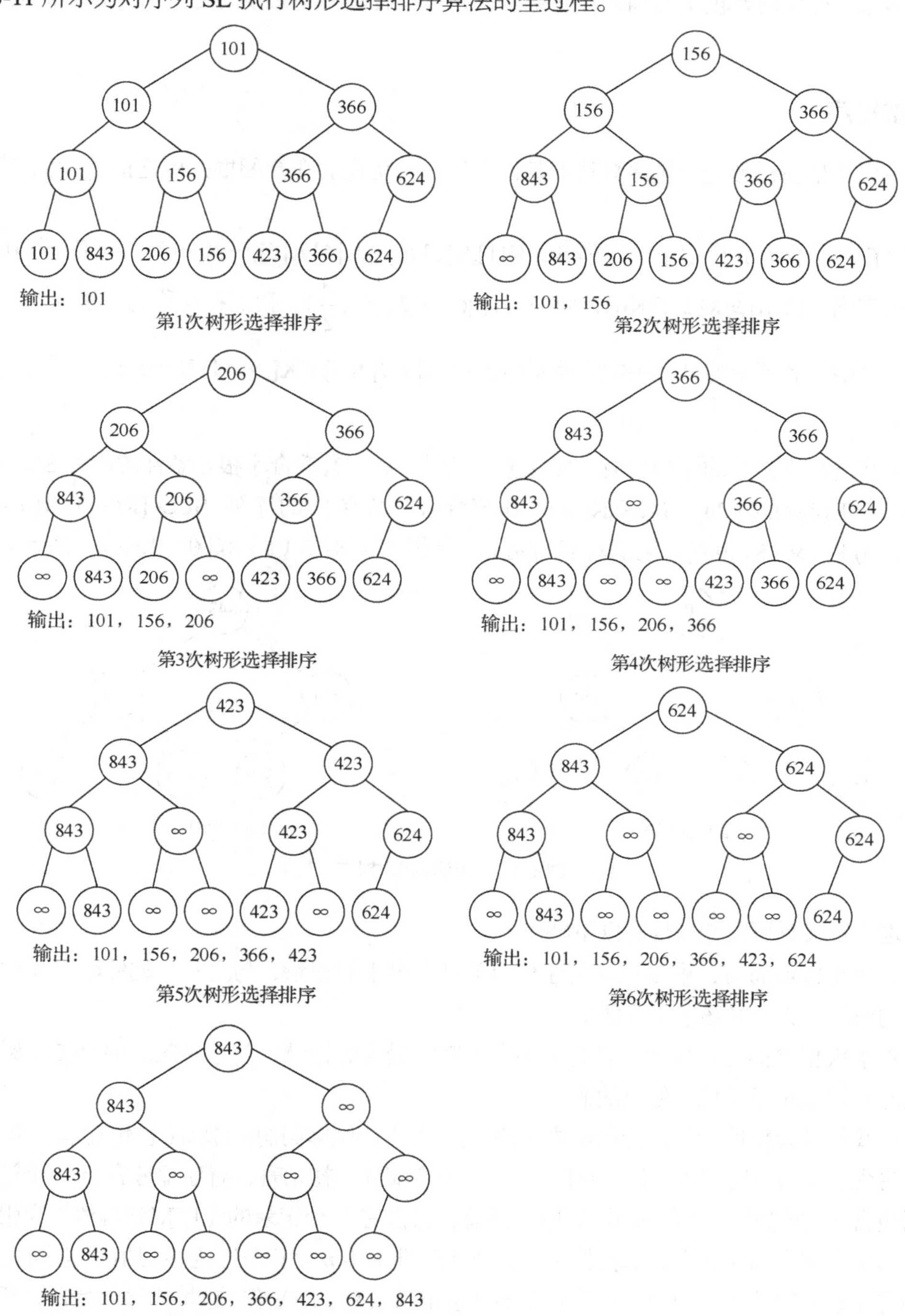

图 8-11　树形选择排序

由于含有 n 个叶子结点的完全二叉树的深度为 $\lceil \log_2 n \rceil + 1$，因此在树形选择排序中，除了第一趟树形选择排序外，之后每一趟树形选择排序只需进行 $\lceil \log_2 n \rceil$（即完全二叉树的深度减 1）次比较即可找到关键字最小的记录，所以树形选择排序的时间复杂度为 O($n\log n$)。

但树形选择排序需要较多的辅助存储空间，并且存在较多不必要的比较次数，为此需要进一步的优化。

8.4.3 堆排序

堆排序算法是在树形选择排序算法的基础上进一步优化。在介绍堆排序之前，我们首先来了解堆的定义。

假定存在一个含有 n 个记录的序列 SL[K[1],K[2],K[3],K[4],K[5],⋯,K[n]]，若该序列中所有记录的某一关键字满足[K[i]≥K[2×i],K[i]≥K[2×i+1]](i=1,2,3,⋯,$\frac{n}{2}$)，我们将其称为大根堆。

若该序列中所有记录的某一关键字满足[K[i]≤K[2×i],K[i]≤K[2×i+1]](i=1,2,3,⋯,$\frac{n}{2}$)，我们将其称为小根堆。

我们可将满足堆定义的序列看成一棵完全二叉树，假定有符合小根堆条件的序列 SLS= [K(101),K(206),K(156),K(843),K(624),K(423),K(366)]和符合大根堆条件的序列 SLL=[K(843),K(624),K(423),K(101),K(366),K(156),K(206)]，它们对应的完全二叉树如图 8-12（a）和图 8-12（b）所示。

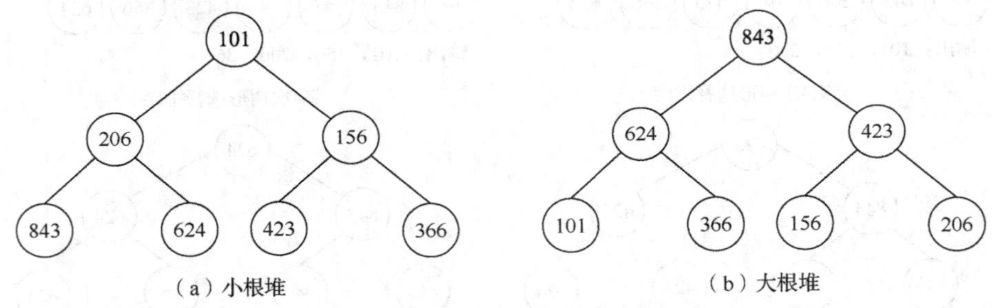

图 8-12 小根堆和大根堆

根据堆的定义，可以知道堆有以下特点。

（1）对于小根堆而言，堆顶记录为序列中关键字最小的记录，与之对应的完全二叉树中所有非终端节点的值均不大于其孩子结点的值。

（2）对于大根堆而言，堆顶记录为序列中关键字最大的记录，与之对应的完全二叉树中所有非终端节点的值均不小于其孩子结点的值。

接下来我们以大根堆为例，介绍堆排序的算法思想（小根堆排序的算法思想基本类似）。

首先将含有 n 个记录的序列分为有序部分和无序部分，初始时，有序部分含有 0 个记录，而无序部分则包含 n 个记录。在第一趟堆排序开始前，将含有 n 个记录的无序部分调整为大根堆，然后把堆中的第 1 个记录与第 n 个记录交换位置，交换后堆中第 n 个记录即为序列中关键字最大的记录，它被作为有序部分的第 1 个记录，此时无序部分总记录数减 1；在第二趟堆排序开始前，须将无序部分的 n−1 个记录（即从第 1 个记录至第 n−1 个记录）调整成为大根堆，重复执行上述步骤，直到堆中只剩下一个记录则排序结束。

根据堆排序的算法思路，我们可将大根堆排序的算法思路归纳如下。

（1）初始建堆：即初始时将含有 n 个记录的序列建成一个大根堆。

（2）输出堆顶记录：即输出当前大根堆的堆顶记录。

（3）调整剩余记录：由于在输出大根堆的堆顶记录后，剩余的记录不符合堆的定义，因此须将剩余记录调整成为大根堆。

由于初始时对含有 *n* 个记录的序列建堆的过程需要对每个记录进行调整，因此先介绍在初始建堆时如何调整剩余记录。

给定一个序列 SL[K(101),K(843),K(206),K(156),K(423),K(366),K(624)]，使用该序列建立的初始大根堆如图 8-13（a）所示，由于此时堆顶记录的关键字为堆中最大，所以在图 8-13（b）中交换该堆顶记录与堆中最后一个记录，并在图 8-13（c）中输出最后一个记录（大根堆的堆顶记录），此时图 8-13（a）所示的大根堆已被破坏。在图 8-13（c）中，由于根结点的左右子树仍为堆，所以仅需自上而下进行一次调整即可。

在图 8-13（d）中，先将值为 423 的结点与值为 624 的结点进行比较，得到值较大的结点 624，再将其与值为 206 的根结点进行比较，由于 206<624，所以交换这两个结点。

在图 8-13（e）中，由于 206<366，所以交换这两个结点，最终得到图 8-13（f）所示的大根堆。

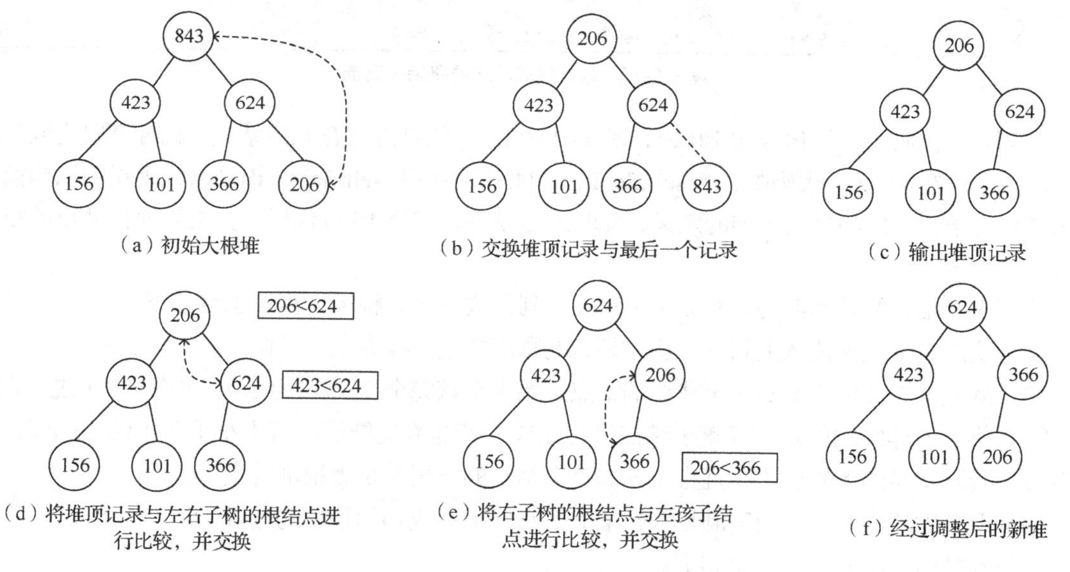

（a）初始大根堆　（b）交换堆顶记录与最后一个记录　（c）输出堆顶记录

（d）将堆顶记录与左右子树的根结点进行比较，并交换　（e）将右子树的根结点与左孩子结点进行比较，并交换　（f）经过调整后的新堆

图 8-13　一次调整过程

我们在实现堆排序算法时创建文件 ex080403.py，调用 SortSequenceList 类的成员函数 CreateSequenceListByInput(self,nElement)创建一个序列 SL，然后对该序列进行建堆，即对每一个非终端结点调用 AdjustHeap(self,i,SeqListLen)进行调整，使其满足大根堆的定义，算法步骤具体如下。

（1）将 self.SeqList[i].key 存入 self.SeqList[0].key。

（2）将 2*i 存入变量 j 中。

（3）当 j<=SeqListLen 时执行（4）～（9）；否则执行（10）。

（4）若 j<SeqListLen 且 self.SeqList[j].key < self.SeqList[j+1].key 时，执行（5）；否则执行（6）。

（5）令 j=j+1。

（6）若 self.SeqList[0].key>=self.SeqList[j].key，则执行（10）；否则执行（7）。

（7）将 self.SeqList[j].key 存入 self.SeqList[i].key。

（8）把变量 j 存入变量 i 中。

（9）令 j=j*2，然后转（3）。

（10）将 self.SeqList[0].key 存入 self.SeqList[i].key。

上述算法步骤对应的代码如下。

```
1   #############################
2   #堆排序算法
3   #############################
4   def AdjustHeap(self,i,SeqListLen):
5       self.SeqList[0].key=self.SeqList[i].key
6       j=2*i
7       while j<=SeqListLen:
8           if j<SeqListLen and self.SeqList[j].key<self.SeqList[j+1].key :
9                   j=j+1
10          if self.SeqList[0].key>=self.SeqList[j].key :break
11          else:
12                  self.SeqList[i].key=self.SeqList[j].key
13                  i=j
14                  j=j*2
15      self.SeqList[i].key=self.SeqList[0].key
```

算法 8-12　堆排序算法之调整剩余记录

在第 8 行代码中，若 j< SeqListLen，则说明下标为 j 的结点存在兄弟结点，此时需要比较这两个结点的大小；在第 10 行代码中，当 self.SeqList[0].key 不小于 self.SeqList[j].key，则说明以当前结点为根结点的子树已经满足大根堆的定义，此时退出循环；在第 15 行代码中，将当前待调整的结点存入合适的位置。

接下来介绍初始时如何将含有 n 个记录的序列建成一个大根堆，算法思路如下。

（1）使用 n 个记录按从上到下、从左到右的顺序构造一棵完全二叉树。

（2）从完全二叉树的最后一个非终端结点开始直至该完全二叉树根结点，均按（3）进行调整。

（3）将当前非终端结点与其孩子结点进行比较，若非终端结点的值不小于孩子结点的值，则不作调整；否则交换两者的位置，且直至该非终端结点的子树满足大根堆的定义。

（4）调整后的完全二叉树需满足大根堆的定义，至完成初始建堆的过程。

大根堆排序算法的实现步骤如下。

（1）对完全二叉树的每一个非终端结点，调用 AdjustHeap(self,i,SeqListLen)进行调整得到大根堆。

（2）将堆顶记录与堆中最后一个记录进行交换，然后移除最后一个记录，再调整堆中剩余记录，使其成为大根堆。

堆排序的实现代码如下。

```
def HeapSort(self):
    SeqListLen=len(self.SeqList)
    for i in range(SeqListLen//2,0,-1):
          self.AdjustHeap(i,SeqListLen-1)
    for j in range(SeqListLen-1,1,-1):
          self.SeqList[0].key=self.SeqList[1].key
          self.SeqList[1].key=self.SeqList[j].key
          self.SeqList[j].key=self.SeqList[0].key
          self.AdjustHeap(1,j-1)
```

算法 8-13　堆排序算法

通过执行第 18 行代码，并由第 19 行代码对指定的结点进行调整，使初始序列成为大根堆；在第 20 行代码中，j 循环至 2 即结束，也就是说当堆中只剩下 1 个记录时则堆排序结束；第 24 行代码用于调整堆中剩余记录，使之成为一个新的大根堆。

我们调用 SortSequenceList 类的成员函数 CreateSequenceListByInput(self,nElement)创建一个序列 SL[K(101),K(843),K(206),K(156),K(423),K(366),K(624)]，其存储情况如表 8-8 所示。

表 8–8　SL 的存储情况

序列 SL	SL(1)	SL(2)	SL(3)	SL(4)	SL(5)	SL(6)	SL(7)
存储的记录	K(101)	K(843)	K(206)	K(156)	K(423)	K(366)	K(624)

图 8-14 所示为按照算法 8-13 对 SL 进行堆排序的过程。

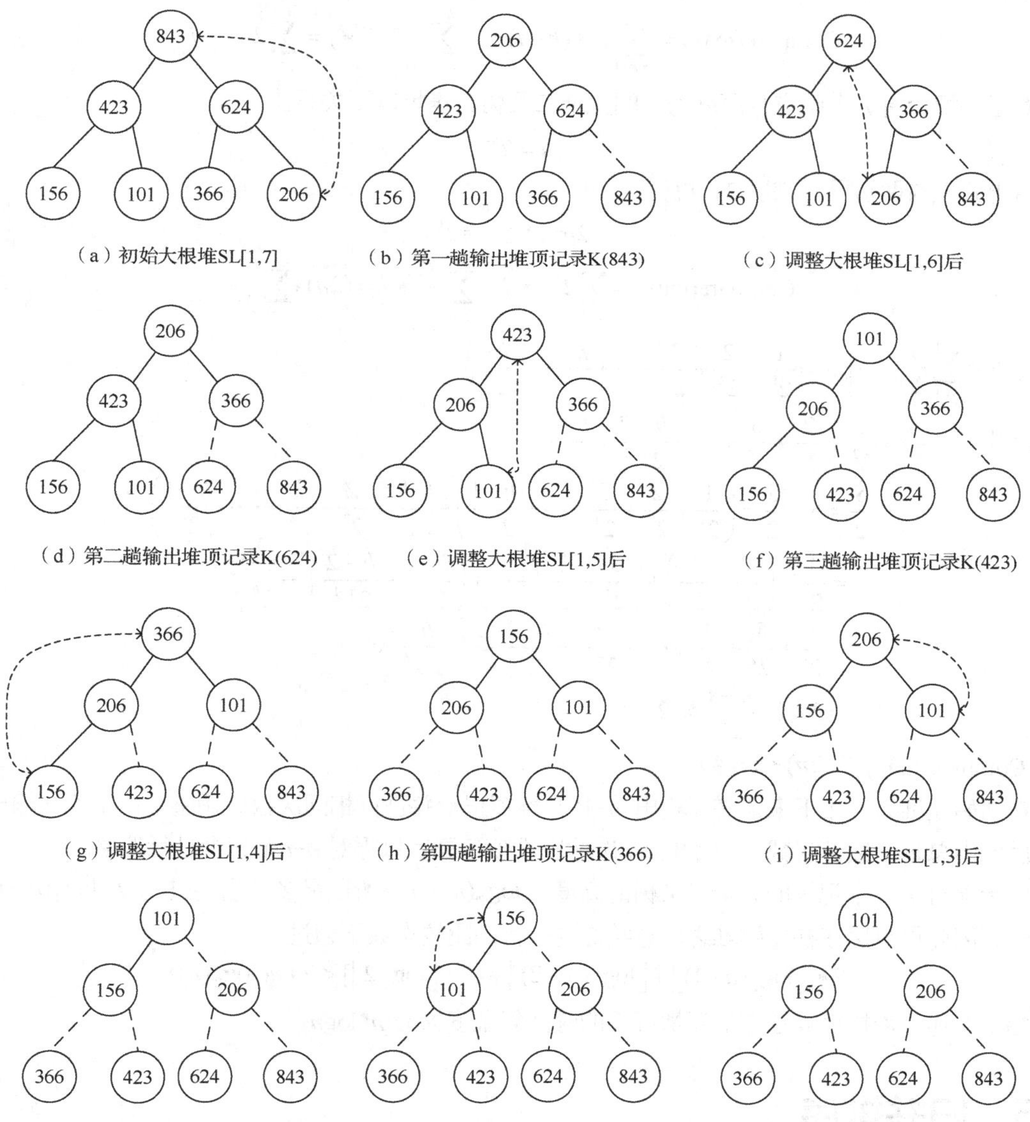

图 8-14　堆排序

堆排序算法仅需 1 个辅助存储空间，所以该算法的空间复杂度为 O(1)，由观察可知该排序算法是不稳定的。

接下来分析堆排序算法的时间复杂度，对于一棵含有 n 个结点的完全二叉树，假定其深度为 h，在初始建堆时，需从第（h-1）层开始至第 1 层执行 AdjustHeap()算法。

由于以第 i 层结点为根结点的二叉树的深度为 h-i+1，故在堆排序的算法中，每个结点最多的比较次数为 $2(h-i+1-1)=2(h-i)$，又因为第 i 层结点的个数最多为 2^{i-1}，所以对于第 i 层的结点而言，其比较次数最多不超过 $2^{i-1}*2(h-i)$ 次。这也就是说调用 AdjustHeap()算法所需的记录比较次数最多为

$$\text{Compare(max)}=\sum_{i=h-1}^{1}2^{i-1}*2(h-i)=\sum_{i=h-1}^{1}2^{i}*(h-i)$$

令 j=h-i，则下界 i=h-1 等价于 j=h-(h-1)，而上界 i=1 等价于 j=h-1，即 i=h-j，则上式可表示为

$$\text{Compare(max)}=\sum_{i=h-1}^{1}2^{i}*(h-i)=\sum_{j=h-(h-1)}^{h-1}2^{h-j}*j=\sum_{j=1}^{h-1}2^{h-j}*j$$

对于一棵含有 n 个结点且深度为 h 的完全二叉树，满足以下关系。

$$n=2^{h-1}$$

将上式左右两边同时乘以 2，可得

$$2n=2*2^{h-1}=2^{h}$$

$$\text{Compare(max)}=\sum_{j=1}^{h-1}2^{h-1}*j=\sum_{j=1}^{h-1}\frac{2^{h}}{2^{j}}*j=(2n)*\sum_{j=1}^{h-1}\frac{j}{2^{j}}$$

令 $S=\sum_{j=1}^{h-1}\frac{j}{2^{j}}$，则 $S=\frac{1}{2^{1}}+\frac{2}{2^{2}}+\frac{3}{2^{3}}+\cdots+\frac{h-2}{2^{h-2}}+\frac{h-1}{2^{h-1}}$

因此 $\frac{S}{2}=\frac{1}{2^{2}}+\frac{2}{2^{3}}+\frac{3}{2^{4}}+\cdots+\frac{h-2}{2^{h-2}}+\frac{h-1}{2^{h}}$

$$\begin{aligned}\frac{S}{2}&=S-\frac{S}{2}=\left(\frac{1}{2^{1}}+\frac{2}{2^{2}}+\frac{3}{2^{3}}+\cdots+\frac{h-1}{2^{h-1}}\right)-\left(\frac{1}{2^{2}}+\frac{2}{2^{3}}+\frac{3}{2^{4}}+\cdots+\frac{h-1}{2^{h}}\right)\\&=\frac{1}{2^{1}}+\left(\frac{2}{2^{2}}-\frac{1}{2^{2}}\right)+\left(\frac{3}{2^{3}}-\frac{2}{2^{3}}\right)+\cdots+\left(\frac{h-1}{2^{h-1}}-\frac{h-2}{2^{h-1}}\right)-\frac{h-1}{2^{h}}\\&=\frac{1}{2^{1}}+\frac{1}{2^{2}}+\frac{1}{2^{3}}+\cdots+\frac{1}{2^{h-1}}-\frac{h-1}{2^{h}}\leqslant 1-\frac{h-1}{2^{h}}S\\&=2-2*\frac{h-1}{2^{h}}\leqslant 2\end{aligned}$$

所以 $\text{Compare(max)}\leqslant(2n)*2=4n$

在初始建堆后，接下来则需要输出 n-1 次堆顶记录并进行相同次数的调整，由于每次输出堆顶记录后堆中总记录数都将减 1，因此第 i 次输出堆顶记录后只需对 n-i 个记录进行调整。

由于含有 n-i 个记录的完全二叉树的高度为 $\log_2(n-i)$，所以最多只需要进行 $2*\log_2(n-i)$ 次记录比较，因此可算出在初始建堆之后总共需要进行的比较次数不超过

$$2*[\lfloor\log_2(n-1)\rfloor+\lfloor\log_2(n-2)\rfloor+\cdots+\lfloor\log_2 2\rfloor]<2*n(\log_2(n))$$

综上所述，堆排序算法在最坏情况下的时间复杂度为 O(n*log$n$)。

8.5 归并排序

归并排序是指将两个或两个以上的有序序列合并成为一个新的有序序列，接下来以二路归并排

序为例介绍该算法的基本思想。

对于一个含有 *n* 个记录的序列 SL，首先将该序列看作 *n* 个有序的子序列，每个子序列中只包含 1 个记录，然后对其进行两两归并，得到$\left\lceil \frac{n}{2} \right\rceil$个有序的子序列，其中每个子序列可能含有 2 或 1 个（当 *n* 为奇数时）记录，依次类推，直到序列 SL 有序。

我们在实现二路归并排序算法时创建文件 ex0805.py，在该文件中定义一个用于顺序表基本操作的 SortSequenceList 类。我们首先调用 SortSequenceList 类的成员函数 CreateSequenceListByInput(self, nElement)创建一个序列 SL[K(101),K(843),K(206),K(156),K(423),K(366),K(624)]，再调用 MergeSort (self)对该序列实现二路归并排序，其算法思路如下。

（1）先将该序列平分成两组，然后再对这两组序列继续进行分组，依次类推，直到每个子序列中只包含一个记录为止，这一过程如图 8-15 所示。

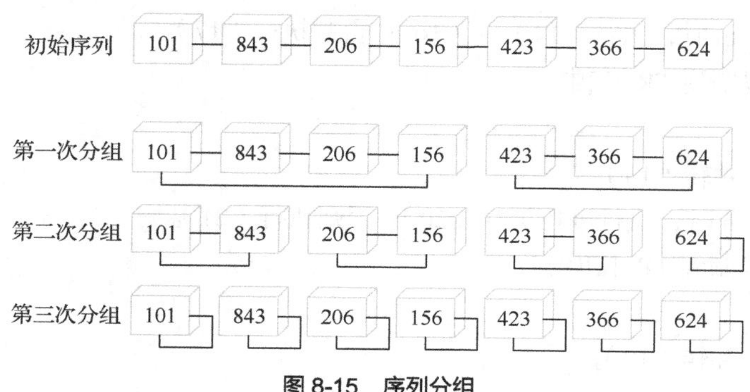

图 8-15　序列分组

（2）将只包含一个记录的子序列两两进行归并，得到长度为 2 或者 1 的有序子序列，然后将这些子序列两两进行归并，依次类推，直到整个序列有序，如图 8-16 所示。

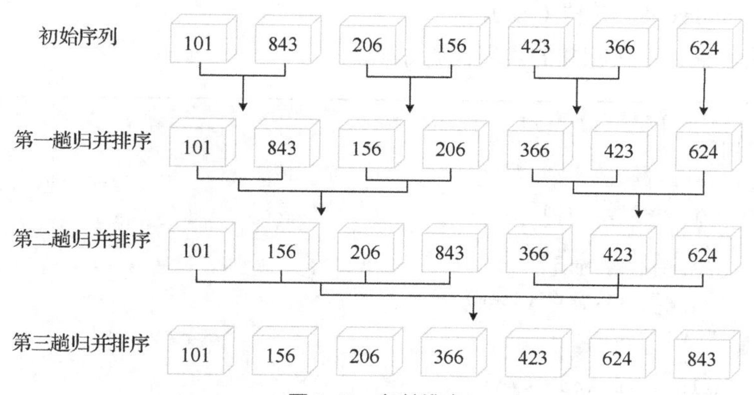

图 8-16　归并排序

根据上述对序列 SL 进行二路归并排序的算法思路可知，二路归并排序的主要操作分为两步：分组，即将序列分组得到多个子序列；归并，即将两个相邻的子序列进行排序、合并得到一个有序序列。

根据上述算法思路，接下来给出其算法步骤。

（1）定义一个空序列 TR2。

（2）从序列 TR1 的第一个记录直到最后一个记录，执行（3）。

（3）将当前 TR1 的记录添加到 TR2 中。

（4）令 j=m+1。

（5）令 k=i。

（6）当 i 不大于 m 且 j 不大于 n 时，执行（7）～（12）。

（7）若 TR1[i].key 不大于 TR1[j].key，则执行（8）～（9）；否则执行（10）～（11）。

（8）将 TR1[i]复制到 TR2[k]中。

（9）令 i=i+1。

（10）将 TR1[j]复制到 TR2[k]中。

（11）令 j=j+1。

（12）令 k=k+1，并转（6）。

（13）当 i 不大于 m 时，执行（14）～（16）；否则执行（17）。

（14）将 TR1[i]复制到 TR2[k]中。

（15）令 i=i+1。

（16）令 k=k+1，并转（13）。

（17）当 j 不大于 n 时，执行（18）～（20）；否则执行（21）。

（18）将 TR1[j]复制到 TR2[k]中。

（19）令 j=j+1。

（20）令 k=k+1，并转（17）。

（21）令 index=0。

（22）当 index 小于 TR1 的长度时，执行（23）～（24）。

（23）将 TR2[index]复制到 TR1[index]中。

（24）令 index=index+1，并转（22）。

根据以上算法步骤，一次归并的实现代码如下。

```
################
#二路归并排序
################
def Merge(self,TR1,i,m,n):
    TR2=[]
    for item in TR1:
        TR2.append(item)
    j=m+1
    k=i
    while i<=m and j<=n:
        if TR1[i].key<=TR1[j].key:
            TR2[k]=TR1[i]
            i=i+1
        else:
            TR2[k]=TR1[j]
            j=j+1
        k=k+1
    while i<=m:
        TR2[k]=TR1[i]
```

```
20              i=i+1
21              k=k+1
22          while j<=n:
23              TR2[k]=TR1[j]
24              j=j+1
25              k=k+1
26          index=0
27          while index<len(TR1):
28              TR1[index]=TR2[index]
29              index=index+1
```

算法 8-14　一次归并

在第27行代码中，当index小于TR1的长度时，则在代码第28行中将TR2[index]复制到TR1[index]中，用于下一趟归并；在代码第29行，将index自增1。

归并排序算法的代码实现如下。

```
    def MSort(self,TR1,s,t):
        if s==t:
            TR1[s]=self.SeqList[s]
        else:
            m=(s+t)//2
            self.MSort(TR1,s,m)
            self.MSort(TR1,m+1,t)
            self.Merge(TR1,s,m,t)
            index=s
            while index<=t:
                self.SeqList[index]=copy.deepcopy(TR1[index])
                index=index+1
```

算法 8-15　归并排序

在算法8-15中，若s等于t，则将self.SeqList[s]复制到TR1[s]；否则令m=(s+t)//2，并递归执行self.MSort(TR1,s,m)和self.MSort(TR1,m+1,t)，在这个过程中将整个序列分成若干个子序列，之后调用Merge(TR1,s,m,t)函数将子序列两两归并，直到整个序列有序。

由归并排序算法可知，对于一个含有 n 个记录的序列，若当前每个子序列的长度为len，则总共需要执行 $\left\lceil \frac{n}{2*\text{len}} \right\rceil$ 次 Merge 算法。通过将相邻子序列两两合并，直至整个序列有序，总共需要进行 $\lceil \log_2 n \rceil$ 趟排序，其时间复杂度为O（n*log$n$）。

归并排序算法在排序过程中需要借助与待排序序列等大小的辅助存储空间，通过观察可知该算法是一种稳定的排序算法。

8.6　基数排序

基数排序与之前介绍的排序算法不同，它无须进行关键字的比较，而是按照多关键字排序的思路实现对记录排序。接下来介绍多关键字排序的思路。

8.6.1　多关键字排序

在日常生活中有许多按多关键字排序的例子，例如对于一张扑克牌（除去joker），决定其大小的关键字有两种——面值和花色。假定对扑克牌进行排序时，花色是扑克牌最高位关键字，面值是扑克牌最低位关键字，即花色的重要性大于面值。在对扑克牌的花色进行排序时，其排序规则为

$$\clubsuit n < \diamondsuit n < \heartsuit n < \spadesuit n \qquad \{n=2,3,\cdots,10,J,Q,K,A\}$$

按照上述排序规则对扑克牌进行排序后，可以得到 4 组不同花色的扑克牌，再按照扑克牌的面值对这 4 组扑克牌进行排序。假定其排序规则为 2 < 3 <…< A，最后得出的排序结果为

$$\clubsuit 2 < \clubsuit 3 \cdots < \clubsuit A < \diamondsuit 2 < \diamondsuit 3 < \cdots < \diamondsuit A < \heartsuit 2 < \heartsuit 3 < \cdots < \heartsuit A < \spadesuit 2 < \spadesuit 3 \cdots < \spadesuit A$$

对上述扑克牌进行排序时，可将扑克牌看成一个含有 52 个记录的无序序列，该序列中的每个记录均含有两个关键字。在使用最高位关键字（花色）对扑克牌进行排序时，将整个扑克牌序列分为 4 个子序列，之后使用最低位关键字（面值）对每个扑克牌子序列依次进行排序，最终得到 4 个有序的扑克牌子序列，然后将它们收集并形成一个符合排序要求的扑克牌序列。这种按关键字重要性由高到低的顺序依次对序列进行排序的方法被称为最高位优先法（Most Significant Digit first，MSD）。

也可按照与上述关键字相反的顺序对扑克牌进行多关键字排序，即先对整个扑克牌序列进行面值排序，得到 13 个面值相同的扑克牌子序列，然后将这 13 个扑克牌子序列收集成一个完整的扑克牌序列，再对整个扑克牌序列进行花色排序，得到 4 个具有相同花色且面值有序的子序列，最后将它们收集并形成一个符合排序要求的扑克牌序列。这种按关键字重要性由低到高的顺序依次对序列进行排序的方法被称为最低位优先法（Least Significant Digit first，LSD）。

一般情况下，在对含有 n 个记录的序列 $SL[R_1,R_2,\cdots,R_n]$进行多关键字排序时，假定每个记录含有 d 个关键字，即

$$K_i^0, K_i^1, \cdots, K_i^{d-2}, K_i^{d-1} \quad (1 \leqslant i \leqslant n)$$

其中，K^0 为最高位关键字，K^{d-1} 为最低位关键字。假定序列 SL 有序，则要求该序列中的任意两个记录 R_i 和 R_j（$1 \leqslant i \leqslant j \leqslant n$）满足如下关系。

$$(K_i^0, K_i^1, \cdots, K_i^{d-2}, K_i^{d-1}) \leqslant (K_j^0, K_j^1, \cdots, K_j^{d-2}, K_j^{d-1})$$

若按照最高位优先法（MSD）对序列 SL 进行多关键字排序，需先对最高位关键字 K^0 进行排序，再根据关键字 K^0 的值将序列 SL 分成若干个含有相同 K^0 的子序列，然后分别就每个子序列对关键字 K^1 进行排序，再按关键字 K^1 值不同将每个子序列继续分成若干更小的子序列，依次类推。

在对最低位关键字 K^{d-1} 进行排序后，每个子序列中的记录均含有相同的关键字（$K^0, K^1, \cdots, K^{d-1}$），最后将所有子序列按特定顺序依次连接，得到一个完整的有序序列。所以最高位优先法（MSD）进行多关键字排序时的特点为：按照关键字的重要性由高到低将序列逐层分为若干个具有相同关键字的子序列。

按照最低位优先法（LSD）对序列 SL 进行多关键字排序时，则从最低位关键字 K^{d-1} 开始对序列 SL 进行排序，将整个子序列分成若干个子序列，且每个子序列具有相同关键字 K^{d-1}，然后将所有子序列按顺序连接整理成一个新的序列，再将整理后的新序列对关键字 K^{d-2} 进行排序，得到若干个子序列，并再次连接成一个序列，依次类推，直到对关键字 K^0 进行排序后，连接子序列得到有序序列。所以最低位优先法（LSD）进行多关键字排序时的特点为：按照关键字的重要性由低到高依次对整个序列进行划分，然后将子序列连接为完整的序列，而不需要将序列逐层分为若干个子序列。

8.6.2 链式基数排序

基数排序是类似于最低位优先法（LSD）对序列的逻辑关键字进行多次“分配”和“收集”的排序方法。假定序列 SL 含有 n 个记录$[R_1,R_2,\cdots,R_n]$，且每个记录的逻辑关键字是范围在 $0\leqslant K\leqslant 999$ 的整数，则每个逻辑关键字可由 3 个关键字组合而成，每个关键字的取值范围为[0～9]，则 rd 为 10（rd 为关键字取值范围的大小），对序列 SL 进行基数排序时，创建 rd 个队列（$Q_0,Q_1,\cdots,Q_9$）用于存储对应关键字值的记录，其中将关键字值为 0 的记录存入序号为 0 的队列中（即 Q_0），将关键字值为 1 的记录存入序号为 1 的队列（即 Q_1），依次类推，关键字值为 9 的记录则存入序号为 9 的队列中（即 Q_9）。此时分配的过程是指根据每个关键字的值将待排序记录存入相应序号的队列中，收集则是指将队列中的记录按一定的顺序取出，即先将队列 Q_0 中的记录取出，再将队列 Q_1 中的记录取出，依次类推，直到队列 Q_9 为止，并将取出的记录重新组成一个序列。

由于对序列进行基数排序时，序列中每个记录需要多次被存入队列并从中取出，这使得记录需要移动的次数较多，所以基数排序一般采用链式存储结构，即使用链表作为存储结构。通过使用这一结构进行基数排序时，无须移动关键字，只需修改关键字的指针域即可。

链式基数排序的算法思路如下。

（1）从最低位关键字开始，直到最高位关键字，对序列中的记录按（2）～（7）进行分配及收集。

（2）将队列（即分配时用于存储序列中每个记录的链式队列）初始化为空。

（3）从链表（即收集时用于存储序列中每个记录的链表）的第一个结点开始，直到最后一个结点，进行分配操作（4）。

（4）根据当前结点的关键字进行分配，若关键字的值对应的分配链表为空，则将此结点的地址存入相应的分配链表的头结点和尾结点；否则存入该链表尾结点的指针域中。

（5）在一趟分配操作完成之后，将收集链表置空。

（6）从第一个队列开始，直到最后一个队列执行（7）。

（7）将这些队列首尾相连，即可链成一个新的链表，此时完成一趟收集操作。

例如，对于一个无序的序列，其对应的链表如下。

[R(101)→R(843)→R(206)→R(156)→R(423)→R(368)→R(624)→R(975)→R(530)→R(719)]

由于链表中逻辑关键字的范围均在 0～999 之间，所以 d 的值为 3，r 的值为 10。在用 RadixSort(self,r,d)对该链表进行第一趟分配时，根据链表中每一个结点的个位数关键字的值，将结点存入相应序号的队列中。

例如，结点 R(101)的个位数关键字为 1，则将结点 R(101)的地址存入序号为 1 的队列中；依次类推，当所有结点均分配完成时，队列的存储情况如图 8-17 所示。

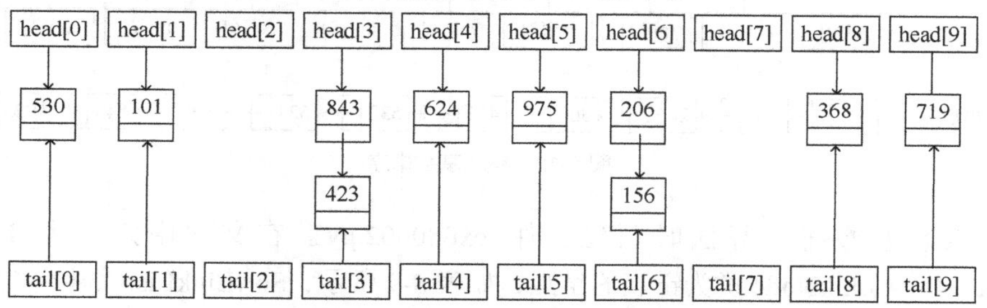

图 8-17 对个位数进行分配

在第一趟收集时，则将每个非空队列尾结点的指针域指向下一非空队列的头结点地址，由此将所有队列连接成如下新的链表。

[R(530)→R(101)→R(843)→R(423)→R(624)→R(975)→R(206)→R(156)→R(368)→R(719)]

在完成上述对个位数关键字的一趟分配和收集之后，依次对链表中每个结点的十位数和百位数关键字进行分配和收集，其大致过程如图 8-18 所示。

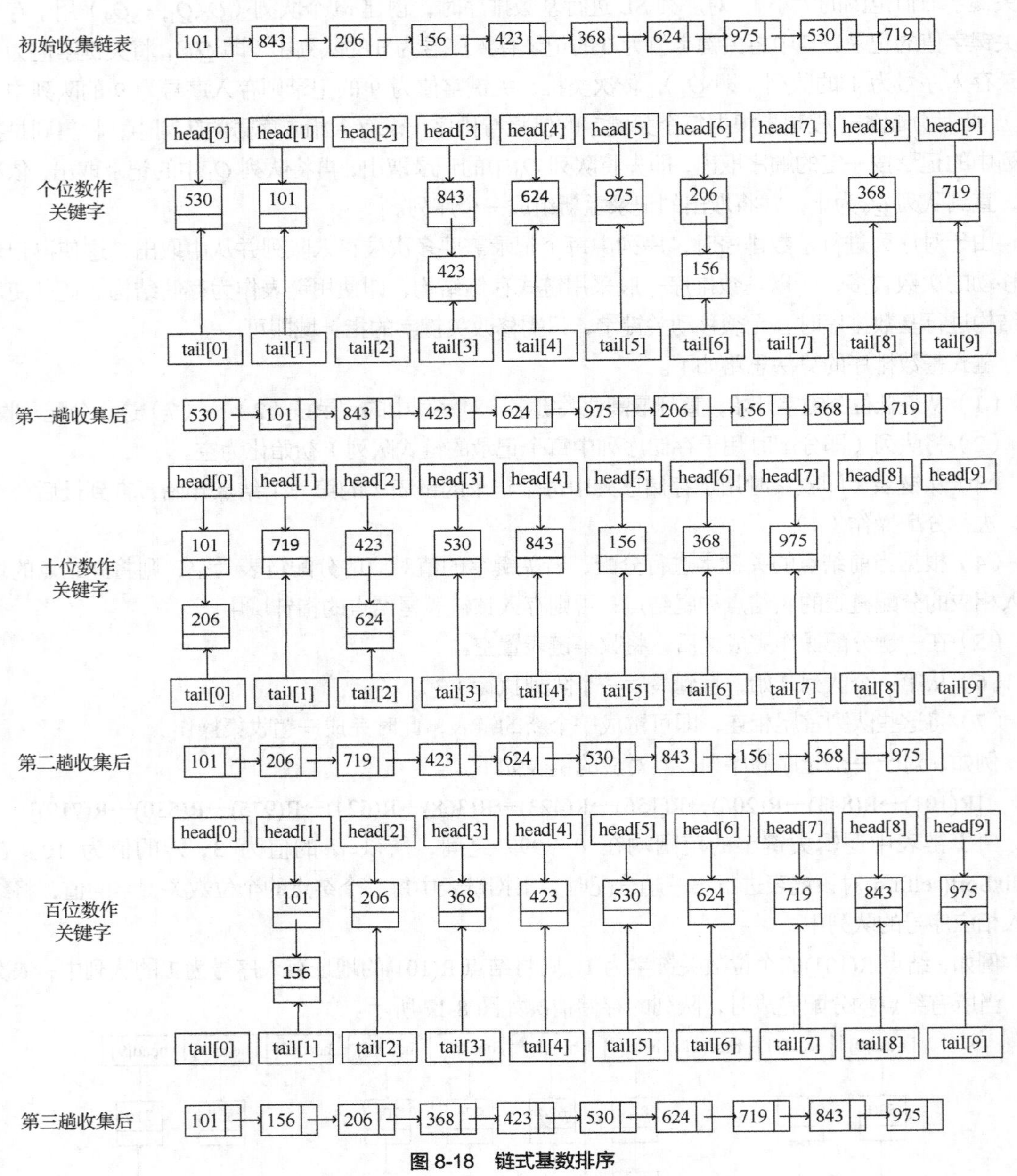

图 8-18　链式基数排序

我们在实现基数排序算法时创建文件 ex080602.py。在文件中定义类 LinkNode 和 SortLinkList，其中 LinkNode 类为链表的结点，如表 8-9 所示，SortLinkList 类中包含链表相关的方法，具体如下。

表 8-9　　LinkNode 类中的构造函数

序号	名称	注释
1	__init__(self)	初始化结点

LinkNode 类的具体实现代码如下。

```
class LinkNode(object):
        def __init__(self,number):
            self.data=[0 for i in range(3)]
            self.data[0]=(number%100)%10
            self.data[1]=(number%100)//10
            self.data[2]=number//100
            self.next=None
```

算法 8-16　初始化结点

SortLinkList 类中的成员函数如表 8-10 所示。

表 8-10　　SortLinkList 类中的成员函数

序号	名称	注释
1	__init__(self)	初始化一个链表（构造函数）
2	CreateLinkListByInput(self,nElement)	创建一个链表
3	TraverseElementSet(self)	遍历链表中的结点
4	Distribute(self,head,tail,r,i)	对链表进行分配
5	Collect(self,r,head,tail)	对链表进行收集

我们首先调用 SortLinkList 类的成员函数 CreateLinkListByInput(self,nElement)创建一个链表 LL，再根据链式基数排序的算法思路，调用 Distribute(self,head,tail,r,i)方法对链表 LL 进行分配，该算法步骤如下。

（1）令 j=0。

（2）当 j 小于 r 的时，执行（3）～（4）；否则执行（5）。

（3）将 head[j]和 tail[j]置空。

（4）令 j=j+1。

（5）当链表 self.LinkList 不为空时，执行（6）～（12）。

（6）将 self.LinkList.data[i]存入变量 k 中。

（7）若 head[k]为空，则执行（8）～（9），否则执行（10）～（11）。

（8）将 self.LinkList 存入 head[k]。

（9）将 self.LinkList 存入 tail[k]。

（10）将 self.LinkList 存入 tail[k]的指针域中。

（11）将 self.LinkList 存入 tail[k]。

（12）将 self.LinkList.next 存入 self.LinkList，并转（5）。

分配算法步骤对应的代码如下。

```
1   ##########################################
2   #基数排序方法
3   ##########################################
4   def Distribute(self,head,tail,r,i):
5       j=0
6       while j<r:
7           head[j]=tail[j]=None
8           j=j+1
9       while self.LinkList is not None:
10          k=self.LinkList.data[i]
11          if head[k] is None:
12              head[k]=self.LinkList
13              tail[k]=self.LinkList
14          else:
15              tail[k].next=self.LinkList
16              tail[k]=self.LinkList
17          self.LinkList=self.LinkList.next
```

算法 8-17 一趟分配

在上述第 9 行代码中，若 self.LinkList 不为空，则在第 10 行代码中将 self.LinkList 的第 i 个关键字存入变量 k，在第 11 行代码中，若第 k 个链表的头结点为空，则在第 12 行代码中将 self.LinkList 存入第 k 个链表的头结点，并在第 13 行代码中将 self.LinkList 存入第 k 个链表的尾结点；否则在第 15 行代码中将 self.LinkList 存入第 k 个链表的尾结点的指针域中，在第 16 行代码中将 self.LinkList 存入第 k 个链表的尾结点。

在对链表 LL 完成一趟分配之后，需要对链表 LL 调用 Collect(self,r,head,tail)方法进行一趟收集，其算法步骤如下。

（1）初始化变量 t 为空。

（2）初始化变量 FirstNumber 为空。

（3）令 j=0。

（4）当 j 小于 r 时，执行（5）～（11）；否则执行（12）。

（5）若 head[j]不为空，则执行（6）～（10）；否则执行（11）。

（6）若 FirstNumber 为空，执行（7）～（8），否则执行（9）～（10）。

（7）将 head[j]存入 FirstNumber。

（8）将 tail[j]存入 t。

（9）将 head[j]存入 t.next。

（10）将 tail[j]存入 t。

（11）令 j=j+1。

（12）将 t.next 置空。

（13）将 FirstNumber 存入 self.LinkList。

该算法的实现代码如下。

```
18  def Collect(self,r,head,tail):
19      t=None
20      FirstNumber=None
```

```
21        j=0
22        while j<r:
23            if head[j] is not None:
24                if FirstNumber is None:
25                    FirstNumber=head[j]
26                    t=tail[j]
27                else:
28                    t.next=head[j]
29                    t=tail[j]
30            j=j+1
31        t.next=None
32        self.LinkList=FirstNumber
```

算法 8-18　一趟收集

在第 25 行代码中将第 j 个链表的头结点存入 FirstNumber，在第 26 行代码中将第 j 个链表的尾结点存入 t；在第 28 行代码中将第 j 个链表的头结点存入 t 的指针域中，在第 29 行代码中将第 j 个链表的尾结点存入 t。

结合上述分配和收集算法的代码，对链表 LL 进行基数排序的实现代码如下。

```
    def RadixSort(self,r,d):
        head=[0 for i in range(10)]
        tail=[0 for i in range(10)]
        i=0
        if self.LinkList is not None:
            while i<=d-1:
                self.Distribute(head,tail,r,i)
                self.Collect(r,head,tail)
                i=i+1
```

算法 8-19　链式基数排序

在链式基数排序算法中，假定待排序序列含有 n 个记录，每个记录含有 d 个关键字，每个关键字的取值范围共有 rd 个值，根据算法 8-17 可知，一趟分配的时间复杂度为 O(n)，根据算法 8-18 可知，一趟收集的时间复杂度为 O(rd)，所以算法 8-19 总的时间复杂度为 O(d(n+rd))。

链式基数排序总共需要 2*rd 个队列指针和 n 个指针域，所以链式基数排序的空间复杂度为 O(n+rd)。

8.7　本章小结

本章详细介绍了多种常用的排序算法，这些算法的时间复杂度、空间复杂度及稳定性如表 8-11 所示。

表 8-11　各种内部排序方法的比较

算法名称	时间复杂度			空间复杂度	稳定性
	最好时间	最坏时间	平均时间		
直接插入排序	O(n)	O(n^2)	O(n^2)	O(1)	稳定

续表

算法名称	时间复杂度			空间复杂度	稳定性
	最好时间	最坏时间	平均时间		
折半插入排序	O(n*log$n$)	O(n^2)	O(n^2)	O(1)	稳定
希尔排序			O($n^{1.3}$)	O(1)	不稳定
表插入排序	O(n)	O(n^2)	O(n^2)	O(1)	稳定
冒泡排序	O(n)	O(n^2)	O(n^2)	O(1)	稳定
快速排序	O(n*log$n$)	O(n^2)	O(n*log$n$)	O(log$n$)	不稳定
简单选择排序	O(n^2)	O(n^2)	O(n^2)	O(1)	稳定
堆排序	O(n*log$n$)	O(n*log$n$)	O(n*log$n$)	O(1)	不稳定
归并排序	O(n*log$n$)	O(n*log$n$)	O(n*log$n$)	O(1)	稳定
基数排序	O(d(n+rd))	O(d(n+rd))	O(d(n+rd))	O(n+rd)	稳定

在上述算法中，直接插入排序、折半插入排序、表插入排序、冒泡排序、简单选择排序的实现过程相对简单，一般被称为简单排序方法，而其他排序算法实现过程相对复杂，被称为复杂排序算法。

从算法的平均时间复杂度来看，直接插入排序、折半插入排序、表插入排序、冒泡排序和简单选择排序速度较慢，而其他排序算法的速度较快。部分复杂排序算法（例如堆排序）在最好情况下的时间复杂度较部分简单排序算法（例如直接插入排序）更慢，而从空间复杂度来看，堆排序和归并排序需要借助的辅助存储空间较大，简单排序算法需要的辅助存储空间较少。因此在实际应用时，需要根据不同情况选择合适的排序算法，具体如下。

（1）当待排序记录的总个数 n 较小时，n^2 和 n*log$n$ 的差别不大，建议选择使用简单选择排序，若序列基本有序，可选择使用直接插入排序。

（2）当待排序记录的总个数 n 较大时，n^2 和 n*log$n$ 的差别较大，所以选择复杂排序算法较为合适。就平均时间复杂度来说，快速排序算法速度最快，但在最好和最坏的情况下快速排序的速度较慢，而归并排序中最坏情况的时间复杂度和平均时间复杂度相差不大，但归并排序往往需要借助较多的辅助存储空间，所以可采用以下原则选择合适的排序方法。

① 当序列基本有序且稳定性不做要求时，选择堆排序算法较为合适。

② 当序列基本有序且要求排序稳定时，选择归并算法较为合适。

③ 当序列中的记录随机分布且对稳定性不做要求时，选择快速排序较为合适。

（3）当待排序记录的总个数 n 较大时，也可以将简单的排序算法与复杂的排序算法结合使用。例如先将含有 n 个记录的序列分成若干个含记录数较少的子序列，分别对每个子序列进行直接插入排序，再将这些有序的子序列使用归并排序合并成一个完整的有序序列。

（4）链式基数排序的时间复杂度为 O(d(n+rd))，当 n 较大而每个记录的关键字较小，即 rd 较小的情况下，链式基数排序的时间复杂度也可写作 O(d*n)。

若 n 值和关键字都很大，则可先根据高位关键字将序列逐层分为若干个子序列，再对这些子序列分别进行直接插入排序。

（5）在内排序算法中，大多使用顺序表作为存储结构，只有表插入排序和基数排序采用的链式存储结构，若待排序记录较多，使用链表作为存储结构则可以避免大量的记录移动，但并非所有排序算法都适合使用链式存储结构，例如折半插入排序、希尔排序、快速排序和堆排序难于在链表中实现。

（6）通常在排序过程中，如果记录的比较过程是在相邻的两个记录之间进行，则此排序算法是稳定的。在本章介绍的内排序算法中，时间复杂度为 $O(n^2)$的简单排序算法均为稳定的排序算法。值得提出的是稳定性是由方法本身决定的，对不稳定的排序方法而言，不管其描述形式如何，一定能举出一个实例证明它是不稳定的。

8.8　上机实验

8.8.1　基础实验

基础实验 1　直接插入排序

实验目的：考察是否掌握直接插入排序算法。

实验要求：创建名为 ex080801_01.py 的文件，在其中编写一个顺序表的类，该类必须至少含有两个成员变量（关键字和其他信息）及相关的基本操作，具体如下。

（1）初始化一个顺序表 SSequenceList。

（2）通过 CreateSequenceListByInput()方法从键盘上将待排序记录输入顺序表 SSequenceList。

（3）调用 InsertSort()方法对序列 SSequenceList 进行排序。

（4）通过 TraverseElementSet()方法将排序后的序列 SSequenceList 输出到屏幕上。

基础实验 2　折半插入排序

实验目的：考察是否掌握折半插入排序算法。

实验要求：创建名为 ex080801_02.py 的文件，在其中编写一个顺序表的类，该类必须含有两个成员变量（关键字和其他信息）及相关的基本操作，具体如下。

（1）初始化一个顺序表 SSequenceList。

（2）通过 CreateSequenceListByInput()方法从键盘上将待排序记录输入顺序表 SSequenceList。

（3）调用 BinaryInsertSort()方法对序列进行排序。

（4）通过 TraverseElementSet()方法将排序后的序列输出到屏幕上。

基础实验 3　希尔排序

实验目的：考察是否掌握希尔排序算法。

实验要求：创建名为 ex080801_03.py 的文件，在其中编写一个顺序表的类，该类必须含有两个成员变量（关键字和其他信息）及相关的基本操作，具体如下。

（1）初始化一个顺序表 SSequenceList。

（2）通过 CreateSequenceListByInput()方法从键盘上将待排序记录输入顺序表 SSequenceList。

（3）调用 ShellSort()方法对序列进行排序。

（4）通过 TraverseElementSet()方法将排序后的序列输出到屏幕上。

基础实验 4　表插入排序

实验目的：考察是否掌握表插入排序算法。

实验要求：创建名为 ex080801_04.py 的文件，在其中编写一个静态链表的类，该类必须含有 3 个成员变量（关键字、指针域和其他信息）及相关的基本操作，具体如下。

（1）初始化一个静态链表 LinkList。

（2）通过 CreateLinkListByInput()方法从键盘上将待排序记录输入静态链表 LinkList。

（3）调用 TableInsertSort()方法对序列进行排序。

（4）通过 TraverseElementSet()方法将排序后的序列输出到屏幕上。

基础实验 5　冒泡排序

实验目的：考察是否掌握冒泡排序算法。

实验要求：创建名为 ex080801_05.py 的文件，在其中编写一个顺序表的类，该类必须含有两个成员变量（关键字和其他信息）及相关的基本操作，具体如下。

（1）初始化一个顺序表 SSequenceList。

（2）通过 CreateSequenceListByInput()方法从键盘上将待排序记录输入顺序表 SSequenceList。

（3）调用 BubbleSort()方法对序列进行排序。

（4）通过 TraverseElementSet()方法将排序后的序列输出到屏幕上。

基础实验 6　递归实现快速排序

实验目的：考察是否掌握快速排序算法。

实验要求：创建名为 ex080801_06.py 的文件，在其中编写一个顺序表的类，该类必须含有两个成员变量（关键字和其他信息）及相关的基本操作，具体如下。

（1）初始化一个顺序表 SSequenceList。

（2）通过 CreateSequenceListByInput()方法从键盘上将待排序记录输入顺序表 SSequenceList。

（3）调用 AdjustPartition(self,low,high)方法对指定部分的序列进行分区。

（4）调用 QuickSort(self,low,high)方法对序列进行排序。

（5）通过 TraverseElementSet()方法将排序后的序列输出到屏幕上。

基础实验 7　简单选择排序

实验目的：考察是否掌握简单选择排序算法。

实验要求：创建名为 ex080801_07.py 的文件，在其中编写一个顺序表的类，该类必须含有两个成员变量（关键字和其他信息）及相关的基本操作，具体如下。

（1）初始化一个顺序表 SSequenceList。

（2）通过 CreateSequenceListByInput()方法从键盘上将待排序记录输入顺序表 SSequenceList。

（3）调用 SelectSort()方法对序列进行排序。

（4）通过 TraverseElementSet()方法将排序后的序列输出到屏幕上。

基础实验 8　堆排序

实验目的：考察是否掌握堆排序算法。

实验要求：创建名为 ex080801_08.py 的文件，在其中编写一个顺序表的类，该类必须含有两个成员变量（关键字和其他信息）及相关的基本操作，具体如下。

（1）初始化一个顺序表 SSequenceList。

（2）通过 CreateSequenceListByInput()方法从键盘上将待排序记录输入顺序表 SSequenceList。

（3）调用 AdjustHeap(self,i,SeqListLen)方法对指定部分序列进行调整，使之满足堆的定义。

（4）调用 HeapSort()方法对序列进行堆排序。

（5）通过 TraverseElementSet()方法将排序后的序列输出到屏幕上。

基础实验 9　递归实现归并排序

实验目的：考察是否掌握归并排序算法。

实验要求：创建名为 ex080801_09.py 的文件，在其中编写一个顺序表的类，该类必须含有关键字和其他信息及相关的基本操作，具体如下。

（1）初始化一个顺序表 SSequenceList。

（2）通过 CreateSequenceListByInput()方法从键盘上将待排序记录输入顺序表 SSequenceList。

（3）调用 Merge()方法对两个相邻子序列进行归并。

（4）调用 MergeSort()方法对序列进行归并排序。

（5）通过 TraverseElementSet()方法将排序后的序列输出到屏幕上。

基础实验 10　基数排序

实验目的：考察是否掌握基数排序算法。

实验要求：创建名为 ex080801_10.py 的文件，在其中编写一个静态链表的类，该类必须包含待排序记录的所有关键字和一个指向下一结点的指针域，以及相关基本操作。通过以下步骤测试基本操作的实现是否正确。

（1）初始化一个静态链表 LinkList。

（2）通过 CreateSequenceListByInput()方法从键盘上将待排序记录输入静态链表 LinkList。

（3）调用 Distribute()方法对静态链表进行分配。

（4）调用 Collect()方法对已分配的链表队列进行收集。

（5）调用 RadixSort()方法对序列进行基数排序。

（6）通过 TraverseElementSet()方法将排序后的序列输出到屏幕上。

8.8.2　综合实验

综合实验 1　插入排序

实验目的：掌握插入排序的算法思路及算法步骤，深入了解不同插入排序算法的特点。

实验背景：为了深入了解插入排序算法的特点，现要求使用直接插入排序、折半插入排序、希尔排序和表插入排序对某省学生的中考成绩分别进行班级排名、全区排名、全市排名及全省排名，假定某一班级有学生 50 人，某区学生共 5000 名，某市学生共 50000 名，全省共 500000 名学生，请将基于上述数据的每种排序所花费的时间记录下来，然后进行比较。

实验内容：创建名为 ex080802_01.py 的文件，在其中编写计算 4 种排序算法在不同数据量下所花时间的程序，具体如下。（若无以下文件信息可生成随机数进行模拟）

（1）打开 class.txt 文件，读取某一班级 50 名同学的成绩信息并存入顺序表中。

（2）使用直接插入排序、折半插入排序、希尔排序、表插入排序分别对顺序表进行排序，并记录下每种排序所花费的时间。

（3）打开 region.txt 文件，读取某区 5000 名同学的成绩信息并存入顺序表中，重复步骤（2）。

（4）打开 city.txt 文件，读取某市 50000 名同学的成绩信息并存入顺序表中，重复步骤（2）。

（5）打开 province.txt 文件，读取某省 500000 名同学的成绩信息并存入顺序表中，重复步骤（2）。

实验提示：

（1）在排序前获取当前时间存入 t_1，排序后再获取当前时间 t_2，将 t_2-t_1 即是排序算法所花时间。

（2）建议将每次计算所得的时间用其他工具（例如 Excel）绘制成折线图。

综合实验 2　交换排序

实验目的：掌握冒泡排序和快速排序的算法思路及算法步骤，深入了解冒泡排序和快速排序算法的特点。

实验背景：给定一个序列的“正序”“逆序”和“随机”3 种形式，并分别使用冒泡排序和快速排序两种选择排序算法对其进行排序，然后再比较这一序列的 3 种形式使用这两种选择排序算法所花费的时间，从而找到不同情况下所花费的时间较少的排序算法。

实验内容：创建名为 ex080802_02.py 的文件，在其中编写程序用于计算冒泡排序和快速排序在上述情况下对序列进行排序所花费的时间，具体如下。

（1）打开文件 positivesequence.txt，读取其中的正序序列并存入数组 Array 中。

（2）使用冒泡排序和快速排序算法分别对数组 Array 进行排序，对比两种排序算法所花费的时间。

（3）打开文件 invertedsequence.txt，读取其中的逆序序列并存入数组 Array 中，然后重复步骤（2）。

（4）打开文件 randomsequence.txt，读取其中的随机序列并存入数组 Array 中，然后重复步骤（2）。

实验提示：

（1）在对 Array 排序前获取当前时间 t_1，排序后再获取当前时间 t_2，将二者相减即是排序算法所花时间。

（2）在使用不同排序算法对上述情况中的序列进行排序时，若所花费的时间相同，则可考虑引入更多的数据。

综合实验 3　树形排序

实验目的：掌握树形排序的算法思路及算法步骤。

实验背景：在某校举行的丢硬币游戏中，共有 8 名同学参加，校方采用了树形排序的方法，让每两个选手通过丢硬币决定胜负，在经过多轮比赛之后，最终确定了每个选手的名次。

实验内容：创建名为 ex080802_03.py 的文件，在其中编写树形排序的程序，具体如下。

（1）创建一个长度为 8 的顺序表，顺序表的每个元素均含有选手名称（字符串表示）。

（2）生成一个随机数并对 2 取模，若为 1 则在左孩子位置上的选手胜出，若为 0 则在右孩子位置上的选手胜出，如图 8-19 所示。

（3）经过多轮比较，输出每个选手排名。

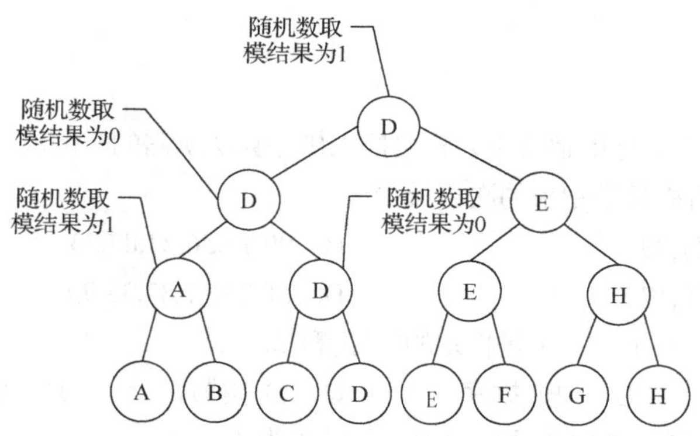

图 8-19　树形排序综合实验示例

综合实验 4　利用非递归的方法实现二路归并排序

实验目的：掌握二路归并排序算法的思路及步骤，深入了解二路归并排序的算法特点。

实验背景：使用递归实现的代码虽然简洁清晰，但递归需要系统堆栈，因此空间消耗比非递归代码大，而且如果递归深度太大，可能会导致堆栈溢出，所以在数据量较大的情况下，通常使用非递归算法。

实验内容：创建名为 ex080802_04.py 的文件，在其中编写二路归并排序的程序，具体如下。

（1）产生 $n(n>5000)$个随机数并存入序列 SL 中。

（2）将序列 SL 调用非递归 Merge()方法分成若干个子序列。

（3）将所有子序列调用非递归 MergeSort()归并，得到一个有序的序列 SL。

实验提示：

（1）循环时注意数组的下标不能越界。

（2）在输出有序序列 SL 时，需考虑显示效果（如分屏显示等）。

综合实验 5　发牌程序

实验目的：掌握基数排序的算法思路及步骤。

实验背景：天天打牌是一款火爆的扑克牌游戏，每局由 4 名玩家参与，现已知一副扑克牌中共含有 52 张（不包含 joker），每一张扑克牌均含有“花色”和“面值”两种关键字，其中“花色”的重要性大于“面值”。发牌程序由两部分组成：一是洗牌；二是发牌。其洗牌过程是通过基数排序将扑克牌整理成一个有序的序列，而发牌过程则是通过生成随机数，指定序号发牌。

实验内容：创建名为 ex080802_05.py 的文件，在其中编写发牌程序，具体如下。

（1）初始化一个单链表 LinkList。

（2）对单链表 LinkList 进行基数排序。

（3）生成随机数，并将对应序号的扑克牌发出。

实验提示：

（1）天天打牌是一个 4 人游戏，所以每人最多只能发 13 张牌。

（2）在发牌的过程中，每发出一张牌，则删除该扑克牌对应的结点，防止重复发牌。

习题

一、选择题

1. 在待排序序列大致有序的情况下，直接插入排序算法所需的时间较少。对下列（　　）序列进行直接插入排序时，所需移动记录的次数最少。

A. 56,23,87,90,17,33　　B. 90,17,56,23,87,33

C. 23,87,33,56,90,17　　D. 56,23,17,87,33,90

2. 在下述排序算法中，（　　）是稳定的排序算法。

A. 归并排序　　B. 快速排序　　C. 希尔排序　　D. 堆排序

3. 若对序列{90,17,56,23,87,33}建小根堆，其结果为（　　）。

A. 17,56,23,87,90,33　　B. 17,23,33,90,87,56

C. 17,23,33,56,87,90　　D. 17,56,23,87,33,90

4. 对含有 n 个记录的序列，进行冒泡排序的平均时间复杂度为（　　），进行二路归并排序的平均时间复杂度为（　　）。

A. $O(n\log n)$，$O(n)$　　B. $O(n\log n)$，$O(n\log n)$

C. $O(n\log n)$，$O(n^2)$　　D. $O(n^2)$，$O(n\log n)$

5. （　　）在完成第一趟排序后，至少能保证一个记录在最终位置上。

A. 快速排序　　B. 二路归并排序　　C. 简单选择排序　　D. 折半插入排序

二、填空题

1. 若对序列{90,17,56,23,87,33}进行初始增量为 2 的希尔排序，则完成一趟排序后的序列为____________________。

2. 若对含有 50 个记录的序列进行堆排序，建立初始堆的高度为______，最后一个非终端结点的下标为______（假定起始下标为 0）。

3. 若对序列{89,17,56,23,28,31}进行基数排序，则对此序列的个位数关键字进行分配和收集后的结果为____________________。

4. 在对含有 10 个记录的序列进行直接插入排序时，最少需要进行______次记录的比较。

5. 若将序列{10,37,56,66,98}和序列{14,16,40,49,77}进行归并，得到的序列为____________。

三、编程题

1. 请使用直接插入排序算法对序列{15,39,78,56,64,20,69,28}进行排序。输出每一趟直接插入排序的执行结果，并计算整个排序过程中记录总的移动次数。

2. 请使用折半插入排序算法对序列{51,93,87,32,46,12}进行排序。输出每一趟折半插入排序的执行结果，并说明折半插入排序算法是否稳定。

3. 请使用希尔排序算法对序列{15,39,78,51,46,24,48,21}进行排序（假定初始增量为序列长度的一半）。输出每一趟希尔排序的执行结果，并计算整个排序过程中记录总的移动次数。

4. 请对序列{50,93,87,15,64,38}进行表插入排序（使用单链表而非静态链表）。输出每一趟表插入排序的执行结果，并计算该排序算法所需的辅助空间。

5. 请使用冒泡排序算法对序列{17,38,90,64,53,63,67,33,93}进行排序。输出每一趟冒泡排序的执行结果，仔细观察每一趟的输出结果，并与改进的冒泡排序算法比较，指出多余的比较趟数。

6. 使用快速排序算法对序列{75,83,19,46,35,24}进行排序。写出每一趟快速排序的执行结果，判断快速排序算法是否稳定，计算整个快速排序过程中记录总的移动次数。

7. 使用简单选择排序算法对序列{14,40,76,60,49,33}进行排序。写出每一趟简单选择排序的执行结果，判断简单选择排序算法是否稳定，计算整个简单选择排序过程中记录总的移动次数。

8. 使用堆排序算法对序列{41,23,64,35,94,57}进行排序。对上述初始序列建大根堆并画出，写出每一趟堆排序的执行结果，判断堆排序算法是否是稳定的。

9. 使用归并排序算法对序列{21,32,51,47,66,93}进行排序，画出将初始序列分成若干子序列，直到每个子序列中只包含一个记录的过程，写出将子序列两两归并的每一趟结果（用括号将子序列隔开），判断归并排序算法是否是稳定的。

10. 使用基数排序算法对序列{12,46,35,23,58,94}进行排序，写出对个位数关键字进行分配和收集的结果，写出对十位数关键字进行分配和收集的结果，判断基数排序算法是否是稳定的。

09 第9章　外排序

外排序是指当待排序的数据量较大、无法一次性全部存入内存中执行排序操作时，先将待排序的数据存储在外存储器上，并将其划分为多个数据块，分批次读入内存中执行排序操作的过程，在这一排序过程中需经过多次内、外存储器之间的数据交换，才可完成排序操作。本章将介绍外排序的概念、方法、磁盘排序的相关知识。

9.1　外排序概述

在本节中分别介绍典型的外存储设备及外排序的基本方法。

9.1.1　典型的外存储设备

在外排序中，待排序的数据是存储在外部存储器上的，因此外排序与外部存储（简称外存）设备的特征息息相关。目前常用的外存设备种类繁多，在此我们主要介绍磁带及磁盘。

（1）磁带是一种窄薄的带状材料，该带状材料上通常会被涂上一层磁性材料，用于声音、图像等信号的存储。磁带中信息的读取是通过磁带上的读写头实现的，但由于其存储方式为顺序存储，导致我们无法随机读取到某一数据，而需先通过顺序查找的方式，找到该数据所在位置后，才可完成对这一数据的读取。例如，当我们播放至磁带尾端时，若需要读取的信息位于该磁带首端，则需先通过倒带处理，将磁带倒回至首端后，方可读取这一信息。这在一定程度上给我们带来了不便。因此磁带往往被用于存储有较少改动且进行顺序存储的信息，如备份文件的存储等。

（2）与磁带相比，磁盘不仅可以实现对信息的顺序存取，还可实现对信息的随机存取，其存取速度优于磁带。

磁盘是将圆形的磁性盘片装入一个方形的密封盒子中的外存设备，图 9-1 所示为其简易结构。磁盘通常由盘片、摇臂和读写头等结构组成，每个磁盘中通常包含若干个盘片和若干个读写头。磁盘内所有盘片均被固定在一根主轴上，当磁盘工作时，所有盘片均同时沿一个方向高速旋转。每个盘片又可分为上下两个盘面，每个盘面都可用来存储信息。在每个盘面上均有一个用于读写存储在该面上信息的读写头。磁盘中所有的读写头也是被固定在一起同步移动的，其移动范围如图 9-1 中的双向箭头所示。当读写头移动时，我们将其在每个盘面上的运动轨迹称为磁道，这些磁道可用于存储信息。我们将一次向磁盘中写入或从磁盘中读取的数据称为一个物理块。

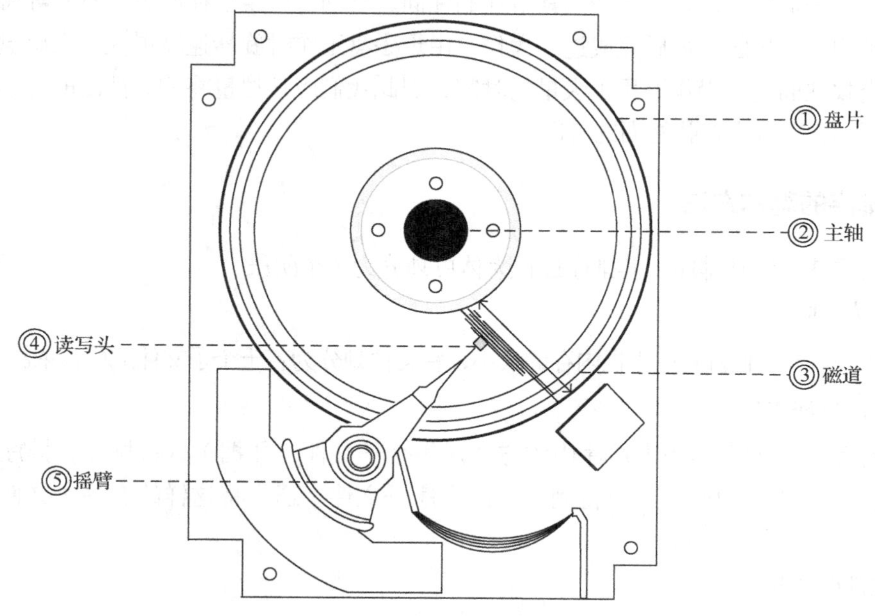

图 9-1　磁盘简易结构

除此之外，我们可继续通过图 9-2 来进一步了解磁盘的立体结构。

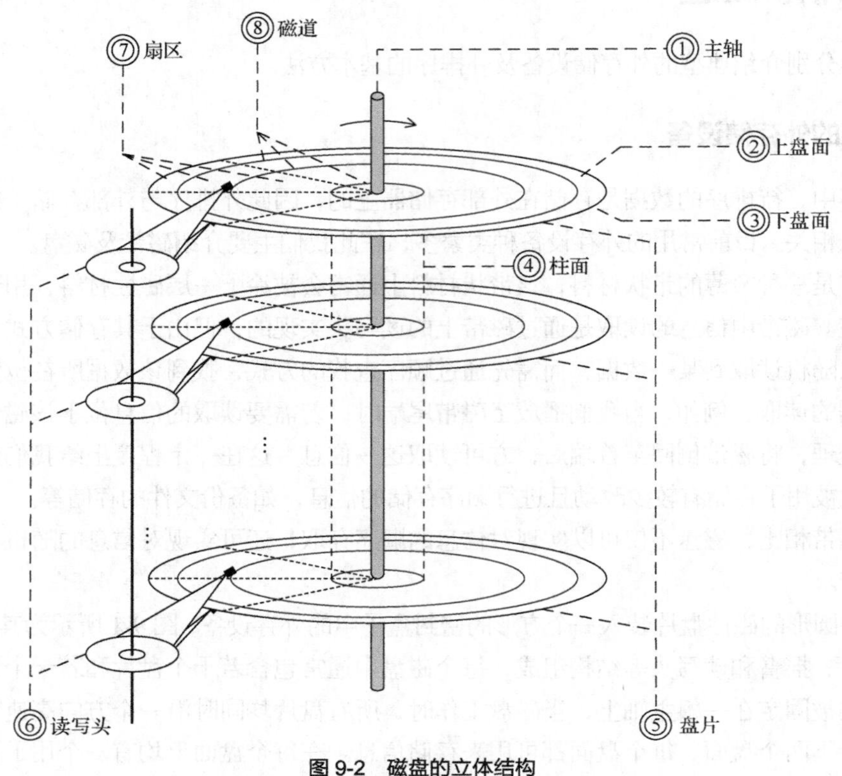

图 9-2　磁盘的立体结构

在图 9-2 中，每个磁道均为同心圆环，因此我们把每一个盘面上半径相同的磁道组成的圆柱面称为柱面。柱面的个数与盘面上的磁道数相同。同时，每个磁道又由若干个扇区组成，所以当我们需要访问或存储某一信息时，首先需找到其所在的柱面，移动摇臂至该柱面上，然后等待读写头定位至该信息存储的某一扇区，最后完成这一操作。由于磁盘工作时旋转速度很快，在磁盘中读取或写入信息时，查找柱面这一操作占用了大量的时间，因此我们应该尽量将相关性高的信息存在同一柱面或相邻柱面上，以减少查找柱面的时间。

9.1.2　外排序的基本方法

外排序通常使用归并排序，其排序过程大体可划分为 3 个阶段。

1. 文件读入阶段

由于文件较大，我们首先需根据内存的大小，将文件划分为若干个子文件或段，依次读入内存中。

2. 子文件排序阶段

读入内存后，我们可利用内排序中的方法对每个子文件（数据）进行排序，排序完毕后，再将其重新写回外存中，由此我们可得到对应的有序子文件。通常将这样的有序子文件称为归并段或顺串。

3. 子文件归并阶段

当文件中划分的若干个子文件均有序后，再对其执行多次归并操作，使得有序的归并段不断扩大，直至所有的子文件合并为一个完整的有序文件，存储至外存中。

9.2　磁盘排序

本节将从磁盘排序过程、多路平衡归并、初始归并段的生成和最佳归并树 4 个方面来具体介绍磁盘排序的基本知识。

9.2.1　磁盘排序过程

在外排序中，我们将对磁盘中的某一文件执行排序操作称为磁盘排序。由于磁盘可随机存取数据，因此我们在计算数据存取时间时可忽略读写头到达指定位置的时间，仅通过读写数据记录块的总次数预估总存取时间。

通过磁盘排序，我们可对磁盘内某一存储了大量数据的文件 file 进行排序，具体过程如图 9-3 所示。

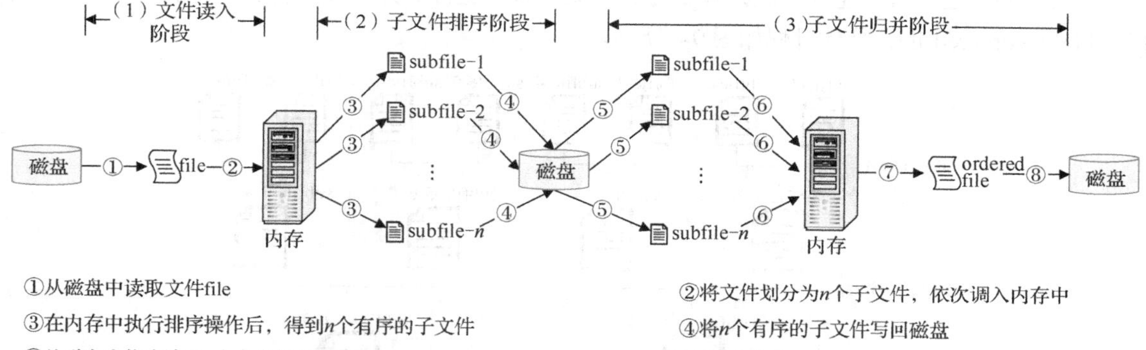
（1）文件读入阶段
（2）子文件排序阶段
（3）子文件归并阶段
磁盘
file
内存
subfile-1
subfile-2
subfile-n
磁盘
subfile-1
subfile-2
subfile-n
内存
ordered file
磁盘
①从磁盘中读取文件file
②将文件划分为n个子文件，依次调入内存中
③在内存中执行排序操作后，得到n个有序的子文件
④将n个有序的子文件写回磁盘
⑤从磁盘中依次读取n个有序的子文件
⑥将n个有序的子文件分批调入内存中
⑦在内存中执行归并排序后，得到一个有序的文件orderedfile
⑧将这一有序的文件写回磁盘

图 9-3　典型磁盘排序的过程

在图 9-3 中，我们可将步骤①～②归为文件读入阶段，③～④归为子文件排序阶段，⑤～⑧归为子文件归并阶段。通过这 3 个阶段，我们即可完成对某一存储在磁盘中的文件的外排序操作。

下面让我们通过一个具体的例子来进一步理解磁盘排序的过程。

【例 9-1】假设有一个文件 file，内含 24000 条记录，若内存空间一次性只能对 3000 个记录进行排序操作，磁盘一次只能读入或写入 1000 条记录（即一个物理块的大小），请写出这一文件具体的排序过程。

解：文件 file 的排序过程如下。

（1）文件读入阶段：由于内存空间一次性只能对 3000 个记录进行排序操作，即每次从磁盘中只能读入 3 个物理块（即 3000 条记录）存入内存中。因此我们可将文件 file 中的 24000 条记录划分为 8（24000/3000=8）个子文件。

（2）子文件排序阶段：对每次得到的子文件 subfile（内含 3 个物理块，共 3000 条记录）进行内部排序，排序后可得到一个有序的子文件 subfile-n（$1 \leqslant n \leqslant 8$，$n \in N^*$），我们需将其重新写回磁盘中，为后续待排序的子文件腾出内存空间。在经过 8 次内部排序后，我们可得到 8 个有序的子文件（归并段）subfile-1,subfile-2,…,subfile-8。

（3）子文件归并阶段（二路归并）：在进行二路归并之前，我们可先将内存空间平均划分为 3 块，将其中两块作为输入缓冲区，用于存入从两个子文件中读入的记录。另一块作为输出缓冲区，用于存放进行二路归并排序后的记录。

首先对子文件 subfile-1 和 subfile-2 进行排序，将两个子文件中的第一个物理块（1000 条记录）分别读入两个输入缓冲区中，再通过二路归并对其进行排序，将所得结果写入输出缓冲区中。当输出缓冲区写满时，就将其内记录写回磁盘中；当某一输入缓冲区读取完毕后，则将对应子文件的下一物理块读入，继续执行排序操作，直至两个子文件中的所有记录均完成归并操作，最终我们可在磁盘中得到由子文件 subfile-1 和 subfile-2 归并得来的子文件 subfile-1-2。

接着对子文件 subfile-3 和 subfile-4 进行归并操作，并将结果存入子文件 subfile-3-4 中。依次类推，最终我们可得到 4 个经第一次归并后的文件 subfile-1-2、subfile-3-4、subfile-5-6 和 subfile-7-8。

然后我们可继续对上述经一次归并后得到的文件再次进行归并。经过多次归并后方可得到一个有序的文件 orderedfile，具体过程如图 9-4 所示。

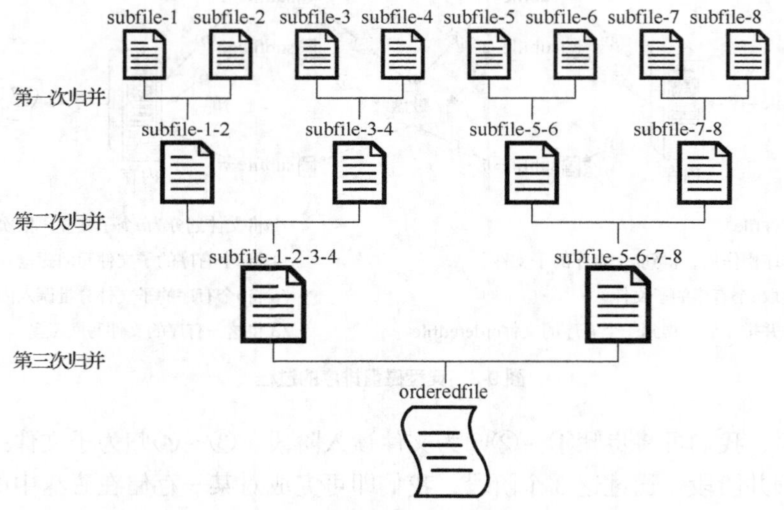

图 9-4 子文件归并过程

由图 9-4 可知，我们通过 3 次归并排序，将 8 个有序子文件归并为了一个有序文件。在归并过程中，因为内存有限，我们需不断在内、外存之间进行数据交换，而不能直接将两个有序段放入内存中进行归并操作。因此这一归并排序不同于直接在内存中进行的归并排序，其所用时间往往大于直接在内存中进行的归并操作。一般情况下，磁盘排序所需时间（T）与产生一个初始归并段所用时间（t_1）、读取或写入一条外存信息所用时间（t_2）和在内部归并 m 条记录所需时间（mt_3）有关，即磁盘排序所需的总时间可用以下公式表示。

$$T = n \times t_1 + d \times t_2 + s \times mt_3$$

其中，n 为经过最初的内部排序后，得到初始归并段的个数；d 为写入或读取记录的总次数；s 为归并的次数。

由此可见，磁盘排序所需总时间（T）等于产生初始归并段所用时间（T_1）、读取或写入外存信息所用总时间（T_2）与经内部多次归并 m 条记录所需时间（T_3）之和。

注意：待归并段为奇数时，情况将更为复杂。

在例 9-1 中，因为每个物理块可容纳 1000 条记录，因此每一次归并我们都需要 24 次“读入内存”和 24 次“写回磁盘”，经过 3 次归并排序和划分初始归并段时的内部排序，则一共需要 192 次读入磁盘/写回磁盘，才可将文件 file 中 24000 条记录归并为一个有序的文件。因此，24000 条记录进行磁盘排序所需的总时间可按上式计算如下。

$$T = 8\times t_1 + 192\times t_2 + 3\times 24000\times t_3$$

在待排序文件确定的情况下，若想减少排序所需的时间，则应从读取或写入外存信息所用总时间（T_2）和经内部多次归并 m 条记录所需时间（T_3）入手。

由于 $T_2 = d\times t_2$ 、$T_3 = s\times mt_3$ 因此我们可通过减少写入或读取记录的总次数 d、归并的总次数 s 来降低排序的耗时。

就上例而言，若我们对得到的 8 个有序子文件进行 4 路归并，则其过程如图 9-5 所示。从图中我们可知，此时我们只需经过两次归并即可完成对所有记录的排序，写入或读取记录的总次数 d 也可减少至 $2\times 48+48=144$（次）。

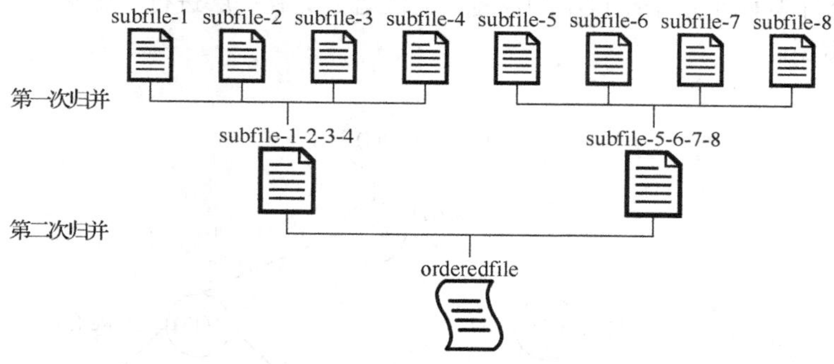

图 9-5 4 路归并过程

由此可知，对同一待排序文件来说，在降低写入或读取记录的总次数 d 时，归并的次数也会随之减少，即写入或读取记录的总次数 d 与归并的总次数 s 成正比。而在一般情况下，当对 n 个归并段进行 k 路排序时，归并的次数 s 应满足下式要求。

$$s = \lceil \log_k n \rceil$$

因此，若我们想减少归并的总次数 s，则可通过增加 k 或减少 n 来实现。

9.2.2 多路平衡归并

通过之前的学习，我们知道 n 个归并段在进行 k 路归并排序时，其归并次数 s 应满足 $s = \lceil \log_k n \rceil$，由此可知，通过增加 k 或减少归并段的个数 n，均可达到减少归并的次数 s 的目的。而在本节中，我们先从增加 k 这一方面来分析其对 s 的影响。

对于二路归并而言，当待排序的 u 条记录分布于 2 个归并段上进行排序时，首先应从 2 个归并段中选出关键字最小的记录，此时需要经过 1 次比较；又因为每次归并后得到的结果均是经过一次比较后得到的，因此，在一般情况下，要得到包含 u 条记录的归并段应进行 $u-1$ 次比较。

推广至 k 路归并，当 u 条记录分布在 k 个归并段上进行排序时，首先我们需要在 k 个归并段中选出关键字最小的记录，此时需要经过 k-1 次比较；其次，与二路归并相同，每次归并后得到的一条记录均是通过一次比较后得到的，所以在一般情况下，要得到包含 u 条记录的归并段，则需进行 $(k-1)(u-1)$ 次比较。由此我们可知，对 u 条记录进行磁盘排序时，在内部归并过程中我们需比较的次数即为 $s(k-1)(u-1)$。

$$s(k-1)(u-1)=\lceil \log_k n \rceil \times (k-1)\times(u-1)=\left\lceil \frac{\log_2 n}{\log_2 k} \right\rceil (k-1)(u-1)$$

由此我们可知，当归并段个数 n 与总记录条数 u 确定时，$\log_2 n(u-1)$ 即为一个常数，此时内部归并的次数只与 $\dfrac{k-1}{\log_2 k}$ 有关，且当 k 增大时，内部归并的比较次数也会随之增加。由于比较次数增加，进而也会导致内部归并所需的时间增加。这时，我们通过增加 k 来减少外存信息读写时间将不再具有优势，也不能达到提高磁盘排序效率的目的。因此在 k 路平衡归并中，并非 k 值越大，归并的效果就越好。这时，我们需要的是一个"两全其美"的办法来解决这一矛盾，因此便有了"败者树"这一数据结构。

败者树的实质是一颗完全二叉树，该树中每个叶子结点存放了各个归并段中待比较的记录，而在双亲结点中存放了其两个孩子结点中的败者，让胜者去更高一层进行"比赛"。图 9-6 即为一颗 5 路平衡归并的败者树。

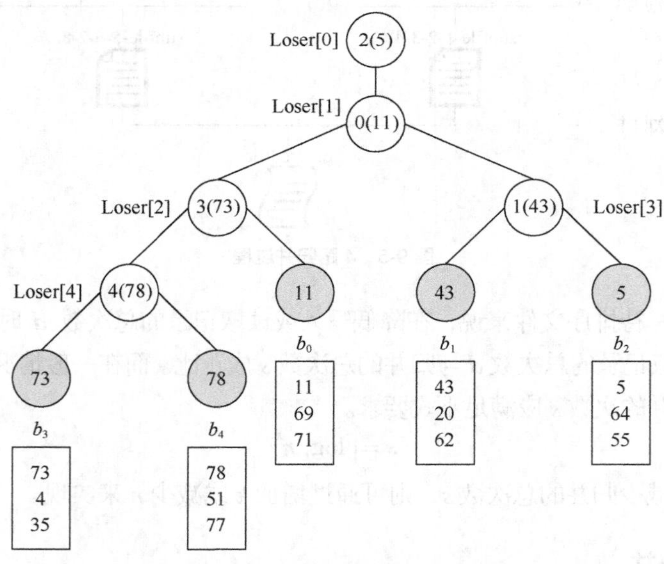

图 9-6　5 路平衡归并的败者树

在败者树中，败者是指关键字较大的结点，而胜者是指关键字较小的结点。假定现有 k 个有序段准备进行 k 路平衡归并，其具体构建步骤如下。

1. **初始化败者树**

将 k 个有序段的第一个记录作为"败者树"的 k 个叶子结点，在双亲结点中暂时记入最小关键字（$-\infty$），自下向上建立初始"k 路平衡归并败者树"。

2. 初始叶子结点比较

k 个叶子结点两两一组进行比较。在其双亲结点中记录下“比赛”的败者，将胜者送入更高一层去进行比较，最终在根节点的上方得到这一轮“比赛”的最终胜者，记为冠军。将其写入输出归并段中。

3. 调整败者树

当有一个冠军产生后，在其对应的叶子结点处继续补充对应归并段中的下一记录，开始新一轮的“比赛”，直至所有归并段为空，即“比赛”结束。

因为 k 路平衡归并败者树为完全二叉树，因此 $n_1=0$，又因为 $n_2=n_0-1=k-1$，$n=n_0+n_1+n_2=2k-1$，可得 $h=\lceil\log_2 n+1\rceil=\lceil\log_2 k\rceil+1$，因此我们在 k 个记录中选出关键字最小的记录时仅需进行 $\lceil\log_2 k\rceil$ 次比较，因此总的比较次数即为 $\lceil\log_2 n\rceil(u-1)$ 次，此时 k 的增长与内部归并过程中进行比较的次数无关，它不会随着 k 的增大而增加。

注：在上述文字中，n 表示树中结点总个数，n_0、n_1 和 n_2 分别代表度数为 0 的结点个数、度数为 1 的结点个数及度数为 2 的结点个数。

下面让我们再通过一个实例来进一步感受败者树创建及归并的过程。

【例 9-2】假设现有 4 个归并段等待归并，每个归并段中的内容具体如 subfile-1～subfile-4 所示。subfile-1 为{4,24,∞}；subfile-2 为{54,94,∞}；subfile-3 为{70,90,∞}；subfile-4 为{88,100,∞}。请写出利用败者树进行 4 路平衡归并排序的过程。

解：首先，为了防止在归并过程中某个归并段变空，可在每个归并段中设置一个最大值∞标记；当冠军为∞标记时，即表示此次归并完成。其次，在初始化败者树时，我们可将双亲结点先初始化为-∞，叶子结点对应初始化为 subfile-1～subfile-4 中的第一条记录，初始化完成后，如图 9-7（a）所示。

接着，我们可从 b_0 开始，依次调整败者树，这一过程如图 9-7（b）～图 9-7（e）所示。

由图 9-7 可知，第一轮选出的冠军为 4。在进行第二轮比赛之前，应先在 4 对应的叶子结点 b_0 处读取该归并段中的下一条记录 24，然后再继续按照 b_0～b_3 的顺序依次调整败者树。依次类推，直至选出的冠军为∞时，本轮“比赛”结束。

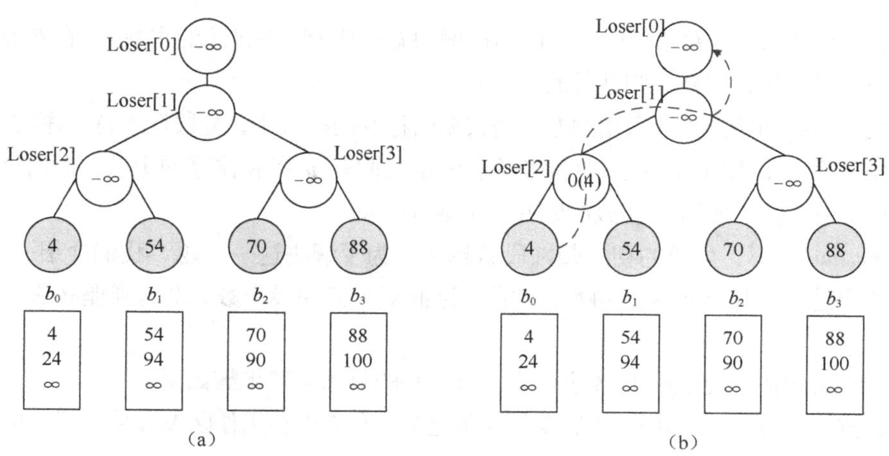

图 9-7 败者树第一次调整过程

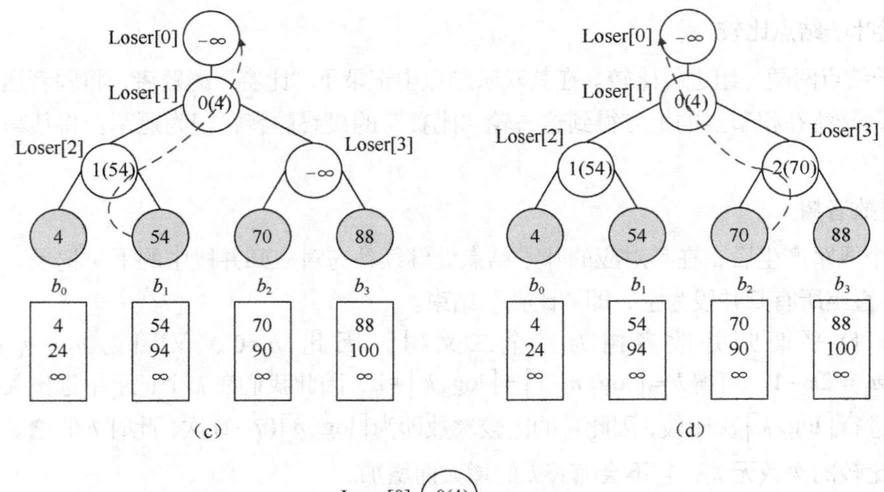

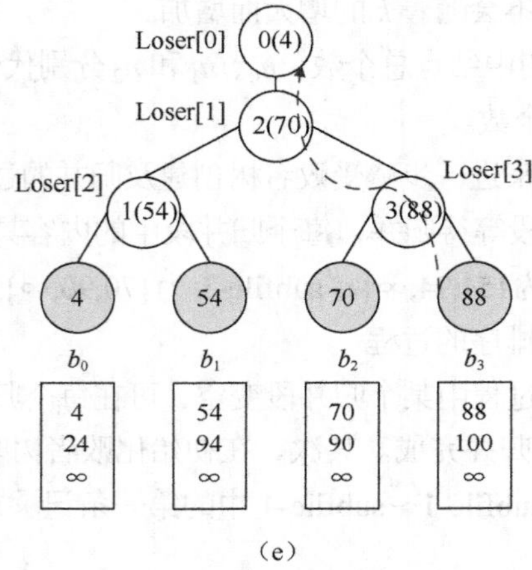

图 9-7 败者树第一次调整过程（续）

读者可根据上述思路完成归并的全过程。

9.2.3 初始归并段的生成

前面我们介绍了进行 k 路排序时，可以通过增加 k 来减少归并排序的次数 s。在本节中，我们将从另外一个方面来分析，即减少归并段的个数 n。

最初，我们生成初始归并段采用的方法是根据内存空间的大小，分段读入待排序的记录，因此，在经过内部排序后所生成的归并段均是等长的。假定我们有 u 条待排序的记录，而内存空间中一次性最多能读取 w 条记录，则此时生成的归并段个数 $n=u/w$。

由此可知，w 越小，生成的初始归并段就越多。为了解决这一问题，我们介绍一种置换-选择算法，该算法通过生成长度较大的初始归并段，进而减少归并段个数，以达到提高磁盘排序效率的目的。

置换-选择算法由树形选择排序改进而来，该算法的具体实现步骤如下。

（1）从待排序的 u 条记录中一次性读取 w 条记录，存入内存工作区 WA 中，设此时归并段的序号为 i=1。

（2）在 WA 的 w 条记录中，选出关键字最小的记录 Rmin，并将其输出至文件 subfile-i 中。

（3）若 u 不为空，则继续读取下一条记录存入 WA 中，否则转（6）。

（4）在 WA 中所有大于或等于 Rmin 的记录里，选出一条最小的记录作为新的 Rmin，并转（3）；若当前 WA 中不存在这样的记录，则转（5）。

（5）令 $i=i+1$，转（2）。

（6）若 u 为空，则算法结束。此时 u 条记录共生成了 i 个初始归并段。

根据上述步骤，我们可通过一个实例来进一步了解置换-选择排序算法的实现过程。

【例 9-3】磁盘中现有一待排序文件 file，该文件中共包含 20 条数据记录，具体如下。

{68,24,5,9,77,3,61,56,6,13,2,21,64,86,38,79,35,93,83,43}

假设内存工作区一次性只能读入 4 条记录，请使用置换-选择算法写出最终产生的初始归并段的个数及其内容。

解：初始归并段的生成过程如表 9-1 所示。

表 9–1　初始归并段的生成过程

读入区	内存工作区（WA）	最小关键字（Rmin）	输出的初始归并段（subfile-i）
68,24,5,9	68,24,5,9	5	subfile-1:{5}
77	77,68,24,9	9	subfile-1:{5,9}
3	3,77,68,24	24	subfile-1:{5,9,24}
61	61,3,77,68	61	subfile-1:{5,9,24,61}
56	56,3,77,68	68	subfile-1:{5,9,24,61,68}
6	6,56,3,77	77	subfile-1:{5,9,24,61,68,77}
13	13,6,56,3	3（WA 中没有大于 77 的记录，生成一个新的归并段，即 $i=i+1$）	subfile-1:{5,9,24,61,68,77} subfile-2:{3}
2	2,13,6,56	6	subfile-1:{5,9,24,61,68,77} subfile-2:{3,6}
21	21,2,13,56	13	subfile-1:{5,9,24,61,68,77} subfile-2:{3,6,13}
64	64,21,2,56	21	subfile-1:{5,9,24,61,68,77} subfile-2:{3,6,13,21}
86	86,64,2,56	56	subfile-1:{5,9,24,61,68,77} subfile-2:{3,6,13,21,56}
38	38,86,64,2	64	subfile-1:{5,9,24,61,68,77} subfile-2:{3,6,13,21,56,64}
79	79,38,86,2	79	subfile-1:{5,9,24,61,68,77} subfile-2:{3,6,13,21,56,64,79}
35	35,38,86,2	86	subfile-1:{5,9,24,61,68,77} subfile-2:{3,6,13,21,56,64,79,86}
93	93,35,38,2	93	subfile-1:{5,9,24,61,68,77} subfile-2:{3,6,13,21,56,64,79,86,93}
83	83,35,38,2	2（WA 中没有大于 93 的记录，生成一个新的归并段，即 $i=i+1$）	subfile-1:{5,9,24,61,68,77} subfile-2:{3,6,13,21,56,64,79,86,93} subfile-3:{2}
43	43,83,35,38	35	subfile-1:{5,9,24,61,68,77} subfile-2:{3,6,13,21,56,64,79,86,93} subfile-3:{2,35}

续表

读入区	内存工作区（WA）	最小关键字（Rmin）	输出的初始归并段（subfile-*i*）
	43,83,38	38	subfile-1:{5,9,24,61,68,77} subfile-2:{3,6,13,21,56,64,79,86,93} subfile-3:{2,35,38}
	43,83	43	subfile-1:{5,9,24,61,68,77} subfile-2:{3,6,13,21,56,64,79,86,93} subfile-3:{2,35,38,43}
	83	83	subfile-1:{5,9,24,61,68,77} subfile-2:{3,6,13,21,56,64,79,86,93} subfile-3:{2,35,38,43,83}

由表 9-1 可知，文件 file 通过置换-选择算法共生成了 3 个初始归并段：subfile-1 为{5,9,24,61,68,77}；subfile-2 为{3,6,13,21,56,64,79,86,93}；subfile-3 为{2,35,38,43,83}。

通过上述实例，我们可以很直观地看到，若是按照最初的方法平均分配归并段，此时应产生 5 个长度为 4 的初始归并段；而通过置换-选择算法，我们可将其缩小至 3 个。与此同时，我们还可以知道最终生成的初始归并段的长度与内存工作区的大小（即最多可读入的记录条数 w）和输入文件中记录的顺序有关。研究人员已经证明：当输入文件中记录的关键字为随机数时，初始归并段的平均长度为内存工作区大小的两倍。

因此，置换-选择算法能有效地减少生成初始归并段的个数，从而达到减少归并次数的目的，最终提高磁盘排序效率。

除此之外，上述算法还可以进一步优化。因为在内存工作区中，我们每读入一个新数据就需进行 $w-1$ 次比较，所以在 u 条记录中得到 i 个归并段就需经过 $u(w-1)$次比较。若此时我们再次借助败者树对 WA 中的 w 条记录进行比较，即可使得 u 条记录经过 $u\log_2 w$ 次比较便完成初始归并段的生成，由于比较次数减少，因此排序效率被进一步提高。

9.2.4 最佳归并树

置换-选择排序算法通过减少生成的初始归并段个数，从而达到减少归并次数的目的。但我们不难发现，这一算法生成的初始归并段的长度并不均等，而这会对我们进行多路平衡归并造成不利的影响。接下来我们来看一个实例。

【例 9-4】假设通过置换-选择排序算法，我们得到 4 个初始归并段，每个归并段中包含的记录数分别为 12、6、8、4。若我们对其进行二路归并，如图 9-8 所示，试求出该图中所示树的带权路径长度 WPL 及读取或写入外存信息的总次数（假定树中每条边的权值为 1）。

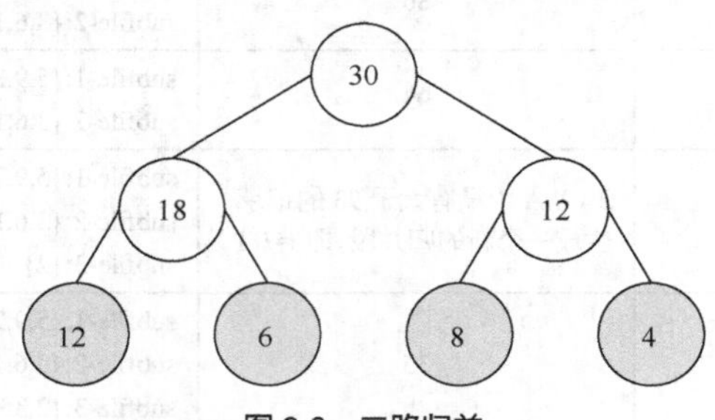

图 9-8　二路归并

解：由图 9-8 可知，该归并树的带权路径长度为

$$WPL=(12+6+8+4)\times2=60$$

因为 4 个初始归并段在经过两次归并后，生成了一个有序的文件，该文件共包含 30 条记录。因此在两次归并的过程中，读取或写入外存信息的总次数为

$$读/写的总次数=(12+6+8+4)\times2\times2=120$$

由上述结果可知，读/写的总次数等于 WPL 的 2 倍。由于树的形态不同，它的带权路径长度 WPL 也不同，这将导致读/写总次数发生变化。若 n 个叶子结点构成的 k 叉树的带权路径长度 WPL 最短，我们将其称为 k 叉哈夫曼树。通过对长度不等的初始归并段构造一颗 k 叉哈夫曼树，并对其进行 k 路归并，就可将读/写总次数降到最低。

基于上述思想，我们将图 9-8 中的树改造为一颗 k 叉哈夫曼树，如图 9-9 所示。我们就将这样的 k 叉哈夫曼树称为最佳归并树。若我们按这一最佳归并树进行归并，则读取或写入外存信息的总次数可减少至 116 次。

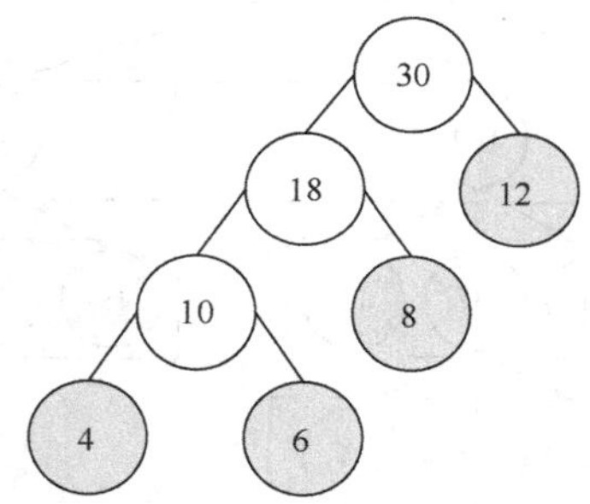

图 9-9　最佳归并树

有时，为了构造最佳归并树，我们需对其补虚段（即记录数为 0 的结点），以保证其为一颗标准 k 叉树（树中仅存在 0 度结点和 k 度结点）。补虚段的具体规则如下。

（1）若初始归并段为 n 个，需对其进行 k 路平衡归并，则此时 k 度结点 n_k 的个数为 $(n-1)/(k-1)$。

因为在标准 k 叉树中仅存在 0 度结点和 k 度结点，因此 k 叉树中结点的总个数为

$$n=n_0+n_k$$

由结点度的定义我们可知，一棵树中除根结点以外的结点数目等于所有结点拥有子树的数目，所以 k 叉树中结点的总数目等于所有结点的度数加根结点，即为所有结点的度加 1。

$$n=kn_k+1$$

综上可知 $(k-1)n_k=n_0-1$，即 k 度结点的个数为 $\dfrac{n_0-1}{k-1}$。又因为 0 度结点的个数等于初始归并段的个数 n，即

$$n_k=\frac{n-1}{k-1}$$

（2）因为 k 度结点的个数必须为整数，所以我们可通过 $(n-1)/(k-1)$ 的结果来判断是否需要补充虚段。

若 $(n-1)/(k-1)=0$，则说明此时 n 个归并段正好可以构造成一颗标准 k 叉树，无须增设虚段。

若 $(n-1)\%(k-1)=w\neq0$，则此时我们需要补充 $k-w-1$ 个虚段，才可完成标准 k 叉树的建立。

根据上述规则，我们可将构造一颗最佳归并树的步骤总结如下。

（1）根据当前归并段的个数 n 及归并路数 k，判断是否需要增设虚段。

（2）借鉴哈夫曼树的构造原则（即权值越小的结点离根结点越远）来构造最佳归并树。

下面通过一个例题来帮助我们进一步理解最佳归并树的构造过程。

【例 9-5】假定现有某一文件经置换-选择排序处理后得到了 10 个初始归并段，其长度分别为 20、47、40、14、19、13、30、29、1 和 9，请在读/写外存信息次数最少的基础上，为其设计一个 3 路平衡归并的最佳归并树（假定树中每条边的权值为 1）。

解：已知初始归并段个数 n=10，归并路数 k=3，因此 $w=(n-1)\%(k-1)=1$，即我们需要附加 $k-w-1$=1 个结点值为 0 的虚段。将 10 个归并段和 1 个虚段按递增顺序构成的集合 A 为

$$A=\{0,1,9,13,14,19,20,29,30,40,47\}$$

由集合 A 构成的最佳归并树如图 9-10 所示。

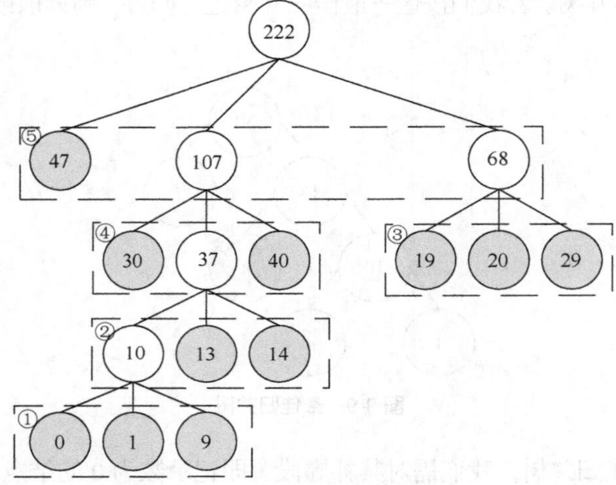

图 9-10 最佳 3 路平衡归并树

如图 9-10 所示，该树的带权路径长度 WPL 为

$$\mathrm{WPL}=(0+1+9)\times4+(13+14)\times3+(19+20+29+30+40)\times2+47=444$$

因此，最终读/写外存信息的次数为 $2\times\mathrm{WPL}=888$（次）。

若在上述例题中，我们采用常规的 3 路归并排序算法，则归并过程如图 9-11 所示。

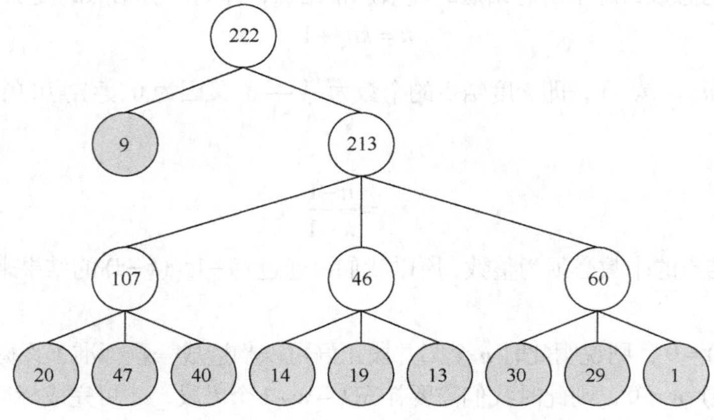

图 9-11 3 路归并

如图 9-11 所示，此时我们可计算出读/写的总次数应为

$$[(20+47+40+14+19+13+30+29+1)\times3+9]\times2=1296\ （次）$$

由于使用最佳归并树使其读写总次数减少为 888 次，因此在我们使用置换-选择算法生成了不等长的初始归并段后，就可以使用这一算法。

9.3 本章小结

在本章中，我们主要介绍了外排序的概念及磁盘排序的基本过程。为了提高磁盘排序的效率，我们引入了多路平衡归并、败者树和最佳归并树等概念。读者在学习完本章后应能对外排序及其常用方法有初步了解。

9.4 上机实验

9.4.1 基础实验

基础实验 1　创建一颗败者树

实验目的：理解败者树的构建过程。

实验要求：对于给定的记录(16,76,23,99,91,2)，按如下步骤，采用 6 路平衡归并画出对应的败者树。

1. **初始化败者树**

将 k 个有序段的第一个记录作为败者树的 k 个叶子结点，在双亲结点中暂时记入最小关键字（$-\infty$），自下向上建立初始“k 路平衡归并败者树”。

2. **初始叶子结点比较**

k 个叶子结点两两一组进行比较。在其双亲结点中记录下“比赛”的败者，将胜者送入更高一层去进行比较，最终在根结点的上方得到这一轮“比赛”的最终胜者，记为冠军。将其写入输出归并段中。

3. **调整败者树**

当有一个冠军产生后，在其对应的叶子结点处继续补充对应归并段中的下一记录，开始新一轮的“比赛”，直至所有归并段为空，即“比赛”结束。

基础实验 2　模拟置换-选择排序过程

实验目的：理解置换-选择的排序过程。

实验要求：假定此时内存工作区最大可容纳 2 条记录，对于给定的记录(59,13,51,12,14,78,50,19,18,30,91,54,8,26,29,86,74,98,88,49,21,33,46,87,55)，写出最终生成的归并段。

9.4.2 综合实验

综合实验 1　幼儿园身高排序任务

实验目的：深入理解败者树的创建及实现过程。

实验背景：赵老师是白鹿幼儿园中小小班的一名老师，在正式开学前，为了给班上同学安排合适的位置，赵老师决定对班上同学按从矮到高的身高顺序进行排座。已知班上同学的身高如表 9-2 所示，请借助败者树，帮助赵老师完成对班上同学身高的排序操作。

表 9-2　　白鹿幼儿园小小班入园体检表

序号	姓名	身高（cm）
1	张凌轩	92
2	惠惜文	101
3	蔡小希	102
4	侯梦	100
5	胡香菱	91
6	李夏	90
7	吴阿敏	86
8	严春宝	88
9	马冬梅	80
10	刘子默	96
11	赵香琴	98
12	钱小天	97
13	孙晟	104
14	李冰卿	94
15	周嘉嘉	95
16	吴悲	91
17	郑钱	102
18	王茜	103
19	冯晨	92
20	陈曦	84

实验内容：创建文件 ex090402_01.py，并在其中编写身高排序程序，具体要求如下。

（1）将上述 20 条记录划分为 5 组，利用败者树进行 5 路归并排序。

（2）输出最终排序结果（只需输出姓名即可）。

实验提示：表 9-2 中的数据记录可借助数组来预先存储。

综合实验 2　医院体检排序

实验目的：深入理解置换-选择的实现过程。

实验背景：为迎接 2018 年高考，静湖中学组织高三学生去邻近的瑶湖医院进行例行的体格检查。为了保证体检的顺利进行，瑶湖医院在每个检查点又划分了若干个房间供学生们同步进行检查。每位同学在体检前都会按序拿到一个二维码，其中存储了该学生的序号及基础信息。学生拿到二维码后，即可自由去任一检查点进行检查。在到达某一检查点进行检查前，学生需使用仪器扫描二维码，系统将自动按照这一学生的号码为其分配小组号。学生可根据分配的小组号进入对应的房间进行该项目的检查。现有 30 名同学需进行抽血检查，已知这 30 位同学随机拿到的号码如下。

(12,3,11,18,27,5,25,16,28,6,13,15,21,8,17,4,23,10,1,24,9,29,19,26,20,7,30,22,14,2)

请使用置换-选择算法，帮助医院完成对上述同学的分组。

实验内容：创建文件 ex090402_02.py，并在其中实现分组程序，具体要求如下。

（1）系统一次性只能读入 5 个号码。

（2）分组后，每个小组中同学的序号按从小到大的顺序排列。

（3）输出每个小组所包含同学的号码。

实验提示：可将上述号码事先存入某一数组中，然后分批次读入。

习题

一、选择题

1. 外排序最主要的特点是（　　）。

   A. 排序速度较快　　B. 所需内存较小

   C. 需涉及内、外存数据交换　　D. 进行外排序的数据需全部存储在内存中

2. 进行多路平衡归并是为了（　　）。

   A. 创建败者树　　B. 减少归并段的个数

   C. 减少归并总次数　　D. 创建最佳归并树

3. 若初始归并段为 n 个，此时采用 k 路归并，需归并的总次数 s 应为（　　）。

   A. n_k　　B. $\log_k n$　　C. $\log_n k$　　D. $\sqrt[k]{n}$

4. m 个归并段采用 k 路平衡归并时，对应的败者树共有（　　）个结点。

   A. $2k$　　B. $2k-1$　　C. $2m-1$　　D. $2m$

5. 现有一个记录序列(43,48,80,61,42,58,21,65,96,50)，若内存工作区可容纳的记录个数为 5，则对该序列采用置换-选择算法可产生（　　）个递增有序段。

   A. 2　　B. 3　　C. 4　　D. 1

二、填空题

1. 采用归并算法进行外排序时，需经过________________3 个阶段。

2. 外排序可采用归并排序的方法实现对数据的排序处理，但在进行归并处理前，首先需生成________________。

3. n 个归并段进行 3 路排序，其所需的归并次数 s 为________________。

4. 败者树中的胜者是________________。

5. 现有一组序列(62,96,74,66,92,87,40,72,75)，若此时内存工作区最多可容纳两个记录，则采用置换-选择排序算法时，产生的归并段为________________。

三、简答题

1. 什么是外排序？

2. 请以归并排序为例，写出外排序与内排序的不同之处。

3. 如何提高外排序的操作效率？

4. 什么是败者树？

5. 在外排序的败者树中，败者与胜者分别代表着什么？

6. 某文件中存放了的记录为(41,57,39,91,88,69,96,8,51,13,78,93,62,74,2,37,63,65,82,28)，若内存工作区最多可容纳 6 个记录，请求出采用置换-选择排序算法后所产生的初始归并段。

7. 请简述最佳归并树的作用。

8. 现有 6 个长度不同的初始归并段，它们所包含的记录个数分别为(95,71,9,8,44,25)，试按以下要求对它们进行 3 路平衡归并。

（1）求出总的归并次数。

（2）构造出最佳归并树。

9. 现有 6 个长度不同的初始归并段，它们所包含的记录个数分别为(10,2,91,14,53,95)，试按以下要求对它们进行 3 路平衡归并。

（1）构造出最佳归并树。

（2）根据最佳归并树计算每一趟的读写记录数。

10. 现有 8 个长度不同的初始归并段，它们所包含的记录个数分别为(91,22,39,97,78,8,85,66)，试按以下要求对它们进行 4 路平衡归并。

（1）构造出最佳归并树。

（2）计算它的带权路径长度 WPL。